EINFÜHRUNG IN DIE ELEKTRIZITÄTSLEHRE

VON

ROBERT WICHARD POHL

O. Ö. PROFESSOR DER PHYSIK AN DER UNIVERSITÄT GÖTTINGEN

DREIZEHNTE UND VIERZEHNTE AUFLAGE

MIT 497 ABBILDUNGEN
DARUNTER 20 ENTLEHNTEN

Springer-Verlag Berlin Heidelberg GmbH

1949

ISBN 978-3-662-23837-0   ISBN 978-3-662-25940-5 (eBook)
DOI 10.1007/978-3-662-25940-5

Aus dem Vorwort zur vierten Auflage.

Verbesserungen und Einschaltungen hatten die Gliederung des Stoffes beeinträchtigt, und als Schlimmstes erschien die Gefahr einer Umfangsvergrößerung, dieses nie trügenden Zeichens für das Veralten eines Buches. — Zur Behebung dieser Übelstände habe ich das Buch diesmal in einigen wesentlichen Teilen vollständig neu angelegt und geschrieben. Dabei ist manche unnötige Weitschweifigkeit in Wegfall geraten und Platz für heute wichtige Dinge geschaffen worden. Der Stoff ist jetzt auf 16 statt bisher auf 11 Kapitel verteilt worden. Seine Gliederung ist nach wie vor in allen wesentlichen Punkten die der historischen Entwicklung geblieben. Doch scheue ich mich nirgends vor den technischen Hilfsmitteln unserer Tage. Das ist nur eine zeitersparende Äußerlichkeit. Ich habe ja auch Gesänge Homers aus einem gedruckten Texte gelernt und nicht nach dem festlichen Vortrag eines Rhapsoden.

Der schon früher geringe Aufwand an experimentellen Hilfsmitteln[1] ist weiter verringert worden.

---

[1] Bezugsquelle Spindler & Hoyer, G. m. b. H., Göttingen.

Vorwort zur 13./14. Auflage.

Seit dem Erscheinen des Buches im Jahre 1927 ist immer stehengebliebener Satz benutzt worden. Dieses Mal mußte das Buch vollständig neu gesetzt werden, infolgedessen konnten auch bisher zurückgestellte Änderungen ausgeführt werden. Alle Einfügungen sind durch Streichungen ausgeglichen worden. Herrn Dr. Heinz Pick und Herrn Dr. Fritz Stöckmann danke ich sehr für mancherlei Hilfe, Herrn cand. phys. K. Zückler für Korrekturlesen.

Göttingen, Oktober 1948.

R. W. Pohl.

Inhaltsverzeichnis.

Alle Gleichungen sind als Größengleichungen geschrieben. Neben Länge, Zeit, Masse und Temperatur wird eine fünfte Grundgröße, eine elektrische, benutzt und außerdem die rationale Schreibweise. Für jeden Buchstaben sind demnach ein Zahlenwert und eine Einheit einzusetzen. (Beispiel unter Abb. 103.) Die Wahl der Einheiten ist frei. Die unter manchen Gleichungen genannten sind keineswegs notwendig, sondern nur bequem. Gelegentlich in rechteckigen Klammern angefügte Einheiten bilden keinen Bestandteil der Gleichungen. Sie sollen nur die Dimension der dargestellten Größen an Hand geläufiger Einheiten erläutern.

Wegen der Verwendung von Frakturbuchstaben in den Gleichungen wird auf die Vorbemerkung zum Mechanikband verwiesen.

I. Meßinstrumente für Strom und Spannung.

§ 1. Vorbemerkung. Bei einer Darstellung der Mechanik beginnt man mit den Begriffen Länge, Zeit und Masse. Man erläutert kurz die im täglichen Leben erprobten Meßinstrumente, also unsere heutigen Maßstäbe, Uhren und Waagen, und nimmt sie gleich in Benutzung. Niemand bedient sich für die ersten Experimente einer Sonnen- oder Wasseruhr oder gar eines pulszählenden Sklaven. Niemand legt zunächst die ganze historische Entwicklung der Sekunde klar. Jedermann greift ohne Bedenken zu einer Taschenuhr oder einer modernen Stoppuhr mit Hundertstelsekundenteilung. Man kann sich einer Uhr bedienen auch ohne Kenntnis ihrer Konstruktionseinzelheiten und ohne Kenntnis ihrer historischen Entwicklung.

Beim Übergang zur Wärmelehre führt man allgemein den neuen Begriff der Temperatur ein. Man bespricht am Anfang kurz die heute jedem bekannten Thermometer und verwendet diese vertrauten Hilfsmittel schon bei den ersten Experimenten.

In entsprechender Weise knüpfen wir auch in der Elektrizitätslehre an alltägliche Erfahrungen des praktischen Lebens an. Wir beginnen mit den heute allgemein gebräuchlichen Begriffen elektrischer Strom und elektrische Spannung und den Instrumenten für ihre Messung. Als Ausgangspunkt unserer Experimente dient uns die Existenz der chemischen Stromquellen, der Taschenlampenbatterien, Akkumulatoren usw.

§ 2. Der elektrische Strom. Wir sprechen im täglichen Leben von einem elektrischen Strom in Leitungsdrähten oder Leitern. Wir wollen die Kennzeichen des Stromes vorführen. Dazu erinnern wir zunächst an zwei altbekannte Beobachtungen:

1. Zwischen dem „Nordpol" und dem „Südpol" eines Stahlmagneten kann man mit Eisenfeilicht ein Bild magnetischer Feldlinien herstellen. Wir legen z. B. einen Hufeisenmagneten auf eine glatte Unterlage und streuen auf diese unter leichtem Klopfen Eisenfeilspäne. Wir erhalten das Bild der Abb. 1.

2. Ein Magnet übt auf einen anderen Magneten und auf weiches Eisen mechanische Kräfte aus. In beiden Fällen geben uns die mit Eisenfeilspänen dargestellten Feldlinien recht eindrucksvolle Bilder. In Abb. 2 „sucht" ein Hufeisenmagnet eine Kompaßnadel zu drehen. In Abb. 3 zieht ein Hufeisenmagnet ein Stück weiches Eisen (Schlüssel) an sich heran. Wir bedienen uns hier absichtlich einer etwas primitiven Ausdrucksweise.

Nach dieser Vorbemerkung bringen wir jetzt die drei Kennzeichen des elektrischen Stromes:

1. Der Strom erzeugt ein Magnetfeld. Ein vom Strom durchflossener Draht ist von ringförmigen magnetischen Feldlinien umgeben. Die Abb. 4 zeigt diese Feldlinien mit Eisenfeilspänen auf einer Glasplatte. Der Draht stand senkrecht zur Papierebene. Er ist nachträglich aus dem Loch in der Mitte herausgezogen worden. — Dies Magnetfeld des Stromes kann mannigfache mechanische Bewegungen hervorrufen. Wir bringen sechs verschiedene Beispiele (a bis f).

a) Parallel über einem geraden Leitungsdraht KA hängt ein Stabmagnet (Kompaßnadel) NS (Abb. 5). Beim Einschalten des Stromes wirkt ein Drehmoment auf den Magneten, der Magnet stellt sich quer zum Leiter.

b) Der Vorgang läßt sich umkehren. In Abb. 6a wird der Stabmagnet *NS* festgehalten. Neben ihm hängt ein leicht bewegliches, gewebtes Metallband *K A*. Beim Stromdurchgang stellt sich der Leiter quer zum Magneten: das Band wickelt sich spiralig um den Magneten herum (Abb. 6b).

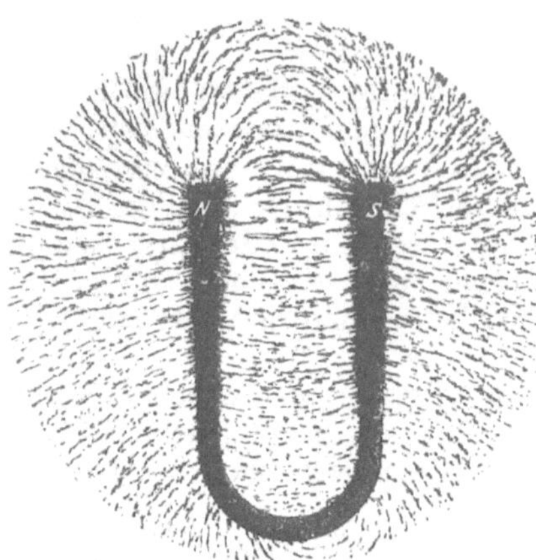

Abb. 1. Magnetische Feldlinien, dargestellt mit Eisenfeilspänen.

Abb. 2. Magnetische Feldlinien. Der Huf eisenmagnet *NS* dreht die Kompaßnadel gegen den Uhrzeiger.

Abb. 3. Magnetische Feldlinien. Anziehung eines eisernen Schlüssels durch einen Hufeisenmagneten.

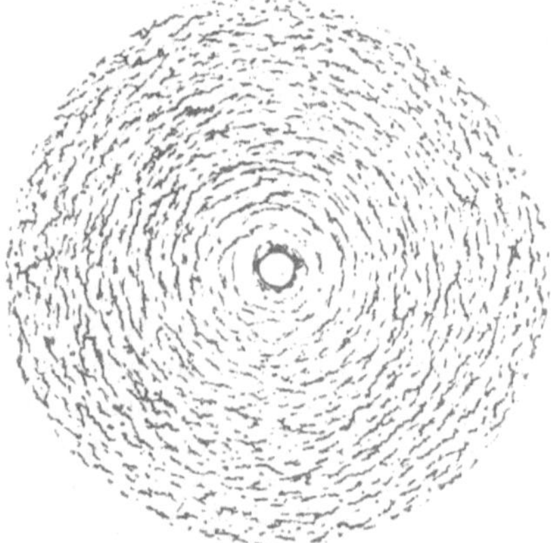

Abb. 4. Kreisförmige magnetische Feldlinien eines stromdurchflossenen Drahtes.

c) Wir bringen einen geraden Leiter *K A* in das Magnetfeld des Hufeisenmagneten *NS* (Abb. 7a). Der Leiter ist wie eine Trapezschaukel aufgehängt. Beim Stromschluß bewegt er sich in einer der Richtungen des Doppelpfeiles (Abb. 7b).

d) Wir ersetzen den geraden Leiter durch einen aufgespulten Leiter. Bei Stromschluß dreht sich die Leiterspule um die Achse *K A* (Abb. 8a und b).

e) Bisher wirkte stets das Magnetfeld eines Leiters auf das Magnetfeld eines Stahlmagneten. Man kann das Magnetfeld des letzteren durch das eines zweiten stromdurchflossenen Leiters ersetzen. In Abb. 9a und b gabelt sich der bei *K* zufließende Strom in zwei Zweigströme. Bei *A* vereinigen sie sich wieder. Die Leiterstrecken *K A* bestehen aus zwei leicht gespannten, gewebten Metallbändern.

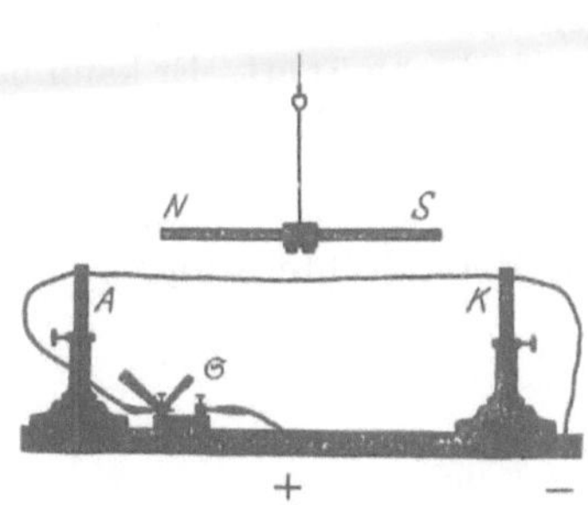

Abb. 5. Starr befestigter Leiter KA und beweglich aufgehängter Stabmagnet NS. Ohne Strom zeigt das Ende N nach Norden. Man nennt es daher den Nordpol des Magneten. Beim Stromschluß tritt der Nordpol auf den Beschauer zu aus der Papierebene heraus.

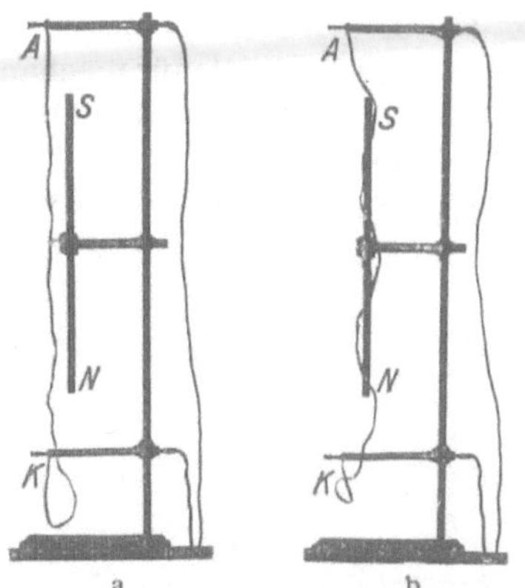

Abb. 6a, b. Starr befestigter Stabmagnet NS und beweglicher, biegsamer Leiter KA aus gewebtem Metallband.

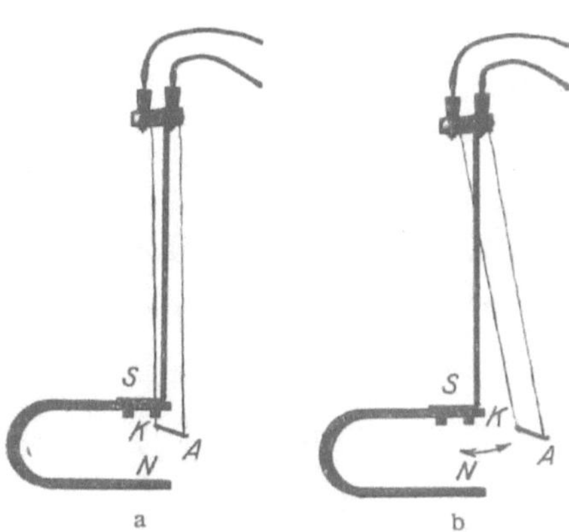

Abb. 7a, b. Feststehender Hufeisenmagnet NS und beweglicher gerader Leiter KA, an gewebten Metallbändern trapezartig aufgehängt. Zugleich Schema eines „Saitenstrommessers" oder „Saitengalvanometers".

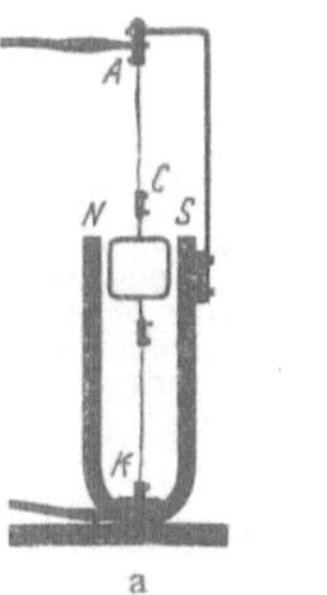
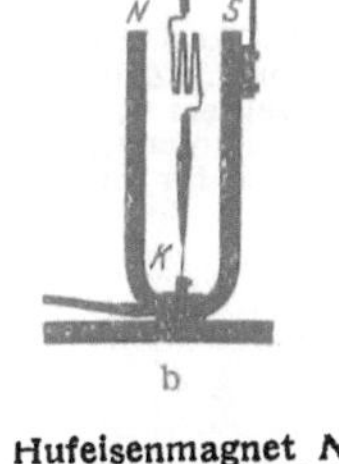

Abb. 8a, b. Feststehender Hufeisenmagnet NS und drehbarer Leiter KA in Spulenform. Zuleitungen zur „Drehspule" aus gewebtem Metallband. Zugleich Schema eines „Drehspulstrommessers" oder „Drehspulgalvanometers".

Ohne Strom verlaufen sie einander angenähert parallel. Bei Stromdurchgang klappen sie bis zur Berührung zusammen.

Die Abb. 10 zeigt eine oft technisch ausgenutzte Abart dieses Versuches. Die beiden beweglichen Bänder sind durch eine feste und eine drehbare Spule ersetzt. Beide werden vom gleichen Strome durchflossen (Abb. 10 oben). Die bewegliche Spule stellt sich parallel der festen (Abb. 10 unten).

f) Endlich nehmen wir (in Analogie zu Abb. 3) in Abb. 11 ein Stück weiches

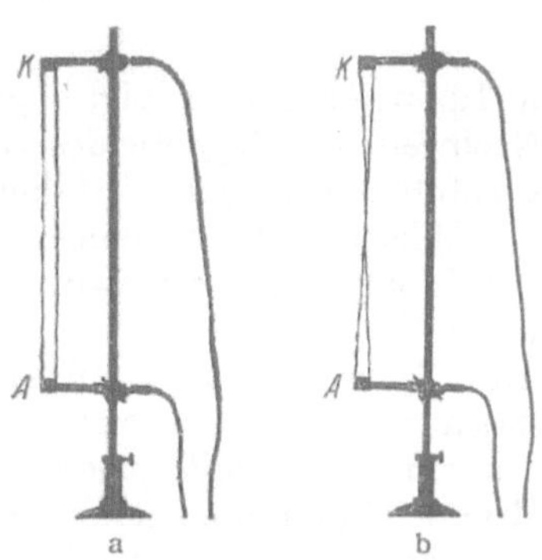

Abb. 9 a, b. Gegenseitige Anziehung zweier stromdurchflossener Leiter (Metallbänder).

Eisen *Fe*. Es wird in das Magnetfeld eines aufgespulten Leiters hineingezogen. — So weit unsere Beispiele für mechanische Bewegungen im Magnetfeld eines Stromes.

2. **Der vom Strom durchflossene Leiter wird erwärmt.** Er kann bis zur Weißglut erhitzt werden. Das zeigt jede Glühlampe. Die Abb. 12 gibt einen einfachen Versuch über die Ausdehnung des Drahtes infolge der Stromwärme. —

Das alles bezog sich auf feste Leiter, wir haben Metalldrähte benutzt.

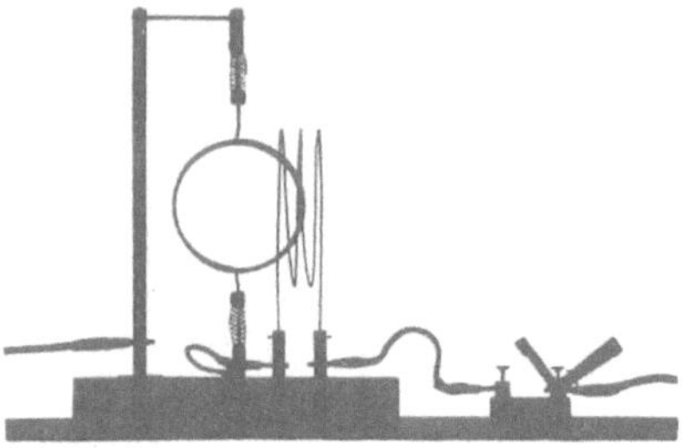

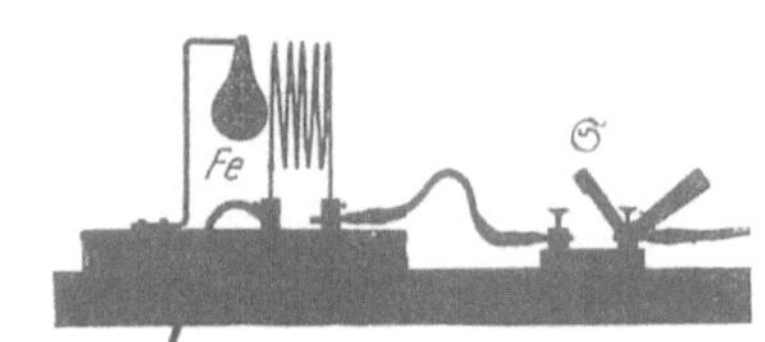

Abb. 11. Feststehende Spule und drehbar aufgehängtes weiches Eisen *Fe*.

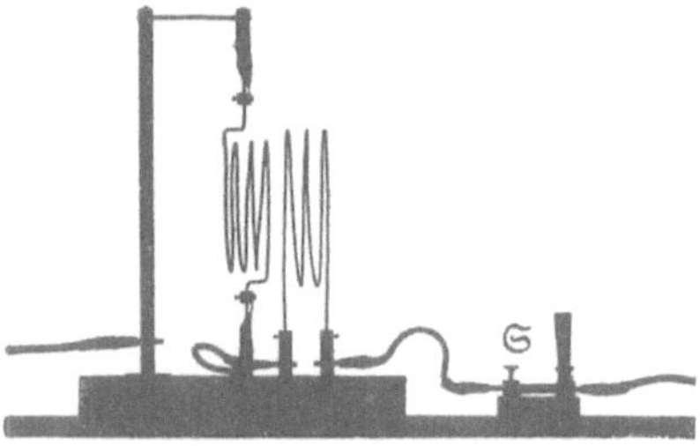

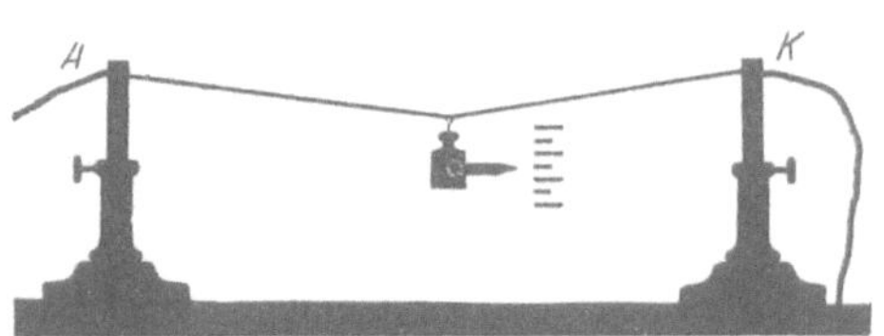

Abb. 12. Längenausdehnung eines vom Strom erwärmten Drahtes *K A*.

Abb. 10. Rechts eine feste, links eine drehbare Spule. Zuleitungen zur „Drehspule“ aus gewebtem Metallband, zugleich Schema der „Dynamometer“ genannten Meßinstrumente für Strom und Spannung.

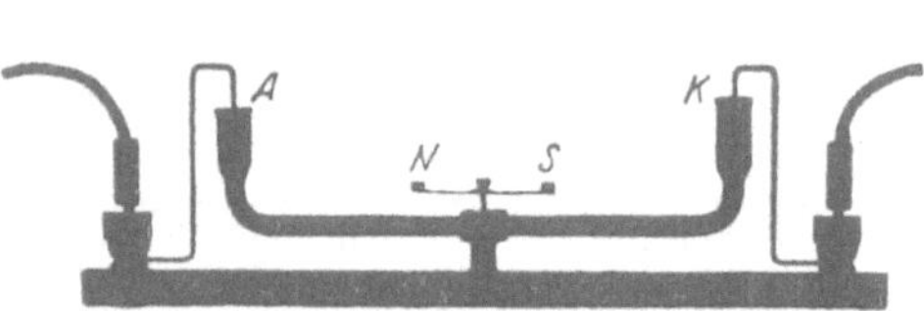

Abb. 13. Das Magnetfeld eines Stromes in einem flüssigen Leiter (angesäuertes Wasser) wird mit einer Kompaßnadel *NS* nachgewiesen; an den Nadelenden Papierfähnchen.

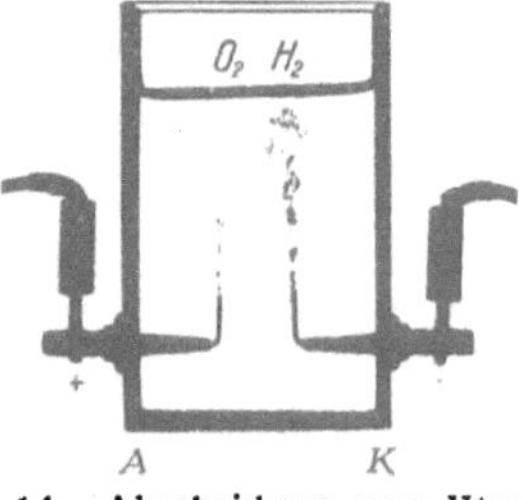

Abb. 14. Abscheidung von Wasserstoff (H_2) und Sauerstoff (O_2) beim Durchgang des Stromes durch verdünnte Schwefelsäure. (Momentbild 2 Sekunden nach Stromschluß.)

Ein flüssiger Leiter zeigt in gleicher Weise Magnetfeld und Wärmewirkung. Zum Nachweis des Magnetfeldes benutzt man in Abb. 13 ein mit angesäuertem Wasser gefülltes Glasrohr. Auf ihm befindet sich eine kleine Kompaßnadel. Zur Zu- und Ableitung des Stromes dienen zwei Drähte *K* und *A*. — Außer dem Magnetfelde und der Wärmewirkung beobachten wir bei flüssigen Leitern noch eine dritte Wirkung:

3. **Der Strom ruft in flüssigen Leitern chemische Vorgänge hervor.** Man nennt sie **elektrolytische.** — Beispiele:

a) In ein Gefäß mit angesäuertem Wasser sind als „Elektroden“ zwei Platindrähte *K* und *A* eingeführt (Abb. 14). Beim Stromdurchgang steigen von der Elektrode *A* Sauerstoffbläschen auf, von der Elektrode *K* Wasserstoffbläschen. Vereinbarungsgemäß nennt man die Wasserstoff liefernde Elektrode K den negativen Pol. Der andere Pol A heißt der positive Pol. Wir definieren also den Unterschied von negativem und positivem Pol elektrolytisch.

b) In ein Gefäß mit wässeriger Bleiazetatlösung ragen als Elektroden zwei Bleidrähte hinein. Bei Stromdurchgang bildet sich vor unseren Augen am negativen Pol K ein zierliches, aus Kristallblättern zusammengesetztes „Bleibäumchen" (Abb. 15). In diesem Fall besteht also die elektrolytische Wirkung in der Ausscheidung eines Metalles.

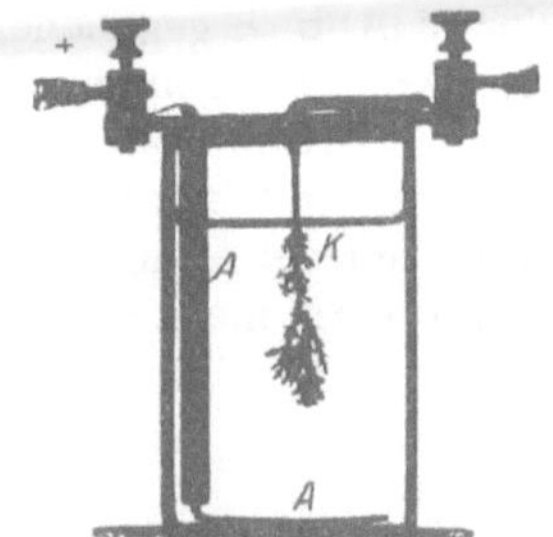

Abb. 15. Abscheidung von Bleikristallen beim Durchgang des Stromes durch wässerige Bleiazetatlösung.

Endlich nehmen wir statt eines festen und flüssigen Leiters ein leitendes Gas. In dem U-förmigen Rohr der Abb. 16 befindet sich das Edelgas Neon. Zur Zu- und Ableitung des Stromes dienen wieder zwei Metallelektroden K und A. Oben auf dem Rohr trägt ein kleiner Reiter eine Kompaßnadel NS. Wir verbinden die Zuleitungen A und K mit der städtischen Zentrale. Sogleich sehen wir alle drei Wirkungen des Stromes. Die Magnetnadel schlägt aus. Das Rohr wird warm. Ein blendendes orangerotes Licht im ganzen Rohre verrät uns tiefgreifende Änderungen in den Gasmolekülen, wie wir sie sonst bei den chemischen Prozessen in Flammen beobachten.

Ergebnis dieses Paragraphen. Wir kennzeichnen den elektrischen Strom in einem Leiter durch drei Erscheinungen:

1. Das Magnetfeld ⎫
2. Die Erwärmung ⎭ bei allen Leitern.

3. „Chemische" Wirkungen (in erweitertem Sinn) in flüssigen und gasförmigen Leitern.

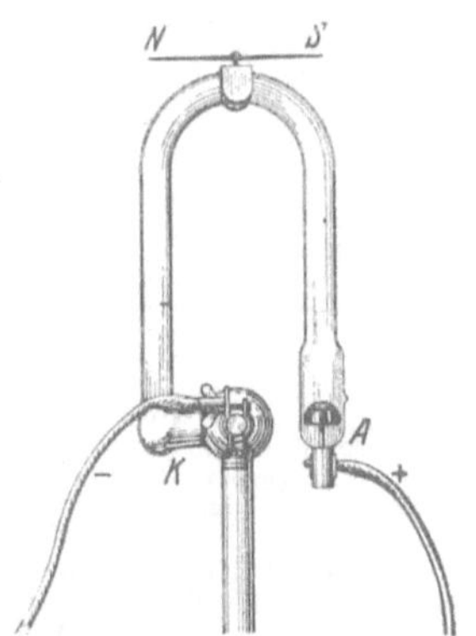

Abb. 16. Das Edelgas Neon als gasförmiger Leiter in einem U-förmigen Glasrohr. K und A metallische Zuleitungen. NS Kompaßnadel.

Oder anders ausgedrückt: Wir beobachten die drei genannten Erscheinungen in enger Verknüpfung und erfinden für ihre Zusammenfassung den Begriff „elektrischer Strom". — Das ist eine qualitative Definition. Eine solche genügt aber nicht für physikalische Zwecke. Für diese muß unbedingt für jeden Begriff ein Meßverfahren definiert werden. Dabei hat man zwei Dinge auseinanderzuhalten:

1. die Vereinbarung eines Meßverfahrens,
2. den technischen Aufbau der Meßinstrumente.

Wir beginnen hier im Fall des elektrischen Stromes mit dem technischen Aufbau der Instrumente. Dieser kann einfach gehalten werden: Man baut Strommesser zur direkten Ablesung des Stromes auf einer Skala[1].

§ 3. Technische Ausführung von Strommessern oder Amperemetern.

Für den Bau dieser Strommesser benutzt man sowohl die magnetische wie die Wärmewirkung des Stromes:

a) Strommesser auf magnetischer Grundlage (Zeichenschema in Abb. 18). Die mechanischen Kräfte drehen eine Achse mit einem Zeiger. Als Beispiel der Drehspulstrommesser. Er geht in leicht ersichtlicher Weise aus

---

[1] Überflüssigerweise benutzt man bei quantitativen Angaben statt des Wortes Strom oft das Wort Stromstärke.

der in Abb. 8 gegebenen Anordnung hervor. Man denke sich an der Drehspule der Abb. 8 irgendeinen Zeiger befestigt. Die Abb. 17a zeigt die Spule eines solchen Strommessers mit einem mechanischen Zeiger. Statt seiner benutzt man bei empfindlichen Instrumenten einen „Lichtzeiger": Der bewegliche Teil trägt einen Spiegel R zur Reflexion eines Lichtbündels (Abb. 17b). Solche Instrumente nennt man meistens Spiegelgalvanometer.

Abb. 18. Zeichenschema eines Strommessers auf magnetischer Grundlage. Wird späterhin auch bei solchen Strommessern angewandt, die als Spannungsmesser oder Voltmeter umgeeicht sind.

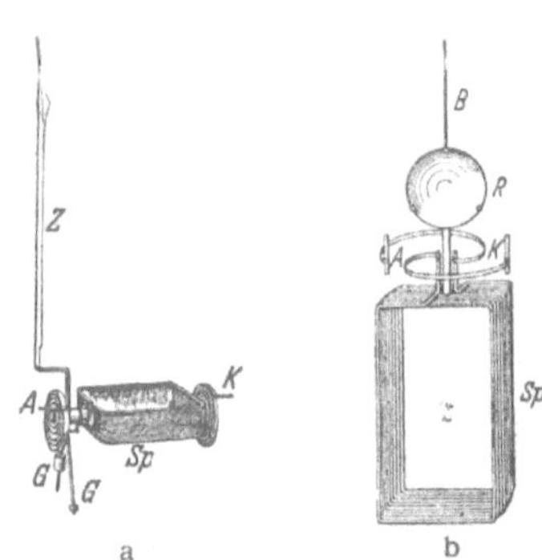

Abb. 17a, b. Zwei Ausführungen der Drehspulen Sp von Drehspulstrommessern: a) mit mechanischem Zeiger Z und Spitzenlagerung, wie in den Strommessern der Abb. 35, 36 und 310; G sind Klötze zum Auswuchten der Spule; b) mit Spiegel R, Lichtzeiger und Bandaufhängung B, wie bei den „empfindlichen Strommessern" oder „Galvanometern" in den Abb. 37, 75 und 475. K und A sind spiralige Stromzuführungen. K und A bzw. B liefern überdies die „Richtgröße", d. h. drehen die Spule im stromlosen Zustand in die Nullstellung zurück.

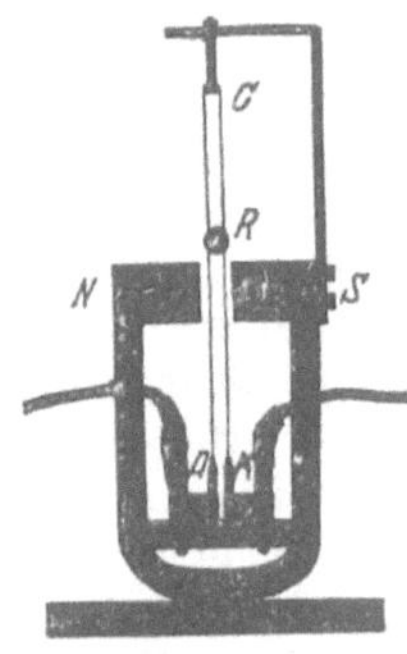

Abb. 19. Attrappe eines Schleifenstrommessers oder Oszillographen. $A C K$ gespannte Drahtschleife mit Spiegel R. (Die Drahtschleife darf keinesfalls in Resonanz mit dem zu registrierenden Wechselstrom stehen!)

Technische Abarten sind das Schleifengalvanometer (Abb. 19) und das Saitengalvanometer. Sie vereinigen hohe Empfindlichkeit mit großer Einstellungsgeschwindigkeit. Sie sind für Registrierapparate unentbehrlich (vgl. Mechanikband § 109). Beim Schleifengalvanometer („Oszillographen") tritt an die Stelle der Spule eine gespannte Schleife mit ganz kleinem leichtem Spiegel. Beim Saitengalvanometer ist der Trapezleiter der Abb. 7 durch eine gespannte Saite ersetzt. Ihre Bewegung wird mikroskopisch beobachtet (s. Abb. 20).

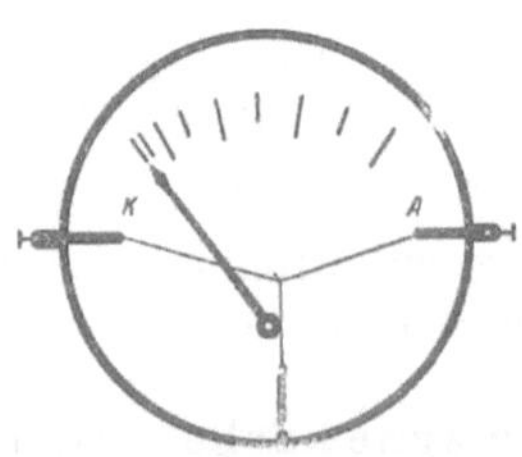

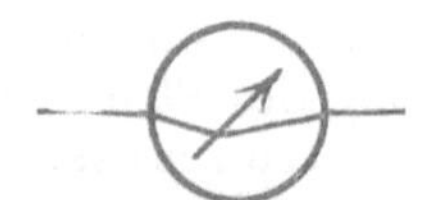

Abb. 20. Saitengalvanometer für Projektion. Links oberhalb von S das abbildende Mikroskopobjektiv.

Abb. 21. Schema eines Hitzdrahtstrommessers. Man denke sich den Faden zwischen der gespannten Spiralfeder und dem Hitzdraht $K A$ um die Achse des Zeigers herumgeschlungen.

Abb. 22. Zeichenschema eines Hitzdrahtstrommessers. Wird späterhin auch bei solchen Hitzdrahtstrommessern angewandt, die als Spannungsmesser oder Voltmeter umgeeicht sind.

b) **Auf Wärmewirkung beruhende Strommesser.** Der zu messende Strom erwärmt einen Draht KA. Dieser wird länger. Die Verlängerung wird irgendwie auf eine Zeigeranordnung übertragen: „**Hitzdrahtstrommesser**" (Abb. 21 und 22).

§ 4. Die Eichung der Strommesser oder Amperemeter beruht auf der willkürlichen Festsetzung eines Meßverfahrens und einer Stromeinheit. Das für Verständnis und Unterricht **einfachste Meßverfahren** wird auf der **elektrolytischen Wirkung** des Stromes aufgebaut. Es benutzt das Verhältnis der elektrolytisch abgeschiedenen Stoffmenge M zur Flußzeit t áls Maß des Stromes I. **Ein Strom, der in jeder Sekunde 1,118 mg Silber abscheidet, wird als Einheitsstrom benutzt und „1 Ampere" genannt**[1]. Alle elektrischen Ströme werden in Vielfachen des Einheitsstromes Ampere angegeben. Die seltsamen Dezimalen entstammen historischen Rücksichten. Sie sollten dieUmrechnung der Stromeinheit Ampere auf andere zuvor übliche mit einfachen Zehnerpotenzen ermöglichen. Weiteres auf S. 38.

Bei vielen Strommessern, insbesondere den Drehspulstrommessern, sind die Ausschläge dem Strom proportional; man findet ein **konstantes Verhältnis**:

$$D_I = \frac{\text{Strom}}{\text{Ausschlag}}, \text{ gemessen in } \frac{\text{Ampere}}{\text{Skalenteil}}$$

und nennt es die **Stromempfindlichkeit des Instrumentes**[2].

§ 5. Die elektrische Spannung. Wir sprechen im täglichen Leben von einer Spannung zwischen zwei Körpern, etwa zwischen den Polen einer Taschenlampenbatterie oder zwischen den beiden Steckkontakten der städtischen Zentrale. — Wir nennen die beiden Kennzeichen der elektrischen Spannung:

1. **Die Spannung kann einen Strom erzeugen.** — Das bedarf keiner weiteren Erläuterung.

2. Zwei Körper, zwischen denen eine elektrische Spannung herrscht, üben Kräfte aufeinander aus. Man nennt sie meist **statische Kräfte.**

Das läßt sich mit einem Kraftmesser, z. B. einer Waage vorführen. Wir sehen in Abb. 23 einen leichten Waagebalken aus Aluminium. Er ist auf der Metallsäule S gelagert. Am linken Arm befindet sich eine Metallscheibe K, auf dem rechten als Gegenlast Reiterchen R aus Papier. Unterhalb der Metallscheibe K befindet sich eine zweite, feste Metallscheibe A in einigen Millimetern Abstand. Man verbindet

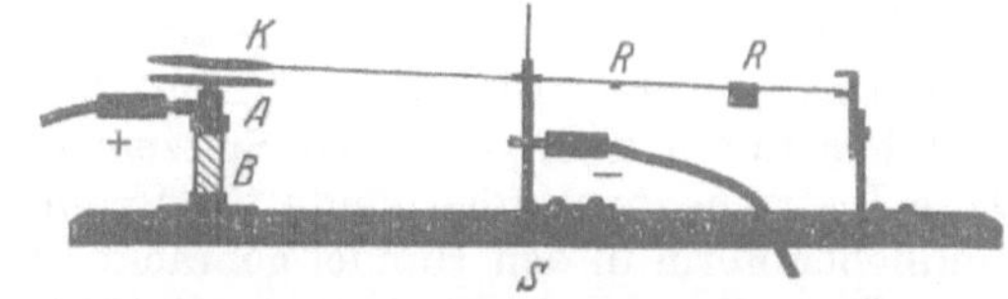

Abb. 23. „Spannungswaage", B = Bernsteinisolator.

die Scheibe A und die Säule S durch je einen Draht mit den beiden Kontakten der städtischen Zentrale. Sogleich schlägt der Waagebalken aus. Die **zwischen A und K herrschende Spannung erzeugt** also eine Kraft.

---

[1] Andere Ausdrucksweise: Man setzt $I = c\, M/t$ und vereinbart für Silber als Konstante $c = \dfrac{1 \text{ Ampere}}{1{,}118 \text{ mg/sec}}$. (Vgl. die analoge Definition für Wärmemenge und Kilokalorie in § 133 des Mechanikbandes, 10. Aufl.) Mit $c = 1$ würde der elektrische Strom als **abgeleitete** Größe gemessen werden und in höchst unzweckmäßiger Weise die gleiche Dimension [Masse/Zeit] erhalten wie etwa ein Luftstrom. (Mechanikband, Gl. 389.)

[2] Bei dieser altbewährten Definition entspricht einer großen Empfindlichkeit ein kleiner Zahlenwert.

So weit die qualitativen Kennzeichen der elektrischen Spannung. Für physikalische Zwecke muß auch für die Spannung ein Meßverfahren definiert werden. Auch hier ist der technische Aufbau der Meßinstrumente und die Vereinbarung eines Meßverfahrens getrennt zu behandeln. Auch hier beginnen wir mit dem Bau der Meßinstrumente. Man benutzt für diese die beiden Kennzeichen der elektrischen Spannung und unterscheidet demgemäß stromdurchflossene Spannungsmesser und statische Spannungsmesser („Elektrometer"). Wir behandeln beide Gruppen getrennt in den §§ 6 und 8.

§ 6. Technischer Aufbau statischer Spannungsmesser oder Voltmeter. Diese Instrumente benutzen die durch die Spannung hervorgerufenen „statischen" Kräfte. Sie entsprechen dem Prinzip einer Briefwaage: Die von den Spannungen herrührenden Kräfte rufen Ausschläge hervor, und diese werden an einer Skala abgelesen. Wir nennen aus einer großen Reihe nur drei verschiedene Ausführungsformen:

a) Das „Goldblattvoltmeter" (Abb. 24), altertümlich. In das Metallgehäuse A ragt, durch Bernstein B isoliert, ein Metallstift hinein. An diesem

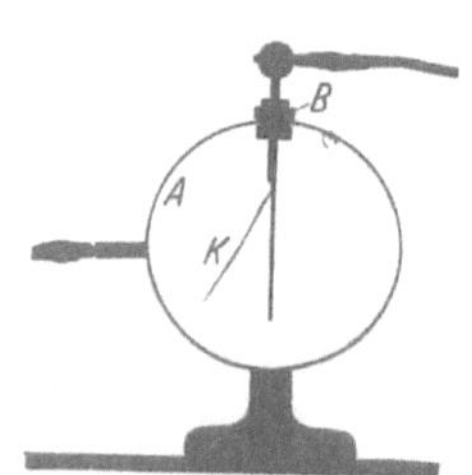

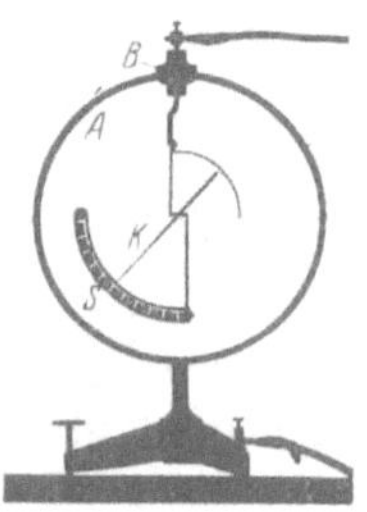

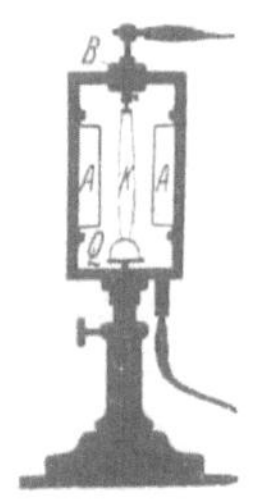

Abb. 24. Statischer Spannungsmesser mit einem Goldblattzeiger. (Instrumente mit Glasgehäuse sind unbrauchbar, § 16.)

Abb. 25. Statischer Spannungsmesser mit einem Aluminiumzeiger in Spitzenlagerung. Brauchbar von einigen Hundert bis etwa 10000 Volt.

Abb. 26. Attrappe eines „Zweifadenelektrometers" od. „Zweifadenvoltmeters". Meßbereich etwa 30 bis 400 Volt.

befindet sich seitlich als beweglicher Zeiger ein Blättchen K aus Goldschaum. Zwischen A und K wird die Spannung hervorgerufen, z. B. durch Verbindung mit einer Stromquelle. Der Goldschaumzeiger wird von der Wand angezogen und die Größe des Ausschlages an einer Skala abgelesen.

b) Das „Zeigervoltmeter" (Abb. 25). Alles wie bei a), nur ist das Goldblättchen durch einen zwischen Spitzen gelagerten Aluminiumzeiger K ersetzt. Diese Instrumente werden heute für Spannungen von 50 Volt aufwärts in sehr handlicher Form in den Handel gebracht. Die Abb. 28 zeigt ein Beispiel.

c) Das „Zweifadenvoltmeter" (Abb. 26). Auch bei ihm ist ein Metallstift durch Bernstein B isoliert in ein Metallgehäuse A eingeführt. Am Stift hängt eine Schleife K aus feinem Platindraht. Sie wird unten durch einen kleinen Quarzbügel Q gespannt. Elektrische Spannungen zwischen K und A nähern die Fäden den Wänden oder genauer den an den Wänden sitzenden Drahtbügeln. Der Abstand der Fäden wird also größer. Man mißt die Abstandsvergrößerung mit einem Mikroskop. Abb. 27 gibt ein Bild des Gesichtsfeldes mit der Skala. Das Zweifadenvoltmeter ist vorzüglich zur Projektion geeignet. Es ist infolge seiner momentanen Einstellung ein ungemein bequemes Meß- und Vorführungsinstrument.

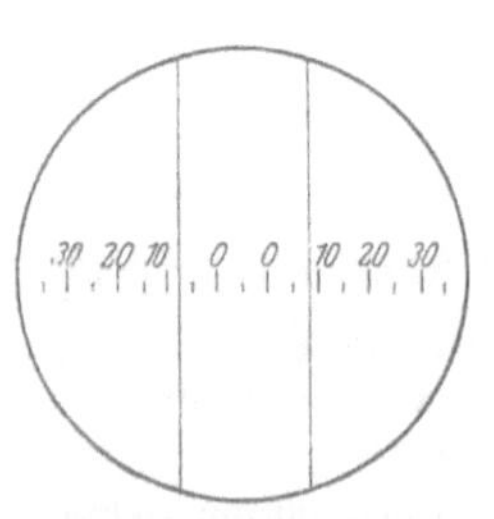

Abb. 27. Gesichtsfeld eines Zweifadenvoltmeters.

§ 7. Die Eichung der Spannungsmesser oder Voltmeter beruht auf der willkürlichen Festlegung eines Meßverfahrens und einer Spannungseinheit. Das einfachste Meßverfahren benutzt eine Reihenschaltung von n gleichgebauten Elementen (Abb. 30) und nennt die Spannung zwischen den Enden der Reihe n-mal so groß wie die eines Elementes. Aus der großen Zahl der chemischen Stromquellen wird ein bestimmtes Element als „Normalelement" ausgewählt und seine Spannung heute 1,0186 Volt genannt. Man benutzt also als Spannungseinheit 1 Volt, und alle Spannungen werden in Vielfachen dieser Einheitsspannung angegeben.

Die Dezimalen beruhen auf internationalen Vereinbarungen. Sie sind außerordentlich zweckmäßig gewählt. Das wird man in § 28 erkennen. — Das heute benutzte Normalelement enthält als Elektroden nicht Zink und Kohle, wie die bekannten Elemente unserer Taschenlampen und Hausklingeln, sondern Quecksilber und Kadmium (§ 137).

§ 8. Stromdurchflossene Spannungsmesser oder Voltmeter sind im Prinzip umgeeichte Amperemeter. Die Möglichkeit dieser Umeichung beruht auf einem festen Zusammenhang von Spannung und Strom in metallischen Leitern.

Man definiert allgemein für jeden Leiter als Widerstand[1] das Verhältnis

$$\frac{\text{Spannung } U \text{ zwischen den Enden des Leiters}}{\text{Strom } I \text{ im Leiter}}$$

Dieses als Widerstand definierte Verhältnis U/I hängt im allgemeinen in komplizierter Weise vom Strom ab. In Sonderfällen aber findet man für das Verhältnis U/I einen konstanten Wert. Diesen konstanten Wert bezeichnet man mit dem Buchstaben R und mit ihm formuliert man das Ohmsche Gesetz:

Die Spannung U zwischen den Enden des Leiters und der Strom I im Leiter sind einander proportional oder das Verhältnis beider, der Widerstand U/I, hat einen konstanten Wert R. In Gleichungsform

$$\boxed{U = I \cdot R.} \tag{1}$$

Einen solchen Sonderfall der Gültigkeit des Ohmschen Gesetzes findet man bei metallischen Leitern konstanter Temperatur.

Das zeigt man mit der in Abb. 31 gezeichneten Anordnung. Eine Stromquelle B schickt einen Strom durch einen metallischen Leiter $K\,A$, z. B. von

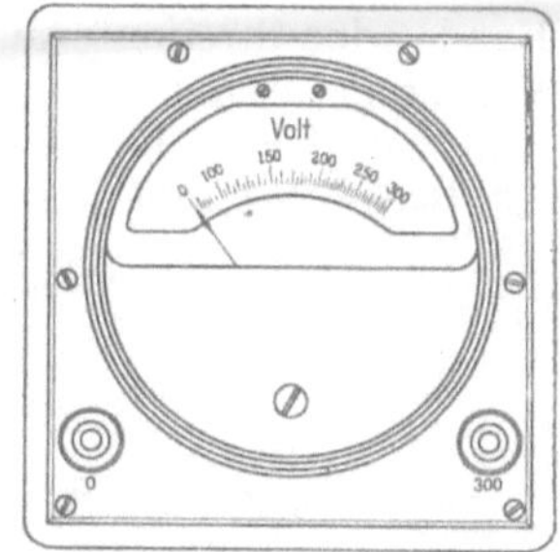

Abb. 28. Handlicher statischer Spannungsmesser für 50—300 Volt. Im Innern befindet sich eine zwischen Spitzen drehbar gelagerte, mit dem Zeiger verbundene Scheibe K. Sie wird in eine seitwärts angebrachte Metallkammer hereingezogen. Die Ruhelage wird durch eine an der Achse angreifende Schneckenfeder bestimmt. Schweizer Präzisionsarbeit.

Abb. 29. Zeichenschema eines „statisch. Spannungsmessers", „statischen Voltmeters" oder „Elektrometers". Ohne Eichung auch „Elektroskop" genannt.

Abb. 30. Reihenschaltung von 6 Elementen.

---

[1] Das Wort „Widerstand" wird in der Elektrizitätslehre in dreierlei verschiedenen Bedeutungen gebraucht. Erstens bezeichnet es das Verhältnis Spannung zu Strom, U/I, für einen beliebigen Leiter. Zweitens bezeichnet es einen Apparat, z. B. einen aufgespulten Draht, wie in Abb. 34. Im dritten Fall bedeutet Widerstand, wie im täglichen Leben, eine der Geschwindigkeit entgegengerichtete Kraft. Näheres auf S. 190.

Band- oder Streifenform. Das Amperemeter $\mathfrak{A}$ mißt den Strom I im Leiter, das Voltmeter $\mathfrak{B}$ die Spannung U zwischen den Enden des Leiters $K\,A$. — Wir benutzen der Reihe nach verschiedene Stromquellen (z. B. einige Elemente, die städtische Zentrale usw.) und verändern dadurch den Strom I. Dann dividieren wir zusammengehörige Zahlenwerte von U und I und finden U/I konstant. Man mißt also das als Widerstand definierte Verhältnis U/I in Volt/Ampere. Für das Verhältnis Volt/Ampere hat man international als Kürzung das Wort Ohm eingeführt.

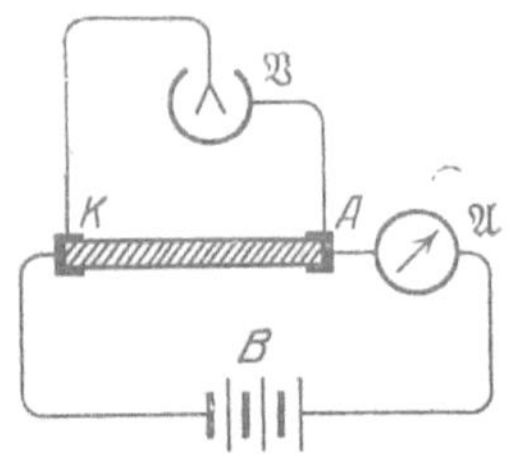
Abb. 31. Zur Vorführung des Ohmschen Gesetzes.

In Abb. 31 ergebe sich beispielsweise für unseren Leiter $K\,A$ das Verhältnis $U/I = 500$ Volt/Ampere. Also heißt es kurz: Der Leiter $K\,A$ hat einen Widerstand $R = 500$ Ohm. Der Widerstand eines Leiters wird in Zukunft oft für uns wichtig sein. Dann werden wir den Leiter in unseren Schaltskizzen nach einer der beiden aus Abb. 32 ersichtlichen Weisen darstellen. — So weit die Definition des Wortes Widerstand und das Ohmsche Gesetz.

Das Ohmsche Gesetz ermöglicht nun eine Umeichung eines Amperemeters in ein Voltmeter. — Wir erinnern zunächst an ein mechanisches Beispiel aus dem täglichen Leben, nämlich die Geldzählwaage.

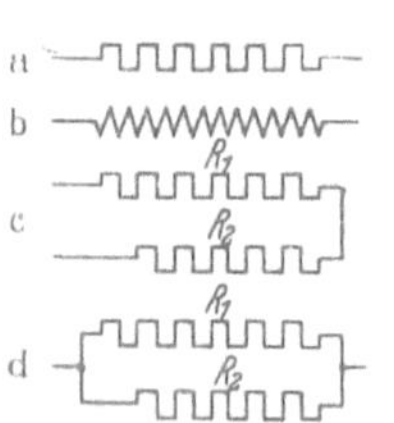
Abb. 32. Zeichenschema eines Widerstandes; a) mitverschwindend kleinem, b) mit endlichem Selbstinduktionskoeffizienten. Der Unterschied ist für den Leser erst ab S. 135 zu beachten. c) Zeichenschema für die Reihenschaltung zweier Widerstände. Der Gesamtwiderstand R ist gleich der Summe $R_1 + R_2$. d) Zeichenschema für die Parallelschaltung zweier Widerstände. Der Gesamtwiderstand R ergibt sich nach der Gleichung
$$\frac{1}{R} = \frac{1}{R_1} + \frac{1}{R_2}$$
(G. S. Ohm).

Eine Briefwaage ist im allgemeinen auf Gramm geeicht. Wir können sie leicht auf Goldmark umeichen. Sie gibt uns dann sofort den Markbetrag eines Haufens auf die Waagschale geschütteter Goldstücke.

Wir kennen das Goldwert genannte Verhältnis

$$\frac{\text{Geldbetrag}}{\text{Masse des Goldes}} = 2{,}79 \frac{\text{Reichsmark}}{\text{Gramm}}.$$

Folglich haben wir die Zahlen der Grammeichung nur mit einem konstanten Faktor, nämlich mit 2,79 Reichsmark/Gramm zu multiplizieren, um die Grammeichung in eine Markeichung zu verwandeln.

Genau entsprechend kann man bei der Umeichung der wichtigsten Strommesser verfahren, nämlich der Strommesser auf magnetischer Grundlage. Diese enthalten in ihrem Innern einen vom Strom durchflossenen Leitungsdraht, meist in Spulenform. Für den Draht kennen wir das Widerstand genannte Verhältnis

$$\frac{\text{Spannung}}{\text{Strom}} = \text{x} \, \frac{\text{Volt}}{\text{Ampere}} = \text{x Ohm};$$

in ihm ist x ein Zahlenwert. Folglich haben wir nur die Ampereeichung mit dem Faktor $R = \text{x}$ Volt/Ampere zu multiplizieren, um die Ampereeichung in eine Volteichung zu verwandeln.

Bei Hitzdrahtstrommessern ist die Umeichung auf Volt nicht ganz so einfach wie bei den Strommessern auf magnetischer Grundlage. Durch die Erwärmung des Drahtes tritt an die Stelle der Gleichung (1) ein verwickelterer Zusammenhang von Spannung und Strom.

Wir wiederholen: die stromdurchflossenen Spannungsmesser sind grundsätzlich nichts anderes als umgeeichte Strommesser. Deswegen zeichnen wir sie in unseren Schaltskizzen mit dem Schema der Abb. 18 oder 22, im Unterschied von Abb. 29, dem Schema eines statischen Voltmeters.

§ 9. Einige Beispiele für Ströme und Spannungen verschiedener Größe.

a) Spannungen von der Größenordnung 1 Volt herrschen zwischen den Klemmen der elektrischen Elemente für Hausklingeln usw.

b) Einige hundert Volt beträgt die Spannung zwischen den Kontaktanschlüssen der städtischen Zentralen. In Göttingen sind es 220 Volt.

c) Bei Tausenden von Volt gibt es Funken. Rund 3000 Volt vermögen eine Luftstrecke von 1 mm zu durchschlagen.

d) Zwischen den Fernleitungen der Überlandzentralen benutzt man meistens Spannungen von etwa 15 000 Volt, neuerdings sogar bis zu 200 000 Volt.

e) Rund 10^9 Volt herrschen während eines Gewitters zwischen den Wolken und der Erde. Sie rufen die Blitze hervor.

Man braucht für viele Versuche veränderliche Spannungen. Diese kann man durch einen Kunstgriff als Bruchteile einer Höchstspannung herstellen. Man benutzt die Spannungsteilerschaltung (Abb. 33). Man verbindet die beiden Klemmen der Stromquelle B durch einen „Widerstand" $K A$. Das ist in praxi stets ein spiralig auf eine Trommel aufgewickelter, schlecht leitender Metalldraht aus bestimmten Legierungen. Dann herrscht zwischen den Enden $K A$ des Widerstandes die volle Spannung der Stromquelle. Zwischen einem Ende des Widerstandes und der Mitte herrscht die halbe Spannung und so fort für die anderen Bruchteile. Wir schließen daher einen Draht *1* an ein Ende des Widerstandes, einen zweiten Draht *2* an einen metallischen Läufer G. Dann können wir durch Verschieben des Läufers G zwischen *1* und *2* jede Spannung zwischen Null und der Höchstspannung herstellen. — Die Abb. 34 zeigt eine handliche Ausführung eines solchen Widerstandes für Spannungsteilerschaltungen. Der Griff G dient zum Verschieben des Läufers.

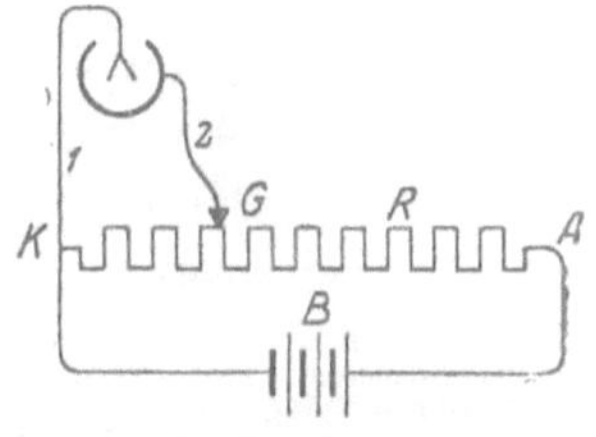

Abb. 33. Schema der Spannungsteilerschaltung.

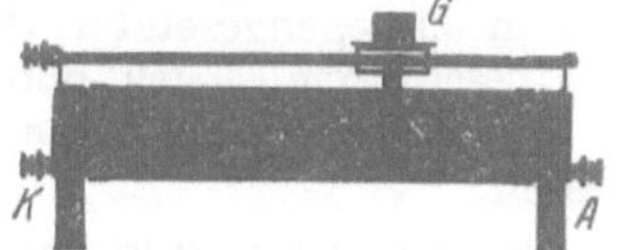

Abb. 34. Technische Ausführung eines Widerstandes mit Gleitkontakt G. Der Draht ist auf einen isolierenden Zylinder aufgespult.

Nunmehr ein paar Beispiele für Ströme in Ampere.

a) Ströme von der Größenordnung 1 Ampere, oft auch nur einigen Zehnteln, durchfließen die gewöhnlichen Glühlampen der Zimmerbeleuchtung.

b) 100 Ampere ist etwa der Strom für den Wagen einer elektrischen Straßenbahn.

Abb. 35. Einschaltung einer Versuchsperson in einen Stromkreis. Strommesser nach dem Schema der Abb. 8. Die Handgriffe enthalten unsichtbare Schutzwiderstände. Sie verhindern auch bei Schaltungsfehlern eine Gefährdung der Versuchsperson.

Abb. 36. Messung des von einer Holtzschen (!) Influenzmaschine gelieferten Stromes mit einem Drehspulamperemeter (Schema der Abb. 8).

c) 10^{-3} Ampere nennt man 1 **Milliampere**. Ströme von etlichen Milliampere (etwa 3 bis 5) vermag unser Körper gerade zu spüren. Das zeigt man mit der Anordnung der Abb. 35. Die Versuchsperson ist mittels zweier metallischer Handgriffe in den Strom eingeschaltet. Die erforderliche Spannung erhöht man langsam und gleichmäßig nach dem oben erläuterten Spannungsteilverfahren.

d) Ströme von etwa 10^{-5} Ampere liefert das als „**Influenzmaschine**" bekannte Kinderspielzeug. Wir messen diesen Strom in Abb. 36 mit einem technischen Amperemeter. Man begegnet noch häufig einem seltsamen Vorurteil: Eine Influenzmaschine soll „statische Elektrizität" liefern, ein Amperemeter aber nur „galvanische" messen können. Einen Unterschied zwischen statischer und galvanischer Elektrizität gibt es nicht!

e) 10^{-6} Ampere nennt man 1 **Mikroampere**. Ströme dieser Größenordnung können wir leicht mit unserem Körper erzeugen. Wir umfassen in Abb. 37 mit beiden Händen je einen metallischen Handgriff. Von den beiden Handgriffen führen Leitungsdrähte zum Amperemeter mit Spiegelablesung, meist Spiegelgalvanometer genannt. Bei zwangloser Haltung der Hände beobachten wir keinen Strom. Dann spannen wir die Fingermuskel der einen Hand und beobachten am Galvanometer einen Strom der Größenordnung 10^{-6}

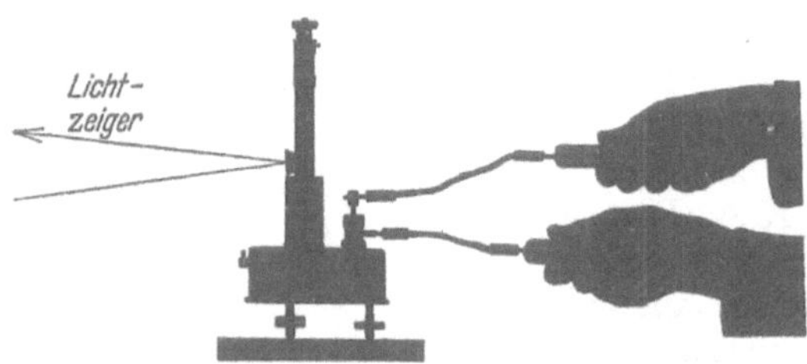

Abb. 37. Beobachtung schwacher Ströme beim Spannen der Fingermuskeln. Das Drehspulgalvanometer (Schema der Abb. 8) mit Spiegel und Lichtzeiger ist durch besonders kurze Schwingungsdauer ($T = 0{,}5$ sec) ausgezeichnet.

Ampere. Beim Spannen der anderen Hand beobachten wir den gleichen Strom, aber in entgegengesetzter Richtung.

(Dieser Strom entsteht durch Vorgänge in der Haut und nicht im Muskel!)

f) Gute Spiegelgalvanometer lassen Ströme bis herab zu etwa $3 \cdot 10^{-12}$ Ampere messen.

Diese untere Grenze ist durch die Brownsche Molekularbewegung des bewegten Systems (Drehspule usw.) bestimmt. Bei noch größerer Empfindlichkeit (leichtere Spule oder feinere Aufhängung) bewegt sich der Nullpunkt des Instruments, wenngleich viel langsamer, so doch genau so regellos wie ein Staubteilchen in Brownscher Bewegung. (Mechanikband § 152.)

§ 10. Stromstöße und ihre Messung. Sehr oft hat man es bei physikalischen Versuchen mit zeitlich konstanten Strömen zu tun. Dann stellt sich der Zeiger

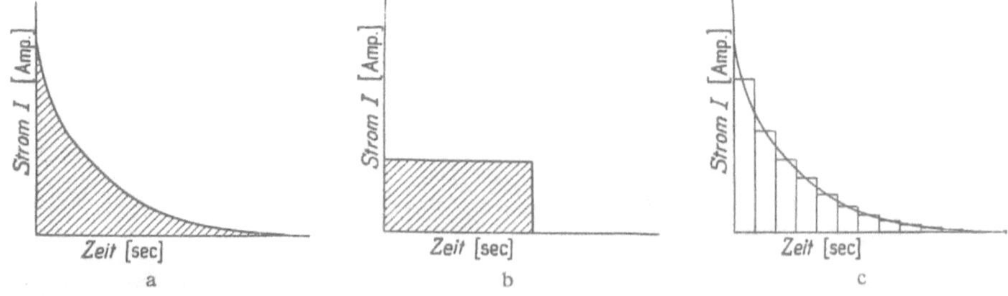

Abb. 38a-c. Drei Beispiele für „Zeitsummen des Stromes" od. „Stromstöße", gemessen in Amperesekunden.

eines Strommessers auf einen Skalenteil ein und verharrt dort mit einem **Dauerausschlag**. Bei vielen Messungen kommen jedoch auch kurzdauernde Ströme vor, beispielsweise mit dem in Abb. 38a skizzierten Verlauf: Der Strom sinkt innerhalb einer Zeit t von seinem Anfangswert auf Null herunter. Die schraffierte Fläche hat die Bedeutung einer „Stromzeitsumme" ($\int I\,d\,t$). Man gibt dieser Stromzeitsumme einen kurzen und treffenden Namen, nämlich „Stromstoß". Dies Wort ist in Analogie zum „Kraftstoß" ($\int \Re\,d\,t$) in der Mechanik gebildet worden. Das einfachste Beispiel eines Stromstoßes zeigt uns die Abb. 38b: Ein konstanter Strom I fließt während der Zeit t. Die Größe dieses Stromstoßes wird durch das Produkt Strom mal Zeit bestimmt, beträgt also $I \cdot t$ [Amperesekunden]. In entsprechender Weise kann man auch durch Summenbildung (vgl. Abb. 38c) Stromstöße von beliebigem zeitlichem Verlauf in Amperesekunden auswerten. Das ist aber zu umständlich, und so macht man es auch nur auf dem Papier.

In Wirklichkeit ist ein Stromstoß eine ganz besonders bequem meßbare Größe. **Man braucht zur Messung eines Stromstoßes nur eine einzige Zeigerablesung eines Strommessers.** Der Strommesser muß in diesem Falle lediglich zwei Bedingungen erfüllen:

1. **Bei konstanten Strömen müssen die Dauerausschläge des Zeigers dem Strom proportional sein.** Das ist besonders weitgehend bei den Drehspulgalvanometern der Fall (§ 4).

2. Die Schwingungsdauer des Zeigers muß groß gegenüber der Flußzeit des Stromes sein. Dann reagiert der Strommesser auf einen Stromstoß **mit einem Stoßausschlag.** D. h. der Zeiger schlägt aus, kehrt um und geht sofort zum Nullpunkt zurück.

Für derartige Galvanometer ist der Stoßausschlag dem Stromstoß proportional. Den Grund für dies Verhalten findet man in § 48 des Mechanikbandes. — Man erhält also ein **konstantes** Verhältnis

$$\frac{\text{Stromstoß}}{\text{Stoßausschlag}} = B_I$$

und nennt es die **ballistische Stromempfindlichkeit** des Galvanometers.

Zur Vorführung benutzen wir einen Stromstoß von rechteckiger Gestalt (Abb. 38b). D. h. wir schicken während kurzer, aber genau gemessener Zeiten t bekannte Ströme I durch ein langsam schwingendes Galvanometer hindurch. Dazu dient uns ein in das Uhrwerk einer Stoppuhr eingebauter Schalter (Abb. 39). Dieser Schalter ist nur so lange geschlossen, wie die Uhr läuft.

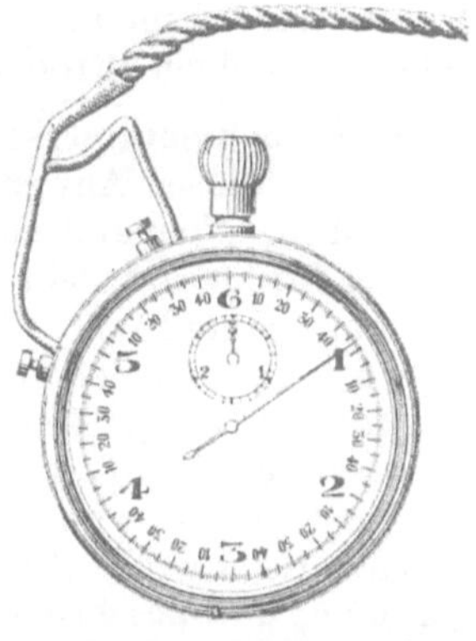

Abb. 39. Diese auf $^1/_{50}$ Sekunde ablesbare Stoppuhr schließt einen Stromkreis während der Laufzeit ihres Zeigers. Sie ermöglicht die bequeme Herstellung bekannter Amperesekunden. Ein kaum weniger bequemer Zeitschalter kann leicht mittels eines Grammophonuhrwerkes improvisiert werden.

Ein bekannter Strom I geeigneter Größe wird nach dem Schaltschema der Abb. 40 hergestellt. Mittels Spannungsteilung (S. 11) wird beispielsweise eine Spannung von $^1/_{100}$ Volt hergestellt. Diese Spannung treibt einen Strom durch das Galvanometer und durch einen Widerstand von 10^6 Ohm. Der durch das Galvanometer fließende Strom I beträgt dann nach dem Ohmschen Gesetz 10^{-2} Volt/10^6 Ohm $= 10^{-8}$ Amp. Mit dieser Anordnung beobachten wir Ausschläge α für verschiedene Produkte $I\,t$. Wir wiederholen die Messungen dann noch mit zwei größeren Strömen. Beide Male stoppen wir die Zeiten wieder beliebig zwischen einigen Zehnteln und etwa 2 Sekunden ab.

Dann bilden wir für die verschiedenen Messungen die Verhältnisse $B_I =$ Stromstoß $I\,t$/Stoßausschlag α und erhalten in allen Fällen den gleichen Wert, im Beispiel

$$B_I = 6 \cdot 10^{-9} \frac{\text{Amperesekunden}}{\text{Skalenteil}}.$$

Damit ist die Proportionalität von Stoßausschlag und Stromstoß für einen Stromstoß von rechteckiger Gestalt (Abb. 38b) erwiesen und gleichzeitig das Galvanometer ballistisch geeicht. Das Ergebnis läßt sich ohne weiteres verall-

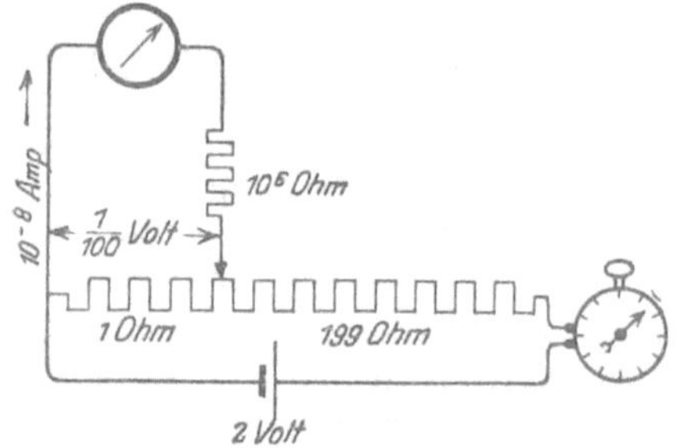

Abb. 40. Eichung der Stoßausschläge eines langsam schwingenden Strommessers in Amperesekunden.

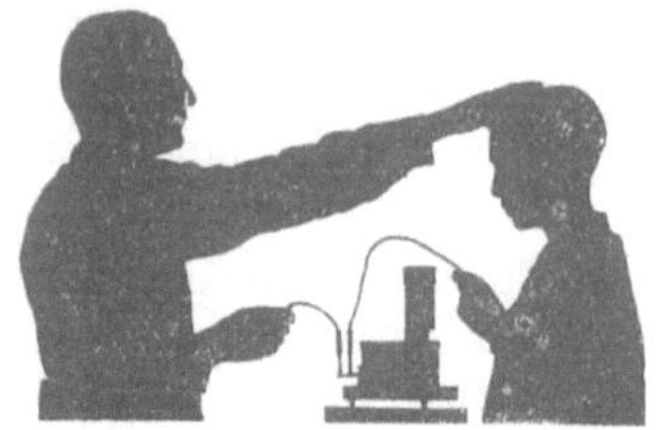

Abb. 41. „Reibungselektrisiermaschine". Gleiches Galvanometer wie in Abb. 75.

gemeinern: Jeder beliebige Stromstoß läßt sich gemäß Abb. 38c aus rechteckigen Stromstößen zusammensetzen.

Das so ballistisch in Amperesekunden geeichte Galvanometer wollen wir zur Messung eines unbekannten Stromstoßes benutzen. Zu diesem Zweck improvisieren wir in Abb. 41 eine „Reibungselektrisiermaschine". Statt Siegellack und Katzenfell nehmen wir die Hand des einen Beobachters und den Haarschopf des anderen. Einmal Streicheln gibt einen Stoßausschlag von etwa 16 Skalenteilen, also einen Stromstoß von rund 10^{-7} Amperesekunden.

§ 11. Schlußbemerkung. Wir können heute die elektrischen Erscheinungen in ihren zahllosen Anwendungen schlechterdings nicht mehr aus unserem Dasein fortdenken. Niemand von uns kann im täglichen Leben ohne die Begriffe elektrischer Strom und elektrische Spannung auskommen. Schon Kinder reden heute von Ampere und Volt. Wir knüpften daher, wie überall in den Grundlagen der Physik, auch bei der Darstellung der Elektrizitätslehre an die nächstliegenden Erfahrungen des täglichen Lebens an. Den Ausgangspunkt unserer Experimente bildeten nicht geriebener Bernstein und Papierschnitzel, sondern chemische Stromquellen, wie Taschenlampenbatterien und Akkumulatoren. Mit ihrer Hilfe entwickelten wir die Begriffe Strom und Spannung und beschrieben für beide unabhängig voneinander je ein leicht verständliches elektrisches Meßverfahren. Wir messen fortan Strom und Spannung als elektrische Größen auch in elektrischen Einheiten, in Vielfachen eines Einheitsstromes (Ampere) und einer Einheitsspannung (Volt).

Man braucht für die elektrische Meßtechnik zwei spezifisch elektrische Größen. Nur mit zwei elektrischen Größen kann man den Anschluß an die mechanischen Begriffe Kraft und Arbeit gewinnen. Nach Herstellung dieses Anschlusses (§ 28) läßt sich die eine dieser beiden Größen als abgeleitete messen, die zweite muß als spezifisch elektrische Grundgröße beibehalten werden, sonst erscheinen in den Einheiten und Dimensionen elektrischer und magnetischer Größen nur mechanische Einheiten. Das ist höchst unzweckmäßig, denn es erschwert ohne jeglichen Nutzen die Übersicht.

Rückschauend muß uns in der geschichtlichen Entwicklung der Elektrizitätslehre die Schaffung der Begriffe „elektrischer Strom" und „elektrischeSpannung" als eine entscheidende Leistung der wissenschaftlichen Pioniere erscheinen. Diese genial ersonnenen Begriffe sind für das tägliche Leben, für die Technik und für die Wissenschaft gleich brauchbar.

II. Das elektrische Feld.

Vorbemerkung. Der Zweck des ersten Kapitels war im § 1 angegeben: Es sollte ein kurzer Überblick über die wichtigsten der heute eingebürgerten Meßinstrumente für Strom und Spannung gegeben werden. Im Besitz dieser Hilfsmittel bringen wir nunmehr eine systematische, im wesentlichen historische Darstellung der Elektrizitätslehre. Wir beginnen mit dem elektrischen Feld und der elektrischen Ladung.

§ 12. Grundbeobachtungen. Elektrische Felder verschiedener Gestalt. Die Abb. 42 zeigt uns zwei einander parallele Metallplatten A und K. Ihre Träger enthalten Bernsteinisolatoren B. Wir verbinden die Platten durch zwei Drähte mit der städtischen Zentrale[1] und dann durch zwei andere mit einem Zweifadenvoltmeter. Wir haben dann das leicht verständliche Schema der Abb. 43a. Das Voltmeter zeigt uns zwischen den beiden Platten eine Spannung von 220 Volt. Als Ursache der Spannung wird man zunächst die Verbindung der beiden Platten mit der Zentrale ansprechen. Der Versuch widerlegt diese Auffassung. Die Spannung bleibt auch nach Abschaltung der beiden zur Zentrale führenden Leitungsdrähte erhalten (Abb. 43b). Das ist höchst wichtig.

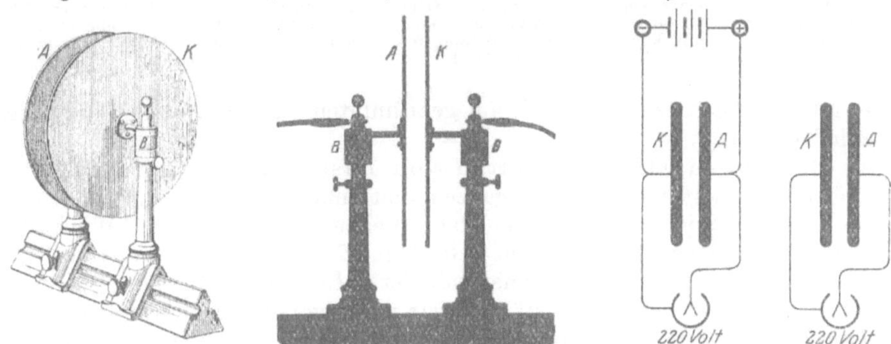

Abb. 42. Plattenkondensator mit Bernsteinisolatoren B im Lichtbild und im Schattenriß. Plattendurchmesser ca. 22 cm.

Abb. 43 a, b. KA Plattenkondensator, a in, b nach Verbindung mit der städtischen Zentrale.

Zwei weitere Versuche zeigen uns einen starken **Einfluß des Zwischenraumes** auf die Größe der Spannung.

1. Eine Vergrößerung des Plattenabstandes erhöht, eine Verkleinerung vermindert die Spannung. Die beiden Zeiger des Zweifadenvoltmeters folgen den Abstandsänderungen mit einer eindrucksvollen Präzision. Bei der Rückkehr in die Ausgangsstellung findet man die Ausgangsspannung, in unserem Beispiel also 220 Volt.

2. Wir schieben, ohne die Platten zu berühren, irgendeine dicke Scheibe aus beliebigem Material (Metall, Hartgummi usw.) in den Zwischenraum hinein (Abb. 44). Die Spannung sinkt auf einen Bruchteil herunter. Wir ziehen die Scheibe wieder heraus, und die alte Spannung von 220 Volt ist wieder hergestellt.

---

[1] Statt ihrer läßt sich auch gut eine aus der Radiotechnik bekannte Batterie von etwa 100 Volt Spannung verwenden.

Im Zwischenraum treten ganz eigenartige, sonst fehlende Kräfte auf, Beispiel in Abb. 45: Zwei feine Metallhaare (vergoldete Quarzfäden) spreizen auseinander.

Wir vergröbern diese Erscheinungen durch Erhöhung der Spannung: Wir ersetzen die städtische Zentrale durch eine kleine, schon als Kinderspielzeug erwähnte Influenzmaschine (einige tausend Volt Spannung). Dann bringen wir etwas faserigen Staub, z. B. kleine Wattefetzen, zwischen die Platten. Die Fasern haften auf den Platten und sträuben sich. Gelegentlich fliegen sie von der einen Platte zur anderen herüber,

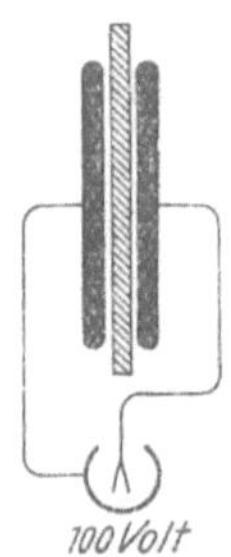

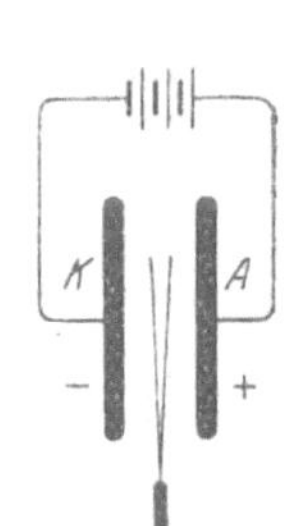

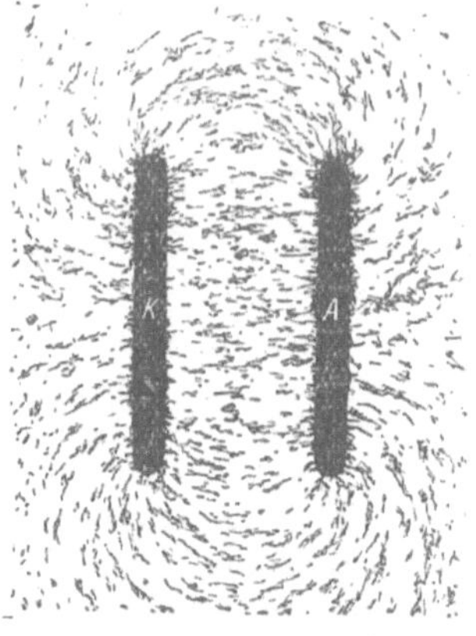

Abb. 44. Eine Platte aus beliebigem Material zwischen den Kondensatorplatten.

Abb. 45. Zwei vergoldete Quarzhaare spreizen auseinander. (Der Abstand der gespreizten Fäden muß klein gegen den Abstand der Platten A und K sein.)

Abb. 46. Elektrische Feldlinien eines Plattenkondensators, mit Gipskristallen sichtbar gemacht. Diese sowie alle folgenden Bilder elektrischer Feldlinien ohne Retusche.

in der Mitte auf geraden, am Rande auf gekrümmten Bahnen. (Besonders hübsch im Schattenriß!)

An dies eigenartige Verhalten von Faserstaub knüpfen wir an. Wir versuchen es systematisch im ganzen Plattenzwischenraum zu beobachten. Zu diesem Zweck wiederholen wir die letzten Versuche „flächenhaft". Wir kleben z. B. statt der beiden Platten K und A in Abb. 42 zwei Stanniolstreifen auf eine Glasplatte und stellen zwischen ihnen mit der Influenzmaschine eine Spannung von etwa 3000 Volt her. Dann stäuben wir unter vorsichtigem Klopfen irgendwelchen Faserstaub, z. B. gepulverte Gipskristalle, auf die Glasplatte. Die kleinen Kristalle ordnen sich in eigentümlicher, linienhafter Weise an, wir sehen ein Bild „elektrischer Feldlinien" (Abb. 46). Sie gleichen äußerlich den mit Eisenfeilicht sichtbar gemachten magnetischen Feldlinien (Abb. 1 bis 4).

Wir können diesen Versuch mannigfach abändern. Als Beispiele lassen wir die eine der beiden Platten zu einer Kugel oder einem Draht entarten. Dann bekommen wir „flächenhaft" die Bilder der Abb. 47 oder 48.

Auf Grund der bisherigen Beobachtungen führen wir zwei neue Begriffe ein:

1. Zwei Leiter, zwischen denen wir eine elektrische Spannung herstellen, nennen wir einen Kondensator.

2. Den Raum zwischen diesen beiden Körpern, das Gebiet der Feldlinien, nennen wir ein elektrisches Feld.

Wir müssen die Grundvorstellungen der elektrischen Welt ebenso der Erfahrung entnehmen wie die Grundvorstellungen der mechanischen Welt. Wir können z. B. die Erscheinung der „Schwere" nur durch vielfältige Erfahrung kennenlernen. Sonst können wir keine Mechanik treiben. Genau so müssen wir uns an Hand der Erfahrung mit der Vorstellung des elektrischen Feldes vertraut machen. Sonst können wir nie in die elektrische Welt eindringen. Durch ein elektrisches Feld bekommt ein Raumgebiet eine zuvor fehlende Vorzugsrichtung. Diese wird uns durch die Feldlinien bildhaft nahe gebracht. Man soll am Anfang ganz naiv und unbefangen verfahren. Man

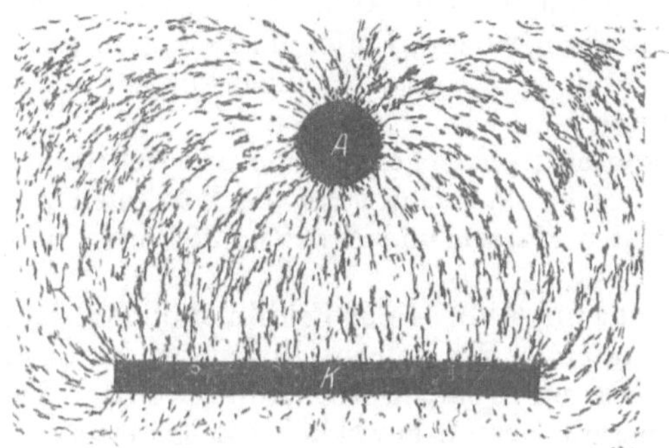

Abb. 47. Elektrische Feldlinien zwischen Platte und Kugel bzw. Draht.

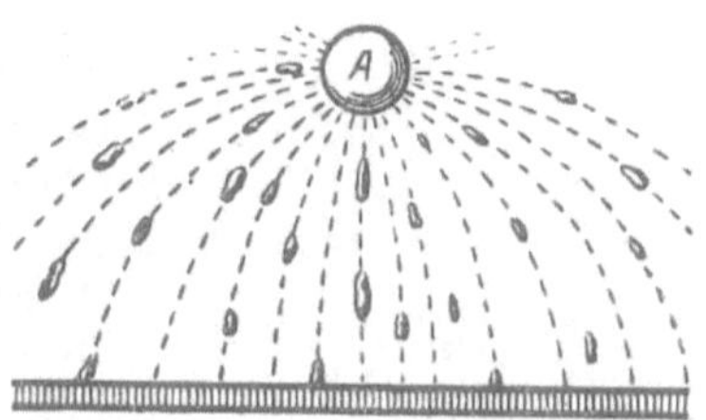

Abb. 48. Das gleiche Bild aus einer Darstellung von Joh. Carl Wilcke, 1777 (Flugbahnen von Blattgoldflittern).

möge ruhig in drastischer Vergröberung eine elektrische Feldlinie mit einer sichtbaren Kette von Faserstaub (z. B. Gipskristallen) gleichsetzen. Späterhin wird man ganz von selbst zwischen den elektrischen Feldlinien und ihrem grobanschaulichen Bild zu unterscheiden wissen.

Wir bringen noch vier weitere Beispiele von Kondensatoren verschiedener Gestalt und zeigen die zugehörigen Bilder der elektrischen Felder:

1. Zwei benachbarte Kugeln oder Drähte (Abb. 49 und 50).

So wie Abb. 49 sieht etwa das Feld zwischen den Polen unserer elektrischen Leitungsanschlüsse aus. Bei städt. Elektrizitätswerken ist meist die eine der beiden

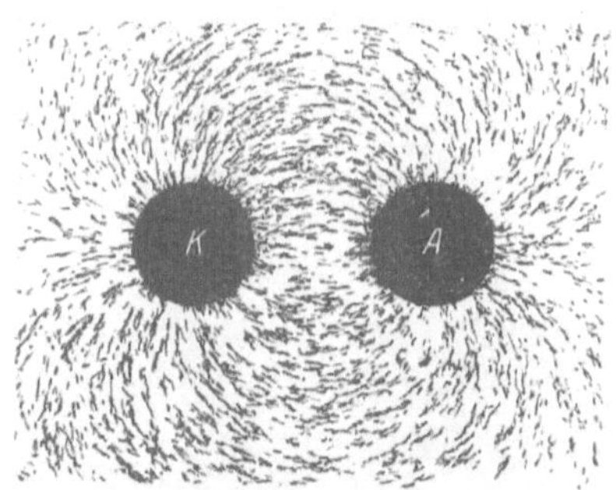

Abb. 49. Elektrische Feldlinien zwischen zwei Kugeln bzw. Paralleldrähten.

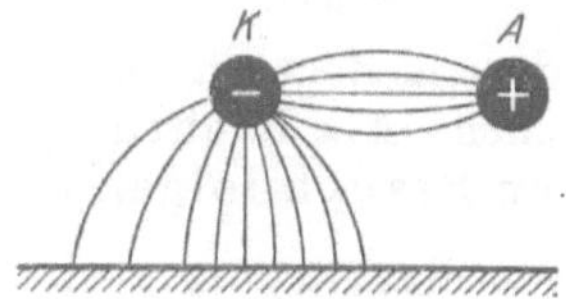

Abb. 50. Skizze der elektrischen Feldlinien zwischen den Leitungen der städtischen Zentrale und der Zimmerwand.

Abb. 51. Elektrische Feldlinien zwischen einem Elektrizitätsträger (altertümlich „Konduktor") und der Umgebung. J.C. Wilcke, einer der ersten Benutzer des Plattenkondensators, sagt 1757: „Es bilden nämlich der Konduktor die eine Platte A, die Beobachter die andere Platte K."

Leitungen dauernd mit dem Erdboden verbunden. Dann haben wir das in Abb. 50 skizzierte Feld. Und zwar ist in dieser Abbildung „Erdung" des positiven Poles angenommen. Bei freiliegenden Leitungen sieht man oft die Ansätze zu „Feldlinienbildern". Der eine Draht hat viel Staub angelagert und gleicht einer haarigen Raupe. Unter diesem Draht läuft auf der Wand ein staubiger Streifen. Er markiert die Fußpunkte der Feldlinien.

2. In der Abb. 51 befindet sich rechts ein „Elektrizitätsträger", d. h. die eine Hälfte eines Kondensators, etwa eine Metallscheibe A oder eine Kugel. Die andere Hälfte wird vom Erdboden, den Zimmerwänden, den Möbeln und dem Experimentator gebildet. Die Abb. 52 bringt eine zierliche Ausführungsform, einen „Löffel am Bernsteinstiel". Später folgt in Abb. 88 das Feld für einen kugelförmigen Elektrizitätsträger.

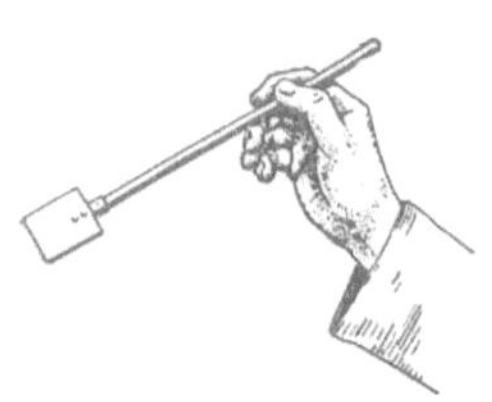

Abb. 52. „Löffel am Bernsteinstiel", kleiner „Konduktor" oder „Elektrizitätsträger".

3. Eine funkentelegraphische Antenne und der Rumpf eines Dampfers (Abb. 53). Man sieht die Feldlinien von der Antenne zu den Masten und dem Schiffskörper verlaufen.

4. Endlich gibt uns Abb. 54 das Feldlinienbild unseres statischen Voltmeters. Ein solches Voltmeter ist auch nichts anderes als ein Kondensator. Nur hat der eine der beiden Körper die Gestalt beweglicher Zeiger erhalten.

Ein Rückblick auf die vorgeführten elektrischen Felder zeigt uns zweierlei:

1. Alle Feldlinien enden stets senkrecht auf der Oberfläche der Kondensatorkörper.

2. Unter allen elektrischen Feldern sind zwei geometrisch durch besondere Einfachheit ausgezeichnet. In einem hinreichend flachen Plattenkondensator ist das Feld homogen. Seine Feldlinien verlaufen geradlinig in gleichen Abständen. — Ein kugelförmiger Elektrizitätsträger, weit vom zweiten Teil des Kondensators entfernt, liefert ein radialsymmetrisches Feld (Abb. 88).

Abb. 53. Elektrische Feldlinien zwischen Antenne und Schiffskörper.

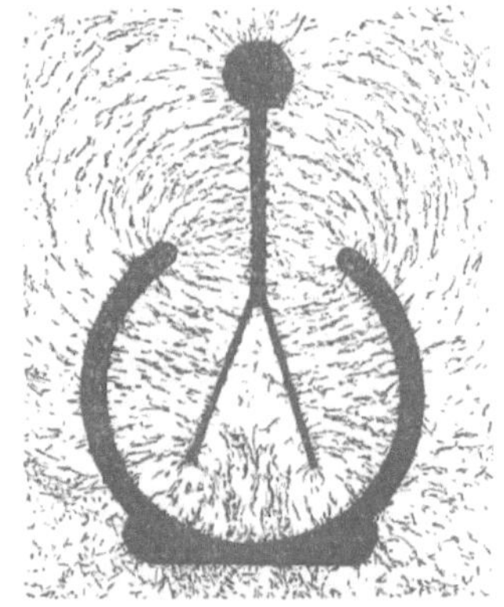

Abb. 54. Elektrische Feldlinien im statischen Voltmeter oder das Elektrometer als Kondensator.

Wir werden im folgenden ganz überwiegend von dem homogenen Felde hinreichend flacher Plattenkondensatoren Gebrauch machen. Als Richtung des Feldes werden wir von nun an dem allgemeinen Brauch folgend, die Richtung von Plus nach Minus angeben.

§ 13. Das elektrische Feld im Vakuum. (Robert Boyle vor 1694.) Alle im vorigen Paragraphen beschriebenen Versuche verlaufen im Hochvakuum genau so wie in Luft. Ein elektrisches Feld kann auch im leeren Raum existieren. Die Luft ist für die Beobachtungen im elektrischen Felde von ganz untergeordneter Bedeutung. Ihr Einfluß ist, von Funken und dergleichen abgesehen, nur bei sehr genauen Messungen erkennbar. Bei gewöhnlichem Atmosphärendruck werden nur etliche Zahlen in Luft um $0,6^0/_{00}$ anders beobachtet als im Hochvakuum. Dieser durch vielfache Erfahrung völlig gesicherte Befund wird durch das molekulare Bild der Luft verständlich. Die Abb. 55 ruft kurz das Wichtigste in Erinnerung: Sie stellt Zimmerluft bei etwa $2 \cdot 10^6$facher Linearvergrößerung dar, und zwar als „Momentbild". Die Moleküle sind als schwarze Punkte gezeichnet. Die Kugelgestalt ist willkürlich und gleichgültig. Der Durchmesser beträgt etwa $3 \cdot 10^{-10}$ m. Ihr mittlerer gegenseitiger Abstand ist rund zehnmal größer. Das Eigenvolumen der Luftmoleküle verschwindet also praktisch fast ganz neben der leeren Umgebung.

Für spätere Zwecke (Leitungsmechanismus in Kapitel XII) ergänzen wir das Bild der Luft gleich durch eine „Zeitaufnahme" von

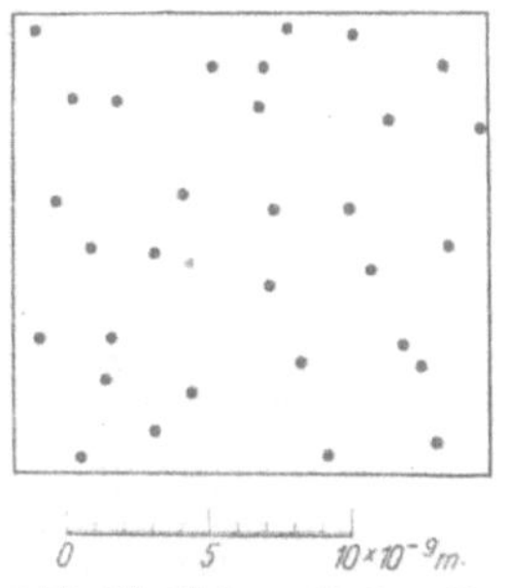

Abb. 55. Schematisches Momentbild von Zimmerluft in $2 \cdot 10^6$facher Vergrößerung.

Abb. 56. Freie Weglänge von Gasmolekülen in Zimmerluft. Vergrößerung $6 \cdot 10^4$fach.

rund 10^{-8} Sekunden Belichtungsdauer (Abb. 56). Es sind die Flugbahnen für drei Moleküle eingezeichnet, aber diesmal nur in $6 \cdot 10^4$facher Vergrößerung. Die geraden Stücke sind die freien „Weglängen" zwischen zwei Zusammenstößen (etwa 10^{-7} m). Jeder Knick entspricht einem Zusammenstoß mit einem der nicht gezeichneten Moleküle. Die Bahngeschwindigkeit beträgt bei Zimmertemperatur im Mittel rund 500 m/sec. 1 m³ Zimmerluft enthält rund $3 \cdot 10^{25}$ Moleküle.

§ 14. Die elektrischen Ladungen oder Substanzen. Wir fahren in der experimentellen Untersuchung des elektrischen Feldes fort und kommen zu folgendem, hier vorweggenommenem Befund: An den Enden der Feldlinien sitzt etwas Umfüllbares oder Übertragbares. Wir nennen es elektrische Ladung oder elektrische Substanz. Dabei müssen wir zwei Sorten unterscheiden (Charles F. du Fay 1733), und zwar nach einem Vorschlag von Lichtenberg (Göttingen 1778) als $+$ und $-$. Wir bringen aus einer Fülle von Versuchen zwei Beispiele:

1. In Abb. 57 ist zwischen den beiden Platten eines Kondensators durch kurzdauerndes Berühren mit der $+$- und $-$-Klemme der städtischen Zentrale eine Spannung von 220 Volt hergestellt worden. Dann bringen wir zwischen die Platten einen scheibenförmigen Elektrizitätsträger (Abb. 52) und bewegen ihn im Sinne des Doppelpfeiles hin und her. Am Ende der Bahn lassen wir den Träger jedesmal die Plattenfläche berühren. Bei jeder solchen Übertragung sinkt die Spannung. Der Träger schleppt negative Ladung von links nach rechts und positive von rechts nach links.

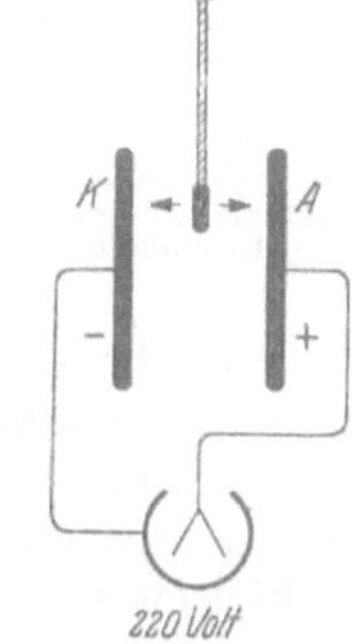

Abb. 57. Ein Elektrizitätsträger überträgt elektrische Ladungen.

2. In Abb. 58 sehen wir oben die $+$- und die $-$-Klemme der städtischen Zentrale, unten den Plattenkondensator mit dem Voltmeter, jedoch diesmal ohne Spannung. Dann bewegen wir einen kleinen Elektrizitätsträger abwechselnd im Pfeilsinne längs den gestrichelten Bahnen. Zwischen den Kondensatorplatten

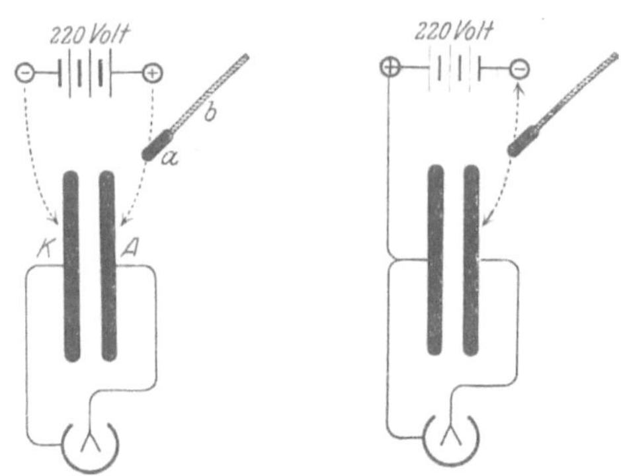

Abb. 58. Umfüllen elektrischer Substanzen von den Polen der städtischen Zentrale in die Platten eines Kondensators.

Abb. 59. Vereinfachte Variante dieses Versuches. Die positiven Elektrizitätsatome werden der linken Kondensatorplatte durch Leitung, die negativen der rechten Kondensatorplatte mittels eines „Elektrizitätsträgers" zugeführt.

entsteht eine Spannung, und sie wächst bei jeder weiteren Übertragung. Dann überkreuzen wir die Bahnen, von der —-Klemme nach A und von der $+$-Klemme nach K: Jetzt sinkt die Spannung, es werden Ladungen vom „verkehrten" Vorzeichen übertragen.

Später werden wir sehen: Wie alle Substanzen sind auch die elektrischen in Atome unterteilbar. Die Existenz negativer und positiver Elektrizitätsatome ist für unser ganzes physikalisches Weltbild von fundamentaler Bedeutung. Ein negatives Elektrizitätsatom wird meistens kurz als „Elektron" bezeichnet. Das sei der Klarheit halber schon hier bemerkt. Wir können fortan ohne unzulässige Vorwegnahme durcheinander die Worte „elektrische Ladungen" oder „Elektrizitätsatome" benutzen.

§ 15. Feldzerfall durch Materie. Wir stellen in üblicher Weise ein elektrisches Feld her und überbrücken dann nachträglich die Kondensatorplatten durch einen Körper (Abb. 60). Diesen Versuch führen wir nacheinander mit verschiedenen Substanzen aus, etwa in der Reihenfolge Metall, Holz, Pappe, Taschentuch, Glas, Hartgummi, Bernstein. In allen Fällen ist das Ergebnis qualitativ das gleiche: das elektrische Feld zerfällt, die Spannung zwischen seinen Enden verschwindet. Quantitativ aber finden wir krasse Unterschiede: Metalle zerstören das Feld sehr rasch, die Fäden des Voltmeters klappen in unmeßbar kurzer Zeit zusammen. Beim Holz dauert es schon einige Sekunden, bei der Pappe oder dem Gewebe noch länger. Beim Hartgummi sind viele Minuten erforderlich, beim Bernstein erfolgt der Feldzerfall erst im Verlauf von Stunden oder Tagen.

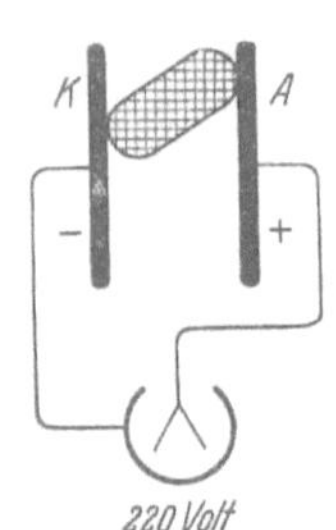

Abb. 60. Ein Körper überbrückt die beiden Kondensatorplatten.

Auf diese Weise ordnet man die Körper in eine Reihe, genannt die Reihe abnehmender „Leitfähigkeit". Die Anfangsglieder der Reihe nennt man gute Leiter, die Endglieder Isolatoren.

Es gibt keinen Leiter schlechthin und keinen Isolator schlechthin. Kein Leiter ist vollkommen, er braucht zur Zerstörung des Feldes eine zwar nur sehr kurze, aber doch endliche Zeit. Jeder Isolator leitet etwas, d. h. er zerstört das Feld, wenn auch erst in langer Zeit. Dauernd beständig vermag ein elektrisches Feld nur zwischen zwei kalten, im Vakuum frei schwebenden Körpern zu existieren.

Die Unterscheidung von Leitern und Isolatoren stammt von Stephan Gray (1729), den stetigen Übergang zwischen beiden hat Franz Ulrich Theodor Aepinus (1759) gefunden.

§ 16. Beweglichkeit der Elektrizitätsatome in Leitern, Unbeweglichkeit in Isolatoren. Wir knüpfen unmittelbar an die letzten Versuche an und fragen: Wie können die ins Feld gebrachten Körper das Feld zerstören? Eine einleuchtende Antwort ergibt sich aus einem Vergleich der Abb. 60 und 57.

In Abb. 57 wurden elektrische Ladungen durch einen Träger von der einen Platte zur anderen hinübergeschafft, die negativen von links nach rechts, die positiven von rechts nach links. So können sich die Elektrizitätsatome paarweise vereinigen und eng zusammenlegen. Dann treten ihre Feldlinien nach außen hin nicht mehr in Erscheinung, das Feld zwischen den Kondensatorplatten verschwindet.

In Abb. 60 verschwindet das Feld bei einer Überbrückung der Kondensatorplatte durch einen Körper. Daraus ergibt sich zwanglos die Folgerung: Die Elektrizitätsatome können sich irgendwie durch den Körper hindurchbewegen, sich so einander nähern und paarweise vereinigen[1]. Somit kommen wir zu dem Schluß: Elektrizitätsatome sind in Leitern beweglich.

Für Isolatoren hat man dann sinngemäß das Fehlen einer nennenswesten Beweglichkeit anzunehmen. Das Experiment bestätigt diese Auffassung. Man kann das feste Haften elektrischer Ladungen auf oder in Isolatoren in mannigfacher Weise vorführen. Wir beschränken uns auf zwei Beispiele:

1. Wir wiederholen den in Abb. 59 gezeigten Umfüllversuch, benutzen jedoch als Elektrizitätsträger diesmal außer der Metallscheibe auch eine Scheibe aus Siegellack, also irgendeinen guten Isolator. Außerdem nehmen wir (Abb. 61) zur Abwechslung einmal etwas gröbere Hilfsmittel: Als Stromquelle eine kleine Influenzmaschine, als Voltmeter das aus Abb. 25, S. 8, bekannte Zeigerinstrument. Beide Elektrizitätsträger verhalten sich durchaus verschieden. Beim leitenden Metallöffel genügt eine punktweise Berührung sowohl bei der Aufnahme wie bei der Abgabe der Ladungen. Ganz anders beim Träger aus isolierendem Material. Bei

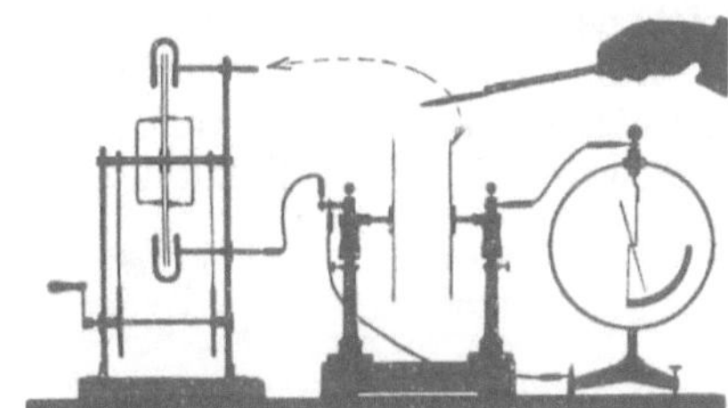

Abb. 61. Übertragung von Ladungen mit Elektrizitätsträgern aus verschiedenem Material. Links Influenzmaschine.

punktweiser Berührung bekommen wir nur kleine Ausschläge am M⌒ßinstrument. Zur Übertragung größerer Elektrizitätsmengen müssen wir sowohl bei der Aufnahme wie bei der Abgabe den Träger an den Klemmen bzw. Kondensatorplatten entlang streichen. Bei der Aufnahme müssen wir nacheinander die Elektrizitätsatome auf die einzelnen Teile des Trägers „aufschmieren", bei der Abgabe wieder „abkratzen".

2. Man kann auf Isolatorflächen „Flecken" elektrischer Ladungen machen. Man kann diese Flecken auch wie Fettflecken auf einem Stoff durch Einstauben sichtbar machen. Man legt z. B. eine isolierende Platte aus Glas zwischen ein Metallblech und eine Drahtspitze. Das Blech verbindet man mit dem einen Pol einer Stromquelle hoher Spannung, z. B. einer Influenzmaschine. Vom anderen Pol der Stromquelle läßt man zur Drahtspitze einen kleinen Funken überschlagen. — Zunächst sieht

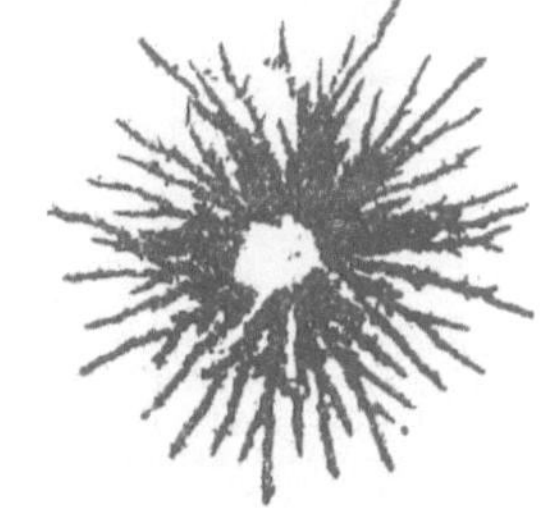

Abb. 62. Elektrischer Fleck (Lichtenbergische Figur).

---

[1] Hier taucht erfahrungsgemäß für den Anfänger eine ernste Schwierigkeit auf. Die Elektrizitätsatome sollen Substanzen sein, also unzerstörbar. Infolgedessen muß der Leiter an der Vereinigungsstelle positiver und negativer Elektrizitätsatome anschwellen und an Masse zunehmen. Diese Überlegung ist vollständig richtig und keineswegs mit der experimentellen Erfahrung in Widerspruch. Die ganze vermeintliche Schwierigkeit erledigt sich später durch die quantitative Erforschung des Leitungsmechanismus im XII. Kapitel in einfachster Weise.

das Auge nichts. Die Elektrizitätsatome auf der Glasplatte sind unsichtbar. Aber es gehen Feldlinien von ihnen in den Raum hinaus. Wir stauben ein feines Pulver, etwa Schwefelblume, auf die Fläche. Die Endpunkte der Feldlinien markieren sich durch haftenden Staub, genau wie unter einer elektrischen Leitung über einer weißen Zimmerwand (vgl. S. 17). Abb. 62 gibt das Bild einer solchen „Lichtenbergischen Figur" (Göttingen 1777).

§ 17. Influenz und ihre Deutung. (Johann Carl Wilcke, 1757.) Bei den bisherigen Versuchen über den Feldzerfall haben wir die beiden Kondensatorplatten durch den Leiter überbrückt. In der Fortführung der Versuche bringen wir jetzt ein begrenztes Leiterstück in ein elektrisches Feld. Damit gelangen wir zu der hochbedeutsamen Erscheinung der Influenz. Die Influenz wird uns später das Haupthilfsmittel zum Nachweis elektrischer Felder sein (Induktionsspule, Radioempfangsantenne usw.). Jetzt wird sie uns zunächst das folgende, hier vorangestellte Ergebnis bringen: **Ein Leiter enthält stets positive und negative Elektrizitätsatome, jedoch im gewöhnlichen „ungeladenen" Zustand gleich viel von beiden Vorzeichen. Die „Ladung"** eines Körpers bedeutet nur den Überschuß von Elektrizitätsatomen eines Vorzeichens.

Zur Vorführung der Influenz benutzen wir das homogene Feld eines hinreichend flachen Plattenkondensators $A\,K$ (Abb. 63) und begleiten die einzelnen Schritte mit Feldlinienbildern im flächenhaften Modell. Als leitenden Körper benutzen wir eine Metallplatte. Sie ist aus zwei aufeinandergelegten Scheiben

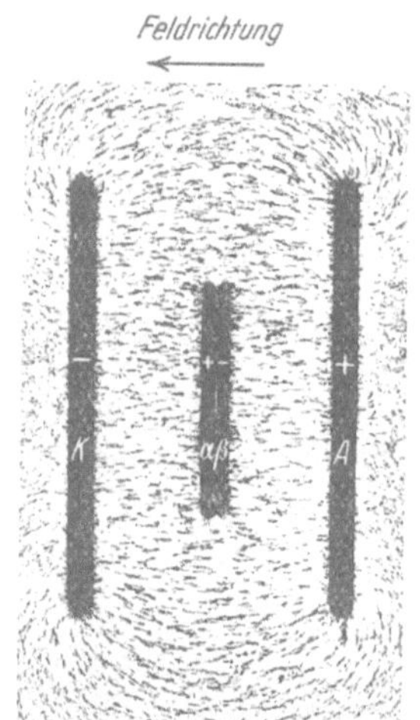

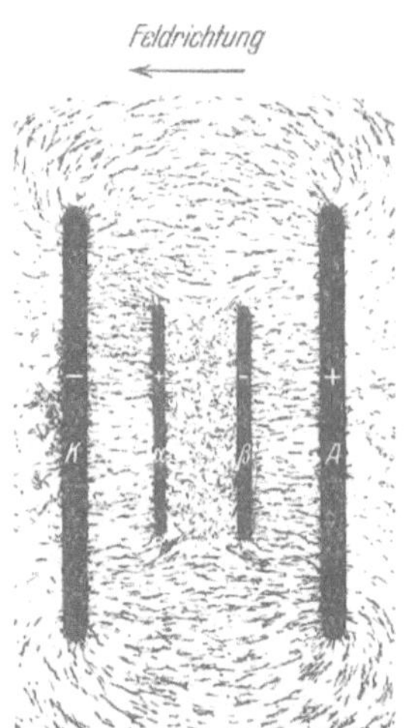

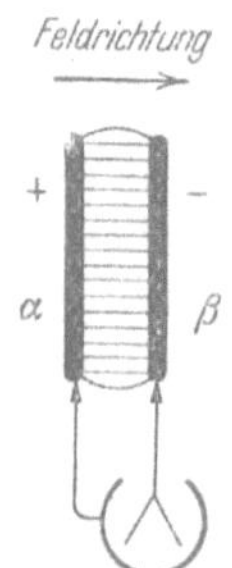

Abb. 63. Zur Entstehung der Influenz. Zwei plattenformige Elektrizitätsträger a und β berühren sich im Felde.

Abb. 64. Die beiden Elektrizitätsträger a und β sind im Felde getrennt worden.

Abb. 65. Zur Influenz. Die aus dem Felde herausgenommenen Elektrizitätsträger erweisen sich als geladen.

(mit isolierenden Handgriffen) zusammengesetzt. Ihre Berührungsfläche steht senkrecht zu den Feldlinien. Es folgen die einzelnen Beobachtungen:

1. Wir trennen die beiden Scheiben im Felde und finden den Raum zwischen ihnen **feldfrei**, der Faserstaub zeigt keinerlei Ordnung (Abb. 64). — Deutung: Das elektrische Feld mußte im Leiter zusammenbrechen, zwischen der rechten und der linken Scheibe konnte sich keine Spannung aufrechterhalten. Feldzerfall bedeutet eine Wanderung von Elektrizitätsatomen im Leiter. Woher stammen diese? — Unabweisbarer Schluß: Sie mußten bereits vorher in der

leitenden Platte vorhanden sein, jedoch paarweise (+ und —) eng vereinigt und daher von uns zuvor unbemerkt.

2. Wir nehmen beide Scheiben getrennt aus dem Felde heraus und verbinden sie gemäß Abb. 65 mit einem Zweifadenvoltmeter. Das Voltmeter zeigt uns Spannung und Feld an, beide Scheiben tragen einander entgegengesetzte Ladungen. Deutung: Infolge des Feldzerfalles im Leiter mußten die Feldlinien in Abb. 63 und 64 auf den Scheibenflächen enden. Die rechte Scheibe bekam in diesen Bildern negative, die linke positive Ladung.

3. Die Summe dieser Ladungen ist Null: Wir bringen in Abb. 65 die beiden Scheiben zur Berührung, und sofort ist die Spannung restlos verschwunden.

4. Wie sind die beiden Feldlinienbilder der Abb. 65 und 64 miteinander in Einklang zu bringen? — Antwort: Die Richtung des Feldes in Abb. 65 ist dem ursprünglichen des Kondensators $A K$ entgegengesetzt. Die Felder heben sich in Abb. 64 gegenseitig auf, sind also gleich.

Das homogene elektrische Feld sollte uns bei den Influenzversuchen nur die Übersicht erleichtern.

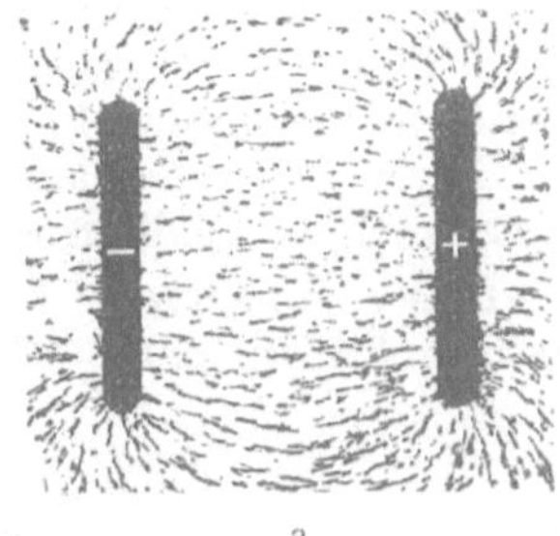

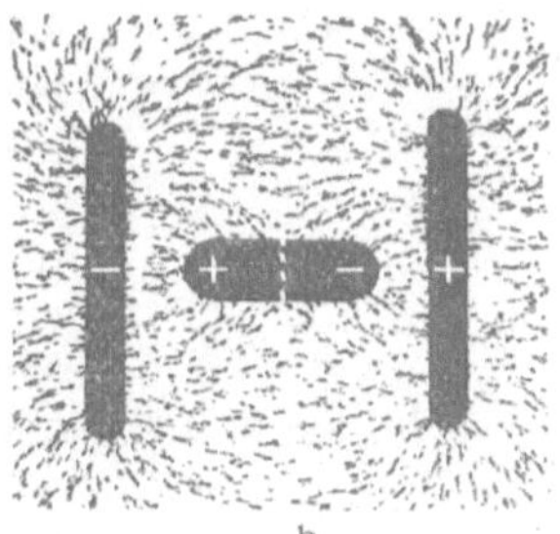

Abb. 66 a, b. Beispiel einer Influenz mit Verzerrung des elektrischen Feldes.

Im allgemeinen Falle hat man es mit inhomogenen Feldern und beliebiger Gestalt der eingeführten Körper zu tun. Dann werden die Feldlinien nicht nur unterbrochen, sondern auch verzerrt, z. B. Abb. 66. Stets treten an den Unterbrechungsstellen der Feldlinien „influenzierte" Elektrizitätsatome auf. Auch kann man sie in jedem Falle einzeln nachweisen. Man hat nur den Leiter im Felde an der richtigen Stelle in zwei Teile zu zerlegen. Das ist in Abb. 66b durch die punktierte Gerade angedeutet.

§ 18. Sitz der ruhenden Ladungen auf der Leiteroberfläche.

§ 18. Sitz der ruhenden Ladungen auf der Leiteroberfläche. Wir bringen jetzt, weiter experimentierend, zum dritten Male einen leitenden Körper in ein elektrisches Feld. Das erstemal überbrückte der Körper den Raum zwischen beiden Kondensatorplatten. Das Feld zerfiel, und wir folgerten eine Beweglichkeit der Elektrizitätsatome im Leiter. Das zweitemal stand der Körper frei im Felde, wir fanden die Trennung von Ladungen durch Influenz. Jetzt, im dritten Fall, soll der Leiter nur einen der beiden das Feld begrenzenden Körper berühren. Wir fragen: Wie verteilen sich die beweglichen Elektrizitätsatome im Leiter? Die Antwort wird lauten: Sie begeben sich auf die Oberfläche des Leiters und bleiben dort in Ruhe.

Das folgern wir zunächst aus einem flächenhaften Modellversuch mit Faserstaubfeldlinien. In Abb. 67 markieren zwei schwarze Kreisflächen die Klemmen

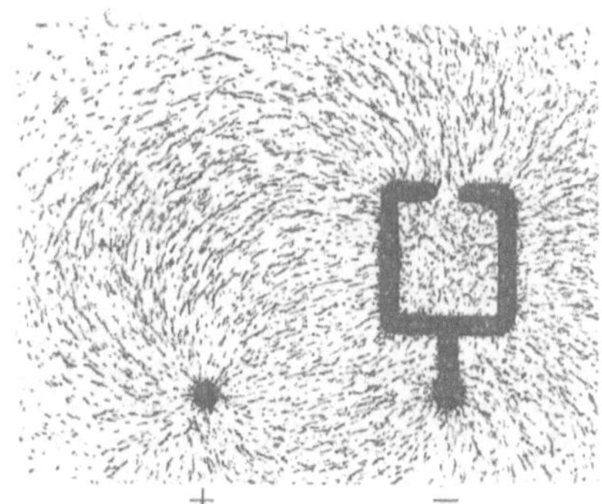

Abb. 67. Feldlinienbild zwischen einer Kugel und einem „Faraday"-Kasten mit enger Öffnung.

der städtischen Zentrale. Das Feld zwischen ihnen glich ursprünglich dem in Abb. 49 auf S. 17 gezeigten. Jetzt aber haben wir an den negativen Pol einen Leiter in Form eines hohlen Blechkastens angeschlossen. Der Kasten hat oben ein Loch. Wir sehen alle Feldlinien auf der Oberfläche des Kastens enden. Im Innern fehlen Feldlinien, also auch Feldlinienenden oder Ladungen.

Dieser Modellversuch verlangt selbstverständlich eine Nachprüfung durch weitere Experimente. Wir geben deren drei:

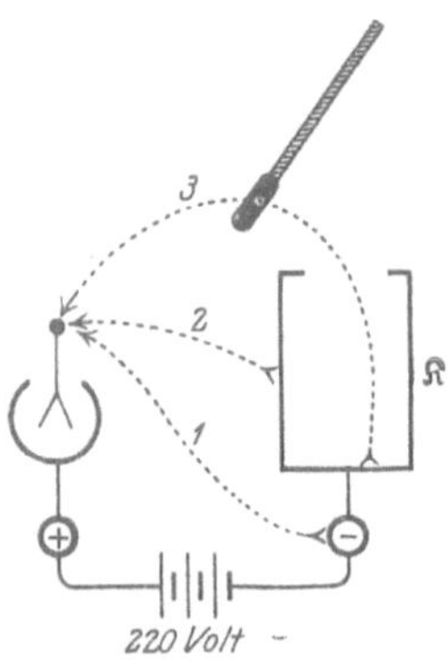

Abb. 68. Auf der Bodenfläche eines fast allseitig geschlossenen Kastens K oder eines Bechers befinden sich keine Elektrizitatsatome. (Benjamin Franklin, 1755) [1].

1. Die Abb. 68 entspricht unserem Modellversuch, nur haben wir außerdem den positiven Pol der Zentrale mit dem Gehäuse unseres Zweifadenvoltmeters verbunden. Das Voltmeter ist ein Kondensator (Abb. 54), wir können ihm also Ladungen zuführen. Die positiven sollen durch den Draht zuwandern, die negativen hingegen sollen durch einen kleinen „Elektrizitätsträger" („Löffel") übertragen werden (Abb. 52). Wir bewegen den Träger zunächst längs des Weges *1* und erhalten einen Ausschlag des Voltmeters. Das gleiche gilt für den Weg *2*. Hingegen überträgt der Träger auf dem Wege *3* keinerlei Ladung. Der Versuch wirkt außerordentlich verblüffend. Der Kasten steht mit den großen Maschinen der städtischen Zentrale in leitender Verbindung. Trotzdem kann man von seiner Innenseite nicht die kleinste Elektrizitätsmenge abschöpfen. **Auf der Innenseite des leitenden Kastens gibt es keine Ladungen.**

2. In einem zweiten Versuche setzen wir einen Kasten $\Re$ auf unser Voltmeter (Abb. 69). Das Voltmetergehäuse sei dauernd mit dem positiven Pol verbunden, der Kasten vorübergehend mit dem negativen. Dann herrscht

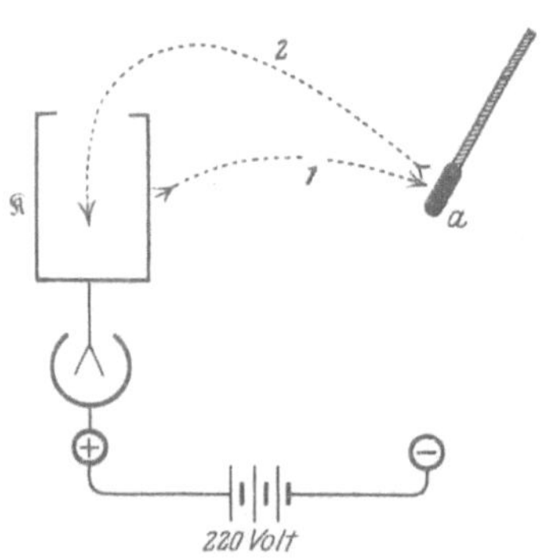

Abb. 69. Entnahme und Wiederabgabe von Elektrizitätsatomen mit dem Elektrizitätsträger *a*.

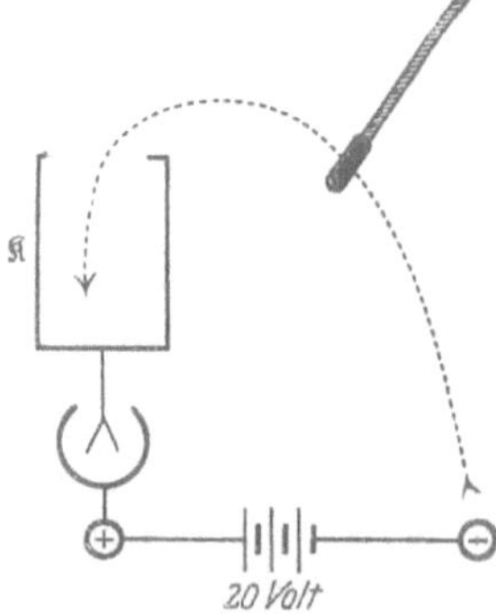

Abb. 70. Erzeugung hoher Spannungen zwischen dem Kasten $\Re$ und dem Voltmetergehäuse. [Der Experimentator muß den Sinn der Gl. (4) und (12) kennen!]

---

[1] Ergänzung zu § 29, I: Nach einer Wiederholung dieser Versuche bemerkt Joseph Priestley 1767: „Sollte nicht nach diesen Experimenten die Anziehung der Elektrizität dem gleichen Gesetz wie die Schwerkraft unterworfer sein und sich also nach den Quadraten der Entfernungen richten? Hätte die Erde die Gestalt einer Hohlkugel, so würde ein inwendig befindlicher Körper ja von der einen Seite nicht mehr als von der anderen angezogen werden." — Den gleichen Gedanken hat dann Henry Cavendish 1771—73 in großartigen Untersuchungen weiter verfolgt und damit das beste Verfahren zur experimentellen Prüfung der Gleichung (21) v. S. 40 angegeben. Doch ist sein Manuskript erst 1879 durch J. Clerk Maxwell veröffentlicht worden.

im Voltmeter ein Feld von 220 Volt Spannung. Wir berühren die Außenseite unseres Kastens mit dem Schöpflöffel und führen den Löffel dann etwa 1 m fort nach a. Das Voltmeter zeigt eine kleinere Spannung; einige der im Kasten und den Fäden aufgespeicherten negativen Elektrizitätsatome sind mit dem Löffel nach a gebracht worden. Dann gehen wir auf dem Weg 2 zur Innenwand des Kastens und füllen die negativen Elektrizitätsatome restlos zurück. Das Voltmeter zeigt wieder 220 Volt. Als Teil der Innenwand eines Kastens vermag der Löffel keine Elektrizitätsatome zu halten, wir heben ihn ohne Ladung wieder heraus.

3. Endlich ein dritter Versuch mit der gleichen Anordnung, aber einer Stromquelle von kleiner Spannung, z. B. 20 Volt in Abb. 70. Wir bewegen den Löffel zwischen dem negativen Pol und der Innenwand des Kastens hin und her. Dabei können wir die Spannung des Voltmeters beliebig erhöhen, z. B. bis etwa 400 Volt, der Meßgrenze des Zweifadenvoltmeters. Grund: Im Inneren des Kastens werden jedesmal sämtliche Elektrizitätsatome des Löffels abgegeben. Dieser Kunstgriff wird technisch bei der Konstruktion von Influenzmaschinen ausgenutzt (§ 37, s. auch § 38).

§ 19. Strom beim Feldzerfall. An Hand unserer Beobachtungen haben wir den Feldzerfall auf eine Bewegung der Elektrizitätsatome im Leiter zurückgeführt. Wir suchen experimentell von dieser Bewegung eine nähere Kenntnis

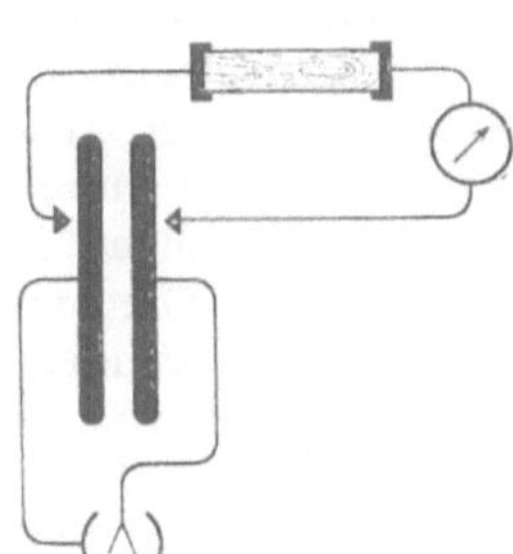

Abb. 71. Langsamer Feldzerfall durch schlecht leitendes Holz. Statische Stromempfindlichkeit des Galvanometers D_F $\approx 2 \cdot 10^{-7}$ Ampere/Skalenteil.

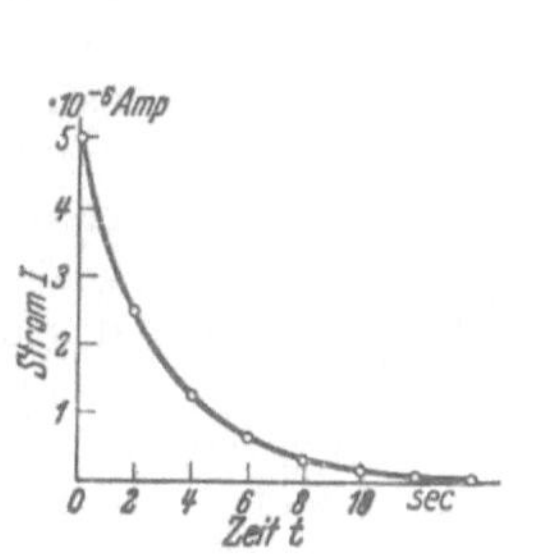

Abb. 72. Strom während des Feldzerfalles. Galvanometer wie in Abb. 37.

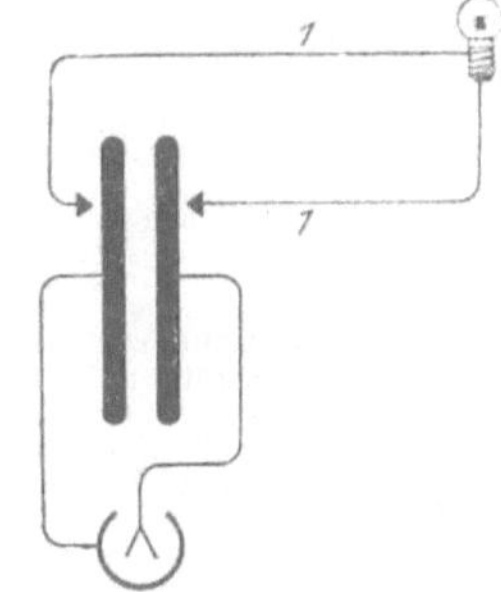

Abb. 73. Beim Feldzerfall durch einen Leitungsdraht 1 leuchtet eine eingeschaltete Glühlampe auf.

zu gewinnen und finden: **Während des Feldzerfalles fließt durch den Leiter ein elektrischer Strom.** Wir beobachten diesen Strom mit einem technischen Strommesser, z. B. einem Spiegelgalvanometer von kurzer Einstellzeit. Dazu benutzen wir in Abb. 71 einen großen, aus 100 Plattenpaaren zusammengesetzten Kondensator (insgesamt 12 m² Fläche in 2 mm Abstand, vgl. Abb. 91). Diesem erteilen wir in üblicher Weise eine Spannung von 220 Volt. Dann wird das Feld mit einem Leitungsdraht zerstört. In diesen Draht ist das Galvanometer eingeschaltet und außerdem ein Stückchen Holz. Dieses soll als schlechter Leiter den Feldzerfall verlangsamen

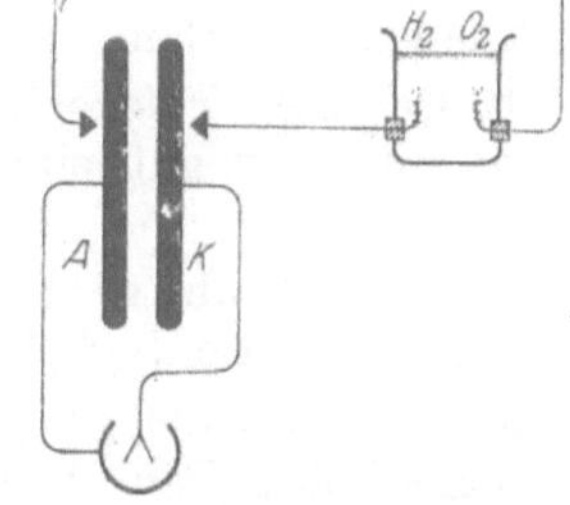

Abb. 74. Beim Feldzerfall durch einen Leitungsdraht zeigen sich in einem eingeschalteten flüssigen Leiter elektrolytische Wirkungen. (Elektrodenoberfläche < 1 mm².)

und auf etwa 10 Sekunden Dauer ausdehnen. Während der ganzen Zeit dieses Feldzerfalles zeigt uns der Galvanometerausschlag einen Strom an. Der zeitliche Verlauf dieses Stromes ist mit Hilfe einer Stoppuhr in Abb. 72 aufgezeichnet worden. Selbstverständlich kann man den kurzdauernden Strom beim Feldzerfall auch durch die Wärmewirkung oder durch Elektrolyse nachweisen. Wir zeigen beide nach dem Schema der Abb. 73 und 74.

§ 20. Messung elektrischer Ladungen durch Stromstöße. Bei der Untersuchung des elektrischen Feldes haben wir den Feldzerfall mit besonderem Nutzen verfolgt: Er hat uns zu wichtigen Erscheinungen geführt: zunächst zur Influenz, dann zum Sitz der ruhenden Ladungen auf der Leiteroberfläche und endlich zum Strom im feldzerstörenden Leiter. Dieser Strom bringt uns jetzt an ein wichtiges Ziel, nämlich zur Messung elektrischer Ladungen in elektrischen Einheiten.

Wir knüpfen an die Abb. 72 an, also an ein beliebiges Beispiel für den zeitlichen Verlauf des Stromes während eines Feldzerfalles. Die eingeschlossene Fläche ist die „Zeitsumme eines Stromes" oder kurz ein „Stromstoß" ($\int I\, dt$) (vgl. Abb. 38a auf S. 12). Ein Stromstoß wird in Amperesekunden gemessen, also „dimensionsmäßig" durch ein Produkt von Strom und Zeit. Praktisch mißt man Stromstöße sehr bequem mit einer einzigen Zeigerablesung, nämlich mit dem Stoßausschlag eines langsam schwingenden Galvanometers. D. h. die Schwingungsdauer des Galvanometers muß groß gegen die Flußzeit des Stromes sein. Dieser meßtechnisch wichtige Punkt ist bereits in § 10 eingehend klargestellt worden. Wir können jetzt das dort in Amperesekunden geeichte Galvanometer von etwa 30 Sekunden Schwingungsdauer in Benutzung nehmen. Wir messen mit ihm den Stromstoß beim Feldzerfall in unserem kleinen, oft gebrauchten Plattenkondensator (man vgl. Abb. 75).

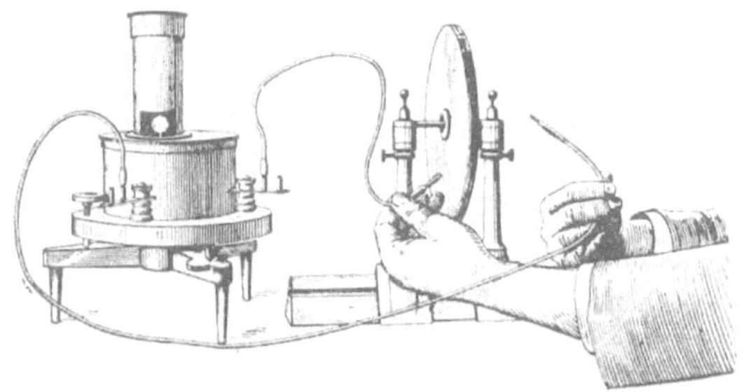

Abb. 75. Technische Ausführung des Versuches von Abb. 71. Links ein Spiegelgalvanometer. Durch das Fenster am Fuß des Turmes sieht man den Spiegel, der den Lichtzeiger auf die Skala wirft. Die Schwingungsdauer T dieses Galvanometers beträgt ca. 34 Sekunden. Seine ballistische Stromempfindlichkeit ist nach Seite 13 $B_J \approx 6 \cdot 10^{-9}$ Amperesekunden/Skalenteil. — Rechts der Plattenkondensator mit etwa 4 mm Plattenabstand.

Diesen Versuch führen wir nacheinander mit verschiedenen Abänderungen aus. In allen Fällen werden die Platten anfänglich auf den gleichen Abstand, etwa 4 mm, eingestellt und ein Feld von 220 Volt Spannung erzeugt (Zweifadenvoltmeter!). — Dann die Versuche:

1. Der zum Feldzerfall benutzte Draht enthält nur das Drehspulgalvanometer mit seiner gut leitenden Spule. Das Feld bricht in unmeßbar kurzer Zeit zusammen.

2. In den Draht wird außerdem ein schlecht leitender Körper, etwa ein Stück Holz, eingeschaltet (vgl. Abb. 71). Der Feldzerfall erfordert jetzt einige Sekunden.

3. Erst wird der Plattenabstand vergrößert und die Spannung dadurch erheblich erhöht. Dann folgt die Zerstörung des Feldes, entweder ganz rasch oder durch das Holzstück verzögert.

4. Die eine Kondensatorplatte wird vorübergehend von ihrer Verbindung mit dem Zweifadenvoltmeter gelöst, im Zimmer herumgetragen und schließlich in der Nähe der ersten Platte in beliebigem Winkel zu ihr aufgestellt (Abb. 76). Erst dann wird das Galvanometer angeschaltet und dadurch das Feld zerstört.

Weiter bringen wir im Anschluß daran gleich zwei Versuche über den Aufbau des Feldes. Wir stellen die Platten wieder auf den gleichen Abstand ein (4 mm), schalten aber diesmal das Galvanometer in einen der beiden zum Feldaufbau benutzten Leitungsdrähte (Abb. 77). Wir bauen im fünften Versuch das Feld momentan auf, im sechsten nach Einschaltung eines schlechten Leiters langsam in einigen Sekunden.

In allen sechs Fällen beobachten wir Stromstöße der gleichen Größe (im Beispiel rund 10^{-8} Amperesekunden). — Wir haben während dieser Versuche die Gestalt des Feldes geändert, die Größe seiner Spannung, wir haben es aufgebaut und zerfallen lassen, und wir haben die Zeitdauer dieser Vorgänge geändert. Was allein blieb ungeändert? Nur die den Kondensatorplatten zugeführten elektrischen Ladungen oder Substanzen, die negativen auf der einen und die positiven auf der anderen Platte. — Daraus folgern wir: Der Stromstoß $\int I\,dt$ beim Zerfall oder Aufbau eines Feldes ist ein Maß für die Größe der beiden zum Felde gehörenden elektrischen Ladungen q. Wir können elektrische Ladungen q mit Hilfe von Stromstößen messen.

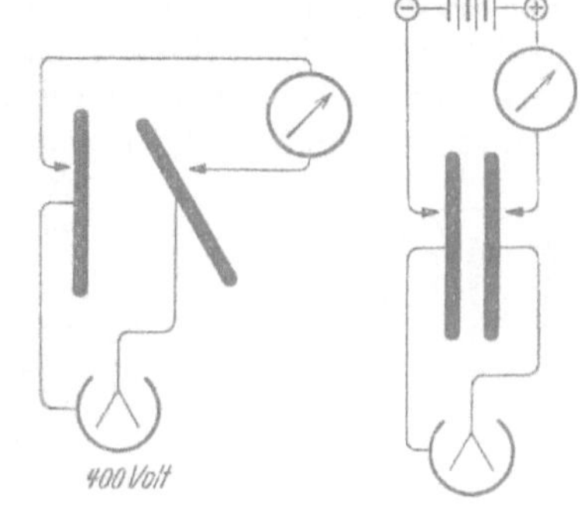

Abb. 76. Feldzerfall nach Änderung der Kondensatorgestalt.

Abb. 77. Stromstoß beim Aufbau des Feldes.

Man mißt also die Ladung zweckmäßigerweise als abgeleitete Größe und nicht als Grundgröße. Das geschieht ohne Ausnahme in sämtlichen Maßsystemen. Eine meßtechnische Unterscheidung von Grundgrößen und abgeleiteten Größen bedeutet keineswegs eine Rangfolge der Begriffe.

Als erstes Beispiel messen wir in Abb. 78 die Ladung eines kleinen „Elektrizitätsträgers" (Löffel am Bernsteinstiel). Wir laden ihn negativ durch kurze

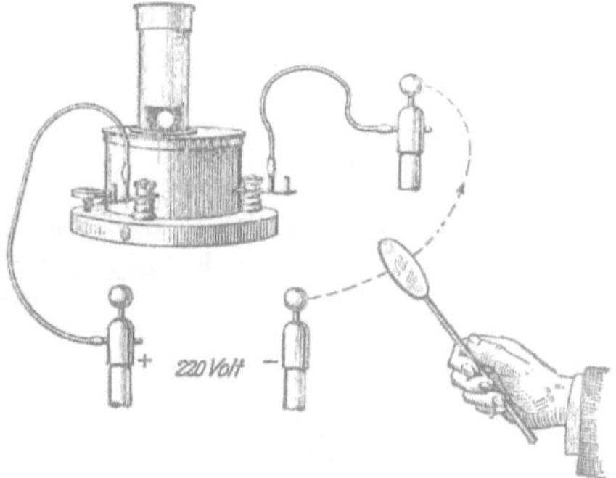

Abb. 78. Messung der Ladung eines „Elektrizitätsträgers". Galvanometer wie in Abb. 75.

Berührung mit dem Minuspol der städtischen Zentrale. Zuvor schon haben wir die linke Klemme des auf Amperesekunden geeichten Galvanometers mit dem Pluspol der Zentrale verbunden. Wir führen unseren Träger auf einem beliebigen Wege zum rechten Anschluß des Galvanometers und beobachten einen Stromstoß von $6 \cdot 10^{-10}$ Amperesekunden. Also enthält unser Träger eine negative Ladung dieser Größe.

An diese Versuche werden wir später die quantitative Behandlung des Leitungsmechanismus (Kapitel XII) anknüpfen.

§ 21. Die elektrische Feldstärke $\mathfrak{E}$. Auf die Messung der Ladungen folgt jetzt die Messung des elektrischen Feldes. — Das Hauptkennzeichen des elektrischen Feldes sind die durch die Feldlinien veranschaulichten Vorzugsrichtungen. Zur quantitativen Erfassung des elektrischen Feldes muß daher ein Vektor dienen. Wir nennen ihn die elektrische Feldstärke $\mathfrak{E}$. Die Richtung dieses Vektors ist die der Feldlinien, und zwar konventionell von $+$ nach $-$. Den Betrag („Pfeillänge") des Vektors bestimmen wir auf Grund einer geeigneten experimentellen Erfahrung. Eine solche gewinnen wir mit zwei Hilfsmitteln (Abb. 79):

1. Flachen Plattenkondensatoren von verschiedener Plattengröße F und verschiedenem Plattenabstand l.

2. Einem beliebigen Indikator für das elektrische Feld (Elektroskop).

Der Indikator soll lediglich zwei räumlich oder zeitlich getrennte elektrische Felder als gleich erkennen lassen. Er soll also nicht messen, sondern nur die Gleichheit zweier Felder feststellen.

Als Indikator wählen wir die beiden kleinen[1] feinen, schon aus der Abb. 45 bekannten, vergoldeten Quarzhaare. Wir stellen sie mit ihrer Ebene parallel zu den Feldlinien und beobachten mit einer optischen Projektion den Abstand ihrer Spitzen auf einer Skala[2].

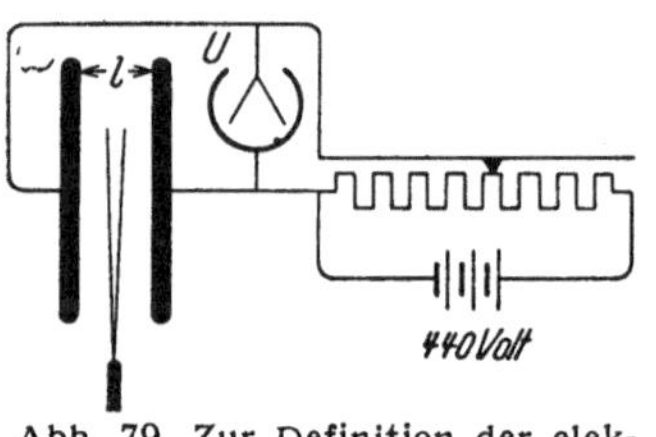

Abb. 79. Zur Definition der elektrischen Feldstärke.

Bei den Versuchen können wir die Spannung zwischen den Kondensatorplatten beliebig verändern. Dazu dient uns die bekannte Spannungsteilerschaltung (Abb. 33). — Wir benutzen der Reihe nach flache Kondensatoren von verschiedener Plattenfläche F und verschiedenen Feldlinienlängen (Plattenabständen) l. Durch Veränderung der Spannung stellen wir jedesmal die gleiche Spreizung der Haare ein. Diese Gleichheit der Spreizung bedeutet Gleichheit der Felder. Auf diese Weise finden wir experimentell ein einfaches Ergebnis: Die elektrischen Felder sind gleich, sobald das Verhältnis U/l, also Spannung/Plattenabstand, das gleiche ist. Auf die Flächen der Platten kommt es nicht an. Das homogene elektrische Feld eines hinreichend flachen Plattenkondensators wird durch das Verhältnis U/l eindeutig bestimmt. Aus diesem Grunde benutzt man das Verhältnis U/l, um zunächst für einen flachen Plattenkondensator den Betrag der elektrischen Feldstärke $\mathfrak{E}$ zu definieren, also

$$\boxed{\mathfrak{E} = \frac{U}{l}.} \tag{2}$$

Als Einheit von $\mathfrak{E}$ benutzen wir 1 Volt/m. (Üblich ist auch 1 Volt/cm = 100 Volt/m.)

Der nächste Schritt bringt dann eine wichtige Verallgemeinerung. Durch Vergleich mit dem homogenen Felde eines flachen Plattenkondensators kann man die Feldstärke an beliebigen Orten eines beliebigen elektrischen Feldes messen: Man ersetzt seine einzelnen, praktisch noch homogenen Bereiche durch das gleiche und gleichgerichtete Feld eines flachen Plattenkondensators und bestimmt für diesen Ersatz- oder Vergleichskondensator das Verhältnis Spannung/Plattenabstand, also die elektrische Feldstärke $\mathfrak{E} = U/l$.

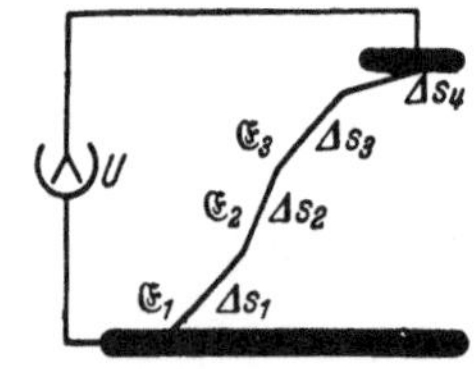

Aus der Vektornatur der elektrischen Feldstärke $\mathfrak{E}$ folgt ein oft gebrauchter Zusammenhang: Wir haben in Abb. 80 die beiden Körper eines Kondensators durch eine gebrochene Linie verbunden. Längs der einzelnen Wegelemente $\varDelta s$ soll das Feld noch praktisch homogen sein. Die Komponenten der Feldstärken in Richtung der Wegelemente $\varDelta s$ seien $\mathfrak{E}_1, \mathfrak{E}_2 \ldots \mathfrak{E}_m$. Dann wird die Summe $\mathfrak{E}_1 \varDelta s_1 + \mathfrak{E}_2 \varDelta s_2 + \cdots + \mathfrak{E}_m \varDelta s_m = U_1 + U_2 + \cdots + U_m = U$ oder im Grenzübergang

Abb. 80. Zur Liniensumme der Feldstärke $\mathfrak{E}$.

$$\boxed{\int \mathfrak{E}_s \, d s = U} \tag{3}$$

---

[1] Sonst würden sie die Felder unzulässig verzerren, vgl. Abb. 66b.

[2] Für Gedankenexperimente ist ein anderer Indikator vorzuziehen, nämlich ein winziger geladener Elektrizitätsträger am Arm eines Kraftmessers.

d. h. in Worten: **Die Liniensumme der elektrischen Feldstärke längs eines beliebigen Weges ist gleich der Spannung U zwischen Anfang und Ende dieses Weges.** Von dieser Beziehung werden wir im folgenden häufig Gebrauch machen.

Das Linienintegral wechselt sein Vorzeichen, wenn man den Weg in umgekehrter Richtung durchläuft. Positives Vorzeichen bedeutet, daß der Weg überwiegend in der Feldrichtung (also von $+$ nach $-$) durchlaufen wird (vgl. § 33).

In der Meßtechnik spielt die Messung elektrischer Feldstärken eine ganz untergeordnete Rolle. **In der überwiegenden Mehrzahl der Fälle berechnet man die Feldstärke $\mathfrak{E}$.** Beispiele finden sich in § 25. Für das weitaus wichtigste elektrische Feld, das homogene des flachen Plattenkondensators, erledigt sich diese Berechnung einfach durch die Definitionsgleichung

$$\text{Feldstärke } \mathfrak{E} = \frac{\text{Spannung } U \text{ zwischen den Kondensatorplatten}}{\text{Abstand } l \text{ der Kondensatorplatten}}, \tag{2}$$

§ 22. Proportionalität von Flächendichte der Ladung und elektrischer Feldstärke. In allen uns bisher bekannten elektrischen Feldern hatten die Feldlinien Enden, und an diesen Enden saßen elektrische Ladungen. Daher ist ein quantitativer Zusammenhang zwischen den Ladungen q und der Feldstärke $\mathfrak{E}$ zu erwarten. Wir suchen ihn experimentell im geometrisch einfachsten Felde, dem homogenen des Plattenkondensators. Wir sehen einen solchen Kondensator links in Abb. 81. Die Fläche jeder seiner Platten sei F (m²), die Spannung zwischen ihnen U (Volt), der Abstand zwischen ihnen sei l (m). Folglich herrscht in seinem elektrischen Feld die Feldstärke $\mathfrak{E} = U/l$ (Volt/m). Rechts steht unser langsam schwingendes Galvanometer. Es ist ballistisch geeicht und mißt uns die Stromstöße $\int I\,\delta t$ beim Feldzerfall (Kontakte *1* und *2* schließen!). So messen wir die beiden gleich großen positiven und negativen Ladungen q des Kondensators in Amperesekunden.

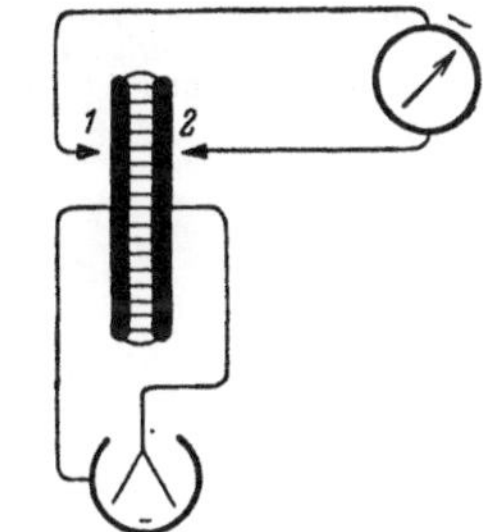

Abb. 81. Proportionalität von Feldstärke und Flächendichte.

Diese Messungen wiederholen wir mehrfach für verschiedene Werte der Plattenfläche F und der Feldstärke $\mathfrak{E} = U/l$. Das Ergebnis der Messungen lautet

$$q/F = \varepsilon_0\,\mathfrak{E}, \tag{4}$$

oder in Worten: die Flächendichte q/F der Ladungen auf den Kondensatorplatten ist der Feldstärke $\mathfrak{E}$ zwischen ihnen proportional ($\varepsilon_0 =$ Proportionalitätsfaktor).

Die gleiche einfache Beziehung finden wir für die Flächendichte q/F der influenzierten Ladungen q: In der Abb. 82 wird der Influenzversuch in einem homogenen Felde wiederholt, und zwar mit recht dünnen, das Feld nicht verzerrenden Metallscheiben α und β. Links sind α

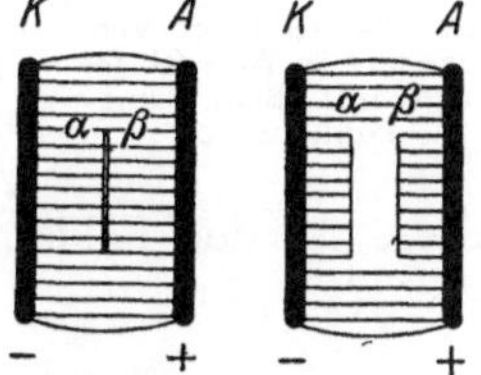

Abb. 82. Zur Messung der Verschiebungsdichte $\mathfrak{D}$ als Flächendichte q/F der influenzierten Ladung q. Erster Teil; schematisch.

und β noch in leitender Berührung, rechts sind sie schon getrennt; in Abb. 83 sind sie aus dem Felde herausgenommen und ihre Ladung q wird in Ampere-Sekunden gemessen. Die Flächendichte dieser influenzierten Ladungen bekommt einen eigenen Namen, nämlich Verschiebungsdichte $\mathfrak{D}$, also $\mathfrak{D} = q/F$. Als Einheit benutzen wir 1 Amperesek./m².

Das Wort „Verschiebung" ist keine glückliche Bildung. Es sollte an die Verschiebung der Ladungen beim Feldzerfall im Influenzvorgang erinnern.

Die Gl. (4) von S. 29 nimmt dann die Gestalt an $\boxed{\mathfrak{D} = \varepsilon_0\,\mathfrak{E}.}$ (5)

Das ist der wesentliche Inhalt des von Charles A. Coulomb 1785 entdeckten Gesetzes. Dies Gesetz verknüpft mit einem Proportionalitätsfaktor ε_0 eine mit einem Stromstoß gemessene Ladungsdichte (Amp.Sek/m²)

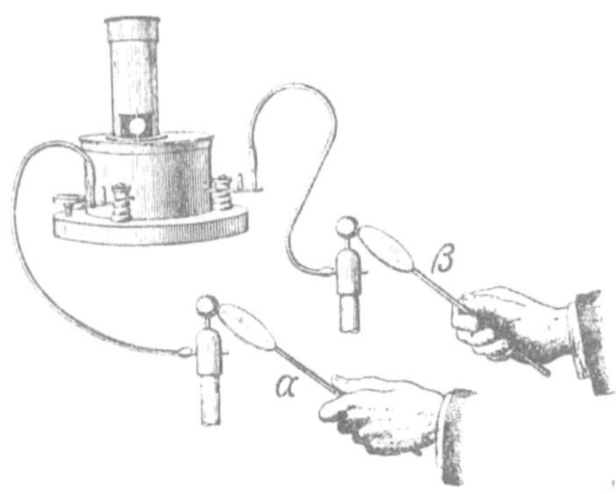

mit einem durch eine Spannung gemessenen elektrischen Feld ($\mathfrak{E}$ in Volt/m). — Für den Faktor ε_0 findet man im leeren Raum und praktisch ebenso in Luft den Wert

$$\varepsilon_0 = 8{,}859 \cdot 10^{-12}\ \frac{\text{Amperesek.}}{\text{Volt Meter}}.$$

Über die Benennung von ε_0 herrscht noch kein Einvernehmen. Der Name „Influenzkonstante" hat den Vorzug der Kürze.

Durch Wahl besonderer Einheiten für Strom und Spannung kann man ε_0 dimensionslos $1/4\,\pi$ machen. So verfährt z. B. das in der theoretischen Physik oft benutzte Gausssche Maßsystem. Dies System mißt sämtliche elektrische Größen als abgeleitete, vgl. S. 27.

Abb. 83. Zweiter Teil: Die auf den beiden Scheiben α und β influenzierten Ladungen q werden mit dem „Stoßausschlag" eines Galvanometers in Ampere-Sekunden gemessen. Die Eichung des Galvanometers erfolgt ebenso wie bei Abb. 40.

Für genaue Messungen der Influenzkonstante nimmt man statt des einfachen, in Abb. 81 skizzierten Kondensators einen solchen mit einem „Schutzring" (siehe Abb. 84). Man mißt die Flächendichte nur für den inneren Teil des Kondensators und vermeidet so die Störungen durch das inhomogene elektrische Streufeld zwischen den Plattenrändern.

§ 23. Die Verschiebungsdichte $\mathfrak{D}$. Wir wiederholen kurz: Gegeben ein elektrisches Feld beliebiger Gestalt. In einem kleinen, praktisch noch homogenen Bereich wird mit zwei dünnen Metallscheiben ein Influenzversuch ausgeführt: Die Scheiben werden senkrecht zu den Feldlinien gestellt, im Felde getrennt und herausgenommen. Dann mißt man die auf ihnen sitzenden Ladungen q mit dem Stoßausschlag eines Galvanometers (Abb. 83) in Amperesekunden. Die Flächendichte q/F dieser influenzierten Ladungen, gemessen in Amperesek./m², erhält den Namen Verschiebungsdichte $\mathfrak{D}$.

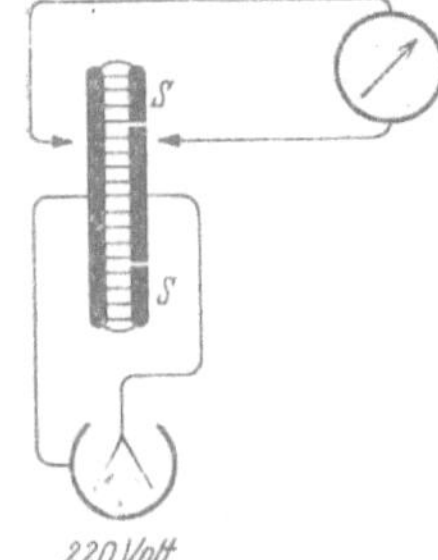

Abb. 84. Gleicher Versuch wie in Abb. 81, jedoch mit Schutzringkondensator.

Diese ist der Feldstärke $\mathfrak{E}$, gemessen in Volt/m, streng proportional. Es gilt

$$\mathfrak{D} = \varepsilon_0\,\mathfrak{E} \qquad (5)$$

$$(\varepsilon_0 = 8{,}86 \cdot 10^{-12}\ \text{Amperesek./Volt Meter}).$$

Diese Erfahrungstatsache läßt sich nach Wahl in dreierlei Weise auswerten:

1. Man betrachtet die leicht meßbare Größe $\mathfrak{D}$ als bequemes Hilfsmittel zur Messung der elektrischen Feldstärke $\mathfrak{E}$, also $\mathfrak{E} = \mathfrak{D}/\varepsilon_0$.

2. Man betrachtet die Verschiebungsdichte $\mathfrak{D}$ lediglich als sprachliche Kürzung für das oft auftretende Produkt $\varepsilon_0\,\mathfrak{E}$.

3. Man betrachtet $\mathfrak{D}$ als selbständige, der Feldstärke $\mathfrak{E}$ gleichberechtigte, zweite Maßgröße des elektrischen Feldes und stellt sie ebenfalls durch einen Vektor dar; die Dichte der influenzierten Ladung hängt ja von der Neigung der Meßplatten gegenüber den Feldlinien ab.

Die Darstellung dieses Buches wird allen drei Möglichkeiten in gleicher Weise gerecht.

§ 24. Das elektrische Feld der Erde. Raumladung und Feldgefälle. Unsere Erde ist stets von einem elektrischen Felde umgeben. (Le Monnier 1752.) Die Feldlinien gehen in ebenem Gelände senkrecht nach oben. Zum Nachweis dieses elektrischen Feldes und zur Messung seiner Größe dient ein flacher, um eine horizontale Achse drehbarer Plattenkondensator (Abb. 85). Er wird im Freien aufgestellt. Seine Platten haben eine Fläche F von etwa 1 m² Größe. Sie bestehen aus einem leichten Metallgewebe auf einem Rahmen. Sie entsprechen den kleinen Scheiben im Influenzversuch. Von beiden Platten führt je eine Leitung zu einem Galvanometer mit Amperesekunden-eichung. Wir stellen die Scheibenebene abwechselnd vertikal und horizontal, also abwechselnd parallel und senkrecht zu den Feldlinien. Bei jedem Wechsel zeigt das Galvanometer einen Stromstoß q von etwa 10^{-9} Amperesekunden. Das Verhältnis q/F ist die Verschiebungsdichte $\mathfrak{D}$ des Erdfeldes. Man findet im zeitlichen Mittel

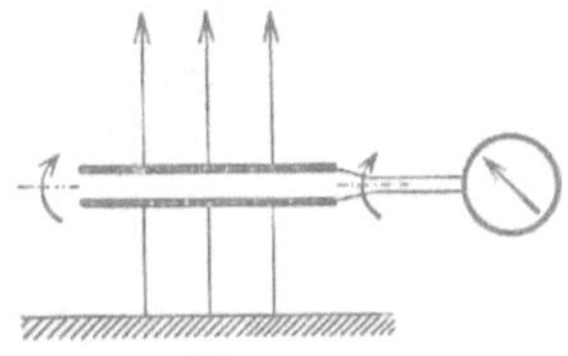

$$\mathfrak{D} = 1{,}15 \cdot 10^{-9}\ \text{Amperesek.}/\text{m}^2$$

oder

$$\mathfrak{E} = \frac{\mathfrak{D}}{\varepsilon_0} = 130\ \text{Volt}/\text{m}.$$

Abb. 85. Messung der Verschiebungsdichte des elektrischen Erdfeldes mit einem drehbaren Plattenkondensator.

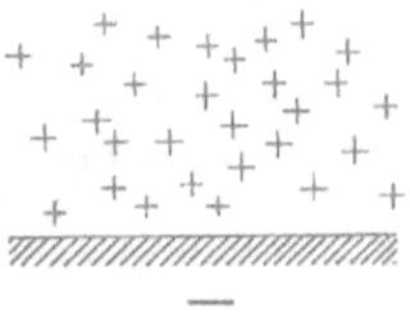

Abb. 86. Die Wolke positiver Raumladung über der negativ geladenen als Ebene angenäherten Erdoberfläche.

Die Erdkugel hat eine Oberfläche F_e von $5{,}1 \cdot 10^{14}\,\text{m}^2$. Somit ist ihre gesamte negative Ladung $F_e \cdot \mathfrak{D} =$ rund $6 \cdot 10^5$ Amperesekunden. Wo befinden sich die zugehörigen positiven Ladungen? Man könnte an das Fixsternsystem denken. In diesem Falle hätte man das gewöhnliche, radialsymmetrische Feld einer geladenen Kugel in weitem Abstand von anderen Körpern (Abb. 88). Die elektrische Feldstärke müßte in etlichen Kilometern Höhe noch praktisch die gleiche Größe haben wie am Boden (Erdradius $= 6370$ km!). Davon ist aber keine Rede. Schon in 1 km Höhe ist die Feldstärke auf etwa 40 Volt/m gesunken. In 10 km Höhe mißt man nur noch wenige Volt/m.

Diese Beobachtungen führen uns auf eine neue Art elektrischer Felder. Die uns bisher bekannten waren beiderseits von einem festen Körper als Träger der elektrischen Ladungen begrenzt. Beim Erdfeld haben wir nur auf der einen Seite einen festen Körper, nämlich die Erde als Träger der negativen Ladung. Die positive Ladung befindet sich auf zahllosen winzigen, dem Auge unsichtbaren Trägern in der Atmosphäre. Diese Träger bilden in ihrer Gesamtheit eine Wolke positiver Raumladung (Abb. 86). Die räumliche Dichte ϱ dieser Ladung (Amperesek./m³) bedingt das „Gefälle" des Feldes. Es gilt

$$\varrho = \frac{\partial \mathfrak{D}}{\partial x} = \varepsilon_0 \frac{\partial \mathfrak{E}}{\partial x}. \tag{6}$$

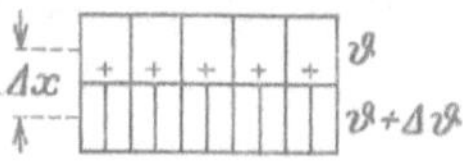

Abb. 87. Zusammenhang von Feldgradient und Raumladung.

Herleitung. In der Abb. 87 sind zwei homogene Feldbereiche mit dem Querschnitt F und den Verschiebungsdichten $\mathfrak{D}$ und $(\mathfrak{D} + \varDelta \mathfrak{D})$ übereinander skizziert. $\mathfrak{D}$ soll also beim Abstieg um die vertikale Wegstrecke $\varDelta x$ um den Betrag $\varDelta \mathfrak{D}$ zunehmen. Dann ist

$$\varepsilon_0\,\varDelta \mathfrak{E} = \varDelta \mathfrak{D} = \varDelta q/F \qquad\qquad \text{Gl. (4) v. S. 29}$$

oder

$$\varepsilon_0 \frac{\varDelta \mathfrak{E}}{\varDelta x} = \frac{\varDelta \mathfrak{D}}{\varDelta x} = \frac{\varDelta q}{F\,\varDelta x} = \varrho. \tag{6}$$

Denn $\varDelta q$ ist die im Volumen $F\,\varDelta x$ enthaltene Ladung. Sie ist in Abb. 87 durch die $+$-Zeichen markiert.

§ 25. Kapazität von Kondensatoren und ihre Berechnung. Durch eine Zusammenfassung der beiden Gleichungen

$$\mathfrak{D} = \varepsilon_0\,\mathfrak{E} \tag{5}$$

und

$$\int \mathfrak{E}_s\,d\,s = U \tag{3}$$

berechnet man die Verteilung der elektrischen Feldstärke. $\mathfrak{E}$ in Feldern beliebiger Gestalt. Dabei gelangt man zu dem physikalisch wie. technisch gleich wichtigen Begriff der Kapazität. Als Kapazität[1] definiert man für jeden Kondensator das Verhältnis

$$C = \frac{\text{Ladung } q \text{ an den Feldgrenzen}}{\text{Spannung } U \text{ zwischen den Feldgrenzen}}. \tag{7}$$

Ihre Einheit ist 1 Amp

esek./Volt, oft gekürzt als 1 Farad bezeichnet. Üblich ist auch 1 Mikrofarad $= 10^{-6}$ Farad.

q bedeutet die Menge positiver elektrischer Substanz auf der einen Feldgrenze oder die gleich große negative auf der anderen. Oft spricht man bequem, aber weniger streng, einfach von der „Ladung eines Kondensators" und demgemäß auch kurz von seiner „Aufladung" und „Entladung". — Wir bringen die Kapazität für einige Kondensatoren mit geometrisch einfachen Feldern:

I. **Flacher Plattenkondensator.** In seinem homogenen Felde ist die Verschiebungsdichte $\mathfrak{D}$ gleich der Flächendichte q/F der beiden Kondensatorladungen. Die Gl. (2) von S. 28 ergibt als Feldstärke $\mathfrak{E} = U/l$. Beides in Gl. (5) von S. 30 eingesetzt, ergibt

$$\boxed{C = \varepsilon_0\,\frac{F}{l}.} \tag{8}$$

Zahlenbeispiel: 2 Kreisplatten von 20 cm Durchmesser und $3{,}14 \cdot 10^{-2}$ m² Fläche in 4 mm Abstand.

$$C = \frac{8{,}86 \cdot 10^{-12}\ \text{Amperesek.} \cdot 3{,}14 \cdot 10^{-2}\ \text{m}^2}{\text{Voltmeter} \cdot 4 \cdot 10^{-3}\ \text{m}}$$
$$= 7 \cdot 10^{-11}\ \text{Amperesek./Volt oder Farad.}$$

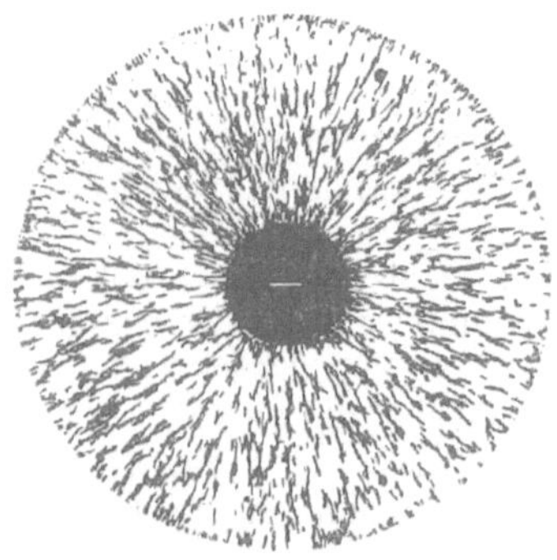

Abb. 88. Radialsymmetrische elektrische Feldlinien zwischen einer negativ geladenen Kugel und sehr weit entfernten positiven Ladungen.

II. **Kugelförmiger Elektrizitätsträger vom Radius r mit radialsymmetrischem Feld (Abb. 88).** Auf der Kugeloberfläche sitzt die Ladung q. Sie erzeugt im Abstande R vom Kugelmittelpunkt die Verschiebungsdichte

$$\mathfrak{D}_R = \frac{q}{4\pi R^2}$$

und nach Gl. (5) die Feldstärke

$$\mathfrak{E}_R = \frac{q}{\varepsilon_0\,4\pi R^2}. \tag{9}$$

Die Spannung U zwischen der geladenen Kugel und der sehr weit entfernten anderen Feldgrenze (z. B. Zimmerwände) erhalten wir gemäß Gl. (3) von S. 28 als Liniensumme der Feldstärke. Also

$$U = \int\limits_{R=r}^{R=\infty} \mathfrak{E}_R \cdot d\,R = \int\limits_{R=r}^{R=\infty} \frac{q \cdot d\,R}{\varepsilon_0\,4\pi R^2} = \frac{q}{\varepsilon_0\,4\pi r}. \tag{10}$$

---

[1] Man hüte sich vor der irreführenden Verdeutschung „Fassungsvermögen".

(7) und (10) zusammengefaßt ergeben als Kapazität eines kugelförmigen Elektrizitätsträgers

$$C = \varepsilon_0 \cdot 4\,\pi\,r. \tag{11}$$

„Die Kapazität einer Kugel ist ihrem Radius proportional."

In Abb. 89 messen wir zur Prüfung der Gl. (10) die Kapazität C eines isoliert aufgehängten Globus aus Pappe. Dazu genügt uns schon ein Feld von 220 Volt Spannung.

Unsere Erde hat einen Radius von $r = 6{,}37 \cdot 10^6$ m. Sie bildet daher nach Gl. (11) mit dem Fixsternsystem einen Kondensator mit einer Kapazität von 708 Mikrofarad.

In genau entsprechender Weise berechnet man auch für elektrische Felder von komplizierterer Gestalt die räumliche Verteilung Feldstärke und die Kapazität[1].

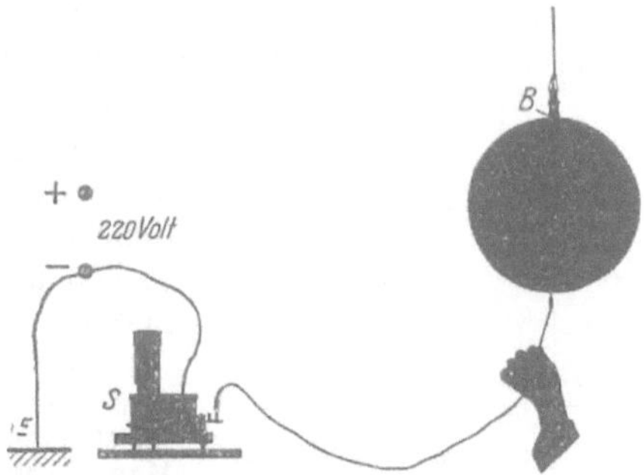

Abb. 89. Messung der Kapazität eines aus Kugel und Hörsaalboden gebildeten Kondensators. Zur Aufladung wird die Kugel (vgl. § 15, Schluß) vorübergehend mit dem +-Pol der städtischen Zentrale verbunden ($U = 220$ Volt). Die negative Leitung ist schon in der Zentrale leitend mit dem Erdboden verbunden worden („geerdet", siehe Zeichenschema E). Eichung des Galvanometers S in Amperesekunden gemäß Abb. 40.

Für einen Überblick in komplizierten Feldern sei ein nützlicher Hinweis gegeben: Die Zusammenfassung der Gl. (9) und (10) gibt uns als Feldstärke unmittelbar an der Kugeloberfläche (dort $R = r$!)

$$\mathfrak{E}_r = U/r. \tag{12}$$

Man kann jede scharfe Ecke oder Spitze in erster Annäherung als Kugeloberfläche vom kleinen Krümmungsradius r betrachten. Nach Gl. (12) sind für eine Kugel Feldstärke $\mathfrak{E}$ an ihrer Oberfläche und Krümmungsradius r einander umgekehrt proportional. Daher hat man in der Nähe von Ecken und Spitzen der Kondensatorgrenzen schon bei kleinen Spannungen sehr hohe Feldstärken. Die Luft verliert bei hohen Feldstärken ihr Isolationsvermögen, sie wird leitend. Ein violettes Aufleuchten zeigt dabei tiefgreifende Veränderungen in den Molekülen der Luft. Gleichzeitig entsteht ein „elektrischerWind", Abb. 336 auf S. 168: Er bläst von der Spitze fortgerichtet.

Die abströmende Luft wird durch seitlich einströmende ersetzt. Diese wird von der Spitze fort beschleunigt. Dabei wirkt auf die Spitze eine Gegenkraft. Sie versetzt z. B. das in Abb. 90 skizzierte „Flugrad" in Drehung. Die Spannung zwischen Rad und Zimmerwänden braucht nur wenige tausend Volt zu betragen.

Abb. 90. Flugrad. — Lehrreiche Abart: Man hängt einen leichten, aus einer Spitze und einem Ring starr zusammengesetzten Kondensator an zwei dünnen Zuleitungen auf; dies „Pendel" schlägt aus, sobald der Strahl des elektrischen Windes durch den Ring hindurchbläst.

Von Einzelheiten abgesehen, geschieht dasselbe wie beim Flugzeug: Bei ihm wird durch den Propeller seitlich einströmende Luft beschleunigt und nach hinten als Strahl fortgeblasen. Die dem Strahl entgegengerichtete Gegenkraft erteilt dem Flugzeug eine konstante Geschwindigkeit.

---

[1] Beispiele: 2 konzentrische Kugeln $C = 4\,\pi\,\varepsilon_0\,\dfrac{r_1 r_2}{r_2 - r_1}$, (11a)

2 konaxiale Zylinder der Länge a: $C = 2\,\pi\,\varepsilon_0\,\dfrac{a}{\ln\dfrac{r_2}{r_1}}$. (11b)

§ 26. Kondensatoren verschiedener Bauart. Dielektrika und ihre Elektrisierung.

Wir haben Kondensatoren praktisch bisher nur in zwei Ausführungsformen benutzt. Sie bestanden entweder aus einem Plattenpaar (Abb. 42) oder aus mehreren Plattenpaaren (Abb. 91). Eine Abart dieser Mehrplattenkondensatoren ist der heute durch die Rundfunkapparate allgemein bekanntgewordene Drehkondensator (Abb. 92). Man kann durch eine Drehung die Platten mit verschiedenen Bruchteilen ihrer Fläche einander gegenüberstellen und so die Kapazität des Kondensators verändern.

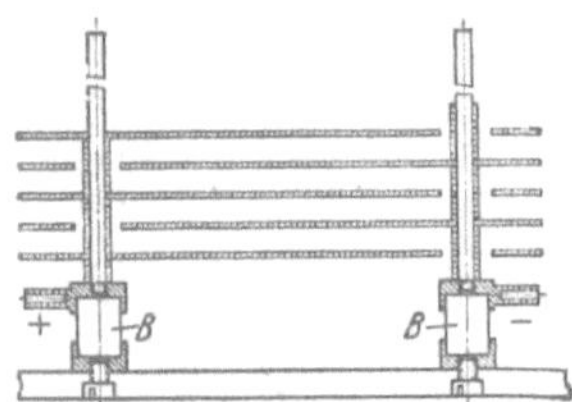

Abb. 91. Bauart von Vielplattenkondensatoren. Meist benutzt man drei statt des einen gezeicheneten Trägerpaares. B = Bernsteinisolator.

Man fand früher im Handel die Kapazität der Kondensatoren, also das Verhältnis Ladung/Spannung, mystischerweise oft in der Längeneinheit Zentimeter angegeben. Man merke sich den Schlüssel dieser Geheimsprache: 1 cm soll in diesem Falle $1{,}11 \cdot 10^{-12}$ Amperesek./Volt oder $1{,}11 \cdot 10^{-6}$ Mikrofarad bedeuten.

Technische Kondensatoren haben zwischen ihren Platten statt Luft häufig flüssige oder feste Isolatoren. Wir nennen zwei vielbenutzte **Ausführungsformen:**

1. Die altbekannte **Leidener Flasche** [1]. Abb. 94 zeigt rechts eine primitive Ausführung: Ein Glaszylinder ist innen und außen mit einer Stanniolschicht beklebt. Abb. 93 gibt eine nach technischen Gesichtspunkten konstruierte Flasche mit dicken, elektrolytisch aufgetragenen Kupferüberzügen. Solche Flaschen sind bei $5 \cdot 10^4$ Volt noch gut brauchbar. Ihre Kapazität liegt meist in der Größenordnung 10^{-9} bis 10^{-8} Farad.

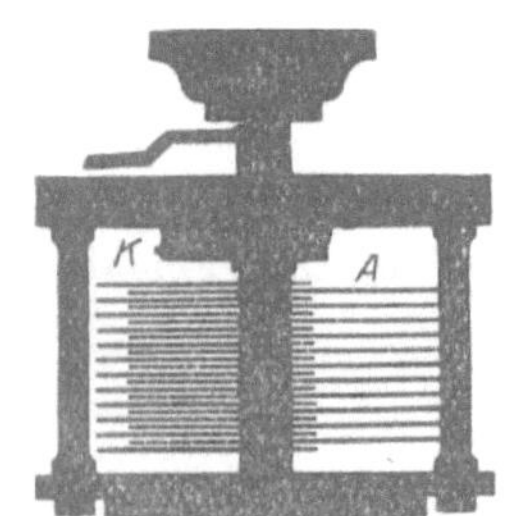

Abb. 92. Schattenriß eines Drehkondensators.

Eine kleine Influenzmaschine liefert Ströme von etwa 10^{-5} Ampere (§ 9). Sie kann mit diesem Strom eine Flasche von 10^{-8} Farad in 30 Sekunden auf etwa $3 \cdot 10^4$ Volt Spannung aufladen (Abb. 94). Als roher Spannungsmesser kann eine parallel geschaltete Kugelfunkenstrecke von etwa 1 cm Abstand dienen. Bei etwa 30 000 Volt schlägt ein laut knallender Funke über. Die Zeitdauer eines solchen Funkens beträgt etwa 10^{-6} Sekunden. Das läßt sich mit einer schnell rotierenden photographischen Platte feststellen. Der Strom im Funken muß demnach $30/10^{-6} = 3 \cdot 10^7$fach größer sein als der Strom der

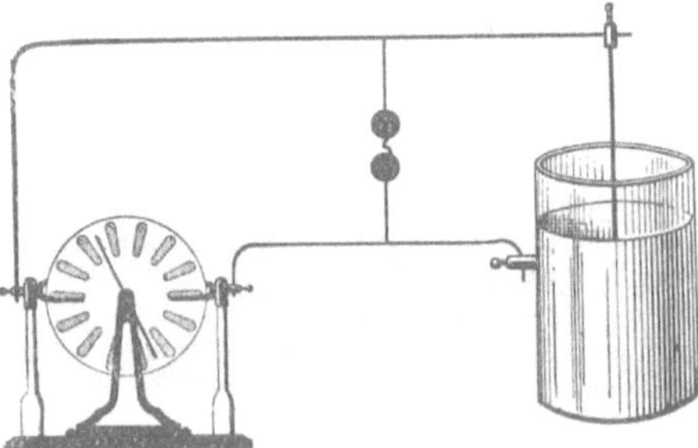

Abb. 93. Neuzeitliche, technische Leidener Flasche.

Abb. 94. Aufladung einer Leidener Flasche.

Influenzmaschine. Er muß etwa 300 Ampere betragen. Dieser große Strom verursacht die starke Erwärmung der Luft, und deren Folge ist die Knallwelle.

---

[1] Sie ist 1745 nicht in Leiden, sondern in Cammin in Pommern von v. Kleist erfunden worden. Durch sie sind die elektrischen Erscheinungen zuerst in weiten Kreisen bekanntgeworden und ihre Anwendung hat zur Auffindung vieler neuer Tatsachen geführt.

2. Der „Papierkondensator". Man legt zwei Stanniolstreifen K und A und zwei Papierstreifen $P\,P$ aufeinander, rollt sie auf und preßt sie zusammen (Abb. 95). Die Papierisolation ist nicht entfernt so vollkommen wie die mit Bernstein und Luft (Abb. 42). Man nimmt jedoch die geringere Haltbarkeit des elektrischen Feldes in einem solchen „Papierkondensator" mit in Kauf. Denn seine Bauart hat den Vorteil großer Raumersparnis und Billigkeit.

Die Darstellung dieses und des nächsten Kapitels beschränkt sich durchaus auf das elektrische Feld im leeren Raum, also praktisch in Luft. Materie im elektrischen Felde soll erst im V. Kapitel behandelt werden. Trotzdem haben wir hier mit den beiden letzten Kondensatortypen unsere Stoffgliederung absichtlich durchbrochen.

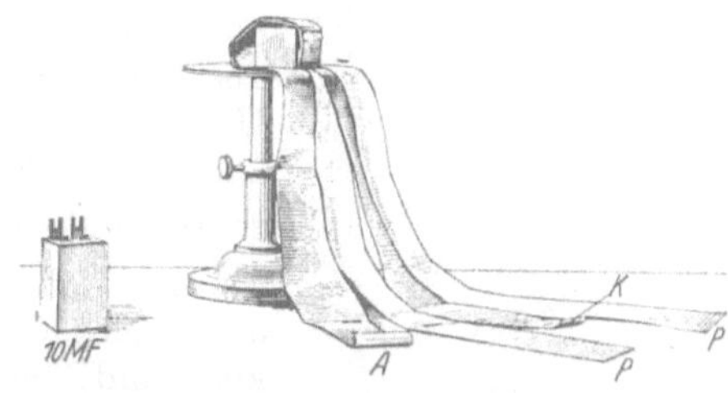

Abb. 95. Links ein zusammengesetzter, rechts ein teilweise auseinander gewickelter technischer Papierkondensator von 10 Mikrofarad Kapazität. Die beiden Stanniolstreifen haben je rund 4 m² Fläche. Ihr Abstand oder die Dicke der Papierstreifen P beträgt rund 0,02 mm.

Es sollen schon hier drei neue Begriffe eingeführt werden, das Dielektrikum, seine Elektrisierung und seine Dielektrizitätskonstante.

Ein guter Isolator zerstört ein elektrisches Feld erst sehr langsam. Er kann längere Zeit von einem elektrischen Felde „durchsetzt" werden: Daher sein Name „Dielektrikum".

Das Verhältnis

$$\varepsilon = \frac{\text{Kapazität des ganz mit dem Dielektrikum gefüllten Kondensators}}{\text{Kapazität des leeren Kondensators}} \tag{13}$$

nennt man die Dielektrizitätskonstante des Dielektrikums. Zahlenwerte folgen in Tabelle 1 auf S. 58.

Bei gegebener Ladung äußert sich die Zunahme der Kapazität in einer Abnahme der Spannung. Die Einführung eines Dielektrikums wirkt also ebenso wie die teilweise Ausfüllung des Kondensatorfeldes mit einem Leiter (Abb. 96). Der Leiter läßt das Feld in seinem Innern zusammenbrechen. Er verkürzt dadurch die Feldlinien um den Betrag seiner Dicke. Gleichzeitig erscheinen auf seiner Oberfläche Ladungen: Das ist der Vorgang der Influenz.

In einem Isolator oder Dielektrikum fehlt die Beweglichkeit der Elektrizitätsatome. Diese können nicht wie in einem Metall bis zur Oberfläche durchwandern. Trotzdem kann auch ein Isolator im Felde eine Verkürzung der Feldlinien bewirken: Im einfachsten Fall braucht man nur eine Influenzwirkung innerhalb der einzelnen Moleküle anzunehmen. Das veranschaulicht die Abb. 97 in einem groben zweidimensionalen Modell. Die Moleküle sind willkürlich als kleine leitende Kugeln dargestellt worden. Eine solche Influenzwirkung auf die einzelnen Moleküle nennt man eine „elektrische Polarisierung der Moleküle". Sie

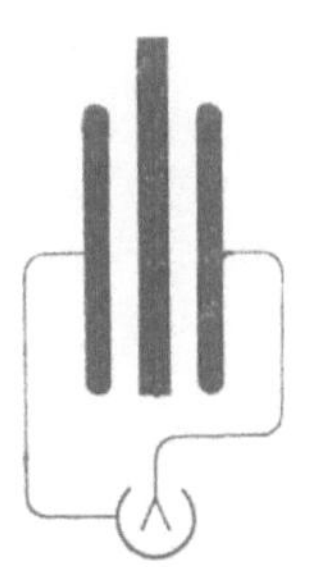

Abb. 96. Leiter im Felde eines Plattenkondensators.

erzeugt eine „Elektrisierung des Dielektrikums". Bei der Elektrisierung erscheinen ebenso wie bei der Influenz in Leitern auf der Oberfläche Ladungen, in Abb. 97 links positive und rechts negative. Aber man kann sie im Gegensatz zur Influenz der Leiter nicht zur Ladungstrennung benutzen. Man denke sich den „elektrisierten" oder „polarisierten" Isolator in Abb. 97 im Felde längs der Fläche $a\,b$ in zwei Teile gespalten und die beiden Hälften getrennt aus dem Felde herausgenommen: Dann enthält jede Hälfte für sich gleich viel $+$- und $-$-Ladungen, ist also als Ganzes ungeladen.

Der Modellversuch in Abb. 97 enthält weitgehende, aber nicht wesentliche Vereinfachungen. In Wirklichkeit sind die Moleküle keine Kugeln, und die Elektrizitätsatome wandern nicht bis an die Molekülgrenzen. Näheres in § 49. Auf jeden Fall hat ein recht unscheinbarer Versuch, das Einschieben eines Isolators zwischen die Platten eines Kondensators, zu einer bedeutsamen Folgerung geführt: Im Innern der Moleküle sind Elektrizitätsatome vorhanden; sie werden durch ein äußeres elektrisches Feld verschoben und das Molekül dadurch „elektrisch deformiert".

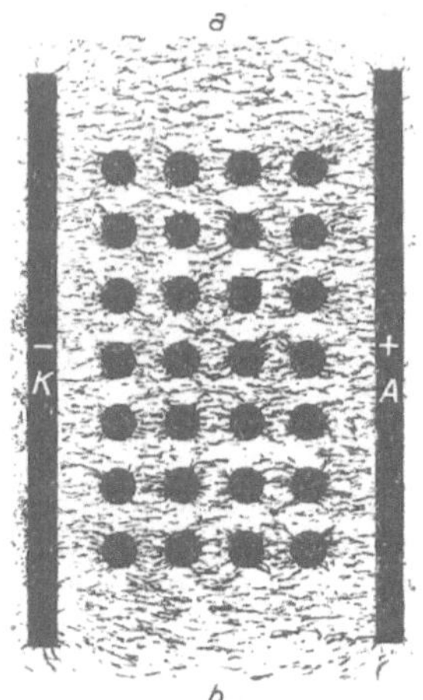

Abb. 97. Modellversuch zur Erläuterung der Elektrisierung eines Dielektrikums durch Polarisation seiner Moleküle.

III. Kräfte und Energie im elektrischen Feld.

§ 27. Vorbemerkung. Wir haben für alle Messungen im elektrischen Felde die allgemein gebräuchlichen elektrischen Einheiten benutzt. Wir maßen Ladungen q durch Stromstöße in Amperesekunden, Feldstärken $\mathfrak{E}$ als Spannung/Länge in Volt/m. Die Verschiebungsdichte $\mathfrak{D}$ maßen wir als Flächendichte der influenzierten Ladung, also in Amperesek./m² und die Kapazität C durch das Verhältnis Ladung/Spannung in Amperesek./Volt. Kräfte spielten bei all diesen Messungen nur eine ganz untergeordnete Rolle. Kräfte dienten lediglich als Indikatoren bei Vergleichen oder zur Zeigerbewegung in den Meßinstrumenten. Erst jetzt wollen wir den Zusammenhang zwischen den Kräften und den elektrischen Größen behandeln. Diese Gliederung des Stoffes soll folgende Tatsache betonen: Strom und Spannung sind spezifisch elektrische Größen. Sie müssen daher nach elektrischen Verfahren gemessen, d. h. in Vielfachen von elektrischen Einheiten angegeben werden. Man kann elektrische Größen auf keine Weise eindeutig in mechanischen Einheiten messen. Diese Tatsache läßt sich zwar durch mancherlei Darstellungsarten verschleiern, aber nie aus der Welt schaffen.

§ 28. Der Grundversuch. Wir beginnen, wie stets, mit einer experimentellen Erfahrung. Die Abb. 98 zeigt uns einen scheibenförmigen Elektrizitätsträger a am Arm eines Kraftmessers, einer kleinen Balkenwaage. Der Träger befindet sich in der Mitte zwischen den Platten K und A eines Kondensators. Seine Gestalt und seine Stellung senkrecht zu den Feldlinien sind mit Absicht

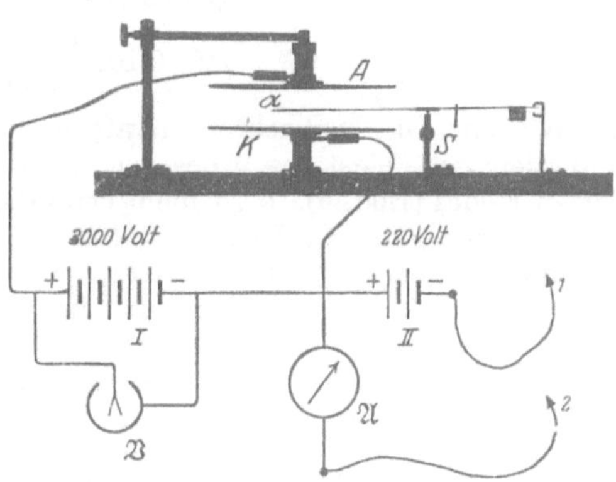

Abb. 98. Grundversuch über die Abhängigkeit der Kräfte von Ladung und Feldstärke. Der Waagebalken aus Quarz trägt rechts zwei Reiter aus Al-Blech und spielt zwischen zwei Anschlägen. S ist ein kleiner Klotz, der den Schwerpunkt des Waagebalkens unter die Schneide verlegt. — Die Kondensatorplatten A und K werden durch Bernsteinsäulen getragen. Man kann wegen ihrer vorzüglichen Isolation die gezeichnete Batterie I durch ganz primitive Mittel (geriebene Siegellackstange!) ersetzen!

gewählt worden: Der Träger soll im ungeladenen Zustand keinen merklichen Einfluß auf die Gestalt eines elektrischen Feldes zwischen K und A haben (Abb. 99A), er soll das Feld nicht durch Influenz verzerren (Abb. 66b). Dies Feld zwischen K und A stellen wir mit Hilfe der Stromquelle I her. Die Spannung heiße U, und somit ist in dem homogenen Kondensatorfelde die Feldstärke $\mathfrak{E} = U/l$. Mit dieser Anordnung verfahren wir folgendermaßen:

1. Wir laden den Träger a negativ. Zu diesem Zweck verbinden wir ihn vorübergehend mit dem Minuspol (Kontakt 1), die beiden Kondensatorplatten mit dem Pluspol der Stromquelle II. — Nach erfolgter Aufladung des Trägers haben wir das Feld B in Abb. 99.

Dies Feld würde den geladenen Träger an die ihm nähere Platte heranziehen; um das zu vermeiden, ist der Träger genau in die Mitte gestellt worden (labiles Gleichgewicht).

2. Wir stellen jetzt außerdem mit der Stromquelle *I* zwischen den Platten *K* und *A* die Spannung *U* her. Dadurch entsteht ein ganz neues Feldlinienbild *C*. Es entsteht durch eine Überlagerung der Felder *B* und *A* (vgl. später Abb. 106). Der Elektrizitätsträger wird vom Felde nach oben gezogen.

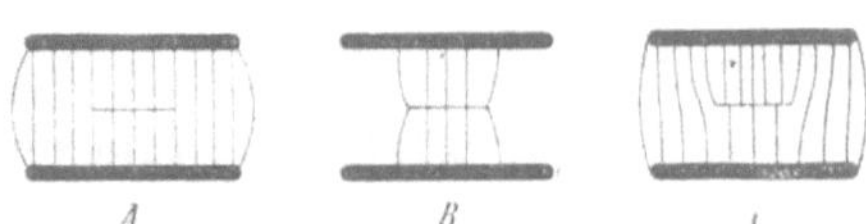

Abb. 99.   Feldlinienbilder zum Grundversuch in Abb. 98.

3. Wir messen die Kraft $\mathfrak{K}$ mit der Waage in beliebigen Einheiten, z. B. Kilopond. Ferner die Ladung *q* des Trägers in Amperesekunden. Dazu dient das geeichte Galvanometer $\mathfrak{A}$ (Träger a mit dem Drahtende *2* berühren!) Endlich die Spannung *U* in Volt und den Abstand *l* der Kondensatorplatten in Metern.

4. Aus je vier zusammengehörenden gemessenen Größen bilden wir das Verhältnis $\mathfrak{K}\,l/U\,q$; jedesmal finden wir innerhalb der Versuchsfehler:

$$\frac{\mathfrak{K}\,l}{U\,q} = 0{,}102 \frac{\text{Kilopond Meter}}{\text{Volt Amperesekunden}}. \tag{14}$$

Nun ist im homogenen Felde eines Plattenkondensators die elektrische Feldstärke $\mathfrak{E} = U/l$. Daher folgt aus (14)

$$\mathfrak{K} = q\,\mathfrak{E} \cdot 0{,}102 \frac{\text{Kilopondmeter}}{\text{Voltamperesekunden}}. \tag{15}$$

In Worten: Die beobachtete Kraft ist proportional der Trägerladung *q* und außerdem der Feldstärke $\mathfrak{E}$ des noch nicht durch die Ladung des Trägers veränderten Feldes (Bild *A*). $\mathfrak{E}$ ist nicht etwa die Feldstärke des wirklich während der Messung vorhandenen Feldes (Bild *C*)!

Soweit die experimentellen Tatsachen. — Die Gl. (14) und (15) enthalten rechts einen Proportionalitätsfaktor mit einem unbequemen Zahlenwert und einer unbequemen Dimension. Man kann aber diesen Faktor leicht dimensionslos = 1 machen (vgl. Mechanik, X. Aufl., S. 351): Man vereinbart für das Produkt Spannung · Ladung die Dimension einer Energie und benutzt die Größe

$$\boxed{1 \text{ Voltamperesekunde} = 0{,}102 \text{ Kilopondmeter}} \tag{16}$$

als eine neue, aus elektrischen Größen abgeleitete Energieeinheit. Dadurch bekommt die Gl. (15) die einfache Form

$$\boxed{\mathfrak{K} = q\,\mathfrak{E}} \tag{17}$$

und für die Arbeit $A = \mathfrak{K}\,l$ gilt

$$\boxed{A = q\,U} \tag{18}$$

(z. B. $\mathfrak{K}$ in Großdyn, *A* in Wattsek., *q* in Amperesekunden, *U* in Volt, $\mathfrak{E}$ in Volt/Meter).

Mit der Gl. (16) wird eine elektrisch gemessene in eine mechanisch gemessene Energie umgerechnet. Statt Voltamperesekunde sagt man meist Wattsekunde, also Watt = Voltampere. Aus der Umrechnungsgleichung (16) folgen zwangsläufig weitere, wenn man den Energiebetrag 1 Kilopondmeter durch andere, ihm gleiche („äquivalente") Energiebeträge ersetzt, z. B.

$$1 \text{ Voltamperesekunde} = 2{,}39 \cdot 10^{-4} \text{ Kilokalorien} \tag{19}$$

und
$$\boxed{1 \text{ Voltamperesekunde} = 1 \text{ Großdynmeter} = 1 \text{ kg m}^2/\text{sec}^2.} \tag{20}$$

Die Krafteinheit Großdyn macht also den Umrechnungsfaktor zwischen elektrisch und mechanisch gemessener Energie gleich 1.

Das ist keineswegs ein Zufall: Als man die Spannung des Normalelementes = 1,0186 Volt festsetzte, wollte man im Rahmen der heute erzielbaren Meßgenauigkeit die elektrische Energieeinheit Voltamperesekunde (Wattsekunde) und die mechanische Energieeinheit Großdynmeter gleich groß machen. Das ist sehr bequem, wenn auch keineswegs notwendig.

In der Wärmelehre wird die Wärmemenge zunächst als Grundgröße gemessen, man mißt sie mit einer eigens für sie geschaffenen Einheit, der Kilokalorie. Später identifiziert man dann die Wärmemenge mit der Energie und behandelt die Kilokalorie nur noch als einer abgeleitete Einheit mit der Definitionsgleichung 1 Kilokalorie = 4190 Wattsekunden.

In entsprechender Weise sind wir in der Elektrizitätslehre verfahren. Erst haben wir die Spannung als Grundgröße mit einer eigens für sie geschaffenen Einheit, dem Volt, gemessen. Jetzt definiert die Gl. (20) die Spannung als das Verhältnis Arbeit/Ladung, und das Volt wird als abgeleitete Einheit definiert durch die Gleichung 1 Volt = 1 Großdynmeter/Amperesekunde.

Theoretische Darstellungen brauchen Experimente nur zu beschreiben und nicht vorzuführen. Sie beginnen mit einem Meßverfahren für die Ladung q und benutzen dann die Gl. (17), um die Feldstärke $\mathfrak{E}$ mit Hilfe der Ladung q zu definieren. Man schreibt $\mathfrak{E} = \mathfrak{K}/q$. Dann definiert man Spannung $U = \int \mathfrak{E}_s\, d\,s$. — Befindet sich der Träger mit der Ladung q im homogenen Felde eines flachen Plattenkondensators mit dem Plattenabstand l, so bekommt man als Arbeit $A = \mathfrak{K}\,l = q\,\mathfrak{E}\,l = q\,U$, also Gl. (18).

§ 29. Erste Anwendungen der Gleichung $\mathfrak{K} = q\,\mathfrak{E}$.

Die Anwendung der Gl. (19) ist im allgemeinen durchaus nicht einfach. Meistens verzerrt der Träger schon im ungeladenen Zustand durch Influenz das elektrische Feld. Dabei bekommt das Feld eine komplizierte Gestalt. In diesen Fällen muß man vor jedem Flächenelement des ungeladenen Trägers die Feldstärke berechnen, dann nach Aufladung des Trägers mit der Ladung des Flächenelementes multiplizieren

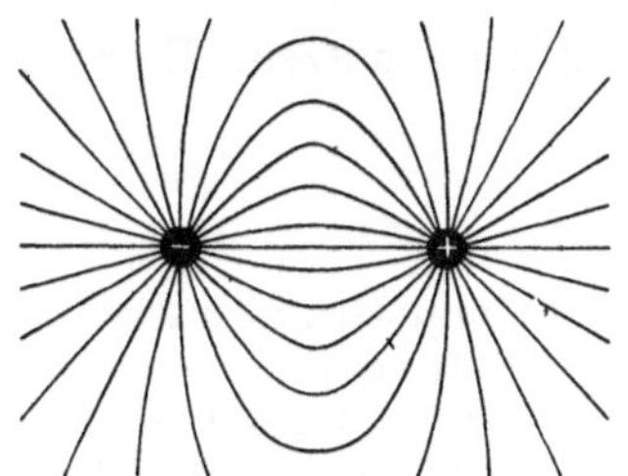

Abb. 100. Feldlinien zwischen ungleichnamigen Ladungen.

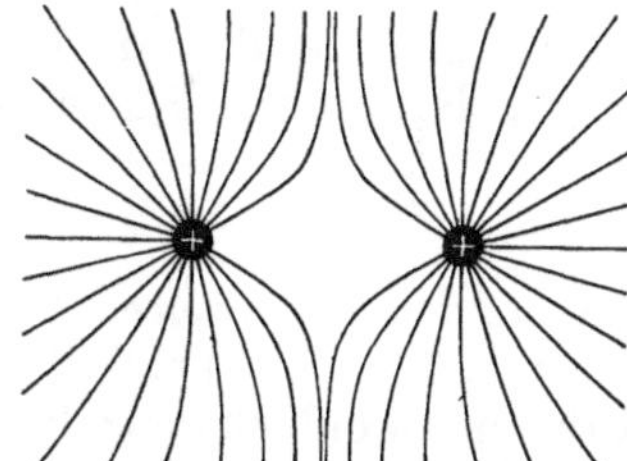

Abb. 101. Feldlinien zwischen gleichnamigen Ladungen. Die zugehörigen negativen Ladungen hat man sich auf den fernen Zimmerwänden zu denken.

und die Produkte summieren. Dies mühselige Verfahren läßt sich nur in wenigen Grenzfällen vermeiden, wir bringen deren zwei.

I. Kräfte zwischen zwei kleinen Kugeln in großem Abstande R. Eine Kugel mit der Ladung q gibt für sich allein ein radialsymmetrisches Feld (vgl. Abb. 88). Sie erzeugt im Abstande R die Feldstärke

$$\mathfrak{E}_R = \frac{q}{\varepsilon_0\,4\,\pi\,R^2}. \qquad \text{Gl. (9) v. S. 32}$$

Nach Hinzufügen der zweiten Kugel mit einer Ladung q' entsteht ein ganz anderes Feld. Man findet es für den Sonderfall $q = q'$ in Abb. 100 für ungleiche Vorzeichen beider Ladungen, in Abb. 101 für gleiche Vorzeichen.

Für die Anwendung der Gleichung

$$\mathfrak{K} = q'\,\mathfrak{E} \qquad \text{Gl. (17) v. S. 38}$$

muß man das ursprüngliche Feld der ersten Kugel allein zugrunde legen, also die Gl. (9) und Gl. (19) zusammenfassen. So erhält man

$$\mathfrak{K} = \pm \frac{1}{4\pi\varepsilon_0} \frac{q\,q'}{R^2} \tag{21}$$

(+ für gleiche, — für ungleiche Vorzeichen von q und q').

Diese Gleichung ist in der Form $\mathfrak{K} = \pm q\,q'/R^2$ zuerst von Coulomb aufgestellt worden. Sie beschließt 1785 einen rund hundertjährigen Abschnitt experimenteller Forschung. Trotzdem stellen sie viele Darstellungen der Elektrizitätslehre an den Anfang.

Die Gl. (21) ist ein Naturgesetz. Vereinbart man für die Influenzkonstante ε_0 irgendeine nach Zahlenwert und Dimension willkürliche Größe, so gibt dies Naturgesetz die Möglichkeit, ein Meßverfahren für die quantitative Definition der elektrischen Ladung festzulegen. —

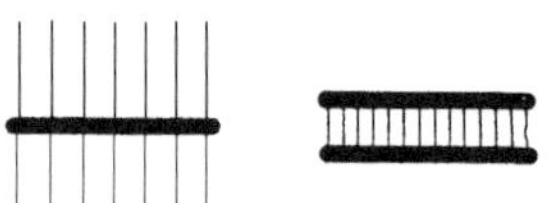

Abb. 102. Zur Anziehung zweier Kondensatorplatten.

In der Coulombschen Schreibweise ist die Influenzkonstante ε_0 als dimensionslose Zahl $1/4\pi$ gewählt worden. Die dann mit dem Gesetz definierte Ladung nennt man die elektrostatische. Dieses Meßverfahren ist seit langem veraltet.

II. Anziehung der beiden Platten eines flachen Plattenkondensators. Eine Platte für sich allein erzeugt das in Abb. 102 links skizzierte Feld. Die Feldlinien denke man sich bis zu Ladungen des anderen Vorzeichens auf den Zimmerwänden usw. verlängert. Man vergleiche dazu die Abb. 51. Das Feld ist vor und hinter der Plattenfläche bis zu merklichem Abstand noch homogen. Dort ist seine Feldstärke

$$\mathfrak{E} = \frac{\mathfrak{D}}{\varepsilon_0} = \frac{1}{\varepsilon_0} \frac{q}{2\,F}. \tag{22}$$

Dies Feld hat man bei der Anwendung der Gl. (19) zu benutzen. Es wirkt auf die Ladung q der zweiten Platte mit der Kraft

$$\mathfrak{K} = q \frac{1}{\varepsilon_0} \frac{q}{2\,F} = \frac{1}{2\,\varepsilon_0} \cdot \frac{q^2}{F}. \tag{23}$$

Durch die Ladung der zweiten Platte wird das Feld von Grund auf verändert (Abb. 102, rechts). Alle Feldlinien auf der oberen Plattenseite fallen fort. Es verbleibt das uns wohlbekannte homogene Feld des flachen Plattenkondensators.

Jetzt wechseln wir die Bedeutung der Buchstaben $\mathfrak{D}$ und $\mathfrak{E}$. Wir benutzen sie fortan wieder für das Feld des fertig zusammengesetzten Kondensators. Somit bekommen wir

$$q = \mathfrak{D} \cdot F = \varepsilon_0\,\mathfrak{E}\,F. \qquad\qquad \text{Gl. (4) d. S. 29}$$

$$\mathfrak{K} = \frac{1}{2}\,q\,\mathfrak{E} = \frac{\varepsilon_0}{2}\,\mathfrak{E}^2\,F \tag{24}$$

oder

$$\mathfrak{K} = \frac{\varepsilon_0}{2} \frac{U^2\,F}{l^2}, \tag{25}$$

d. h. die Kraft ist proportional zum Quadrat der Spannung U und umgekehrt dem Quadrat des Plattenabstandes l.

Die Abb. 103 zeigt eine Anordnung zur Prüfung dieser Gleichung. Sie soll vor allem eine richtige Vorstellung von den Größenordnungen vermitteln. Für Präzisionsmessungen muß man auch hier einen flachen Plattenkondensator mit „Schutzring" anwenden (Abb. 84 auf S. 30).

Nach Gleichung (25) wachsen die Kräfte umgekehrt mit dem Quadrat des Plattenabstands. Man hat daher für technische Zwecke Kondensatoren mit winzigem Plattenabstand gebaut. Man setzt zu diesem Zweck einen Leiter und einen schlechten Leiter mit glatter Oberfläche

Abb. 103. Anziehung von zwei Kondensatorplatten K und A; $B =$ Bernsteinträger, nachträglich schraffiert. $M =$ Schraubenmikrometer mit mm-Skala und Teiltrommel. $G =$ Gewichtstück. — Zahlenbeispiel: $F = 20 \times 20\ \mathrm{cm^2} = 4 \cdot 10^{-2}\ \mathrm{m^2}$; Plattenabstand $l = 10{,}2\ \mathrm{mm} = 10{,}2 \cdot 10^{-3}\ \mathrm{m}$; Spannung U 7500 Volt.

$$\mathfrak{K} = \frac{8{,}86 \cdot 10^{-12}}{2} \cdot \frac{\mathrm{Amperesek.}}{\mathrm{Voltmeter}} \cdot \frac{5{,}6 \cdot 10^7\ \mathrm{Volt^2} \cdot 4 \cdot 10^{-2}\ \mathrm{m^2}}{10^{-4}\ \mathrm{m^2}}$$

$$= 9{,}9 \cdot 10^{-4}\ \frac{\mathrm{Voltamperesek.}}{\mathrm{Meter}} = 9{,}9 \cdot 10^{-4}\ \frac{0{,}102\ \mathrm{Kilopondmeter}}{\mathrm{Meter}} = 10{,}1\ \mathrm{Pond.}$$

aufeinander. Abb. 104 zeigt eine Metallplatte M in Berührung mit einem Lithographenstein St. Beide haben etwa 20 cm² Fläche. Der Stein hat ein Gewicht von 200 Pond. Beim Anlegen einer Stromquelle von 220 Volt Spannung „klebt" der Stein. Man kann ihn an dem Handgriff zugleich mit der Metallplatte hochheben. Natürlich isoliert dieser Kondensator nicht. Es fließt in unserem Beispiel ein Strom von etlichen 10^{-6} Ampere. Unser Körper spürt (S. 12) erst Ströme von 3 bis 5 Milliampere. Wir können ihn also ruhig statt einer der in Abb. 104 skizzierten Drahtzuleitungen benutzen und den Stein dadurch zum „Kleben" bringen.

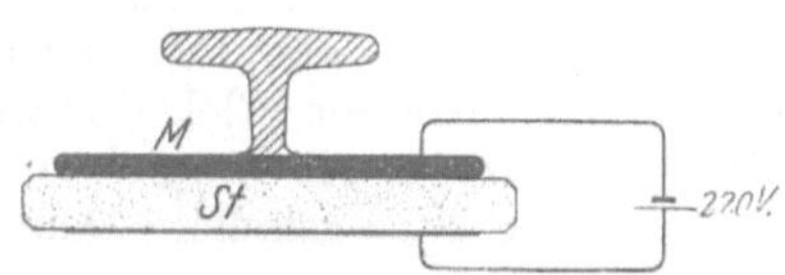

Abb. 104. Anziehung zweier Kondensatorplatten, die aus einem guten Leiter M und einem schlechten St bestehen. Infolge der unvermeidlichen Unebenheiten sind die Abstände stellenweise sehr klein und dort die elektrische Feldstärke sehr groß.

§ 30. Druck auf die Oberfläche geladener Körper. Verkleinerung der Oberflächenspannung.

Als Druck definiert man allgemein das Verhältnis

$$p = \frac{\text{senkrecht an einer Fläche angreifende Kraft } \mathfrak{K}}{\text{Fläche } F}.$$

Für das homogene Feld eines flachen Plattenkondensators ergibt sich somit aus Gl. (24) von S. 40

$$p_e = \frac{\varepsilon_0}{2}\,\mathfrak{E}^2. \tag{26}$$

Dabei ist $\mathfrak{E}$ die Feldstärke unmittelbar an der Plattenoberfläche.

Wir wenden diese Gleichung auf den Fall einer geladenen Kugel an. Die Spannung zwischen ihr und den weit entfernten Trägern der entgegengesetzten Ladung sei U. Dann herrscht an ihrer Oberfläche die Feldstärke

$$\mathfrak{E} = U/r. \qquad \text{Gl. (12) d. S. 33}$$

Wir setzen diesen Wert in Gl. (26) ein und erhalten als Druck an der Oberfläche der geladenen Kugel

$$\boxed{p_e = \frac{\varepsilon_0}{2}\,\frac{U^2}{r^2}} \tag{27}$$

(z. B. p in Großdyn/m², U in Volt, r in m).

Dieser Druck ist nach außen gerichtet[1]; er wirkt wie eine **Verkleinerung der Oberflächenspannung** σ. Diese liefert für sich allein einen nach innen gerichteten Druck $p_\sigma = 2\,\sigma/r$. Bei Anwesenheit des elektrischen Feldes verbleibt also als nach innen gerichteter Druck nur

$$p = \frac{2\,\sigma}{r} - \frac{\varepsilon_0}{2}\frac{U^2}{r^2}. \tag{28}$$

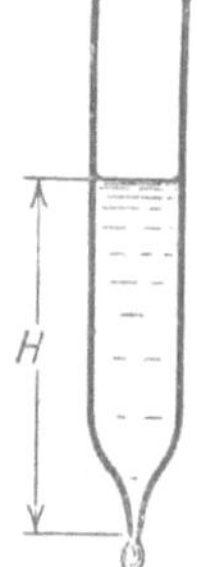

Abb. 105. Einfluß eines elektrischen Feldes auf die Oberflächenspannung v. Wasser. (George Mathias Bose, 1745.)

Die Verkleinerung der Oberflächenspannung durch ein elektrisches Feld läßt sich auf mannigfache Weise vorführen, z. B. mit der Anordnung der Abb. 105. Aus der Düse eines Glasbehälters fließt Wasser anfänglich als Strahl ab, dann bei verminderter Wasserhöhe H nur in Form einzelner Tropfen. Das Zusammenballen des Wassers zu Tropfen ist eine Folge der Oberflächenspannung. Dann stellen wir mit einer Influenzmaschine zwischen dem Wasser und den Zimmerwänden ein elektrisches Feld her. Sogleich fließt das Wasser wieder als glatter Strahl aus der Düse aus.

§ 31. Guerickes Schwebeversuch (1672). Elektrische Elementarladung e = 1,60 · 10⁻¹⁹ Amperesekunden.

§ 31. **Guerickes Schwebeversuch (1672). Elektrische Elementarladung e $= 1{,}60 \cdot 10^{-19}$ Amperesekunden.** Eine physikalisch besonders bedeutsame Anwendung der Gleichung $\mathfrak{K} = q\,\mathfrak{E}$ macht man im „Schwebeversuch". Es handelt sich dabei um die Urform der in Abb. 98 gezeigten Anordnung. Man bringt einen leichten Elektrizitätsträger in ein vertikal gerichtetes elektrisches Feld. Der Träger sei beispielsweise negativ, eine über ihm befindliche Kondensatorplatte positiv geladen. Dann zieht das Gewicht $\mathfrak{K}_2$ den Träger nach unten, die Kraft

$$\mathfrak{K} = q\,\mathfrak{E} \quad \text{oder} \quad \mathfrak{K} = q\,\frac{U}{l} \tag{19}$$

nach oben (vgl. die Feldlinien in Abb. 106). Im Grenzfall

$$\mathfrak{K}_2 = q\,\frac{U}{l} \tag{29}$$

(z. B. $\mathfrak{K}_2$ in Großdyn; q in Amperesekunden; U in Volt)

herrscht „Gleichgewicht", der Träger „schwebt.": Dann kann man die Ladung q aus dem Gewicht $\mathfrak{K}_2$ des Trägers und der Feldstärke U/l berechnen (A. Millikan, 1910, in Fortführung klassischer Versuche von J.J.Thomson 1898 bis 1901).

Für Schauversuche eignen sich als Elektrizitätsträger alle leichten, in Luft nur langsam sinkenden Körper, z. B. tierischer oder pflanzlicher Federflaum, Blattgold, Seifenblasen usw. Diese Träger werden aufgeladen und dann mit dem elektrischen Felde zwischen zwei Platten eingefangen (Abb. 107). Man ändert die elektrische Feldstärke durch Änderung des Plattenabstandes. (Das Feld ist ja in Abb. 107 nicht homogen, andernfalls wäre die Feldstärke vom Plattenabstand unabhängig.) So kann man Steigen, Sinken und Schweben des Trägers beliebig miteinander abwechseln lassen. Zur Vereinfachung wird oft die obere Platte in Abb. 107 weggelassen.

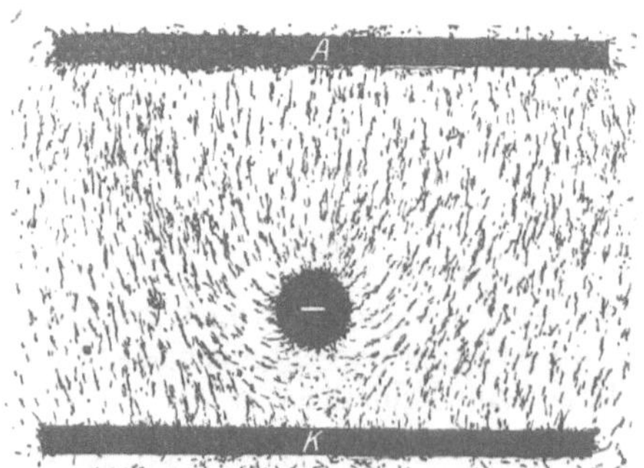

Abb. 106. Elektrische Feldlinien beim Schwebeversuch.

---

[1] Das ist eine bequeme, aber laxe Ausdrucksweise: nicht der Druck hat eine Richtung, sondern die zugehörige Kraft.

Dann tritt an ihre Stelle die Zimmerdecke. In dieser Form ist der Schwebeversuch zum ersten Male durch Otto von Guericke im Jahre 1672 beschrieben worden (Abb. 108).

Der Schwebeversuch läßt sich unschwer in stark verkleinertem Maßstab wiederholen. An die Stelle der Seifenblase in Abb. 107 treten kleine Flüssigkeitskugeln, meist Öl- oder Quecksilbertropfen von einigen μ Durchmesser. Sie werden

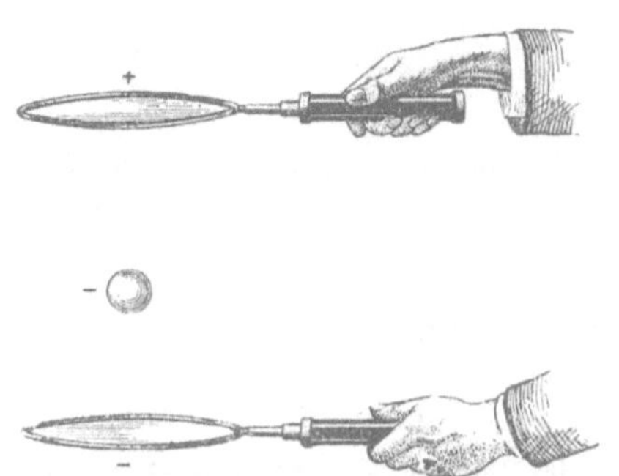

Abb. 107. Eine geladene Seifenblase im elektrischen Felde schwebend.

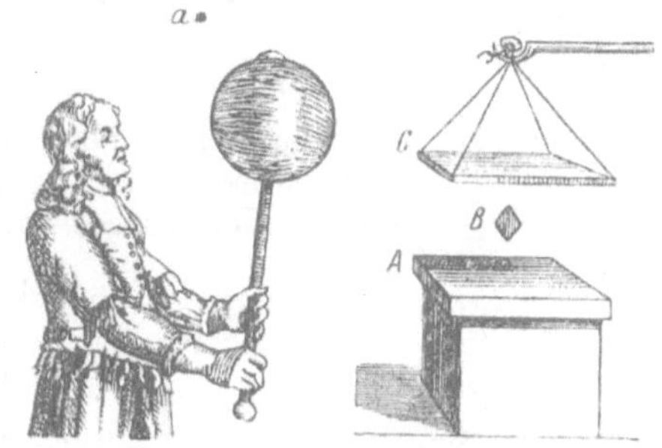

Abb. 108. Alte Darstellungen des Schwebeversuches. Rechts von Benjamin Wilson (1746), links von Otto von Guericke (1672). $B =$ Blattgoldfetzen, $a =$ Flaumfeder. „Plumula potest per totum conclave portari."

durch Berührung mit einem festen Körper aufgeladen („Reibungselektrizität"). Dazu braucht man die Tropfen nur mit einem Luftstrom an der Wand einer Zerstäuberdüse entlang streichen zu lassen. — Die Kondensatorplatten $K\,A$ erhalten einen Abstand von etwa 1 cm. Die Bewegung der geladenen Tröpfchen im elektrischen Felde wird mittels eines Mikroskopes beobachtet. Das Gewicht der Teilchen wird durch mikroskopische Ausmessung des Teilchendurchmessers ermittelt. Man berechnet das Volumen aus dem Durchmesser und gelangt durch Multiplikation mit dem spezifischen Gewicht zum Gewicht $\Re_2$. Derartige Versuche an kleinen, aber noch bequem sichtbaren Elektrizitätsträgern liefern ein ganz fundamentales Ergebnis:

Ein Körper kann elektrische Ladungen nur in ganzzahligen Vielfachen des Betrages $e = 1{,}60 \cdot 10^{-19}$ Amperesekunden aufnehmen oder abgeben. Man hat trotz zahlloser Bemühungen noch nie in einem positiv oder negativ geladenen Körper eine kleinere Ladung als $1{,}60 \cdot 10^{-19}$ Amperesekunden beobachten können. Deswegen nennt man die Ladung $e = 1{,}60 \cdot 10^{-19}$ Amperesekunden die elektrische Elementarladung. Sie ist die kleinste, einzeln beobachtete negative oder positive elektrische Ladung oder ein „Elektrizitätsatom".

Der Versuch bietet in der Ausführung keinerlei Schwierigkeit. Er gehört in jedes Anfängerpraktikum. Am eindrucksvollsten wirkt er bei subjektiver mikroskopischer Beobachtung. Bei Mikroprojektion stören leicht Luftströmungen im Kondensator. Sie entstehen bei der Erwärmung durch das intensive, zur Projektion benötigte Licht.

Zum Schluß noch eine nicht unwichtige Bemerkung: Eine Tropfflasche vermag auch ihre Medizin nur in „Elementarquanten", nämlich einzelnen Tropfen, abzugeben. Daraus dürfen wir aber nicht die Existenz selbständiger Tropfen im Innern der Flasche folgern. Ebenso zeigt zweifellos der Schwebeversuch zwar eine untere Grenze für die Teilbarkeit der elektrischen Ladungen. Er beweist aber keineswegs die gleiche Unterteilung der Ladungen auch im Innern des Körpers! Die Existenz einzelner, individueller Elektrizitätsatome innerhalb des Trägers bleibt auch weiterhin eine zwar sehr brauchbare, aber nicht erwiesene Annahme.

§ 32. Energie des elektrischen Feldes. In einem Raume vom Volumen V herrsche die Feldstärke $\mathfrak{E}$. Welcher Energiebetrag ist in diesem Felde enthalten?

Wir denken uns dies Feld als das eines flachen Plattenkondensators. Die Fläche seiner Platten sei F, ihr Abstand l, also das Feldvolumen $V = F \cdot l$. —

Die eine Platte soll die andere an sich heranziehen und dabei Arbeit leisten, etwa Hubarbeit nach dem Schema der Abb. 109. Das tut sie mit einer konstanten Kraft

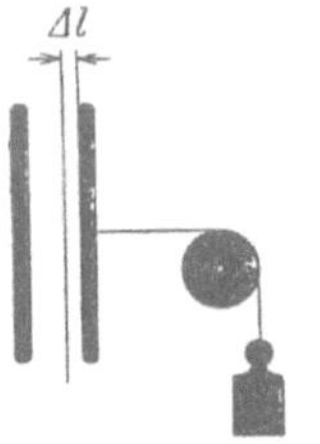

$$\mathfrak{K} = \frac{\varepsilon_0}{2}\, \mathfrak{E}^2\, F, \qquad \text{Gl. (24) v. S. 40}$$

denn Ladung q, Verschiebungsdichte $\mathfrak{D} = q/F$ und Feldstärke $\mathfrak{E} = \mathfrak{D}/\varepsilon_0$ bleiben ja ungeändert. Wir bekommen also als geleistete Arbeit oder vorher im elektrischen Felde gespeicherte Energie

$$W_e = \mathfrak{K}\, l = \frac{\varepsilon_0}{2}\, \mathfrak{E}^2\, F\, l,$$

$$\boxed{W_e = \frac{\varepsilon_0}{2}\, \mathfrak{E}^2\, V} \qquad (30)$$

Abb. 109. Zur Herleitung der Energie eines elektrischen Feldes. Die Platten sind nicht mit einer Stromquelle verbunden.

(z. B. Energie W_e in Voltamperesek. oder Wattsek. $\varepsilon_0 = 8,86 \cdot 10^{-12}$ Amperesek./Volt Meter, $\mathfrak{E}$ in Volt/m, V in m³).

Gl. (30) gilt trotz ihrer Herleitung für einen Sonderfall ganz allgemein. Man kann in Form elektrischer Felder nur geringfügige Energiebeträge speichern. Z. B. in einem Liter ($= 10^{-3}$ m³) bei der technisch noch bequemen Feldstärke $\mathfrak{E} = 10^7$ Volt/m nur 0,44 Voltamperesekunden.

Die Gl. (30) für die Energie eines elektrischen Feldes wird häufig anders geschrieben, z. B. mit Hilfe von Gl. (4) von S. 29 und (2):

$$W_e = \tfrac{1}{2}\, q\, U, \qquad (31)$$

und weiter mit Gl. (7) von S. 32

$$W_e = \tfrac{1}{2}\, C\, U^2. \qquad (32)$$

Dabei bedeutet q die Ladung des Kondensators beliebiger Gestalt, U seine Spannung, C seine Kapazität.

§ 33. Elektrische Niveauflächen und Potential. Für die Darstellung elektrischer Felder benutzt man außer den Feldlinienbildern oft mit Nutzen eine Darstellung durch elektrische „Niveauflächen". In Abb. 110 sehen wir ein elektrisches Feld zwischen einer Platte und einem ihr parallelen Draht. Unmittelbar über der Platte befindet sich ein kleiner Träger mit der Ladung q. Dieser Träger soll bis zum Punkt a bewegt werden. Das erfordert eine Arbeit A. Sie beträgt im elektrischen Maße $q\,U$ Voltamperesekunden (Gl. (20) von S. 38), dabei bedeutet U die Spannung zwischen Ende und Anfang des Weges. Dann wiederholen wir den gleichen Versuch für andere Ausgangspunkte an der Plattenoberfläche und hinein in andere Gebiete des Feldes. Dabei halten wir jedesmal nach Leistung der Arbeit $A = q\,U$

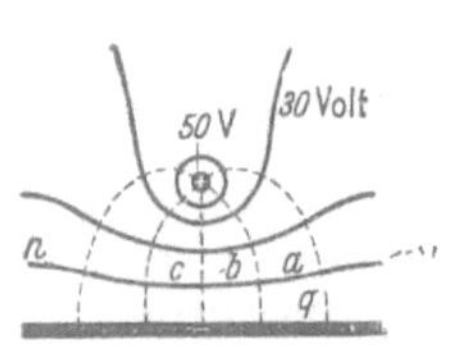

Abb. 110. Schema elektrischer Niveauflächen.

inne. Der Träger befindet sich dann an den Endpunkten $a, b, c \dots n$. Die Gesamtheit all dieser mit gleicher Arbeit erreichten Punkte nennt man eine Niveaufläche.

Zur Kennzeichnung einer Niveaufläche benutzt man das Verhältnis:

$$\frac{\text{Gegen die Feldkraft } q\,\mathfrak{E} \text{ geleistete Arbeit } q\,U}{\text{Ladung } q \text{ des Trägers}} = U. \qquad (32)$$

U ist die Spannung zwischen der Niveaufläche und dem vereinbarten Bezugskörper, in Abb. 110 also der Platte. Diese Spannung nennt man das
Potential[1]. Oft wird der Bezugskörper leitend mit der Erde verbunden
(„geerdet"); dann bedeutet das Potential eines Punktes im Feld die Spannung
zwischen dem Punkte und der Erde. Das Potential ist also ein Name für
die Spannung zwischen einem beliebigen Punkt eines Feldes und
einem vereinbarten Bezugskörper. In Abb. 110 und in anderen nur durch
zwei geladene Körper bestimmten Feldern bedeutet positives Vorzeichen des
Potentials eine negative Ladung des Bezugskörpers.

Begründung: Hat der Träger in Abb. 110 eine positive Ladung q, so muß man ihm eine
Arbeit $A = q\,U$ zuführen, um ihn vom negativen Bezugskörper zur Niveaufläche zu
schaffen. Also ist A positiv. Folglich haben in Gl. (32) Zähler und Nenner gleiches Vorzeichen und daher ist das Potential $U = A/q$ positiv. (Gleichzeitig ist das Linienintegral
$\int \mathfrak{E}_s\,d\,s$ negativ, weil die Feldrichtung konventionell von $+$ nach $-$ gezählt und daher der
Träger der Feldrichtung entgegen in Gebiete zunehmenden Potentials hineinbewegt wird.)

Man darf für einen Punkt des Feldes wohl ein Potential angeben, aber
nicht eine Spannung. Die Spannung existiert immer nur zwischen zwei Punkten;
nennt man die Spannung Potential, so hat man zuvor den Bezugskörper vereinbart (oft stillschweigend die Erde). Leider werden nicht selten in laxem Sprachgebrauch die Worte Potential und Spannung nicht auseinandergehalten. — Po-
tentialdifferenz zwischen zwei Punkten eines Feldes bedeutet die Spannung
zwischen diesen beiden Punkten, ist also ein überflüssiges Wort.

§ 34. Elektrischer Dipol, elektrisches Moment.

Die Grundgleichung $\mathfrak{K} = q \cdot \mathfrak{E}$
verlangt für das Auftreten von Kräften im elektrischen Felde nicht nur ein Feld,
sondern auch einen Körper mit elektrischer Ladung. Dem scheint bei flüchtiger
Betrachtung eine uralte Erfahrung zu widersprechen: die Kraftwirkungen elektrischer Felder auf ungeladene leichte Körper. Man denke an ein Papierschnitzel in der Nähe eines geriebenen Bernsteinstückes oder die tanzenden
Püppchen unter einer geriebenen Glasplatte.

Zum Verständnis dieser Vorgänge braucht man zwei neue
Begriffe: „elektrischer Dipol" und „elektrisches Moment".
Wir denken uns in Abb. 111 zwei „punktförmige" Elektrizitätsträger mit den Ladungen $+ q$ und $- q$ durch einen
äußerst dünnen und ideal isolierenden Stab im Abstande l voneinander gehalten. Dies hantelförmige Gebilde nennen wir
einen „elektrischen Dipol". Sein Feld ähnelt dem in der
Abb. 49 und 100 gezeigten.

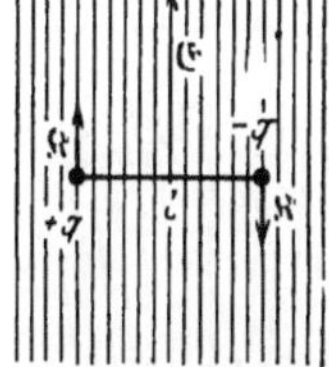

Abb. 111. Ein
elektrischer Dipol
steht mit seiner
Längsachse senk-
recht zu elektri-
schen Feldlinien.

Diesen Dipol denken wir uns ferner in Abb. 111 mit seiner
Längsachse senkrecht zu den Feldlinien eines homogenen elektrischen Feldes gestellt. Dann wirkt auf ihn das Drehmoment.

$$\mathfrak{M}'_{\text{mech}} = 2\,q\,\mathfrak{E}\,\frac{l}{2} = q\,l \times \mathfrak{E}. \tag{33}$$

Wir nennen das Produkt $l\,q$ das „elektrische Moment" $\mathfrak{w}$ des Dipoles (Einheit
Amperesekundenmeter) und erhalten[2]

$$\mathfrak{M}_{\text{mech}} = \mathfrak{w} \times \mathfrak{E}. \tag{34}$$

---

[1] Abweichend von der Mechanik, in der das Potential als Arbeit definiert wird!

[2] Wegen des Produktzeichens $\times$ vergleiche man die Seite vor § 1 des Mechanikbandes,
10./11. Aufl.

Das elektrische Moment ist als Vektor darzustellen, seine Richtung ist die Verbindungslinie der beiden Ladungen von — nach +. Der oben idealisierte Dipol ist nicht zu verwirklichen. Wohl aber kann man auf mannigfache Weise gleich große Plus- und Minusladungen auf einem Körper getrennt lokalisieren und auch für solche Körper durch ein Meßverfahren ein elektrisches Moment definieren. Dazu knüpft man an einen Versuch der Mechanik an.

In Abb. 112 ist ein Stab S am Ende einer Speiche R gelagert. Er erfährt durch jede der beiden Kräfte $\Re$ ein Drehmoment $\mathfrak{r} \times \Re$. Dabei ist $\mathfrak{r}$ der senkrechte Abstand des Kraftpfeiles von der Achse A. Die Länge der Speiche R ist ganz gleichgültig.

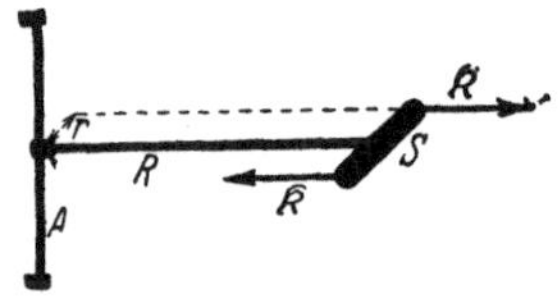

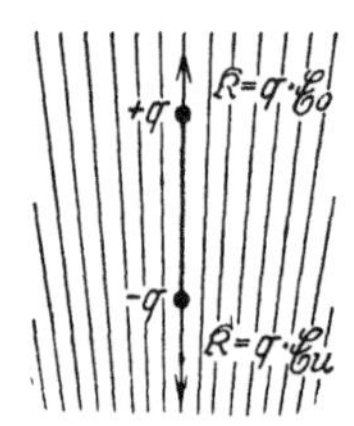

Abb. 112. Beim Drehmoment kommt es nur auf den Hebelarm r, nicht auf die Speichenlänge R an.

Jetzt denken wir uns in einem beliebigen festen Körper durch die Art der Ladungslokalisierung n Dipole gebildet. Jeder von ihnen erfährt im Felde ein Drehmoment. All diese einzelnen Drehmomente dürfen wir, trotz des verschiedenen Abstandes der Dipole von der gemeinsamen Drehachse, wie Vektoren addieren. So erhält man als beobachtbares Drehmoment

oder
$$\mathfrak{M}_{\text{mech}} = \sum \mathfrak{M}'_{\text{mech}} = \sum (\mathfrak{w} \times \mathfrak{E}) \tag{35}$$

$$\boxed{\mathfrak{M}_{\text{mech}} = \mathfrak{W} \times \mathfrak{E}.} \tag{36}$$

Hier bedeutet $\mathfrak{W}$ das gesamte, wirklich beobachtbare elektrische Moment des aus unbekannten Dipolen aufgebauten Körpers.

Man kann es sich stets durch einen idealisierten, hantelförmigen Dipol ersetzen: Zwei punktförmige Ladungen $+q$ und $-q$ im Abstande l. Der Stab dieser Hantel bedeutet die Richtung des elektrischen Momentes.

Diese Definitionsgleichung gibt ein praktisch unwichtiges Meßverfahren. Man lagert den Körper mit einer zur Feldrichtung senkrechten Achse und ermittelt seine Ruhelage. Dann dreht man ihn um 90° aus seiner Ruhelage heraus und mißt das dazu notwendige Drehmoment als Produkt von Kraft und Hebelarm in Großdynmetern. Dies Drehmoment ist dann noch durch die Feldstärke $\mathfrak{E}$ des homogenen Feldes, gemessen in Volt/m, zu dividieren. So erhält man das elektrische Moment $\mathfrak{W}$ in Amperesekundenmetern.

Soweit der elektrische Dipol oder Körper mit einem elektrischen Moment im homogenen Felde. Das Feld wirkt auf den Dipol mit einem Drehmoment und stellt die Dipolrichtung parallel zur Feldrichtung. Das gleiche gilt auch für ein inhomogenes elektrisches Feld. Der Dipol habe sich in Abb. 113 bereits in die Feldrichtung (+-Richtung) eingestellt. Daneben tritt aber im inhomogenen Felde noch etwas Neues auf. Im inhomogenen Felde wirkt auf den Dipol in Richtung des Feldanstieges $\partial \mathfrak{E}/\partial x$ eine Kraft

Abb. 113. Ein elektrischer Dipol im inhomogenen elektrischen Felde. Feldrichtung von unten nach oben.

$$\boxed{\Re = \mathfrak{W}\, \frac{\partial \mathfrak{E}}{\partial x}.} \tag{40}$$

Herleitung: Auf die obere +-Ladung wirkt die Kraft $q\,\mathfrak{E}_0$ nach oben, auf die untere —-Ladung die Kraft $q\,\mathfrak{E}_u$ nach unten. Also wirkt auf den Dipol die Kraft

$$\Re = q\,(\mathfrak{E}_u - \mathfrak{E}_0). \tag{41}$$

Ferner ist

$$\mathfrak{E}_u = \mathfrak{E}_0 + \frac{\partial \mathfrak{E}}{\partial x}\, l. \tag{42}$$

(41) und (42) zusammengefaßt ergeben die Gl. (40).

§ 35. Influenzierte und permanente elektrische Momente. Pyro- und piezoelektrische Kristalle Wir haben die Begriffe elektrischer Dipol und elektrisches Moment zunächst ohne Experiment eingeführt. Jetzt kommt die Frage: Wie kann man Körper tatsächlich mit einem elektrischen Moment versehen? Es sind zwei Fälle zu unterscheiden:

I. **Influenzierte elektrische Momente.** Jeder Körper bekommt in jedem elektrischen Feld durch **Influenz** ein elektrisches Moment: Das Feld verschiebt in jedem eingebrachten Körper die positiven und negativen Ladungen gegeneinander. Im Leiter wandern sie dabei bis zur Oberfläche, im Isolator kommt es nur zu Verschiebungen **innerhalb** der einzelnen **Moleküle** und so zur „**Elektrisierung**" oder zur „**Polarisation**" des Dielektrikums (Abb. 97).

Infolge dieses influenzierten Momentes stellen sich längliche Körper in allen elektrischen Feldern zur Feldrichtung parallel[1] (Abb 114); so entstehen z. B. auf einer nicht reibungsfreien Unterlage die **Feldlinienbilder** aus Faserstaub. In **inhomogenen** Feldern bewegen sich außerdem alle Körper, unabhängig von ihrer Gestalt, in Gebiete größerer elektrischer Feldstärke hinein.

An der Feldgrenze werden gut leitende Körper sofort aufgeladen, und darauf fliegen sie als „Elektrizitätsträger" zur anderen Elektrode hinüber. Dort beginnt das Spiel von neuem. Bei Isolatoren oder schlechten Leitern erfordert diese Aufladung etliche Sekunden Zeit. Währenddessen haftet der Körper an der Feldgrenze. Das zeigt man besonders hübsch im Schattenbild mit kleinen Wattefetzen.

II. **Permanente elektrische Momente.** 1. In jedem geladenen **Kondensator** sind die Ladungen beider Vorzeichen räumlich gegeneinander verschoben; infolgedessen besitzen die meisten geladenen Kondensatoren ein elektrisches Moment. Es fehlt nur, wenn der eine Körper des Kondensators den anderen als geschlossener Hohlraum umgibt.

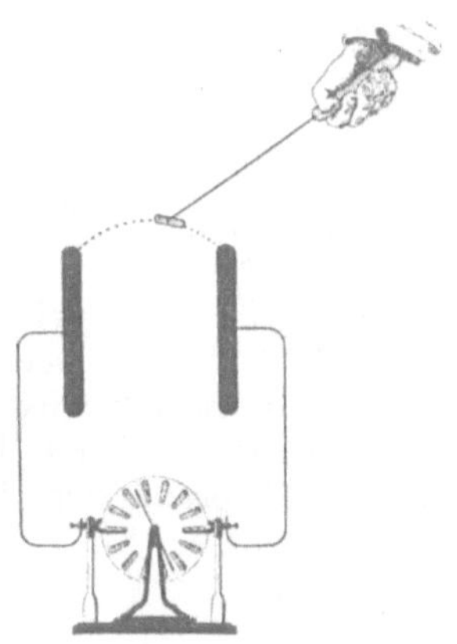

Abb.114. Kräfte auf ungeladene Körper im elektrischen Felde. Oben ein länglicher kleiner Körper aus Metall oder einem Isolator, um eine zur Papierebene senkrechte Achse drehbar gelagert. („Versorium", William Gilbert, 1600, Schöpfer des Wortes „elektrisch".)

Leider erzeugt ein äußeres elektrisches Feld schon in jedem ungeladenen Kondensator ein influenziertes Moment. Darum haben wir in § 34 nicht mit einem Experiment begonnen, jeder unserer Dipole hätte sich auch nach Beseitigung seines permanenten Momentes noch im Felde bewegt.

2. Man bringt ein Gemisch aus Wachs und Harz flüssig in ein elektrisches Feld und läßt es in ihm erstarren. Dabei wird das influenzierte elektrische Moment „eingefroren", und damit permanent gemacht. Infolgedessen wirkt der erstarrte Körper (am besten nachträglich in Stabform geschnitten) als „**Elektret**". Er wirkt wie ein sehr guter elektrischer Isolator mit positiven elektrischen Ladungen am einen und negativen am anderen Ende. Man kann diese Ladungen durch einen Influenzversuch mit einem in Amperesekunden geeichten Spiegelgalvanometer messen. Man verbindet beide Zuleitungen mit je einer Metallhülse und schiebt diese Hülsen gleichzeitig über die Stabenden. Dabei mißt man die in den Hülsen influenzierten Ladungen.

Derartige Elektrete halten sich jahrelang, man muß sie nur in einer eng passenden metallischen Schutzkapsel aufheben, sonst fangen sie im Laufe der

---

[1] In dieser Stellung wird die Elektrisierung des länglichen Körpers am wenigsten durch „**Entelektrisierung**" beeinträchtigt (§ 45 und Tabelle 2).

Zeit Elektrizitätsträger (Ionen) aus der Luft ein und überziehen dadurch ihre Enden mit einer Deckschicht von Ladungen entgegengesetzten Vorzeichens. Dann macht sich ihr elektrisches Moment nach außen hin nicht mehr bemerkbar.

Abb. 114a. Bärte aus Pulverstaub an einem Elektreten (Turmalin).

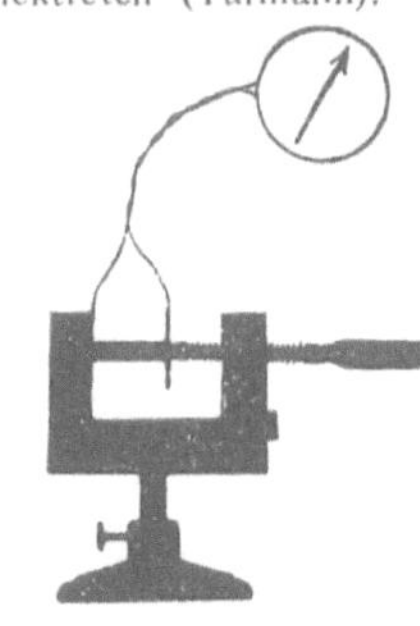

Abb. 114b. Ein Turmalinkristall bekommt durch Pressen ein elektrisches Moment (Zweifadenvoltmeter).

3. Pyroelektrische Kristalle, z. B. Turmaline, besitzen durch die Anordnung ihrer geladenen Bausteine ein permanentes elektrisches Moment (F. U. T. Aepinus, 1756). Seine Richtung fällt mit der einer polaren Kristallachse zusammen, bei einem stabförmigen Turmalinkristall z. B. mit der Längsachse. Normalerweise macht sich dies permanente Moment des Kristalls wegen der obengenannten Deckschicht nicht bemerkbar. Es tritt erst in Erscheinung, wenn man durch thermische Längenänderung die elementaren elektrischen Momente verändert. Man tauche z. B. einen etwa 5 cm· langen Turmalinstab in flüssige Luft. Dann wird nur noch ein Teil durch die Deckschicht ausgeglichen, der Kristall erweist sich nunmehr als guter Elektret, er zieht Papierschnitzel an, usw. (Abb. 114a).

Flüssige Luft ist oft durch staubförmige Eiskristalle getrübt. Man entfernt sie durch Einbringen eines Turmalin-Elektreten.

Pyroelektrische Kristalle sind gleichzeitig piezoelektrisch, d. h. sie ändern ihr elektrisches Moment auch bei mechanischer Längenänderung oder Verformung. Zur Vorführung eignet sich wieder ein stabförmiger Turmalinkristall. Man bringt ihn zwischen zwei isolierte Elektroden, verbindet sie mit einem Zweifadenvoltmeter und preßt den Kristall in seiner Längsrichtung mit einer Schraubzwinge (Abb. 114b).

IV. Kapazitive Stromquellen und einige Anwendungen elektrischer Felder.

§ 36. Vorbemerkung. Allgemeines über Stromquellen. Wir haben die systematische Darstellung des elektrischen Feldes im leeren Raume nur durch wenige, kurz geschilderte Anwendungsbeispiele unterbrochen. Diese sollten vor allem die Größenordnung der Erscheinungen veranschaulichen. — Dies Kapitel bringt jetzt einige für das physikalische Laboratorium wichtige Anwendungen. Zu ihnen gehört an erster Stelle der Bau der kapazitiven Stromquellen.

Zur allgemeinen Definition des Begriffes „Stromquelle" oder „Generator" dient die Abb. 115. Zwei Kondensatorplatten oder „Elektroden" A und K sind mit einem Strommesser verbunden. Zwischen diesen Elektroden befinden sich sehr viele Trägerpaare mit Ladungen beider Vorzeichen. In Abb. 115 ist nur ein einziges dieser Trägerpaare skizziert. Der Abstand zwischen den positiven und den negativen Ladungen, gemessen in Richtung der Verbindungslinie der Elektroden, wird durch irgendwelche „ladungstrennenden Kräfte" vergrößert, und dabei treten Ladungen in die Elektroden ein. Während der Bewegung (nicht etwa erst beim Eintritt der Ladungen in die Elektroden!) zeigt der Strommesser einen Ausschlag. Dabei haben die ladungstrennenden Kräfte Arbeit zu leisten. Diese Arbeit entnimmt man einem Vorrat mechanischer, thermischer oder chemischer Energie.

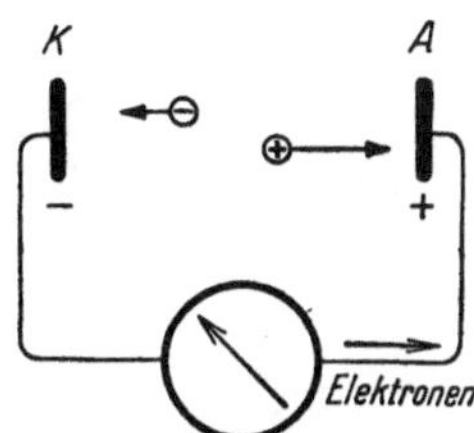

Abb. 115. Zur Definition des Wortes Stromquelle. Für Schauversuche benutzte man zwei Löffel als Elektrizitätsträger (mit Influenzmaschine aufladen).

Wird die leitende Verbindung zwischen K und A unterbrochen, so wird der Abfluß von Ladungen durch den äußeren Kreis verhindert. Folglich vermögen die ladungstrennenden Kräfte zwar zunächst die Ladungen der beiden Elektroden zu vermehren und damit die Spannung zwischen K und A zu vergrößern. Doch kann ein Grenzwert, zweckmäßig Urspannung oder eingeprägte Spannung genannt, nicht überschritten werden: Das entstehende elektrische Feld übt ja seinerseits auf die Ladungen zwischen K und A Kräfte aus und hält mit ihnen schließlich den ladungstrennenden Kräften das Gleichgewicht.

Die Gesamtheit dieser „ladungstrennenden Kräfte" (kürzer „Trennkräfte") nannte man früher „elektromotorische Kräfte". Doch hat man leider das Wort gleichzeitig für die Urspannung angewandt und durch diesen Doppelsinn unbrauchbar gemacht. Außerdem ist es viel zu lang. Man kürzt es daher wie den Namen einer Dienststelle als EMK. Auf jeden Fall muß man sauber die ladungstrennende Kraft von einer elektrischen Größe, nämlich der durch die Kraft hergestellten Urspannung, unterscheiden.

Bei den kapazitiven Stromquellen bringt man Ladungen auf irgendwelche groben mechanischen Elektrizitätsträger und erzeugt die ladungstrennenden Kräfte mit einfachen „Maschinen". Beispiele bringen wir in §§ 37 und 38.

§ 37. Influenzmaschinen[1] sind Stromquellen für kleine Stromstärken (selten mehr als 10^{-5} Ampere) und hohe Spannungen (oft über 10^5 Volt). Man lädt Elektrizitätsträger paarweise durch Influenz und vergrößert den Abstand der

---

[1] Die erste Influenzmaschine war der 1775 von A. Volta bekanntgemachte und von J. C. Wilcke 1777 erklärte „Elektrophor".

Ladungen durch mechanische Bewegungen. In der Abb. 116 zeigt uns der Schritt *I* die Aufladung der Träger durch Influenz, der Schritt *II* und *III* die Trennung der Träger und ihren Weg zu den Elektroden *K* und *A*. Eine periodische Wiederholung dieser Schritte erzielt man technisch am einfachsten durch Rotation (Abb. 117). Die Elektrizitätsträger α und β sitzen an einer isolierenden Speiche. Die schwarzen Dreiecke sind Schleifkontakte an den Elektroden *K* und *A*. Die

Abb. 120 gibt die Ansicht eines kleinen Vorführungsapparates. Er arbeitet genau nach dem Schema der Abb. 117. Das ursprüngliche Feld zwischen γ und δ wird durch eine kurze Berührung mit der städtischen Zentrale hergestellt. Der Strom beträgt dann etwa 10^{-8} Ampere bei einer Drehzahl von $10\,\mathrm{sec}^{-1}$. Bei einer Zerstörung des Feldes zwischen γ und δ verschwindet er. Man braucht dazu nur γ und δ mit den Fingern leitend zu überbrücken.

Die zum praktischen Gebrauch gebauten Influenzmaschinen benutzen durchweg noch eine Zusatzeinrichtung. Diese bringt die Ladung der influenzierenden Kondensatorplatten γ und δ auf hohe Werte und erhält sie trotz der unvermeidlichen Verluste durch schlechte Isolation. Für diese Zusatzeinrichtung hat man zwei verschiedene Verfahren ersonnen.

Bei dem ersten, dem Multiplikatorverfahren, führt man die durch Influenz gewonnenen Ladungen nicht ganz der Verbrauchsstelle zu, sondern läßt einen Rest auf den beiden Trägern α und β verbleiben. Diesen Rest überträgt man dann (Abb. 118, Vorzeichen beachten!) mit den Faradaykästen F_1 und F_2 auf die Feldplatten γ und δ und verstärkt so das für den nächsten Influenzvorgang verfügbare elektrische Feld.

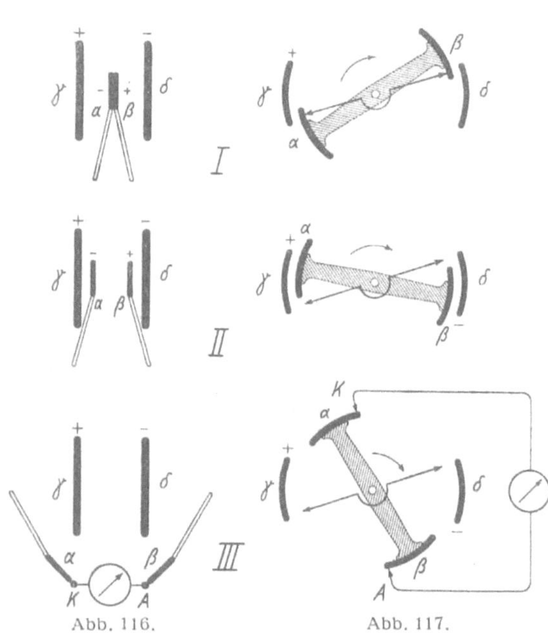

Abb. 116.   Abb. 117.

Abb. 116 und 117. Wirkungsweise einer Influenzmaschine.

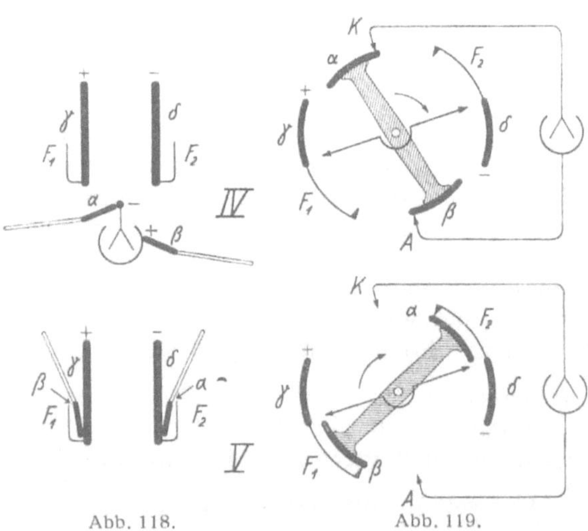

Abb. 118.   Abb. 119.

Abb. 118 und 119. Wirkungsweise einer Influenzmaschine nach dem Multiplikatorverfahren.

Beim Übergang zu rotierenden Maschinen (Abb. 119) läßt man die Faradaykästen zu zwei Blechen verkümmern. Sie umfassen die Träger nur noch von außen. Außerdem sind die Schleifkontakte oder Elektroden diesmal nicht mit einem Galvanometer, sondern mit einem statischen Voltmeter, also einem Kondensator verbunden. Infolgedessen verlieren die Träger α und β beim Passieren der Elektroden K und A nicht ihre gesamte Ladung, sondern behalten noch einen Rest zur Einfüllung in die Faradaykästen F_1 und F_2. Die Abb. 121 gibt ein genau nach diesem Schema gebautes Modell. Es liefert nach einigen Umläufen Tausende von Volt. Dabei braucht man in praxi meist nicht einmal das Ausgangsfeld zwischen γ und δ herzustellen. Es sind fast stets kleine zufällige Spannungen zwischen δ und γ vorhanden, und diese werden durch das Multiplikatorverfahren rasch erhöht.

Die handelsüblichen Ausführungen lassen das einfache Prinzip dieser Influenzmaschinen selbst für Geübte nur schwer erkennen. In Abb. 123 sehen wir links eine solche Maschine abgebildet.

Statt koaxialer Zylinder benutzt man radialsymmetrische Anordnungen auf Glasplatten. Die Platten γ und δ und ein Teil der Schleifkontakte werden in alter Gewohnheit aus Papier her-

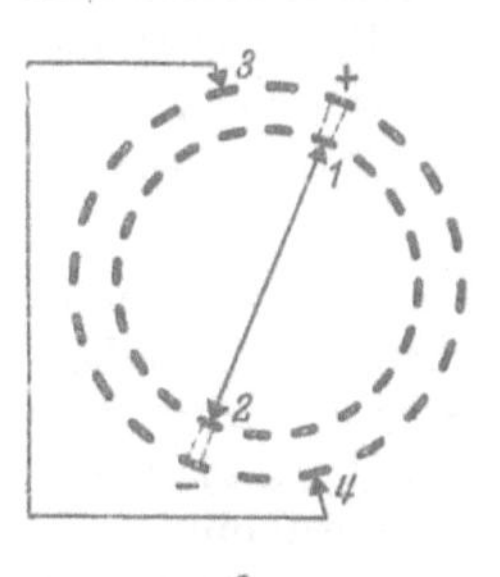

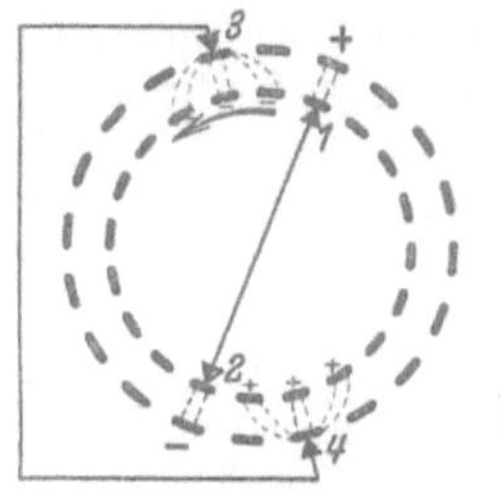

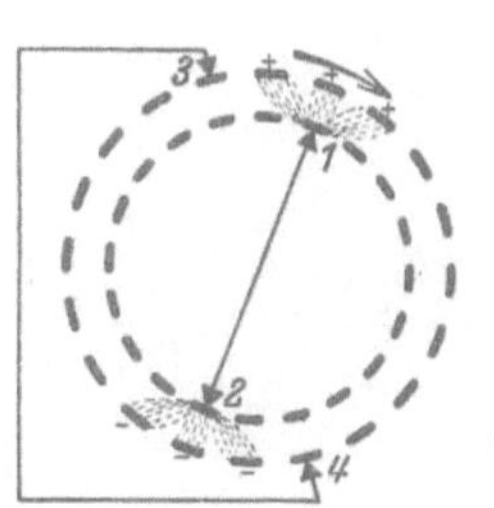

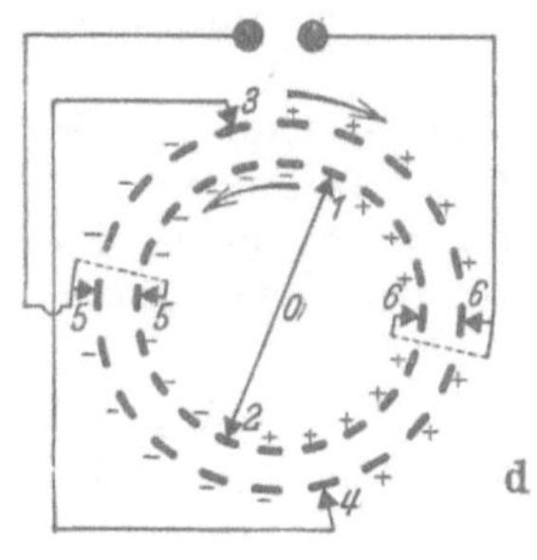

Abb. 122. Wirkungsweise der Holtzschen Influenzmaschine.

Abb. 120. Übersichtliche Influenzmaschine. Die im Schattenriß durchscheinenden Isolatoren nachträglich schraffiert.

gestellt. Die Platten α und β sind meist in mehreren Paaren angeordnet oder fehlen auch ganz. In letzterem Falle haften dann die Elektrizitätsatome oberflächlich auf den isolierenden Glasplatten (vgl. Abb. 62). Für Unterrichtszwecke sind diese weitverbreiteten Maschinen ihrer Unübersichtlichkeit halber unbrauchbar.

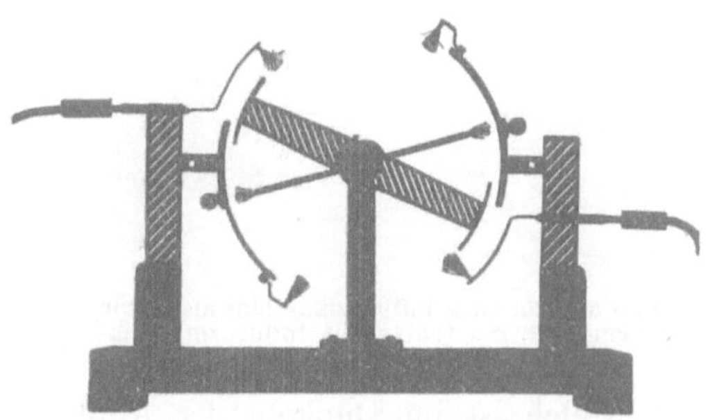

Abb. 121. Übersichtliche Influenzmaschine nach dem Multiplikatorverfahren.

Das zweite Verfahren benutzt zur Vergrößerung der influenzierenden Ladungen abermals die Influenz: Die Plattenpaare $\alpha\,\beta$ und $\gamma\,\delta$ sind in größerer Anzahl vorhanden und vertauschen fortgesetzt ihre Rolle.

Abb. 122 zeigt uns zwei Kränze von Kondensatoren. Sie können gegenläufig rotieren. 1 bis 4 sind Schleifkontakte. Sie sind paarweise metallisch verbunden. Die mit dem dicken $+$-Zeichen markierte Platte trage eine zufällige positive Ladung. Zwischen den Platten $+$ und *1* sowie zwischen den Platten $-$ und *2* herrscht ein schwaches elektrisches Feld. Es ist durch zwei Feldlinien angedeutet. Der äußere Kranz stehe fest. Den inneren drehen wir gegen den Uhrzeiger um drei Segmente. Am Schluß der Drehung haben wir das Bild der Abb. 122b. Je drei Platten des inneren Kranzes haben durch Influenz Ladungen erhalten. Ihre Feldlinien, das ist der springende Punkt, greifen alle nach den metallisch verbundenen Platten *3* bzw. *4* herüber.

Jetzt wird der innere Kranz festgehalten, der äußere mit dem Uhrzeiger um drei Segmente gedreht. Der Influenzvorgang spielt sich bei *3* und *4* ab. Dabei wirken diesmal sechs Feldlinien, die influenzierten Ladungen sind dreimal so groß wie die Anfangsladungen in Abb. 122a. Am Schluß dieser Drehung haben wir das Bild der Abb. 122c. Alle 3×6 Feldlinien enden bei *1* bzw. *2*.

Nun folgt wieder eine Drehung des inneren Kranzes, bei *1* und *2* influenzieren jetzt 18 Feldlinien, usw. —

Statt der abwechselnden schrittweisen Drehung benutzt man im Betriebe selbstredend eine kontinuierliche gegenläufige Drehung beider Scheiben (Abb. 122d). In den Gebieten des stumpfen Winkels $1 \cdot 0 \cdot 4$ sind beide Platten positiv geladen, im Winkelgebiet $3 \cdot 0 \cdot 2$ beide negativ. Dort bringt man Schleifbürsten *5* und *6* an, und diese dienen als Polklemmen zur Stromentnahme.

Abb. 123 gibt rechts halbschematisch eine sehr bequeme Ausführungsform mit radial angeordneten Kondensatorplatten. Es ist die ungemein brauchbare Holtzsche Influenzmaschine. Die Kondensatorplatten sind auch hier nicht notwendig. Die Ladungen können direkt auf den Oberflächen der isolierenden Scheiben haften (vgl. § 16).

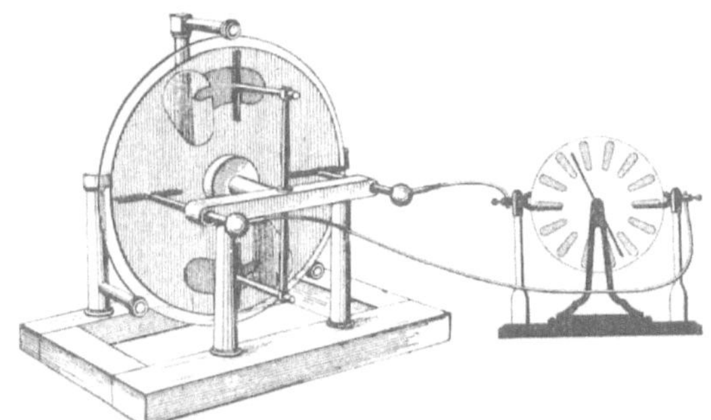

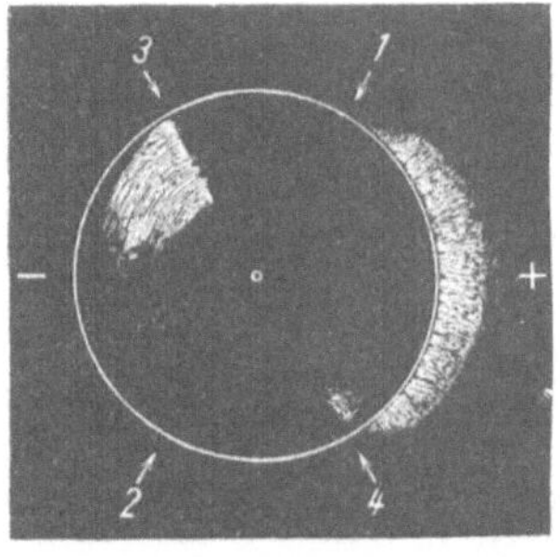

Abb 123. Links altertümliche Influenzmaschine als Motor, rechts halbschematisch die Holtzsche Influenzmaschine als Generator.

Abb. 124. Verteilung der Ladungen auf einer im Betrieb befindlichen Holtzschen Influenzmaschine.

Sehr lehrreich ist im Dunkeln der Anblick der laufenden Maschine nach Entfernung der Polklemmen *5* und *6*. Die entgegengesetzten Ladungen der Winkelgebiete $1 \cdot 0 \cdot 4$ und $3 \cdot 0 \cdot 2$ markieren sich durch lebhaftes Sprühen. Es gibt lange rötliche Büschel auf der positiven und ein violettes Glimmen auf der negativen Seite (Abb. 124).

Im Betriebe benutzt man die Influenzmaschine lediglich als Stromquelle oder Generator. Grundsätzlich kann man sie auch in kinematischer Umkehr als Motor verwenden. In Abb. 123 sind die Polklemmen der beiden Influenzmaschinen paarweise durch Drähte („die beiden Fernleitungen") verbunden. Die rechts stehende Holtzsche Maschine wird als Generator mit der Hand gedreht. An der linken altertümlichen Maschine ist das Riemengelege entfernt und dadurch die Lagerreibung erheblich vermindert worden. Diese Maschine läuft dann als Motor.

Der Versuch erscheint ein wenig als Spielerei. Er erläutert aber ganz gut das Wesen der elektrischen Energieübertragung. Es handelt sich in letzter Linie um das einfache Schema der Abb. 125. Abstandsänderungen der Platten auf der einen Seite erhöhen oder erniedrigen die Spannung. Diese Spannungsänderungen verkleinern oder vergrößern den Plattenabstand auf der anderen Seite. Dies Schema läßt sich technisch mannigfach ausgestalten, z. B. zum Fernsprechen. Man denke sich die oberen Platten als dünne gegen Schallwellen nachgiebige Membranen. Dann können sich zwei gegen die Membranen sprechende Leute miteinander unterhalten. Solche Membrankondensatoren heißen **Kondensatortelephon** und **Kondensatormikrophon.**

Abb. 125. Schema der Anordnung von Abb. 123. Zugleich Schema für statistisches „Fernsprechen" (für das Fernsprechen ist in eine der beiden Leitungen eine Batterie einzuschalten und dadurch eine dauernde Spannung aufrechtzuerhalten).

§ 38. Kapazitive Stromquellen für sehr hohe Spannungen bis zu einigen Millionen Volt baut man neuerdings nach dem Schema der Abb. 126. Man braucht sie für künstliche Atomumwandlung. Das Feld wird zwischen zwei großen kugelförmigen Elektroden A und K hergestellt. Dadurch vermeidet man alle „Sprühverluste" durch „Spitzenströme" (vgl. Abb. 90 und § 25, vorletzter Absatz). A wird mit dem $+$-Pol einer kleinen Batterie verbunden. Der andere Pol dieser Batterie schmiert mit einem schleifenden Pinsel 1 negative Ladungen auf einen beweglichen Elektrizitätsträger. Es ist ein endloses Band, angetrieben von einem kleinen Elektromotor. Die Ladung dieses endlosen Bandes wird im Innern der Hohlkugel K von dem Pinsel 2 abgenommen und restlos der Kugeloberfläche zugeführt. Das Ganze ist lediglich eine technische Ausgestaltung des in Abb. 70 gezeigten Schauversuches. Man hat

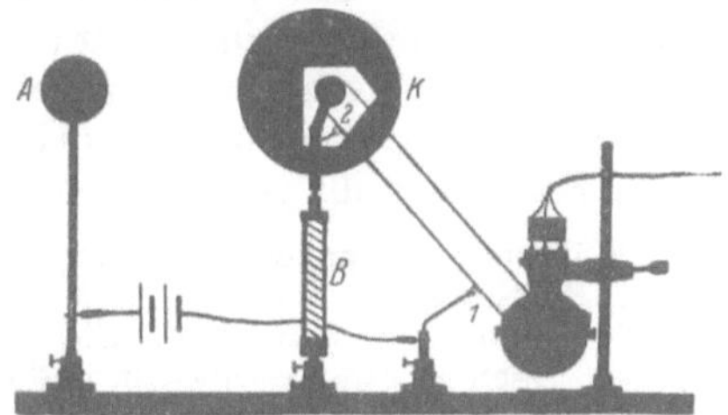

Abb. 126. Statischer Generator für hohe Spannungen ohne Spruhverluste. Das Innere der Kugel ist durch zwei Fenster sichtbar gemacht worden. B Isolator, unten rechts Elektromotor.

die Hin- und Herbewegung des Elektrizitätsträgers durch einen kontinuierlichen Transport auf einem „laufenden Band" ersetzt. Man hat solche Generatoren mit Kugeln bis zu mehreren Metern Durchmesser gebaut und die beobachtenden Physiker in das feldfreie Innere hineingesetzt.

Man kann die kleine Batterie verkümmern lassen und die Aufladung des Bandes durch „Reibungselektrisierung" zwischen Pinsel und Band hervorrufen. Dann erhält man die alte Reibungselektrisiermaschine (Otto von Guericke, 1672) in einer kleinen technischen Abart. Der umlaufende Elektrizitätsträger ist keine Trommel oder Scheibe mehr, sondern ein endloses Band (Walkiers, 1784, R. J. van de Graaf, 1933). Elektrizitätsträger in Bandform lassen sich in größeren Abmessungen herstellen als in Scheibenform, und daher erhält man größere Trennwege und Spannungen.

§ 39. Abschirmung elektrischer Felder. Käfigschutz. Oft muß man einen Raum gegen ein elektrisches Feld abschirmen. Die in Abb. 127 veranschaulichte Influenzerscheinung zeigt uns die grundsätzliche Möglichkeit: Man hat den zu schützenden Raum nur mit einer allseitig geschlossenen leitenden Hülle zu umgeben. Dann influenziert das Feld zwar auf der Außenwand der Hülle Ladungen. Das Innere der leitenden Hülle aber bleibt völlig feldfrei. Die Hülle braucht nicht einmal lückenlos geschlossen zu sein. Es genügt ein Gehäuse („Faraday-Käfig")

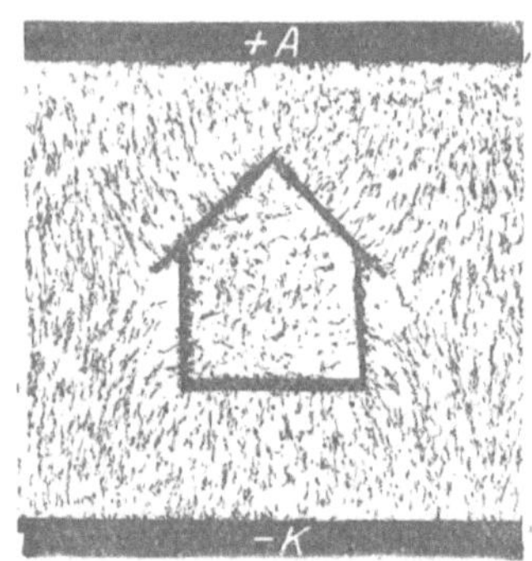
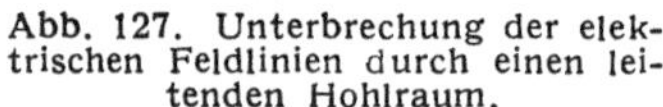

Abb. 127. Unterbrechung der elektrischen Feldlinien durch einen leitenden Hohlraum.

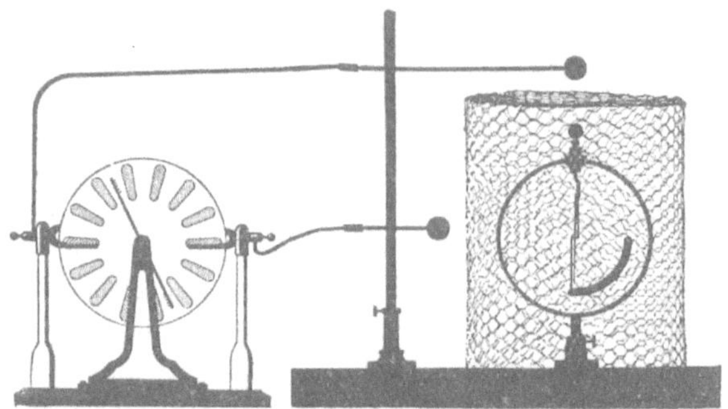

Abb. 128. Abschirmung eines elektrischen Feldes durch ein Sieb. (J. S. Waitz, 1745.) Voltmeter wie in Abb. 25.

aus einem nicht zu weitmaschigen Drahtnetz. Es hält praktisch schon alle Feldlinien vom Innenraum fern. Das erläutert die in Abb. 128 dargestellte Anordnung.

Ohne den Käfig zeigt das statische Voltmeter einen großen Ausschlag. Mit dem Käfig zeigt das Voltmeter keinerlei Spannung an. Die Feldlinien können den Innenraum des Käfigs nicht erreichen. Man kann die Spannung der Maschine steigern und zwischen den Kugeln und dem Käfig klatschende Funken überspringen lassen. Das Innere des Gehäuses bleibt funkenfrei. Denn zur Ausbildung eines Funkens muß vorher ein Feld vorhanden gewesen sein.

Während des Funkenüberganges werden die Wände des Gehäuses von einem schwachen Strom durchflossen. Dadurch entsteht nach dem Ohmschen Gesetz zwischen den Enden der Strombahn eine Spannung. Diese Spannung erzeugt auch ein Feld innerhalb des Gehäuses. Doch ist es sehr schwach, und daher macht es sich nicht durch eine Influenzierung auf das Voltmeter bemerkbar.

Der Käfigschutz spielt im Laboratorium und in der Technik eine erhebliche Rolle. Die Technik benutzt ihn als Blitzschutz. Sie umkleidet z. B. Pulvermagazine mit einem weitmaschigen Drahtnetz. Nur darf sie nicht als weitere Sicherheitsmaßregel isoliert die Wasserleitung eines Löschhydranten einführen. Dann springt natürlich der Blitz vom Drahtkäfig durch das Haus zur Wasserleitung, und das Unglück ist da. Die Praxis hat mit solchen Anordnungen nicht gerade ruhmreiche Erfahrungen gesammelt.

Ein Hohlraum mit einem isoliert eingeführten Leiter ist kein Käfigschutz, sondern ein Kondensator. Das ist später vor allem bei den schnell wechselnden Feldern der elektrischen Schwingungen zu beachten.

§ 40. Messung kleiner Zeiten mit Hilfe des Feldzerfalles. Es handelt sich um eine Anwendung der Kondensatorgleichung $q = C\,U$. — Es soll die Flugzeit einer Pistolenkugel längs weniger Zentimeter Flugbahn bestimmt werden.

Zur Erläuterung des Verfahrens geben wir zunächst eine mechanische Analogie. In Abb. 129 sei a ein Wasserbassin, Z der Zufluß-, A der Abflußhahn. Anfänglich seien beide Hähne offen. Dann stellt sich im Gleichgewicht eine gewisse Wasserhöhe H her; hängt doch die Ausflußgeschwindigkeit von der Höhe H ab. Jetzt schließen wir erst den Zufluß Z, dann um Δt später den Abfluß A. Dabei senkt sich der Wasserspiegel um die kleine Strecke ΔH. Diese Höhenabnahme ΔH ist der Zeit Δt proportional.

Die Übertragung dieser einfachen Zeitmessung ins Elektrische ist in Abb. 130 erläutert. An die Stelle des Wasserbehälters tritt der Kondensator $K A$. Der Zufluß der negativen elektrischen Substanz erfolgt durch die Leitung 1, der Abfluß durch die Leitung 2. Diese enthält einen Widerstand R. Statt der Hähne ist in beiden Leitungen ein Stanniolstreifen eingeschaltet. Die Pistolenkugel durchschlägt erst den Stanniolstreifen 1 und sperrt den Zufluß. Am Ende der Flugstrecke s durchschlägt sie den Streifen 2 und versperrt auch den Abfluß. Während der Flugzeit Δt sinkt die Kondensatorspannung in Analogie zur Wasserstandshöhe um den kleinen Betrag ΔU. Der durch den Widerstand R abfließende Strom I ist dabei praktisch konstant. Er transportiert nach § 20 die Elektrizitätsmenge $q = I \Delta t = C \Delta U$ durch den Widerstand hindurch.

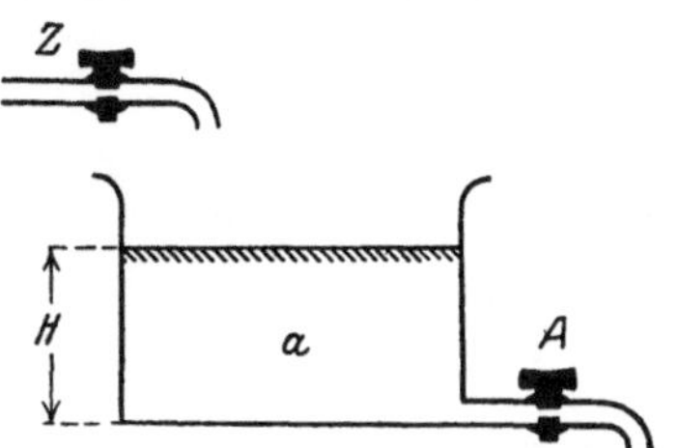

Abb. 129. Wassermodell zur Erläuterung einer elektrischen Zeitmessung.

Nach dem Ohmschen Gesetz, Gl. (1), ist $I = U/R$, also haben wir für die Flugzeit

$$\Delta t = C R \frac{\Delta U}{U}. \tag{43}$$

Für einen praktischen Versuch machen wir $C = 2 \cdot 10^{-7}$ Farad (technischer Papierkondensator), $R = 5 \cdot 10^4$ Ohm, $U = 200$ Volt. Wir beobachten für $s = 10$ cm ($= 0{,}1$ m) Flugbahn eine Spannungsabnahme ΔU von 10 Volt. Das gibt für die Flugzeit Δt den Wert $5 \cdot 10^{-4}$ sec. Dem entspricht eine Geschwindigkeit $v = 0{,}1$ m/$5 \cdot 10^{-4}$ sec. $= 200$ m/sec.

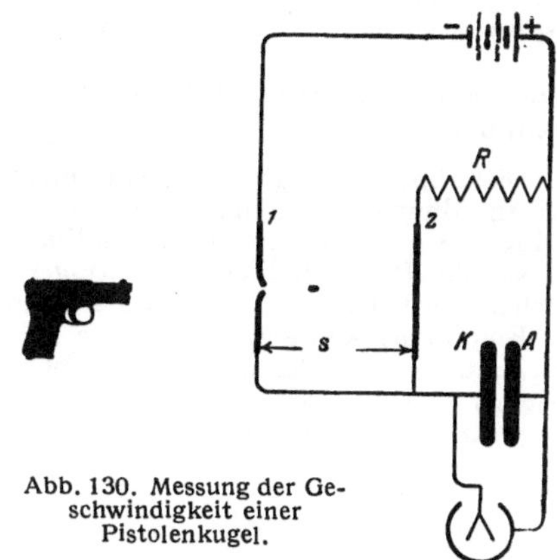

Abb. 130. Messung der Geschwindigkeit einer Pistolenkugel.

§ 41. Messung großer Widerstände mit Hilfe des Feldzerfalls.

Im vorigen Paragraphen war die Spannungsabnahme ΔU als sehr klein und der gleichzeitig fließende „Entladungsstrom" als konstant angesehen worden. Ohne diese Beschränkung muß man schreiben:

$$- d q = I\, d t = - C\, d U,$$

$$d t = - C R \frac{d U}{U} \quad \text{und} \quad \ln \frac{U}{U_0} = - \frac{t}{C R},$$

$$U = U_0\, e^{-\frac{t}{C R}} \tag{44} \quad \text{oder} \quad I = I_0\, e^{-\frac{t}{C R}}, \tag{45}$$

($t = C R$ heißt Relaxationszeit. In ihr sinkt die Spannung auf den Bruchteil $1/e = 37\%$.)

d. h. Spannung und Strom nehmen beim Feldzerfall exponentiell mit der Zeit ab. Das Beispiel eines solchen Verlaufes findet man in Abb. 72. Spannung oder Strom mögen in der „Halbwertszeit" t_h von einem beliebigen Anfangswerte auf die Hälfte dieses Wertes abgesunken sein. Dann ist der Widerstand des das Feld zerstörenden Leiters

$$R = \frac{1}{0{,}693} \cdot \frac{t_h}{C}. \tag{46}$$

Zahlenbeispiel: In Abb. 72 war $C = 5 \cdot 10^{-8}$ Amperesek./Volt oder Farad; $t_h = 2$ Sekunden; folglich betrug der Widerstand R des eingeschalteten Holzstückes $5{,}8 \cdot 10^7$ Volt/Ampere oder Ohm. — Dies Verfahren der Widerstandsmessung ist für Widerstände von etwa 10^7 Ohm aufwärts praktisch allein brauchbar.

§ 42. Statische Voltmeter mit Hilfsfeld.

In der Meßtechnik reicht gelegentlich die Empfindlichkeit der sonst so vorzüglichen Zweifadenvoltmeter nicht aus. Man greift dann zu statischen Voltmetern „mit Hilfsfeld". Die verbreitetsten Ausführungen sind das Einfadenvoltmeter und das Quadrantvoltmeter. Beide Instrumente sind lediglich technische Varianten des für unseren Fundamentalversuch gebrauchten Apparates (Abb. 98).

Die Abb. 131 gibt das Einfadenvoltmeter. Die beiden Kondensatorplatten AK sind durch zwei Schneiden ersetzt, der scheibenförmige Elektrizitätsträger a durch einen feinen, von einem Quarzbügel gespannten Platinhaardraht a. Die Fadenbewegung wird mikroskopisch

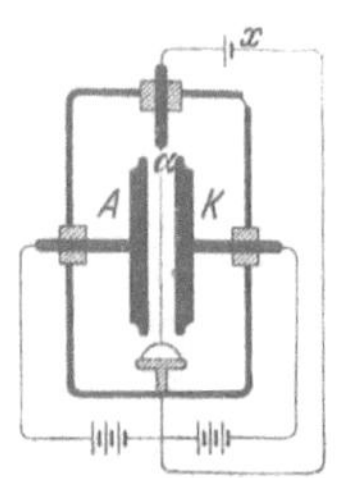

Abb. 131. Einfaden- oder Saitenvoltmeter. x unbekannte, zu messende Spannung.

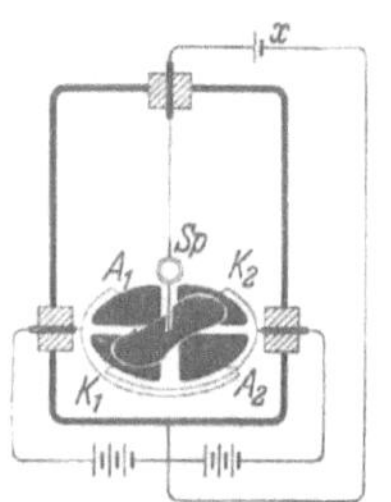

Abb. 132. Quadrantenvoltmeter. x unbekannte, zu messende Spannung.

abgelesen. $^1/_{100}$ Volt ist noch gut meßbar, die Einstelldauer zählt nach Zehntelsekunden.

Die Abb. 132 zeigt das Quadrantenvoltmeter. Bei ihm läßt eine radiale Symmetrie der Anordnung nur Drehbewegungen entstehen. An die Stelle der Kondensatorplatten A und K in Abb. 98 treten je zwei Metallplatten $A_1 A_2$, $K_1 K_2$ in Quadrantenform, an die Stelle des scheibenförmigen Elektrizitätsträgers eine drehbar aufgehängte Metall-„Nadel" eigentümlich geschnittener Form. Die Ablesung erfolgt meist mit Spiegel Sp und Lichtzeiger. Die Empfindlichkeit geht bis zu etwa 10^4 Skalenteile/Volt. Dafür ist die Einstelldauer sehr lang, entsprechend der nach vielen Sekunden zählenden Schwingungsdauer des drehbaren Systems. — Dieser Nachteil wird von einer modernen Konstruktion vermieden. Sie benutzt eine winzige Nadel an beiderseitig gespanntem Faden und Mikroskopablesung.

V. Materie im elektrischen Feld[1].

§ 43. Begriffsbildung für ein ganz mit Materie erfülltes homogenes elektrisches Feld. Bisher galt unsere Darstellung dem elektrischen Felde im leeren Raum. Die Anwesenheit der Luftmoleküle war von ganz untergeordneter Bedeutung. Ihr Einfluß macht sich erst in der 4. Dezimale mit 6 Einheiten bemerkbar. Anders bei isolierenden Stoffen mit enger Molekülpackung, also bei Flüssigkeiten und Festkörpern. Als Dielektrikum zwischen die Platten eines Kondensators gebracht (Abb. 133), erhöhen sie dessen Kapazität. So gelangten wir früher zur Definition der Dielektrizitätskonstanten

$$\varepsilon = \frac{\text{Kapazität des ganz mit Materie gefüllten Kondensators}}{\text{Kapazität des leeren Kondensators}}. \tag{13}$$

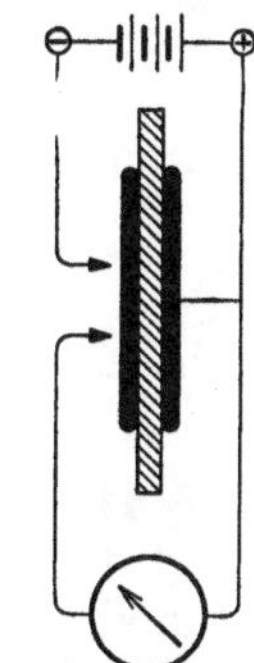

Abb. 133. Messung der Dielektrizitätskonstante ε.

Bei gegebener Spannung ist die Ladung q eines Kondensators seiner Kapazität proportional. Für einen flachen Plattenkondensator gibt das Verhältnis der Ladung q zur Plattenfläche F die Verschiebungsdichte, also $\mathfrak{D} = q/F$. Mit der Verschiebungsdichte ergeben sich folgende Definitionen für elektrische Stoffkonstanten:

1. Die Dielektrizitätskonstante

$$\varepsilon = \frac{\text{Verschiebungsdichte mit Materie}}{\text{Verschiebungsdichte ohne Materie}} = \frac{\mathfrak{D}_m}{\mathfrak{D}}. \tag{47}$$

2. Die Elektrisierung

$$\mathfrak{P} = \mathfrak{D}_m - \mathfrak{D}. \tag{48}$$

Die Elektrisierung ist also die zusätzliche von der Materie herrührende Verschiebungsdichte. Als Einheit benutzen wir 1 Amperesek./m². Gleichwertig ist eine andere Definition: Es ist die Elektrisierung der Materie

$$\mathfrak{P} = \frac{\text{elektrisches Moment}}{\text{Volumen}} = \frac{\mathfrak{W}}{V}. \tag{49}$$

Herleitung: Wir denken uns eine Kiste (Basisfläche F, Länge l) homogen elektrisiert. Dann ist die Ladung an ihren Grenzflächen $q = \mathfrak{P}F$. Ferner ist nach Gl. (33) von S. 45 ihr elektrisches Moment $\mathfrak{W} = ql = \mathfrak{P}Fl = \mathfrak{P}V$; folglich $\mathfrak{P} = \mathfrak{W}/V$.

3. Die elektrische Suszeptibilität

$$\xi = \varepsilon - 1 = \frac{\text{Elektrisierung der Materie}}{\text{Verschiebungsdichte ohne Materie}} = \frac{\mathfrak{P}}{\mathfrak{D}}. \tag{50}$$

Das Verhältnis der Suszeptibilität ξ zur Dichte ϱ wird spezifische elektrische Suszeptibilität χ genannt, also

$$\chi = \xi/\varrho = (\varepsilon - 1)/\varrho. \tag{51}$$

Diese drei Definitionen stützen sich auf ganz einfache, übersichtliche Messungen an einem flachen Plattenkondensator (Abb. 133). Dieser wird abwechselnd ganz mit Materie gefüllt oder leer benutzt. Man mißt lediglich die Dielektrizitätskonstante ε (Tab. 1) und berechnet aus ihr die übrigen, zur Kennzeichnung eines Dielektrikums geschaffenen Größen.

---

[1] Der Anfänger beschränke sich auf die § 43, 44 und 49.

Für die Messung der Dielektrizitätskonstanten hat man mannigfache Anordnungen entwickelt. Meist benutzt man statt nur eines Stromstoßes beim Entladen oder Laden des Kondensators eine periodische Folge solcher Stromstöße. Man erhält sie mit Hilfe von „Wechselströmen". Außerdem steigert man die Empfindlichkeit nach dem Schema der „Differenz"- oder „Nullmethoden", z. B. irgendeiner „Brückenschaltung" (Abb. 134).

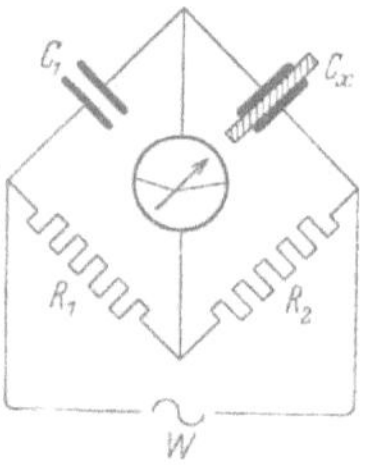

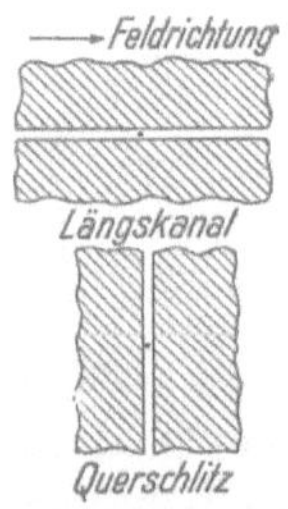
Abb. 134. Brückenschaltung zur Vergleichung zweier Kapazitäten.

Tabelle 1.

Substanz	Dielektrizitätskonstante ε	Substanz	Dielektrizitätskonstante ε
Flüssige Luft . . .	1,5	Diamant	5,5
Petroleum	≈ 2	Gläser	5,5—7
Bernstein	2,8	Keramische Kunst-	
Eis	3,1	stoffe	bis 80
Schwefel	4	Wasser	81

§ 44. Unterscheidung polarer und unpolarer Stoffe. Bei den meisten Stoffen hängt die Dielektrizitätskonstante ε in recht verwickelter Weise von der Temperatur ab; doch kann man zwei Gruppen im Sinne einfacher Grenzfälle herausgreifen. In den ersten ist die spezifische Suszeptibilität[1] $\chi = \xi/\varrho$ von der Temperatur unabhängig. Solche Stoffe nennt man unpolare. Im atomistischen Bilde heißt es: Die Moleküle unpolarer Stoffe haben für sich allein kein elektrisches Moment; ihr Moment entsteht erst unter der Einwirkung des elektrischen Feldes durch einen Influenzvorgang (Abb. 97). Die an sich unpolaren Moleküle werden durch die Influenz „elektrisch deformiert".

In der zweiten Gruppe sinkt die spezifische Suszeptibilität χ mit wachsender Temperatur. Solche Stoffe heißen „polare". In einfachen Grenzfällen gilt die Beziehung $\chi = \mathrm{const}/T_{\mathrm{abs}}$.

Deutung: Die Moleküle sind nicht nur wie die unpolaren Moleküle elektrisch deformierbar, sondern sie besitzen außerdem schon unabhängig vom äußeren elektrischen Feld ein **permanentes elektrisches Moment** $\mathfrak{w}_\mathrm{p}$. Das äußere elektrische Feld sucht diese regellos orientierten kleinen Dipole in seine Richtung einzustellen: Dem wirkt aber die molekulare Wärmebewegung entgegen und dreht die Dipole wieder aus der Feldrichtung heraus. Quantitative Einzelheiten folgen in § 48.

§ 45. Begriffsbildung für ein nur teilweise mit Materie erfülltes elektrisches Feld. Die Entelektrisierung. Die in § 43 gebrachten Definitionen für die dielektrischen Stoffwerte sind übersichtlich und einwandfrei, gelten aber leider nur für große plattenförmige, den ganzen Kondensator ausfüllende Versuchsstücke. — Oft sind derartige Stücke nicht verfügbar; dann erfüllt die Materie nur ein Teilgebiet des elektrischen Feldes. Für diesen Fall muß man die Definitionsgleichungen (47) bis (50 erweitern, und zwar auf Grund neuer experimenteller Erfahrungen:

Ein flacher Plattenkondensator sei zunächst noch ganz mit homogener Materie angefüllt. Ein Teilstück derselben ist in Abb. 135 skizziert. Es enthält zwei kleine Hohlräume. Der eine

Abb. 135. Zur Definition von Längskanal(‖)und Querschlitz (—).

---

[1] Die spezifische elektrische Suszeptibilität χ kann man nach Belieben in m³/kg oder in m³/Kilomol angeben. Das letztere ist das zweckmäßigere. Vgl. Tabelle 4 auf S. 105.

ist ein zur Feldrichtung[1] senkrechter flacher Schlitz der andere ein der Feldrichtung paralleler Längskanal. Beide Hohlräume dienen zur Aufnahme (wirklicher oder gedachter, durch einen Punkt angedeuteter) Meßgeräte, in beiden wird sowohl eine Feldstärke wie eine Verschiebungsdichte gemessen. Wir unterscheiden die im „Längskanal" und die im „Querschlitz" gemessenen Feldgrößen durch die Indizes | und —, lies „längs" und „quer". Dann finden wir:

1. Die in einem Querschlitz gemessene Verschiebungsdichte $\mathfrak{D}_-$ ist die gleiche wie die als Kondensatorladung/Kondensatorfläche gemessene, also

$$\mathfrak{D}_- = \mathfrak{D}_m. \tag{α}$$

Das ist leicht zu übersehen. Man denke sich im Grenzfall den Schlitz unmittelbar an die eine Kondensatorplatte angrenzend.

2. Die in einem Längskanal gemessenen Feldgrößen $\mathfrak{D}_|$ und $\mathfrak{E}_|$ sind die gleichen wie die im leeren Kondensator gemessenen, also

$$\mathfrak{D}_| = \mathfrak{D} \text{ und } \mathfrak{E}_| = \mathfrak{E}. \tag{β}$$

Das zeigt man für einen Längskanal von geeigneten Dimensionen (Abb. 136): Der über dem Kanal gelegene Teil der einen Kondensatorplatte ist von dem übrigen durch einen Schlitz getrennt. Man mißt die Verschiebungsdichte $\mathfrak{D}_| = q/F$ in diesem Längskanal und findet sie, unabhängig von der Weite des Kanals, ebenso groß wie die Verschiebungsdichte im leeren Kondensator. Dies Ergebnis erweitert man in Gedanken auf einen engen, für Messungen nicht mehr ausreichenden Längskanal. Die Feldstärke $\mathfrak{E}_|$ erhält man als $\mathfrak{D}_|/\varepsilon_0$, denn die Coulombsche Beziehung (5) von S. 30 gilt allgemein, also auch für jeden beliebigen Hohlraum.

Infolge der Gleichheit von $\mathfrak{E}_|$ und $\mathfrak{E}$ gilt die wichtige Beziehung $\int \mathfrak{E}_s\, d\,s = U$ (Gl. (3) von S. 28) auch für $\mathfrak{E}_|$. Aus diesem Grunde bezeichnet man $\mathfrak{E}_|$ in sinnvoller Verallgemeinerung des Begriffes Feldstärke oft als „Feldstärke im Innern der Materie".

Durch Einsetzen der Gl. (α) und (β) erhalten wir aus Gl. (47) für die Dielektrizitätskonstante

$$\varepsilon = \frac{\mathfrak{D}_-}{\mathfrak{D}_|} = \frac{\mathfrak{E}_-}{\mathfrak{E}_|}, \tag{47a}$$

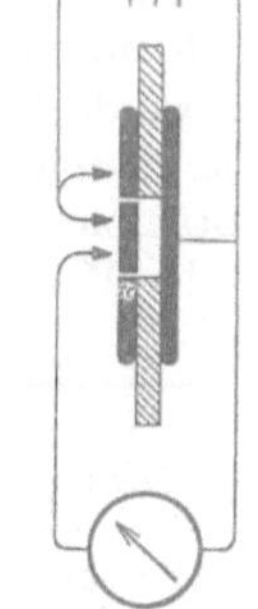

Abb. 136. Zur Gleichheit von $\mathfrak{E}_|$ und $\mathfrak{E}$ in einem ganz gefüllten Kondensator.

aus Gl. (48) für die Elektrisierung

$$\mathfrak{P} = \mathfrak{D}_- - \mathfrak{D}_| = \mathfrak{E}_|\, \varepsilon_0\,(\varepsilon - 1), \tag{48a}$$

aus Gl. (50) für die elektrische Suszeptibilität

$$\xi = \varepsilon - 1 = \mathfrak{P}/\mathfrak{D}_|. \tag{50a}$$

Diese erweiterten Definitionsgleichungen darf man auch auf Materie anwenden, die nur einen Teil eines elektrischen Feldes erfüllt. Dazu muß man die in einem Längskanal vorhandenen Feldgrößen $\mathfrak{E}_|$ und $\mathfrak{D}_|$ zu bestimmen lernen.

Das soll für ein kurzes zylindrisches Versuchsstück geschehen (Abb. 137). In diesem Stück ist ein Längskanal freigelassen. In ihm ist das elektrische Feld keineswegs das zuvor ohne das Versuchsstück vorhandene, sondern viel schwächer. Grund: Auf den Enden des Zylinders sitzen influenzierte Ladungen, und von

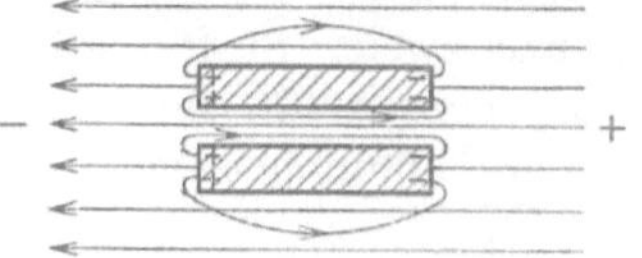

Abb. 137.   Entelektrisierung durch influenzierte Ladungen.

diesen laufen Feldlinien dem Kondensatorfeld entgegen durch den Kanal hindurch. Im Kanal findet sich nur noch die Verschiebungsdichte

$$\mathfrak{D}_| = \mathfrak{D} - N\,\mathfrak{P}. \tag{52}$$

---

[1] Die Feldrichtung ist im flachen Plattenkondensator ohne weiteres gegeben. In anderen Fällen denke man sich innerhalb der Materie einen hinreichend kleinen kugelförmigen Hohlraum. Die in ihm gefundene Feldrichtung nennt man die im Innern der Materie vorhandene.

Dabei bedeutet $N\mathfrak{P}$ den von den gegenläufigen Feldlinien herrührenden und daher abzuziehenden Anteil. Dieser Anteil ist der Elektrisierung $\mathfrak{P}$ des Stückes proportional, und der Faktor N berücksichtigt die äußere Gestalt des Stückes (ob Zylinder Kugel usw.). Ebenso ist die Feldstärke im Längskanal nicht mehr $\mathfrak{E}_| = \mathfrak{E} = U/l$, sondern nur noch

$$\mathfrak{E}_| = \mathfrak{E} - N\mathfrak{P}/\varepsilon_0 \tag{53}$$

oder mit Gl. (48a)

$$\mathfrak{E}_| = \mathfrak{E}/[1 + N\,(\varepsilon - 1)]. \tag{54}$$

Im Sonderfall eines kugelförmigen Versuchsstückes ist $N = {}^1/_3$ und somit in seinem Innern die Feldstärke

$$\mathfrak{E}_| = 3\,\mathfrak{E}/(\varepsilon + 2). \tag{55}$$

Beim nachträglichen Auffüllen des Längskanals steht also für die Erzeugung der Elektrisierung nur noch ein geschwächtes Feld zur Verfügung. Ein in Richtung der Feldlinien begrenztes Versuchsstück bekommt also eine kleinere Elektrisierung als ein Versuchsstück von der ganzen Länge der Feldlinien. Diese Beeinträchtigung seiner Elektrisierung nennt man die Entelektrisierung.

Im allgemeinen wird das Feld im Versuchsstück nicht nur geschwächt, sondern auch inhomogen gemacht. In Stücken jedoch mit der Gestalt eines Rotationsellipsoids bleibt das Feld homogen. Das ist für die Grenzfälle „flache Platte" und „langer Zylinder" evident. Der allgemeine Beweis führt hier zu weit. Für Rotationsellipsoide findet man den „Entelektrisierungsfaktor" N in Tabelle 2. — In der Meßtechnik ersetzt man meist schlanke Ellipsoide durch schlanke Zylinder.

Tabelle 2.

$\dfrac{\text{Länge}}{\text{Dicke}}$	0 (Platte)	1 (Kugel)	10	20	50	100	500	∞ end- loser Draht
Entelektrisierungs- od. Entmagnetisierungsfaktor N	1	${}^1/_3$	0,0203	0,0068	0,0014	0,0004	0,000024	0

Im Schrifttum werden diese Zahlenwerte meistens mit dem Faktor $4\,\pi$ verziert. Man schreibt also als Entmagnetisierungsfaktor einer Kugel nicht ${}^1/_3$, sondern $4\,\pi/3$.

§ 45a. Die Feldgrößen an Grenzflächen und in Hohlräumen. Man denke sich einen Kanal schräg gegen die Feldrichtung (Anm. 1 v. S. 59) geneigt und einen Querschlitz, der nicht senkrecht zur Feldrichtung steht. Dann mißt man im Kanal nur eine Komponente von $\mathfrak{E}_|$ und $\mathfrak{D}_|$ und im Schlitz nur eine Komponente von $\mathfrak{E}_\perp$ und $\mathfrak{D}_\perp$. Man denke sich ferner die Grenzfläche Materie— Vakuum in beliebiger Lage; dann ergeben sich aus dem Vorangegangenen zwei oft gebrauchte Aussagen: An der Grenze Materie—Vakuum (und ebenso an der Grenze zweier Stoffe) erhält man einen stetigen Übergang der Tangentialkomponenten für die im Längskanal gemessenen Feldgrößen $\mathfrak{E}_|$ und $\mathfrak{D}_|$, der Normalkomponenten für die im Querschlitz gemessenen Feldgrößen $\mathfrak{E}_\perp$ und $\mathfrak{D}_\perp$.

In der theoretischen Literatur hält man die beiden Verhältnisse Feldstärke $=$ Kraft/Ladung und Verschiebungsdichte $=$ influenzierte Ladung/Fläche oft leider auch heute noch nicht auseinander, weil man durch Wahl spezieller Einheiten für Strom und Spannung die Influenzkonstante ε_0 dimensionslos $= 1$ macht. Ferner benutzt man für $\mathfrak{E}_|$ und $\mathfrak{D}_|$ nur einen Buchstaben, nämlich $\mathfrak{E}$, und für $\mathfrak{E}_\perp$ und $\mathfrak{D}_\perp$ ebenfalls nur einen Buchstaben, nämlich $\mathfrak{D}$. Man schreibt $\mathfrak{D} = \varepsilon\,\mathfrak{E}$ und erhält im Vakuum mit $\varepsilon = 1$ die befremdende Aussage $\mathfrak{E} = \mathfrak{D}$, also Feldstärke $=$ Verschiebungsdichte.

In Abb. 137a sei ein Kondensatorfeld mit Ausnahme eines blasenförmigen Hohlraumes (Rotationsellipsoid) ganz mit Materie erfüllt. In dieser Blase ist das Feld homogen und die Feldstärke (infolge der influenzierten Ladungen) größer als im leeren Kondensator. Es ist die Feldstärke in einem blasenförmigen Hohlraum

$$\mathfrak{E}_\ominus = \mathfrak{E} + N\,\mathfrak{P}/\varepsilon_0. \tag{53a}$$

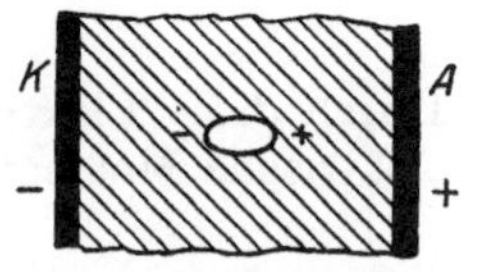
Abb. 137a. Hohlraum in einem elektrisierten Dielektrikum.

Dann ist $\mathfrak{P}$ die Polarisation der Materie vor der Stirnfläche der Blase. Ferner ist an der Stirnfläche $\mathfrak{D}_\ominus = \mathfrak{D}_- = \varepsilon\,\mathfrak{D}_|$. Man kennt also $\mathfrak{E}_| = \mathfrak{E}_\ominus/\varepsilon$ und daher mit Gl. (48a) v. S. 59 auch die Polarisation

$$\mathfrak{P} = \varepsilon_0\,(\varepsilon - 1)\,\mathfrak{E}_\ominus/\varepsilon.$$

Einsetzen dieses Wertes von $\mathfrak{P}$ in Gl. (53a) liefert als Feldstärke in einem blasenförmigen Hohlraum

$$\mathfrak{E}_\ominus = \varepsilon\,\mathfrak{E}/[\varepsilon - N\,(\varepsilon - 1)]. \tag{54a}$$

Im Sonderfall einer Kugel ist der Entelektrisierungsfaktor $N = {}^1/_3$; also herrscht im Innern einer kugelförmigen Blase die Feldstärke

$$\mathfrak{E}_O = 3\,\varepsilon\,\mathfrak{E}/(2\,\varepsilon + 1). \tag{55a}$$

§ 46. Polare und unpolare Stoffe in inhomogenen elektrischen Feldern.

Alle polaren und unpolaren Stoffe werden in inhomogenen elektrischen Feldern in Gebiete großer Feldstärke hereingezogen. Dahin gehört die älteste elektrische Beobachtung, die Anziehung kleiner Fetzen von Tuch oder Papier durch geladene Körper, z. B. geriebenen Bernstein. Die Entelektrisierung macht die quantitative Behandlung dieses Vorganges recht verwickelt. Sie gelingt nur für einfach gestaltete Körper, z. B. für die Anziehung einer kleinen isolierenden Kugel (Volumen V) durch eine große geladene Kugel (Radius r). Man findet im Abstand R der Kugelzentren die Kraft

$$\mathfrak{K} = \frac{6\,r^2\,V\,\varepsilon_0\,(\varepsilon - 1)}{\varepsilon + 2}\,\frac{U^2}{R^5}. \tag{59}$$

Die Kraft sinkt also mit der fünften Potenz des Abstandes! Die Abb. 138 gibt ein Zahlenbeispiel:

Herleitung von Gl. (59): Gl. (40) v. S. 46 und (49) v. S. 57 ergeben

$$\mathfrak{K} = \mathfrak{W}\,\frac{\partial\,\mathfrak{E}_R}{\partial\,R} = \mathfrak{P}\,V\,\frac{\partial\,\mathfrak{E}_R}{\partial\,R}. \tag{57}$$

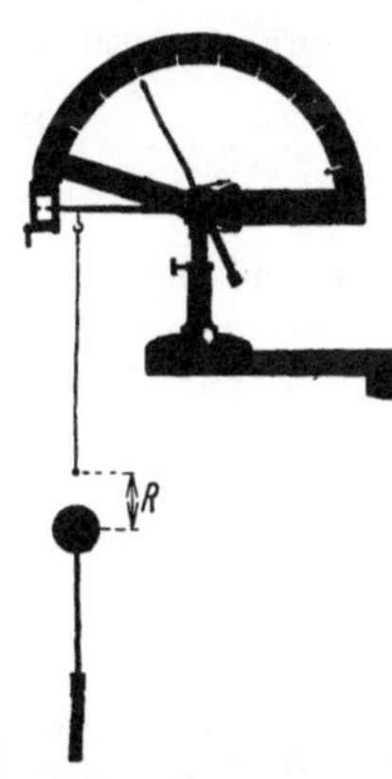
Abb. 138. Anziehung einer kleinen isolierenden Kugel im inhomogenen elektrischen Feld einer großen Kugel, gemessen mit einer Schneckenfederwaage. Beispiel: Bernsteinkugel, Dmr. = 6 mm; $V = 1,13 \cdot 10^{-7}\,\mathrm{m}^3$; $\varepsilon = 2,8$; Radius der geladenen Kugel $r = 2 \cdot 10^{-2}\,\mathrm{m}$; $U = 10^5\,\mathrm{Volt}$; $R = 5 \cdot 10^{-2}\,\mathrm{m}$; Entelektrisierungsfaktor $N = \frac{1}{3}$ (Tab. 2); $\mathfrak{K} = 2,9 \cdot 10^{-5}$ Großdyn $\approx 2,9$ Millipond.

Am Beobachtungsort ist nach Gl. (12) v. S. 33

$$\mathfrak{E}_R = \frac{U}{r}\,\frac{r^2}{R^2} = \frac{U\,r}{R^2}\;(57) \quad \text{und} \quad \frac{\partial\,\mathfrak{E}_R}{\partial\,R} = -\frac{2\,U\,r}{R^3}. \tag{58}$$

Die Elektrisierung der kleinen Kugel ist

$$\mathfrak{P} = \mathfrak{E}_|\,\varepsilon_0\,(\varepsilon - 1) \tag{48} \text{ v. S. 57}$$

und die im Innern der Kugel herrschende Feldstärke

$$\mathfrak{E}_| = \mathfrak{E}_R\,\frac{3}{\varepsilon + 2}. \tag{55} \text{ v. S. 60}$$

Die Zusammenfassung von (55) und (57) bis (58) ergibt (59).

§ 47. Die molekulare elektrische Polarisierbarkeit.

Das unterschiedliche Verhalten unpolarer und polarer Stoffe ist in § 44 schon qualitativ gedeutet worden. Die quantitative Deutung ist für das Verständnis des Molekülbaues und damit für die **Chemie** sehr wichtig geworden. Für sie braucht man den Begriff der molekularen elektrischen Polarisierbarkeit.

Im Innern eines Körpers vom Volumen V sei die Feldstärke $\mathfrak{E}_{|}$ und erteile dem Körper eine homogene Elektrisierung

$$\mathfrak{P} = \mathfrak{E}_{|}\, \varepsilon_0\, (\varepsilon - 1). \qquad \text{(48) v. S. 57}$$

Durch diese Elektrisierung bekommt der Körper parallel zur Feldrichtung das elektrische Moment $\mathfrak{W}$. Dann gilt

$$\mathfrak{P} = \mathfrak{W}/V. \qquad \text{(49) v. S. 57}$$

Im atomistischen Bilde deutet man das gesamte elektrische Moment $\mathfrak{W}$ als Summe der Beiträge $\mathfrak{w}$ von n einzelnen Molekülen, also

$$\mathfrak{P} = \mathfrak{w}\, n/V. \qquad (49\text{a})$$

Das Verhältnis n/V ist die **Molekülzahldichte**. Für sie gilt

$$\boxed{n/V = N_v = \boldsymbol{N}\, \varrho} \qquad (60)$$

$$(\boldsymbol{N} = \text{spezif. Molekülzahl} = 6{,}02 \cdot 10^{26}/\text{Kilomol}; \ \varrho = \text{Dichte}).$$

Wir fassen (48) (49a) und (60) zusammen und erhalten

$$\mathfrak{w} = \frac{\mathfrak{P}}{N_v} = \frac{\mathfrak{E}_{|}\, \varepsilon_0\, (\varepsilon - 1)}{\boldsymbol{N}\, \varrho}. \qquad (61)$$

Diese Beiträge $\mathfrak{w}$ können nach § 44 auf zweierlei Weise zustande kommen: 1. durch Polarisation an sich unpolarer, aber elektrisch deformierbarer Moleküle, 2. durch teilweise Ausrichtung polarer Moleküle.

Experimentell findet man ε konstant, also die Beiträge $\mathfrak{w}$ der auf die Moleküle wirkenden Feldstärke $\mathfrak{E}_w$ proportional. Aus diesem Grunde bildet man das Verhältnis

$$\frac{\mathfrak{w}}{\mathfrak{E}_w} = \alpha \qquad (62)$$

und nennt α die **molekulare elektrische Polarisierbarkeit**.

Als wirksame Feldstärke $\mathfrak{E}_w$ benutzt man für Gase, Dämpfe und verdünnte Lösungen die in Gl. (48a) vorkommende Feldstärke $\mathfrak{E}_{|}$. Ihre Bedeutung ist auf S. 59 klargestellt worden. Man setzt also $\mathfrak{E}_w = \mathfrak{E}_{|}$ und erhält so aus Gl. (61)

$$\alpha = \frac{\varepsilon_0\, (\varepsilon - 1)}{N_v} \qquad (63)$$

oder nach Einführung der Suszeptibilität $\xi = (\varepsilon - 1)$

$$\alpha = \frac{\varepsilon_0\, \xi}{N_v} = \frac{\varepsilon_0\, \xi}{\boldsymbol{N}\, \varrho} \qquad (63\text{a})$$

$$\left(\text{z. B. } \alpha \text{ in } \frac{\text{Ampsek.\,Meter}}{\text{Volt/Meter}}; \quad \varepsilon_0 = 8{,}86 \cdot 10^{-12}\, \frac{\text{Ampsek.}}{\text{Volt} \cdot \text{Meter}}; \quad \varrho = \text{Dichte}; \quad \boldsymbol{N} = \frac{6{.}02 \cdot 10^{26}}{\text{Kilomol.}} \right)$$

In Flüssigkeiten und in festen Körpern ist die Gleichsetzung von $\mathfrak{E}_w$ und $\mathfrak{E}_{|}$ nicht mehr sinnvoll. In ihnen sind die Moleküle eng gepackt, und daher muß man in elektrisierten oder polarisierten Flüssigkeiten und Festkörpern die **Wechselwirkung** zwischen den Molekülen berücksichtigen. Das geschieht in der von **Clausius** und **Mossotti** gegebenen Gleichung für die **molekulare elektrische Polarisierbarkeit**

$$\boxed{\alpha = \frac{3\, \varepsilon_0}{N_v}\, \frac{\varepsilon - 1}{\varepsilon + 2}} \qquad (65)$$

$[N_v = \boldsymbol{N}\, \varrho$, siehe oben. Für $\varepsilon \approx 1$ wird Gl. (65) = Gl. (63)].

Herleitung Gl. (65): Wir gehen aus von den Gl. (61) und (62). Sie liefern

$$\alpha = \frac{\mathfrak{P}}{N_v\, \mathfrak{E}_w}. \qquad (64)$$

Zur Berechnung der wirksamen Feldstärke $\mathfrak{E}_w$ faßt man ein einzelnes Molekül a ins Auge. Die übrigen Moleküle teilt man in zwei Gruppen von ungleicher Größe. Zur ersten kleineren Gruppe zählt man alle Moleküle in der Nachbarschaft von a. Als Grenze dieses nachbarlichen Bereiches setzt man willkürlich eine Kugelfläche mit a als Zentrum fest. Zur zweiten größeren Gruppe der Moleküle zählt man dann alle übrigen, außerhalb dieser Kugel befindlichen. In amorphen Körpern und regulären Kristallen sind die Nachbarmoleküle innerhalb der gedachten Grenzfläche vom Molekül a aus gesehen kugelsymmetrisch angeordnet. Daher hebt sich ihr Einfluß auf. Es verbleibt nur der Einfluß der zweiten Gruppe. Das Molekül a schwebt, bildlich gesprochen, in einem kugelförmigen „Hohlraum" eines homogen elektrisierten Körpers. Wir haben also die Gl. (53a) v. S. 61 anzuwenden. Zur Bestimmung der Polarisation dürfen wir aber nicht, wie in einem wirklichen Hohlraum, die Gl. (48a) v. S. 56 benutzen, sondern die ursprüngliche Definitionsgleichung (48) v. S. 54: Die Dielektrizitätskonstanten sind innerhalb und außerhalb des Hohlraums die gleichen und darum auch innen und außen $\mathfrak{E}_1 = \mathfrak{E}$, somit erhalten wir

$$\mathfrak{P} = \varepsilon_0 \,\mathfrak{E}\,(\varepsilon - 1) \qquad\qquad (48)\ \text{v. S. } 57$$

und mit (53a) und $N = \tfrac{1}{3}$

$$\mathfrak{E}_w = \mathfrak{E}\,\frac{\varepsilon + 2}{3}. \qquad\qquad (48\,\text{b})$$

Einsetzen dieser Werte in die Gl. (64) ergibt Gl. (65).

§ 48. Das permanente elektrische Moment polarer Moleküle.

Die beiden Gl. (63) und (65) lassen die molekulare elektrische Polarisierbarkeit α recht einfach bestimmen: Man braucht lediglich die Dielektrizitätskonstante ε zu messen und die bekannten Werte der Influenzkonstante ε_0 und der Molekülzahldichte $N_v = N\,\varrho$ einzusetzen. Die Tabelle 3 gibt einige Zahlenwerte für die Polarisierbarkeit oder elektrische Deformierbarkeit α unpolarer Moleküle. Man vergleiche § 108 des Optikbandes.

Die Abb. 139 zeigt die Polarisierbarkeit eines polaren Gases in ihrer Abhängigkeit von der Temperatur. Aus Messungen dieser Art kann man das permanente elektrische Moment $\mathfrak{w}_p$ eines polaren Moleküls berechnen.

Ohne Feld sind die Richtungen von $\mathfrak{w}_p$ infolge der Wärmebewegung regellos verteilt. Die Summe der elektrischen Momente $\mathfrak{w}_p$ ist im örtlichen und zeitlichen Mittel gleich Null. Ein elektrisches Feld aber gibt den Momenten $\mathfrak{w}_p$ eine Vorzugsrichtung. Jedes Molekül bekommt im zeitlichen Mittel eine in die Feldrichtung fallende Komponente $\mathfrak{w}$. Diese Komponente ist der Bruchteil x des permanenten Momentes $\mathfrak{w}_p$, also

$$\mathfrak{w} = x \cdot \mathfrak{w}_p. \qquad\qquad (66)$$

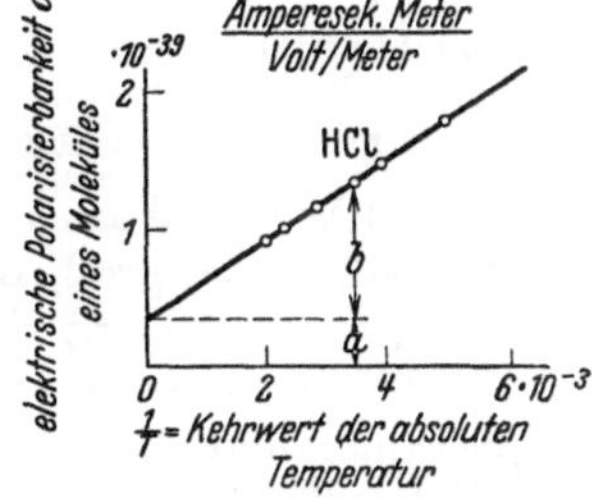

Abb. 139. Polarisierbarkeit eines Dipolmoleküles bei verschiedenen Temperaturen. Der konstante Anteil a rührt von „Influenz" oder „Moleküldeformation" her, der veränderliche b von der Ausrichtung der thermisch ungeordneten polaren Moleküle, Er allein ist in Gl. (68) einzusetzen.

Dieser Bruch muß ausgerechnet werden. Man findet

$$x \approx \frac{1}{3} \cdot \frac{\mathfrak{w}_p \cdot \mathfrak{E}_w}{k \cdot T_{\text{abs}}} \qquad\qquad (67)$$

($k = $ Boltzmannsche Konstante $= 1{,}38 \cdot 10^{-23}$ Wattsek/Grad;

$T_{\text{abs}} = $ absolute Temperatur, vgl. Mechanikband § 149).

Der Bruch ist also im wesentlichen gleich dem Verhältnis zweier Energien: Die Arbeit $\mathfrak{w}_p \cdot \mathfrak{E}_w$ ist erforderlich, um den Dipol quer zur Feldrichtung zu stellen. $k\,T_{\text{abs}}$ ist die thermische Energie, die ein stoßendes Molekül auf den Dipol übertragen kann. Die strenge Rechnung muß nicht nur die Querstellung, sondern alle möglichen Richtungen durch Mittelwertsbildung berücksichtigen. Dabei bekommt man näherungsweise den Zahlenfaktor $^1/_3$.

Tabelle 3. Elektrische Polarisierbarkeit unpolarer Moleküle.

Stoff	Molekulargewicht (M)	Dichte ϱ in $\dfrac{kg}{m^3}$	Molekülzahldichte $N_v = N \cdot \varrho$ in m^{-3}	Dielektrizitatskonstante ε	Elektrische Polarisierbarkeit α in $\dfrac{\text{Amperesek Meter}}{\text{Volt/Meter}}$
Schwefelkohlenstoff CS_2	76	1250	$9{,}9 \cdot 10^{27}$	2,61	$0{,}94 \cdot 10^{-40}$
Diphenyl C_6H_5—C_6H_5 .	154	1120	$4{,}37 \cdot 10^{27}$	2,57	$2{,}1 \cdot 10^{-40}$
Hexan C_6H_{14}	86	662	$4{,}63 \cdot 10^{27}$	1,88	$1{,}3 \cdot 10^{-40}$

Die Zusammenfassung der Gl. (66), (67) und (62) von S. 62 und 63 liefert als permanentes elektrisches Moment des Dipolmoleküls

$$\boxed{\mathfrak{w}_p \approx \sqrt{\alpha \cdot 3\,k\,T_{\text{abs.}}}} \tag{68}$$

Beispiel für das HCl-Molekül: Die Messungen in Abb. 139 liefern als molekulare elektrische Polarisierbarkeit bei 0 Grad C

$$\alpha = 1{,}05 \cdot 10^{-39}\,\frac{\text{Amperesek Meter}}{\text{Volt/Meter}}.$$

Einsetzen dieses Wertes in Gl. (68) ergibt als permanentes elektrisches Moment des einzelnen HCl-Moleküls

$$\mathfrak{w}_p \approx 3{,}4 \cdot 10^{-30} \text{ Amperesek Meter.}$$

Man kann sich also das Molekül in elektrischer Hinsicht ersetzt denken durch zwei elektrische Elementarladungen von je $1{,}60 \cdot 10^{-10}$ Amperesekunden im Abstande von rund $0{,}2 \cdot 10^{-10}$ m. (Zum Vergleich: Die Größenordnung des Moleküldurchmessers ist 10^{-10} m.)

Mit Hilfe des Wertes $\mathfrak{w}_p$ läßt sich der Bruchteil x in Gl. (66) ausrechnen. Die Feldstärke sei groß, nämlich $\mathfrak{E} = 10^6$ Volt/m und die absolute Temperatur 300 Grad. Dann ergibt sich $x = 3 \cdot 10^{-4}$, also $\ll 1$. Daher ist der mittlere Beitrag $\mathfrak{w}$ der permanenten Momente $\mathfrak{w}_p$ zur Elektrisierung $\mathfrak{P}$ noch der Feldstärke proportional und die Suszeptibilität $\mathfrak{P}/\varepsilon_0\,\mathfrak{E} = \xi = (\varepsilon - 1)$ konstant. Erst bei sehr tiefen Temperaturen kann sich x mit wachsender Feldstärke dem Wert 1 nähern und daher die Elektrisierung einem Sättigungswert zustreben.

§ 49. Elektrostriktion.

Die Polarisation eines Dielektrikums ist stets mit einer — meist geringfügigen — Verformung verknüpft. Sie kann sich als Längenzu- oder -abnahme in Richtung der Feldlinien äußern. Demgemäß unterscheidet man positive und negative Elektrostriktion.

Erhebliche Größe kann die Elektrostriktion in piezoelektrischen Kristallen, z. B. Quarz, erreichen. Eine passend geschnittene Quarzplatte kann, in den Kondensator eines elektrischen Schwingungskreises gebracht, zu erzwungenen Schwingungen angeregt werden. Stimmt die Frequenz des elektrischen Wechselfeldes mit einer Eigenschwingung der Quarzplatte überein, so entstehen erhebliche Amplituden. Solche Quarze benutzt man an Stelle von Stimmgabeln. Sie dienen z. B. zur Herstellung hochfrequenter, meist nicht mehr hörbarer Schallwellen (z. B. Optik § 59). In der Technik geben sie heute das zuverlässigste Mittel, um die Frequenz irgendwelcher Schwingungen konstant zu erhalten. Das geschieht z. B. beim Bau der Quarzuhren (§ 104 und Mechanikband § 50) und in größtem Umfange in der Technik der Nachrichtenübermittlung.

Durch die Mitwirkung der Elektrostriktion entstehen in Seignettesalzkristallen sehr bemerkenswerte, dem Ferromagnetismus entsprechende Erscheinungen: In bestimmten Kristallrichtungen und Frequenzbereichen kann man Dielektrizitätskonstanten $\varepsilon > 2 \cdot 10^4$ beobachten. Dabei wird der Zusammenhang von elektrischer Polarisation und der Verschiebungsdichte des leeren Kondensators durch eine Hysteresisschleife dargestellt.

VI. Das magnetische Feld.

§ 50. Herstellung verschieden gestalteter magnetischer Felder durch elektrische Ströme (Oersted, 1820). Die einführende Übersicht des I. Kapitels nannte drei Kennzeichen des Stromes in einem Leiter: 1. das den Leiter umgebende Magnetfeld, 2. die Erwärmung und 3. chemische Veränderungen des Leiters.

Diese drei Kennzeichen sind durchaus nicht gleichwertig. Chemische Änderungen fehlen in den technisch wichtigsten Leitern, den Metallen. Auch die Erwärmung des Leiters kann unter bestimmten Bedingungen fortfallen (Supraleitung, § 113). Aber das Magnetfeld bleibt unter allen Umständen. Das Magnetfeld ist der unzertrennliche Begleiter des elektrischen Stromes.

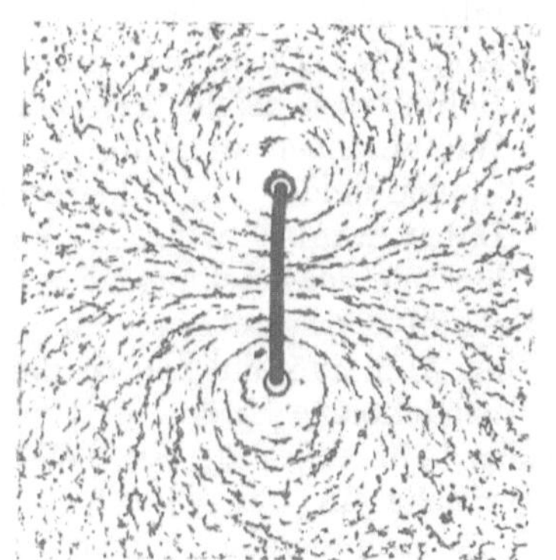

Abb. 140. Magnetische Feldlinien eines stromdurchflossenen Kreisringes mit Eisenfeilspänen sichtbar gemacht.

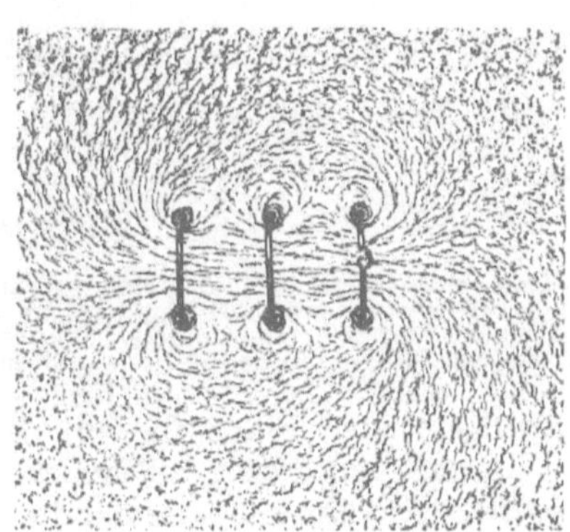

Abb. 141. Magnetische Feldlinien dreier paralleler, von gleichen Stromen durchflossener Kreisringe.

Das Magnetfeld kann genau wie das elektrische Feld im leeren Raum existieren. Die Anwesenheit der Luftmoleküle (vgl. Abb. 55) ist von gänzlich untergeordneter Bedeutung. Auch das Magnetfeld lernen wir nur durch die Erfahrung kennen. Wir beobachten in einem magnetischen Feld andere Vorgänge als in einem gewöhnlichen Raum. Das ist auch hier das Entscheidende. Der wichtigste dieser Vorgänge war uns bisher die kettenförmige Anordnung von Eisenfeilicht in den Bildern magnetischer Feldlinien.

Wir wollen das Magnetfeld jetzt weiter erforschen. Wir beginnen mit der Betrachtung einiger typischer Gestalten des magnetischen Feldes:

Die magnetischen Feldlinien eines langen geraden stromdurchflossenen Leiters sind konzentrische Ringe (Abb. 4).

Für einen kreisförmigen Leiter erhalten wir Feldlinien nach Abb. 140. Die „Kreise" erscheinen exzentrisch nach außen verdrängt und etwas verformt. Wir stellen eine Reihe Kreiswindungen nebeneinander (Abb. 141). Jetzt überlagern sich die Feldlinienbilder der einzelnen Windungen. Dabei denke man sich jede Windung an eine besondere Stromquelle angeschlossen. Bequemer schickt man denselben Strom durch alle Windungen. Das macht man am einfachsten durch schraubenförmiges Aufspulen eines Drahtes (vgl. Abb. 142 u. 143).

Eine Kompaßnadel zeigt normalerweise mit einem Ende nach Norden. Man nennt es ihren Nordpol und markiert es durch eine Pfeilspitze. — Im Magnetfeld einer Spule stellt sich die Kompaßnadel überall in die Richtung der Feldlinien (Abb. 142). Die Richtung der Pfeilspitze nennt man vereinbarungsgemäß die positive Feldrichtung.

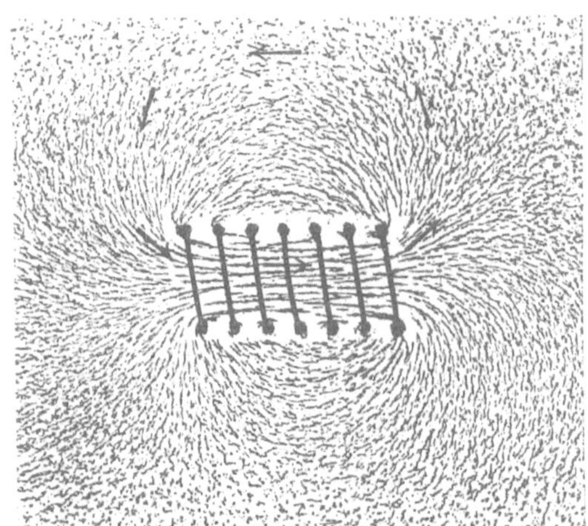

Abb. 142. Magnetische Feldlinien einer gedrungenen, stromdurchflossenen Spule. Die Pfeile bedeuten Kompaßnadeln, die Spitzen deren Nordpole. Man denke sich am Spulenende oben links den +-Pol der Stromquelle.

Dasselbe Feld wie mit einer einzelnen Spule erhält man mit einem Bündel gleich langer, dünner Spulen. Das Bündel muß nur den gleichen Querschnitt ausfüllen, und alle Spulen müssen von Strömen gleicher Amperezahl durchflossen werden. Abb. 144 zeigt ein so experimentell gewonnenes Feldlinienbild. Man vergleiche es mit Abb. 143. Dieser experimentelle Befund ist leicht verständlich. Wir zeichnen in Abb. 145 das Spulenbündel im Querschnitt. Dabei wählen wir zur Vereinfachung der Zeichnung alle Querschnitte quadratisch. Man sieht in Abb. 145 im Innern überall benachbarte Ströme in einander

entgegengesetztem Sinne fließen. Ihre Wirkung hebt sich auf. Es bleibt nur die Wirkung der dick gezeichneten Windungsstücke an der Oberfläche des Spulenbündels. Es bleibt also nur die Strombahn der umhüllenden Spule wirksam.

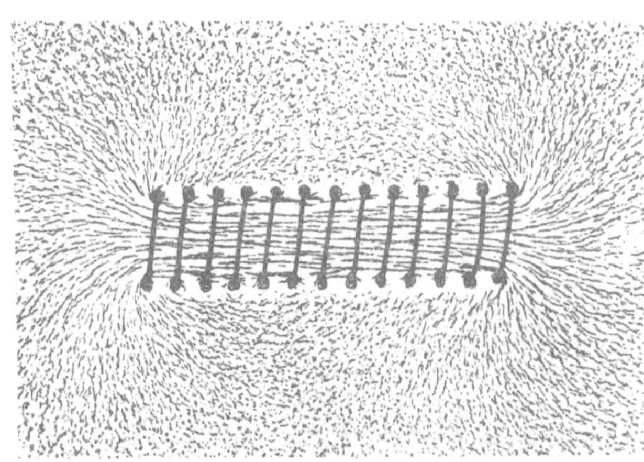

Abb. 143. Magnetische Feldlinien einer gestreckten stromdurchflossenen Spule. Im Innern der Spule ein homogenes Magnetfeld.

An den Enden der Spulen gehen Feldlinien in den Außenraum. Sie treten nicht durch die beiden Öffnungen der Spule aus, sondern in deren Nähe schon seitlich zwischen den Spulenwindungen hindurch. Diese Austrittsgebiete der Feldlinien bezeichnet man als die Pole der Spule, und zwar in Analogie zu einem Stabmagneten. Eine stromdurchflossene Spule verhält sich durchaus wie ein Stabmagnet: Horizontal gelagert oder aufgehängt stellt sie sich wie eine Kompaßnadel in die Nord-Süd-Richtung ein. Beim Aufstreuen von Eisenfeilicht hält die Spule an ihren Enden dicke Bärte fest (vgl. Abb. 147). Die mittleren Teile der Spule bleiben von Eisenfeilicht frei. Die Feldlinien treten eben nur an den

„Pole" benannten Gebieten aus. Mit wachsender Länge der stromdurchflossenen Spule treten die als Pole bezeichneten Feldgebiete neben dem Feld im Spuleninnern immer mehr zurück. Man vergleiche beispielsweise Abb. 142 und Abb. 143.

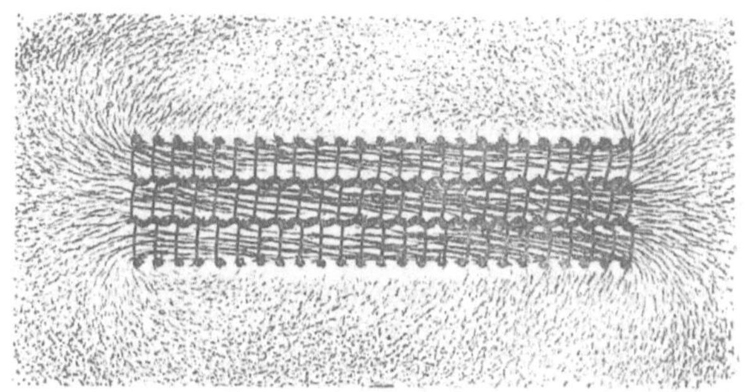

Abb. 144. Magnetfeld eines Spulenbündels. Die Einzelspulen waren bei diesem Modellversuch völig getrennt. Die zickzackförmige Verbindung wird durch die Anhäufung von Eisenfeilicht zwischen benachbarten Drähten vorgetäuscht.

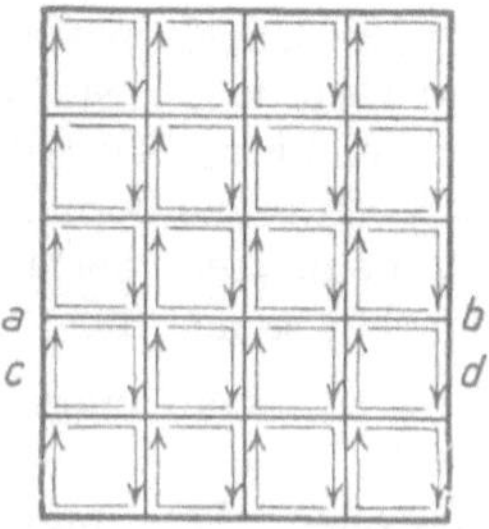

Abb. 145. Schema eines Bündels langer quadratischer Einzelspulen. $a\,b$ Zeichenebene der Abb. 205, $c\,d$ der Abb. 144.

Es lassen sich auch Spulen vollständig ohne Pole herstellen. Man muß dann die Spulen als geschlossene Ringe wickeln. Abb. 146 zeigt ein Beispiel. Bei diesem ist der Querschnitt der Spulenwindungen überall der gleiche. Doch ist das nicht erforderlich. Durch geeignete Wahl des Abstandes benachbarter Windungen kann man auch Spulen mit veränderlichem Querschnitt ohne Pole herstellen.

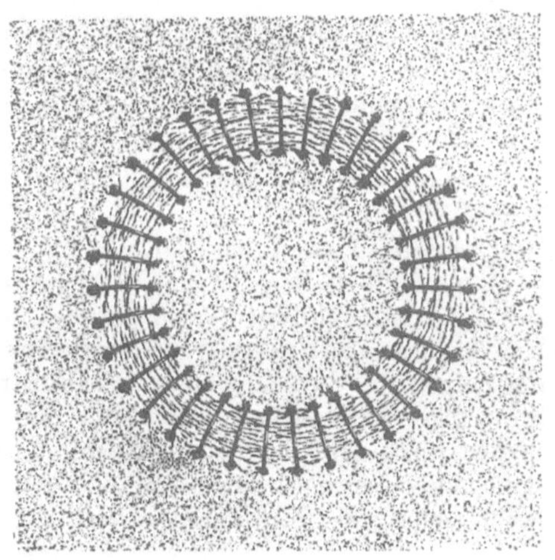

Abb. 146. Magnetische Feldlinien im Felde einer Ringspule.

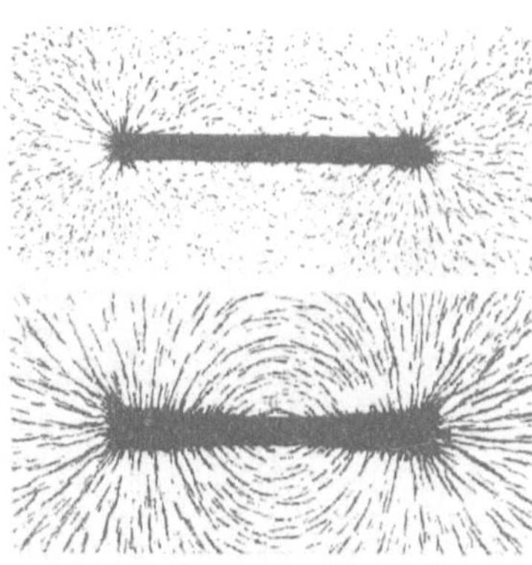

Abb. 147. Bärte von Eisenfeilicht an einer stromdurchflossenen Spule (oben) und einem Stabmagneten von gleicher Gestalt (unten). Vgl. später Abb. 204.

Wir fassen zusammen: Die Gestalt der Magnetfelder stromdurchflossener Leiter wird allein durch die Gestalt dieser Leiter bestimmt.

In langgestreckten Spulen sind die magnetischen Feldlinien im Innern praktisch gerade Linien, abgesehen von den kurzen Polgebieten. Außerdem liegen die Feldlinien in überall gleichem Abstand. Wir haben ein homogenes Feld.

Das homogene Magnetfeld einer gestreckten Spule spielt in der Behandlung des magnetischen Feldes die gleiche Rolle wie das homogene elektrische Feld eines hinreichend flachen Plattenkondensators in der Lehre vom elektrischen Feld. Wir werden es häufig benutzen.

Die von Stahlmagneten ausgehenden Magnetfelder unterscheiden sich in keiner Weise von den Magnetfeldern stromdurchflossener Spulen, d. h. wir können das Magnetfeld jedes Stahlmagneten durch das einer Spule von der Größe und Gestalt des Stahlmagneten ersetzen. Wir müssen nur für richtige Verteilung der Wicklung Sorge tragen. Den Grund für diese Übereinstimmung werden wir in § 53 kennenlernen. Die Abb. 147 zeigt uns die „Polgebiete" eines von uns oft benutzten permanenten Stabmagneten durch „Bärte" von Eisenfeilicht sichtbar gemacht.

§ 51. Die magnetische Feldstärke $\mathfrak{H}$. Das Magnetometer. Wie das elektrische Feld muß man auch das magnetische quantitativ mit einem Vektor darstellen. Das folgt aus den anschaulichen Vorzugsrichtungen der magnetischen Feldlinien. Man nennt diesen Vektor die magnetische Feldstärke $\mathfrak{H}$.

Der Betrag einer elektrischen Feldstärke läßt sich in Volt/Meter messen. In entsprechender Weise kann man den Betrag einer magnetischen Feldstärke $\mathfrak{H}$ in Ampere/Meter messen. Auch das ergibt sich wieder an Hand einer neuen experimentellen Erfahrung. Man gewinnt sie mit zwei Hilfsmitteln, nämlich

1. gestreckten Spulen verschiedener Bauart;

2. einem beliebigen Indikator für das magnetische Feld (Magnetoskop).

Der Indikator soll lediglich zwei räumlich oder zeitlich getrennte Magnetfelder als gleich erkennen lassen. Er soll also nicht messen, sondern nur die Gleichheit zweier Felder feststellen.

Als Indikator wählen wir eine kleine[1] Magnetnadel an der Achse einer Schneckenfederwaage (Abb. 148). Die Ruhelage der Nadel ist durch die Entspannung der Schneckenfeder gegeben.

(Wir vernachlässigen also der Einfachheit halber den Einfluß des magnetischen Erdfeldes.)

Diese Magnetnadel bringen wir in das homogene Feld einer Spule und stellen sie bei entspannter Feder parallel zu den Feldlinien, also parallel der Spulenachse. Alsdann spannen wir die Feder durch Drehung des Zeigers, bis die Nadel zu den Feldlinien, also zu ihrer eigenen Ruhelage, senkrecht steht. Der zur Federspannung benutzte Winkel[2] wird an der Skala abgelesen. Er ist ein Maß für das zur Senkrechtstellung der Nadel notwendige Drehmoment.

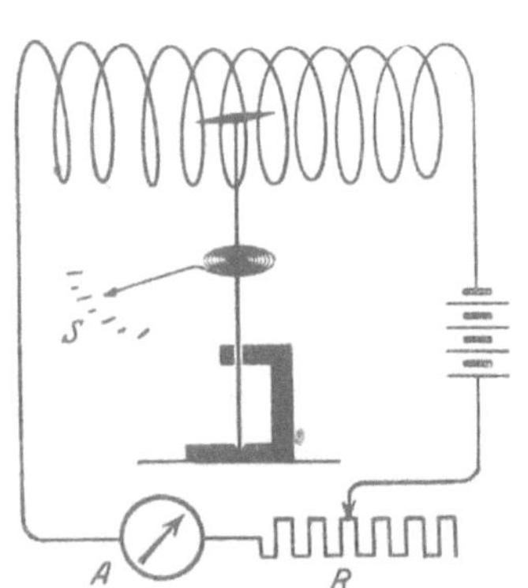
Abb. 148. Magnetfeld einer gestreckten Spule. R = Regelwiderstand zum Einstellen des Stromes I in der Feldspule.

Jetzt ersetzen wir die erste Spule der Reihe nach durch andere. Sie haben andere Querschnitte Q, verschiedene Längen l und verschiedene Windungszahlen n. Einige Spulen sind einlagig, andere mehrlagig. Durch Veränderung des Stromes (Vorschaltwiderstand R!) stellen wir jedesmal auf das gleiche zur Senkrechtstellung der

---

[1] Die Nadel muß klein gegenüber den Lineardimensionen des Feldes sein, sonst würde sie das Feld merklich verzerren.

[2] Er ist um 90° kleiner als der Drehwinkel des Zeigers in Abb. 148.

Kompaßnadel erforderliche Drehmoment ein. Diese Gleichheit der Drehmomente bedeutet Gleichheit der Felder.

Auf diese Weise finden wir experimentell ein sehr einfaches Ergebnis: Die Magnetfelder sind gleich, sobald die Größe

$$\frac{\text{Strom } I \times \text{Windungszahl } n}{\text{Spulenlänge } l}$$

die gleiche ist. Der Querschnitt und die Zahl der Windungslagen sind gleichgültig. Das homogene Magnetfeld einer gestreckten Spule wird durch das Verhältnis $n\,I/l$ oder in Worten „Stromwindungszahl durch Spulenlänge" eindeutig bestimmt.

Aus diesem Grunde benutzt man das Verhältnis $n\,I/l$, um zunächst für eine gestreckte Spule den Betrag der magnetischen Feldstärke $\mathfrak{H}$ zu definieren, also:

$$\mathfrak{H} = \frac{n\,I}{l}. \tag{69}$$

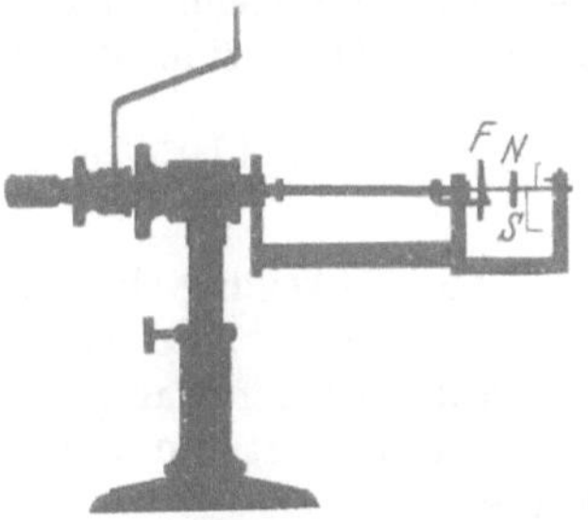

Als Einheit von $\mathfrak{H}$ benutzen wir 1 Amperewindung/m oder kürzer 1 Ampere/m. Die Vorzeichen ergeben sich aus Abb. 150.

Abb. 149. Technische Ausführung eines Magnetometers mit horizontaler Achse. F = Schneckenfeder. NS = Magnetnadel. Rechts von ihr zwei mit der Achse bewegliche und eine feste Marke. Mit ihrer Hilfe stellt man die Magnetnadel ohne Federspannung den Feldlinien parallel und mit Federspannung zu ihnen senkrecht.

(Üblich ist auch 1 Amperewindung/cm = 100 Amperewindungen/m und 1 Oersted = 79,6 Ampere/m.)

Der nächste Schritt bringt dann eine wichtige Verallgemeinerung. Durch Vergleich mit dem homogenen Felde einer gestreckten Spule kann man die Feldstärke an beliebigen Orten eines beliebigen magnetischen Feldes messen: Man ersetzt seine einzelnen, praktisch noch homogenen Bereiche durch das gleiche und gleichgerichtete Feld einer gestreckten Spule und bestimmt für diese Ersatz- oder Vergleichsspule das Verhältnis Stromwindungszahl/Spulenlänge, also die magnetische Feldstärke $\mathfrak{H} = n\,I/l$.

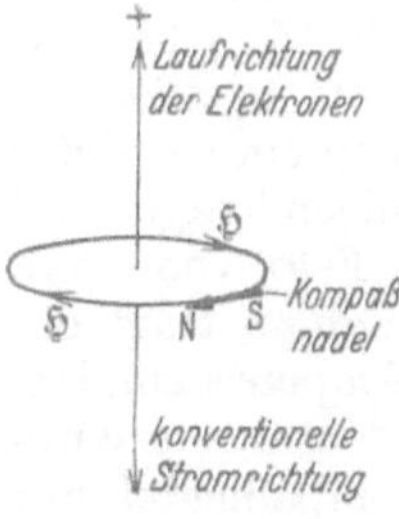

Abb. 150. Zur Definition der Feldrichtung.

Meßtechnisch kann man auf mannigfache Weise vorgehen. Wir können uns z. B. unser Magnetoskop (Abb. 148) eichen und es dadurch in ein Magnetometer verwandeln. Für diese Eichung variieren wir in einer unserer gestreckten Spulen den Strom I und somit nach Gleichung (69) die Feldstärke $\mathfrak{H}$. Dabei finden wir das zur Senkrechtstellung der Nadel notwendige Drehmoment der Feldstärke $\mathfrak{H}$ proportional. Beispielsweise entsprechen bei unserem Demonstrationsmodell einem Winkelgrad 50 Ampere/m.

Mit einem so geeichten Magnetometer wollen wir das Magnetfeld eines Stabmagneten NS in einem Punkte P etwa 10 cm von seinem Nordpol aus messen. Wir bringen die Nadel mit entspannter Feder in die Richtung der Feldlinien. Dann stellen wir die Nadel durch Drehung des Zeigers Z senkrecht zu den Feldlinien und lesen die zur Federspannung benutzte Zeigerdrehung von 10 Winkelgraden ab. Demnach ist am Orte P eine Feldstärke $\mathfrak{H} = 500$ Ampere/m.

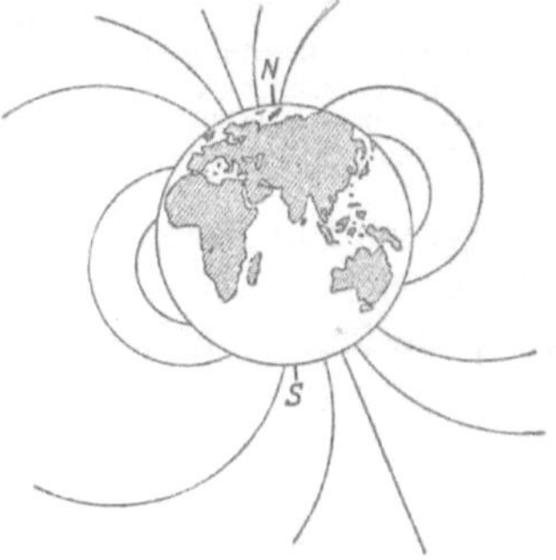

Abb. 151. Magnetische Feldlinien der Erde.

Analog vermisst man im Prinzip auch das Magnetfeld der Erde. Die Abb. 151 zeigt schematisch das Bild ihrer Feldlinien. Die parallel der Erdoberfläche gerichtete Komponente des Feldes heißt die Horizontalkomponente. Sie beträgt in Göttingen etwa 15 Ampere/m.

Magnetometrische Messungen sind zeitraubend und daher wenig erfreulich. Man kann sie aber bei der Messung sehr kleiner Feldstärken $\mathfrak{H}$ nicht entbehren. Man führt sie dann technisch anders aus. Das wird im VIII. Kapitel erläutert werden. In der überwiegenden Mehrzahl der Fälle berechnet man die Feldstärke $\mathfrak{H}$ (Beispiele finden sich in § 59). Für das weitaus wichtigste magnetische Feld, das homogene der gestreckten Spule, erledigt sich diese Berechnung einfach durch die Definitionsgleichung

$$\text{Feldstärke } \mathfrak{H} = \frac{\text{Stromwindungszahl der Spule } n\, I}{\text{Spulenlänge } l}. \tag{69}$$

§ 52. Bewegung elektrischer Ladungen erzeugt ein Magnetfeld. Rowlandscher Versuch (1876).

Die engen Beziehungen zwischen Strom und Magnetfeld sind durch den letzten Paragraphen noch deutlicher geworden: Wir brauchten Ströme in Leitern nicht nur zur Herstellung, sondern auch zur Messung magnetischer Felder.

Ein Strom im Leiter besteht in einer Bewegung von Elektrizitätsatomen in der Längsrichtung des Leiters (§ 19). Jetzt kommt etwas Überraschendes: Allein diese Bewegung elektrischer Ladungen ist für die Erzeugung des Magnetfeldes maßgebend. Es kommt auf keinerlei weitere Einzelheiten des Vorganges an. Der Leiter, der Kupferdraht, wirkt nur als eine Führung oder, grob gesagt, als Leitungsrohr für die Elektrizitätsatome. Das ergibt sich aus dem Rowlandschen Versuch:

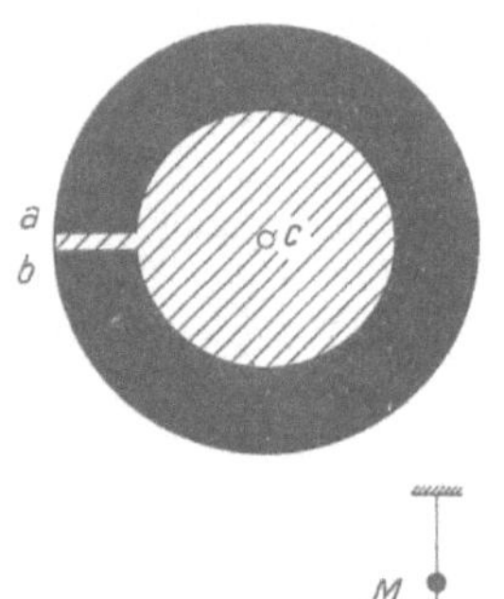

Die Abb. 152 zeigt in Aufsicht einen ringförmigen Elektrizitätsträger auf einer schraffierten isolierenden Scheibe. Der Ring ist zwischen a und b durch einen schmalen Schlitz unterbrochen. In Abb. 153 sehen wir den gleichen Elektrizitätsträger im Schnitt an einer vertikalen Welle c befestigt und eingebaut in ein geerdetes Blechgehäuse. Zwischen dem ringförmigen Träger und dem Gehäuse kann ein elektrisches Feld von etwa 10^3 Volt Spannung hergestellt werden; dann trägt der Ring eine Ladung q von etwa 10^{-7} Amperesekunden. Bei M befindet sich, schematisch angedeutet, ein empfindliches Magnetoskop, d. h. eine Kompaßnadel mit Lichtzeiger. (In der Ruhelage steht die Längsrichtung der Nadel senkrecht zur Papierebene.) Der geladene

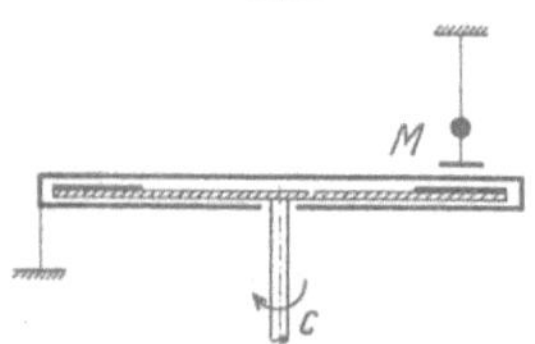

Abb. 152/153. Rowlandscher Versuch. Durchmesser des ringförmigen Elektrizitätsträgers $\approx$ 20 cm.

Träger wird in Rotation versetzt, in der Zeit t erfolgen N Umläufe (Drehfrequenz $N/t \approx 50\ \text{sec}^{-1}$). Während der Rotation des geladenen Ringes zeigt das Magnetoskop ein Magnetfeld an: Also erzeugt auch eine mechanisch bewegte Ladung, nicht nur die im Leitungsdraht wandernde, ein Magnetfeld. Oder etwas allgemeiner gesagt: **Ein Magnetfeld entsteht zusätzlich zu einem elektrischen Feld, wenn sich der Träger der elektrischen Ladungen gegenüber dem Bezugssystem des Beobachters (dem Magnetoskop) bewegt.**

Im zweiten Teil des Versuches (Abb. 152) wird der Träger entladen; bei a und b werden zwei Zuleitungen befestigt und durch den Kreisring ein Strom I

hindurchgeschickt ($\approx 10^{-5}$ Ampere), der das gleiche Magnetfeld erzeugt wie zuvor der rotierende geladene Träger. Man findet

$$I = q\frac{N}{t}. \tag{70}$$

In diese Gleichung führen wir die Geschwindigkeit u des Trägers und den Weg $l = 2\,r\,\pi$ ein. Es ist

$$u = \frac{N\,l}{t} \quad \text{oder} \quad \frac{N}{t} = \frac{u}{l}. \tag{71}$$

Einsetzen dieses Verhältnisses in Gl. (70) ergibt die wichtige Beziehung

$$\boxed{I = q\frac{u}{l},} \tag{73}$$

oder in Worten:

Längs des Weges l mit der Geschwindigkeit u bewegt, wirkt die Ladung q wie ein Strom $I = q\,u/l$.

Die Abb. 154 zeigt eine Variante des Rowland-schen Versuches. Sie stammt von W. C. Röntgen (1885) und ist als Muster raffinierter Meßkunst berühmt. Der rotierende Elektrizitätsträger S (Leiter oder Isolator) trägt nur influenzierte Ladungen, oben und unten mit entgegengesetzten Vorzeichen. Da beide gleichsinnig, aber in etwas verschiedenem Abstand vom Magnetoskop umlaufen, wirken sie mit der kleinen Differenz ihrer Magnetfelder.

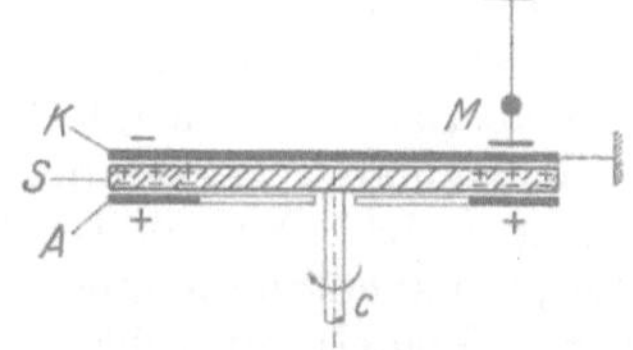

Abb. 154. Röntgenscher Versuch.

§ 53. Auch die Magnetfelder permanenter Magnete entstehen durch Bewegung elektrischer Ladungen.

Bei unseren ersten Versuchen haben wir die Magnetfelder mit Hilfe von Strömen in Metalldrähten hergestellt. Dann haben wir Magnetfelder mit mechanisch bewegten Ladungen erzeugt. Jetzt kommt als drittes das am längsten bekannte Verfahren: die Herstellung von Magnetfeldern durch permanente Magnete. Wie kommen die Magnetfelder permanenter Magnete zustande?

Wir knüpfen wieder an das Experiment an und nehmen eine vom Strom durchflossene Spule (Abb. 155). Ihr Magnetfeld sei im Punkte P noch gerade erkennbar, eine dort aufgestellte Kompaß-nadel mache den Ausschlag α. Wie kann man das Magnetfeld verstärken und den Ausschlag α vergrößern?

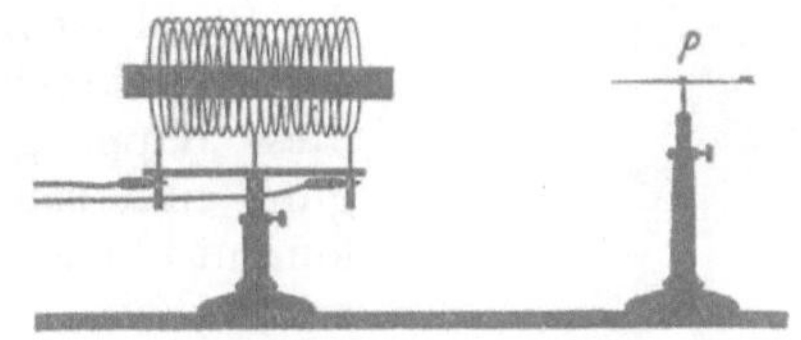

Abb. 155. Einführen eines Eisenkernes wirkt wie eine Erhöhung der Stromwindungszahl.

Entweder: Wir vergrößern den Strom I in der Spule oder die Windungszahl n, oder beide. Wir erhöhen also in jedem Fall ihr Produkt $n \cdot I$, die Stromwindungszahl der Spule.

Oder: Wir führen in die Spule ein Stück zuvor unmagnetisches Eisen ein, einen Eisenkern.

Daraus schließen wir: Das Eisen erhöht die Stromwindungszahl. Es vergrößert aber weder die Zahl der Drahtwindungen noch den mit dem Strommesser gemessenen Spulenstrom: Folglich müssen im Innern des Eisens Ströme in unsichtbaren Bahnen im gleichen Sinne wie der Spulenstrom kreisen. Ihre

Stromwindungen addieren sich den sichtbaren Stromwindungen der Spule. Diese Vorstellung bereitet keinerlei Schwierigkeiten: Nach dem Rowlandschen Versuch brauchen wir im Eisen lediglich irgendwelche Umlaufbewegungen elektrischer Ladungen anzunehmen. Elektrizitätsatome sind in allen Körpern vorhanden. Ihre Umlaufbewegungen im Eisen denkt man sich in erster Näherung als Kreis-

Abb. 156. Grobes Schema geordneter Molekularstrome.

bewegung im Innern. Man nennt dies vorläufige, aber schon recht brauchbare Bild das der Molekularströme. Man kann es sich zeichnerisch grob durch Abb. 156 veranschaulichen. Man vergleiche dies Bild mit dem Querschnitt durch das Spulenbündel in Abb. 145.

Die Molekularströme müssen in jedem Stück Eisen schon vor dem Einbringen in ein magnetisches Feld vorhanden sein. Nur liegen sie im Mittel ungeordnet. Erst im Magnetfelde der Spule erfolgt ihre Ordnung: Die Achsen stellen sich parallel der Spulenachse. Die einzelne Molekularstrombahn verhält sich wie die drehbare Spule in Abb. 10.

Man entfernt das Magnetfeld der Spule entweder durch Herausziehen des Eisenkernes oder durch Unterbrechen des Spulenstromes. Dann verschwindet das vom Eisen ausgehende Feld zum großen Teil, aber nicht ganz. Die Mehrzahl der Molekularströme klappt wieder in die alten Lagen der ungeordneten Verteilung zurück. Nur ein Teil behält die erhaltene Vorzugsrichtung bei. Das Eisen zeigt „remanenten" Magnetismus. Es ist zu einem „permanenten" Magneten (Kompaßnadel) geworden.

Wesentlich ist an diesen ganzen Darlegungen nur ein einziger Punkt: Die Existenz irgendwelcher Umlaufsbewegungen elektrischer Elementarladungen im Innern des Eisens. Dieser entscheidende Punkt ist der experimentellen Nachprüfung zugänglich: Man kann den mechanischen Drehimpuls der umlaufenden Elektrizitätsatome vorführen und messen.

Abb. 157. Zur Erhaltung des Drehimpulses.

Wir erinnern an folgenden Versuch der Mechanik: Ein Mann sitzt auf einem Drehstuhl. In der Hand hält er einen beliebigen umlaufenden Körper, z. B. ein Rad. Die Drehebene steht in beliebiger Orientierung zur Körperachse, und der Stuhl ist in Ruhe. Dann stellt der Mann die Drehebene senkrecht zu seiner Körperachse (Abb. 157). Durch diese Kippung erhält der Mann einen Drehimpuls, er beginnt um seine Längsachse zu rotieren. Die Rotation kommt allmählich durch die Lagerreibung des Drehschemels zur Ruhe.

Jetzt denken wir uns den Mann durch einen Eisenstab ersetzt, das Rad durch die ungeordnet umlaufenden Elektrizitätsatome. Der Eisenstab hängt gemäß Abb. 158 in der Längsachse einer Spule. Beim Einschalten des Spulenstromes stellen sich die Drehebenen der umlaufenden Elektrizitätsatome senkrecht zur Stab- bzw. Spulenachse. Der Eisenstab vollführt eine Drehbewegung.

Bei der praktischen Ausführung läßt man den Strom nur eine winzige Zeit (10^{-3} Sekunden, Kondensatorentladung) fließen. Man benutzt also nur den kleinen Bruchteil der Molekularströme, die auch nach dem Stromdurchgang parallel gerichtet hängenbleiben und den remanenten Magnetismus des Eisens liefern. Bei dauernd fließendem Strom würden die unvermeidbaren kleinen Inhomogenitäten des magnetischen Spulenfeldes stören. Der Eisenstab würde daher bei längerem Stromschluß allmählich in das Gebiet der größten magnetischen Feldstärke hineingezogen werden, entsprechend dem in Abb. 11 dargestellten Versuch. — Leider eignet sich dies grundlegende Experiment nicht zur Vorführung in größerem Kreise.

Die quantitative Auswertung des Versuches folgt in § 78. Sie spricht überwiegend für kreiselnde statt für kreisende Elektronen.

Nach diesem experimentellen Nachweis des Drehimpulses kann man heute sagen: Auch die Magnetfelder permanenter Magnete entstehen durch Bewegungen elektrischer Ladungen.

Früher hat man bei permanenten Magneten nach „magnetischen Substanzen" als der Ursache des magnetischen Feldes gesucht. Genau wie elektrische Feldlinien, sollten auch magnetische auf einem Körper beginnen und an einem anderen enden können. An den so getrennten Enden sollten magnetische Ladungen von entgegengesetztem Vorzeichen sitzen. Alle derartigen Trennungsversuche sind vergeblich geblieben. Das Bild der Molekularströme macht diesen Mißerfolg verständlich. In diesem Bilde ist ein permanenter Magnet letzten Endes dasselbe wie ein Bündel stromdurchflossener Spulen, und bei diesen kennt man nur geschlossene Feldlinien ohne Anfang und Ende. Eine Verfeinerung dieses Bildes folgt in § 78.

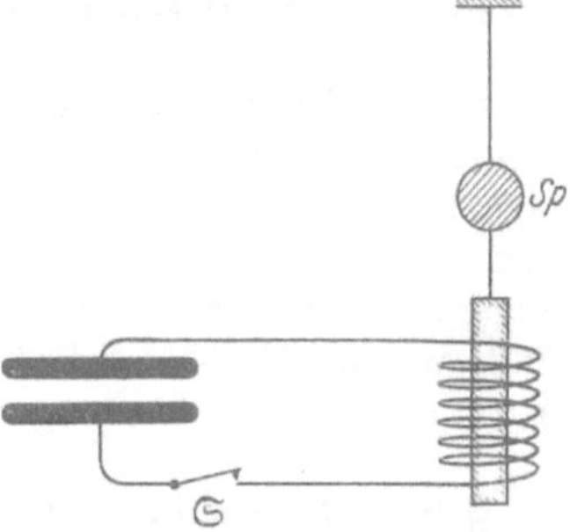

Abb. 158. Schema des Versuches zum Nachweis der Molekularströme im Eisen. Fur die Anwendung dauernd fließender Ströme reicht die Homogenität des Magnetfeldes in der Spule nicht aus.

§ 54. Zusammenfassung. Bei der Bewegung elektrischer Ladungen entstehen magnetische Felder[1]. Sie überlagern sich den stets vorhandenen elektrischen Feldern.

Die Gestalt eines Magnetfeldes wird durch die Gestalt einer Strombahn d. h. der Bahn bewegter Ladungen, bestimmt.

Das Magnetfeld einer gestreckten Spule wird durch das Verhältnis Stromwindungszahl/Spulenlänge eindeutig gekennzeichnet. Man nennt dies daher die magnetische Feldstärke $\mathfrak{H}$ mit der Einheit Ampere/m. Durch Vergleich mit einem solchen Spulenfeld kann man die Feldstärke an jedem Ort eines beliebigen Magnetfeldes messen.

---

[1] Man darf diesen Satz nicht umkehren! Wir·werden in § 60 noch eine andere Entstehungsart magnetischer Felder kennenlernen.

VII. Verknüpfung elektrischer und magnetischer Felder.

§ 55. Vorbemerkung. Für einen ruhenden Beobachter erzeugen ruhende elektrische Ladungen nur ein elektrisches Feld, bewegte elektrische Ladungen aber zusätzlich noch ein Magnetfeld. Dieser Zusammenhang von magnetischem und elektrischem Feld ergab sich aus dem Rowlandschen Versuch. Eine noch engere Verknüpfung beider Felder werden wir in diesem Kapitel kennenlernen, und zwar an Hand der Induktion und eines wichtigen auf ihr beruhenden Hilfsmittels, nämlich des magnetischen Spannungsmessers.

§ 56. Die Induktionserscheinungen. (M. Faraday, 1832.) Gegeben ist ein inhomogenes Magnetfeld beliebiger Herkunft, z. B. das der gedrungenen, stromdurchflossenen Feldspule *Sp* in Abb. 160. In diesem Magnetfeld befindet sich eine Drahtspule *J*, fortan „Induktionsspule" genannt. Ihre Enden führen zu einem Voltmeter mit kurzer Einstelldauer. Mit diesen Hilfsmitteln machen wir dreierlei Versuche:

1. Wir lassen die Lage der Induktionsspule im Magnetfelde ungeändert und ändern das Magnetfeld mit Hilfe des Feldspulenstromes (Regelwiderstand *R* und Schalter).

2. Wir ändern die Lage der Induktionsspule gegenüber der Feldspule durch Drehbewegungen oder Verschiebungen.

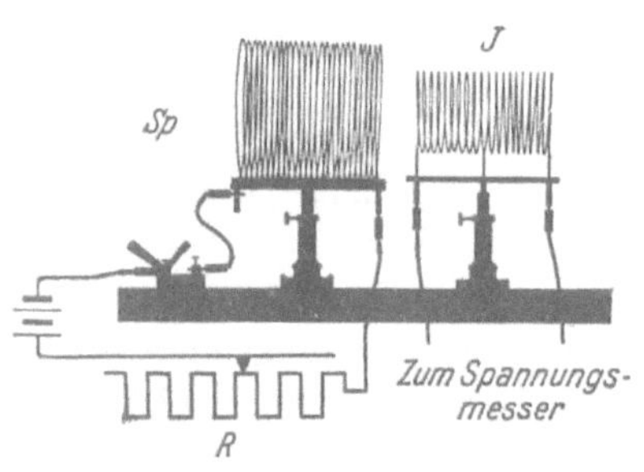

Abb. 160. Induktionsversuche.

3. Wir verformen die Induktionsspule im Magnetfeld, d. h. wir ändern ihren Querschnitt und bewegen so einzelne Teile ihrer Windungen gegeneinander.

In allen drei Fällen beobachten wir während des Vorganges zwischen den Enden der Induktionsspule *J* eine elektrische, in Volt meßbare Spannung. Ihre Größe hängt von der Geschwindigkeit des Vorganges ab. Bei rascher Drehung beispielsweise zeigt der Voltmeterausschlag etwa den in Abb. 161a skizzierten Verlauf: hohe Spannungen während kurzer Zeit. Bei langsamer Bewegung gibt es etwa das Bild der Abb. 161b: kleine Spannungen während langer Zeit.

Den Inhalt der schraffierten Fläche bezeichnet man als die „Zeitsumme der Spannung" $\left(\int U\, d\, t\right)$ oder einen „Spannungsstoß", gemessen in „Voltsekunden". Wir haben hier ein Analogon zu der von uns in § 10 ausführlich behandelten Zeitsumme des Stromes, gemessen in Amperesekunden.

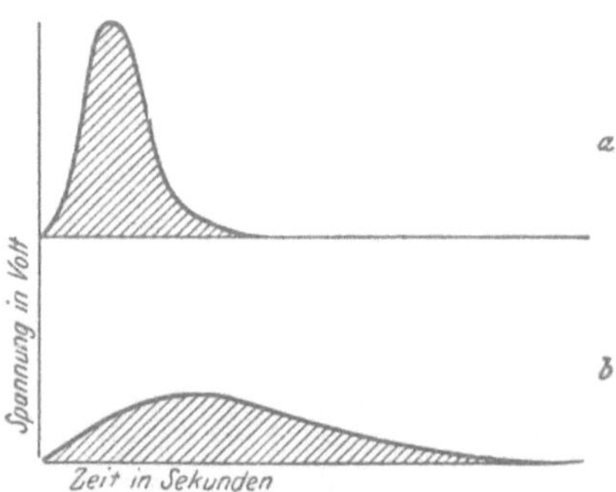

Abb. 161 a, b. Zwei gleich große „Spannungsstöße" $\int U dt$ oder „Zeitsummen von Spannungen", gemessen in Voltsekunden.

Für die quantitative Untersuchung der Induktionsvorgänge messen wir die Spannungsstöße mit Stoßausschlägen eines langsam schwingenden Galvanometers.

Seine Eichung in Voltsekunden wird analog der in § 10 beschriebenen Ampere-sekundeneichung ausgeführt (vgl. Abb. 162). Wir schalten während kurzer, aber genau gemessener Zeiten bekannte Spannungen an das Galvanometer. Dazu dient wieder der aus Abb. 39 bekannte Stoppuhrschalter. — Eine bekannte Spannung geeigneter Größe wird gemäß Abb. 33 durch Spannungsteilung hergestellt.

Man beobachtet Ausschläge α für verschiedene Produkte $U\,t$, bildet die Verhältnisse $B_u =$ Spannungsstoß $U\,t$/Stoßausschlag α und erhält in allen Fällen den gleichen Wert, z. B.

$$B_U = 2{,}4 \cdot 10^{-5} \frac{\text{Voltsekunden}}{\text{Skalenteil}};$$

das ist die ballistische Spannungs-empfindlichkeit des Galvanometers.

Wir benutzen das geeichte Galvanometer und wiederholen die oben unter 2. genannten Versuche. Dabei machen wir eine sehr wichtige Feststellung: Es kommt bei Induktionsversuchen

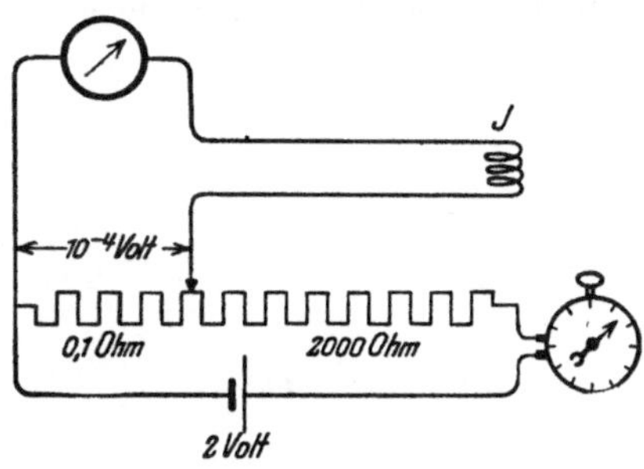

Abb. 162. Ein Drehspulgalvanometer mit eingeschalteter Induktionsspule *J* (vgl. Abb. 163) wird zur Messung von Spannungsstößen in Voltsekunden geeicht.

nur auf Relativbewegungen zwischen der Induktionsspule und der Feldspule an. Infolgedessen können wir den Fall 2 stets auf Fall 1 zurückführen. Wir brauchen nur das Bezugssystem zu wechseln und Fall 2 vom Standpunkt der Induktionsspule aus zu betrachten. Dann bleibt diese in Ruhe, es ändert sich lediglich, wie in Fall 1, das sie durchsetzende Magnetfeld.

Für die quantitative Untersuchung des Induktionsvorganges haben wir also nur die Fälle 1 und 3 gesondert zu betrachten. Den Fall 1 bezeichnen wir kurz als Induktion in einer formfesten Induktionsspule. Im Fall 3 werden einzelne Teile der Induktionsspule gegen die anderen bewegt. Das nennt man eine Induktion in bewegten Leitern.

Der reichhaltige Stoff dieses wichtigen Kapitels wird in folgender Weise gegliedert: Die §§ 57 bis 62 behandeln die Induktion in einer formfesten Induktionsspule. Sie führt zur Formulierung des Induktionsgesetzes (§ 57), zur Definition von Kraftfluß und Kraftflußdichte und ihrer Messung (§ 58), zur vertieften Deutung der Induktion in der II. Maxwellschen Gleichung (§ 59).

Alsdann verwenden wir das Induktionsgesetz zur Konstruktion eines wichtigen Instrumentes, des magnetischen Spannungsmessers (§ 60). Mit seiner Hilfe bringen wir den allgemeinen Zusammenhang von Leitungsstrom und Magnetfeld (§ 61). Dieser führt erst zum Verschiebungsstrom und zur I. Maxwellschen Gleichung (§ 62) und dann zur quantitativen Auswertung des Rowlandschen Versuches (§ 62a). So ergibt sich quantitativ das Magnetfeld, das in einem Bezugssystem zusätzlich zum elektrischen Felde auftritt, wenn sich der Träger der elektrischen Ladung in diesem Bezugssystem bewegt.

Die Induktion in bewegten Leitern wird in § 63 behandelt. Sie bringt quantitativ das elektrische Feld, das in einem Bezugssystem zusätzlich zum magnetischen Felde auftritt, wenn sich der Träger des Magnetfeldes in diesem Bezugssystem bewegt.

§ 57. Herleitung des Induktionsgesetzes mit einer formfesten Induktionsspule.

Wir benutzen das homogene Magnetfeld im Innern einer langgestreckten Feldspule. Seine Feldstärke ist nach Gl. (69) von S. 69

$$\mathfrak{H} = \frac{\text{Strom } I \times \text{Windungszahl } n' \text{ der Feldspule}}{\text{Länge } l \text{ der Feldspule}}.$$

Ferner benutzen wir Induktionsspulen verschiedener Gestalt und Windungszahl n. — Eine solche Induktionsspule J umgibt die Feldspule Sp entweder von außen, wie in Abb. 163, oder sie befindet sich ganz im Innern des Magnetfeldes (Abb. 164). Endlich kann sie auch von der Seite her durch einen Schlitz mit

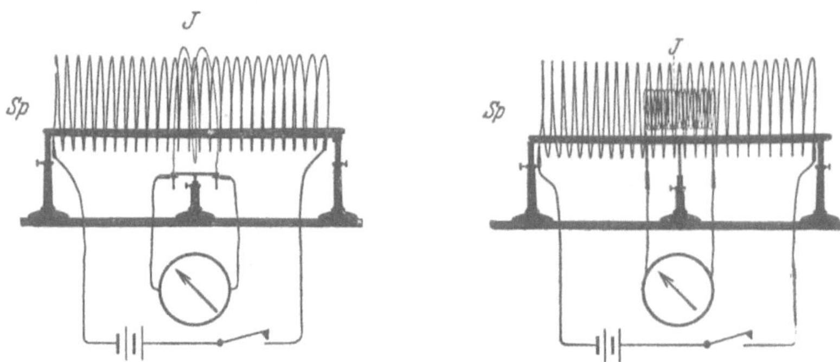

Abb. 163 und 164. Zur Herleitung des Induktionsgesetzes.

einem Teil ihres Querschnittes F_J in die Feldspule hineinragen. In allen drei Fällen umfaßt die Induktionsspule ein Bündel magnetischer Feldlinien vom Querschnitt F, senkrecht zu den Feldlinien gemessen. Beispiele:

Die Induktionsspule mit dem Querschnitt F_J stehe ganz innerhalb der Feldspule (Abb. 164). Dann ist $F = F_J$ bei der Parallelstellung beider Spulen. F ist gleich $F_J/\sqrt{2}$ bei einer Neigung von 45^0. F ist gleich $F_J/2$, falls die halbe Fläche

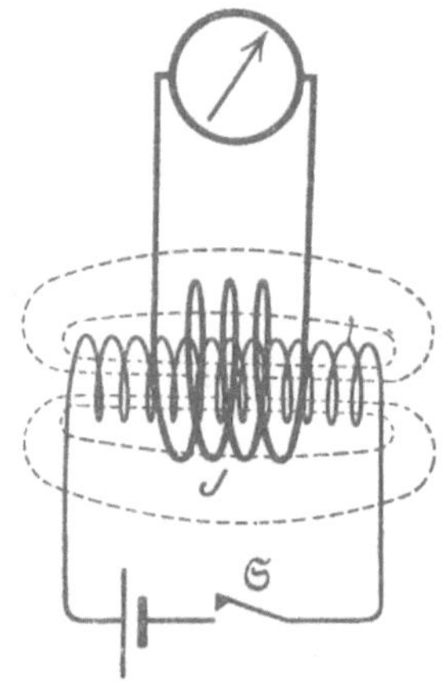

Abb. 165. Verkleinerung des induzierten Spannungsstoßes durch rucklaufige Feldlinien einer gedrungenen Feldpule.

der Induktionsspule durch einen seitlichen Schlitz der Feldspule herausguckt. — Die Induktionsspule umfasse die Feldspule von außen (Abb. 163): F ist, unabhängig von der Neigung, gleich F_{Sp} dem Querschnitt der Feldspule usw.

Nur muß man sich in diesem Fall vor der in Abb. 165 erläuterten Fehlerquelle in acht nehmen, einer Störung durch „rückläufige" Feldlinien. Der Durchmesser der Induktionsspule darf also den der Feldspule nicht allzusehr übertreffen.

Dann die Versuche: Wir messen den Spannungsstoß (Voltsekunden) beim Entstehen oder Vergehen des Magnetfeldes, also beim Ein- oder Ausschalten des Feldspulenstromes. Wir finden diesen Spannungsstoß $\int U\,dt$ proportional erstens der Feldstärke $\mathfrak{H}$, zweitens der Windungszahl n der Induktionsspule und drittens dem Querschnit F des von der Induktionsspule umfaßten Bündels magnetischer Feldlinien. Wir bekommen das grundlegende Induktionsgesetz

$$\boxed{\int U\,dt = \mu_0\, n\, F\, \mathfrak{H}.}\qquad(72)$$

Läßt man das Magnetfeld $\mathfrak{H}$ nicht entstehen oder vergehen, sondern ändert man es nur um den Betrag $(\mathfrak{H}_1 - \mathfrak{H}_2)$, so bekommt das Induktionsgesetz die Form

$$\int U\,dt = \mu_0\, n\, F\, (\mathfrak{H}_1 - \mathfrak{H}_2).\qquad(72a)$$

Das Induktionsgesetz verknüpft mit einem Proportionalitätsfaktor μ_0 einen in Voltsekunden gemessenen Spannungsstoß $\int U\,dt$ mit einem durch einen Strom gemessenen Magnetfeld ($\mathfrak{H}$ in Ampere/m).—

Für den Faktor μ_0 findet man im leeren Raum und praktisch ebenso in Luft den Wert

$$\mu_0 = 1,256 \cdot 10^{-6} \, \frac{\text{Voltsekunden}}{\text{Ampere Meter}}.$$

Über die Benennung von μ_0 herrscht noch keine Einigkeit. Wir benutzen den Namen **Induktionskonstante**.

Die Vorzeichen der Spannungsstöße haben wir als hier belanglos außer acht gelassen. Beim Einschalten des Feldspulenstromes sind die elektrischen Felder im Draht der Induktionsspule und im Draht der Feldspule einander entgegengerichtet. Beim Ausschalten des Feldspulenstromes sind diese beiden Felder gleichgerichtet. — Wir kommen auf diese Tatsache in § 66 bei der Besprechung der Regel von Lenz zurück.

Bei vielen Anwendungen des Induktionsgesetzes interessiert nicht der gesamte Spannungsstoß $\left(\int U\,dt\right)$, gemessen in Voltsekunden, sondern die während des Vorganges induzierte Spannung U_{ind}, gemessen in Volt. — Es sei $\partial\mathfrak{H}/\partial t = \dot{\mathfrak{H}}$ die „Änderungsgeschwindigkeit" des magnetischen Feldes. Dann gilt

$$U_{\text{ind}} = \mu_0\, n\, F\, \dot{\mathfrak{H}}. \tag{73}$$

§ 58. Definition und Messung des Kraftflusses Φ und der Kraftflußdichte $\mathfrak{B}$.

Für die Anwendungen des Induktionsgesetzes werden einige weitere Begriffe definiert. — Man umfaßt, wie in Abb. 163, ein ganzes Magnetfeld mit n Windungen einer Induktionsspule. Dann bildet man das Verhältnis:

$$\frac{\text{induzierter Spannungsstoß } \int U\,dt}{\text{Windungszahl } n \text{ der Induktionsspule}} = \Phi \tag{74}$$

und nennt Φ den **Kraftfluß** des Magnetfeldes (Einheit Voltsekunde). Veraltete Namen sind **Polstärke** oder **magnetische Menge**. Beispiel einer Messung in Abb. 166. — Es sei $\dot{\Phi}$ die Änderungsgeschwindigkeit des Kraftflusses. Mit ihr erhält man zwischen den Enden einer Spule, die mit n Windungen das Magnetfeld umfaßt, als induzierte Spannung

$$\boxed{U_{\text{ind}} = n\,\dot{\Phi}.} \tag{75}$$

Für eine Induktionsspule definiert man als **Windungsfläche** das Produkt $n\,F$, also Windungszahl n mal Spulenquerschnitt F. Alsdann umfaßt man so, wie in Abb. 164 gezeigt, in einem homogenen Magnetfeld ein Feldlinienbündel mit dem Querschnitt F, bildet das Verhältnis

$$\frac{\text{induzierter Spannungsstoß } \int U\,dt}{\text{Windungsfläche } n\,F \text{ der Induktionsspule}} = \mathfrak{B} \tag{76}$$

und nennt $\mathfrak{B}$ die **Kraftflußdichte** des umfaßten Magnetfeldes. Als Einheit benutzen wir 1 Voltsekunde/m² $= 10^4$ Gauß. Man gibt also 10^{-4} Voltsekunden/m² den Namen **Gauß**. — Für ein homogenes Magnetfeld vom Querschnitt F' ist $\mathfrak{B} = \Phi/F'$.

Mit der Kraftflußdichte $\mathfrak{B}$ erhält das Induktionsgesetz, Gl. (72), die einfache Form

$$\boxed{\mathfrak{B} = \mu_0\,\mathfrak{H},} \tag{77}$$

in Worten: Im Vakuum ist die Kraftflußdichte $\mathfrak{B}$, gemessen als Verhältnis induzierter Span-

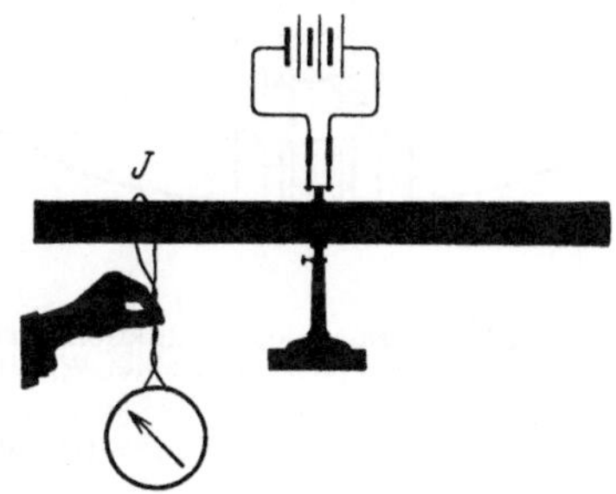

Abb. 166. Messung des Kraftflusses Φ einer gestreckten Spule durch Abziehen der Induktionsschleife J ($n = 1$).

nungsstoß/Windungsfläche, streng proportional zur magnetischen Feldstärke $\mathfrak{H}$, gemessen als Verhältnis Stromwindungszahl/Spulenlänge.

Diese Erfahrungstatsache läßt sich nach Wahl in dreierlei Weise auswerten:

1. Man betrachtet die leicht meßbare Größe $\mathfrak{B}$ als bequemes Hilfsmittel zur Messung der magnetischen Feldstärke $\mathfrak{H}$, also $\mathfrak{H} = \mathfrak{B}/\mu_0$.

2. Man betrachtet die Kraftflußdichte $\mathfrak{B}$ lediglich als sprachliche Kürzung für das oft auftretende Produkt $\mu_0 \mathfrak{H}$.

3. Man betrachtet $\mathfrak{B}$ als selbständige, der Feldstärke $\mathfrak{H}$ gleichberechtigte zweite Maßgröße des magnetischen Feldes und stellt sie ebenfalls durch einen Vektor dar; die Flächendichte des induzierten Spannungsstoßes hängt ja von der Neigung der Induktionsspule gegenüber den Feldlinien ab.

Die Darstellung dieses Buches wird allen drei Möglichkeiten in gleicher Weise gerecht.

Der erste Punkt ist für die Meßtechnik besonders wichtig. Messungen der magnetischen Feldstärke $\mathfrak{H}$ sind mühsam; oft fehlt es an Platz, um ein Magnetometer unterzubringen. Hingegen ist die Messung der Kraftflußdichte $\mathfrak{B}$ einfach.

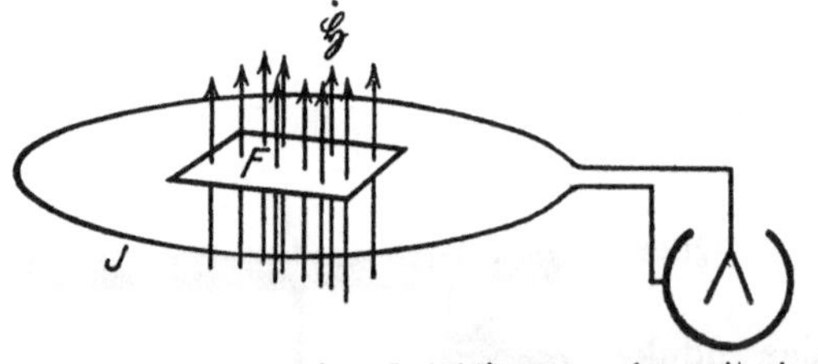

Als Beispiel messen wir die Kraftflußdichte $\mathfrak{B}$ zwischen den ebenen Polen des Elektromagneten in Abb. 188. Wir stellen eine kleine Induktionsspule J (Abb. 166a), meist „Probespule" genannt, senkrecht zu den Feldlinien in das auszumessende Feldgebiet und verbinden die Spulenenden mit einem auf Voltsekunden geeichten Galvanometer. Dann ziehen wir die Probespule aus dem Felde heraus, beobachten den Spannungsstoß (Voltsekunden) und dividieren ihn durch die Windungsfläche $n \cdot F$ der Probespule (m^2). So finden wir für den Elektromagneten in Abb. 188 etwa $\mathfrak{B} = 1,5$ Voltsek./$m^2 = 15\,000$ Gauß (also $\mathfrak{H} = \mathfrak{B}/\mu_0 = 1,2 \cdot 10^6$ Amp./Meter). Zum Vergleich geben wir die Kraftflußdichte der horizontalen Komponente des magnetischen Erdfeldes in Göttingen, sie beträgt $\mathfrak{B}_{hor} = 0,2 \cdot 10^{-4}$ Voltsek./$m^2 = 0,2$ Gauß (ihr entspricht die Feldstärke $\mathfrak{H}_{hor} = 16$ Amp./Meter).

Abb. 166a. Probespule zur Messung der Kraftflußdichte eines Elektromagneten. Eine Windung von 3 cm² Fläche, also Windungsfläche $n F = 3 \cdot 10^{-4}$ m².

Für ihre Messung benutzt man meist Induktionsspulen J von Handtellergröße und einigen hundert Windungen. Man nennt sie nicht Probespule, sondern Erdinduktor. Zur Erzeugung des Spannungsstoßes stellt man die Spulenebene vertikal und dreht sie aus der NS- in die OW-Richtung (oder umgekehrt).

§ 59. Vertiefte Auffassung des Induktionsvorganges. II. Maxwellsche Gleichung.

Wir wenden das Induktionsgesetz auf den denkbar einfachsten Fall an: Eine Induktionsspule von nur einer Windung, eine Induktionsschleife, umfasse auf beliebigem Wege s ein sich änderndes Magnetfeld vom Querschnitt F

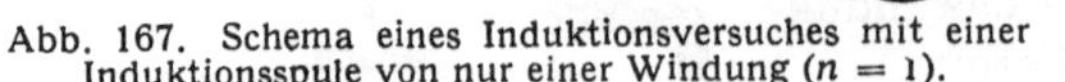

Abb. 167. Schema eines Induktionsversuches mit einer Induktionsspule von nur einer Windung ($n = 1$).

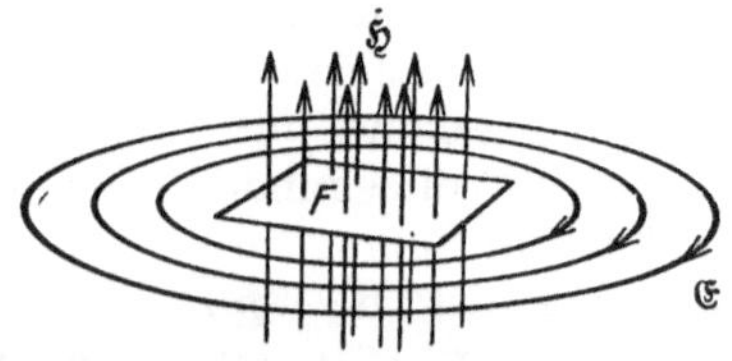

Abb. 168. Zur vertieften Deutung des Induktionsvorganges.

Der Punkt über dem $\mathfrak{H}$ soll in beiden Figuren eine Zunahme der nach oben gerichteten magnetischen Feldstärke $\mathfrak{H}$ andeuten. Positive Richtung von $\mathfrak{E}$ von $+$ nach $-$ gezählt.

(Abb. 167). Dann beobachtet man zwischen den Enden der Drahtschleife die induzierte Spannung

$$U_{ind} = \mu_0 \dot{\mathfrak{H}} F. \tag{73}$$

Dieser experimentelle Befund wird nun in vertiefter Auffassung folgendermaßen gedeutet: Der Leiter, die Drahtwindung, ist etwas ganz Unerhebliches und Nebensächliches. Der eigentliche Vorgang ist von der zufälligen Anwesenheit der Drahtwindungen ganz unabhängig. Er besteht im Auftreten geschlossener elektrischer Feldlinien rings um das sich ändernde Magnetfeld herum (Abb. 168).

In sich geschlossene elektrische Feldlinien sind für uns etwas gänzlich Neues und Unerwartetes. Bisher kannten wir nur elektrische Feldlinien mit Enden. An den Enden saßen die Elektrizitätsatome. Die elektrischen Felder ohne Elektrizitätsatome nennt man elektrodynamische.

Weiter heißt es dann in der vertieften Auffassung: Die Drahtwindung ist lediglich der Indikator zum Nachweis des elektrischen Feldes. Er mißt längs seines Weges die Liniensumme der elektrischen Feldstärke $\mathfrak{E}$, also die Spannung $U_{\text{ind}} = \int \mathfrak{E}_s \, d s$. Er wirkt dabei nicht anders als der Draht a in dem Schema der Abb. 169: Der Draht ist ein Leiter und läßt das Feld in seinem Innern zusammenbrechen. Die Elektrizitätsatome wandern bis an die Enden, und dadurch wird die ganze, zuvor längs der Drahtlänge herrschende Spannung auf die verbleibende Lücke zusammengedrängt.

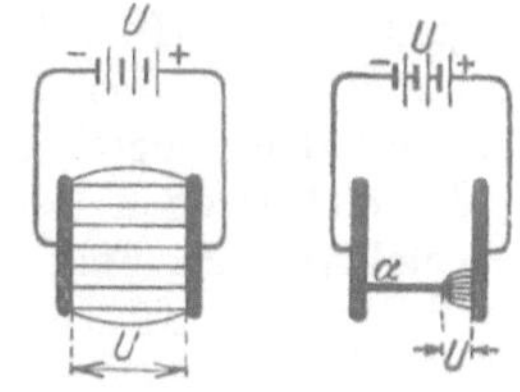

Abb. 169. Zur Wirkungsweise der Drahtschleife beim Induktionsversuch.

In unseren früher untersuchten elektrischen Feldern mit Anfang und Ende der Feldlinien war die Liniensumme der Feldstärke $\mathfrak{E}$ längs eines geschlossenen Weges gleich Null. Sie war ja unabhängig vom Wege l gleich der Spannung zwischen Anfang und Ende des Weges. Sie war also gleich Null, sobald Anfang und Ende des Weges unendlich nahe, im Grenzfall völlig zusammenfielen. — Anders hier im Bereich des elektrodynamischen Feldes mit seinen endlosen geschlossenen elektrischen Feldlinien. Hier hat die elektrische Spannung auch längs eines geschlossenen Weges einen endlichen Wert. Außerdem steigt sie bei n-facher Umfassung des Magnetfeldes auf den n-fachen Wert [Gl. (72) von S. 76].

In dieser Auffassung ist also beim Induktionsvorgang das induzierte elektrische Feld das primäre. Die beobachtete Spannung ist die Liniensumme seiner elektrischen Feldstärke $\mathfrak{E}$. Es ist

$$U_{\text{ind}} = \int \mathfrak{E}_s \, d s. \qquad \text{Gl. (3) von S. 28}$$

Daher nimmt die Gl. (74a) die Gestalt an

$$\boxed{\int \mathfrak{E}_s d s = \mu_0 F \dot{\mathfrak{H}}.} \qquad (78)$$

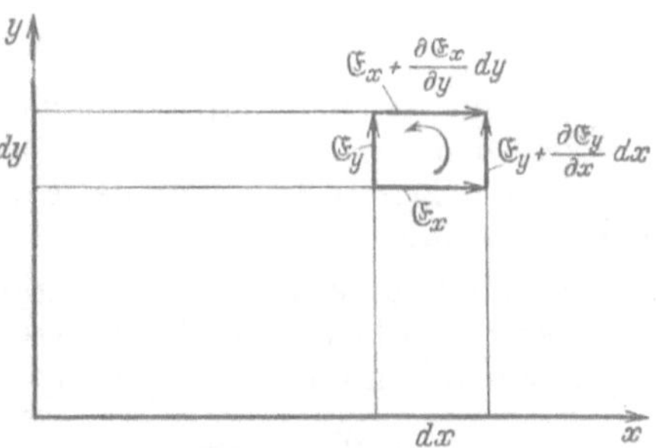

Abb. 170. Bildung der Liniensumme der elektrischen Feldstärke $\mathfrak{E}$ längs des Umfanges eines Flächenelementes $d x \, d y$. z-Achse senkrecht nach oben, Rechtskoordinatensystem. Integrationsweg in der z-Richtung gesehen mit dem Uhrzeiger (wie in Abb. 181).

Diese Gleichung verknüpft die elektrische Feldstärke $\mathfrak{E}$ mit der Änderungsgeschwindigkeit der magnetischen Feldstärke $\mathfrak{H}$. Sie enthält den wesentlichen Inhalt der sogenannten II. Maxwellschen Gleichung.

Die Gleichung selbst ist ein Differentialgesetz und daher für beliebige inhomogene Magnetfelder anwendbar. Sie entsteht aus Gl. (78) von S. 79, sobald man die Liniensumme längs des Randes eines unendlich kleinen Flächenelementes $d x \cdot d y$ bildet. Diese Rechnung wird durch die Abb. 170 veranschaulicht. Man bekommt so (unter Berücksichtigung des Vorzeichens von $\dot{\mathfrak{H}}$ in Abb. 168)

$$\frac{\partial\,\mathfrak{E}_y}{\partial\,x} - \frac{\partial\,\mathfrak{E}_x}{\partial\,y} = -\,\mu_0\,\dot{\mathfrak{H}}_z$$

oder in anderer Schreibweise

$$\mathrm{rot}\ \mathfrak{E} = -\,\frac{\partial\,\mathfrak{B}}{\partial\,t}. \tag{79}$$

In Worten: An jedem Punkt eines Magnetfeldes erzeugt eine zeitliche Änderung der Kraftflußdichte ein elektrisches Feld. Es ist ein „Quirlfeld": d. h. der Rotor der Feldstärke $\mathfrak{E}$ ist gleich der negativen Änderungsgeschwindigkeit der Kraftflußdichte $\mathfrak{B}$. (§ 58. Wegen des Rotorbegriffes vergleiche man § 92 des Mechanikbandes.)

Die I. Maxwellsche Gleichung gibt eine analoge Verknüpfung der beiden Felder, nur werden die Rollen von $\mathfrak{E}$ und $\mathfrak{H}$ vertauscht. Ihre Herleitung ist unser nächstes Ziel.

§ 60. Der magnetische Spannungsmesser.

Wir knüpfen an § 54 an. Wir wissen bisher: Jede Bewegung elektrischer Ladungen stellt einen Strom dar, und dieser Strom hat als Hauptkennzeichen ein Magnetfeld. Wir wissen auch das Magnetfeld mit Hilfe des Stromes zu messen. Doch fehlt uns noch die allgemeinste Fassung für den Zusammenhang von Strom und Magnetfeld. Zu diesem gelangt man mit dem Begriff der magnetischen Spannung.

Im elektrischen Felde war die elektrische Spannung gleich der Liniensumme der elektrischen Feldstärke:

$$U = \mathfrak{E}_1\,\varDelta\,s_1 + \mathfrak{E}_2\,\varDelta\,s_2 + \cdots + \mathfrak{E}_n\,\varDelta\,s_n = \sum \mathfrak{E}_m\,\varDelta\,s_m$$
$$(m = 1, 2, 3 \ldots n),$$

oder in anderer Schreibweise:

$$U = \int \mathfrak{E}_s\,d\,s. \tag{3}$$

Ihre Einheit war das Volt.

In entsprechender Weise definiert man im magnetischen Felde die Liniensumme der magnetischen Feldstärke $\mathfrak{H}$ als magnetische Spannung:

$$M = \mathfrak{H}_1\,\varDelta\,s_1 + \mathfrak{H}_2\,\varDelta\,s_2 + \cdots + \mathfrak{H}_n\,\varDelta\,s_n = \sum \mathfrak{H}_m\,\varDelta\,s_m,$$
$$M = \int \mathfrak{H}_s\,d\,s. \tag{80}$$

Ihre Einheit ist eine Amperewindung, oder kürzer: 1 Ampere.

Diese magnetische Spannung läßt sich mit Hilfe des Induktionsgesetzes mit einem einfachen Instrument messen, dem sogenannten magnetischen Spannungsmesser.

Der magnetische Spannungsmesser ist im Prinzip eine sehr langgestreckte, etwa auf einen Riemen gewickelte Induktionsspule. Sie ist in zwei Lagen mit den Zuleitungen in der Mitte der oberen Windungslage gewickelt (Abb. 172). (Eine einlagige Spule würde als Ganzes außer der beabsichtigten gestreckten Spule noch eine flache, große Induktionsspule darstellen, die von einer Windung eines Spiraldrahtes gebildet wird.)

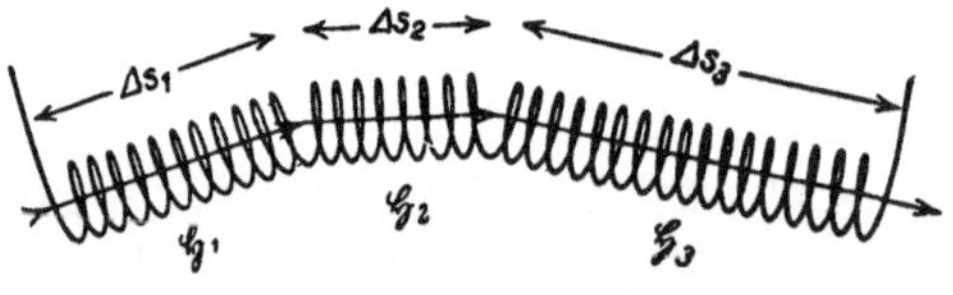

Abb. 171. Schema eines magnetischen Spannungsmessers.
(A. P. Chattock, 1887; W. Rogowski, 1912.)

Wir wollen die Wirkungsweise dieses Spannungsmessers erläutern: Die magnetische Spannung soll längs eines Weges s ermittelt werden. Dieser Weg ist in Abb. 171 in den gebrochenen Kurvenzug $\varDelta\,s_1, \varDelta\,s_2, \ldots \varDelta\,s_m$ aufgelöst. Die Komponenten der Feldstärke in Richtung der Wegelemente $\varDelta\,s$ seien $\mathfrak{H}_1$, $\mathfrak{H}_2, \ldots \mathfrak{H}_m$. Der Spannungsmesser umhülle den ganzen Weg s. Er habe auf der

Länge l N Windungen. Dann entfallen auf das m-te Wegelement mit der Länge Δs_m $N \cdot \Delta s_m/l$ Windungen. Entsteht oder vergeht das Feld $\mathfrak{H}$, so wird in dem Spannungsmesser ein bestimmter Spannungsstoß, $\int U\, d\, t$ [Voltsekunden], induziert. Dieser setzt sich additiv aus den Beträgen der einzelnen Wegelemente zusammen. Also falls F den (rechteckigen) Windungsquerschnitt des Spannungsmessers bedeutet:

$$\int U\, d\, t = \mu_0\, F\, \mathfrak{H}_1\, N\, \Delta\, s_1/l + \mu_0\, F\, \mathfrak{H}_2\, N\, \Delta\, s_2/l + \cdots + \mu_0\, F\, \mathfrak{H}_m\, N\, \Delta s_m/l,$$
$$\int U\, d\, t = \mu_0\, F\, N\, (\mathfrak{H}_1\, \Delta\, s_1 + \mathfrak{H}_2\, \Delta\, s_2 + \mathfrak{H}_2\, \Delta\, s_2 + \cdots + \mathfrak{H}_m\, \Delta\, s_m)/l,$$
$$\int U\, d\, t = \mu_0\, F\, N\, \cdot M/l,$$

$$M = \text{const} \int U\, d\, t, \quad \text{wo} \quad \text{const} = \frac{l}{\mu_0\, N\, F}. \tag{81}$$

Der induzierte Spannungsstoß, gemessen in Voltsekunden, ergibt, mit der Apparatkonstanten $l/\mu_0\, N\, F$ multipliziert, direkt die gesuchte magnetische Spannung in Ampere. Die Apparatkonstante wird ein für allemal bestimmt, F und N durch direkte Ausmessung. Für μ_0 wird der universelle Wert $1{,}256 \cdot 10^{-6}$ Voltsek./Ampere Meter eingesetzt.

Wir benutzten einen Spannungsmesser von 1,2 m Länge. Seine Konstante beträgt $5 \cdot 10^5$ Ampere/Voltsek. (insgesamt 9600 Windungen von je 2 cm² Querschnitt). — Die induzierten Voltsekunden werden mit dem uns aus § 56 bekannten, langsam schwingenden Voltmeter gemessen. Die Eichung ist gemäß Abb. 162 auszuführen (J = Spannungsmesser).

§ 61. Die magnetische Spannung des Leitungsstromes.   Anwendungsbeispiele.

Die Handhabung des magnetischen Spannungsmessers wird durch die Abb. 172 erläutert. Es soll die magnetische Spannung M eines Spulenfeldes zwischen den Punkten *1* und *2* längs des Weges *1 a 2* gemessen werden. Man gibt dem Span-

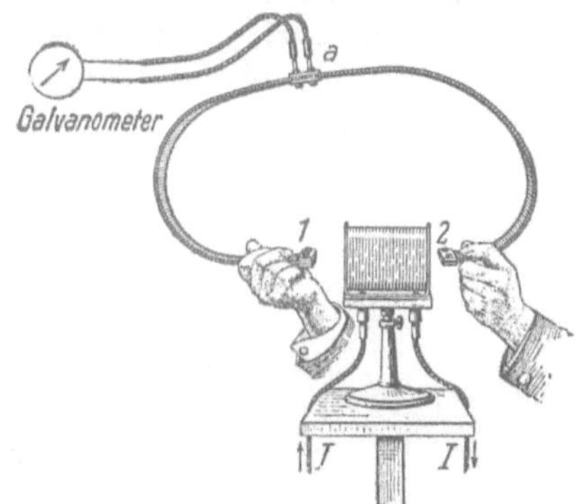

Abb. 172. Handhabung des magnetischen Spannungsmessers.

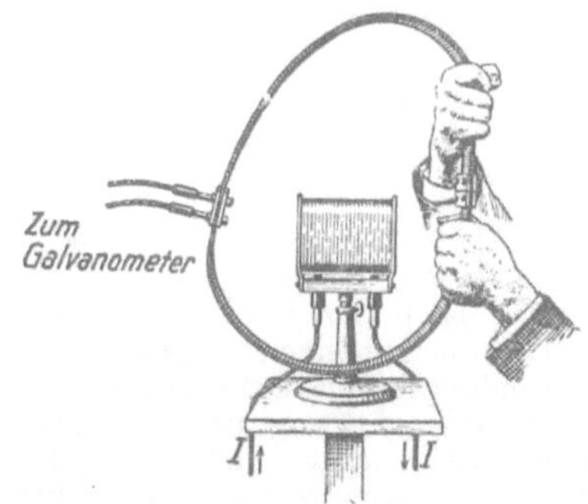

Abb. 173. Geschlossener, keinen Strom umfassender Weg eines magnetischen Spannungsmessers.

nungsmesser die Gestalt dieses Weges. Dann ändert man das Magnetfeld durch Öffnen oder Schließen des Stromes zwischen Null und seinem vollen Wert und beobachtet den induzierten Spannungsstoß. In dieser Weise stellen wir folgendes fest:

1. Längs eines offenen Weges (Abb. 172) ist die magnetische Spannung nur von der Lage der Endpunkte *1* und *2* des Weges, nicht aber von der Gestalt des Weges abhängig. Der Weg darf sogar Schleifen bilden, nur dürfen diese nicht den Strom umfassen.

2. In Abb. 173 ist der Weg des Spannungsmessers geschlossen, und dabei umfaßt er keinen Strom. Die magnetische Spannung ergibt sich gleich Null.

3. In Abb. 174 umfaßt der Weg des Spannungsmessers einen Strom I einmal auf geschlossener Bahn. Die magnetische Spannung M ist wiederum von der Gestalt des Weges (kreisrund, rechteckig usw.) unabhängig.

4. Quantitativ finden wir in Abb. 174 die magnetische Spannung gleich dem Strom I in dem umfaßten Leiter. Es gilt

$$M = \int \mathfrak{H}_s \, d\,s = I. \tag{82}$$

Zahlenbeispiel: $I = 83$ Ampere. Ein Stoßausschlag des langsam schwingenden Voltmeters von 12 cm bedeutet $\int U \, d\,t = 1,7 \cdot 10^{-4}$ Voltsekunden. Multiplikation mit der Konstanten des Spannungsmessers, also mit $5 \cdot 10^5$ Ampere/Voltsekunde, gibt die magnetische Spannung $M = 1,7 \cdot 10^{-4}$ Voltsek. $5 \cdot 10^5$ Ampere/Voltsek. $= 85$ Ampere.

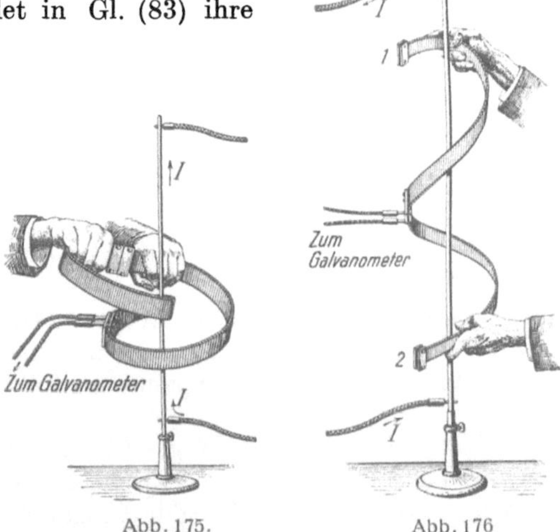

Abb. 174. Einfache Umfassung eines Stromes mit einem magnetischen Spannungsmesser. $I = 50$ bis 100 Ampere. Ein 2-Volt-Akkumulator genugt.

5. In Abb. 175 umfaßt der Weg den Strom zweimal. Die magnetische Spannung verdoppelt sich. So fortfahrend, findet man für n-fache Umfassung des Stromes I als magnetische Spannung.

$$\boxed{\int \mathfrak{H}_s \, d\,s = n\,I.} \tag{83}$$

6. In Abb. 175 war der den Strom I zweimal umfassende Weg geschlossen: Anfang und Ende des Spannungsmessers fielen zusammen. Das ist aber nicht notwendig. Der Spannungsmesser kann bei n-facher Umfassung ebensogut die n Umläufe einer Schraubenlinie mit offenen Enden bilden.

Zusammenfassung: Die magnetische Spannung längs einer beliebigen Kurve ist bei einmaliger Umfassung eines Stromes mit diesem Strom identisch. Bei n-facher Umfassung steigt sie auf das n-fache des Stromes. Diese Aussage findet in Gl. (83) ihre kürzeste Fassung.

Zur Einprägung dieses wichtigen Tatbestandes können folgende drei Anwendungsbeispiele dienen:

1. Das homogene Magnetfeld einer gestreckten Spule. Der Spannungsmesser wird durch die Spule hindurchgesteckt und außen auf beliebigem Wege geschlossen. Sein Weg umfaßt also einmal n vom Strome I durchflossene Drähte. Folglich ist die magnetische Spannung längs des ganzen Weges $M = n \cdot I$. — M setzt sich additiv aus zwei Anteilen M_{innen} und $M_{außen}$ zusammen. Innen ist das Magnetfeld, von den kurzen Polgebieten abgesehen, homogen und seine Feldstärke $\mathfrak{H}$ konstant. Also ist $M_{innen} = \mathfrak{H} \cdot l$. Der auf den Außenraum entfallende Anteil $M_{außen}$ kann neben M_{innen} vernachlässigt werden (Abb. 177b.) Also bleibt

$$\mathfrak{H}\,l = n\,I \quad \text{oder} \quad \mathfrak{H} = n\,I/l.$$

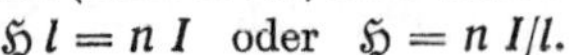

Abb. 175.   Abb. 176

Zweifache Umfassung eines Stromes mit einem magnetischen Spannungsmesser. Abb. 175 auf geschlossenem, Abb. 176 auf offenem Wege, oberes und unteres Ende vertikal übereinander.

Das ist nichts anderes als die in § 51 gefundene Gl. (69). Sie erweist sich hier als Sonderfall der allgemeinen Gl. (83).

2. Das Magnetfeld $\mathfrak{H}_r$ im Abstande r von einem stromdurchflossenen geraden Draht[1]. Die magnetische Spannung längs einer seiner kreisförmigen Feldlinien (Abb. 4) vom Radius r ergibt sich aus Symmetriegründen zu

$$M = 2\,r\,\pi\,\mathfrak{H}_r = I,$$

also

$$\mathfrak{H}_r = \frac{1}{2\,\pi}\,\frac{I}{r}. \tag{84}$$

Diese Beziehung spielte früher im Elementarunterricht unter dem Namen „Gesetz von Biot und Savart" eine große Rolle.

3. Spannungsmessungen in Magnetfeldern permanenter Magnete. Unsere Darstellung hat stets die Wesensgleichheit der Magnetfelder von stromdurchflossenen Leitern und von permanenten Magneten betont. Diese kann man mit dem magnetischen Spannungs-

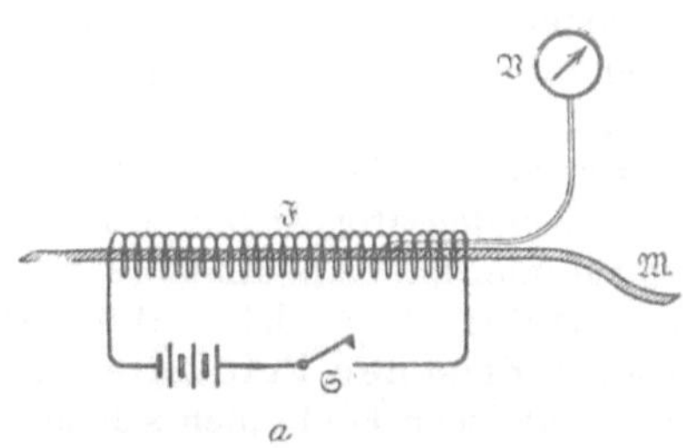
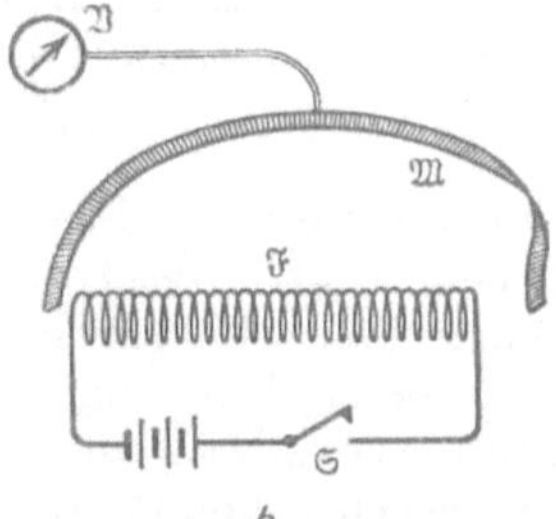

Der Spannungsmesser durchsetzt die ganze Länge der Feldspule $\mathfrak{F}$. Öffnen und Schließen des Schalters $\mathfrak{S}$ gibt jedesmal einen Spannungsstoß von $1{,}7 \cdot 10^{-3}$ Voltsek., d. h. nach Gl. (81) $M = 850$ Amperewindungen. Länge und Lage der heraushangenden Spulenenden sind praktisch belanglos. Also liefert das Feld im Außenraum keinen nennenswerten Beitrag zur Liniensumme der Feldstärke $\mathfrak{H}$ oder zur magnetischen Spannung.

Der Spannungsmesser verlauft auf einem beliebigen Wege ganz im Außenraum. Der von ihm induzierte Spannungsstoß beträgt nur noch rund $9 \cdot 10^{-5}$ Voltsekunden. M beträgt im Außenraum noch etwa 45 Amperewindungen, ist also neben der im Spuleninneren gemessenen Spannung von 850 Amperewindungen zu vernachlässigen. Die Liniensumme M der Feldstärke $\mathfrak{H}$ fur den Außenraum ist in der Tat schon bei dieser noch keineswegs sehr gestreckten Spule praktisch gleich Null.

Abb. 177a, b. Verteilung der magnetischen Spannung im Felde einer gestreckten Feldspule $\mathfrak{F}$. $\mathfrak{F}$ hat 900 Windungen, eine Länge von 0,5 m und einen Durchmesser von 0,1 m. Sie wird von 1 Ampere Strom durchflossen, die magnetische Feldstärke $\mathfrak{H}$ im Spuleninnern berechnet sich zu 1800 Ampere/Meter.

messer von neuem belegen. In Abb. 178 wird die magnetische Spannung zwischen den Polen eines Hufeisenmagneten bestimmt. Zur Spannungsmessung entfernt man den Magneten mit einer raschen Bewegung. Die Spannung ergibt sich wieder völlig unabhängig vom Weg. — Auf geschlossenem Wege ergibt sie sich stets gleich Null. Der Spannungsmesser kann ja auf keine Weise die Molekularströme umfassen. Er müßte dann schon mitten durch die einzelnen Moleküle hindurchgeführt werden. Jeder im permanenten Magneten gebohrte Kanal geht nicht durch die Moleküle, sondern zwischen ihnen hindurch.

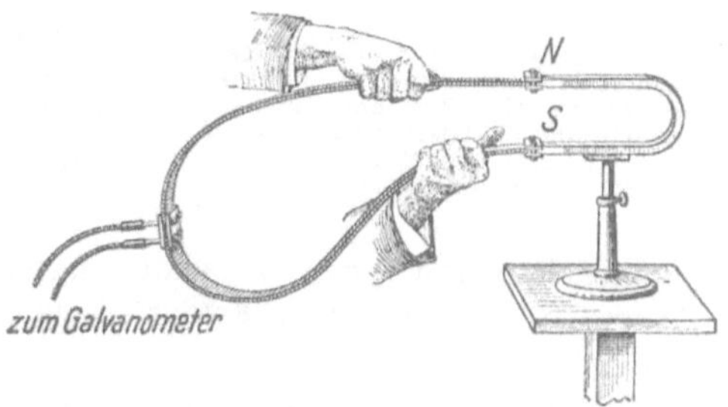

Abb. 178. Magnetischer Spannungsmesser im Felde eines permanenten Magneten.

---

[1] Im Zentrum einer beliebigen Kreisspule mit dem Radius r und der Länge l ist die Feldstärke

$$\mathfrak{H} = \frac{n\,I}{l}\,\frac{l}{\sqrt{4\,r^2 + l^2}}. \tag{85}$$

Daraus folgt für den Grenzfall einer einzigen Kreiswindung ($l = 0$) als Feldstärke im Mittelpunkt $\mathfrak{H} = I/2\,r$.

§ 62. Verschiebungsstrom und 1. Maxwellsche Gleichung. Das Induktionsgesetz hat uns die Möglichkeit gegeben, die magnetische Spannung $\int \mathfrak{H}_s \, ds$ für einen Leitungsstrom I zu messen. Das experimentelle Ergebnis, $\int \mathfrak{H}_s \, ds = I$, ist von Maxwell in kühner Weise verallgemeinert worden. Sein Gedankengang wird an Hand der Abb. 179 erläutert. In ihr zerfällt, also ändert sich das elektrische Feld eines Kondensators, und währenddessen fließt im Leitungsdraht ein elektrischer Leitungsstrom. Dieser ist von ringförmigen magnetischen Feldlinien umgeben. Wir denken uns nun diese Figur ergänzt und entsprechende Feldlinien um die übrigen Drahtabschnitte herumgezeichnet. Dann kann man roh, aber unmißverständlich sagen: Der ganze Leitungsdraht ist von einem

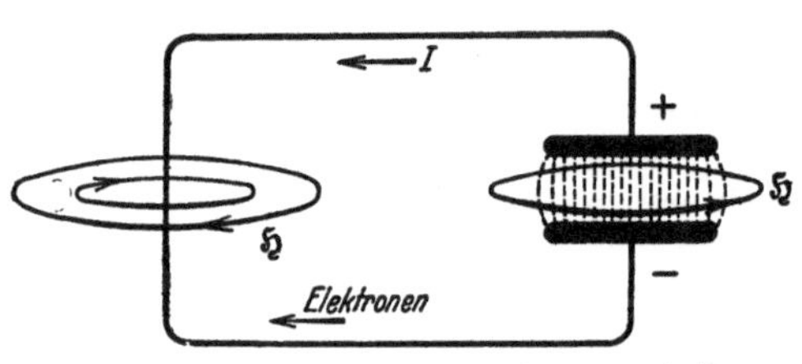

Abb. 179. Schema für das Magnetfeld von Leitungsstrom und Verschiebungsstrom. $I =$ konventionelle Stromrichtung von $+$ nach $-$.

„Schlauch" magnetischer Feldlinien umfaßt. Der so gezeichnete Schlauch endet beiderseits beim Eintritt des Leitungsdrahtes in die Kondensatorplatten. Maxwell hingegen lehrte: Der Schlauch der magnetischen Feldlinien hat keine Enden, er bildet einen geschlossenen Hohlring: **Auch das sich ändernde elektrische Feld des Kondensators ist von ringförmigen magnetischen Feldlinien umgeben.** Deswegen bekommt das sich ändernde elektrische Feld einen seltsamen Namen, nämlich Verschiebungsstrom: Denn es besitzt das Hauptkennzeichen eines elektrischen Stromes, nämlich ein Magnetfeld. Von allen übrigen Bedeutungen des Wortes Strom, von einem Fließen oder Strömen in Analogie zum Wasserstrom, ist hier nichts mehr erhalten geblieben. Das Wort Verschiebungsstrom bedeutet hier tatsächlich nur eine zeitliche Änderung eines elektrischen Feldes im leeren Raum (Abb. 180).

Nach Einführung dieses neuen Strombegriffes kann man sagen: Es gibt in der Natur nur geschlossene Ströme. Im Leiter sind sie Leitungsströme, im elektrischen Felde (des Kondensators) aber Verschiebungsströme. Elektrische Ströme können räumlich nie Anfang und Ende haben. Am Ende des Leitungsstromes setzt der Verschiebungsstrom ein und umgekehrt.

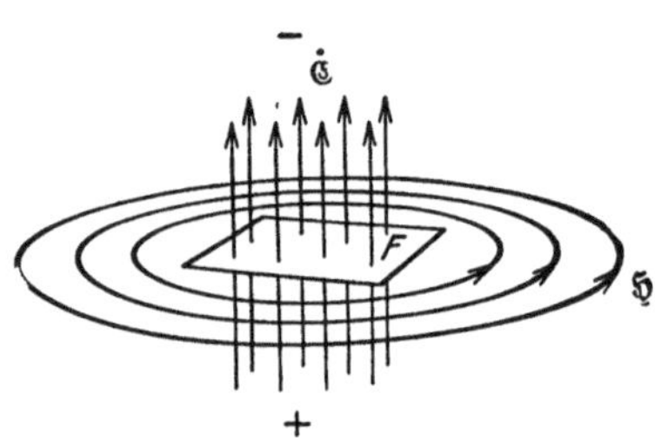

Abb. 180. Schema für das Magnetfeld eines Verschiebungsstromes. Der Punkt über dem $\mathfrak{E}$ soll eine Zunahme der nach oben gerichteten elektrischen Feldstärke $\mathfrak{E}$ andeuten (entsprechend einem nach oben gerichteten Verschiebungsstrom I_v).

Bisher haben wir den Verschiebungsstrom nur qualitativ als eine zeitliche Änderung des elektrischen Feldes eingeführt. Jetzt kommt eine quantitative Fassung:

Wie jeder Strom, muß auch der Verschiebungsstrom in Ampere gemessen werden. Andererseits soll er die zeitliche Änderung einer das elektrische Feld bestimmenden Größe sein. Diese letztere muß demnach die „Dimension" einer Amperesekunde haben.

Das ist der Fall für das Produkt

$$\text{Querschnitt } F \times \text{Verschiebungsdichte } \mathfrak{D} \text{ des Feldes} = F \, \mathfrak{D} = F \, \varepsilon_0 \, \mathfrak{E}$$

z. B.   m²   Amperesek./m²   ($\varepsilon_0 = 8{,}86 \cdot 10^{-12}$ Amperesek./Volt Meter).

Wir bezeichnen die Änderungsgeschwindigkeit von $\mathfrak{D}$ und $\mathfrak{E}$ wieder mit einem darübergesetzten Punkt, also $\dot{\mathfrak{D}} = \dfrac{\partial \mathfrak{D}}{\partial t}$ und $\dot{\mathfrak{E}} = \dfrac{\partial \mathfrak{E}}{\partial t}$. Dann erhalten wir den Verschiebungsstrom

$$I_v = F\,\dot{\mathfrak{D}} = \varepsilon_0\,\dot{\mathfrak{E}}\,F. \tag{86}$$

Soweit die Messung des Verschiebungsstromes. — Die Grundgleichung

$$\int \mathfrak{H}_s\,d\,s = I \tag{82}$$

war durch Experimente mit dem Leitungsstrom entdeckt worden. Maxwell übertrug sie auf den Verschiebungsstrom und schrieb

$$\boxed{\int \mathfrak{H}_s\,d\,s = \varepsilon_0\,\dot{\mathfrak{E}}\,F.} \tag{87}$$

Diese Gleichung verknüpft die Liniensumme der magnetischen Feldstärke $\mathfrak{H}$ mit der Änderungsgeschwindigkeit der elektrischen Feldstärke $\mathfrak{E}$. Sie enthält den wesentlichen Inhalt der I. Maxwellschen Gleichung.

Die Gleichung selbst ist wieder ein Differentialgesetz und daher für beliebige inhomogene elektrische Felder anwendbar. Man erhält sie gemäß Abb. 181 ebenso wie oben die Gl. (79). Man hat also die Liniensumme von $\mathfrak{H}$ längs des Randes eines unendlich kleinen Flächenelementes $d\,x\,d\,y$ zu bilden. Dabei ist die in Gl. (82) und (87) außer acht gelassene Richtung von $\mathfrak{H}$ und I gemäß Abb. 180 zu berücksichtigen. So erhält man

$$\frac{\partial\,\mathfrak{H}y}{\partial\,x} - \frac{\partial\,\mathfrak{H}x}{\partial\,y} = \varepsilon_0\,\dot{\mathfrak{E}}_z$$

oder in anderer Schreibweise

$$\operatorname{rot}\,\mathfrak{H} = \frac{\partial\,\mathfrak{D}}{\partial\,t}. \tag{88}$$

In Worten: An jedem Punkt eines elektrischen Feldes erzeugt eine zeitliche Änderung der Verschiebungsdichte ein magnetisches Feld. Es ist ein „Quirlfeld“: d. h. der Rotor der magnetischen Feldstärke ist gleich der Änderungsgeschwindigkeit der Verschiebungsdichte. Dabei ist angenommen, daß das Flächenelement $d\,x\,d\,y$ nur von einem Verschiebungsstrom durchsetzt wird. Fließt durch das Flächenelement außerdem noch ein Leitungsstrom I, so ist auf der rechten Seite $I/d\,x\,d\,y$ zu addieren.

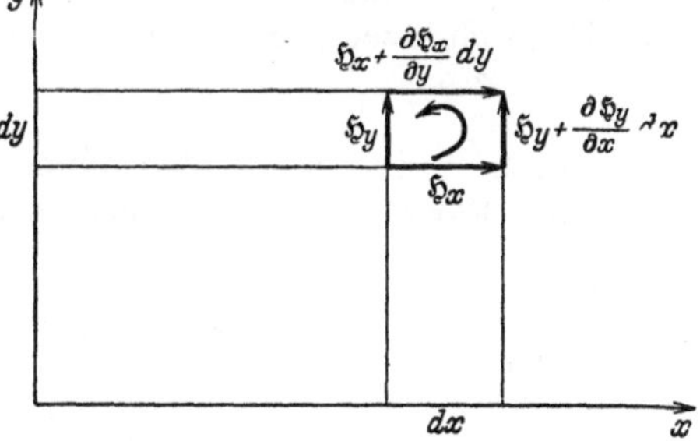

Abb. 181. Bildung der Liniensumme der magnetischen Feldstärke $\mathfrak{H}$ längs des Umfanges eines Flächenelementes $d\,x\,d\,y$. z-Achse senkrecht nach oben, also Rechtskoordinatensystem. Integrationsweg in der z-Richtung gesehen mit dem Uhrzeiger.

Leider kann man die magnetischen Feldlinien des Verschiebungsstromes in Abb. 179 nicht einfach wie die eines Leitungsstromes mit Eisenfeilspänen nachweisen. Das wäre didaktisch sehr bequem. Man kann aber aus technischen Gründen in elektrischen Feldern mit langen Feldlinien nicht die nötige Amperezahl des Verschiebungsstromes herstellen. Aber die Ausführung des Versuches würde im Grunde nichts für die Erzeugung des Magnetfeldes durch den Verschiebungsstrom beweisen. Man könnte das in Abb. 179 beobachtete Magnetfeld stets dem Leitungsstrom in den Zuleitungen zu den Kondensatorplatten zuschreiben.

Ein wirklicher Beweis für das Magnetfeld des Verschiebungsstromes kann nur bei Benutzung ringförmig geschlossener elektrischer Feldlinien geführt werden. Er wird erst im XV. Kapitel erbracht, und zwar durch den Nachweis frei im Raum fortschreitender elektrischer Wellen. Um diese Schwierigkeit kommt man bei der Darstellung der modernen Elektrizitätslehre nicht herum. Bis dahin bleibt das Magnetfeld des Verschiebungsstromes eine nur plausibel gemachte Behauptung.

§ 62 a. Quantitative Auswertung des Rowlandschen Versuches. Die Änderung eines elektrischen Feldes („Verschiebungsstrom") erzeugt ein Magnetfeld; das war das Ergebnis des vorigen Paragraphen. — Ein Magnetfeld entsteht ferner in einem Bezugssystem zusätzlich zu einem elektrischen Feld, wenn sich der Träger der elektrischen Ladungen dem Bezugssystem gegenüber bewegt; das war das qualitative Ergebnis des Rowlandschen Versuches.

Der Begriff der magnetischen Spannung gibt uns die Möglichkeit, auch dies Ergebnis quantitativ zu fassen. In Abb. 182 wird der Rowlandsche Versuch noch einmal schematisch skizziert. Der rotierende ringförmige Elektrizitätsträger ist im Schnitt gezeichnet. Die Ringlänge sei l, die Ringbreite D, die Ringoberfläche also $F = 2 D l$. An der Ringoberfläche sei die elektrische Feldstärke $\mathfrak{E}$, die Verschiebungsdichte $\mathfrak{D} = \varepsilon_0 \mathfrak{E}$. Dann ist die Ladung des Ringes

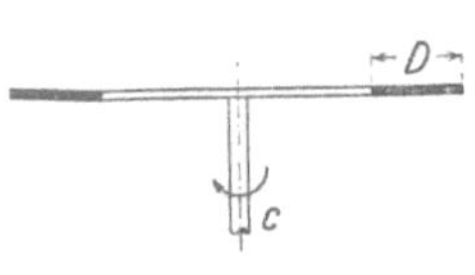

Abb. 182. Zur Herleitung der Gl. (89).

$$q = \mathfrak{D} \cdot F = \varepsilon_0 \mathfrak{E}\, 2 D l. \qquad \text{(4) v. S. 29}$$

Der ringförmige Träger wird senkrecht zu $\mathfrak{E}$ mit der Bahngeschwindigkeit $\mathfrak{u}$ bewegt. Dadurch erzeugt er für den ruhenden Beobachter das gleiche Magnetfeld wie ein Strom

$$I = q\, \mathfrak{u}/l. \qquad \text{Gl. (73) v. S. 71}$$

Dieser Strom muß der Liniensumme $\int \mathfrak{H}_s\, ds$ der magnetischen Feldstärke gleich sein. Für einen rechteckigen, den Ring eng umschließenden Weg ist

$$\int \mathfrak{H}_s\, ds = \mathfrak{H} \cdot 2 D = I. \qquad \text{Gl. (83) v. S. 82}$$

Wir setzen q aus Gl. (4) und I aus Gl. (83) in die Gl. (73) ein und erhalten

$$\mathfrak{H} = \varepsilon_0\, \mathfrak{E} \times \mathfrak{u}. \qquad \text{Gl. (89)}$$

In dieser Gleichung ist $\mathfrak{E}$ die elektrische Feldstärke an der Oberfläche des Elektrizitätsträgers, $\mathfrak{u}$ die zu $\mathfrak{E}$ senkrechte Bahngeschwindigkeit im benutzten Bezugssystem (Magnetoskop), $\mathfrak{H}$ die in diesem Bezugssystem zusätzlich auftretende, zu $\mathfrak{E}$ und $\mathfrak{u}$ senkrecht stehende magnetische Feldstärke.

An letzter Stelle bringen wir im nächsten Paragraphen eine analoge Verknüpfung beider Felder, bei der die Rollen des elektrischen und des magnetischen Feldes vertauscht sind: diese Verknüpfung folgt aus der Induktion in bewegten Leitern. Sie ergänzt die Entstehung eines elektrischen Feldes durch die Änderung eines Magnetfeldes, also die Induktion in einer formfesten Induktionsspule.

§ 63. Die Induktion in bewegten Leitern. Wir benutzen wieder ein homogenes Magnetfeld und blicken in Abb. 183 parallel zu den Feldlinien in eine gestreckte Spule hinein ($\mathfrak{H}$ etwa 5000 Ampere/m). In dem kreisrunden Gesichtsfeld sehen wir links zwei rechtwinklig gebogene Metalldrähte. Sie stehen in der Mitte der Spule. Ihre Enden ragen durch einen seitlichen Schlitz heraus und sind mit einem auf Voltsekunden geeichten Galvanometer verbunden. Rechts sind die beiden horizontalen Drähte durch einen Bügel der Länge D überbrückt, er kann auf ihnen gleiten. Diesen Bügel verschieben

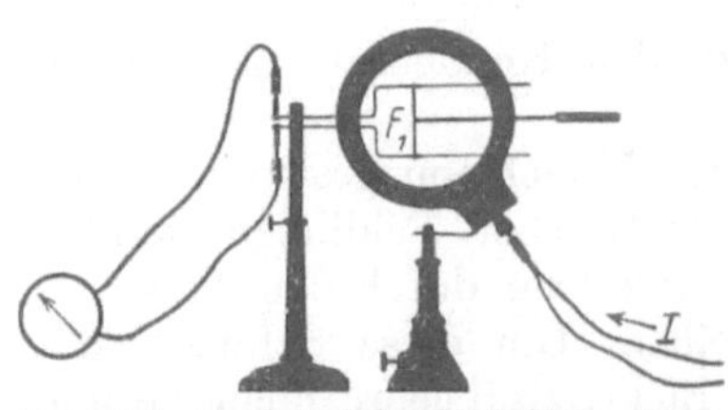

Abb. 183. Zur Induktion in Leitern, deren Einzelteile gegeneinander bewegt werden. Die Feldspule $\mathfrak{F}$ hat 10 Windungen pro cm Spulenlänge, also $n/l = 1000$ m^{-1}.

wir mit einem Handgriff um ein beliebiges Stück x. Er überstreicht dabei die Fläche $F = D \cdot x$. Gleichzeitig beobachten wir einen Spannungsstoß

$$\int U \, dt = \mu_0 \cdot \mathfrak{H} \, F \tag{90}$$

in formaler Übereinstimmung mit dem Induktionsgesetz Gl. (72) von S. 76.

Dieser Versuch läßt sich mannigfaltig abwandeln. Man ersetzt z. B. Drähte und Bügel in Abb. 184 durch eine Induktionsspule und zerstört diese schrittweise im Felde z. B. durch seitliches Abziehen der Windungen. So verändert man die Zahl n der Windungen. Zugleich kann man die Fläche F der Induktionsspulen durch Verformung ändern und die Feldstärke $\mathfrak{H}$ durch Änderung des Feldspulenstromes. Dann bekommt man für den induzierten Spannungsstoß

$$\int U \, dt = \mu_0 \, [n_1 \, F_1 \, \mathfrak{H}_1 - n_2 \, F_2 \, \mathfrak{H}_2] \tag{91}$$
$$\text{am Anfang} \qquad \text{am Schluß}$$

oder für die induzierte Spannung (Volt)

$$U = \mu_0 \frac{\partial}{\partial t} \, (n \, F \, \mathfrak{H}). \tag{92}$$

Bei diesem und vielen ähnlichen Versuchen wird also ein Feldlinienbündel von einem Leiter umfaßt und die Größe der umfaßten Fläche um den Betrag F (in Abb. 183 $= D \cdot x$) geändert. **Diese sichtbare Größenänderung der umfaßten Fläche ist aber nur eine Nebenerscheinung. Wesentlich ist etwas anderes: die Bewegung einzelner Teile der Induktionsspule oder -schleife relativ zu den anderen Teilen.** Das entnehmen wir einer Fortbildung des Versuches. — Wir sehen in Abb. 185 als „Induktionsspule" eine schmale Drahtschleife. Die Schleife ist zwischen K und A durch einen Blechstreifen der Breite D unterbrochen. Er kann, ohne bei K und A den metallischen Kontakt mit der Drahtschleife zu verlieren, in Richtung des Pfeiles bewegt werden.

Diese Drahtschleife stellt man in das homogene Magnetfeld einer gestreckten Spule möglichst parallel zu den Feldlinien. Es sollen keine magnetischen Feldlinien durch die Schleifenflächen hindurchtreten. (Bei richtiger Aufstellung darf beim Schließen und Öffnen des Feldspulenstromes kein Spannungsstoß induziert werden.) Der Blechstreifen ragt seitlich aus einem Schlitz der Feldspule heraus. — Dann kommt der eigentliche Versuch: Man verschiebt den Blechstreifen mit beliebiger Geschwindigkeit um das Stück x.

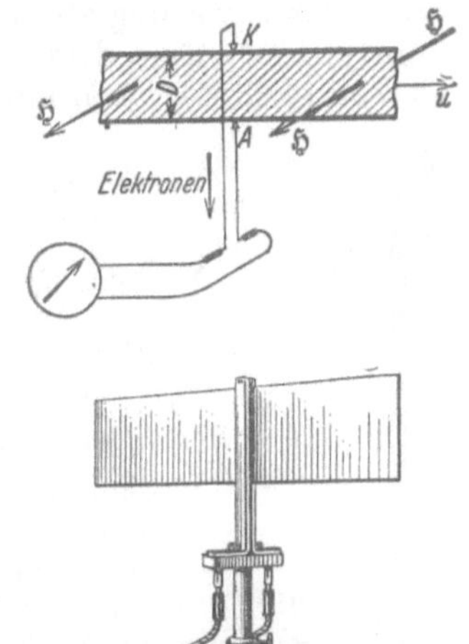

Abb. 184. Zur Induktion in einer bewegten Metallplatte, oben Schema, unten Ausführung.

Dabei passiert eine Blechfläche der Größe $F = D \cdot x$ die Verbindungslinie $K \, A$. Wir beobachten einen Spannungsstoß (Voltsekunden)

$$\int U \, dt = \mu_0 \, \mathfrak{H} \, D \, x = \mu_0 \, \mathfrak{H} \, F. \tag{90}$$

Wir gelangen also formal wiederum auf das Induktionsgesetz. F bedeutet auch hier eine senkrecht von den magnetischen Feldlinien durchsetzte Fläche. Doch wird sie nicht mehr in sichtbarer Weise durch einen Draht umgrenzt oder überstrichen.

Man kann die in Abb. 184 beschränkte Bewegung des Blechstreifens durch eine stetig andauernde ersetzen. Man braucht das Blech nur außerhalb des Magnetfeldes wie das Sägeband einer Bandsäge zu schließen und irgendwie über

Räder zu führen. Das Blech rücke mit der konstanten Geschwindigkeit $d\,x/d\,t$ = u vor. Dann beobachtet man einen Dauerausschlag des Galvanometers, entsprechend der konstanten Spannung[1]

$$U = \mu_0\, D\,(\mathfrak{u} \times \mathfrak{H}) \qquad (93)$$

oder eine längs D herrschende elektrische Feldstärke

$$\mathfrak{E} = \mu_0\,(\mathfrak{u} \times \mathfrak{H}). \qquad (93\,\text{a})$$

Diese Gleichung besagt: **Ein elektrisches Feld entsteht in einem Bezugssystem zusätzlich zu einem Magnetfeld, wenn sich der Träger des Magnetfeldes (Spule oder Magnet) gegenüber dem Bezugssystem bewegt.** Das erläutern wir in einem Beispiel in Abb. 186. In ihr sind die Durchstoßpunkte eines zur Papierebene senkrechten homogenen Magnetfeldes markiert (N-Pol unter der Papierebene). Der Stab $K\,A$ (Bezugssystem) werde gegenüber dem Träger des Magnetfeldes (z. B. einer Feldspule) mit der Geschwindigkeit u bewegt. Dann tritt während der Bewegung im Stabe (Bezugssystem) das elektrische Feld $\mathfrak{E}$ auf. Zu seinem Nachweis kann das folgende Gedankenexperiment dienen:

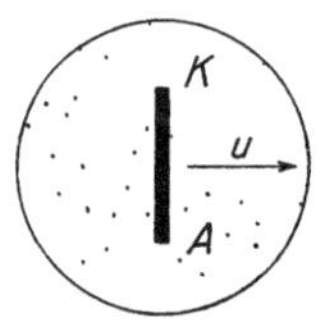

Abb. 185. Zum Verständnis der Gl. (93a).

Der Stab bestehe aus einem erwärmten Kunstharz, er werde während der Bewegung abgekühlt, und dadurch der Zustand in seinem Inneren „eingefroren": Aus dem Felde herausgenommen, erweist sich der Stab als Elektret (§ 35, II) oben mit negativer, unten mit positiver Ladung.

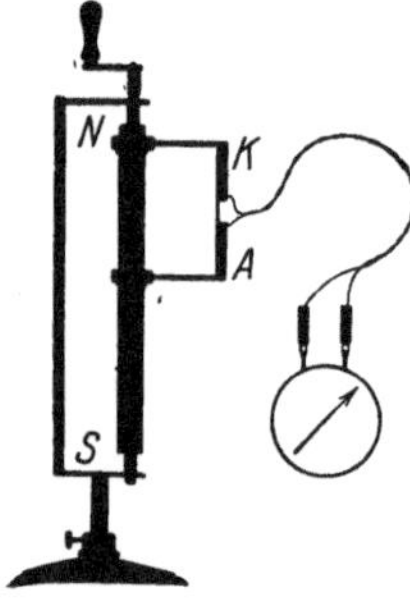

Abb. 186. Zur Relativität der Induktion. Zugleich zur Vorführung der „Unipolarinduktion".

Ein prinzipiell gleichartiger Versuch ist tatsächlich ausgeführt worden. W. Wien hat statt des Stabes leuchtende Moleküle mit großer Geschwindigkeit durch ein homogenes Magnetfeld hindurchgeschossen. Das dabei in den Molekülen zusätzlich auftretende elektrische Feld wurde durch den Stark-Effekt nachgewiesen, d. h. eine Aufspaltung der Spektrallinien in mehrere Komponenten (Optikband § 137).

Auch bei der Induktion in bewegten Leitern (also z. B. in Abb. 186) kommt es nur auf Relativbewegungen zwischen dem Leiter und dem Träger des Magnetfeldes an. Das kann man an Hand der Abb. 186 zeigen. $N\,S$ ist ein zylindrischer Stabmagnet, sein Magnetfeld ist rotationssymmetrisch zu seiner Längsachse. Zwei ringförmige Schleifkontakte verbinden einen Leiter $K\,A$ mit der Oberfläche des Magneten. In den Leiter $K\,A$ ist mit einer verdrillten Doppelleitung ein Voltmeter eingeschaltet. Man kann nach Wahl den Leiter die Längsachse des Magneten umkreisen lassen oder den Stabmagneten um diese Achse drehen. Bei gleichen Winkeln (oder Winkelgeschwindigkeiten) findet man in beiden Fällen gleich große Spannungsstöße (oder Spannungen).

---

[1] Vgl. S. 45, Anm. 2.

VIII. Kräfte in magnetischen Feldern.

§ 64. Deutung der Induktion in bewegten Leitern. In § 59 konnten wir (dank
der Relativität aller zur Induktion führenden Bewegungen) die Induktion in
formfesten Induktionsspulen vom Standpunkt einer ruhenden Induktionsspule
aus betrachten und im Sinne Maxwells auf das in Abb. 168 skizzierte Schema
zurückführen: Ein sich zeitlich änderndes magnetisches Feld umgibt sich mit
geschlossenen elektrischen Feldlinien (einem elektrischen „Wirbelfeld").

Bei der Induktion in bewegten Leitern bewegen sich einzelne Teile der Induktionsspule oder -schleife gegeneinander. Folglich kann man nicht mehr den
Standpunkt der ruhenden Industriespule einnehmen und die neuen Versuche
nicht mehr mit dem früheren Bilde darstellen. Statt dessen bringen uns die Induktionsversuche mit bewegten Leitern eine neue Erkenntnis: **Ein Magnetfeld
übt auf bewegte Ladungen Kräfte aus.** Die Größe dieser Kräfte folgt
unmittelbar aus dem Induktionsgesetz.

Wir greifen auf die Abb. 184 zurück. — Wie jeder Körper enthält auch das
Blech Elektrizitätsatome, und zwar gleiche Mengen q von beiden Vorzeichen.
Diese Elektrizitätsatome nehmen an der Bewegung des Bleches mit voller Ge-
schwindigkeit teil. Dazu haften sie hinlänglich (s. oben S. 70 und § 113).

Zur Vereinfachung sprechen wir weiterhin nur von den negativen Elektrizitätsatomen, den Elektronen. Für die positiven gilt alles Folgende ebenso,
aber mit umgekehrtem Vorzeichen.

Das Experiment zeigt: Die bewegten Elektronen häufen sich in Abb. 184
auf der Elektrode K an. Dadurch entsteht eine aufwärts gerichtete elektrische
Feldstärke $\mathfrak{E}' = \mu_0 \, (\mathfrak{H} \times \mathfrak{u})$. Diese zieht die im Blech befindliche Ladung q mit
der Kraft $\mathfrak{K}' = q \cdot \mathfrak{E}' = \mu_0 \, q \, (\mathfrak{H} \times \mathfrak{u})$ nach unten. Trotzdem bleiben Spannung
und Elektronenanhäufung während der Bewegung erhalten. Also muß das
Magnetfeld auf die bewegte Ladung q eine nach oben gerichtete **Kraft** ausüben
von der Größe

$$\mathfrak{K} = \mu_0 \, q \, (\mathfrak{u} \times \mathfrak{H})$$

oder nach Gl. (89) von S. 86

$$\boxed{\mathfrak{K} = q \, (\mathfrak{u} \times \mathfrak{B})} \tag{94}$$

(z. B. $\mathfrak{K}$ in Großdyn, $\mathfrak{B}$ in Voltsek./m², $\mathfrak{u}$ in m/sek., q in Amperesekunden).

Mit dieser Kraft wirkt ein Magnetfeld der Kraftflußdichte $\mathfrak{B}$ auf
eine mit der Geschwindigkeit $\mathfrak{u}$ senkrecht zu den Feldlinien bewegte Ladung q. Diese Kraft steht sowohl zum Felde wie zur Geschwindigkeit senkrecht (Abb. 187).

Leider können wir diese Gl. (94) im Schauversuch nicht
mit einem mechanisch bewegten Elektrizitätsträger nach-
prüfen, etwa einer geladenen Seifenblase. Man kann für
solche groben Träger das Produkt $q \cdot \mathfrak{u}$ nicht groß genug
machen. Doch können wir die Gl. (94) in anderer Weise mit
der Erfahrung vergleichen.

Nach § 52 ist die sichtbare Bewegung eines Elektrizitätsträgers mit der unsichtbaren Bewegung von Elektrizitätsatomen im Innern von Leitern gleichwertig. Es gilt quantitativ

$$q \, \mathfrak{u} = I \, l. \tag{73}$$

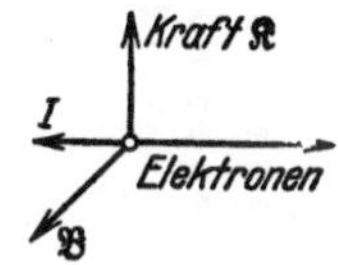

Abb. 187. Kraft, Lauf-
richtung und Kraft-
flußdichte $\mathfrak{B}$ stehen
zueinander senkrecht.
I = konventionelle
Stromrichtung von +
nach —.

Dies setzen wir in Gl. (94) ein und erhalten als Kraft auf ein vom Strom I durchflossenes, zu den Feldlinien senkrechtes Leiterstück der Länge l

$$\boxed{\mathfrak{K} = \mathfrak{B}\,I\,l.}$$ (95)

Zur Prüfung dieser Gleichung benutzen wir in Abb. 188 einen horizontalen geraden Leiter im homogenen Magnetfeld eines Elektromagneten. Er bildet mit

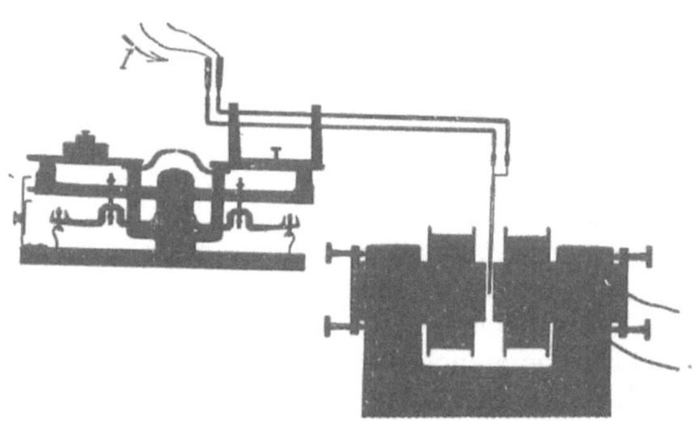

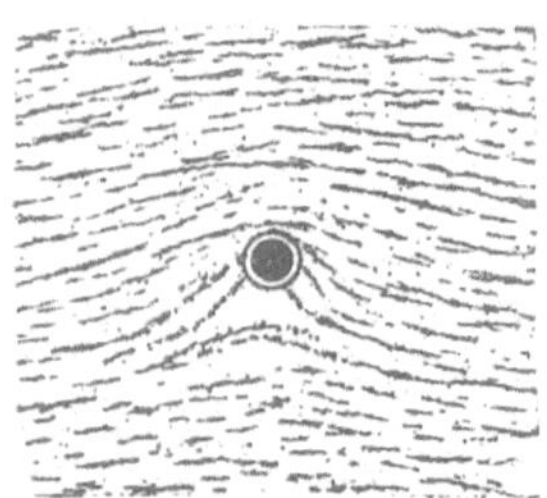

Abb. 188. Ein horizontaler stromdurchflossener Leiter im homogenen Magnetfeld eines Elektromagneten. Der Leiter erscheint perspektivisch stark verkürzt. Zahlenbeispiel: $I = 15$ Ampere; $l = 5 \cdot 10^{-2}$ m; $\mathfrak{B} = 1{,}5$ Voltsek./m²;

$$\mathfrak{K} = 1{,}5\,\frac{\text{Voltsek.}}{\text{m}^2}\;15\,\text{Amp.}\;5 \cdot 10^{-2}\text{m} = 1{,}13\,\frac{\text{Voltamperesek.}}{\text{Meter}}$$
$$= 1{,}13\,\frac{\text{Großdynmeter}}{\text{Meter}} = 1{,}13\,\text{Großdyn} = 115\,\text{Pond.}$$

Abb. 189. Feldlinienbild zu Abb. 188. Der Leiter steht senkrecht zur Papierebene.

seinen beiden starren Zuleitungen ein Trapez und hängt an einem Kraftmesser (Waage). Ein Zahlenbeispiel findet sich in der Satzbeschriftung der Abb. 188. Das Feldlinienbild zeigt Abb. 189.

§ 65. Kräfte zwischen zwei parallelen Strömen. Die Lichtgeschwindigkeit $c = 3 \cdot 10^8$ m/sec. Als Anwendungsbeispiel für die Gl. (95) berechnen wir die Kräfte zwischen zwei parallelen von Strömen I_1 und I_2 durchflossenen Leitern der Länge l im Abstande r (Abb. 9). Der Strom I_1 erzeugt im Abstande r

$$\text{die Feldstärke} \qquad \mathfrak{H} = \frac{1}{2\,\pi} \cdot \frac{I_1}{r} \qquad \text{Gl. (84) v. S. 83}$$

und

$$\text{die Kraftflußdichte} \qquad \mathfrak{B} = \frac{\mu_0}{2\,\pi} \cdot \frac{I_1}{r}.$$ (96)

Gl. (95) und Gl. (96) zusammengefaßt ergeben für die Anziehung bei gleicher und Abstoßung bei einander entgegengesetzter Stromrichtung

$$\mathfrak{K} = \frac{\mu_0}{2\,\pi}\,\frac{I_1\,I_2\,l}{r}.$$ (97)

Abb. 190. Zwei parallel zueinander fliegende Reihen von Elektrizitätsatomen gleichen Vorzeichens.

Zahlenbeispiel (Abb. 9): $I = 100$ Ampere; $l = \frac{1}{2}$ m; $r = 1$ cm $= 0{,}01$ m; $\mu_0 = 1{,}256 \cdot 10^{-6}$ Voltsek./Amperemeter; $\mathfrak{K} = 10^{-1}$ Großdyn $= 10$ Pond.

Wir wenden die Gl. (97) auf einen Sonderfall an: Wir denken uns beide Ströme von zwei gleichen, nebeneinander fliegenden Reihen von Elektrizitätsatomen gebildet (Abb. 190) (elektrische Korpuskularstrahlen). Es soll also im Gegensatz zu den Leitungsströmen in Metallen usw. die gleich große Anzahl von Elektrizitätsatomen des anderen Vorzeichens fehlen. Infolgedessen tritt zwischen den beiden Reihen außer der magnetischen Anziehung $\mathfrak{K}_{\text{magn}}$ eine elektrische Abstoßung $\mathfrak{K}_{\text{el}}$ auf.

Für die magnetische Anziehung erhalten wir durch Zusammenfassung der Gl. (97) und (73) von S. 71

$$\mathfrak{K}_{\text{magn}} = \frac{\mu_0}{2\,\pi}\,\frac{q^2\,\mathfrak{u}^2}{l\,r}.\tag{98}$$

Für die elektrische Abstoßung ergibt sich

$$\mathfrak{K}_{\text{el}} = \frac{1}{2\,\pi\,\varepsilon_0}\cdot\frac{q^2}{lr}.\tag{99}$$

Herleitung: Die linke Ladungskette erzeugt im Abstand r die Verschiebungsdichte $\mathfrak{D} = \dfrac{q}{2\,r\,\pi\,l}$, also die Feldstärke $\mathfrak{E} = \dfrac{1}{2\,\pi\,\varepsilon_0}\cdot\dfrac{q}{l\,r}$. Diese wirkt nach Gl. (17) von S. 38 auf die rechts befindliche Ladungskette mit der Kraft $\mathfrak{K}_{\text{el}} = q\cdot\mathfrak{E} = \dfrac{1}{2\,\pi\,\varepsilon_0}\cdot\dfrac{q^2}{r\,l}$.

Aus Gl. (98) und (99) erhalten wir das Verhältnis

$$\frac{\text{anziehende Kraft } \mathfrak{K}_{\text{magn}}}{\text{abstoßende Kraft } \mathfrak{K}_{\text{el}}} = \mu_0\,\varepsilon_0\,\mathfrak{u}^2.\tag{100}$$

Wir berechnen das Produkt

$$\mu_0\,\varepsilon_0 = 1{,}256\cdot10^{-6}\,\frac{\text{Voltsekunden}}{\text{Ampere Meter}}\cdot 8{,}859\cdot10^{-12}\,\frac{\text{Amperesekunden}}{\text{Volt Meter}},$$

$$\mu_0\,\varepsilon_0 = 0{,}11127\cdot10^{-16}\,\frac{\text{sec}^2}{\text{m}^2} = \left(\frac{1}{2{,}998\cdot10^8}\right)^2\frac{\text{sec}^2}{\text{m}^2} = \frac{1}{(\text{Lichtgeschwindigkeit } c)^2}.$$

Es gilt[1]

$$\boxed{c = (\varepsilon_0\,\mu_0)^{-\frac{1}{2}}.}\tag{101}$$

Das ist die große Entdeckung Wilhelm Webers (1856): Man kann die Lichtgeschwindigkeit c aus rein elektrischen Messungen herleiten, nämlich Messungen der Influenzkonstante ε_0 und der Induktionskonstante μ_0 (vgl. § 151). Die Gl. (100) und (101) ergeben

$$\frac{\text{anziehende Kraft } \mathfrak{K}_{\text{magn}}}{\text{abstoßende Kraft } \mathfrak{K}_{\text{el}}} = \frac{\mathfrak{u}^2}{c^2}.\tag{102}$$

Die Lichtgeschwindigkeit erscheint hier als ausgezeichnete Geschwindigkeit. Im Grenzfalle $\mathfrak{u} = c$ sollten nach Gl. (102) die elektrischen und magnetischen Kräfte gleich groß werden. Doch ist gegen die Herleitung der Gl. (99) ein Einwand zu machen: Wir haben die Gl. $\mathfrak{K} = q\cdot\mathfrak{E}$ auf S. 38 für ruhende Ladungen hergeleitet, hier aber auf schnell bewegte angewandt (s. später § 160).

§ 66. Regel von Lenz. Wirbelströme. Durch Induktionsvorgänge entstehen elektrische Felder, Ströme und Kräfte. Ihre Richtungsvorzeichen bestimmt man nach einer von H. F. E. Lenz (1834) gegebenen Regel:

Die durch Induktionsvorgänge entstehenden elektrischen Felder, Ströme und Kräfte behindern stets den die Induktion einleitenden Vorgang. Beispiele:

1. In Abb. 163, S. 76, konnten wir die Induktion durch ein Anwachsen des Magnetfeldes hervorrufen. Folglich muß ein in der Induktionsspule entstehender

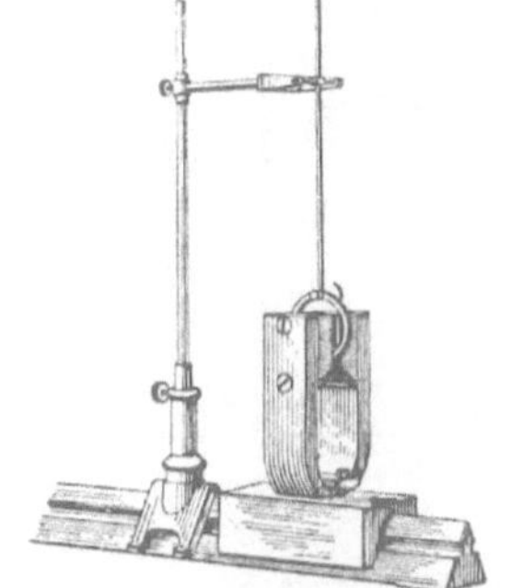

Abb. 191. Eine ringförmige „Induktionsspule" hangt pendelnd zwischen den Polen eines auf einer Schiene verschiebbaren Hufeisenmagneten.

---

[1] Natürlich unabhängig von den willkürlich gewählten Einheiten von Strom und Spannung! Beide Einheiten stehen sowohl im Zähler wie im Nenner des Produktes $\varepsilon_0\,\mu_0$.

Strom das Anwachsen des Magnetfeldes behindern. Er muß also dem Feldspulenstrom entgegengesetzt fließen.

2. In Abb. 191 hängt ein Al-Ring als Induktionsspule pendelnd zwischen den Kegelpolen eines Hufeisenmagneten. Wir ziehen den Magneten auf seiner Führungsschiene zur Seite. Der Ring folgt dem Magneten. Die Trennung, die Ursache des Induktionsvorganges, wird behindert.

3. Wir kehren den Versuch um, d. h. wir nähern den Magneten dem Ringe und versuchen den Ring ins Gebiet des zentralen, stärksten Feldes zu bringen. Jetzt weicht der Ring vor dem anrückenden Magneten zurück. Die Annäherung, die Ursache der Induktion, wird behindert.

4. In den Fällen 2 und 3 kann man das Loch im Ring beliebig klein machen. Dann entartet der Ring zu einer massiven Blechscheibe. Die in diesem Blech induzierten Ströme nennt man **Wirbelströme**.

Man bringe eine Silbermünze in das **inhomogene** Magnetfeld eines größeren Elektromagneten (Abb. 192). Dann fällt sie nicht mit der in Luft üblichen Geschwindigkeit. Sie sinkt ganz langsam wie in einer klebrigen Flüssigkeit zu Boden. So sehr behindert der Induktionsvorgang seine Ursache, d. h. hier die Fallbewegung.

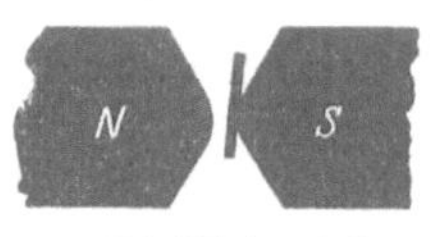

Abb. 192. Wirbelströme bremsen den Fall einer Silbermünze im inhomogenen Magnetfeld.

5. Wir ersetzen die geradlinige Bewegung durch eine Drehung. Wir drehen in Abb. 193 einen Hufeisenmagneten um seine Längsachse und erhalten so ein sich drehendes Magnetfeld: In dies „**magnetische Drehfeld**" bringen wir eine drehbar gelagerte „Induktionsspule", und zwar einen einfachen rechteckigen Metallrahmen. Der Rahmen folgt der Drehung des Feldes: Die Winkelverdrehung zwischen Feld und Rahmen, die Ursache des Induktionsvorganges, wird behindert. Bald läuft der Rahmen fast so schnell wie das Drehfeld. Genau so rasch kann er nicht laufen. Sonst fiele ja die Feldänderung innerhalb der Rahmenfläche fort und damit auch die Induktion. Man nennt den prozentischen Geschwindigkeitsunterschied zwischen Spule und Drehfeld die „Schlüpfung" oder den „**Schlupf**". — Bei der technischen Ausnutzung dieses Versuches wird der einfache rechteckige Rahmen durch einen metallischen Käfig (Abb. 193c) ersetzt. Man spricht dann von einem Induktions- oder Kurzschlußläufer (siehe Abb. 258).

6. Im vierten Versuch lernten wir die Wirbelströme kennen. Dabei wurde ein inhomogenes Magnetfeld durch eine begrenzte Metallplatte hindurch bewegt. Es änderte sich das die Platte durchsetzende Magnetfeld. —

Wirbelströme können jedoch auch ohne Änderung der geometrischen Lagebeziehungen entstehen. Wir sehen in

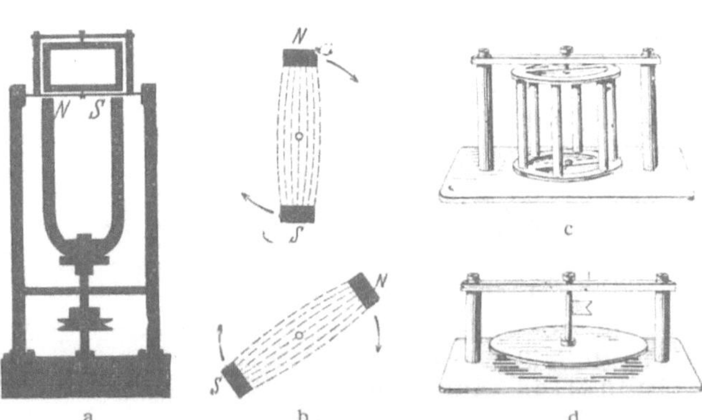

Abb. 193. Magnetisches Drehfeld mit verschiedenen „Induktionsläufern". b zeigt schematisch das mit dem Apparat der Abb. a hergestellte magnetische Drehfeld in zwei um 60° getrennten Stellungen. Die kleinen Kreise markieren für den senkrecht von oben blickenden Beschauer die Drehachse des Hufeisenmagneten und der magnetischen Feldlinien zwischen seinen umlaufenden Polen *NS*. c und d zwei Läufer, die statt des rechteckigen Läufers oberhalb des drehbaren Magneten eingesetzt werden können. Die Anwendung des Läufers d gibt eine Umkehr des in Abb. 194 folgenden Versuches.

Abb. 194 eine kreisförmige Aluminiumscheibe in das inhomogene Magnetfeld eines Elektromagneten eintauchen. Die Achse der Kreisscheibe liegt weit hinter der Zeichenebene. Die Scheibe läßt sich nur sehr schwer drehen, man spürt einen zähen Widerstand von überraschender Größe. Die Induktion der Wirbelströme behindert ihre Ursache, die Scheibendrehung.

Die Entstehung dieser Wirbelströme deutet man am besten als **Induktion in bewegten Leitern.** Wir zeichnen uns in Abb. 195 den Querschnitt des Magnetfeldes und ein Stück der Kreisscheibe. Dabei legen wir der Einfachheit halber die Achse der Kreisscheibe in die halbe Höhe des Magnetfeldes. Dann zeichnen wir uns punktiert einen kleinen Kreis, er soll uns eine geschlossene Reihe von Elektronen in der Metallscheibe andeuten. Alle Elektronen nehmen an der Scheibendrehung teil. Folglich werden sie senkrecht zu den Feldlinien bewegt, und dadurch entstehen die mit Pfeilen angedeuteten Kräfte, gemäß $\Re = \mathfrak{B}\,q\,u$ (§ 64). Die Kraftflußdichte $\mathfrak{B}$ des Feldes ist unten größer als oben. $\Re_3$ ist größer als $\Re_1$ und dadurch entsteht eine Kreisbewegung der Elektronen gegen den Uhrzeiger. Außerdem verschieben die Kräfte $\Re_2$ die ganze Strombahn nach rechts. Beide Bewegungen überlagern sich und geben als Bahn der Wirbelströme Zykloiden.

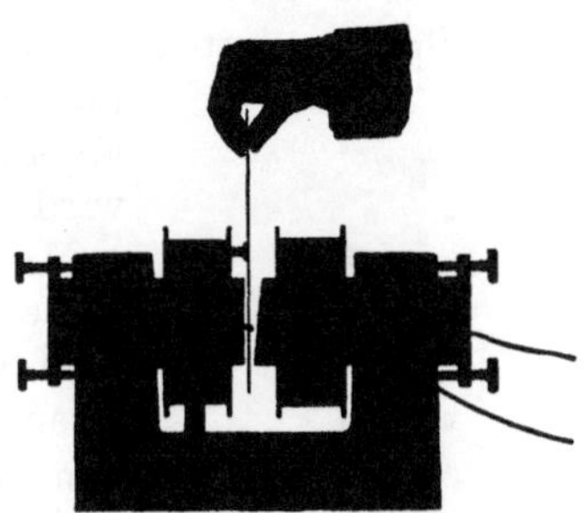

Abb. 194. Wirbelströme bremsen die Drehung einer Kreisscheibe aus Aluminium. Die Achse liegt weit hinter der Papierebene. Die Stirnflächen der Magnetpole können auch einander parallel stehen, doch sind dann nur die inhomogenen Randgebiete des Feldes wirksam.

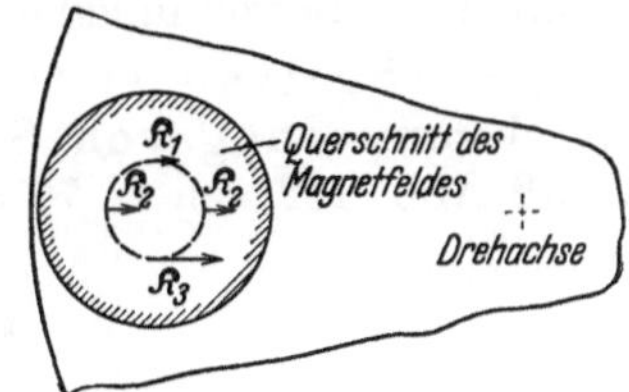

Abb. 195. Zur Entstehung der Wirbelströme in der bewegten Kreisscheibe in Abb. 194.

§ 67. Das Kriechgalvanometer. Der Kraftfluß bei verschiedenem Eisenschluß.

Wir knüpfen an den ersten Versuch des vorigen Paragraphen an. Dort war in Abb. 191 ein Metallring als Pendel in ein Magnetfeld gehängt. Zu Schwingungen angestoßen, kommt das Pendel nach wenigen Hin- und Hergängen zur Ruhe. Die bei der Induktion auftretenden Kräfte behindern die Schwingungen (Lenzsche Regel). Diese „Induktionsdämpfung" wird praktisch viel zur Unterdrückung lästiger Schwingungen ausgenutzt. Oft wird sie als „Wirbelstromdämpfung" ausgeführt. Man denke sich den Ring in Abb. 191 durch eine Metallscheibe ersetzt.

Die **Induktionsdämpfung** ist vor allem beim Bau zahlreicher Meßinstrumente unentbehrlich geworden. Man verhindert mit ihr das störende und zeitraubende Pendeln der Zeiger vor ihrer endgültigen Einstellung. Man kann praktisch immer die „gerade aperiodische"[1] Zeigereinstellung erreichen.

Als einziges Beispiel bringen wir die **Induktionsdämpfung des Drehspul-Strommessers** (Abb. 17). Sie setzt sich meist aus zwei Anteilen zusammen: Erstens benutzt man als Träger der Spulenwindungen einen rechteckigen Metallrahmen. Er wirkt, sinngemäß auf Drehschwingungen übertragen, wie der Ring in Abb. 191. Zweitens kann die Drehspule selbst als metallisch geschlossene Induktionsspule wirken. Man benutzt das Instrument in irgendwelchen Stromkreisen. Dabei kann man im Bedarfsfall immer eine leitende Verbindung zwischen den Enden der Drehspule herstellen. Der Widerstand dieser leitenden Verbindung (in Abb. 40 z. B. rund 10^6 Ohm) heißt der „äußere Widerstand". Durch passende Wahl seiner Größe sorgen geübte Beobachter stets für eine „gerade aperiodische" Zeigereinstellung.

---

[1] D. h. nicht eine „kriechende", siehe unten!

Bei zu großer Dämpfung „kriecht" der Zeiger. Er erreicht seine Einstellung zwar aperiodisch, aber sehr langsam. Langsames Kriechen macht ein Galvanometer zur Messung von Strömen und Spannungen unbrauchbar. Hingegen leistet ein „Kriechgalvanometer" bei der Messung von „Stromstößen" $\left(\int I\,d\,t\right)$ und „Spannungsstößen" $\left(\int U\,d\,t\right)$ außerordentliche Dienste: Es summiert während längerer Beobachtungszeiten automatisch eine Reihe aufeinanderfolgender Stöße. Eine mechanische Analogie wird das klarmachen:

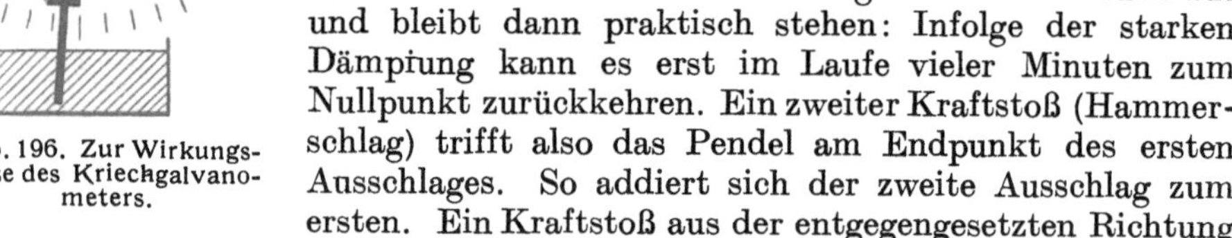

In Abb. 196 taucht ein Schwerependel mit einem Ende in eine sehr zähe Flüssigkeit, etwa Honig. Dadurch wird seine Bewegung stark gedämpft. Wir lassen mit einem Hammerschlag einen Kraftstoß $\left(\int \Re\,d\,t\right)$ auf das Pendel wirken. Das Pendel schlägt mit einem Ruck aus und bleibt dann praktisch stehen: Infolge der starken Dämpfung kann es erst im Laufe vieler Minuten zum Nullpunkt zurückkehren. Ein zweiter Kraftstoß (Hammerschlag) trifft also das Pendel am Endpunkt des ersten Ausschlages. So addiert sich der zweite Ausschlag zum ersten. Ein Kraftstoß aus der entgegengesetzten Richtung (Hammerschlag von links) wird in entsprechender Weise subtrahiert. Und so fort.

Abb. 196. Zur Wirkungsweise des Kriechgalvanometers.

„Kriechgalvanometer" werden in der Meßtechnik hauptsächlich zur Summierung von Spannungsstößen benutzt. Man eicht sie also gemäß Abb. 162 von S. 75 auf Voltsekunden. Als Beispiel für die Anwendung des Kriechgalvanometers untersuchen wir den Einfluß des Eisens auf den Kraftfluß Φ einer stromdurchflossenen Spule. Die Spule wird in Abb. 197 von einer improvisierten Induktionsschleife umfaßt. Der Galvanometerzeiger steht auf dem Nullpunkt der Skala (Nebenskizze in Abb. 197). Jetzt kommen die Versuche:

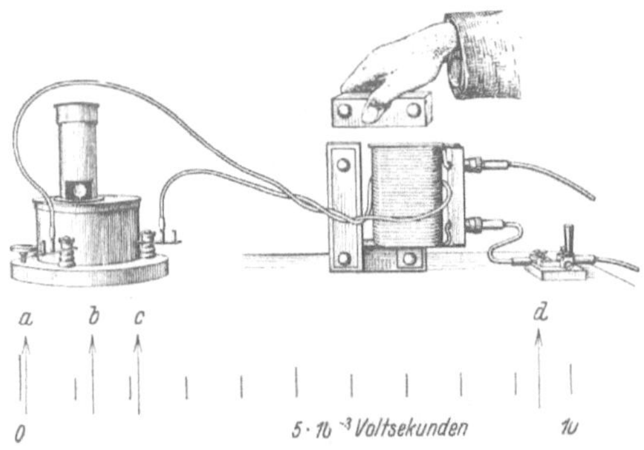

Abb. 197. Änderung des Kraftflusses durch „Eisenschluß". Messung des Kraftflusses mit einem Kriechgalvanometer (Fluxmeter). Gleiches Instrument wie in Abb. 75, 83 usw., nur durch den kleinen „äußeren Widerstand" der Induktionsschleife sehr stark gedämpft. Querschnitt des Eisenkernes rund 50 cm². Zur Vergrößerung der Ausschläge kann man an Stelle der einen Induktionsschleife einige Windungen benutzen.

1. Der Spulenstrom (etwa 3 Ampere) wird eingeschaltet. Der Galvanometerzeiger verschiebt sich in die Stellung a. Sie bedeutet 10^{-4} Voltsekunden. Es ist der Kraftfluß Φ der leeren Spule.

2. Wir stülpen die Spule über den einen Schenkel des U-förmigen Eisenkernes. Der Zeiger geht in die Stellung b, der Kraftfluß Φ ist auf $1{,}4 \cdot 10^{-3}$ Voltsekunden gestiegen.

3. Wir nähern dem Eisenkern schrittweise ein eisernes Schlußjoch und legen es endlich fest auf. Der Zeiger rückt schrittweise zur Stellung d, der Kraftfluß hat den Wert von $9{,}4 \cdot 10^{-3}$ Voltsekunden erreicht.

4. Wir unterbrechen den Strom, der Galvanometerzeiger geht nach c. D. h. die „remanente" Magnetisierung des Eisens hat einen Kraftfluß von $2{,}2 \cdot 10^{-3}$ Voltsekunden. Endlich entfernen wir Schlußjoch und Eisenkern, und dabei geht

der Zeiger auf den Nullpunkt zurück. Die strom- und eisenfreie Spule ist auch wieder frei von Kraftfluß.

Eine qualitative Deutung ist auf Grund unserer bisherigen Kenntnisse unschwer zu geben. Für den Kraftfluß Φ eines Magnetfeldes vom Querschnitt F und der Feldstärke $\mathfrak{H}$ gilt

$$\Phi = \mu_0 \, \mathfrak{H} \, F \tag{75}$$

$(\mu_0 = 1{,}256 \cdot 10^{-6}$ Voltsek./Ampere Meter$)$.

Das Magnetfeld der Spule richtet die Magnetfelder der Molekularströme im Eisen zu sich selbst parallel. So addieren sich die unsichtbaren Stromwindungen zu den sichtbaren, die Feldstärke $\mathfrak{H}$ wird stark erhöht. — Quantitativ werden diese Dinge ausführlich im IX. Kapitel behandelt. Ihre Kenntnis ist jedoch für die übrigen Kapitel entbehrlich. Für diese genügt die oben gewonnene Erfahrung: **Der Kraftfluß Φ einer stromdurchflossenen Spule läßt sich durch einen „Eisenkern" auf rund das 100fache erhöhen. Außerdem kann man ihn durch Änderung des Eisenschlusses bequem verändern.**

§ 68. Das magnetische Moment $\mathfrak{M}$.

Der einfachste und bequemste Indikator für ein magnetisches Feld ist sicher die Kompaßnadel. Das Magnetfeld übt auf einen passend gelagerten Stabmagneten ein Drehmoment aus. Dabei läßt sich der Stabmagnet auch durch eine stromdurchflossene Spule ersetzen, z. B. in Abb. 10. Wie entsteht dies Drehmoment, wie ist es quantitativ zu behandeln? Das beantworten wir zunächst für den Fall einer stromdurchflossenen Spule. Dabei sollen die Windungsebenen den Feldlinien parallel stehen.

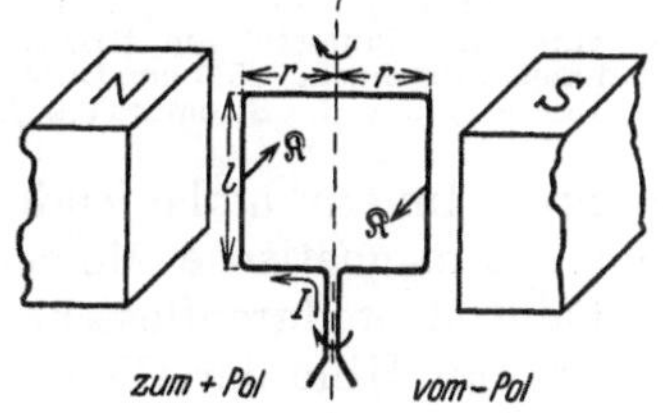

Abb. 198. Zur Entstehung des magnetischen Momentes. $I =$ konventionelle Stromrichtung.

Die Abb. 198 zeigt uns statt der ganzen Spule nur eine einzige Windung, und zwar der Einfachheit halber von rechteckigem Querschnitt. Von den vier Seiten der Spule stehen zwei, nämlich die beiden vertikalen, senkrecht zu den Feldlinien. Folglich wirkt auf jede von ihnen die Kraft $\mathfrak{K} = \mu_0 \, \mathfrak{H} \, I \, l$. Beide Kräfte $\mathfrak{K}$ greifen am Hebelarm r an und erzeugen so das Drehmoment

$$\mathfrak{M}_{\text{mech}} = \mu_0 \, \mathfrak{H} \, I \, l \, 2 \, r = \mu_0 \, \mathfrak{H} \, I \, F \tag{103}$$

$(F =$ Windungsquerschnitt, unabhängig von der Gestalt, d. h. ob rechteckig, kreisrund usw.$)$.

Jetzt führt man einen neuen Begriff ein. Man nennt das Produkt $\mu_0 \, I \, F$ das magnetische Moment $\mathfrak{M}$ der Windung, also

$$\mathfrak{M} = \mu_0 \, I \, F \tag{104}$$

$(\mathfrak{M}$ in Voltsek. Meter, $\mu_0 = 1{,}256 \cdot 10^{-6}$ Voltsek/Ampere Meter; I in Ampere, F in m²$)$.

Dann kann man schreiben

$$\text{Drehmoment } \mathfrak{M}_{\text{mech}} = \text{magn. Moment } \mathfrak{M} \times \text{Feldstärke } \mathfrak{H}. \tag{105}$$

z. B. (Großdynmeter) (Voltsek. Meter) (Ampere/Meter)

Das magnetische Moment $\mathfrak{M}$ ist als Vektor darzustellen; seine Richtung steht senkrecht auf der Fläche der Strombahn. Dabei sieht ein in Richtung von $\mathfrak{M}$ blickender Beobachter den Strom im Uhrzeigersinne fließen. Meist hat man statt einer rechteckigen Windung Spulen aus vielen Windungen beliebiger Gestalt (gestreckt oder gedrungen, Querschnitt F konstant wie in Zylinderspulen, oder verschieden wie in mehrlagigen Spulen, vor allem in Flachspulen).

Für diesen Fall erinnern wir zum zweiten Male an einen Versuch aus der Mechanik. In Abb. 112 war ein Stab S am Ende einer Speiche R gelagert. Er erfuhr durch jede der beiden Kräfte $\mathfrak{K}$ ein Drehmoment $\mathfrak{r} \times \mathfrak{K}$. Dabei war $\mathfrak{r}$ der senkrechte Abstand des Kraftpfeiles von der Achse A. Die Länge der Speiche R war ganz gleichgültig.

Demgemäß dürfen wir für eine Spule die Drehmomente ihrer einzelnen Windungen, unabhängig von ihrem Abstand von der gemeinsamen Achse, einfach addieren. Wir erhalten das gesamte Drehmoment

$$\mathfrak{M}_{\text{mech}} = \mu_0\, \mathfrak{H}\, I \sum F. \qquad (106)$$

Für die gut ausmeßbaren Zylinderspulen von wenigen Lagen haben alle n Windungen praktisch den gleichen Querschnitt F. Daher ist ihr magnetisches Moment

$$\boxed{\mathfrak{M} = \mu_0\, I\, n\, F} \qquad (107)$$

(z. B. $\mathfrak{M}$ in Voltsek. Meter, $\mu_0 = 1{,}256 \cdot 10^{-6}$ Voltsek./ Amp.Meter; I in Amp., F in m²; $n =$ Windungszahl).

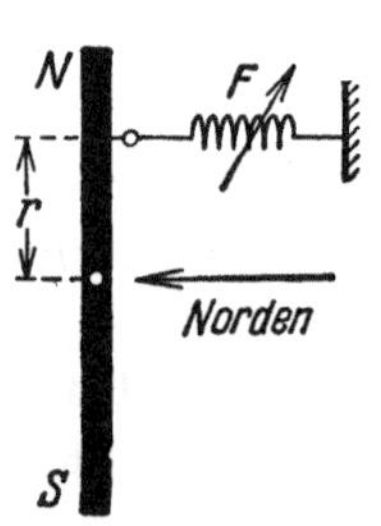

Abb. 199. Stabmagnet und zwei eisenfreie Spulen von gleichem magnetischem Moment $\mathfrak{M} =$ rund $4{,}3 \cdot 10^{-5}$ Voltsekundenmeter. Die gestreckte Spule hat einen Durchmesser von 10,6 cm und 4300 Windungen, die flache 25,4 cm Durchmesser und 730 Windungen. Strom $\approx$ 0,9 Ampere.

Permanente Magnete aller Art und magnetisierte Eisenstücke unterscheiden sich prinzipiell in nichts von stromdurchflossenen Spulen oder Spulenbündeln (§ 53). Aber die Bahnen der in ihrem Innern umlaufenden Ladungen sind unsichtbar. Infolgedessen kann man das magnetische Moment $\mathfrak{M}$ permanenter Stabmagnete u. dgl. nicht wie im Falle stromdurchflossener Spulen berechnen [(Gl. (106)]. Wohl aber kann man es mit Hilfe der Gleichung

$$\mathfrak{M}_{\text{mech}} = \mathfrak{M} \times \mathfrak{H} \qquad (105)$$

(Einheiten S. 95) messen:

Man lagert den permanenten Magneten (wie eine Kompaßnadel) mit geringer Reibung horizontal. Dann stellt man mit Hilfe eines meßbaren Drehmomentes (Federwaage an einem Hebelarm r) die Verbindungslinie der Magnetpole senkrecht zu einem homogenen Magnetfeld bekannter Feldstärke $\mathfrak{H}$. Die Abb. 200 zeigt eine solche Messung für einen Stabmagneten im magnetischen Erdfeld.

Kleine Drehmomente $\mathfrak{M}$ lassen sich schlecht als Produkt Kraft mal Hebelarm messen. Man berechnet sie besser aus der Schwingungsdauer T von Drehschwingungen. Nach dem Mechanikband Gl. (92), von S. 69, ist das Verhältnis von Drehmoment zum Winkel

$$\frac{\mathfrak{M}_{\text{mech}}}{\alpha} = 4\,\pi^2\, \frac{\Theta}{T^2} \qquad (108)$$

($\Theta =$ Trägheitsmoment). Ein horizontal gelagerter oder aufgehängter permanenter Magnet stellt sich mit der Verbindungslinie seiner Pole parallel den Feldlinien, im Erdfeld also in die NS-Richtung (Kompaßnadel). Um den kleinen Winkel α aus der Ruhelage herausgedreht, erfährt er das Drehmoment

$$\mathfrak{M}_{\text{mech}} = \mathfrak{M}\, \mathfrak{H} \sin \alpha = \mathfrak{M}\, \mathfrak{H}\, \alpha.$$

(105) und (108) zusammengefaßt ergeben

$$\mathfrak{M} = \frac{4\,\pi^2\, \Theta}{T^2\, \mathfrak{H}} \qquad (109)$$

Abb. 200. Messung des magnetischen Momentes eines im Erdfeld horizontal drehbar gelagerten Stabmagneten. Drehmoment $\mathfrak{M}_{\text{mech}} = \mathfrak{r} \times \mathfrak{K}$. Dabei $\mathfrak{K} = 0{,}8$ Pond $= 7{,}8 \cdot 10^{-3}$ Großdyn am Hebelarm $\mathfrak{r} = 0{,}1$ m. Feldstärke des horizontalen Erdfeldes $\mathfrak{H}_h = 15$ Ampere/m, $\mathfrak{M} = \mathfrak{M}_{\text{mech}}/\mathfrak{H}_h = 5{,}2 \cdot 10^{-5}$ Voltsek. Meter.

T in Sekunden; Θ in kg·m², z.B. für einen Stabmagneten $= {}^1\!/_{12}$ Stabmasse×(Stablänge)²; $\mathfrak{H}$ in Ampere/m; z.B. im horizontalen Erdfeld, $\mathfrak{H} = 15$ Ampere/m; $\mathfrak{M}$ in Voltsek.Meter).

Das magnetische Moment spielt in der Meßtechnik eine große Rolle. Wir geben als erstes Beispiel die

Berechnung von Kräften in einem inhomogenen Magnetfeld und die Messung des Feldgefälles $\partial \mathfrak{H}/\partial x$.

Man bringe einen beliebigen Körper (stromdurchflossene Spule, Stabmagneten usw.) mit dem magnetischen Moment $\mathfrak{M}$ in ein homogenes Magnetfeld. Dann erfährt der Körper lediglich ein Drehmoment $\mathfrak{M}_{mech} = \mathfrak{M} \times \mathfrak{H}$. Seine magnetische Längsachse (Spulen- oder Stabachse) stellt sich den Feldlinien des homogenen Magnetfeldes parallel.

In einem inhomogenen Magnetfeld tritt außer dem Drehmoment $\mathfrak{M}_{mech}$ eine Kraft $\mathfrak{K}$ auf. Sie zieht oder drückt den Körper in Richtung des Feldgefälles $\partial \mathfrak{H}/\partial x$. Diesen wichtigen Unterschied zwischen homogenen und inhomogenen Feldern soll die Abb. 201 erläutern.

Die Entstehung und die Größe dieser Kraft wollen wir uns an Hand der Abb. 202 klarmachen. Wir denken uns die Feldlinien des Magnetfeldes senk-

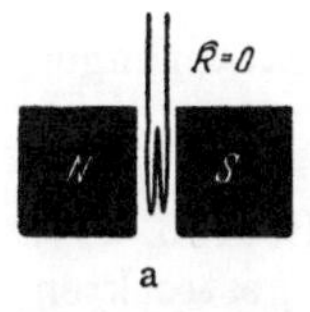

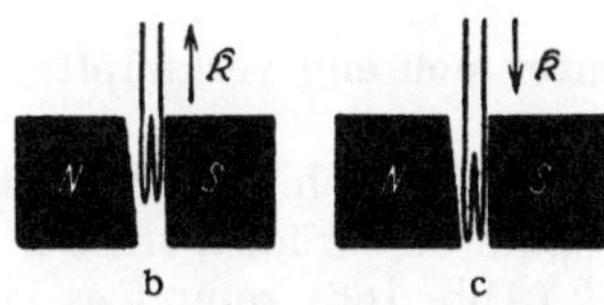

Im homogenen Felde wirkt auf eine stromdurchflossene Spule, also ein Gebilde mit einem magnetischen Moment $\mathfrak{M}$, keine Kraft.

Im inhomogenen Felde hingegen treten Kräfte auf. Zugleich Modell einer

diamagnetischen paramagnetischen

Substanz.

Abb. 201.

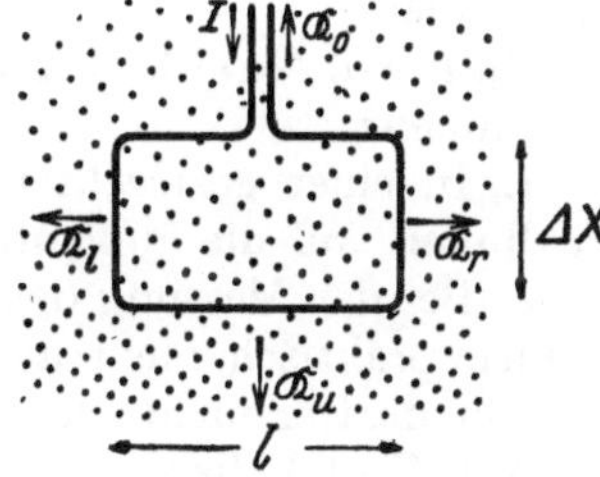

Abb. 202. Zur Herleitung der Gl. (110). I = konventionelle Stromrichtung von $+$ nach $-$.

recht zur Papierebene auf uns zu gerichtet. Ihre Durchstoßpunkte sind markiert. Die Feldstärke $\mathfrak{H}$ soll von oben nach unten zunehmen.

Als Körper mit dem magnetischen Moment $\mathfrak{M}$ ist eine rechteckige, vom Strom I durchflossene Drahtwindung (Fläche $F = l\,\Delta x$) gezeichnet. Die nach links und rechts gerichteten Kräfte $\mathfrak{K}_l$ und $\mathfrak{K}_r$ heben sich gegenseitig auf. Die nach oben und unten ziehenden Kräfte sind verschieden groß. Es gilt nach Gl. (95) von S. 90

$$\mathfrak{K}_0 = \mu_0\, I\, l\, \mathfrak{H},$$

$$\mathfrak{K}_u = \mu_0\, I\, l\left(\mathfrak{H} + \frac{\partial \mathfrak{H}}{\partial x}\,\Delta x\right).$$

Also zieht nach unten die Kraft $\mathfrak{K} = \mathfrak{K}_u - \mathfrak{K}_0$ oder

$$\mathfrak{K} = \mu_0\, I\, l\, \frac{\partial \mathfrak{H}}{\partial x}\,\Delta x = \mu_0\, I\, F\, \frac{\partial \mathfrak{H}}{\partial x},$$

oder nach Gl. (104) von S. 95

$$\boxed{\mathfrak{K} = \mathfrak{M}\,\frac{\partial \mathfrak{H}}{\partial x}.} \tag{110}$$

Mit dieser Kraft wird der Körper vom magnetischen Moment $\mathfrak{M}$ ins Gebiet großer bzw. kleiner Feldstärken hineingezogen. Das Vorzeichen ergibt sich aus

Abb. 201. Meist benutzt man die Gl. (110) zur Messung eines unbekannten Feldgefälles $\partial \mathfrak{H}/\partial x$ mit Hilfe einer Probespule von bekanntem magnetischem Moment $\mathfrak{M}$.

Zahlenbeispiel: In Abb. 201 b und c war $\mathfrak{M} = 1{,}45 \cdot 10^{-7}$ Voltsek. Meter (nämlich 2 Windungen von 20 cm^2 Fläche, durchflossen von 29 Ampere), $\mathfrak{K} = 20$ Pond $= 0{,}2$ Großdyn. Folglich $\partial \mathfrak{H}/\partial x = 1{,}4 \cdot 10^6$ Ampere/m^2

§ 69. Lokalisierung des Kraftflusses und Magnetostatik. Für Spulen aus n Windungen vom gleichen Querschnitt F fanden wir in § 68 das magnetische Moment $\mathfrak{M} = \mu_0\, n\, I\, F$. Für den Sonderfall gestreckter Zylinderspulen kann man diese Gleichung vereinfachen. Man dividiert beiderseits mit der Spulenlänge l und berücksichtigt die beiden Definitionsgleichungen

$$\text{Feldstärke } \mathfrak{H} = \frac{n\,I}{l} \quad (69) \quad \text{und} \quad \text{Kraftfluß } \varPhi = \mu_0\, \mathfrak{H}\, F. \tag{75}$$

So erhält man
$$\boxed{\mathfrak{M} = \varPhi\, l} \tag{111}$$

(Einheit z. B.: Voltsek. Meter),

d. h. man kann das magnetische Moment einer gestreckten Spule durch Multiplikation ihres Kraftflusses $\varPhi$ mit der Spulenlänge l bestimmen.

Diese Gl. (111) fassen wir mit zwei unter sich eng verknüpften Erfahrungen zusammen:

1. In einer gestreckten Spule sind die Pole, d. h. die Austrittsgebiete der Feldlinien, auf die äußersten Enden der Spule beschränkt, siehe z. B. Abb. 147.

2. Bei der Messung des Kraftflusses $\varPhi$ (Abb. 166) kommt es bei gestreckten Spulen praktisch nicht auf den Abstand der Induktionsspule vom Spulenende an, nur darf er nicht kleiner als etwa $^1/_{10}$ der Spulenlänge gewählt werden.

Auf Grund dieser Erfahrungen lokalisiert man den Kraftfluß $\varPhi$ an den beiden Enden der gestreckten Spule.

In entsprechender Weise versucht man, den Kraftfluß auch in permanenten Stabmagneten zu lokalisieren. Das geht aber erheblich schlechter:

1. sind die Austrittsgebiete der Feldlinien fast über die ganze Stablänge verteilt, siehe Abb. 147;

2. kommt es bei der Messung des Kraftflusses mit der Induktionsschleife (Abb. 203) erheblich auf den Abstand der Schleife vom Stabende an.

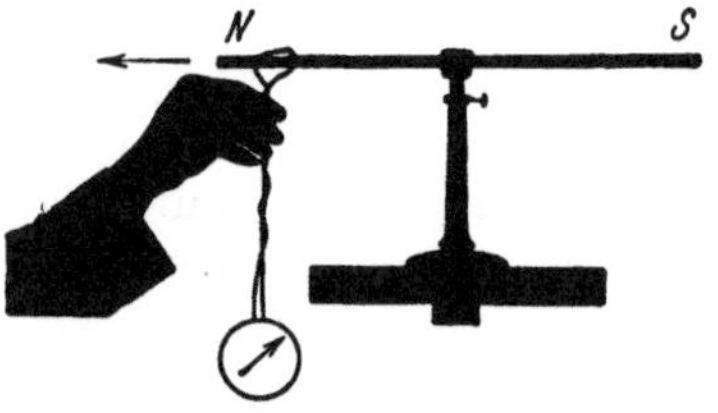

Infolgedessen kann man beim Stabmagneten den Kraftfluß nicht an den Enden des Stabes lokalisieren, sondern an einem Gebiet vor dem Stabende, meist etwa $^1/_6$ Stablänge vor dem Ende. Das veranschaulicht die untere Hälfte der Abb. 204. Diese Abbildung vergleicht die Verteilung des Kraftflusses längs

Abb. 203. Messung des Kraftflusses oder der Polstärke eines permanenten Stabmagneten. Etwa $1{,}6 \cdot 10^{-4}$ Voltsekunden. Die Schleifengröße ist unwesentlich, solange der in Abb. 165 erläuterte Fehler (rückläufige Feldlinien) vermieden wird.

einer gestreckten Spule und eines Stabmagneten. Für ihre Messung verschiebt man die Induktionsschleife in Abb. 166 bzw. 203 schrittweise um die Längenabschnitte Δl und beobachtet deren Beiträge $\Delta \varPhi$ zum Kraftfluß. Dann trägt man $\dfrac{\Delta \varPhi}{\Delta l}$ graphisch über l auf. Die schraffierte Fläche ist der gesamte Kraftfluß $\varPhi$.

Man lokalisiert ihn in den „Schwerpunkten", den „Polen" N und S.

Gegen die Lokalisierung des Kraftflusses ist gar nichts einzuwenden. Scharf abzulehnen ist aber etwas anderes. Man hat den lokalisierten Kraftfluß als Ursprungsort oder Quellpunkt magnetischer Feldlinien bezeichnet und deswegen „magnetische Menge" genannt. Diese Vorstellung unterstützt man durch Feldlinienbilder der in Abb. 205 gezeigten Art. Dies Bild unterdrückt durch einen Trick die innerhalb der Spule verlaufenden Teile der Feldlinien. Die Feldlinien erscheinen nicht mehr als geschlossene Linien, sondern haben ihren Ursprung in zwei angenähert punktförmigen Gebieten N und S. Der Name magnetische Menge statt Kraftfluß täuscht eine Analogie zwischen magnetischer Menge und Elektrizitätsmenge vor. Das ist im höchsten Grade irreführend. Deswegen wollen wir stets die Bilder geschlossener magnetischer Feldlinien vor Augen behalten (z. B. Abb. 143) und sie im folgenden höchstens nach Art der Abb. 207 schematisieren.

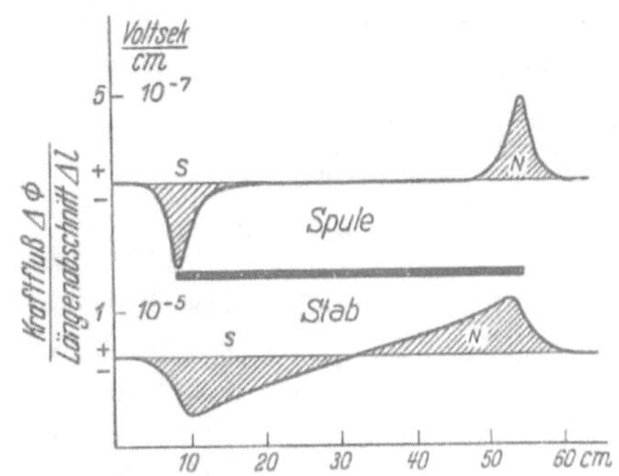

Abb. 204. Zur Lokalisierung des Kraftflusses.

Mit der Lokalisierung des Kraftflusses an den Enden oder Polgebieten gestreckter Spulen und Stabmagnete gelangt man zu etlichen oft benutzten Gleichungen. Wir bringen einige Beispiele.

I. Die von der Feldstärke $\mathfrak{H}$ auf ein Polgebiet mit dem Kraftfluß Φ ausgeübte Kraft. Man faßt die Gl. (105) von S. 95 und (111) von S. 98 zusammen und schreibt

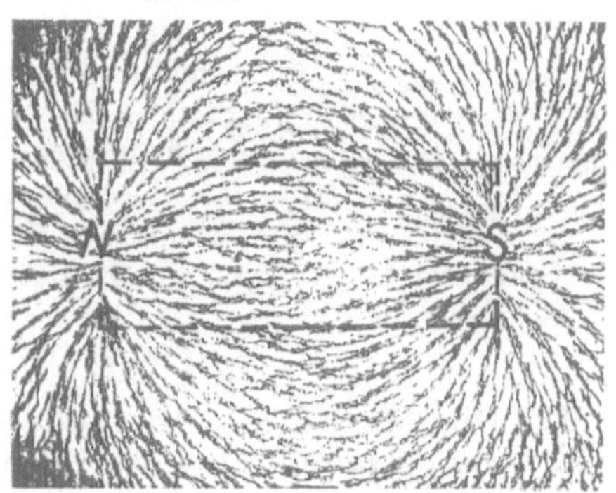

Abb. 205. Feldlinien eines stromdurchflossenen Spulenbündels. Die Papierebene für das Eisenfeilicht befand sich zwischen den Lagen der einzelnen Spulen (vgl. Abb. 144).

$$\text{Drehmoment } \mathfrak{M}_{\text{mech}} = \text{magn. Moment } \Phi\, l \times \text{Feldstärke } \mathfrak{H}.$$

Dann ersetzt man $\mathfrak{M}$ durch das Produkt $(l \times \mathfrak{K}) = \text{Hebelarm} \times \text{Kraft}$ nach dem Schema der Abb. 206 und erhält

$$\text{Kraft } \mathfrak{K} = \text{Kraftfluß } \Phi \cdot \text{Feldstärke } \mathfrak{H} \qquad (112)$$
$$\text{z. B. (Großdyn) \quad (Voltsekunden) \quad (Ampere/m)}$$

Man bekommt also eine, wenngleich rein formale Analogie zur Gl. (17) von S. 38 im elektrischen Feld, nämlich

$$\text{Kraft } \mathfrak{K} = \text{elektr. Menge } q \cdot \text{Feldstärke } \mathfrak{E}.$$
$$\text{z. B. (Großdyn) \quad (Amperesekunden) \quad (Volt/m)}$$

Die Anwendungsart der Gl. (17) im elektrischen Felde ist auf S. 38 ausgiebig erörtert worden. Das dort Gesagte ist sinngemäß auf die Anwendung der Gl. (112) im Magnetfeld zu übertragen; d. h. vor allem: Für $\mathfrak{H}$ ist in Gl. (112) der ursprüngliche, vor Einbringung des Kraftflusses Φ vorhandene Wert einzusetzen.

II. Das Magnetfeld in großem Abstand von einem Polgebiet mit dem Kraftfluß Φ. Wir schematisieren in Abb. 207 die Feldlinien einer gestreckten Spule (Abb. 143). Dabei zeichnen wir zur Platzersparnis nur das linke Ende.

7*

In größerem Abstand vom Polgebiet ist die Ausbreitung der Feldlinien angenähert radialsymmetrisch (Abb. 207). Je länger Stab oder Spule, desto besser die Näherung. Der Kraftfluß verteilt sich demnach in größerem Abstande r symmetrisch über die Kugelfläche $4\pi r^2$. Also haben wir in hinreichend großem Abstand die Kraftflußdichte

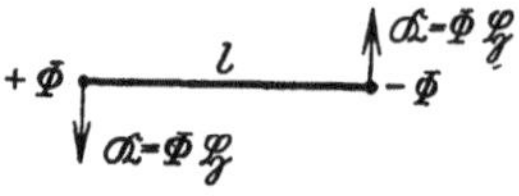

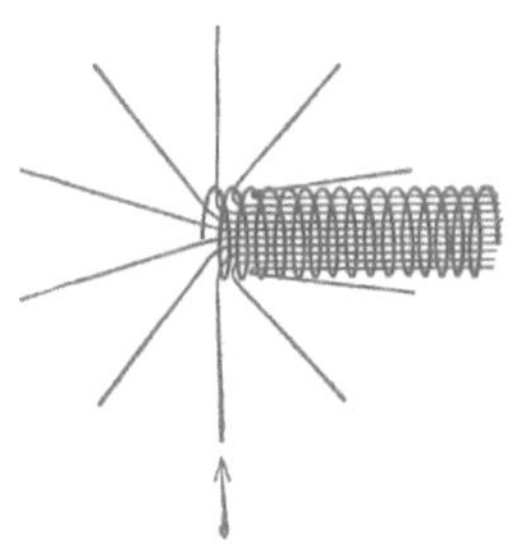

Abb. 206. Schema eines magnetischen Dipoles in einem homogenen Magnetfeld.

$$\mathfrak{B}_r = \frac{\Phi}{4\pi r^2} \quad \text{und} \quad \mathfrak{H}_r = \frac{\Phi}{4\pi \mu_0 r^2} \qquad (113)$$

z. B. (Voltsek/m²). (Amp/m).

III. Das Magnetfeld unmittelbar vor den flachen Stirnflächen eines Polgebietes. Wir zeigten in Abb. 166 und 203 die Messung des Kraftflusses Φ einer gestreckten Spule und eines Stabmagneten. Die Meßschleife saß vor dem Abziehen unweit der Stabmitte. Wir haben sie also in der Abb. 207 weit rechts zu denken. Beim Abziehen durchfährt sie sämtliche Feldlinien.

Im Gegensatz dazu bringen wir diesmal die Meßschleife direkt vor dem Spulenende an, oberhalb des Pfeiles. Beim Abziehen werden dann nur die links vom Pfeil gelegenen Feldlinien durchfahren, also die Hälfte der Gesamtzahl. Das ergibt als Kraftfluß durch die Stirnfläche $\Phi_s = \Phi/2$ (vgl. auch Abb. 204). Division mit

Abb. 207. Das linke Ende einer langen dünnen stromdurchflossenen Spule mit angenähert radialsymmetrisch austretenden Feldlinien.

der Spulenfläche F ergibt die Kraftflußdichte $\mathfrak{B}_s$ unmittelbar vor der Stirnfläche, also

$$\mathfrak{B}_s = \frac{1}{2}\frac{\Phi}{F} \quad \text{und} \quad \mathfrak{H}_s = \frac{1}{2\mu_0}\cdot\frac{\Phi}{F}. \qquad (114)$$

IV. Das Magnetfeld in großem Abstand r von einem Körper mit dem magnetischen Moment $\mathfrak{M}$. Stromdurchflossene Spulen (ohne oder mit Eisenkern) und permanente Magnete können bei ganz verschiedenartiger Gestalt magnetische Momente $\mathfrak{M}$ von gleicher Größe besitzen. Das zeigte uns Abb. 199.

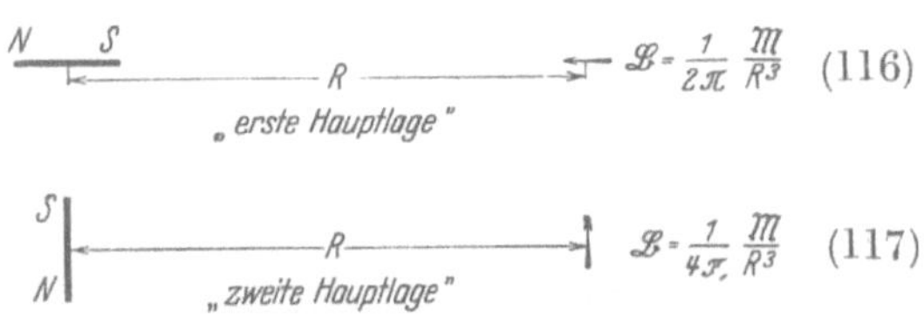

In der Nähe dieser Spulen und permanenten Magnete hängt der Verlauf des Feldes durchaus von der Gestalt dieser Körper ab. In hinreichend großem Abstand werden jedoch die Feldgrößen $\mathfrak{B}$ und $\mathfrak{H}$ nur noch durch das magnetische Moment $\mathfrak{M}$ bestimmt. Das wird

$$\mathscr{B} = \frac{1}{2\pi}\frac{\mathfrak{M}}{R^3} \qquad (116)$$

„erste Hauptlage"

$$\mathscr{B} = \frac{1}{4\pi}\frac{\mathfrak{M}}{R^3} \qquad (117)$$

„zweite Hauptlage"

Abb. 208. Die Kraftflußdichte $\mathfrak{B}$ in großem Abstand R vom Mittelpunkt eines Stabmagneten oder einer Spule mit dem magnetischen Moment $\mathfrak{M}$. Division mit $\mu_0 = 1{,}256 \cdot 10^{-6}$ Voltsek./Ampere Meter gibt die zugehörigen Werte der magnetischen Feldstärke $\mathfrak{H}$ in Ampere/m.

für die beiden „Hauptlagen" in Abb. 208 dargestellt. Dabei ist als Träger des magnetischen Momentes ein kleiner Stabmagnet gezeichnet, meist magnetischer Dipol genannt.

Herleitung: Jedes der beiden Stabenden erzeugt am Beobachtungsort nach Gl. (113) von S. 100 eine Kraftflußdichte $\mathfrak{B}_r = \dfrac{\Phi}{4\pi R^2}$. Wirksam ist nur ihre Differenz, also in der ersten Hauptlage

$$\mathfrak{B} = \frac{\Phi}{4\pi}\left[\frac{1}{(R-l/2)^2} - \frac{1}{(R+l/2)^2}\right]. \qquad (115)$$

Bei hinreichender Größe des Abstandes R gegenüber der Stablänge l darf man l^2 neben R^2 vernachlässigen und erhält

$$\mathfrak{B} = \frac{1}{2\pi}\frac{\Phi\,l}{R^3} = \frac{1}{2\pi}\frac{\mathfrak{M}}{R^3}. \tag{116}$$

V. Messung unbekannter magnetischer Momente mit Hilfe einer „Hauptlage". Die Gl. (116) und (117) (in Abb. 208) sind meßtechnisch wichtig, vor allem zur experimentellen Bestimmung unbekannter magnetischer Momente $\mathfrak{M}$. Man mißt für diesen Zweck $\mathfrak{B}$ in einer der beiden Hauptlagen, entweder direkt mit einer Probespule (S. 78) oder durch irgendeinen Vergleich mit der bekannten Kraftflußdichte $\mathfrak{B}_h = 0{,}2 \cdot 10^{-4}$ Voltsek./m² des horizontalen Erdfeldes. Man stellt z. B. $\mathfrak{B}$ und $\mathfrak{B}_h$ senkrecht zueinander und ermittelt den Nei-

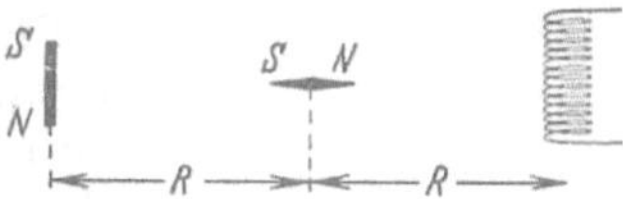

Abb. 209. Messung der Kraftflußdichte $\mathfrak{B}$ eines Dipolfeldes in der „zweiten Hauptlage" durch Vergleich mit der bekannten Kraftflußdichte des horizontalen Erdfeldes $\mathfrak{B}_h = 0{,}2 \cdot 10^{-4}$ Voltsek./m².

Abb. 210. Messung eines unbekannten magnetischen Momentes durch Vergleich mit einer Spule von bekanntem magnetischem Moment $\mathfrak{M}$ (Nullmethode). Beide Abbildungen schematisch. In Wirklichkeit müssen die Abstände R groß gegen die Länge $N\,S$ sein.

gungswinkel α ihrer Resultante mit einer Kompaßnadel. Dann ist das gesuchte $\mathfrak{B} = \mathfrak{B}_h\,\mathrm{tg}\,\alpha$ (Abb. 209). Aus diesem Wert von $\mathfrak{B}$ berechnet man das gesuchte Moment $\mathfrak{M}$ mit Hilfe von Gl. (117).

Sehr beliebt sind auch Kompensationsverfahren. Man läßt auf die Kompaßnadel außer dem unbekannten magnetischen Moment ein zweites, bekanntes, einwirken (Abb. 210). Dieses erzeugt man mit einer stromdurchflossenen Spule von gut bekannten Abmessungen. Für diese „Kompensationsspule" berechnet man das magnetische Moment mit Hilfe der Gl. (107) von S. 96.

VI. Kräfte zwischen zwei Polgebieten mit dem Kraftfluß Φ_1 und Φ_2 in großem Abstande r. Man faßt die Gl. (77) von S. 77, (112) und (113) von S. 100 zusammen und erhält

$$\mathfrak{K} = \frac{1}{4\pi\,\mu_0} \cdot \frac{\Phi_1\,\Phi_2}{r^2}. \tag{118}$$

(z. B. Kraft, Anziehung oder Abstoßung, in Großdyn; Φ in Voltsekunden, r in m; $\mu_0 = 1{,}256 \cdot 10^{-6}$ Voltsek./Ampere Meter.)

Diese Gleichung läßt sich viel bequemer auf Papier herleiten, als experimentell bestätigen. Die Abb. 211 zeigt einen Schauversuch. Die Genauigkeit ist gering. Man kann in Wirklichkeit den Kraftfluß nicht hinreichend lokalisieren. Wir bringen die Gleichung (118) und den zugehörigen Schauversuch auch nur aus historischem Interesse. Durch ihn ist man vor allem auf den Begriff der magnetischen Menge in der Analogie zur elektrischen Menge [Gl. (112) von S. 99] geraten.

VII. Kräfte zwischen den ebenen parallelen Stirnflächen

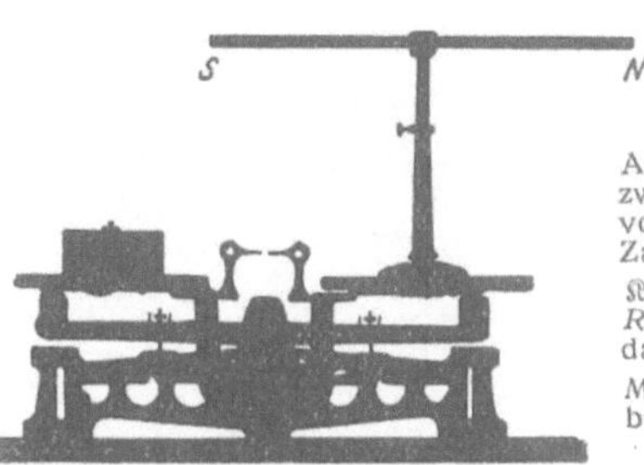

Abb. 211. Abstoßung zwischen zwei gleichnamigen Magnetpolen von angenähert gleichem Kraftfluß, Zahlenbeispiel:

$\mathfrak{K} = 10$ Pond $= 9{,}8 \cdot 10^{-2}$ Großdyn;
$R = 0{,}094$ m;
daraus $\Phi = 1{,}17 \cdot 10^{-4}$ Voltsek.

Mit längeren bzw. schlankeren Stäben bekommt man höhere Meßgenauigkeit.

zweier einander enggenäherter Polgebiete. Ein Pol erzeugt für sich allein unmittelbar vor seiner Stirnfläche die Feldstärke

$$\mathfrak{H} = \frac{1}{2\,\mu_0} \frac{\Phi}{F}. \tag{114}$$

Dies Feld wirkt auf den Kraftfluß Φ des anderen Poles nach Gl. (112) von S. 99 mit der Kraft

$$\mathfrak{K} = \frac{1}{2\,\mu_0} \frac{\Phi^2}{F} = \frac{1}{2\,\mu_0} \cdot \mathfrak{B}^2\,F = \frac{\mu_0}{2} \cdot \mathfrak{H}^2 \cdot F. \tag{119}$$

Man prüft diese Gleichung recht eindrucksvoll mit einem kleinen „Topfmagneten" von nur 5,5 cm Durchmesser (Abb. 212). Er trägt, mit einer Taschenlampenbatterie verbunden, über 100 kg.

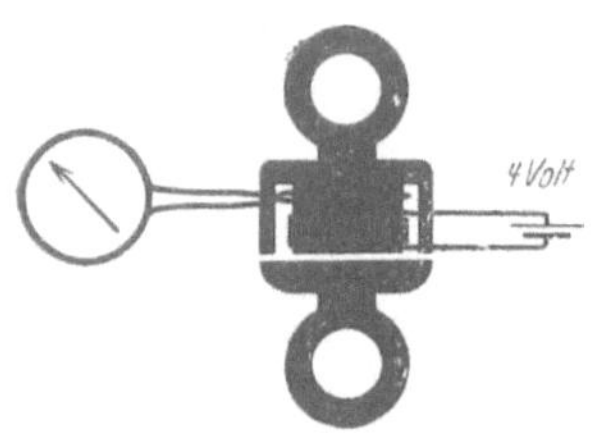

Abb. 212. Topfmagnet, unten Feldspule, oben Induktionsschleife zur Messung der Kraftflußdichte $\mathfrak{B}$. Eisenquerschnitt $F = 10$ cm² $= 10^{-3}$ m², $\mathfrak{B} = 2$ Voltsek./m², $\mathfrak{K}$ nach Gl. (119) berechnet $= 1,6 \cdot 10^3$ Großdyn $= 163$ Kilopond. Bei Benutzung einer Taschenlampenbatterie als Stromquelle gibt man der Feldspule etwa 500 Windungen.

VIII. Energieinhalt eines homogenen magnetischen Feldes vom Volumen V. In Abb. 213 sollen sich die beiden Stirnflächen der Magnetpole um die kleine Wegstrecke $\varDelta x$ nähern und dadurch eine Last heben. Dabei verschwindet ein Magnetfeld vom Volumen $V = F\,\varDelta x$. Gleichzeitig gewinnen wir die mechanische Arbeit

$$A = \mathfrak{K}\,\varDelta x = \frac{\mu_0}{2}\,\mathfrak{H}^2\,F\,\varDelta x = \frac{\mu_0}{2}\,\mathfrak{H}^2 \cdot V. \tag{120}$$

Folglich enthält ein homogenes Magnetfeld der Kraftflußdichte $\mathfrak{B}$ oder Feldstärke $\mathfrak{H}$ im Volumen V die Arbeitsfähigkeit oder Energie

$$\boxed{W_{\mathrm{magn}} = \frac{\mu_0}{2}\,\mathfrak{H}^2\,V.} \tag{121}$$

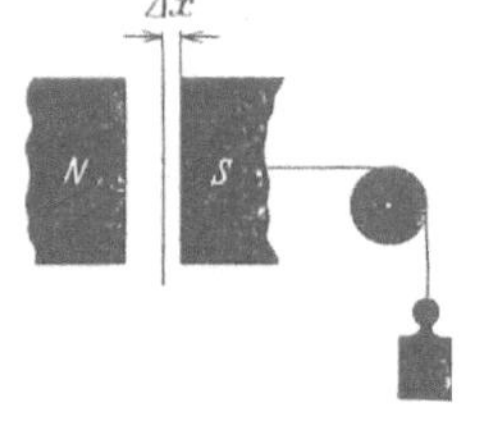

Abb. 213. Zur Berechnung der magnetischen Feldenergie.

Zahlenbeispiel: Die größten in Eisenkernen erzielbaren Kraftflußdichten $\mathfrak{B}$ betragen etwa 2,5 Voltsek./m². Dann wird im cm³ $= 10^{-6}$ m³ etwa 2,5 Wattsekunden in Form magnetischer Feldenergie aufgespeichert.

Wir fassen den Inhalt dieses Paragraphen zusammen: „Magnetostatische Felder lassen sich formal genau so wie elektrostatische Felder behandeln. Für beide läßt sich beispielsweise ein Coulombsches Kraftgesetz aufstellen [Gl. (21) von S. 40 und Gl. (118) von S. 101]. Dabei bedarf es keiner neuen Konstanten. Es genügt die Konstante des Induktionsgesetzes

$$\mu_0 = 1,256 \cdot 10^{-6} \text{ Voltsek./Ampere Meter.}$$

IX. Materie im Magnetfeld[1].

§ 70. Begriffsbildung für ein ganz mit Materie erfülltes homogenes magnetisches Feld. Bisher galt unsere Darstellung den Magnetfeldern im leeren Raum. Die Anwesenheit der Luftmoleküle war von ganz untergeordneter Bedeutung. Ihr Einfluß macht sich erst in der 6. Dezimale mit 4 Einheiten bemerkbar.

Ein Teil der stromdurchflossenen Leiter, insbesondere Spulen, war nicht freitragend gebaut, sondern auf dünnwandige, mit Schellackleimung hergestellte Papp- oder Holzrohre aufgewickelt. Der Einfluß dieses Trägermaterials lag ebenfalls weit jenseits unserer in den Schauversuchen benötigten Meßgenauigkeit.

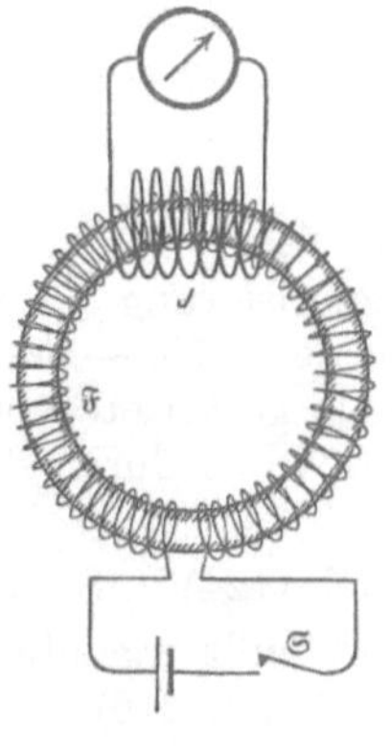

Die Anwesenheit anderer Stoffe im Magnetfeld hingegen, z. B. von Eisen, macht sich in ganz grober Weise bemerkbar. Als Füllstoff in eine Ringspule gebracht (Abb. 214), erhöht das Eisen den Kraftfluß Φ auf ein Vielfaches (dabei verlaufen keinerlei Feldlinien im Außenraum, Abb. 215). Auf dieser Tatsache fußend, definiert man im Elementarunterricht als Permeabilität des Füllstoffes das Verhältnis

$$\mu = \frac{\text{Kraftfluß der gefüllten Ringspule}}{\text{Kraftfluß der leeren Ringspule}}.$$

Durch Division des Kraftflusses Φ mit dem Querschnitt F des homogenen Magnetfeldes erhält man dessen Kraftflußdichte $\mathfrak{B}$, also $\mathfrak{B} = \Phi/F$. Mit ihm ergeben sich folgende Definitionen für magnetische Stoffkonstanten:

1. die Permeabilität

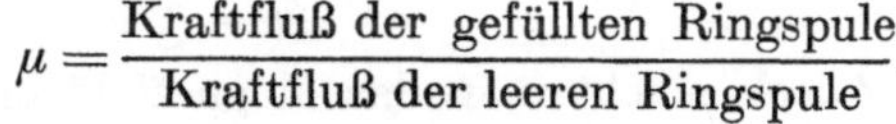

$$\mu = \frac{\text{Kraftflußdichte mit Materie}}{\text{Kraftflußdichte ohne Materie}} = \frac{\mathfrak{B}_m}{\mathfrak{B}}. \qquad (122)$$

Die Permeabilität μ ist also eine dimensionslose Zahl.

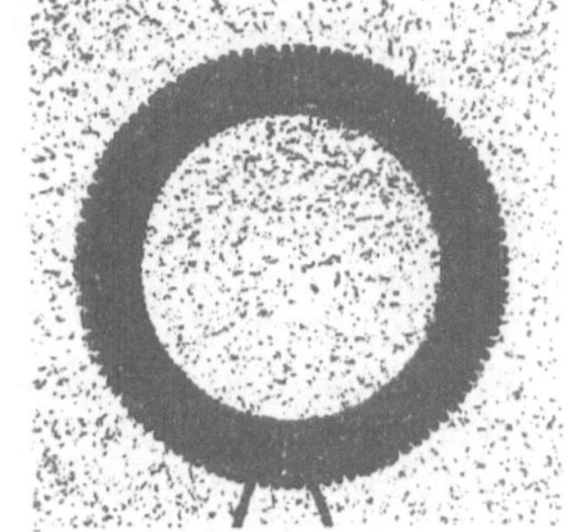

Abb. 214. Zur Definition magnetischer Materialwerte durch Messungen der Kraftflußdichte. Für Schauversuche eignet sich eine Füllung der Ringspule mit „Ferrokart", einer eisenhaltigen Papiermasse mit einer Permeabilität μ von ungefähr 10.

2. die Magnetisierung

$$\mathfrak{J} = \mathfrak{B}_m - \mathfrak{B}. \qquad (123)$$

Wir definieren also als Magnetisierung $\mathfrak{J}$ die zusätzliche, von der Materie herrührende Kraftflußdichte. Als Einheit benutzen wir, wie bei jeder Kraftflußdichte, 1 Voltsek./m².

Gleichwertig ist eine andere Definition: Es ist die Magnetisierung der Materie

$$\mathfrak{J} = \frac{\text{magnetisches Moment}}{\text{Volumen}} = \frac{\mathfrak{M}}{V}. \qquad (124)$$

Herleitung: Wir denken uns eine Kiste (Basisfläche F, Länge l) homogen magnetisiert. Dann ist ihr von der Magnetisierung $\mathfrak{J}$ herrührender Kraftfluß $\Phi = \mathfrak{J}\,F$ und nach Gl. (111) von S. 98 ihr magnetisches Moment $\mathfrak{M} = \Phi\,l = \mathfrak{J}\,F\,l = \mathfrak{J}\,V$; folglich $\mathfrak{J} = \mathfrak{M}/V$.

Abb. 215. Der Außenraum einer eisenhaltigen Ringspule ist feldfrei.

---

[1] Der Anfänger beschränke sich auf die §§ 70 bis 72.

3. die magnetische Suszeptibilität

$$\varkappa = \mu - 1 = \frac{\text{Magnetisierung der Materie}}{\text{Kraftflußdichte ohne Materie}} = \frac{\mathfrak{J}}{\mathfrak{B}}. \tag{125}$$

Das Verhältnis der Suszeptibilität $\varkappa$ zur Dichte ϱ wird spezifische magnetische Suszeptibilität χ genannt, also

$$\chi = \varkappa/\varrho = (\mu - 1)/\varrho. \tag{125a}$$

Diese drei Definitionen stützen sich auf ganz einfache, übersichtliche Messungen an einer Ringspule. Diese wird abwechselnd ganz mit Materie gefüllt oder leer benutzt (Abb. 214). Man mißt lediglich die Permeabilität μ und berechnet aus ihr die übrigen, zur Kennzeichnung eines magnetisierten Stoffes geschaffenen Größen. Bei der Ausführung der Messungen kann man die Empfindlichkeit im Bedarfsfalle durch eine Differenzschaltung um mehrere Zehnerfaktoren erhöhen. Man schaltet die Induktionsspulen der leeren und der vollen Ringspule gegeneinander und mißt mit dem Spannungsstoß direkt die Differenz der beiden Kraftflüsse.

§ 71. Messung magnetischer Stoffwerte in homogenen Feldern. Für viele Stoffe ist $\mu \approx 1$. Für sie mißt man nicht μ, sondern die Magnetisierung $\mathfrak{J}$ und berechnet die Größen μ und $\varkappa$ aus den Definitionsgleichungen des § 70. — Man benutzt statt großer ringförmiger Versuchsstücke kleine beliebig gestaltete vom Volumen V. Man bringt sie in ein magnetisches Feld und mißt das durch die Magnetisierung entstehende magnetische Moment

$$\mathfrak{M} = \mathfrak{J} \, V. \qquad \text{Gl. (124) v. S. 103}$$

Für diesen Zweck macht man das Magnetfeld inhomogen und mißt irgendwie die am Körper in Richtung des Feldgefälles angreifende Kraft (Abb. 216)

$$\mathfrak{K} = \mathfrak{M} \frac{\partial \mathfrak{H}}{\partial x} = \mathfrak{J} \, V \frac{\partial \mathfrak{H}}{\partial x} \qquad \text{Gl. (110) v. S. 97}$$

$\left(\text{z.B. Kraft in Großdyn} = 0{,}102 \text{ Kilopond}, \mathfrak{M} \text{ in Voltsek.Meter}, \mathfrak{J} \text{ in Voltsek./m}^2, \dfrac{\partial \mathfrak{H}}{\partial x} \text{ in } \dfrac{\text{Ampere/m}}{\text{m}}; V \text{ in m}^3\right).$

Das Feldgefälle $\partial \mathfrak{H}/\partial x$ wird mit Gl. (110) von S. 97 bestimmt.

Für die Bestimmung von $\varkappa$ und μ benutzt man die ohne das Versuchsstück vorhandene Kraftflußdichte $\mathfrak{B}$. Man mißt sie mit einer kleinen Induktionsspule als Mittelwert am Orte des Körpers. Die Anwendung dieses $\mathfrak{B}$ ist nur eine Näherung, denn die Gl. (122) bis (125) gelten streng nur für ein ganz mit Materie angefülltes magnetisches Feld. Sie ist aber zulässig, wenn die Permeabilität $\mu \approx 1$ ist. Der Grund ergibt sich später aus Gl. (128) auf S. 109.

§ 72. Diamagnetismus, Paramagnetismus, Ferromagnetismus. Nach der Erläuterung der Meßverfahren bringen wir jetzt einen kurzen Überblick über die magnetischen Eigenschaften der Stoffe. — Man kann alle Stoffe in drei große Gruppen einordnen:

1. Diamagnetische Stoffe. Ihre Suszeptibilität $\varkappa = (\mu - 1)$ ist eine Stoffkonstante. D. h. sie ist von der Stärke des magnetisierenden Feldes unabhängig. Die Permeabilität μ ist ein wenig kleiner als 1. Die Tabelle 4 gibt Beispiele. Die spezifische Suszeptibilität χ ist von der Temperatur unabhängig.

2. Paramagnetische Stoffe. Ihre Suszeptibilität ist ebenfalls eine Stoffkonstante, d. h. von der Stärke des magnetisierenden Feldes unabhängig. Die Permeabilität μ ist ein wenig größer als 1. Beispiele finden sich ebenfalls in

Tabelle 4. Die spezifische Suszeptibilität $\chi = \varkappa/\varrho$ sinkt mit steigender Temperatur (vgl. dazu Abb. 218 B); in einfachen Grenzfällen gilt das Curiesche Gesetz

$$\chi = \frac{C}{T_{\mathrm{abs}}} \qquad (125\,\mathrm{b})$$

(C wird Curiesche Konstante genannt).

Tabelle 4. Diamagnetische Stoffe[1].

	H_2	Cu	H_2O	NaCl	Wismut	
Suszeptibilität $\chi = (\mu - 1)$	$- 0{,}002_2$	$- 10$	$- 9{,}0_4$	$- 13{,}9$	$- 152$	$\cdot\,10^{-6}$
Spezifische Suszeptibilität $\chi = \dfrac{\varkappa}{\varrho}$	-25	$- 1{,}13$	$- 9{,}0_4$	$- 6{,}5$	$- 15{,}6$	$\cdot\,10^{-9}\,\dfrac{\mathrm{m}^3}{\mathrm{kg}}$
(ϱ = Dichte).	$- 0{,}5$	$- 0{,}71$	$- 1{,}62$	$- 3{,}78$	$- 32{,}6$	$\cdot\,10^{-7}\,\dfrac{\mathrm{m}^3}{\mathrm{Kilomol}}$

Paramagnetische Stoffe.

	Al	Pt	O_2	O_2 flüssig	Dysprosiumsulfat $Dy_2(SO_4)_3 \cdot 8\,H_2O$	
Suszeptibilität $\varkappa = (\mu - 1)$	20	264	1,86	3620	632 000	$\cdot\,10^{-6}$
Spezifische Suszeptibilität $\varkappa = \dfrac{x}{\varrho}$	7,4	12,3	1300	3020	203 000	$\cdot\,10^{-9}\,\dfrac{\mathrm{m}^3}{\mathrm{kg}}$
(ϱ = Dichte)	2,0	24	416	970	1 540 000	$\cdot\,10^{-7}\,\dfrac{\mathrm{m}^3}{\mathrm{Kilomol}}$

3. Ferromagnetische Stoffe. Die Permeabilität μ ist auch nicht in rohester Näherung eine Stoffkonstante. Sie hängt nicht nur von der Stärke des magnetisierenden Feldes, sondern auch von der Vorgeschichte des Stoffes ab. Die Größe von μ kann einige Hundert erreichen. Mit steigender Temperatur sinkt die Permeabilität. Oberhalb einer bestimmten Temperatur (Curie-Punkt) verschwindet der Ferromagnetismus, und der Stoff zeigt nur noch paramagnetisches Verhalten.

Soweit die äußere Einteilung. Nun einige Einzelheiten:

I. Diamagnetische Stoffe. Man erkennt sie im Magnetfeld schon ohne Messung. Sie werden stets aus dem Gebiet hoher Feldstärke herausgedrängt, z. B. das Wismutstück in Abb. 216 nach oben.

In einem inhomogenen Magnetfeld geeigneter Gestalt (Abb. 217) vermögen kleine diamagnetische Körper stabil zu schweben.

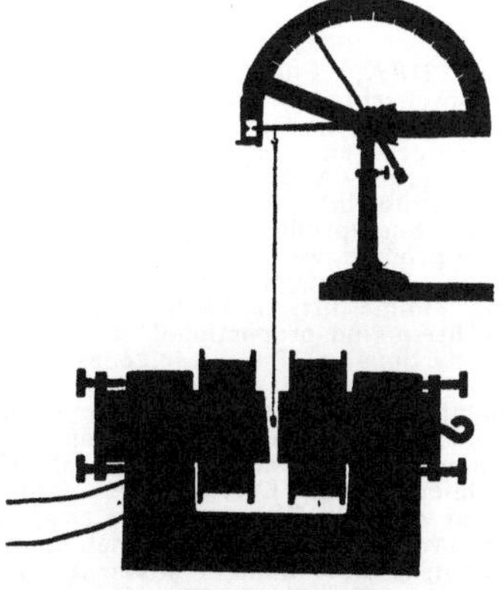

Abb. 216. Eine diamagnetische Substanz hängt in einem inhomogenen Magnetfeld an einer Schneckenfederwaage.

Deutung: Atome der diamagnetischen Stoffe haben ursprünglich kein magnetisches Moment. Sie bekommen es erst im Felde durch Induktionsströme. Die Induktionsströme kreisen dem Feldspulenstrom entgegengesetzt (Lenzsche Regel, § 66). Wir haben also den Fall der Abb. 201 b.

Wir können diese Induktionswirkung im groben Modell mit Wirbelströmen nachahmen. Wir ersetzen das Wismutstück in Abb. 216 durch eine gut leitende

---

[1] In den meisten Tabellen findet man nicht $\varkappa = \mu - 1$, sondern $\varkappa = (\mu - 1)/4\,\pi$.

Metallscheibe (z. B. Al). Sie wird beim Einschalten des Feldspulenstromes verdrängt, allerdings nur für kurze Zeit. Grund: Die Metallscheibe verliert ihr induziertes magnetisches Moment schon im Bruchteil einer Sekunde, die Wirbelströme werden durch Reibung (Stromwärme) abgebremst. In den Atomen der diamagnetischen Stoffe hingegen kreisen die Induktionsströme verlustlos bis zum Verschwinden des Feldes. Sie werden erst dann durch den zweiten Induktionsvorgang abgebremst. Dies rohe, aber schon brauchbare Bild hat eine wichtige Konsequenz: Alle Atome enthalten Elektrizitätsatome. Daher müssen in allen Atomen Induktionsströme auftreten. Folglich müssen alle Stoffe diamagnetisch sein. Ihr diamagnetisches Verhalten kann jedoch durch andere Erscheinungen verdeckt werden. Das haben wir bei den para- und ferromagnetischen Stoffen anzunehmen.

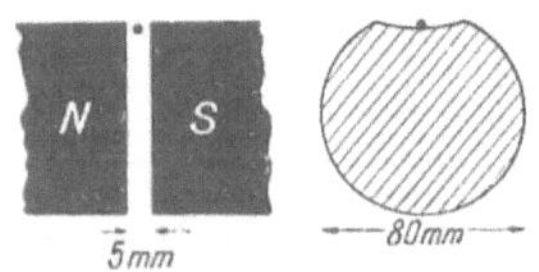

Abb. 217. Kleine diamagnetische Körper ($V \approx 1$ mm³) aus Wismut oder gut ausgeglühter Bogenlampenkohle schweben frei im inhomogenen Randgebiet eines Magnetfeldes der Kraftflußdichte $\mathfrak{B} \approx 2$ Voltsek./m². Die oben eingefräste hohle Flache (Krümmungsradius 6 cm) bewirkt die Stabilität in horizontaler Richtung. Elektromagnet wie in Abb. 188.

II. Paramagnetische Stoffe. Sie werden im Gegensatz zu den diamagnetischen in das Gebiet hoher Feldstärke hereingezogen. Schauversuche in Abb. 218.

Deutung: Die Moleküle der paramagnetischen Stoffe besitzen schon ursprünglich magnetische Momente. Die Achsen dieser permanenten Momente sind aber infolge der Wärmebewegung regellos über alle Richtungen des Raumes verteilt. Daher zeigt der Körper als Ganzes kein magnetisches Moment. — Im Magnetfeld hingegen erhalten die Achsen der atomaren Momente eine Vorzugsrichtung. Dabei kommt es allerdings auch nicht angenähert zu einer Parallelrichtung aller Achsen. Sonst könnte die Magnetisierung in starken Feldern nicht mehr proportional zur Kraftflußdichte $\mathfrak{B}$ des Feldes ansteigen oder $\varkappa$ und μ könnten keine Konstanten sein.

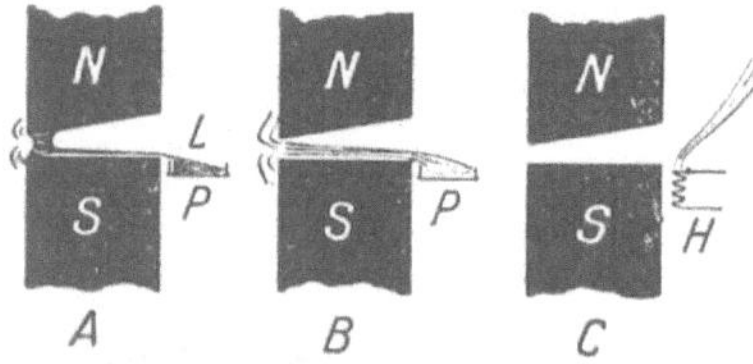

Abb. 218 A. Flüssige Luft (aus einer Pappschachtel P) wird, weil stark paramagnetisch, in Gebiete hoher Feldstärke hereingezogen. Elektromagnet wie in Abb. 216. — Abb. 218 B und C. Zur Temperaturabhängigkeit der paramagnetischen Suszeptibilität $\varkappa$. — Kalte Luft hat eine größere, warme Luft hingegen eine kleinere paramagnetische Suszeptibilität als Zimmerluft. (Sowohl $\varkappa/\varrho$ wie die Dichte ϱ sind proportional zu T^{-1}, $\varkappa$ also proportional zu T^{-2}). Infolgedessen wird eine Schliere kalter Luft (aus einer gekühlten Pappschachtel) in Gebiete großer Feldstärke hineingezogen, indem sie die Zimmerluft verdrängt (Teilbild B). Eine Schliere warmer Luft hingegen (aufsteigend von einer Flamme oder Heizspirale) wird von der stärker angezogenen Zimmerluft in Gebiete kleiner Feldstärke herausgedrängt (Teilbild C). Elektromagnet wie in Abb. 216.

Grundsätzlich ist eine Sättigung der Magnetisierung paramagnetischer Stoffe bei sehr hohen Feldstärken oder sehr kleinen Temperaturen zu erwarten. Gefunden ist der Beginn einer solchen Sättigung einwandfrei für Gadoliniumsulfat bei $T_{abs} = 1{,}9$ Grad.

III. Ferromagnetische Stoffe sind schon für den Laien erkennbar. Sie werden von jedem Hufeisenmagneten angezogen. Beispiele: Fe, Co, Ni, manganhaltige Kupferlegierungen (F. R. Heusler, 1898). Physikalisch sind die Ferromagnetika durch die außerordentliche Größe der erreichbaren Magnetisierung $\mathfrak{J}$ gekennzeichnet. Dabei hängt die Magnetisierung in sehr verwickelter Weise von der Stärke des erregenden Feldes und von der Vorgeschichte ab.

Wir wollen diesen Zusammenhang mit einem Kriechgalvanometer (§ 67) im Schauversuch vorführen. Dazu benutzen wir in Abb. 219 zwei Ringspulen gleicher Größe und Windungszahl. Die linke enthält einen Eisenkern, die rechte einen Holzkern (vgl. S. 103). Beide Feldspulen werden vom gleichen Strom durchflossen. Beide werden von je einer Induktionsschleife umfaßt, jedoch in entgegengesetztem Windungssinn. Daher zeigt uns das Kriechgalvanometer die Differenz der beiden Kraftflüsse mit und ohne Eisenkern, also Φ_m und Φ. Durch Division mit F, dem Spulen- und Eisenquerschnitt, bekommen wir die Magnetisierung $\mathfrak{J}$, die zusätzliche, vom Eisen herrührende Kraftflußdichte

$$\mathfrak{J} = \frac{\Phi_\mathrm{m} - \Phi}{F} \qquad (126)$$

(Einheit: Voltsek./m²).

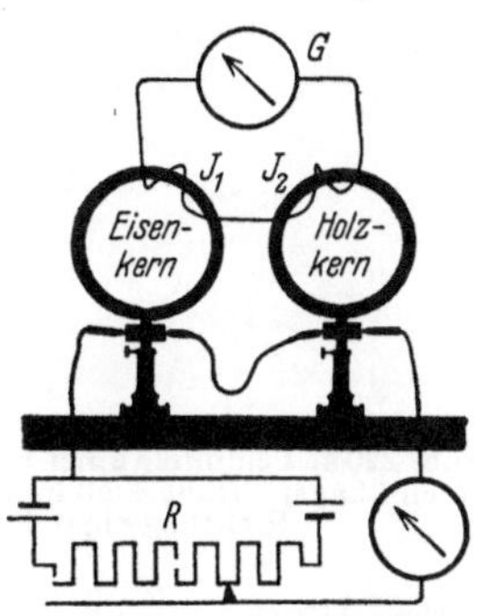

Abb. 219. Ausmessung der Hysteresisschleife von Eisen mit einem Kriechgalvanometer. Zwei Ringspulen nach dem Schema der Abb. 214. Die Induktionsschleifen J_1 und J_2 haben verschiedenen Windungssinn. Das Galvanometer zeigt daher die Differenz der beiden Kraftflüsse mit und ohne Eisen. Überschreitet der Läufer L die mittlere Lucke des Widerstandes, so wechselt die Stromrichtung in den beiden Feldspulen.

Wir führen die Messungen der Reihe nach mit steigenden und sinkenden Feldströmen für beide Stromrichtungen durch und gelangen so zu der Kurve in Abb. 220, der „Hysteresisschleife" für Schmiedeeisen. Aus dieser lesen wir folgendes ab:

1. Zu jedem Wert von $\mathfrak{B}$, der Kraftflußdichte der leeren Spule, gehören zwei Werte von $\mathfrak{J}$. Für zunehmende Magnetisierung gilt in der oberen Bildhälfte der rechte, für abnehmende der linke Kurvenast.

2. Die Magnetisierung $\mathfrak{J}$ erreicht bei wachsenden Werten von $\mathfrak{B}$ (der Kraftflußdichte der leeren Spule) einen „Sättigungswert".

3. Ein Teil der Magnetisierung $\mathfrak{J}$ bleibt auch ohne Spulenfeld erhalten. Er heißt die „Remanenz". Das Eisen ist zum permanenten Magneten geworden.

4. Zur Beseitigung der Remanenz muß man das Spulenfeld umkehren und seine Kraftflußdichte bis zu einem gewissen Wert steigern: Er heißt die „Koerzitivkraft".

Stoffe mit sehr kleiner Koerzitivkraft heißen magnetisch weich; in sehr reinem, in Wasserstoff geglühtem Eisen kann man die Koerzitivkraft bis zu etwa $3 \cdot 10^{-6}$ Voltsek./m² herabsetzen. In magnetisch sehr harten Legierungen aus Fe, Ni und Al, z. B. Oerstit, kann man die Größenordnung 0,1 Voltsek./m² erreichen.

5. Die zyklische Magnetisierung, d. h. ein voller Umlauf der Hystereseschleifen, erfordert eine Arbeit. Wir haben nach Gl. (121) von S. 102 zu setzen

$$W = \frac{V}{\mu_0} \int \mathfrak{J}\, d\mathfrak{B}_1 .$$

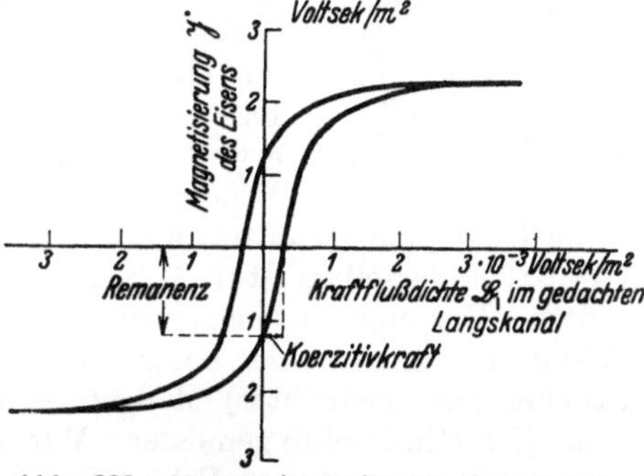

Abb. 220. Hysteresisschleife für Schmiedeeisen gemessen gemäß Abb. 219. $\mathfrak{B}_1$ ist in Abb. 219 mit der Kraftflußdichte $\mathfrak{B}$ der leeren Feldspule identisch. Die Sattigungswerte der Magnetisierung $\mathfrak{J}$ liegen bei 2,1 Voltsek/m². Sie sind in dieser Abbildung und ebenso in den Abb. 226 und 227 etwas zu hoch eingezeichnet.

Der Ferromagnetismus ist keine Eigenschaft einzelner Atome oder Moleküle, er fehlt z. B. bei Eisen in Dampfform. Der Ferromagnetismus entsteht erst in mikrokristallinen Bereichen. Das macht den großen Einfluß der mechanischen und thermischen Vorgeschichte auf die Eigenschaften ferromagnetischer Stoffe verständlich. So bekommen manche Legierungen durch Walzen ausgesprochene Vorzugsrichtungen der Magnetisierbarkeit. Diese steht z. B. senkrecht zur Walzrichtung und senkrecht zur Blechoberfläche. Die Abb. 220a zeigt die Feldlinien einer Kompaßnadel, deren Längsrichtung sich in die Ost-West-Richtung einstellt.

Die Verknüpfung von Kristalleigenschaften und Magnetisierbarkeit äußert sich außerdem noch in mannigfacher Form. Die Magnetisierung ändert die elastischen Konstanten der Kristalle und ruft Länge- oder Querkontraktionen (positive oder negative **Magnetostriktion**) hervor. Außerdem beeinflußt sie den elektrischen Widerstand. Bei all diesen Wirkungen ist die Abhängigkeit

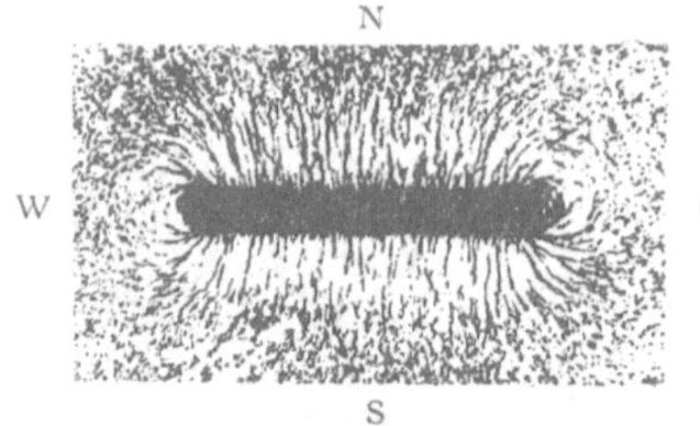

Abb. 220 a. Feldlinien einer Kompaßnadel, deren Längsrichtung sich in die Ost-West-Richtung einstellt.

der ferromagnetischen Magnetisierung von der Temperatur zu beachten. Wie schon erwähnt, verschwindet die Magnetisierbarkeit bei der Temperatur des „Curie-Punktes". Dieser liegt z. B. bei **Heuslerschen Le**gierungen schon unter 100⁰. Ein Stück einer solchen Legierung haftet bei Zimmertemperatur an einem Hufeisenmagneten, fällt aber beim Eintauchen in siedendes Wasser ab. Ein weiterer Schauversuch für das Verschwinden der Magnetisierung beim Erwärmen findet sich in Abb. 221.

Das sind zunächst die wichtigsten Kennzeichen der Ferromagnetika.

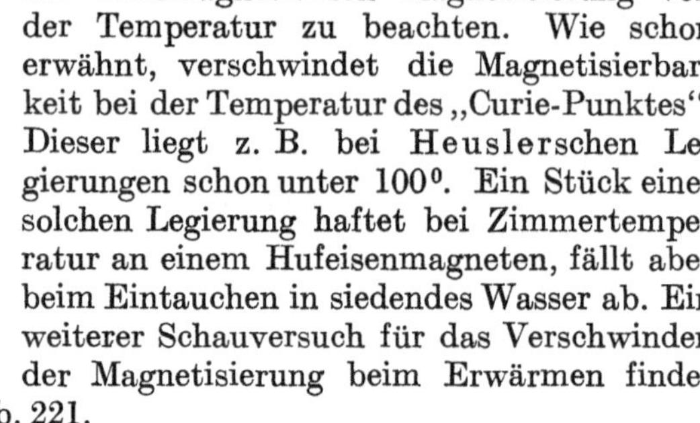

Abb. 221. Ein einseitig erhitztes Nickelrad rotiert im Felde eines Magneten. Bei 356 Grad C verliert Nickel seinen Ferromagnetismus, und dann zieht der Magnet ein kälteres, noch ferromagnetisches Stück des Rades heran. Die Mittelebene des Magneten geht durch die Radachse. Die Flamme wird je nach dem gewünschten Drehsinn etwas vor oder hinter diese Mittelebene gestellt.

§ 73. Begriffsbildung für ein nur teilweise mit Materie erfülltes magnetisches Feld. Die Entmagnetisierung. Die in § 70 gebrachten Definitionen für die magnetischen Stoffwerte sind übersichtlich und einwandfrei, leider aber in der praktischen Anwendbarkeit beschränkt: Sie gelten bei merklich von 1 abweichenden Werten der Permeabilität μ nur für große ringförmige, die ganze Ringspule ausfüllende Versuchsstücke. Oft sind derartige Stücke nicht verfügbar, und die Materie erfüllt dann nur ein Teilgebiet des magnetischen Feldes. Für diesen Fall muß man die Definitionsgleichungen (122) bis (125) erweitern, und zwar auf Grund neuer experimenteller Erfahrungen.

Eine Ringspule sei zunächst noch ganz mit homogener Materie angefüllt. Ein Teilstück derselben ist in Abb. 221 a skizziert. Sie soll zwei kleine Hohlräume enthalten. Der eine ist ein zur Feldrichtung senkrechter Schlitz, der andere ein zur Feldrichtung paralleler Längskanal. Beide Hohlräume dienen zur Aufnahme (wirklicher oder gedachter) Meßgeräte, in beiden wird sowohl eine Feldstärke wie eine Kraftflußdichte gemessen. Wir unterscheiden die im Längskanal und die im Querschlitz gemessenen Feldgrößen durch die Indizes | und ⏤. Dann finden wir zweierlei:

1. Die in einem Querschlitz gemessene Kraftflußdichte ist die gleiche wie die als Spannungsstoß/Windungsfläche gemessene (S. 77), also

$$\mathfrak{B}_{⏤} = \mathfrak{B}_{m}. \tag{α}$$

2. Die in einem Längskanal gemessenen Feldgrößen $\mathfrak{B}_{|}$ und $\mathfrak{H}_{|}$ sind die gleichen wie die in der leeren Feldspule gemessenen, also

$$\mathfrak{B}_{|} = \mathfrak{B} \quad \text{und} \quad \mathfrak{H}_{|} = \mathfrak{H}. \tag{β}$$

Das zeigt man gemäß Abb. 221b. Der Füllstoff enthält in seiner Längsrichtung einen Kanal von beliebigem, aber konstantem Querschnitt[1]. Innerhalb dieses Längskanals befindet

---

[1] Anmerkung für den Experimentator: Der Ringkanal kann offen längs der Körperoberfläche verlaufen. Das heißt praktisch: Man legt in die Ringspule einen Eisenring von kleinerem Querschnitt als dem der Spule. Dann bildet der Zwischenraum zwischen der äußeren Ringwand und den Spulenwindungen den Kanal.

sich die schlanke Induktionsspule J. Mit ihr mißt man die Kraftflußdichte $\mathfrak{B}_|$ und findet sie unabhängig von der Weite des Längskanals ebenso groß wie in der leeren Ringspule. Dies Ergebnis erweitert man in Gedanken auf einen engen, für Messungen nicht mehr ausreichenden Längskanal.

Durch Einsetzen der Gl. (α) und (β) erhalten wir aus Gl. (122) für die **Permeabilität**

$$\mu = \frac{\mathfrak{B}_-}{\mathfrak{B}_|} = \frac{\mathfrak{H}_-}{\mathfrak{H}_|}, \qquad (122\,a)$$

aus Gl. (123) für die **Magnetisierung**

$$\mathfrak{J} = \mathfrak{B}_- - \mathfrak{B}_| = \mathfrak{H}_| \mu_0 (\mu - 1), \qquad (123\,a)$$

aus Gl. (124) für die **magnetische Suszeptibilität**

$$\varkappa = \mu - 1 = \frac{\mathfrak{J}}{\mathfrak{B}_|}. \qquad (124\,a)$$

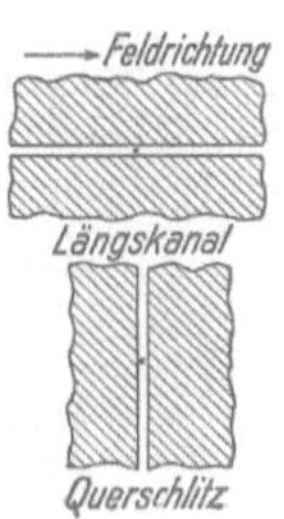
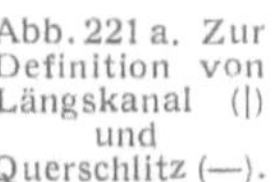

Abb. 221 a. Zur Definition von Längskanal (|) und Querschlitz (—).

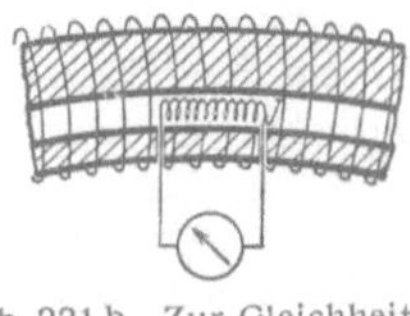

Abb. 221 b. Zur Gleichheit von $\mathfrak{H}_|$ und $\mathfrak{H}$ in einer ganz mit Materie gefüllten Ringspule.

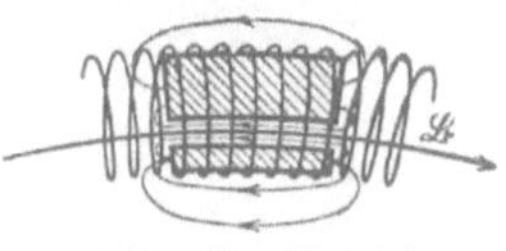

Abb. 222. Zur Entstehung der Entmagnetisierung.

Diese erweiterten Definitionsgleichungen darf man auch auf Materie anwenden, die nur **einen** Teil des magnetischen Feldes erfüllt. Dazu muß man die in einem Längskanal vorhandenen Feldgrößen $\mathfrak{B}_|$ und $\mathfrak{H}_|$ zu bestimmen lernen.

Das soll für ein kurzes zylindrisches Versuchsstück geschehen (Abb. 222). In diesem Stück ist ein Längskanal frei gelassen. In ihm ist das magnetische Feld keineswegs das zuvor ohne das Versuchsstück vorhandene, sondern viel schwächer. Grund: Die Enden des Versuchsstückes sind zu Polen geworden, und von diesen laufen Feldlinien dem Spulenfelde entgegen durch den Kanal hindurch. Im Kanal findet sich nur noch die Kraftflußdichte

$$\mathfrak{B}_| = \mathfrak{B} - N\mathfrak{J}. \qquad (127)$$

Dabei bedeutet $N\mathfrak{J}$ den von den rückläufigen Feldlinien herrührenden und daher abzuziehenden Anteil. Dieser Anteil ist der Magnetisierung $\mathfrak{J}$ des Stückes proportional, und der Faktor N berücksichtigt die Gestalt des Stückes (Tab. 2, S. 60). — Ebenso ist die Feldstärke im Längskanal nicht mehr $\mathfrak{H}_| = \mathfrak{H} = n\,I/l$, sondern nur noch

$$\mathfrak{H}_| = \mathfrak{H} - N\mathfrak{J}/\mu_0 \qquad (127\,a)$$

oder mit Gl. (123a) dieser Seite

$$\mathfrak{H}_| = \frac{\mathfrak{H}}{1 + N(\mu - 1)}. \qquad (128)$$

Beim nachträglichen Ausfüllen des Längskanals steht also für die Erzeugung der Magnetisierung nur mehr ein geschwächtes Feld zur Verfügung. Ein in Richtung der Feldlinien begrenztes Versuchsstück bekommt eine kleinere Magnetisierung als ein ringförmig geschlossenes Stück. Diese Beeinträchtigung der Magnetisierung nennt man **Entmagnetisierung**. Quantitativ gilt das bei der Entelektrisierung (S. 60) Gesagte: Man bekommt in Rotationsellipsoiden ein homogenes Feld und ersetzt für Meßzwecke schlanke Ellipsoide durch schlanke Zylinder.

Die Entmagnetisierung erschien uns bisher als Störung. Sie kann aber auch außerordentlich nützliche Dienste leisten. Wir beschränken uns auf drei Beispiele:

I. **Veränderung des Kraftflusses** Φ **durch Änderung des Eisenschlusses.** Die Erscheinung ist uns aus Abb. 197 bekannt. Wir verstehen sie jetzt: Änderung des Eisenschlusses bedeutet Änderung der Entmagnetisierung.

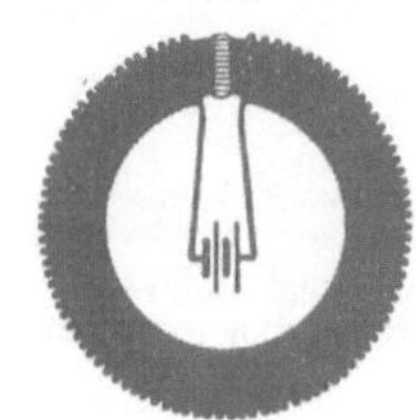

Abb. 223. Schema eines Elektromagneten.

II. **Der Elektromagnet** (Schema der Abb. 223). Im flachen Luftspalte zwischen den Polen herrscht eine sehr große Feldstärke. Begründung: Der Luftspalt ist ein Querschlitz, folglich gilt für die Feldstärke in ihm die Gl. (122a)

$$\mathfrak{H}_- = \mu \cdot \mathfrak{H}. \qquad (122\,a)$$

D. h. die Feldstärke im Luftspalt ist das μ-fache der ohne Eisen vorhandenen Feldstärke. So kann man mit **Elektromagneten mit Kegelstumpfpolen** Feldstärken bis zu $4 \cdot 10^6$ Ampere/m oder **Kraftflußdichten bis zu etwa 5 Voltsek./m²** $= 5 \cdot 10^4$ **Gauß erreichen.**

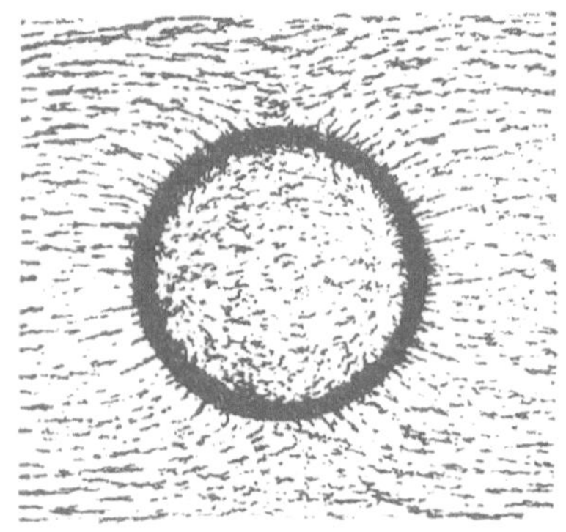

Abb. 224. Panzerschutz zum teilweisen Abschirmen eines Magnetfeldes. (Es gibt keine magnetische Influenz!)

Die gesamte magnetische Spannung des Feldspulenstromes $\int \mathfrak{H}_s \, ds$ ist gleich seiner Stromwindungszahl $n\,I$. Innerhalb des Eisens (gedachter Längskanal!) ist bei Anwesenheit des Querschlitzes (Luftspaltes) die Feldstärke $\mathfrak{H}_|$ durch Entmagnetisierung nahezu bis auf Null geschwächt. Der lange Weg im Eisen (Längskanal!) liefert also praktisch keinen Beitrag zur magnetischen Spannung. In Gl. (127a) ist zwar N klein, aber $\mathfrak{J}$ sehr groß! Fast ihr voller Betrag $n\,I$ entfällt auf den kurzen Weg s im „Luftspalt". Im „Luftspalt" herrscht die Feldstärke $n\,I/s$. Der Luftspalt wirkt wie eine Spule der Länge s und der außerordentlich großen Stromwindungszahl $n\,I$.

III. **Magnetischer Panzerschutz.** Wir bringen einen ferromagnetischen Hohlkörper, z. B. eine eiserne Hohlkugel, in ein zuvor homogenes Magnetfeld (Abb. 224). Das Feld im Innern verschwindet durch die gegenläufigen Feldlinien der Pole bis auf dürftige Reste. Man braucht solche eisernen Hohlkugeln als „magnetischen Panzerschutz" zur Abschirmung störender Magnetfelder.

§ 73a. Die Feldgrößen an Grenzflächen und in Hohlräumen. Man denke sich einen Kanal schräg gegen die Feldrichtung (vgl. Anm. 1 von S. 59) geneigt und einen Querschlitz, der nicht senkrecht zur Feldrichtung steht. Dann mißt man im Kanal nur eine Komponente von $\mathfrak{H}_|$ und $\mathfrak{B}_|$ und im Schlitz nur eine Komponente von $\mathfrak{H}_-$ und $\mathfrak{B}_-$. Man denke sich ferner die Grenzfläche Materie-Vakuum in beliebiger Lage; dann ergeben sich aus dem Vorangegangenen zwei oft gebrauchte Aussagen: An der Grenze Materie-Vakuum (und ebenso an der Grenze zweier Stoffe) erhält man einen stetigen **Übergang der Tangentialkomponenten** für die im Längskanal gemessenen Feldgrößen $\mathfrak{H}_|$ und $\mathfrak{B}_|$, der **Normalkomponenten** für die im Querschlitz gemessenen Feldgrößen $\mathfrak{H}_-$ und $\mathfrak{B}_-$.

In der theoretischen Literatur hält man die beiden Verhältnisse Feldstärke = Stromwindungszahl/Spulenlänge und Kraftflußdichte = Spannungsstoß/Windungsfläche oft leider auch heute noch nicht auseinander, weil man durch Wahl spezieller Einheiten für Strom und Spannung die Induktionskonstante μ_0 dimensionslos $= 1$ macht. Ferner benutzt man für $\mathfrak{H}_|$ und $\mathfrak{B}_|$ nur einen Buchstaben, nämlich $\mathfrak{H}$, und für $\mathfrak{H}_-$ und $\mathfrak{B}_-$ ebenfalls nur einen Buchstaben, nämlich $\mathfrak{B}$. Man schreibt $\mathfrak{B} = \mu \mathfrak{H}$ und erhält im Vakuum mit $\mu = 1$ die befremdende Aussage $\mathfrak{H} = \mathfrak{B}$, also Feldstärke = Kraftflußdichte.

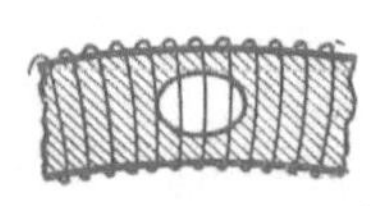

Abb. 225. Hohlraum in einem magnetisierten Ringe.

Zum Schluß noch einiges über das Magnetfeld in Hohlräumen. In Abb. 225 sei ein Spulenfeld mit Ausnahme eines blasenförmigen Hohlraumes (Rotationsellipsoid) ganz mit Materie erfüllt. In dieser Blase ist die magnetische Feldstärke größer als in der leeren Spule; man findet als Feldstärke in einem blasenförmigen Hohlraum

$$\mathfrak{H}_0 = \mu\mathfrak{H}/[\mu - N(\mu - 1)]. \tag{129}$$

Bei der Herleitung verfährt man ebenso wie bei der Herleitung von Gl. (54a) auf S. 61. — Für eine sehr flache Blase, d.h. einen Querschlitz oder Luftspalt, ist der Entmagnetisierungsfaktor $N = 1$. Dann ergibt sich aus Gl. (129) die einfache Gl. (122a) v. S. 109.

§ 74. Messung magnetischer Stoffkonstanten.

§ 74. Messung magnetischer Stoffkonstanten. Bei den Schauversuchen mit dia- und paramagnetischen Stoffen haben wir kleine begrenzte Versuchsstücke benutzt (z. B. Abb. 217). Bei ferromagnetischen Stoffen hingegen haben wir bisher sorgfältig das Magnetfeld in seiner ganzen Länge mit dem Stoff angefüllt (Abb. 219), andernfalls wird man arg durch die Entmagnetisierung gestört. So erhält man beispielsweise statt der richtigen Hysteresisschleife von weichem Eisen (Abb. 220) die ganz verzerrte der Abb. 226. Man erreicht eine Sättigung der Magnetisierung $\mathfrak{J}$ erst bei hoher Kraftflußdichte $\mathfrak{B}$ der eisenfreien Spule.

Nun stehen aber leider auch bei ferromagnetischen Stoffen meist nur stabförmige Versuchsstücke zur Verfügung. Infolgedessen muß man zunächst eine Störung durch Entmagnetisierung wie in Abb. 226 in den Kauf nehmen und sie dann hinterher rechnerisch beseitigen. Demgemäß verfährt man zur Messung ferromagnetischer Stoffkonstanten folgendermaßen: Man gibt dem stabförmigen Versuchsstück die

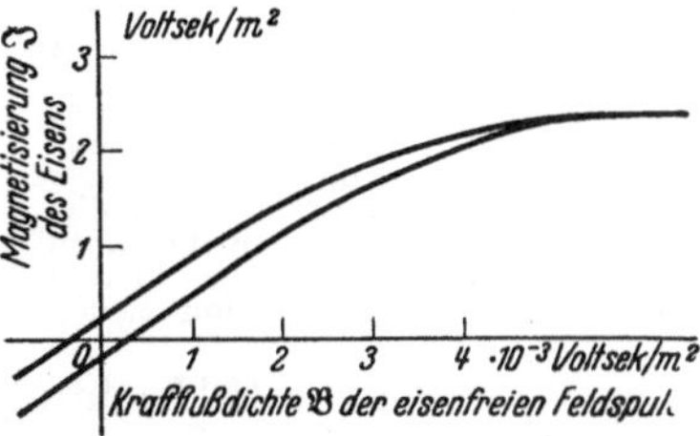

Abb. 226. Obere Hälfte einer Hysteresisschleife für Schmiedeeisen, durch Entmagnetisierung stark verzerrt. (Stablänge durch Stabdicke = 50 : 1.) Ein Vergleich mit Abb. 220 zeigt eine starke Verkleinerung der Remanenz.

Form eines gestreckten Rotationsellipsoides und bringt es in das homogene Magnetfeld einer gestreckten Spule. Dann ist das Magnetfeld auch im Innern des Versuchsstückes homogen, also die Voraussetzung der Definitionsgleichungen auf S. 103 erfüllt. Praktisch bedeutsam ist nur der Grenzfall eines langgestreckten Rotationsellipsoides. **Zylindrische Drahtstücke genügender Länge geben fast immer eine sehr gute Näherung.**

Nach Ausführung der Messung (Abb. 226) berechnet man dann das im gedachten Längskanal vorhandene magnetische Feld nach der Gleichung

$$\mathfrak{B}_l = \mathfrak{B} - N\mathfrak{J}. \qquad \text{Gl. (127) v. S. 109}$$

Darin ist $\mathfrak{B}$ die Kraftflußdichte der leeren Feldspule und N der Entmagnetisierungsfaktor. Es hängt für homogen magnetisierte Ellipsoide nur vom Verhältnis Länge/Dicke ab und wird der Tabelle 2 von S. 60 entnommen.

Demgemäß gestaltet sich beispielsweise die Messung einer Hysteresisschleife an einem Eisenstab folgendermaßen:

1. Man bringt den Eisenstab in das homogene Magnetfeld einer Feldspule und mißt für verschiedene Kraftflußdichten $\mathfrak{B}$ der Spule die Magnetisierung $\mathfrak{J}$ des Eisenstabes. Für diesen Zweck mißt man das magnetische Moment $\mathfrak{M}$ nach einem magnetometrischen Verfahren (z. B. Abb. 210) in Voltsekundenmetern. Dann dividiert man $\mathfrak{M}$ durch das Volumen V des Körpers und erhält $\mathfrak{J}$ in Voltsek./m². Die $\mathfrak{J}$-Werte stellt man in Abhängigkeit von $\mathfrak{B}$ graphisch dar. Die Kurve gleicht der früher in Abb. 226 gezeigten.

2. Man beseitigt durch eine Scherung den Einfluß der Entmagnetisierung. Man zieht von jedem Abszissenwert $\mathfrak{B}$ den zugehörigen Wert $N\mathfrak{J}$ ab und erhält so die „im" Eisen bei der Magnetisierung wirksame Kraftflußdichte $\mathfrak{B}_l$. Diese Subtraktion macht man meistens graphisch. Man zieht von einem beliebigen Wert $\mathfrak{J}_n$ (in Abb. 227 = 3 Voltsek./m²) nach rechts eine horizontale Linie der Länge $N\mathfrak{J}_n$ und verbindet ihren Endpunkt β mit dem Nullpunkt. So erhält man die schräge Hilfslinie $o\,\beta$, die Scherungslinie. Darauf verschiebt man jeden Meßpunkt der Hysteresisschleife um ebenso weit nach links, wie die Scherungs-

linie in der Höhe des Meßpunktes von der Ordinate entfernt ist. Der Punkt A wird z. B. um die Länge a nach A' verschoben. Schließlich streicht man die verzerrte Kurve fort und gibt der Abszisse die neue Beschriftung „Kraftflußdichte $\mathfrak{B}_1$ in einem gedachten Längskanal". So erhält man statt der verzerrten Kurve der Abb. 226 die richtige der Abb. 220.

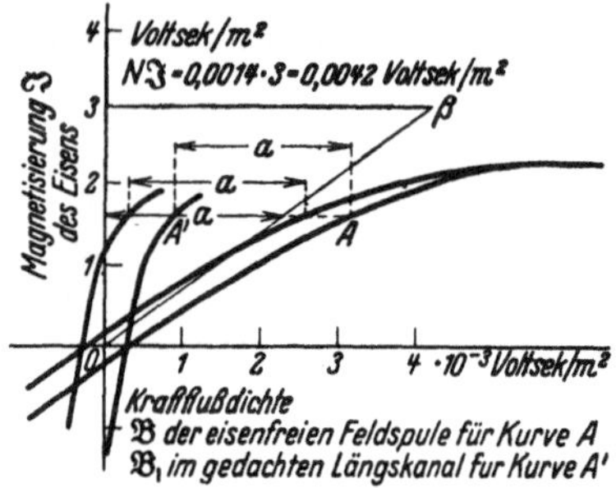

Abb. 227. Eine durch Entmagnetisierung verzerrte Hysteresisschleife wird durch eine graphische Scherung entzerrt. Der Entmagnetisierungsfaktor N ist in diesem Beispiel = 0,0014, entsprechend einem Verhältnis von Stablänge zu Dicke wie 50 : 1. Vgl. Tabelle 2 von S. 60.

§ 75. Die molekulare magnetische Polarisierbarkeit para- und diamagnetischer Stoffe.

Das unterschiedliche Verhalten paramagnetischer und diamagnetischer Stoffe ist schon in § 72 qualitativ gedeutet worden. Die quantitative Deutung ist für das Verständnis des Molekülbaues und damit für die Chemie sehr wichtig geworden. Für sie braucht man den Begriff der molekularen magnetischen Polarisierbarkeit. — Im Innern eines Körpers vom Volumen V sei die Feldstärke $\mathfrak{H}_1$ und erteile dem Körper eine homogene Magnetisierung

$$\mathfrak{J} = \mathfrak{H}_1\, \mu_0\, (\mu - 1).$$
Gl. (123a) v. S. 109

Durch diese Magnetisierung bekommt der Körper parallel zur Feldrichtung ein magnetisches Moment $\mathfrak{M}$, dann gilt

$$\mathfrak{J} = \mathfrak{M}/V. \qquad\qquad \text{Gl. (124) v. S. 103}$$

Im atomistischen Bild deutet man das gesamte magnetische Moment $\mathfrak{M}$ als Summe der Beiträge $\mathfrak{m}$ von n einzelnen Molekülen, also

$$\mathfrak{J} = \mathfrak{m} \cdot n/V. \tag{124a}$$

Das Verhältnis n/V ist die Molekülzahldichte. Für sie gilt

$$\boxed{n/V = N_v = \boldsymbol{N} \cdot \varrho} \qquad\qquad \text{Gl. (60) v. S. 62}$$

($\boldsymbol{N}$ = spezifische Molekülzahl = $6{,}02 \cdot 10^{26}$/Kilomol; ϱ = Dichte.)

Wir fassen (123a), (124a) und (60) zusammen und erhalten

$$\mathfrak{m} = \frac{\mathfrak{J}}{N_v} = \frac{\mathfrak{H}_1 \cdot \mu_0\, (\mu - 1)}{\boldsymbol{N}\varrho}. \tag{130}$$

Experimentell findet man μ konstant, also die Beiträge $\mathfrak{m}$ der auf die Moleküle wirkenden Feldstärke $\mathfrak{H}_w$ proportional. Aus diesem Grunde bildet man das Verhältnis

$$\frac{\mathfrak{m}}{\mathfrak{H}_w} = \beta \tag{131}$$

und nennt β die molekulare magnetische Polarisierbarkeit.

Als wirksame Feldstärke $\mathfrak{H}_w$ benutzt man für Gase, Dämpfe und verdünnte Lösungen die in Gl. (123) vorkommende Feldstärke $\mathfrak{H}_1$. Ihre Bedeutung ist in § 73 klargestellt worden. Man setzt also $\mathfrak{H}_w = \mathfrak{H}_1$ und erhält so aus Gl. (130)

$$\boxed{\beta = \frac{\mu_0\, (\mu - 1)}{N_v}} \tag{132}$$

oder nach Einführung der Suszeptibilität $\varkappa = (\mu - 1)$

$$\beta = \frac{\mu_0\, \varkappa}{N_v} = \frac{\mu_0}{\boldsymbol{N}} \frac{\varkappa}{\varrho} = \frac{\mu_0}{\boldsymbol{N}} \chi \tag{133}$$

$\Bigg($ z. B. β in $\dfrac{\text{Voltsek.Meter}}{\text{Amp./Meter}}$; $\mu_0 = 1{,}256 \cdot 10^{-8}\, \dfrac{\text{Voltsek.}}{\text{Amp.Meter}}$; ϱ = Dichte; $\boldsymbol{N} = \dfrac{6{,}02 \cdot 10^{26}}{\text{Kilomol}}$

$\chi = \varkappa/\varrho$ = spezifische magnetische Suszeptibilität, § 70,3)

§ 76. Das permanente magnetische Moment paramagnetischer Moleküle.

Paramagnetische Stoffe erhalten im Magnetfeld ihr magnetisches Moment durch eine Ausrichtung der Moleküle: Jedes dieser Moleküle besitzt schon für sich allein ein permanentes magnetisches Moment $\mathfrak{m}_p$.

Ohne Feld sind die Richtungen von $\mathfrak{m}_p$ infolge der Wärmebewegung regellos verteilt. Die Summe der magnetischen Momente $\mathfrak{m}_p$ ist im örtlichen und zeitlichen Mittel $= 0$. Ein magnetisches Feld $\mathfrak{H}$ aber gibt den Momenten $\mathfrak{m}_p$ eine Vorzugsrichtung. Jedes Molekül erhält im zeitlichen Mittel eine in die Feldrichtung fallende Komponente $\mathfrak{m}$. Diese Komponente ist der Bruchteil x des permanenten Momentes $\mathfrak{m}_p$, also

$$\mathfrak{m} = x \cdot \mathfrak{m}_p \tag{134}$$

Dieser Bruch läßt sich ausrechnen, sofern man, wie in Gasen und verdünnten Lösungen, die Wechselwirkung zwischen den einzelnen Molekülen vernachlässigen kann. Man findet

$$x \approx \frac{1}{3} \cdot \frac{\mathfrak{m}_p \cdot \mathfrak{H}_w}{k \cdot T_{abs}} \tag{135}$$

($k = $ Boltzmannsche Konstante $= 1{,}38 \cdot 10^{-23}$ Wattsek./Grad; vgl. Mechanik § 150).

Der Bruch ist also im wesentlichen gleich dem Verhältnis zweier Energien: Die Arbeit $\mathfrak{m}_p \cdot \mathfrak{H}_w$ ist erforderlich, um den Dipol quer zur Feldrichtung zu stellen. $k \cdot T_{abs}$ ist die thermische Energie, die ein stoßendes Molekül auf den Dipol übertragen kann. Die strenge Rechnung muß nicht nur die Querstellung, sondern alle möglichen Richtungen durch Mittelwertsbildung berücksichtigen. Dabei bekommt man näherungsweise den obigen Zahlenfaktor $\frac{1}{3}$.

Die Zusammenfassung der Gl. (131), (134), (133) und (135) liefert

$$\chi = \frac{1}{3} \frac{\mathfrak{m}_p^2}{k \, T_{abs}} \frac{N}{\mu_0} = \frac{const}{T_{abs}} \qquad \text{Gl. (125 b) v. S. 105}$$

also das Curiesche Gesetz.

Ferner liefert die Zusammenfassung von (134) und (135) als permanentes magnetisches Moment eines Moleküles

$$\boxed{\mathfrak{m}_p = \sqrt{\beta \cdot 3 \cdot k \cdot T_{abs}} \cdot} \tag{136}$$

Beispiele für das O_2-Molekül: Man entnimmt der Tabelle 4 den Wert der spezifischen Suszeptibilität $\varkappa/\varrho$ und berechnet mit (133) als molekulare magnetische Polarisierbarkeit

$$\beta = 9 \cdot 10^{-38} \frac{\text{Voltsek.Meter}}{\text{Amp./Meter.}}$$

Einsetzen dieses Wertes und der Zimmertemperatur $T_{abs} = 293$ Grad in Gl. (136) liefert $\mathfrak{m}_p = 3{,}22 \cdot 10^{-29}$ Voltsek. Meter. Weitere Beispiele in Tabelle 5.

Mit Hilfe dieses Wertes läßt sich der Bruchteil x in Gl. (134) ausrechnen. Man vergleiche die analoge Rechnung am Schluß von § 48.

Tabelle 5.

Molekül bzw. Ion	NO	O_2	Mn	Fe^{+++}	Ni^{++}	Cr^{+++}
Magnetisches Moment $\mathfrak{m}_p$ in 10^{-29} Voltsekundenmetern	2,14	3,24	6,77	6,18	3,76	4,44

Kann man das permanente magnetische Moment $\mathfrak{m}_p$ eines paramagnetischen Moleküles aus bekannten Molekulardaten berechnen?

Das versuchen wir mit dem einfachen Bilde der Molekularströme (§ 53). Ein Elektron der Ladung e kreise mit der Geschwindigkeit u auf der Bahn $l = 2 r \pi$. Es entspricht einem Strom [Gleichung (73) von S. 71] $I = e \, u / 2 r \pi$ [Ampere].

Dieser molekulare Kreisstrom hat das magnetische Moment oder kurz „Bahn-moment" [Gl. (104) von S. 95]

$$\mathfrak{m} = \mu_0\, I\, F = \mu_0 \frac{e\,u}{2\,r\,\pi} \cdot r^2 \pi = \frac{\mu_0}{2}\, e\, (\mathfrak{u} \times \mathfrak{r}). \tag{138}$$

Statt des Produktes $(\mathfrak{u} \times \mathfrak{r})$ führen wir den mechanischen Drehimpuls $\mathfrak{G}^*$ des umlaufenden Elektrons ein (Mechanikband § 54). Es ist

$$\mathfrak{G}^* = m\, (\mathfrak{r} \times \mathfrak{u}). \tag{139}$$

Damit erhalten wir für das kreisende Elektron

$$\boxed{\frac{\text{Magnetisches Bahnmoment}}{\text{Mechanischer Drehimpuls}} \quad \text{des kreisenden Elektrons} \quad \frac{\mathfrak{m}}{\mathfrak{G}^*} = -\frac{\mu_0}{2}\frac{e}{m}} \tag{140}$$

(e/m, die spezifische Elektronenladung, ist gleich $1,76 \cdot 10^{11}$ Amperesek./kg, s. § 97)

Für die Größe des molekularen magnetischen Momentes $\mathfrak{m}$ ist demnach der mechanische Drehimpuls $\mathfrak{G}^*$ der Ladung maßgebend. Über diesen Drehimpuls macht das Bohrsche Atommodell sehr bestimmte Aussagen (Optik, § 128). Bohr setzt die „Wirkung", d. h. die Liniensumme des Impulses $m\,u$ längs des Weges $2\,r\,\pi$, gleich dem Planckschen Wirkungselement $h = 6,62 \cdot 10^{-34}$ Watt sec²

$$m\, u \cdot 2\, r\, \pi = h. \tag{141}$$

Dann wird der Betrag des Drehimpulses

$$\mathfrak{G}^* = \frac{h}{2\,\pi}. \tag{142}$$

Einsetzen dieses Wertes in Gl. (140) ergibt als „elementares magnetisches Moment" zunächst für das kreisende Elektron das „Bohrsche Magneton"

$$\mathfrak{m}_{\text{Bohr}} = \frac{\mu_0}{4\pi} \cdot \frac{e}{m} \cdot h = 1,15 \cdot 10^{-29} \text{ Voltsek Meter}[1]. \tag{143}$$

Oft benutzt man auch das Produkt des Bohrschen Magnetons mit der spezifischen Molekülzahl $N = 6,02 \cdot 10^{26}$/Kilomol, also

$$N \cdot \mathfrak{m}_{\text{Bohr}} = 6,93 \cdot 10^{-3} \text{ Voltsek. Meter/Kilomol.} \tag{143a}$$

Man mißt es experimentell als Dipolmoment von Alkaliatomen in Atomstrahlen. (Vgl. Optikband, § 136.) Fortsetzung (Bohrsches Magneton als Spinmoment) in § 78.

§ 77. Zur atomistischen Deutung diamagnetischer Stoffwerte. Larmor-Präzession. Bei diamagnetischen Stoffen entsteht das molekulare magnetische Moment erst beim Einbringen in das Feld durch Induktionsströme. Im primitivsten Bilde werden zuvor ruhende Elektronen in eine Kreisbewegung versetzt. In dieser Form ist das Bild jedoch mit unseren heutigen Grundvorstellungen vom Atombau nicht mehr vereinbar. Wir dürfen in Atomen und Molekülen keine ruhenden, sondern stets nur umlaufende Elektronen annehmen. Beim Fehlen eines permanenten magnetischen Momentes (also in allen nicht para-magnetischen Molekülen und Atomen) müssen die Umlaufbewegungen paarweise widersinnig erfolgen. Außerdem sind die Umlaufsgeschwindigkeiten der Elektronen auf ihren Bahnen, bezogen auf ein im Atom ruhendes Bezugssystem, durch „Quantenbedingungen", z.B. Gl. (141), fest vorgeschrieben. Diese Geschwindigkeiten in den Bahnen können keinesfalls durch das elektrische Feld des Induktionsvorganges vergrößert oder verkleinert werden. Den Ausweg aus dieser

---

[1] Beim Ausrechnen benutzt man, wie so oft, die Gleichung Voltamperesek $=$ kg m²/sec², also Wattsek. $=$ Großdynmeter, vgl. Gl. (20) v. S. 38.

Schwierigkeit verdankt man Larmor. Nach Larmor bleiben die Bahngeschwindigkeiten der paarweise widersinnig kreisenden Elektronen ungeändert. Aber alle gemeinsam, das Atom als Ganzes, vollführen wie ein Kreisel eine Präzession um die Feldrichtung mit der Winkelgeschwindigkeit

$$\omega_p = \frac{1}{2}\frac{e}{m}\cdot\mathfrak{B}.\tag{144}[1]$$

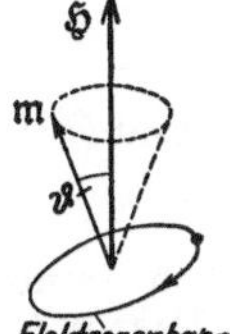

Abb. 228. Zur Larmor-Präzession der Elektronenbahnen.

Diese Larmor-Frequenz ist unabhängig vom Winkel ϑ zwischen der Achse der Elektronenbahnen und der Richtung des Magnetfeldes (Abb. 228). Sie gilt also auch für die Rotation, die sich bei $\vartheta = 0$ als Grenzfall der Präzession ergibt. Durch die Larmor-Präzession erhält das Molekül pro Elektron ein molekulares Moment, und dies beträgt für n Elektronen mit dem Bahnradius r_n

$$\mathfrak{m}_{\text{Larmor}} = \frac{n\,\mu_0}{6}\cdot\frac{e^2}{m}\cdot\mathfrak{B}\,\overline{r^2} = n\,(5{,}86\cdot 10^{-15}\ \text{Meter})\cdot\mathfrak{B}\cdot\overline{r^2}\tag{145}$$

$$(\mathfrak{m}\ \text{in Voltsek. Meter}).$$

Dem entspricht die molekulare magnetische Polarisierbarkeit (Gl. (132) v. S. 112)

$$\beta = \frac{n\,\mu_0^2}{9}\cdot\frac{e^2}{m}\,\overline{r^2} = n\left(7{,}36\cdot 10^{-21}\frac{\text{Voltsek.}}{\text{Amp.}}\right)\overline{r^2}\tag{146}$$

$$\left(\beta\ \text{in}\ \frac{\text{Voltsek. Meter}}{\text{Amp/Meter}}\right).$$

Herleitung: Zunächst muß die Unabhängigkeit der Larmor-Frequenz vom Winkel ϑ, d. h. dem Winkel zwischen der Symmetrieachse des Atoms und dem Magnetfeld, begründet werden. Das ist besonders einfach für die Grenzfälle $\vartheta = 90°$ und $\vartheta = 0°$. Im Grenzfall $\vartheta = 90°$ kann man an die stationär gewordene Kreiselpräzession anknüpfen. Das Magnetfeld $\mathfrak{H}$ übt auf jede Elektronenbahn ein Drehmoment aus, nämlich

$$\mathfrak{M}_{\text{mech}} = \mathfrak{m}\times\mathfrak{H}.\qquad\text{Gl. (105) v S. 95}$$

Jedes kreisende Elektron bildet einen Kreisel mit dem Drehimpuls

$$\mathfrak{G}^* = -\frac{2}{\mu_0}\cdot\frac{m}{e}\cdot\mathfrak{m}.\qquad\text{Gl. (140) v. S. 114}$$

Dieser Kreisel vollführt unter der Einwirkung des Drehmomentes $\mathfrak{M}_{\text{mech}}$ eine Präzession mit der Winkelgeschwindigkeit $\omega_p = \mathfrak{M}_{\text{mech}}/\mathfrak{G}^*$ [Gl. (101) v. S. 85 des Mechanikbandes] oder mit (105) und (140).

$$\omega_p = \frac{1}{2}\frac{e}{m}\cdot\mathfrak{B}.\tag{149}$$

Im Grenzfall $\vartheta = 0$ (Rotation statt Präzession) muß man an den Induktionsvorgang anknüpfen, der sich beim Einschalten des Magnetfeldes abspielt: Das entstehende Magnetfeld umgibt sich mit ringförmig geschlossenen elektrischen Feldlinien. Längs der kreisförmigen Elektronenbahn entsteht ein Spannungsstoß

$$\int U\,dt = \mu_0\cdot\mathfrak{H}\cdot r^2\,\pi = \mathfrak{B}\,r^2\,\pi.\qquad\text{Gl. (72) v. S. 76}$$

Der Spannung U entspricht eine elektrische Feldstärke $\mathfrak{E} = U/2\,r\,\pi$, und diese wirkt auf das Elektron mit der Kraft $\mathfrak{K} = -e\cdot\mathfrak{E}$. Infolgedessen erteilt der Spannungsstoß dem Elektron einen Bahnimpuls $m\,u = -e\int\mathfrak{E}\,dt = \tfrac{1}{2}e\,\mathfrak{B}\,r$. So bekommt jedes Elektron für einen ruhenden Beobachter eine zusätzliche Bahngeschwindigkeit $u = \frac{1}{2}\,\mathfrak{B}\,r\,\frac{e}{m}$ und daher das Atom als Ganzes eine Winkelgeschwindigkeit

$$\omega_p = \frac{u}{r} = \frac{1}{2}\frac{e}{m}\,\mathfrak{B}.\tag{149}$$

Sie ist also ebenso groß wie im Grenzfall $\vartheta = 90°$. (Die kinetische Energie der Präzessionsbewegung entstammt dem Induktionsvorgang beim Einschalten des Magnetfeldes oder beim

---

[1] Dimensionsprüfung:
$$\text{sec}^{-1} = \frac{\text{Amperesek.}}{\text{kg}}\cdot\frac{\text{Voltsek.}}{\text{meter}^2}$$

kg meter²/sec² = Voltamperesek. oder Großdynmeter = Wattsek.

Einbringen des Stoffes in das Magnetfeld. In Abb. 147 des Mechanikbandes entstammt sie der potentiellen Energie des links angehängten kleinen Metallklotzes.)

Der Umlauf des Atoms mit der Larmor-Frequenz, oder kurz die Larmor-Präzession, erzeugt mit jedem Elektron ein magnetisches Moment

$$\mathfrak{m} = \frac{\mu_0}{2} \cdot e\,\omega p \cdot r^2. \qquad\qquad \text{Gl. (138) v. S. 114}$$

(149) und (138) zusammen ergeben für je ein Elektron

$$\mathfrak{m} = \frac{\mu_0}{4} \cdot \frac{e^2}{m} \cdot \mathfrak{B}\,r^2. \qquad\qquad (150)$$

Endlich ist noch die Summe über n Elektronen zu bilden und der Mittelwert von r^2 mit dem Faktor $\frac{2}{3}$ zu berücksichtigen. So erhält man aus Gl. (150) die Gl. (145).

Die aus den beobachteten β-Werten berechneten Bahnradien r führen auf die richtige Größenordnung (10^{-10} m). Mehr kann nicht verlangt werden.

§ 78. Zur atomistischen Deutung des Ferromagnetismus.

In ferromagnetischen Stoffen kann die Magnetisierung $\mathfrak{J}$ um mehrere Zehnerfaktoren größer werden als im paramagnetischen. Ihr Zusammenhang mit dem magnetisierenden Feld wird durch die Hysteresisschleife (Abb. 220) dargestellt; diese zeigt als Hauptkennzeichen Sättigungswerte der Magnetisierung. Die Sättigung läßt sich mit einem einfachen Modellversuch nachahmen: Man setzt in eine Feldspule eine Reihe kleiner, um ihre vertikale Achse drehbarer Spulen in regelloser Verteilung (Abb. 229). Jede von ihnen bekommt durch einen Hilfsstrom ein magnetisches Moment und soll einen „Elementarmagneten" darstellen. Diese Elementarmagnete werden durch Schneckenfedern in ihren Ruhelagern gehalten und während des Induktionsvorganges vom Magnetfeld der Feldspule in sichtbarer Weise ausgerichtet. Dabei kann man die Sättigung der Magnetisierung recht gut vorführen.

Was entspricht den Elementarmagneten des Modellversuches in den ferromagnetischen Stoffen? Handelt es sich um „Molekularströme", also um eine Kreisbewegung von Elektronen? Oder entsteht das magnetische Moment der Elektronen durch einen anderen Vorgang? Die Antwort ergibt sich experimentell, man mißt das Verhältnis zwischen dem magnetischen Moment $\mathfrak{m}$ und dem mechanischen Drehimpuls $\mathfrak{G}^*$ der Elektronen. — Für kreisende Elektronen, also Molekularströme, sollte man finden

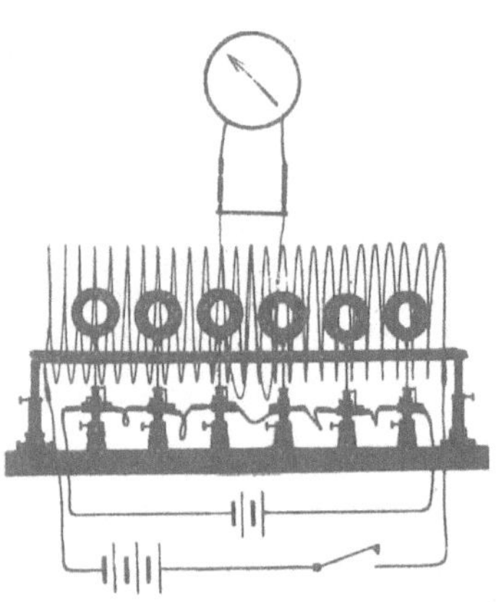

Abb. 229. Modellversuch zur Ausrichtung von „Molekularströmen" (Elementarmagneten). Man benutzt eine Differenzschaltung wie in Abb. 219. Die außen herumgelegte Induktionsspule J ist nicht so gut zu erkennen wie in Abb. 163.

$$\frac{\text{Magnetisches Moment } \mathfrak{m}}{\text{Mechanischer Drehimpuls } \mathfrak{G}^*} = -\frac{1}{2}\mu_0 \cdot \frac{e}{m}. \quad \text{Gl. (140) v. S. 114}$$

Zur Messung des Verhältnisses $\mathfrak{m}/\mathfrak{G}^*$ hat man den in Abb. 158, S. 73, dargestellten Versuch quantitativ auszuwerten.

Der Stab habe das Trägheitsmoment Θ. Bei der Ummagnetisierung erteilen die n Elementarmagnete dem Stabe einen Drehimpuls

$$n\,\mathfrak{G}^* = \omega_0\,\Theta. \qquad\qquad (151)$$

Der Stab verläßt seine Ruhelage mit der Anfangs-Winkelgeschwindigkeit ω_0 und macht einen Stoßausschlag α_0. Die Größe von ω_0 ergibt sich aus der Beziehung[1] $\alpha = \omega_0/\omega$; in

---

[1] Sie folgt aus der Gl. (23) von S. 34 des Mechanikbandes. Man hat hier im Fall der Drehschwingung den Ausschlag x_0 durch den Winkelausschlag α_0 zu ersetzen und die Anfangs-Bahngeschwindigkeit u_0 durch die Anfangs-Winkelgeschwindigkeit ω_0.

ihr ist ω die Kreisfrequenz des als Drehpendel aufgehängten Stabes. — Nach der Messung des Drehimpulses $n\,\mathfrak{G}^*$ nimmt man den Stab aus der Spule heraus und mißt sein magnetisches Moment $\mathfrak{M} = n\,\mathfrak{m}$ etwa nach dem in Abb. 210 erläuterten Verfahren. Schließlich setzt man die für $n\,\mathfrak{G}^*$ und $n\,\mathfrak{m}$ gemessenen Werte in Gl. (140) ein und berechnet e/m.

Dabei erhält man als spezifische Elektronenladung e/m den Wert $3{,}35 \cdot 10^{11}$ Amperesek./kg statt des richtigen Zahlenwertes $1{,}76 \cdot 10^{11}$. Oder anders gesagt: Man findet experimentell in der obenstehenden Gl. (140) das Verhältnis $\mathfrak{m}/\mathfrak{G}^*$ fast doppelt so groß, nämlich

$$\frac{\text{Magnetisches Moment } \mathfrak{m}}{\text{Mechanischer Drehimpuls } \mathfrak{G}^*} = -\,\mu_0\,\frac{e}{m}. \tag{153}$$

Die Erklärung ist durch spektroskopische Beobachtungen (Optikband, § 135/136) gefunden worden. Ein Elektron kann nicht nur durch Umlauf auf einer Kreisbahn ein magnetisches Moment $\mathfrak{m}_{\text{Bohr}} = 1{,}16 \cdot 10^{-29}$ Voltsekundenmeter erhalten, oder kürzer gesagt, es kann nicht nur ein „Bahnmoment" $\mathfrak{m}_{\text{Bohr}}$ bekommen. Es besitzt stets auch schon ohne Kreisbahn ein magnetisches Moment gleicher Größe, also $\mathfrak{m}_{\text{Bohr}}$. Man deutet es durch eine Kreiselbewegung, kurz Spin genannt. Der zum Spinmoment des kreiselnden Elektrons gehörende mechanische Drehimpuls $\mathfrak{G}^*$ ist nur halb so groß wie der zum Bahnmoment gehörende des kreisenden Elektrons. Bei der Entstehung des Ferromagnetismus ist praktisch allein das Spinmoment wirksam, die Kreisbahnen sind weitgehend unterdrückt und nur mit wenigen Prozenten beteiligt. (Im allgemeinen haben wir in Atomen und Ionen eine vektorielle Addition der Bahn- und Spinmomente.)

Wir greifen auf den Modellversuch zurück (Abb. 229). Die Schleifenform der Hysteresiskurve läßt sich durch irgendwelche „Sperrklinken" der Elementarmagnete nachahmen. Die Elementarmagnete folgen dem Magnetfeld der Feldspule dann nur mit Verzögerung und ruckweise. — Eine ruckweise Umgruppierung der Elementarmagnete liegt zweifellos auch bei den ferromagnetischen Stoffen vor: Die steilen Äste der Hysteresisschleife lösen sich bei verfeinerter Beobachtung in Treppen mit wechselnder Stufenhöhe auf. Besonders eindrucksvoll läßt sich die ruckweise Umgruppierung akustisch vorführen. Man umgibt den Eisenkörper mit einer Induktionsspule und verbindet diesen (unter Zwischenschaltung eines Verstärkers) mit einem Telephon oder Lautsprecher. Bei jeder Änderung der Magnetisierung hört man ein brodelndes oder knackendes Geräusch (H. Barkhausen).

Bei manchen ferromagnetischen Legierungen, z. B. Permalloy A (78,5 % Ni, 21,5 % Fe), vereinfacht sich das

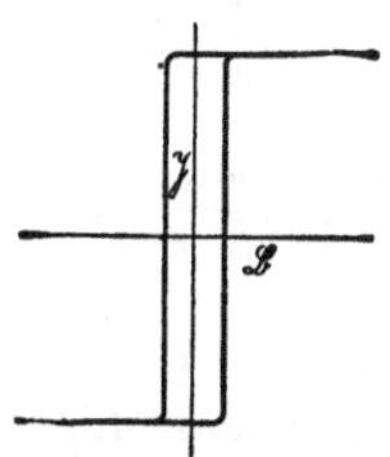

Abb. 229a. Schematische Skizze einer angenähert rechteckigen Hysteresisschleife an elastisch verspanntem Permalloy. (Zug ≈ 8 Kilopond/mm², Sättigungswert der Magnetisierung $J = 1$ Voltsek./m²; Koerzitivkraft $\approx 3 \cdot 10^{-6}$ Voltsek./m².

Tabelle 6.

	Sättigungs-magnetisierung $\mathfrak{I}_S = \dfrac{\text{magn. Moment}}{\text{Volumen}}$ in $\dfrac{\text{Voltsek Meter}}{\text{meter}^3}$	Atomzahl-dichte $N_v = \dfrac{\text{Zahl der Atome}}{\text{Volumen}}$ $= N \cdot \varrho$ in m^{-3}	Von einem Atom herrührendes magnetisches Moment $\mathfrak{m} = \mathfrak{I}_S/N_v$ in Voltsek Meter	in Magnetonen $\mathfrak{m}_B$	Die Magnetisierung wird zerstört bei der Curie-Temperatur $(T_c)_{\text{abs}}$ Grad	Ihr entspricht eine magnetische Feldstärke $\mathfrak{H}_W \approx \dfrac{3k\,(T_c)_{\text{abs}}}{\mathfrak{m}}$ in $\dfrac{\text{Amp}}{\text{Meter}}$
Fe	2,18	$8{,}5\ \cdot 10^{28}$	$2{,}56 \cdot 10^{-29}$	2,22	1043	$1{,}69 \cdot 10^9$
Co	1,79	$8{,}97 \cdot 10^{28}$	$2{,}0\ \cdot 10^{-29}$	1,74	1393	$2{,}88 \cdot 10^9$
Ni	0,64	$9{,}06 \cdot 10^{28}$	$0{,}71 \cdot 10^{-29}$	0,61	631	$3{,}68 \cdot 10^9$

N = spezif. Molekülzahl = $6{,}02 \cdot 10^{26}$/Kilomol; ϱ = Dichte; $\mathfrak{m}_{\text{Bohr}} = 1{,}15 \cdot 10^{-29}$ Voltsek. Meter

steile Stück der Hysteresisschleife zu einer einzigen Stufe (einem einzigen „Bark-hausen-Sprung"). Die Hysteresisschleife nimmt eine praktisch rechteckige Ge-stalt an (Abb. 229a).

Wie hat man sich die Anordnung der Kreiselelektronen (der Elektronenspins) in ferromagnetischen Stoffen sowie ihre Umgruppierung beim Magnetisierungs-vorgang zu denken? Die Antwort hat wieder an eine experimentelle Tatsache anzuknüpfen, und zwar an die Größe der Sättigungsmagnetisierung $\mathfrak{J}_s$.

In Tabelle 6 finden wir die Sättigungsmagnetisierung $\mathfrak{J}_s$ für die ferromagne-tischen Elemente. In leicht ersichtlicher Weise (Spalte 2 bis 4) berechnen wir aus ihnen das von einem einzelnen Atom herrührende magnetische Moment $\mathfrak{m}$. Es ergibt sich angenähert gleich einem Bohrschen Magneton, Spalte 4. Folglich müssen im Fall der Sättigung alle elementaren magnetischen Momente einander parallel stehen. Die Ausrichtung erfolgt trotz der Wärmebewegung; es muß also ein sehr starkes magnetisches Feld für die Ausrichtung verfügbar sein. Bis herauf zur Curie-Temperatur muß es den Bruchteil x der ausgerichteten Magnetonen noch gleich 1 erhalten können. Seine Feldstärke $\mathfrak{H}_w$ läßt sich näherungsweise

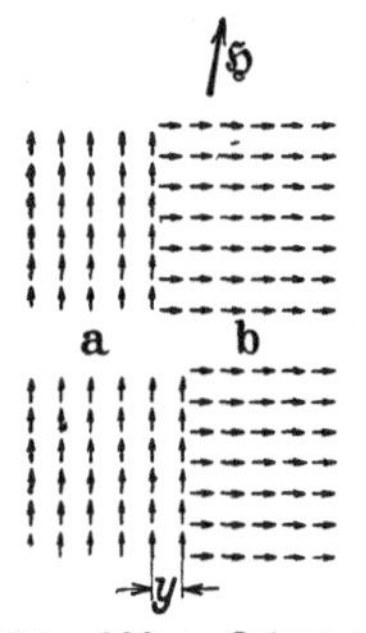

Abb. 230. Schema einer Wandverschie-bung y zwischen zwei Weissschen Berei-chen a und b.

mit Gl. (135) von S. 113 berechnen. Man hat nur x, den Bruchteil der ausgerichteten Elementarmagnete, bei der Curie-Temperatur $= 1$ zu setzen. Das Ergebnis steht in der 6. Spalte. Man findet Feldstärken von $\approx 10^9$ Amp./meter. Ihnen ent-sprechen Kraftflußdichten $\mathfrak{B} \approx 10^3$ Voltsek./m$^2 \approx 10^7$ Gauß. — Felder dieser Größenordnung können nicht mit technischen Hilfsmitteln (S. 110), sondern nur von den Atomen selbst er-zeugt werden. Daraus schließt man: Ferromagnetische Kri-stalle bestehen aus kleinen Bereichen (Abb. 230). Jeder Be-reich ist durch große innere magnetische Felder immer bis zur Sättigung magnetisiert. Jeder Bereich besteht aus einem Atomschwarm mit parallel gerichteten Magnetonen. Ohne äußeres Feld sind die Richtungen der einzelnen Schwärme ungeordnet; nur deshalb kann auch ein ferroma-gnetischer Körper ohne äußeres Feld unmagnetisch er-scheinen. Das äußere Feld $\mathfrak{H}$ spielt bei ferromagnetischen Stoffen eine ziem-lich nebensächliche Rolle. Es begünstigt nur die thermische Umgruppierung der einzelnen Schwärme in eine sich dem äußeren Felde $\mathfrak{H}$ annähernde Richtung. Diese Umgruppierung kann nie für den Schwarm eines Bereiches als ganzen erfolgen. Man muß den Vorgang vielmehr einer thermischen Umkristal-lisierung vergleichen. Es wächst z. B. in Abb. 230 der Schwarm a auf Kosten des Schwarmes b, indem die Magnetonen der gemeinsamen Grenzfläche umklappen („Wandverschiebung"). Die Einzelheiten sind aufs engste mit dem Kristallbau und der elastischen Beanspruchung der Kristalle verknüpft. Außer „Wandverschiebungen" können bei hohen äußeren Feldern auch Drehungen der Schwarmrichtungen eintreten. Die Einzelheiten sind Gegenstand sehr erfolg-reicher, im Fluß befindlicher Untersuchungen.

X. Anwendungen der Induktion, insbesondere induktive Stromquellen und Elektromotoren.

§ 79. Vorbemerkung. Die Ausnutzung der Induktion bildet den Hauptinhalt der modernen Elektrotechnik. Wir bringen in diesem und den folgenden Kapiteln nur einige wenige Beispiele und auch diese nur in großen Zügen.

Für die moderne Nähmaschine ist zweierlei charakteristisch: das Nadelöhr an der Spitze der Nadel und die gleichzeitige Verwendung zweier unabhängiger Fäden. — Ganz ähnlich läßt sich das Wesentliche eines elektrischen Apparates oder einer elektrischen Maschine mit wenigen Strichen darstellen. Der physikalische Kern und der entscheidende Kunstgriff ist immer einfach. Die ungeheure. Leistung der Elektrotechnik liegt nicht auf physikalischem, sondern auf technischem Gebiet.

§ 80. Induktive Stromquellen. Wir beginnen mit den heute wichtigsten Stromquellen oder Generatoren, den induktiven. Bei diesen erzeugt man die „ladungstrennenden Kräfte" mit Hilfe des Induktionsvorganges. Wir hatten das Wort Stromquelle an Hand der Abb. 115 definiert. Wir wiederholen dies Bild hier in Abb. 231 mit zwei Ergänzungen: Wir denken uns innerhalb des schwarz umrandeten Rechteckes ein Magnetfeld senkrecht zur Papierebene und außerdem die Elektroden K und A durch einen Leiter verbunden. Jetzt kann man die Ladungen in diesem Leiter auf zwei Weisen trennen und auf die Elektroden zu bewegen:

1. Man bewegt den Leiter in der Pfeilrichtung mit der Geschwindigkeit $\mathfrak{u}$ und läßt so auf die Ladungen q die Kräfte $\mathfrak{K} = q \, (\mathfrak{u} \times \mathfrak{B})$ wirken [Gl. (94) von S. 89].

2. Man ändert die Kraftflußdichte des Magnetfeldes, am einfachsten durch Änderung des Eisenschlusses. Dann entsteht ein elektrisches Feld (Abb. 168) und bewegt die Elektrizitätsatome zwischen K und A mit der Kraft $\mathfrak{K} = q \cdot \mathfrak{E}$ auf die Elektroden zu.

In der Regel werden beide Vorgänge gleichzeitig angewandt. Wir erläutern das an einigen Ausführungsformen.

a) Der Wechselstromgenerator mit Außenpolen (Abb. 232). Eine Spule J wird um die Achse A in einem Ma-

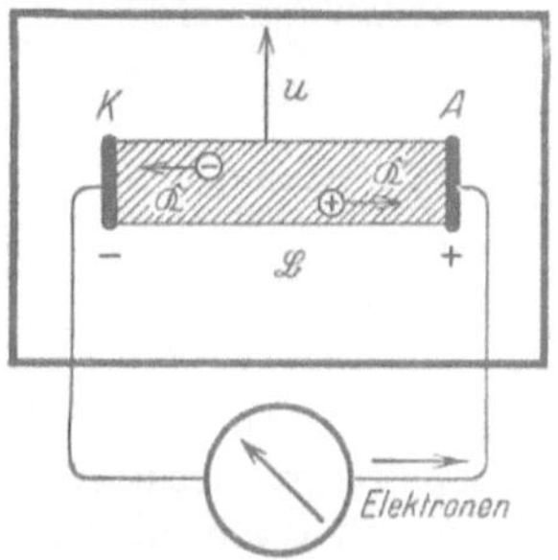

Abb. 231. Zur Definition der „induktiven" Stromquelle. Nordpol des Magnetfeldes unter der Papierebene. Pfeil = Laufrichtung der Elektronen.

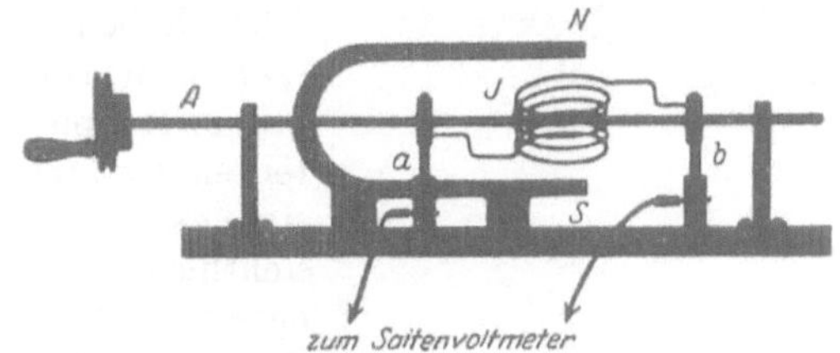

Abb. 232. Wechselstromgenerator mit Außenpolen.

gnetfelde beliebiger Herkunft herumgedreht. Die Enden der Spule führen zu zwei Schleifringen, und zwei angepreßte Federn a und b verbinden diese leitend mit den Polklemmen der Maschine. Die Rotation der Spule J gibt eine periodische

Wiederholung eines einfachen Induktionsversuches. Die induzierte Spannung ist eine „Wechselspannung". Ihr zeitlicher Verlauf läßt sich bei langsamer Drehung bequem mit einem Saitenvoltmeter verfolgen. Diese Spannungskurve ist im Sonderfall eines homogenen Magnetfeldes und gleichförmiger Rotation sinusförmig (Abb. 233). Die Frequenz n ist gleich der Drehfrequenz.

In der praktischen Ausführung bekommt die Spule einen Eisenkern (Abb. 234). Spule und Kern zusammen bilden den Läufer. Diese Bauart wird z. B. für Zündmaschinen der Explosionsmotoren und im Fernsprechbetrieb zum Wecken mit Kurbelanruf benutzt.

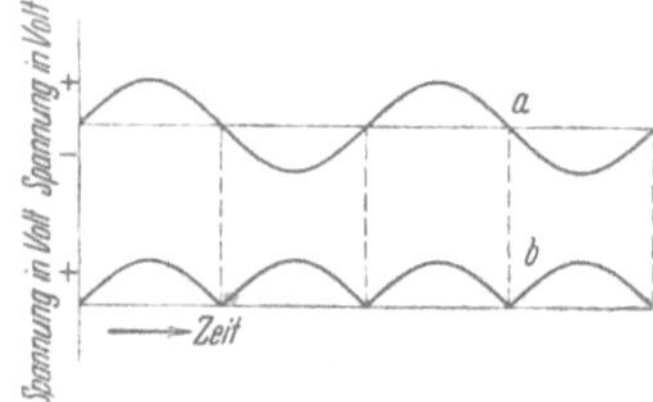

Abb. 233. *a* Sinusförmige Wechselspannung eines Wechselstromgenerators. *b* Spannungskurve eines Gleichstromgenerators mit einem einfachen Spulenläufer. Die Vorzeichen beziehen sich auf die Richtung des elektrischen Feldes zwischen den Polklemmen.

b) Der Gleichstromgenerator. Die Abb. 235 zeigt wiederum im Schattenriß ein Vorführungsmodell. Die Schleifringe des Wechselstromgenerators werden durch ein einfaches Schaltwerk K („Kommutator") ersetzt. Es vertauscht nach je einer Halbdrehung die Verbindung zwischen Spulen-

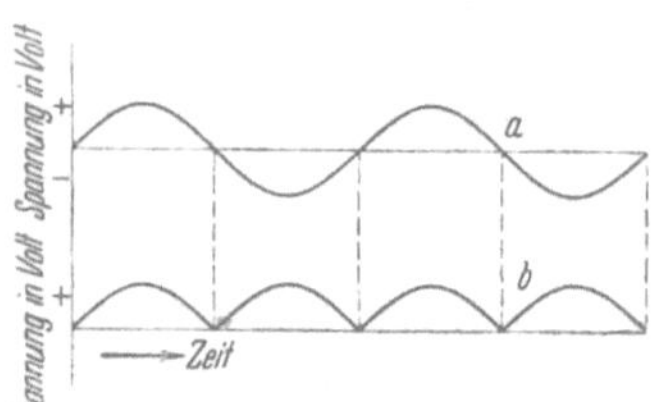

Abb. 234. Eisenkerne von Feld- und Läuferspule eines Generators; bei *a* ist der Kraftfluß groß, bei *b* klein.

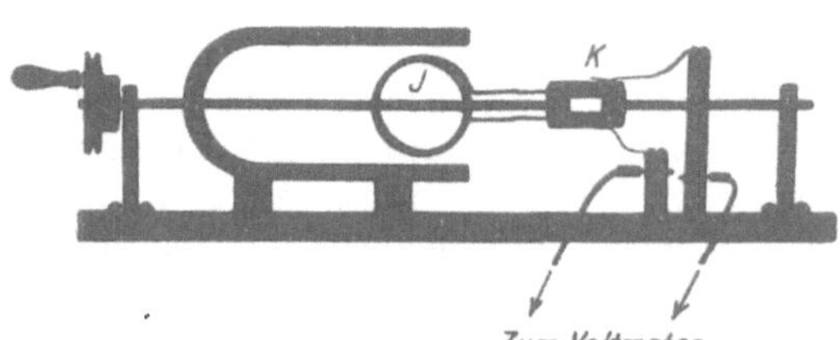

Abb. 235. Gleichstromgenerator mit einfachem Spulenläufer und permanentem Feldmagneten.

enden und Polklemmen. Dadurch werden die unteren Kurvenhälften der Abb. 233a nach oben geklappt. Es entsteht die Spannungskurve der Abb. 233b. Die Spannung schwankt zwischen Null und einem Höchstwert, doch bleibt das Vorzeichen dauernd dasselbe.

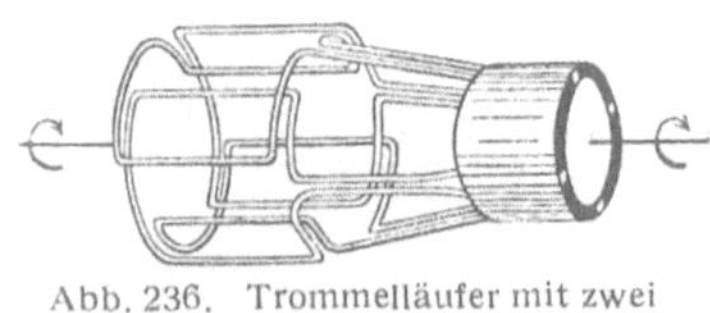

Abb. 236. Trommelläufer mit zwei Spulenpaaren.

c) Der Gleichstromgenerator mit Trommelläufer. Die bogenförmige Spannungskurve der Abb. 233b läßt sich „glätten". Man nimmt statt einer Spule J deren mehrere. Sie werden um den gleichen Winkel gegeneinander versetzt. Wir haben statt des „Spulenläufers" einen „Trommelläufer". Die Abb. 236 zeigt ein Schema mit zwei Spulenpaaren und einem vierfach unterteilten Kollektor. In diesem Beispiel überlagern sich zwei Bogenkurven in der in Abb. 237 ersichtlichen Weise. Als Ergebnis erscheint die schon besser konstante Gleichspannung der Kurve 237b. — Wir schematisieren fortan einen Trommelläufer mit seinen Schleifkontakten oder Bürsten durch das Bild der Abb. 238. Abb. 239 zeigt eine im Unterricht weitverbreitete Ausführung eines Gleichstromgenerators mit Trommelläufer.

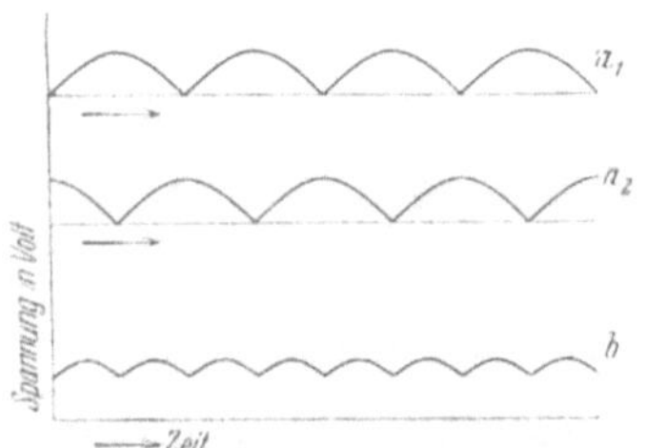

Abb. 237. Spannungskurve eines Trommelläufers mit zwei Spulenpaaren und ihre Entstehung.

d) Die Gleichstromdynamomaschine. Bei den bisherigen Generatoren wurde das Magnetfeld von permanenten Magneten geliefert. Die permanenten Magnete lassen sich durch stromdurchflossene Spulen, sogenannte Feldspule $\mathfrak{F}$ in Abb. 240, ersetzen. Der Strom der Feldspulen kann irgendwelchen Hilfsquellen entnommen werden. Abb. 240 zeigt das Schema dieser Fremderregung (Wilde in Manchester, 1866). Doch kann die Maschine auch selbst den Strom für die Feldspulen liefern. Das geschieht bei dem Dynamoverfahren von Werner Siemens, einem ehemaligen preußischen Artillerieoffizier. Aus dem Dynamoverfahren (1867) ist die Großindustrie der heutigen

Abb. 238. Zeichenschema eines Trommeläufers.

Starkstromtechnik entstanden. Das Dynamoverfahren setzt die Anwesenheit von Eisen in den Spulen voraus. Beim Beginn der Rotation muß das schwache permanente Magnetfeld des Eisens eine Spannung im Läufer induzieren.

Die Abb. 241 zeigt eine mögliche Ausführungsform. Es ist das Schema einer „Hauptschlußdynamo". Der ganze, den Klemmen a und b entnommene Strom der Maschine durchfließt die Feldspulen $\mathfrak{F}$.

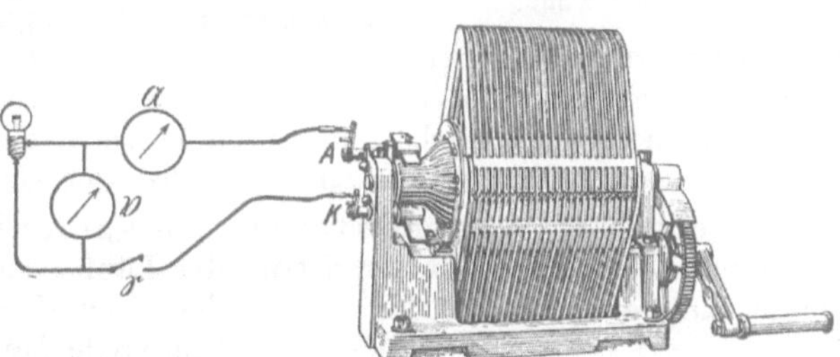

Abb. 239. Altertümlicher Gleichstromgenerator mit 2×25 permanenten Feldmagneten und Trommelanker mit 9 Spulenpaaren. Bei 8 Amp. und 12 Volt strahlt eine 150kerzige Lampe in heller Weißglut. Man muß dabei mit den Muskeln 12 × 8 Voltampere ≈ 100 Watt = 0,1 Kilowatt leisten. Die Maschine „geht schwer"; bei Unterbrechung des Stromes aber spüren die Muskeln kaum einen Widerstand. — An Hand dieses Versuches lernt man es, den Energiebetrag einer Kilowattstunde und den Preis dieser Handelsware (für Großabnehmer ≈ 1 Pfennig) zu würdigen!

Bei der Hauptschlußdynamo steigt die Klemmenspannung mit wachsender Strombelastung der Maschine. Denn je höher der Strom, desto stärker das induzierende Magnetfeld. Die Abb. 242 gibt die entsprechende Kennlinie einer Hauptschlußdynamo.

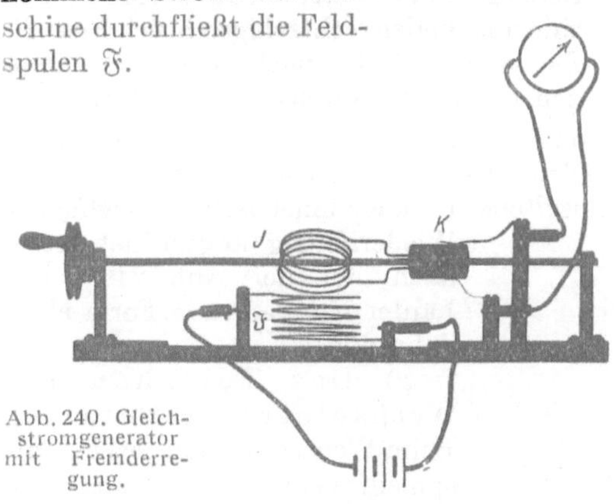

Abb. 240. Gleichstromgenerator mit Fremderregung.

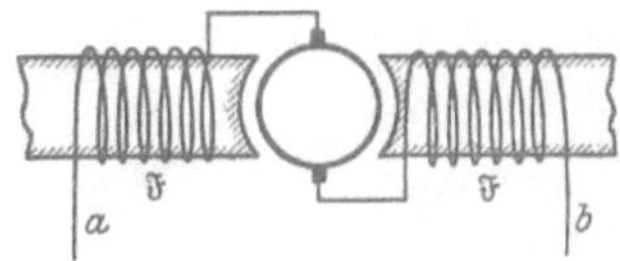

Abb. 241.
Schaltschema einer Hauptschlußdynamo.

Von Sonderfällen abgesehen, muß in der Praxis die Klemmspannung der Generatoren in weiten Grenzen von der Strombelastung unabhängig sein. In gewissem Grade erfüllt schon die Nebenschlußdynamo diese Bedingung. Die Abb. 243 gibt ihre Kennlinie, die Abb. 244 ihre Schaltung. Man benutzt nur einen Bruchteil des im Anker induzierten Stromes zur Erregung der Feldspulen. —

Die heutigen Konstruktionen der Gleichstromdynamo weichen in einer

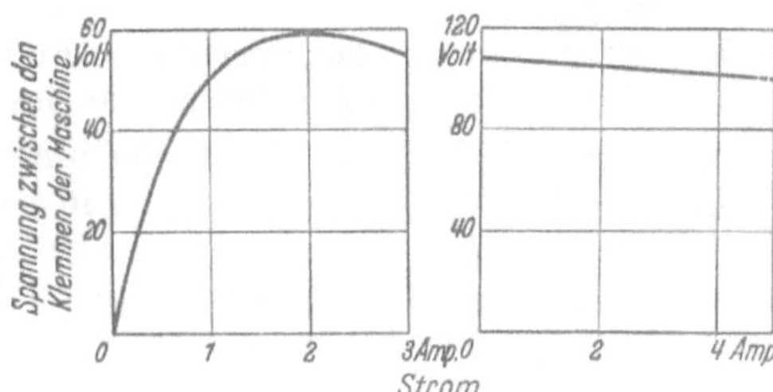

Abb. 242. Kennlinie einer Hauptschlußdynamo.   Abb. 243. Kennlinie einer Nebenschlußdynamo.

Äußerlichkeit vom Schema der Abb. 240 ab. Das Schema sieht nur ein Paar Feldspulen und ein Paar Schleifkontakte oder „Bürsten" auf dem Kollektor vor. Die Technik ordnet meistens mehrere (3 bis 5) Paare radialsymmetrisch an.

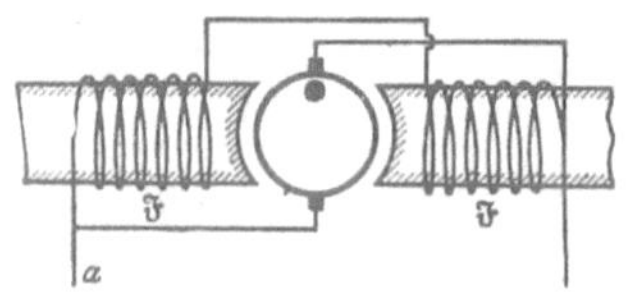

Abb. 244. Schaltschema einer Nebenschlußdynamo.

e) **Wechselstromgenerator mit Innenpolen.** Bei der unter a) beschriebenen Außenpolmaschine stand das induzierende Magnetfeld fest. Als Läufer drehte sich die Induktionsspule J. Von der Innenpolmaschine gilt das Umgekehrte. Der rotierende Läufer trägt die vom Gleichstrom durchflossene Spule. Im Ständer befindet sich die festsitzende Induktionsspule J. — In der praktischen Ausführung sind die Spulen in vielfacher Wiederholung radialsymmetrisch angeordnet. Der Läufer besteht oft aus einem Schwungrad. Es trägt auf seinem Radkranz die vom Gleichstrom durchflossenen Feldspulen. Der Gleichstrom wird von einer Hilfsmaschine auf der Achse der Hauptmaschine geliefert.

f) **Wechselstromgeneratoren mit spulenfreiem Läufer.** Bei den bisher betrachteten Generatoren trug der Läufer, der umlaufende Teil der Maschine, stets eine Spule. Man kann jedoch den Kraftfluß innerhalb der Induktionsspule J auch mit Läufern ohne Spulen verändern. Solche Läufer haben den Vorteil großer mechanischer Festigkeit und lassen daher hohe Drehfrequenzen benutzen. Die Abb. 245 gibt eine solche Maschine. Sie geht in leicht ersichtlicher Weise aus der Abb. 197 hervor. Der rotierende Anker besteht in diesem Modell aus einem schmalen rechteckigen Stück Eisen E. Es verändert je nach seiner Stellung den die Spule durchsetzenden Kraftfluß.

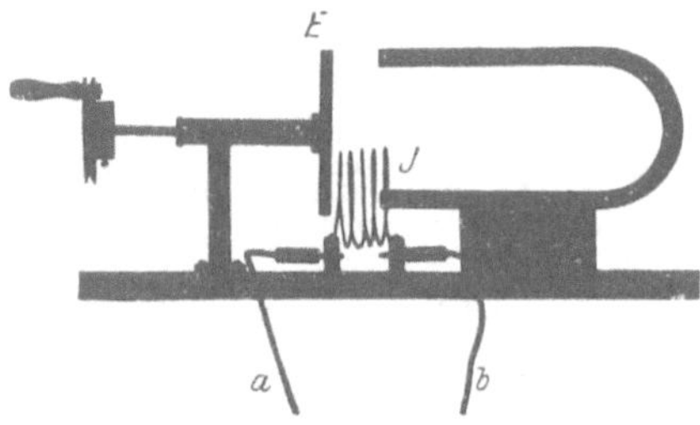

Abb. 245. Wechselstromgenerator mit spulenfreiem Läufer.

In der technischen Ausführung ersetzt man die permanenten Feldmagnete oft durch Elektromagnete, also von Gleichstrom durchflossene Spulen Sp mit Eisenkern. Überdies werden alle Einzelteile radialsymmetrisch in vielfacher Wiederholung angeordnet, etwa nach Art der Abb. 246. Der Läufer hat dann die Form eines Zahnrades.

g) **Das Telephon als Wechselstromgenerator.** Beim Wechselstromgenerator mit spulenfreiem Läufer war die periodische Änderung des magnetischen Eisenschlusses der wesentliche Punkt. Die Änderung erfolgte durch Annäherung oder Entfernung der Zähne des rotierenden Läufers.

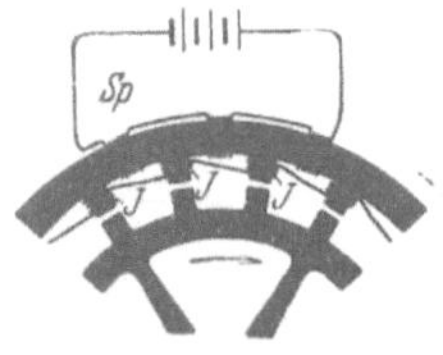

Abb. 246. Wechselstromgenerator mit Zahnradläufer.

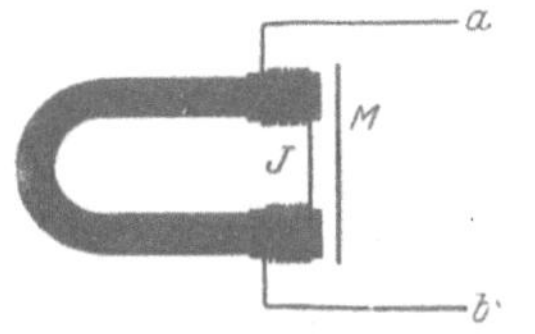

Abb. 247. Schema eines Telephons.

Man kann die Rotation durch eine hin- und hergehende Schwingung ersetzen. In Abb. 247 ist die Induktionsspule J in zwei gleiche Hälften unterteilt. Die den Kraftfluß vergrößernden Eisenkerne sind diesmal mit eingezeichnet. M ist eine schwingungsfähige Eisenmembran an Stelle des umlaufenden Läufers. Auch dies ist nur eine technische Variante des in Abb. 245 skizzierten Versuches.

Der ganze Apparat ist jedermann als **Telephon** vertraut. Hier interessiert er uns nur als Wechselstromgenerator. Er soll die mechanische Energie von

Schallwellen in elektrische Energie verwandeln. Dazu verbinden wir irgendein handelsübliches Telephon (Abb. 248) mit einem für Wechselstrom brauchbaren technischen Amperemeter. Wir beobachten beim Singen gegen die Membran leicht Ströme von etwa 10^{-4} Ampere.

Diese Wechselströme haben den Rhythmus der menschlichen Stimme. Man hat diese Wechselströme früher über die Fernleitungen zur Empfangsstation geleitet und sie dort in mechanische Schwingungen zurückverwandelt. Die Abb. 249 zeigt eine derartige Anordnung. Heute ist dies Verfahren überholt. Man benutzt die menschlichen Stimmbänder nicht mehr als Motor zum Antrieb eines Wechselstromgenerators. Man läßt heute die Stimme nur bereits vorhandene starke Ströme im Rhythmus der Sprache steuern (Mikrophon, § 131).

Neuerdings hat eine Abart dieses Generators als „Tonabnehmer" für Grammophone mit elektrischen Lautsprechern wieder technische Bedeutung gewonnen. Man denke sich die Membran umgestaltet und durch eine Grammophonnadel bewegt.

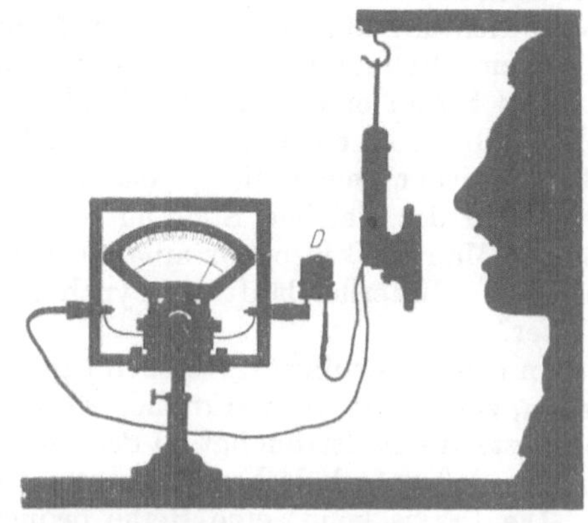

Abb. 248. Telephon als Wechselstromgenerator. Drehspulamperemeter in Verbindung mit einem kleinen Gleichrichter (Detektor, bestehend aus Tantal-Silizium-Kontakt).

Abb. 249. Altertümliche Verbindung zweier Telephone zum Fernsprechverkehr. Stabmagneten an Stelle des Hufeisenmagnetes in Abb. 247.

§ 81. Elektromotoren. Grundlagen.

Alle Elektromotoren lassen sich letzten Endes auf das einfache Schema der Abb. 250 bringen. Wir denken uns innerhalb des schwarz umrandeten Rechteckes ein Magnetfeld der Kraftflußdichte $\mathfrak{B}$ · senkrecht zur Papierebene und in dies Feld den Leiter $K\,A$ gebracht. Durch diesen Leiter schicken wir irgendwie einen Strom (z. B. aus einer Stromquelle U_2). Dann enthält der Leiter bewegte Ladungen q. Ihre Geschwindigkeiten sind durch die Pfeile $\mathfrak{u}_+$ und $\mathfrak{u}_-$ markiert. Auf diese Ladungen

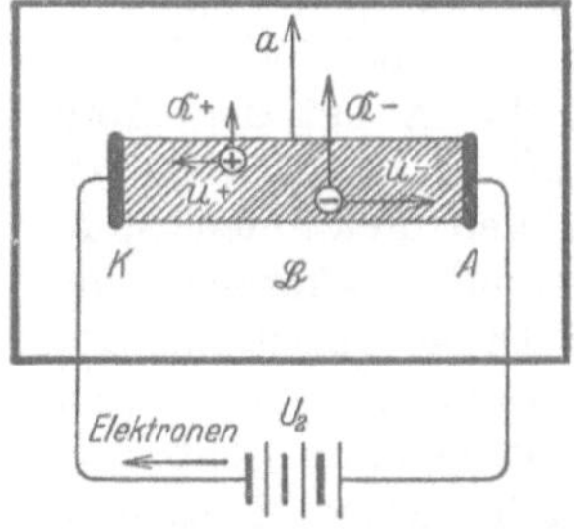

Abb. 250. Zur Definition von „Elektromotor". Nordpol unter der Papierebene. Pfeil = Laufrichtung der Elektronen.

Abb. 251. Wechselstromsynchronmotor in Verbindung mit einem Wechselstromgenerator mit Außenpolen.

wirkt das Magnetfeld mit Kräften $\mathfrak{K} = \mathfrak{B}\,q\,\mathfrak{u}$ [Gl. (94) v. S. 89]. Sie bewegen die Ladungen mitsamt dem umgebenden Leiter in der Pfeilrichtung a. — Meist rotiert eine stromdurchflossene Spule als „Läufer" in dem festen Magnetfeld eines „Ständers". Die am Läufer angreifenden Kräfte erzeugen ein Drehmoment.

Wir beschränken uns auf einige wenige Beispiele.

a) Der Wechselstromsynchronmotor. Dieser Motor gleicht im Prinzip einem Wechselstromgenerator. Die Abb. 251 zeigt dieselbe Maschine links als

Generator, rechts als Motor. Die Läuferspule des Generators drehe sich mit der Frequenz n. Dann liefert sie einen Wechselstrom der Frequenz n. Dieser gelangt durch die Leitung *1 2* in die Läuferspule des Motors. Der Strom erzeugt ein auf die Läuferspule wirkendes Drehmoment. Der Drehsinn hängt von der jeweiligen Stromrichtung ab. Also muß das Drehmoment bei jeder Läuferstellung den für die Weiterdrehung richtigen Sinn bekommen. Das läßt sich unschwer erreichen:

Der Strom erzeugt in der Läuferspule des Motors im dargestellten Augenblick (Abb. 251) ein Drehmoment im Pfeilsinne. Nach der Zeit $T = 1/n$ hat der Strom wieder genau die gleiche Richtung und Stärke. Findet er den Läufer wieder in der gleichen Stellung, so wirkt das Drehmoment wieder in gleichem Sinne: Man muß also nur anfänglich den Läufer auf die richtige Drehfrequenz bringen. Hinterher läuft er „synchron" mit dem Wechselstrom des Generators weiter.

In einem Vorführungsversuch legen wir um die Achse des Motors einen Bindfaden, ziehen ihn ab und drehen so den Läufer wie einen Kinderkreisel an. Der benutzte Wechselstrom hat 50 Perioden, also $n = 50 \, \mathrm{sec}^{-1}$. Er entstammt irgendeinem großen technischen Generator (städtische Zentrale).

Die Praxis kennt eine Reihe bequemer Hilfsmittel zur Herstellung des anfänglichen Synchronismus. Die Wechselstromsynchronmotoren sind weitverbreitet. Sie ergeben in Verbindung mit Fernleitungen der Überlandzentralen erhebliche Vorteile. (Sie kompensieren die Blindströme der Asynchronmaschinen am gleichen Netz.)

b) Der Gleichstromelektromotor gleicht äußerlich dem Gleichstromgenerator. Das einfache Schema eines Motors ist in Abb. 252 dargestellt. Das Drehmoment dreht den Läufer um seine Achse und stellt dessen Windungsfläche senkrecht zur Papierebene. Dann wird die Stromrichtung im Läufer umgekehrt, und so fort nach jeder Halbdrehung. Das besorgt automatisch das starr auf der Achse sitzende Schaltwerk, der Kollektor K mit seinen Schleifkontakten oder „Bürsten".

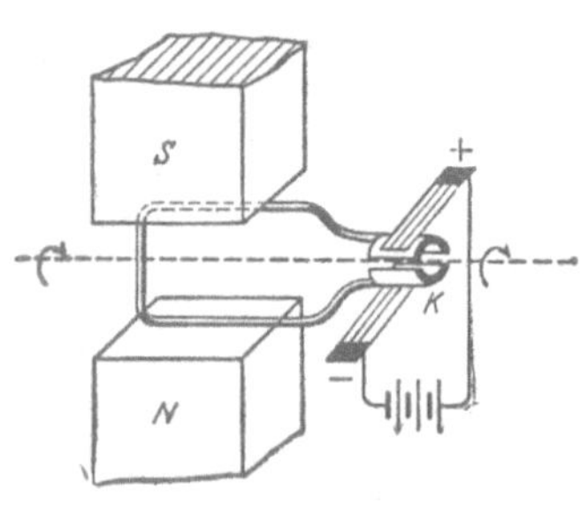

Abb. 252. Schema eines Gleichstrommotors.

In diesem einfachen, heute noch bei Kinderspielzeugen ausgeführten Schema hat der Motor einen toten Punkt. Er läuft nicht an, wenn die Spulenfläche senkrecht zu den Feldlinien steht. Außerdem ist sein Drehmoment während eines Umlaufes nicht konstant. Diese Übelstände vermeidet der Trommelläufer. Dieser ist uns ebenfalls vom Gleichstromgenerator her bekannt (Abb. 236). Er wird bei den heute eingebürgerten Elektromotoren fast ausnahmslos benutzt. Die Felder des Ständers werden dabei stets von stromdurchflossenen Spulen (Elektromagneten) erzeugt.

Welche Faktoren bestimmen die Drehfrequenz des Läufers? Wir wiederholen das Motorschema der Abb. 250 hier in Abb. 253, jedoch mit zwei Änderungen. Erstens sind der Übersichtlichkeit halber nur die negativen Ladungen (Elektronen) eingezeichnet. Zweitens denken wir uns parallel zum stromdurchflossenen Leiter $K \, A$ einen

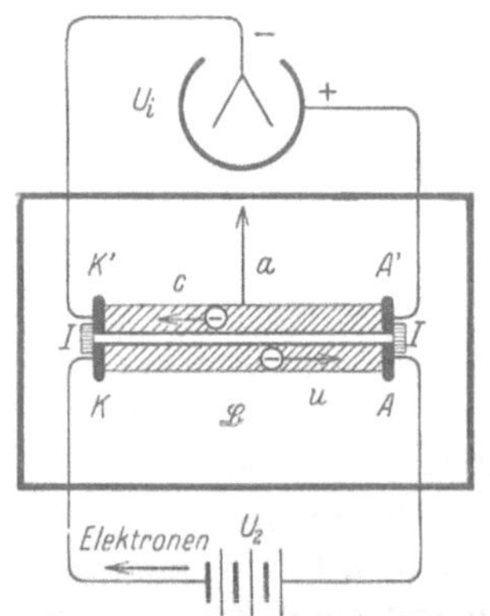

Abb. 253. Zum Induktionsvorgang im bewegten Läufer eines Elektromotors. I = Isolator. Nordpol unter der Papierebene. Pfeil = Laufrichtung der Elektronen.

gleich langen zweiten Leiter $K'\,A'$ im Magnetfeld. Beide Leiter sind miteinander starr, aber isoliert verbunden. Die Elektroden $K'\,A'$ sind an ein Voltmeter angeschlossen.

Beim Einschalten der Stromquelle setzt sich der Leiter $K\,A$ als „Läufer des Elektromotors" in der Pfeilrichtung a in Bewegung. Dadurch erhalten die Elektronen im Leiter $K'\,A'$ eine Geschwindigkeit in Richtung des Pfeiles a. Daher werden sie vom Magnetfeld in der Pfeilrichtung c abgelenkt. Das Voltmeter zeigt die induzierte Spannung U_i (Vorzeichen beachten!).

Jetzt denken wir uns die Leiter $K'\,A'$ und $K\,A$ zu einem Leiter verschmolzen. Dann sieht man: die induzierte Spannung U_i tritt auch im stromdurchflossenen Leiter $K\,A$ auf. Während der Bewegung wirkt auf die Elektronen in diesem Leiter nur die Spannung $U_2 - U_i$. Im Grenzfall $U_i = U_2$ liefert die Batterie keinen Strom mehr. Infolgedessen fällt die Beschleunigung durch Kräfte fort, der Leiter (Motorläufer) bewegt sich mit einer konstanten Grenzgeschwindigkeit in der Pfeilrichtung a. Wie kann man diese Grenzgeschwindigkeit steigern? Entweder durch Vergrößerung der zwischen den Läuferenden mit der Stromquelle hergestellten Spannung U_2, oder durch Verkleinerung der induzierten

Spannung U_i, d. h. durch eine Verminderung der Kraftflußdichte $\mathfrak{B}$ im Magnetfeld des Ständers.

Beide Aussagen lassen sich unschwer an einem Motor mit Fremderregung vorführen (Abb. 254), am besten mit einer normalen Maschine für etwa 1 Kilowatt Leistung. Beim Anschalten der Batterie mit der Spannung U_2 fließt durch den ruhenden Läufer ein viele Ampere betragender Kurzschlußstrom[1]. Der Widerstand der

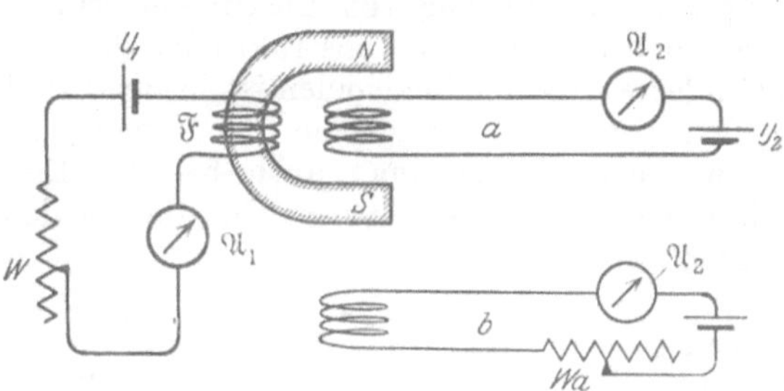
Abb. 254. Zum Induktionsvorgang im Läufer eines Gleichstrommotors mit Fremderregung, in der Technik als Leonard-Schaltung bekannt: Man ändert die Spannung der Stromquelle U_2 nach Größe und Vorzeichen, um so Drehfrequenz und Drehsinn des Motors zu ändern, z. B. für eine Fördermaschine im Bergbau.

Läuferspule R_l ist ja gering, und noch fehlt die induzierte, von U_2 abzuziehende Spannung U_i. Diese erscheint erst nach Beginn der Läuferbewegung. Dann wird der Läuferstrom nur noch durch die Spannung $U_2 - U_i$ in Gang gesetzt, und der Läuferstrom nähert sich rasch dem Werte Null. Der Grenzfall $U_i = U_2$ und völliges Verschwinden des Läuferstromes kann praktisch nicht erreicht werden. Ohne Strom kann der Läufer ja keine Energie mehr von der Stromquelle U_2 geliefert erhalten. Er müßte also ohne jede Energieabgabe mit seinem Vorrat an kinetischer Energie weiter rotieren können. Tatsächlich muß aber auch der äußerlich unbelastete Läufer stets die unvermeidliche Reibungsarbeit (Lager- und Luftreibung) leisten (außerdem kommt die Stromwärme hinzu). Daher erfordert der Läufer auch bei Leerlauf eine gewisse Energiezufuhr zur Aufrechterhaltung seiner Drehfrequenz. Es muß ein, wenngleich kleiner Strom durch den Läufer fließen. Belastung des Motors, z. B. durch Hub einer Last oder Abbremsen der Welle mit der Hand, erhöht die Stromstärke I im Läufer.

---

[1] Bei großen Elektromotoren werden die Spulenwindungen und die Zuleitungen gefährdet. Das verhindert man mittels eines „Anlassers" (W_a, Abb. 254). Er besteht aus einem Widerstand. Dieser wird während des Anlaufens der Maschine allmählich ausgeschaltet, und dadurch wird der Strom stets in erträglichen Grenzen gehalten.

Zum Abschluß dieser Versuche mache man die an den Läufer gelegte Spannung U_2 sehr klein. Man nehme etwa einen Akkumulator (2 Volt). Dann erreicht der Läufer schon bei ganz langsamem Lauf seine konstante Drehfrequenz. Ein Umlauf kann länger als 1 Sekunde dauern. Dann drehe man den Läufer mit der Hand rascher herum: jetzt zeigt das Drehspulamperemeter $\mathfrak{A}_2$ eine Umkehr der Stromrichtung. Die im Läufer induzierte Spannung U_i ist größer als die der Stromquelle U_2 geworden. Die von unserer Hand geleistete Arbeit strömt als elektrische Energie in den Akkumulator. Die Maschine lädt als Generator den Akkumulator auf.

Dieser Versuch ist sehr eindringlich. Er führt die technisch so ungeheuer wichtigen Maschinen der elektrischen Energieübertragung letzten Endes physikalisch auf einen einzigen Vorgang zurück: die Kräfte, die ein Magnetfeld auf bewegte Ladungen ausübt. Im Generator beschleunigen diese Kräfte die Elektronen, erzeugen einen Strom und verwandeln mechanische Arbeit in elektrische Energie. — Im Elektromotor bremsen die Kräfte die laufenden Elektronen, schwächen den Strom im Läufer und verwandeln elektrische Energie in mechanische Arbeit.

§ 82. Ausführung von Elektromotoren. Die hier skizzierten Überlegungen liegen den technischen Konstruktionen der Gleichstromelektromotoren zugrunde. Fremderregung der Feldspulen ist in der Praxis nicht üblich. Feld- und Läuferspulen werden an die gleiche Stromquelle angeschlossen. Wie bei den Generatoren, unterscheidet man auch bei den Elektromotoren Haupt- und Nebenschlußmaschinen. Man vergleiche die bei den Generatoren gebrachten Schaltskizzen 241 und 244.

Der Hauptschlußmotor paßt sich unter starker Änderung seiner Drehfrequenz weiten Belastungsschwankungen an. Sein größtes Drehmoment entwickelt er beim Anlaufen. Feld und Läufer werden von gleichem Strom durchflossen. Bei sinkender Belastung sinkt also nicht nur der Läuferstrom, sondern zugleich der induzierende Kraftfluß des Feldes. Infolgedessen steigt die Drehfrequenz. Unbelastet geht die Maschine durch. Der Hauptschlußmotor ist die gegebene Maschine für elektrische Bahnen und für Hebevorrichtungen aller Art, wie Krane, Aufzüge usw. Äußerlich ist er, ebenso wie die Hauptschlußdynamo, an der Dicke und der geringen Zahl seiner Feldspulenwindungen kenntlich.

In der Nebenschlußmaschine bleibt der Strom im Felde unabhängig vom Läuferstrom konstant. Bei steigender Belastung sinkt die Drehfrequenz etwas. Bei geschickter Bauart erhöht schon eine geringe Verlangsamung den Läuferstrom erheblich. Dadurch paßt sich das Drehmoment der neuen Belastung an. Der Nebenschlußmotor hält innerhalb gewisser Belastungsgrenzen eine angenähert konstante Drehfrequenz. Er ist der gegebene Motor für Werkzeugmaschinen aller Art (z. B. Drehbänke, die zum Anlaufen kein hohes Drehmoment verlangen). — Äußerlich erkennt man den Nebenschlußmotor, ebenso wie die Nebenschlußdynamo, an der großen Zahl seiner feinen Feldspulenwindungen.

Der Drehsinn der Gleichstrommotoren mit Feldspulen (Gegensatz: permanente Feldmagnete) ist vom Vorzeichen der an seinen Klemmen angelegten Spannung unabhängig. Das gilt sowohl für die Haupt- wie die Nebenschlußmaschine. Zur Umkehrung des Drehsinnes hat man die Stromrichtung entweder im Felde allein oder im Läufer allein umzukehren.

Der Kollektormotor für Wechselstrom. Der Drehsinn der Gleichstromelektromotoren war vom Vorzeichen der angelegten Spannung unabhängig. Infolgedessen kann man diese Gleichstrommotoren grundsätzlich für Wechselströme benutzen. In praxi wird die Bauart dieser Maschinen in Einzelheiten dem Wechselstrombetriebe angepaßt. Zur Vermeidung der Wirbelstromverluste wird das Eisen weitgehend unterteilt. Der Kollektormotor ist ein Asynchronmotor. Er wird im Vollbahnbetrieb in großem Maße benutzt.

§ 83. Drehfeldmotoren für Wechselstrom. In der Mechanik ist die Zusammensetzung zweier zueinander senkrechter Schwingungen gleicher Frequenz ausführlich dargestellt worden.　Es handelte sich dabei um einen ganz allgemeinen geometrisch-formalen Zusammenhang.

Der in Abb. 255 skizzierte Apparat ruft das Wichtigste in Erinnerung. Zwei lange Blattfedern *a* und *b* tragen an ihren freien Enden je eine Platte. Jede Platte enthält einen Schlitz in der Längsrichtung der Blattfeder. An der Überschneidungsstelle beider Schlitze kann man durch die Platten hindurchsehen. Man sieht, gegen eine Lichtquelle blickend, einen hellen Fleck. Man stößt die horizontale Blattfeder an: der Lichtfleck vollführt

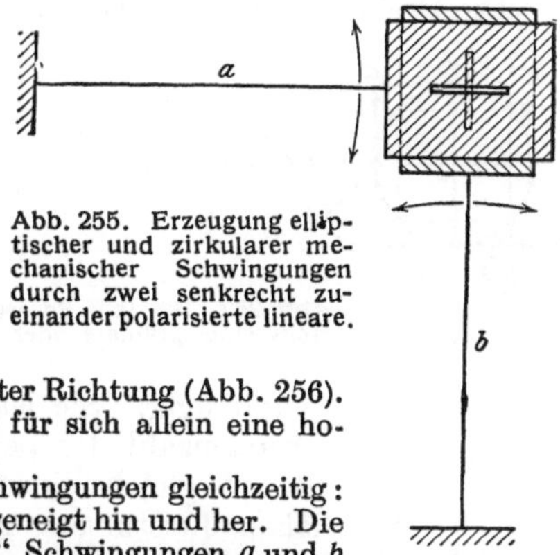

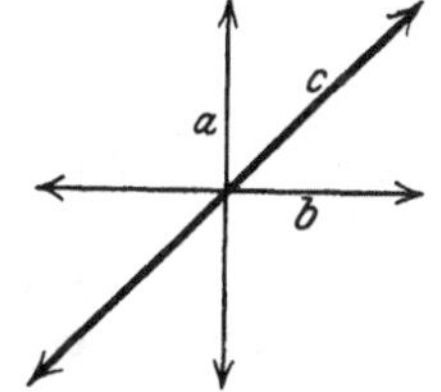

Abb. 255.　Erzeugung elliptischer und zirkularer mechanischer　Schwingungen durch zwei senkrecht zueinander polarisierte lineare.

eine praktisch geradlinige Schwingung *a* in senkrechter Richtung (Abb. 256). In entsprechender Weise gibt die andere Blattfeder für sich allein eine horizontale Schwingung *b*.

Durch geschicktes Anstoßen beginnen beide Schwingungen gleichzeitig: der Lichtfleck schwingt in gerader Linie unter 45° geneigt hin und her.　Die beiden zueinander senkrechten „linear polarisierten" Schwingungen *a* und *b* haben sich zu einer ebenfalls linear polarisierten Schwingung *c* zusammengesetzt (Abb. 256).

Man läßt die Blattfedern $^1/_4$ Periode nacheinander ihre Schwingungen beginnen. Der Lichtfleck beschreibt eine Kreisbahn. Die Schwingung ist „zirkular polarisiert". Der Ausschlag, d. h. der Abstand des Lichtflecks von der Ruhelage, bleibt zeitlich konstant, doch rotiert seine Richtung wie die Speiche eines Rades. — Soweit das mechanische Beispiel.

Den hier wiederholten Gedankengang überträgt man auf die hin und her schwingenden Magnetfelder von Wechselströmen. Die Ausschläge in den Abb. 256 und 257 bedeuten dann nicht mehr Abstände von der Ruhelage, meßbar in Metern, sondern magnetische Feldstärken $\mathfrak{H}$, meßbar in Ampere/m.　Man erhält ein „magnetisches Drehfeld". Seine Feldlinien rotieren in der aus Abb. 193 bekannten Weise. Zur Erläuterung dient der in Abb. 258 größtenteils im Schattenriß gezeigte Vorführungsapparat.

Abb. 256. Ohne Phasenunterschied zwischen den beiden Einzelschwingungen ist auch die resultierende Schwingung linear polarisiert.

Links steht ein Wechselstromgenerator nach dem Schema der Abb. 232. Er trägt jedoch auf seiner Achse statt **einer** Läuferspule deren zwei, nämlich J_1 und J_2. Beide sind um 90° gegeneinander versetzt. Die gerade horizontal stehende linke Läuferspule J_1 erscheint perspektivisch zur Kreisscheibe verkürzt. Die einzelnen Windungen der Spulen sind, im Gegensatz zu Abb. 232, nicht zu erkennen. Man entnimmt den beiden Schleifringpaaren *a b* und *a' b'* zwei Wechselströme.　Sie sind genau nach dem Schema der Abb. 257 zeitlich gegeneinander um 90° versetzt.

Rechts im Bilde befinden sich zwei zueinander senkrechte, in der Mitte unterteilte Magnetspulen.　Sie werden von einem Ringe getragen. In ihrem gemeinsamen Mittelraum soll das Drehfeld entstehen. Zu diesem Zwecke wird die horizontale Spule mit dem Läufer J_1 und die senkrechte Spule mit dem Läufer J_2 verbunden.　Man vergleiche das daneben gezeichnete Schema.

Zum Nachweis des Drehfeldes dient einer der uns bereits aus Abb. 193 bekannten Induktionsläufer, z. B. in Scheibenform. Die Achse dieses Läufers steht senkrecht zur Zeichenebene. Der Träger für die Achsenlagerung ist in Abb. 258 mit *T* gekennzeichnet. Selbstverständlich braucht das magnetische Drehfeld nicht genau zirkular zu sein. Der Induktionsläufer rotiert auch noch im elliptischen

Felde, also z. B. bei einer kleineren Winkelversetzung der beiden Läuferspulen des Generators (Abb. 258) etwa um 60°.

Drehfeld und Induktionsläufer bilden zusammen einen Drehfeldmotor. Die Drehfeldmotoren haben eine außerordentlich große praktische Bedeutung. Sie besitzen bis zu Leistungen von einigen Kilowatt eine fast ideale Einfachheit. Sie fahren mit gutem Drehmoment an, und zwar ohne Anlaßwiderstand. (Anfänglich sehr große Schlüpfung, S. 92.) Ihre Drehfrequenz ist weitgehend von der Belastung

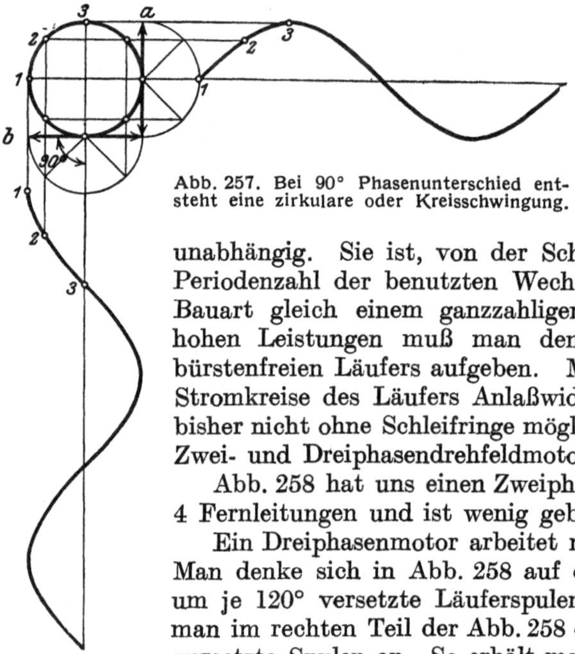

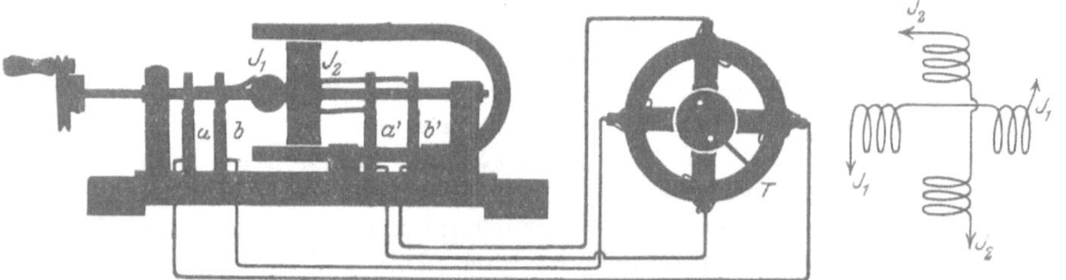

Abb. 257. Bei 90° Phasenunterschied entsteht eine zirkulare oder Kreisschwingung.

unabhängig. Sie ist, von der Schlüpfung abgesehen, gleich der Periodenzahl der benutzten Wechselströme, oder bei geeigneter Bauart gleich einem ganzzahligen Bruchteil dieser Zahl. Bei hohen Leistungen muß man den Vorteil des schleifring- und bürstenfreien Läufers aufgeben. Man muß zum Anfahren in die Stromkreise des Läufers Anlaßwiderstände schalten, und das ist bisher nicht ohne Schleifringe möglich. — Man unterscheidet Ein-, Zwei- und Dreiphasendrehfeldmotoren.

Abb. 258 hat uns einen Zweiphasenmotor gezeigt. Er benutzt 4 Fernleitungen und ist wenig gebräuchlich.

Ein Dreiphasenmotor arbeitet mit sogenanntem „Drehstrom". Man denke sich in Abb. 258 auf der Achse des Generators drei um je 120° versetzte Läuferspulen J. Dementsprechend bringt man im rechten Teil der Abb. 258 drei um je 120° gegeneinander versetzte Spulen an. So erhält man mit drei um je 120° zeitlich gegeneinander verschobenen Wechselströmen ebenfalls ein Drehfeld oder zirkular polarisiertes Magnetfeld. Von den sechs Leitungen lassen sich bei ge-

Abb. 258. Vorführungsmodell eines Zweiphasendrehfeldgenerators und eines Drehfeldmotors mit einer Kupferscheibe als Läufer (vgl. Abb. 193).

schickter Anordnung je zwei paarweise zu einer zusammenfassen. — Man sieht diese drei Leitungsdrähte überall bei den großen Fernleitungen der Überlandzentralen.

Der Einphasenmotor verlangt sogar nur zwei Leitungen. Dem Motor wird gewöhnlicher Wechselstrom zugeführt, wie ihn etwa die Maschine der Abb. 232 liefert. Der zweite, zur Erzeugung des Drehfeldes unerläßliche Wechselstrom wird durch gewisse Kunstgriffe erst im Motor selbst hergestellt. Er muß dabei gegen den ersten möglichst um 90° phasenverschoben sein. Das Prinzip des Verfahrens findet man später in Abb. 271 erläutert.

XI. Trägheit des Magnetfeldes und Wechselströme.

§ 84. Die Selbstinduktion und der Selbstinduktionskoeffizient *L*. Als Selbstinduktion bezeichnet man eine besondere Form des Induktionsvorganges. Die Kenntnis dieser Erscheinung ist für das Verständnis der heutigen Elektrizitätslehre von größter Bedeutung.

Bei der Darstellung der Induktionserscheinungen haben wir unter anderen auch den in Abb. 259 skizzierten Versuch gemacht. Die stromdurchflossene Spule *Sp* besitzt einen Kraftfluß. Seine Änderung, z. B. durch Stromunterbrechung, induziert in der Induktionsspule *J* einen Spannungsstoß, meßbar in Voltsekunden.

Nun durchsetzt aber der Kraftfluß nicht nur die Induktionsspule *J*, sondern ebenso die Feldspule *Sp*. Demnach muß jede Kraftflußänderung auch in den Windungen der Feldspule Spannungen induzieren. Das nennt man Selbstinduktion. Bei der Selbstinduktion induziert also das sich ändernde Magnetfeld eine Spannung im eigenen Leiter.

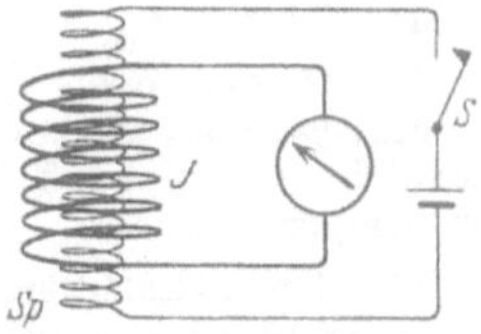

Abb. 259. Schema eines Induktionsversuches.

Andere Herleitung: Man denke sich in Abb. 259 die Feld- und die Induktionsspule gleich groß durch Aufspulen einer Doppelleitung hergestellt und die beiden Drähte dann nachträglich auf der ganzen Spulenlänge miteinander verschmolzen.

Zum Nachweis der Selbstinduktion benutzen wir in Abb. 260 eine Drahtspule von etwa 300 Windungen. Zur Vergrößerung des Kraftflusses enthält sie einen geschlossenen rechteckigen Eisenkern. Die Spulenenden sind mit einem Akkumulator und mit einem kleinen Drehspulvoltmeter verbunden. Das Voltmeter

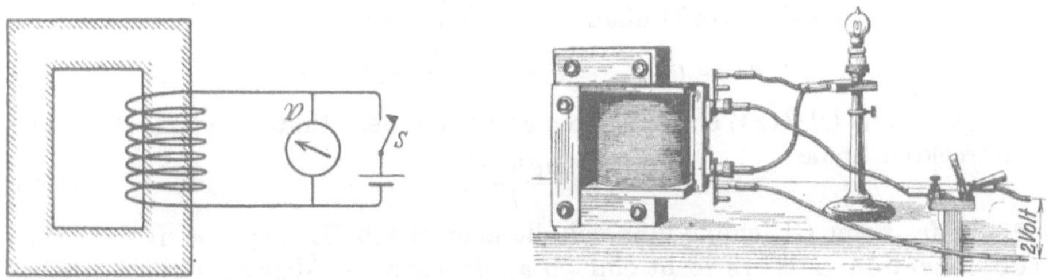

Abb. 260 und 261. Nachweis des Spannungsstoßes durch den Vorgang der Selbstinduktion, links mit dem Voltmeter ℬ, rechts mit einer Glühlampe. Selbstinduktionskoeffizient *L* der Spule einige Zehntel Voltsekunde/Ampere.

zeigt die 2 Volt des Akkumulators. Beim Unterbrechen des Stromes (Schalter *S*) verschwindet der Kraftfluß plötzlich. Gleichzeitig zeigt das Voltmeter einen Stoßausschlag bis zum Skalenteil 20 Volt. Die Spannung erreicht infolge der Selbstinduktion also vorübergehend einen etwa zehnmal höheren Wert als die ursprüngliche des Akkumulators. Man kann das Drehspulvoltmeter durch ein 6-Volt-Glühlämpchen ersetzen (Abb. 261). Sein Faden glüht nur schwach dunkelrot, blitzt aber bei der Unterbrechung des Stromes in heller Weißglut auf: Die im Magnetfeld gespeicherte Energie wird durch den Vorgang der Selbstinduktion weithin sichtbar verausgabt.

Durch Selbstinduktion entstehende Ströme bezeichnet die ältere Literatur als „Extra-
ströme". Solche überflüssigen Worte halten sich erstaunlich lange.

Der in einer Spule induzierte Spannungsstoß $\int U\,dt$ hängt von zwei Größen
ab: erstens der Kraftflußänderung $(\Phi_1 - \Phi_2)$ und zweitens der Gestalt der
Spule. Die Kraftflußänderung wird bedingt durch $I_1 - I_2$, die Differenz der
Ströme bei Beginn und bei Schluß des Vorganges. Daher schreibt man

$$\boxed{\int U\,dt = L \cdot (I_1 - I_2)} \tag{154}$$

(meist U in Voltsekunden)

und nennt den Proportionalitätsfaktor L den Selbstinduktionskoeffizienten. Man
definiert also

$$\text{Selbstinduktionskoeffizient } L = \frac{\text{induzierter Spannungsstoß}}{\text{Stromänderung}}. \tag{155}$$

Als Einheit dieser Größe benutzen wir 1 Voltsekunde/Ampere, zuweilen gekürzt
als 1 „Henry".

Man findet in der Literatur Selbstinduktionskoeffizienten, also das Verhältnis eines
Spannungsstoßes zu einem Strom, häufig in Zentimetern angegeben. 1 cm bedeutet aber
hier nicht etwa wie auf S. 34 $1{,}11 \cdot 10^{-12}$ Amperesek./Volt, sondern zur Abwechslung 10^{-9} Voltsek./Ampere.

Der Selbstinduktionskoeffizient ist für eine gestreckte Spule mit homogenem
Magnetfeld unschwer zu berechnen: Wir betrachten die Spule zunächst als Feldspule. Als solche besitzt sie

$$\text{die Feldstärke } \mathfrak{H}_1 = \frac{n\,I_1}{l} \qquad \text{Gl. (69) v. S. 69}$$

$$\text{und den Kraftfluß } \Phi_1 = \mu_0\,\mathfrak{H}_1\,F = \frac{\mu_0\,n\,I_1\,F}{l}. \qquad \text{Gl. (74) v. S. 77}$$

Eine Stromänderung $I_1 - I_2$ gibt die Kraftflußänderung $\Phi_1 - \Phi_2 = \dfrac{\mu_0\,n\,F}{l}\,(I_1 - I_2)$.

Alsdann betrachten wir die Spule als Induktionsspule von n Windungen. Zwischen
ihren Enden erzeugt die Kraftflußänderung den Spannungsstoß

$$\int U\,dt = n\,(\Phi_1 - \Phi_2) = \frac{\mu_0\,n^2\,F}{l}\,(I_1 - I_2). \tag{156}$$

Ein Vergleich mit Gl. (154) ergibt als den gesuchten Selbstinduktionskoeffizienten
der gestreckten Spule

$$L = \frac{\mu_0\,n^2\,F}{l}. \tag{157}$$

Mit Hilfe dieser Gleichung läßt sich die magnetische Energie eines stromdurchflossenen Leiters recht einfach ausdrücken. — Allgemein gilt für jedes
homogene Magnetfeld der Feldstärke $\mathfrak{H}$ im Volumen V

$$W = \frac{\mu_0}{2}\,\mathfrak{H}^2\,V. \qquad \text{Gl. (121) v. S. 102}$$

Für das homogene Feld der gestreckten Spule gilt

$$\mathfrak{H} = \frac{n\,I}{l} \quad \text{und} \quad V = F\,l. \qquad \text{Gl. (69) v. S. 70}$$

(69) und (157) in (121) eingesetzt, gibt

$$\boxed{W = \tfrac{1}{2}\,L\,I^2} \tag{158}$$

(z. B. $W =$ in Wattsekunden, L in Voltsek./Ampere, I in Ampere).

Diese Gleichung gilt trotz der Herleitung für einen Sonderfall ganz allgemein.
Sie entspricht der Gl. (30) im elektrischen Felde.

§ 85. Die Trägheit des Magnetfeldes als Folge der Selbstinduktion.

Beim Grundversuch der Selbstinduktion haben wir das Vorzeichen des induzierten Spannungsstoßes mit Absicht außer acht gelassen.

Seine Berücksichtigung soll uns jetzt zu einer vertieften Auffassung der Selbstinduktion führen. — Wir wiederholen den Versuch an Hand der Abb. 262a und b. In Abb. 262a zeigt das Drehspulvoltmeter die 2 Volt des Akkumulators durch einen Ausschlag nach links. Der kleine, ins Voltmeter fließende Bruchteil des Stromes hat die Richtung des gekrümmten Pfeiles. — In Abb. 262b ist der Akkumulator gerade abgeschaltet worden. Der große Stoßausschlag des Voltmeterzeigers geht nach rechts. Das Drehspulvoltmeter wird also jetzt im umgekehrten Sinne durchflossen. Folglich muß der Strom in der Spule auch ohne Stromquelle noch eine Zeitlang in ungeändertem Sinne weiterfließen und bei a negative Elektrizitätsatome anhäufen. Der Strom und sein Magnetfeld sind also träge. Sie verhalten sich analog einem in Bewegung befindlichen Körper oder einem laufenden Schwungrad.

Wir erinnern kurz an ein Beispiel für mechanische Trägheit: In der Abb. 263a zirkuliert ein Wasserstrom, getrieben von einer Pumpe P. Ein zwischen a und b geschaltetes Hg-Manometer zeigt, der Stromrichtung und dem Leitungswiderstand entsprechend, einen Ausschlag nach links. In der Abb. 263b ist die Pumpe mittels des Hahnes H abgeschaltet worden. Die Wassersäule strömt infolge ihrer Trägheit noch eine Zeitlang in der Pfeilrichtung weiter, das Manometer schlägt stark nach rechts aus. (Die Technik benutzt das Prinzip dieses Versuches beim Bau der als „Widder" bekannten Wasserhebemaschinen.)

Körper und Schwungrad zeigen ihre Trägheit nicht nur beim Abbremsen, sondern auch beim Ingangsetzen. Auch das erfordert eine endliche Zeit. Nicht anders Strom und Magnetfeld. Das soll ein sehr wichtiger und eindrucksvoller Versuch zeigen (Abb. 264a). U ist wieder ein Akkumulator (2 Volt). A ist ein gutes Drehspulamperemeter mit kleiner Zeigerträgheit (Einstellzeit unter 1 Sekunde). Die große, dickdrähtige Spule hat einen geschlossenen Eisenkern (vgl. Maßskizze). Nach Schließen des Schalters *1* setzt sich der Amperemeterzeiger gleich in Bewegung. Aber nur langsam kommt er vorwärts. Noch nach einer Minute kriecht er merkbar weiter. Erst nach anderthalb Minuten haben Magnetfeld und Strom endlich ihren vollen Wert erreicht. So träge bilden sie sich aus.

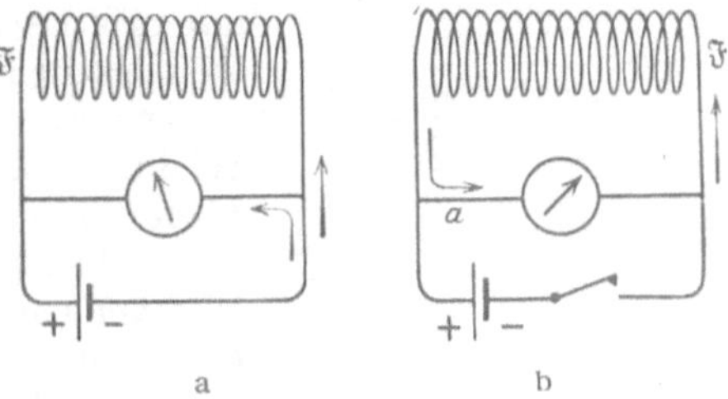

Abb. 262a, b. Trägheit des elektrischen Stromes in einer Spule.

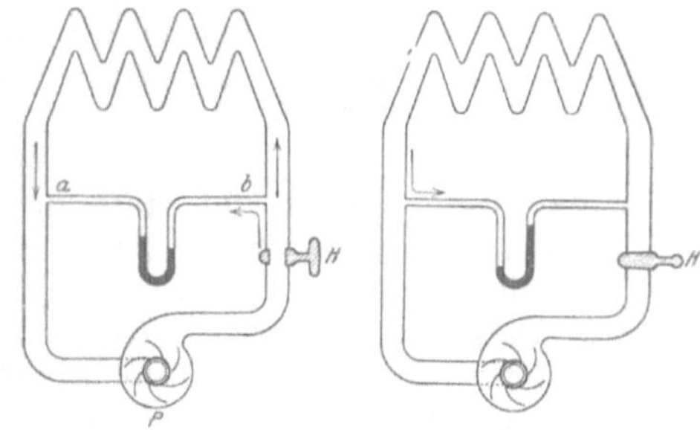

Abb. 263a, b. Trägheit eines Wasserstromes in einer Rohrleitung.

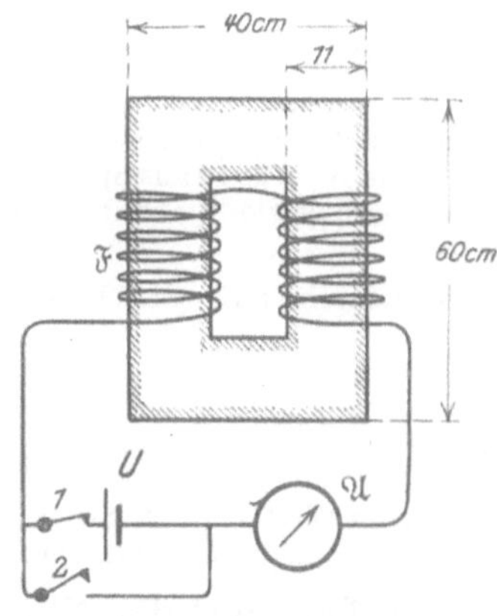

Abb. 264a. Langsames Anlaufen eines Stromes.

Nach Erreichung des Höchstwertes schließen wir erst den Stromkreis mit dem Schalter *2* (Abb. 264b) und schalten sofort darauf den Akkumulator mit dem Schalter *1* ab. Wir sehen noch einmal das Beharrungsvermögen oder die Trägheit von Magnetfeld und Strom. Noch nach einer Minute zeigt das Amperemeter A einen deutlichen Ausschlag. Die Versuche wirken stets ungemein überraschend: Verbinden wir doch im täglichen Leben mit elektrischen Vorgängen stets die Vorstellung des Momentanen, des Zeitlosen.

Die Versuche bringen ein Ergebnis von größter Wichtigkeit: **Die Selbstinduktion, die Induktionswirkung auf den eigenen Leiter, äußert sich als Trägheit von Strom und Magnetfeld.** Wir kennen Magnetfeld und Strom als völlig unzertrennlich. Wir brauchen fortan nur von der Trägheit des Magnetfeldes zu sprechen.

Wir haben diesen fundamentalen Tatbestand hier absichtlich rein empirisch dargestellt. Nachträglich können wir ihn leicht als eine einfache Folgerung der Lenzschen Regel erkennen: Nehmen wir als Beispiel den Fall der Abb. 264b: Dort wird die Stromquelle überbrückt und entfernt. In einem idealen Leitungsdraht ohne jeden Widerstand würde der Strom in infinitum weiterfließen. Tatsächlich besitzt aber auch der beste technische Leiter einen endlichen Widerstand R, der Strom wird durch reibungsähnliche Kräfte geschwächt (Stromwärme). Diese **Abnahme** des Stromes ist die Ursache des Induktionsvorganges. Die induzierte Spannung muß also nach der Lenzschen Regel die Stromabnahme **behindern**. Den Elektronen wird auf Kosten der magnetischen Feldenergie ein Teil der durch „Reibung" verlorenen kinetischen Energie ersetzt und dadurch der Stromabfall hintangehalten.

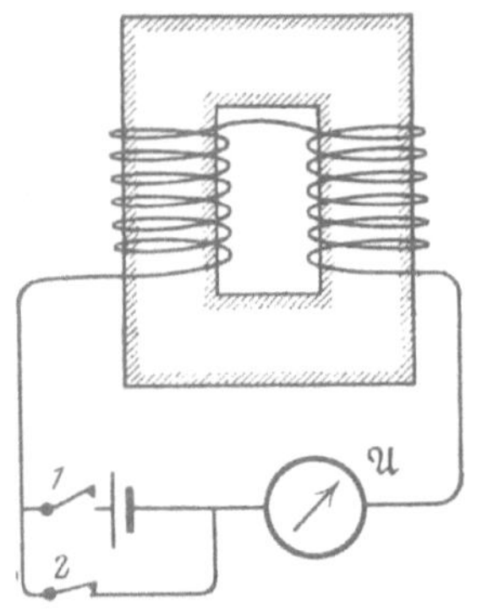

Abb. 264b. Langsames Abklingen eines Stromes nach Entfernung der Stromquelle.

Der zeitliche Verlauf des Stromabfalles ist aus der Gl. (154) von S. 130 zu berechnen. Bei einer Stromabnahme $(-dI)$ entsteht zwischen den Enden der Spule eine induzierte Spannung

$$U = -L\frac{dI}{dt}. \tag{159}$$

Mit ihr wirkt die Spule wie eine Stromquelle, z. B. ein Element, in einem Stromkreis. Dieser besteht in Abb. 264b aus Spule, Strommesser und Leitungen. Sein gesamter Widerstand sei R. Dann vermag die Spannung U nach dem Ohmschen Gesetz einen Strom

$$I = U/R \tag{1) v. S. 6}$$

aufrechtzuerhalten. Gl. (1) und (159) zusammen geben

$$\frac{dI}{I} = -\frac{R}{L}\,dt \tag{160}$$

oder integriert

$$I = I_0\, e^{-\frac{R}{L}t} \tag{161}$$

Auf diesen Wert I ist der Strom nach t Sekunden von seinem Einsatzwert I_0 herabgesunken. (R in Ohm, L in Voltsek./Ampere, $L/R = $ „Relaxationszeit τ".)

Die Trägheit des Magnetfeldes spielt bei allen Anwendungen von Strömen wechselnder Größe und Richtung eine entscheidende Rolle. — Qualitativ kann man zwei wesentliche Punkte mit periodisch unterbrochenem („gehacktem") Gleichstrom vorführen.

In Abb. 265 gabelt sich der Strom eines 2-Volt-Akkumulators in zwei Zweige mit je einem Glühlämpchen. Der linke Zweig enthält außerdem eine Spule mit Eisenkern, der rechte ein kurzes Drahtstück mit einem Widerstand gleich dem der Spule (etwa $^1/_3$ Ohm). Für einen konstant fließenden Strom sind beide Zweige gleichwertig, die beiden gleichen Lämpchen leuchten gleich hell. — Anders bei einem periodischen Schließen und Öffnen des Schalters (kurze Schalteröffnung in Zeitabständen T, $1/T =$ Frequenz n):

1. Bei kleiner Frequenz leuchten zwar schließlich noch beide Lämpchen gleich hell, aber das linke jedesmal erst etwa 1 Sekunde später als das rechte. Sein Strom hinkt erheblich hinter dem Anlegen der Spannung her. Er braucht zum Aufbau seines Magnetfeldes fast 1 Sekunde Zeit.

2. Bei wachsender Frequenz reicht die zum Aufbau des Magnetfeldes verfügbare Zeit nicht mehr aus. Das linke Lämpchen wird nach und nach mehr benachteiligt. Bei Frequenzen über 1 je Sekunde bleibt es ganz dunkel. D. h. die Spule hat einen „induktiven Widerstand", und dieser steigt mit der Frequenz.

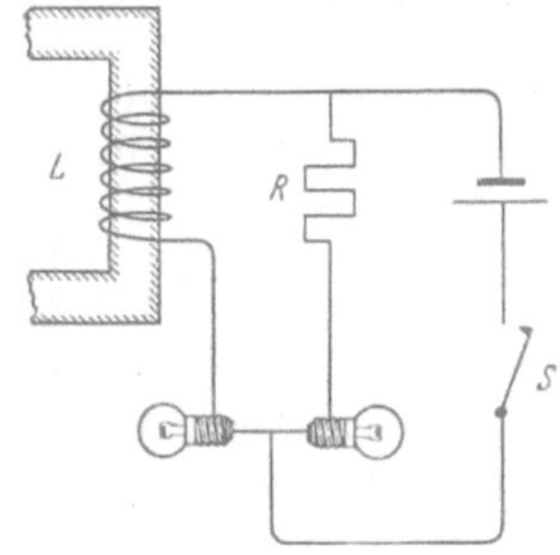

Abb. 265. Zur Vorführung des induktiven Widerstandes mit gehacktem Gleichstrom.

Bei diesen Versuchen mit „gehacktem" Gleichstrom geht der Stromquelle die ganze zum Aufbau des Magnetfeldes aufgewandte Energie verloren. In Abb. 265 fließt beim Öffnen des Schalters der „träge" Spulenstrom durch beide Lampen hindurch und verwandelt dabei die magnetische Feldenergie in Wärme. (Ohne das rechte Lämpchen würde das im Lichtbogen des Schalters geschehen!)

Anders bei Benutzung von Wechselströmen, also Strömen von periodisch wechselnder Richtung. Hier wird die bei jedem Aufbau des Magnetfeldes gebrauchte Energie der Stromquelle nur entliehen und ihr bei jedem Abbau zurückgeliefert.

Drosselspulen. Spulen mit veränderlicher Selbstinduktion (z. B. veränderlichem Eisenschluß, § 67) erlauben Wechselströme nach Belieben zu regulieren. Dabei haben sie vor den gewöhnlichen Schiebewiderständen einen grundsätzlichen Vorteil: Sie erhitzen sich nur wenig, sie schwächen den Strom nur zu einem kleinen Teil durch Reibung (Ohmscher Widerstand), ganz überwiegend drosseln sie ihn „wattlos" durch die Trägheit des Magnetfeldes.

Quantitativ behandelt man diese Dinge für die Wechselströme mit einfachster Kurvenform, nämlich der Sinuskurve. Wechselströme von komplizierter Form lassen sich stets auf eine Überlagerung einfacher sinusförmiger Wechselströme zurückführen. Der im Mechanikband (§ 99) erläuterte Formalismus ist in vollem Umfange auf Wechselströme übertragbar.

§ 86. Quantitatives über Wechselströme.

Für sinusförmige Wechselströme und -spannungen gilt

$$I = I_{max} \sin \omega\, t \quad \text{und} \quad U = U_{max} \sin \omega\, t. \tag{162}$$

Dabei bedeuten I und U die Momentanwerte von Strom und Spannung zur Zeit t, I_{max} und U_{max} ihre Amplituden, d. h. Höchst- oder Scheitelwerte, $\omega = 2\,\pi\,n$ die Kreisfrequenz (vgl. Mechanikband § 22).

Die Momentanwerte des Stromes und der Spannung lassen sich mit Meßinstrumenten hinreichend kurzer Einstellzeit, z. B. Oszillographen (Abb. 18/19), beobachten und messen: Oft legt man die zeitlich aufeinanderfolgenden Ausschläge mit Hilfe eines rotierenden Spiegels räumlich nebeneinander auf den Wandschirm oder auf eine photographische Platte. Diese Momentanwerte werden wir im folgenden für unsere Überlegungen und Rechnungen benutzen, ohne das jedesmal ausdrücklich zu betonen. — Bei den Messungen hingegen verwenden wir in der Regel nicht die Momentanwerte von Strom und Spannung, sondern „effektiv" genannte zeitliche Mittelwerte. Man mißt diese mit denjenigen Strom- und Spannungsmessern, deren Ausschlag dem Quadrate des Stromes oder der Spannung proportional ist. Als wichtige Beispiele sind die Hitzdrahtinstrumente (Abb. 21/22) und die Dynamometer (Abb. 10) zu nennen, neuerdings vor allem aber Strommesser mit eingebauten Gleichrichtern nach dem Schema der Abb. 266. Die effektiven Werte sind definiert durch die Gleichungen

$$ I_{\text{eff}} = \sqrt{\frac{1}{T} \int_0^T I^2 \, dt} \quad \text{und} \quad U_{\text{eff}} = \sqrt{\frac{1}{T} \int_0^T U^2 \, dt}. $$

Sie werden durch die Abb. 267 veranschaulicht. Für sinusförmige Ströme und Spannungen werden

$$ I_{\text{eff}} = \frac{I_{\text{max}}}{\sqrt{2}} \quad \text{und} \quad U_{\text{eff}} = \frac{U_{\text{max}}}{\sqrt{2}}. $$

Die Effektivwerte von Strom und Spannung sind also den Amplituden proportional. Infolgedessen genügen für Messungen und Schauversuche meist die Effektivwerte.

In einem Stromkreis ohne Selbstinduktion sind Wechselstrom und Wechselspannung in Phase; in jedem Augenblick ist eine „Ohmsche Spannung" U_0 $= I \cdot R$ ausreichend, um den Strom I aufrechtzuerhalten. Hingegen erfordert ein Stromkreis mit Selbstinduktion (Abb. 268) zur Aufrechterhaltung des Stromes I außer U_0 noch eine zusätzliche „induktive Spannung" U_i. Ihr Betrag läßt sich mit Hilfe der Gl. (154) v. S. 130 berechnen. Es ist

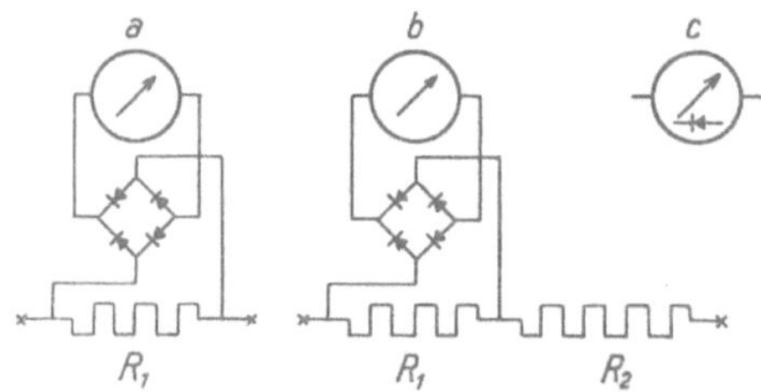

Abb. 266. Neuere Meßinstrumente für Effektivwerte von Wechselstrom und -spannung, die aus Drehspulinstrumenten mit 4 eingebauten Gleichrichtern (Abb. 376) bestehen (Grätz-Schaltung zur Ausnutzung beider Halbwellen). Die Klemmen der Instrumente sind durch Kreuze angedeutet. a Strommesser, b Spannungsmesser, c Zeichenschema. Die auswechselbaren, oft in das Gehäuse des Instrumentes eingebauten Widerstände R_1 und R_2 dienen zur Veränderung der Meßbereiche.

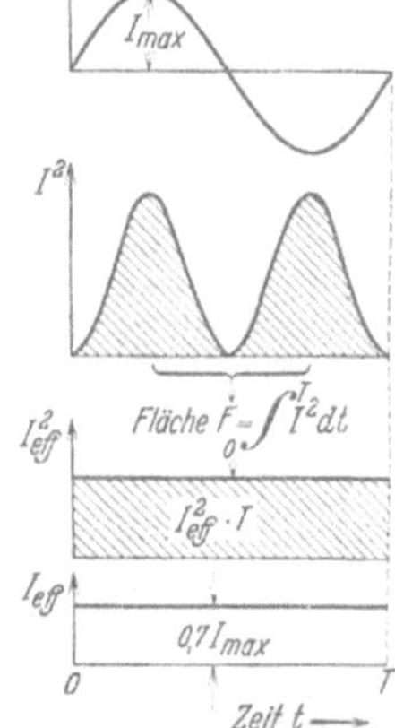

Abb. 267. Zur Definition der effektiven Stromstärke eines sinusformigen Wechselstromes.

$$ U_i = L \frac{dI}{dt}. \qquad (154) $$

Ferner ist

$$ \frac{dI}{dt} = \omega \cdot I_{\text{max}} \cos \omega t = \omega \cdot I_{\text{max}} \sin(\omega t + 90°), \qquad (163) $$

also

$$ U_i = L \, \omega \, I_{\text{max}} \sin(\omega t + 90°) $$

oder nach (162)

$$ U_i = L \, \omega \, I = 2 \pi n L I, \qquad (164) $$

jedoch mit dem wesentlichen Zusatz: Die Spannung U_i eilt dem Strome I um 90° voraus. Die beiden zur Aufrechterhaltung des Stromes erforderlichen Spannungen U_0 und U_i müssen daher nach dem aus der Mechanik bekannten Schema (Abb. 269) graphisch zu einer resultierenden Spannung U zusammengesetzt werden. Eine Spannung dieser Größe U muß also von der Wechselstromquelle zur Verfügung gestellt werden, um den Strom I aufrechtzuerhalten. So erhält man für das als Widerstand definierte Verhältnis U/I den Wert

$$ U/I = \sqrt{R^2 + (2 n \pi L)^2}. \qquad (165) $$

Das als Widerstand definierte Verhältnis U/I ist daher im allgemeinen für Wechselstrom durchaus keine Konstante, sondern steigt mit n, der Frequenz des Wechselstromes. In diesem Fall zeichnet man den Leiter nach dem Schema der Abb. 32b.

Bei großen Werten des Selbstinduktionskoeffizienten L kann der „Wechselstrom- oder Scheinwiderstand" U/I gemäß Gl. (165) um Zehnerpotenzen höher sein als der konstante Ohmsche Widerstand R für Gleichstrom. In solchen Fällen kann man R in Gl. (165) neben $2\,\pi\,n\,L$ vernachlässigen. Es verbleibt nur der „induktive oder Blindwiderstand"

$$U/I = 2\,n\,\pi\,L, \qquad (166)$$

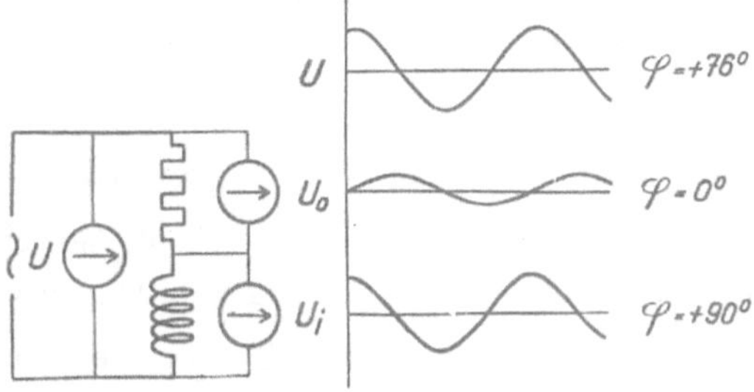

Abb. 268. Zur Reihenschaltung von induktivem und Ohmschem Widerstand. Amplitudenverhältnis und Phasenwinkel ähnlich wie in Abb. 269. Zahlenbeispiel: $n = 50$/sec; $L/R = 9{,}2 \cdot 10^{-3}$ sec. Lies 71° statt 76°.

und man zeichnet dann den Leiter als Schraubenspule (z. B. in Abb. 268), nicht als Zickzacklinie (Abb. 32b).

Die Phasenverschiebung φ zwischen den Momentanwerten von Wechselstrom und Wechselspannung ist ein beliebter Gegenstand hübscher Vorführungsversuche. Meist benutzt man als Strom- und Spannungsmesser Schleifenoszillographen (Abb. 19) und wirft die Lichtzeiger über einen bewegten Spiegel an die Wand. Schema in Abb. 268.

Ein bequemer Versuch zum Nachweis der Phasenverschiebung ist in Abb. 270 dargestellt. Man spaltet den Strom einer Wechselstromquelle ($\sim$) in zwei gleiche Teilströme auf und schickt diese durch zwei zueinander senkrecht stehende Spulenpaare. In den einen Teilstrom wird eine Spule mit großem Selbstinduktionskoeffizienten eingeschaltet. Infolge der Phasenverschiebung entsteht ein magnetisches Drehfeld (§ 83, Abb. 258); in ihm rotiert eine Metallscheibe als Läufer.

In einer Fortführung dieses Versuches ersetzen wir die Spule durch einen Kondensator ($C \approx 10^{-6}$ Farad). Wir beobachten abermals ein magnetisches Drehfeld, doch ist sein Drehsinn dem mit der Spule beobachteten entgegengesetzt. Daraus ist zweierlei zu folgern. Erstens: Der Wechselstrom wird durch einen Kondensator nicht unterbrochen, er durchfließt den Kondensator als Verschiebungsstrom (§ 62). Zweitens: Zwischen Strom und Spannung besteht wiederum eine Phasendifferenz von 90°, doch eilt diesmal der Strom voraus. (Vgl. das Schema der Abb. 272.)

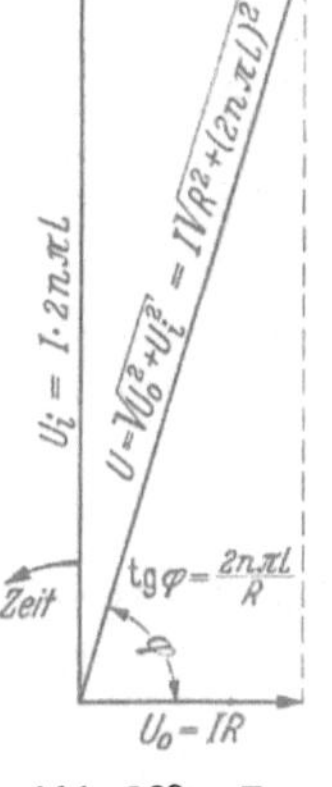

Abb. 269. Zur Berechnung des Wechselstromwiderstandes in einem „Zeiger-Diagramm". R ist das mit Gleichstrom gemessene konstante Verhältnis U/I. Man nennt R kurz den „Ohmschen Widerstand".

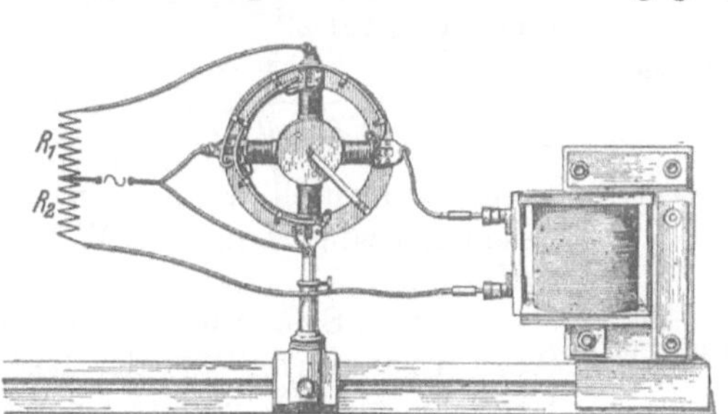

Abb. 270. Nachweis einer Phasenverschiebung durch Erzeugung eines Drehfeldes (Stromstärken einige 10^{-1} Ampere). $R_1\,R_2$ Glühlampen als Vorschaltwiderstände. $\sim$ = Wechselstromquelle, $n = 50$ sec^{-1}.

Für die quantitative Behandlung legt man auch hier eine sinusförmige Wechselspannung zugrunde, also

$$U = U_{max} \sin \omega t \tag{167}$$

$$[\omega = 2\pi n,\ n = \text{Frequenz}].$$

Der Kondensator habe die Kapazität C (und daher bei der Spannung U die Ladung $q = C U$). Dann gilt in jedem Zeitpunkt für den Ladungs- oder Entladungsstrom

$$I = \frac{dq}{dt} = C \cdot \frac{dU}{dt}. \tag{168}$$

In dieser Gleichung ist $\dfrac{dU}{dt} = \omega U_{max} \cos \omega t = \omega U_{max} \sin(\omega t + 90°)$,

also

$$I = C \cdot \omega U_{max} \sin(\omega t + 90°),$$

oder

$$I = C \omega U = 2\pi n C U, \tag{169}$$

jedoch mit dem wesentlichen Zusatz: Der Strom eilt der Spannung um 90° voraus. — Das Verhältnis

$$\frac{U}{I} = \frac{1}{2 n \pi C} \tag{170}$$

nennt man den **kapazitiven** oder **Blindwiderstand des Kondensators.**

Zahlenbeispiel: $n = 50/\text{sec}$; $C = 10^{-6}$ Farad; $U/I = 3190$ Ohm.

Ebenso wie der induktive Widerstand schwächt auch der kapazitive einen Wechselstrom ohne Energievernichtung. Das ist wieder eine Folge der 90°-Phasenverschiebung zwischen Strom und Spannung. Doch eilt, wie erwähnt, diesmal der Strom der Spannung voraus.

Bei einer **Reihenschaltung von Ohmschem, induktivem und kapazitivem Widerstand** (Abb. 271) ist der Gesamtwiderstand eines Wechselstromkreises

$$\frac{U}{I} = \sqrt{R^2 + \left(2 n\pi L - \frac{1}{2 n\pi C}\right)^2}. \tag{171}$$

Bei der Herleitung dieser Gleichung sind die Phasenverschiebungen zwischen den einzelnen Teilspannungen gemäß Abb. 272 zu berücksichtigen.

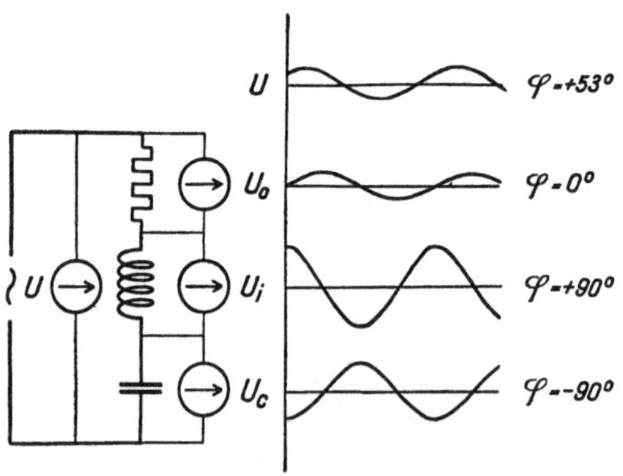

Abb. 271. Zur Reihenschaltung von kapazitivem, induktivem und Ohmschem Widerstand. Zahlenbeispiel für $n = 50/\text{sec}$; $L/R = 1,44 \cdot 10^{-2}$ sec; $1/RC = 10^{-2}/\text{sec}$.

Für jedes Wertepaar von L und C gibt es eine ausgezeichnete Frequenz n_0, bei der der induktive Widerstand $2 n\pi L$ und der kapazitive Widerstand $1/2 n\pi C$ gleich groß werden: Gleichsetzen dieser beiden Größen liefert als „Resonanzfrequenz"

$$n_0 = \frac{1}{2\pi \sqrt{L C}}. \tag{173}$$

Experimentell kann man die Resonanzfrequenz in zwei Weisen vorführen:

1. als „**Spannungs-** oder **Reihenresonanz**" bei der Reihenschaltung von induktivem und kapazitivem Widerstand. Schauversuch in Abb. 273. Mit der Resonanzfrequenz ergibt Gl. (171) für das Verhältnis U/I den kleinsten Wert, nämlich R. Die Teilspannungen $(U_i + U_0)$ und U_c werden viel größer als die Gesamtspannung U.

In jedem Stromkreis wird infolge seines Ohmschen Widerstandes R elektrische Energie in Wärme verwandelt; es ist die so verzehrte Leistung $\dot{W} = I^2R$. Andere Verluste können hinzukommen, vor allem in eisenhaltigen Spulen durch Wirbelströme und Ummagnetisierung (§ 72, Ende). Alle Verluste, die gesamte verzehrte Leistung, schreibt man einem Widerstand R zu, der größer ist als der mit Gleichstrom gemessene. [Man definiert also $R = (\sum \dot{W})/I^2$.] Im idealisierten Grenzfall $R = 0$ würden die beiden Spannungen gegeneinander genau um 180° phasenverschoben sein und beide einander gleich unbegrenzt ansteigen.

2. als „Strom- oder Parallelresonanz" bei der Parallelschaltung von kapazitivem und induktivem Widerstand. Schauversuch in Abb. 274. Die bei

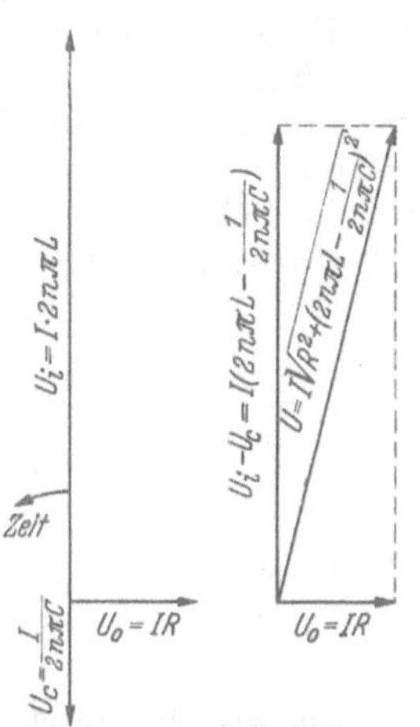

Abb. 272. Zur Berechnung des Wechselstromwiderstandes des Kreises in Abb. 271.

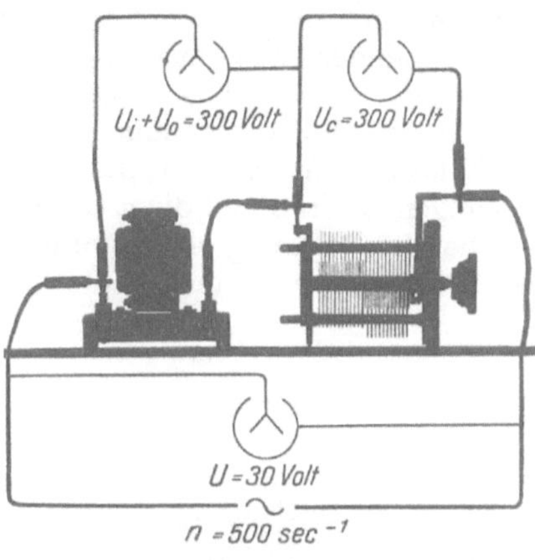

Abb. 273. Ein Beispiel für Spannungsresonanz. $n_0 = 500/\text{sec}$, Maschinengenerator wie in Abb. 246. Spule mit geschlossenem Eisenkern, $L \approx 37$ Henry. Drehkondensator zur Einstellung der Resonanzfrequenz; $C_{max} \approx 3 \cdot 10^{-8}$ Farad. Statische Spannungsmesser wie in Abb. 28. ($R = 1{,}1 \cdot 10^4$ Ohm, $A \approx 0{,}3$; vgl. später Abb. 295).

den Teilströme, d. h. der durch die Spule fließende Strom I_i und der den Kondensator durchfließende Verschiebungsstrom I_c, können sehr viel größer werden als der Gesamtstrom I.

Infolge der oben im Kleindruck genannten Verluste kann I zwar sehr klein, aber nie Null werden. Die Phasendifferenz zwischen I_i und I_c kann sich zwar dem Wert 180° beliebig nähern, ihn aber nie erreichen.

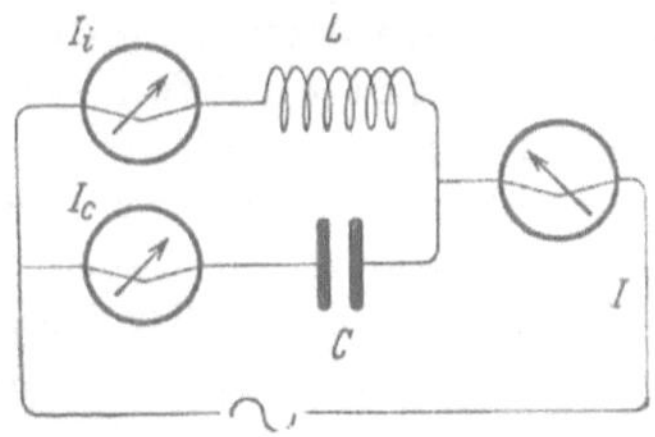

Abb. 274. Ein Beispiel für Stromresonanz. $n_0 = 50/\text{sec}$, städtische Zentrale. Spule wie in Abb. 273: Technischer Papierkondensator mit $C = 3{,}7 \cdot 10^{-6}$ Farad. $I_0 = 10^{-2}$ Amp., $I_i = 5{,}8 \cdot 10^{-2}$ Amp., $I_c = 6{,}0 \cdot 10^{-2}$ Amp. Statt der gezeichneten Hitzdrahtinstrumente werden Strommesser nach Abb. 266 benutzt.

§ 87. Transformatoren und Induktoren. Die Kenntnis der Selbstinduktion als Trägheit erschließt uns das Verständnis der wichtigen Transformatoren oder Stromwandler für Wechselstrom.

Ein Transformator besteht aus zwei von gleichem Kraftfluß durchsetzten Spulen. Die eine Spule, die Feld- oder Primärspule genannt, habe n_p Windungen. Ihre Enden werden mit der Wechselstromquelle verbunden. Ihr für Gleichstrom gültiger oder „Ohmscher" Widerstand darf vernachlässigt werden. Dann haben wir in jedem Zeitpunkt zwischen ihren Enden die „induktive Spannung" $U_i = I \cdot 2\,n\pi\,L$ [Gl. (166) von S. 135]. Der zum Strom I gehörige Kraftfluß durchsetzt aber außer der Primärspule auch die zweite Spule, die Induktions- oder Sekundärspule J, und induziert in ihren n_s Windungen die sekundäre Spannung U_s. Bei gleichem Kraftfluß verhalten sich nach dem Induktionsgesetz die beiden Spannungen zueinander wie die Windungszahlen, d. h.

$$U_s : U_p = n_s : n_p. \tag{174}$$

Man kann also durch Wahl von $n_s : n_p$, also durch Wahl der Übersetzung, jede beliebige Herauf- und Herabsetzung der Wechselspannung erzielen. Übersetzungen auf etliche hunderttausende Volt werden heute für viele physikalische und technische Zwecke ausgeführt. Vor allem aber ist die heutige Fernübertragung elektrischer Energie gar nicht ohne mehrfache Umsetzung der Spannung ausführbar. Dem Verbraucher dürfen nur Spannungen von einigen hundert Volt zugeleitet werden; sie sind, von groben Fahrlässigkeiten abgesehen, nicht lebensgefährlich. Die Fernleitungen hingegen müssen die Energie mit hoher Spannung und relativ kleinen Strömen übertragen (z. B. 10^4 Kilowatt mit 10^5 Volt und 10^2 Ampere). Sonst würden die Querschnitte der Leitungen zu groß und die ganzen Fernleitungen zu schwerfällig und unrentabel.

Die Herabsetzung der Spannung ergibt im Sekundärkreis eine Heraufsetzung der Stromstärke. Daher baut man „Niederspannungstransformatoren"

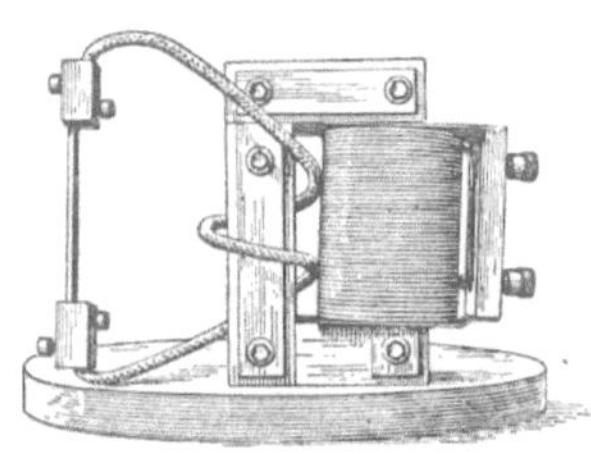

Abb. 275. Stromwandler zur Erzeugung großer Ströme.

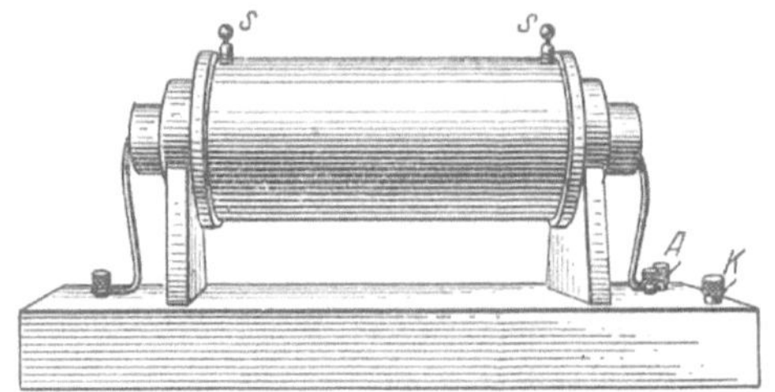

Abb. 276. Funkeninduktor, vgl. Abb. 278.

mit nur ganz wenigen sekundären Windungen (z. B. 2 in Abb. 275). Mit ihnen kann man im physikalischen Unterricht bequem Stromstärken von einigen tausend Ampere erzeugen. Die Technik baut nach diesem Prinzip unter anderem ihre „Induktionsöfen" zum Schmelzen von Stahl usw. Der Sekundärkreis besteht in diesem Fall nur aus einer Windung. Es ist eine ringförmige, aus schwer schmelzbaren Steinen gemauerte Rinne. In diese wird das Schmelzgut eingeführt. Der Strom kann zehntausende Ampere erreichen.

Eine Abart der Transformatoren bilden die unter dem Namen „Induktionsapparat" oder „Funkeninduktoren" bekannten Apparate. Primär-

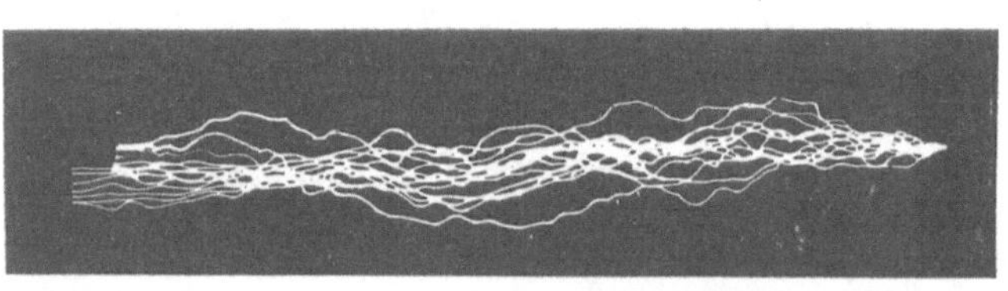

Abb. 277. Funken eines Induktors mit 40 cm Schlagweite. Mechanischer Unterbrecher. 1 Sekunde Belichtungszeit.

und Sekundärspule sind koaxial angeordnet, der Eisenkern nicht geschlossen, z. B. in Abb. 276. Funkenbild in Abb. 277.

Bei den gewöhnlichen Transformatoren wird die periodische Kraftflußänderung durch einen Wechselstrom in der Primärspule erzeugt. Bei den Induktoren benutzt man statt dessen einen gehackten Gleichstrom. Für die periodische Unterbrechung des Gleichstromes sind zahlreiche automatische Schaltwerke angegeben worden. Wir beschreiben in Abb. 278 drei Beispiele. In ihnen bedeutet $\mathfrak{F}$ die Primärspule des Induktors mit ihrem Eisenkern.

Die Sekundärspannung eines Induktionsapparates ist eine reine Wechselspannung. Ihre Kurvenform soll für die meisten Zwecke möglichst unsymmetrisch sein und sich sehr stark von einer Sinuslinie unterscheiden (z. B. Kurve a in Abb. 279). Das erreicht man durch eine hohe Selbstinduktion der Primärspule. Dann steigt (Kurve b in Abb. 279) der Strom nach Schluß des Schaltwerkes innerhalb der Zeit 1—2 ganz langsam an. Währenddessen werden in der Sekundärspule nur kleine Spannungen induziert. Im Zeitpunkt 2 wird der Strom jäh unterbrochen, schon im Zeitpunkt 3 ist der Kraftfluß verschwunden. Die Zeit 2—3 ist zwar kurz, hat aber doch einen endlichen Wert.

Denn bei der Öffnung jedes Schalters entsteht zwischen den sich trennenden Kontakten ein leitender Lichtbogen, und dieser reißt erst im Zeitpunkt *3* ab. Immerhin ist die Zeit *2—3* viel kürzer als die Zeit *1—2*. Infolgedessen zeigen die während der Zeit *2—3* induzierten Spannungen eine hohe Zacke. Alle Hilfsmittel zur Unterdrückung des Lichtbogens (z. B. Parallelschaltung eines Kondensators zum Schaltwerk) verkürzen die Zeitdauer *2—3*

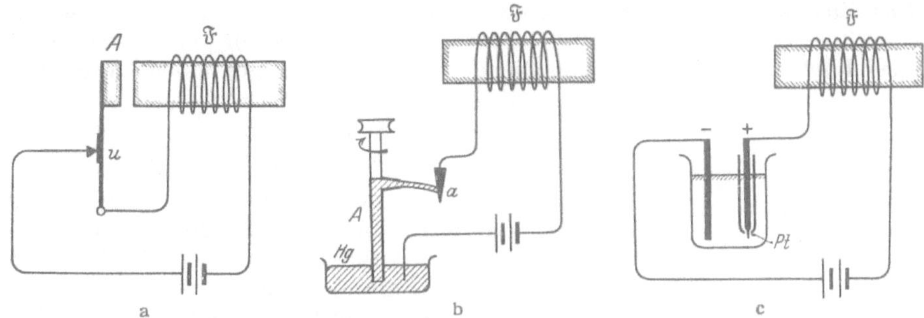

Abb. 278a. Hammerunterbrecher. Der Anker sitzt auf einer Blattfeder, und beide zusammen schwingen mit einer Selbststeuerung wie bei der Hausklingel (Näheres im Mechanikband § 98). Zur Löschung des Lichtbogens schaltet man oft einen Kondensator parallel zum Kontakt *u*. Er bildet zusammen mit den Zuleitungen von *u* einen Schwingungskreis. Dessen Wechselstrom überlagert sich dem Gleichstrom im Lichtbogen. Dieser erlischt, sobald der resultierende Strom durch Null geht. — Abb. 278 b. Quecksilberunterbrecher. Eine rotierende Düse schleudert einen Hg-Strahl aus. Dieser überstreicht auf seinem Wege die Metallzinke *a* und schließt währenddessen den Strom. — Abb. 278 c. Elektrolytischer Unterbrecher von A. Wehnelt. In verdünnter Schwefelsäure sitzt als positive Elektrode ein etwa 1 mm dicker und 10 mm langer *Pt*-Draht am Ende einer Glasdüse. Der beim Stromdurchgang zum Glühen erhitzte Stift umgibt sich mit einer isolierenden Gashaut und unterbricht dadurch den Strom. Der dabei in der Primärspule induzierte Spannungsstoß zerstört die Gashaut wieder usw.

und erhöhen den Scheitelwert der steilen Spannungszacke. Doch bleiben die horizontal und vertikal schraffierten Flächen der Wechselspannungskurve immer gleich groß. D. h. die Zahl der Voltsekunden ist beim Entstehen und Vergehen des Kraftflusses stets dieselbe.

Induktionsapparate mit kleiner primärer Selbstinduktion geben zwischen den Enden ihrer Sekundärspule eine fast symmetrische Wechselspannung. Die Abb. 280 zeigt ein Beispiel. Ihre physiologische oder medizinische Wirkung ist eine ganz andere als bei starker Unsymmetrie der Wechselspannung. Daher sind die mit Induktionsapparaten verschiedener Herkunft erzielten Versuchsergebnisse nicht ohne weiteres vergleichbar. Jeder Beobachter muß die Wechselspannungskurven seines eigenen Apparates genau angeben.

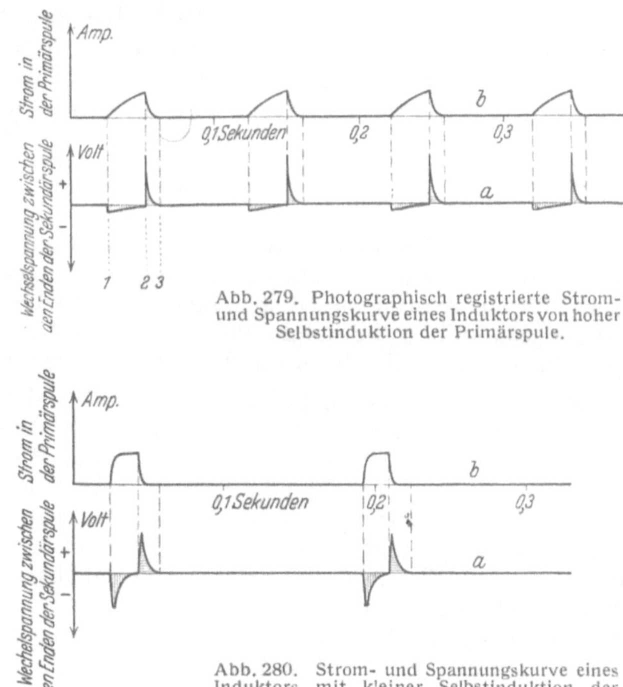

Abb. 279. Photographisch registrierte Strom- und Spannungskurve eines Induktors von hoher Selbstinduktion der Primärspule.

Abb. 280. Strom- und Spannungskurve eines Induktors mit kleiner Selbstinduktion der Primärspule.

§ 88. Freie elektrische Schwingungen.

Als Wechselstromquelle haben wir bisher die Generatoren kennengelernt, d. h. Maschinen mit rotierenden „Läufern", meist rotierenden Spulen (Abb. 232). Kapitel X hat uns einige der üblichen Ausführungsformen erläutert. — Im Laufe der letzten Jahrzehnte hat ein anderes Verfahren zur Erzeugung von Wechselströmen dauernd an Bedeutung gewonnen: die Erzeugung von Wechselströmen durch elektrische Schwingungen.

Das Zustandekommen elektrischer Schwingungen ist leicht zu übersehen. Man muß bei der Darstellung nur den historischen Ausgangspunkt, den elektrischen Funken, als unwesentliche Nebenerscheinung beiseite lassen. **Wesentlich für das Zustandekommen elektrischer Schwingungen ist die Trägheit des Magnetfeldes.**

Rufen wir uns kurz die Entstehung mechanischer Schwingungen ins Gedächtnis zurück. In Abb. 281 ist links ein einfaches mechanisches Pendel[1] dargestellt, eine Kugel in der Mitte einer Schraubenfeder.

Bei *1* ist das Pendel in Ruhe. Bei *2* ist die Feder durch eine Hand gespannt. Die Feder enthält potentielle Energie. Bei *3* ist die Kugel losgelassen. Sie hat gerade die Ruhelage erreicht. Aber zwischen *1* und *3* besteht ein großer Unterschied. Bei *1* ist die Kugel in Ruhe, bei *3* enthält sie kinetische Energie. Sie hat die Ruhelage mit dem Höchstwert der Geschwindigkeit erreicht. — Jetzt kommt das Wesentliche: Infolge ihrer Trägheit fliegt die Kugel nach rechts über die Ruhelage heraus. Sie spannt dabei die Feder und erreicht die Stellung *4*. Nun wiederholt sich das Spiel in umgekehrter Richtung. Die Ruhelage wird nach

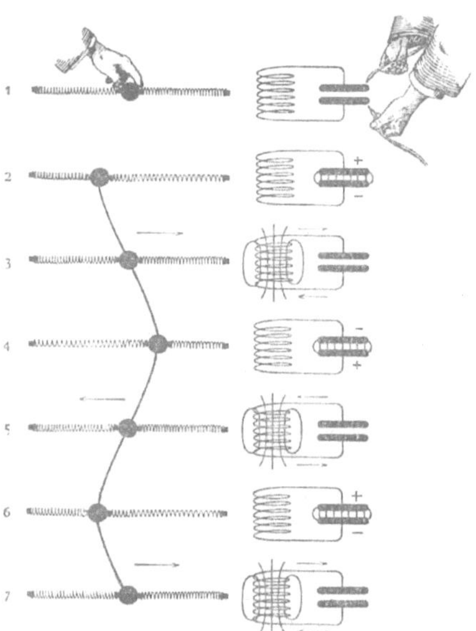

Abb. 281. Zustandekommen mechanischer und elektrischer Schwingungen. Pfeile = Laufrichtung der Elektronen.

links durchflogen und so fort. Wir sehen einen ständigen Wechsel von potentieller Energie der Feder und kinetischer Energie der Kugel. Die Trägheit der Kugel ist der für die Schwingungsentstehung entscheidende Punkt. Die Schwingungen klingen gedämpft ab, die Amplituden werden von Ausschlag zu Ausschlag kleiner. Ihre Energie wird allmählich durch Reibung aufgezehrt (vgl. Abb. 285).

Jetzt betrachten wir analog ein elektrisches Pendel oder einen **elektrischen Schwingungskreis** (Abb. 281 rechts). An die Stelle der Feder ist ein Kondensator getreten, an die Stelle der Kugel eine Spule. Hier haben wir einen **ständigen Wechsel von elektrischer (potentieller) und magnetischer (kinetischer) Energie.** Der entscheidende Punkt ist in der dritten Zeile der Abb. 281 dargestellt. Der Kondensator hat sich entladen und keine Spannung mehr. Trotzdem laufen die Elektronen wegen der Trägheit ihres Magnetfeldes in ihrer bisherigen Richtung weiter und laden den Kondensator mit umgekehrten Vorzeichen auf. Dann beginnt das Spiel von neuem in umgekehrter Richtung. So fließt in dem Stromkreise ein Strom wechselnder Richtung, ein Wechselstrom. Sein zeitlicher Verlauf kann bei kleinen Frequenzen ($n \approx 1/\text{sec}$) bequem mit einem Drehspulstrommesser verfolgt werden. Die Abb. 282 beschreibt einen Schauversuch.

---

[1] Das Wort „Pendel" wird in diesem Buch stets im Sinne von „mechanisches Schwingungssystem" benutzt, nicht im speziellen Sinne des „Schwerependels".

Die Ausschläge des Strommessers zeigen etwa den gleichen Verlauf wie die Ausschläge in Abb. 285. Die Schwingungen sind also bei diesem ,Schauversuch stark gedämpft.

Die Frequenz dieser elektrischer Schwingungen ist die aus § 86 bekannte Resonanzfrequenz

$$n_0 = \frac{1}{2\,\pi\,\sqrt{L\,C}},\qquad\qquad (173)\ \text{v. S. 136}$$

d. h. die Frequenz, bei der der Wechselstromwiderstand der Spule, also $2\,n\,\pi\,L$, ebenso groß wird wie der Wechselstromwiderstand des Kondensators, also $1/2\,n\,\pi\,C$. — In Abb. 274 genügte ein kleiner Strom I, um zwei große Ströme I_i und I_c aufrechtzuerhalten; dabei waren I_i und I_c schon nahezu gleich. Im idealisierten Grenzfall, d. h. ohne alle Verluste durch Stromwärme usw., wird $I = 0$ und $I_i = I_c$. Das heißt Spule und Kondensator bilden einen Schwingungskreis, in dem ein Strom wechselnder Richtung laufend hin und her fließt.

Um elektrische Schwingungen großer Frequenz zu erhalten, muß man nach Gl. (173) L und C klein machen. Dann wird die dem Kondensator anfänglich zugeführte Energie $W_e = \tfrac{1}{2}\,C\,U^2$ [Gl. (32) von S. 44] nur klein. Infolgedessen muß man zu höheren Spannungen übergehen. Diese aber bringen einen lästigen Nachteil mit sich: Man braucht zum Ingangsetzen der Schwingungen einen Schalter. Bei hohen Spannungen springt zwischen den Schalterbacken schon vor der Berührung ein Funke über. Mit diesem störenden Funken muß man sich abfinden. Doch kann man ihn außerdem nützlich verwerten, nämlich

1. als periodisch wirkendes automatisches Schaltwerk,

2. als Strommesser winziger Einstellzeit.

Als automatischer Schalter wirkt der Funke z. B. in Abb. 283. Statt eines beweglichen und eines festen Kontaktes sehen wir eine aus zwei Metallkugeln gebildete „Funkenstrecke". Die Leitungen 1 und 2 dienen nur zur Aufladung des Kondensators durch irgendeine Stromquelle, z. B. eine Influenzmaschine. Nach Erreichung einer bestimmten Höchstspannung U schlägt der Funke über und schließt den Strom im Spulenkreis (indem der Widerstand zwischen a und b auf einen endlichen Wert verkleinert wird). Der Abstand der Kugeln läßt die gewünschte Betriebsspannung U einstellen.

Als Strommesser winziger Einstellzeit wirkt der Funke durch die Abhängigkeit seiner Leuchtdichte vom Strom. Die Leuchtdichte erreicht während jeder Periode zwei Maxima. Zur Sichtbarmachung dieser Leuchtdichteschwankungen muß man die zeitlich aufeinanderfolgenden Funkenbilder räumlich trennen. Ein rasch rotierender Polygonspiegel läßt das einfach erreichen. In der Abb. 284 sind derartige

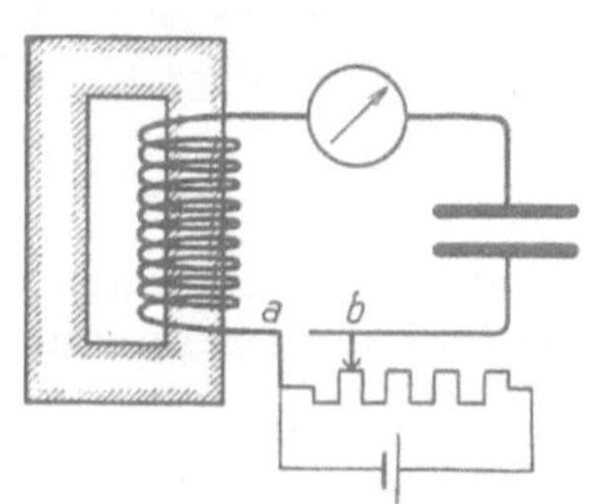

Abb. 282. Erzeugung elektrischer Schwingungen sehr kleiner Frequenz ($n \approx 1/\text{sec}$). Stoßerregung durch Änderung des Widerstandes zwischen zwei Punkten a und b des Schwingungskreises. Auf jede Änderung des Widerstandes (ca. 10 Ohm) folgt eine gedämpfte Schwingung. (Man kann auch den Läufer des Widerstandes stehenlassen und einen zwischen a und b gesetzten Schalter abwechselnd schließen und öffnen.) $C = 4 \cdot 10^{-5}$ Farad; $L \approx 10^3$ Henry; Einstellzeit des Drehspulgalvanometers $\approx 0,1$ sec. Der Zeiger pendelt etwa so wie in Abb. 285 auf S. 142 hin und her und läßt den zeitlichen Verlauf des abklingenden Wechselstromes recht eindrucksvoll verfolgen.

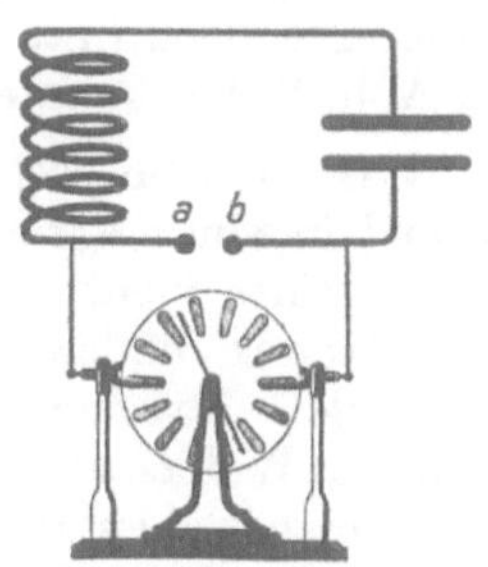

Abb. 283. Eine Funkenstrecke als Schalter in einem elektrischen Schwingungskreis.

Funkenbilder photographiert. Die Frequenz betrug 50 000/sec. Anfänglich sind die periodischen Schwankungen der Leuchtdichte gut zu sehen. Im weiteren Verlauf wird das Bild durch Wolken leuchtenden Metalldampfes verwaschen.

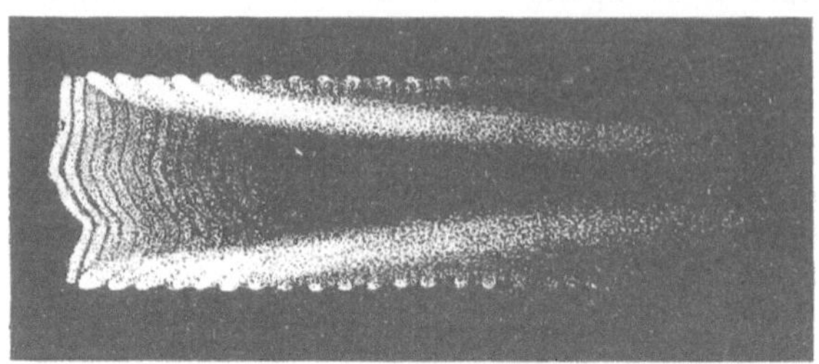

Abb. 284. Nachweis elektrischer Schwingungen mit Hilfe eines Funkens. („Feddersen-Funken". Aufnahme von B. Walter.)

Anfänglich kann man auch die jeweilige Richtung des Stromes während der einzelnen Maxima erkennen. Das helle Ende der Funken markiert stets den negativen Pol.

Die bisher behandelten elektrischen Schwingungen waren gedämpft, die Amplitude ihrer Wechselströme klang ab, beispielsweise wie in Abb. 285. Eine gedämpfte Schwingung hat (Mechanikband § 100) nicht nur eine Frequenz, die Eigenfrequenz n_0, sondern einen breiten Frequenzbereich, ein kontinuierliches Frequenzspektrum, wie beispielsweise in Abb. 286. — Das ist für viele physikalische und technische Zwecke recht störend; man braucht meistens Wechselströme mit zeitlich konstant bleibender Amplitude und möglichst einheitlicher Frequenz. Infolgedessen war es notwendig, auch ungedämpfte elektrische Schwingungen herzustellen.

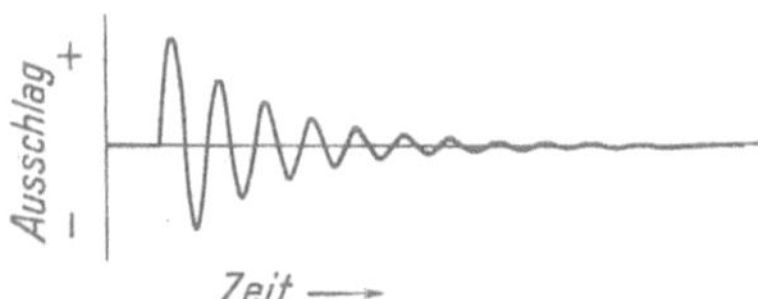

Abb. 285. Das Schwingungsbild einer exponentiell abklingenden Schwingung (meist nur in roher Näherung zu verwirklichen!). Das Verhältnis zweier auf der gleichen Seite aufeinanderfolgenden Amplituden (Höchstausschläge) heißt das Dämpfungsverhältnis. Dessen natürlicher Logarithmus wird logarithmisches Dekrement $\varLambda$ genannt. Der Kehrwert $1/\varLambda = N_e$ ist die Zahl der Schwingungen, innerhalb derer die Amplitude auf $1/e = 37\%$ absinkt. Aus ihr erhält man zusammen mit der Eigenfrequenz n_0 die Abklingzeit der Schwingung, nämlich $\tau = 1/\varLambda\, n_0$.

In der Mechanik ist die entsprechende Aufgabe schon vor langer Zeit gelöst worden (Mechanikband § 97), und zwar nach dem Verfahren der Selbststeuerung. Pendel- und Taschenuhren sind allbekannte Beispiele. Die Selbststeuerung eines elektrischen Schwingungskreises erläutern wir mit Schwingungen sehr kleiner Frequenz ($n \approx 1/\text{sec}$). Dazu benutzen wir den aus Abb. 282 bekannten Kreis.

Er ist in Abb. 287 noch einmal dargestellt, jedoch diesmal in einer Variante: Zur Anregung der Schwingungen wird nicht mehr, wie in Abb. 282, ein veränderlicher Widerstand benutzt, sondern ein Stück der Spule. Zwischen den Enden a und b dieses konstanten Widerstandes wird die Spannung mit Hilfe eines Schiebewiderstandes R_s geändert. Jede Verschiebung des Läufers (Doppelpfeil) erzeugt durch Stoßerregung einen gedämpften Wechselstrom ($n \approx 1/\text{sec}$).

Gleich große Änderungen von R_s im Rhythmus der Eigenfrequenz n_0 des Schwingungskreises liefern einen Wechselstrom konstanter Amplitude. Um zur Selbststeuerung zu gelangen, muß der einmal angestoßene Schwingungskreis selbst diese Änderung von R_s bewir-

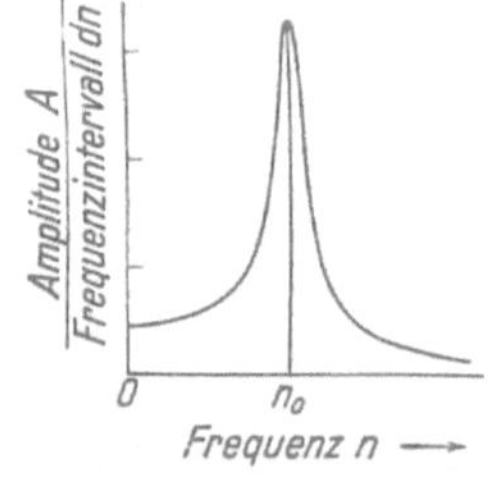

Abb. 286. Das kontinuierliche Spektrum der nebenstehenden gedämpften Schwingung. Die Eigenfrequenz n_0 ist zwar durch eine große Amplitude ausgezeichnet, aber keineswegs allein vorhanden. — Ohne die Frequenz 0 (also bei gedämpften elektrischen Schwingungen ohne eine Gleichstrom - Komponente) könnte der Flächeninhalt des Schwingungsbildes in Abb. 285 über der Abszisse nicht größer sein als unter ihr.

ken. Das gelingt bequem mit dem heute allgemein bekannten Dreielektrodenrohr (Rundfunk), Abb. 288.

Zwischen der glühenden Kathode und der kalten Anode befindet sich ein Steuergitter. Der Widerstand eines solchen Rohres liegt in der Größenordnung

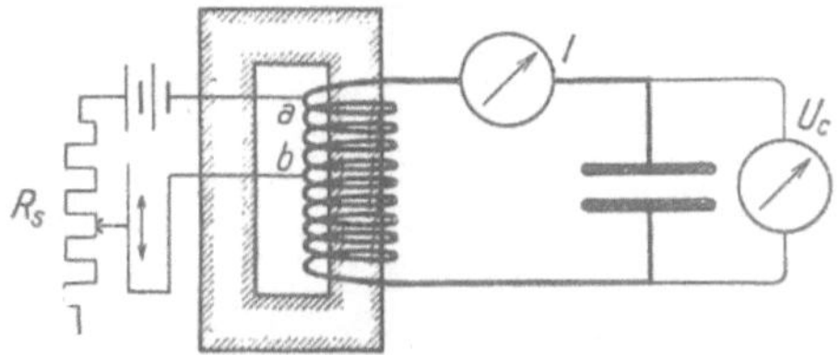

Abb. 287. Erzeugung gedämpfter elektrischer Schwingungen sehr kleiner Frequenz. Variante von Abb. 282: Stoßerregung durch Spannungsänderung zwischen den Punkten a und b der Spule. — Schiebewiderstand $R_s \approx 10^4$ Ohm.

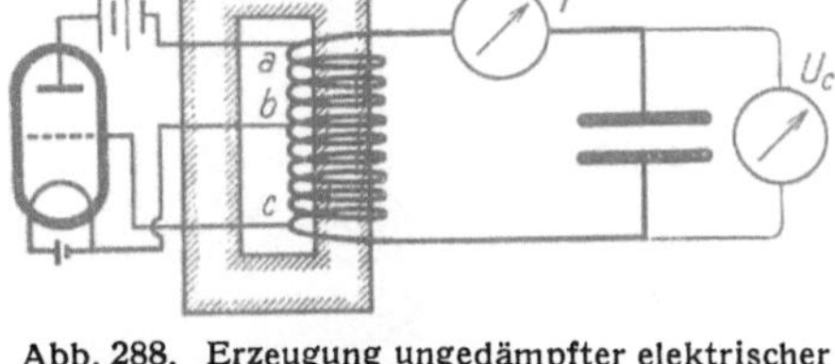

Abb. 288. Erzeugung ungedämpfter elektrischer Schwingungen sehr kleiner Frequenz ($n \approx 1/\text{sec}$). Selbststeuerung mit Hilfe eines Dreielektrodenrohres ($R_i \approx 10^4$ Ohm, vgl. Abb. 325). Die Stromquelle ist nur der Übersichtlichkeit halber dicht neben der Anode gezeichnet worden. Praktisch legt man sie meistens in die vom Punkte b zur Glühkathode führende Leitung. Das gleiche gilt für die Abb. 289, 290 usw.

10^4 Ohm. Er läßt sich in weiten Grenzen periodisch verändern, wenn man zwischen Kathode und Steuergitter ein elektrisches Wechselfeld erzeugt. Die dazu erforderlichen Spannungen kann man z. B. durch Induktion im Spulenteil $b\,c$ gewinnen. Auf diese Weise liefert der Schwingungskreis der Abb. 288 einen ungedämpften Wechselstrom der Frequenz $n \approx 1/\text{sec}$. Das Schwingungsbild von Strom und Spannung sowie die Phasendifferenz zwischen ihnen lassen sich mit Drehspulgalvanometern kurzer Einstellzeit beobachten.

Dies (oft Rückkoppelung genannte) Verfahren der Selbststeuerung läßt sich bis zu Frequenzen von etwa $10^8/\text{sec}$ anwenden. Die Abb. 289 zeigt ein Beispiel für Frequenzen von einigen $10^5/\text{sec}$. Als Indikator für den Wechselstrom dient ein Glühlämpchen.

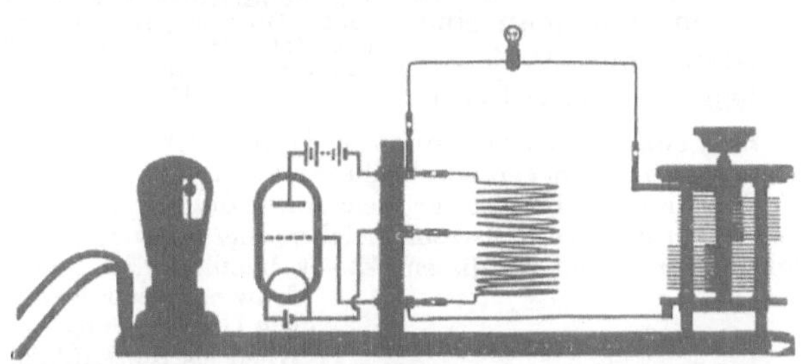

Abb. 289. Erzeugung ungedämpfter elektrischer Schwingungen mit Frequenzen der Größenordnung $5 \cdot 10^5/\text{sec}$. Dieses Bild und die folgenden Schattenrisse geben betriebsfertige Anordnungen. Die Dreielektrodenröhre (Radiolampe) steht ganz links. Ihre Schaltung ist auf eine Glasscheibe gezeichnet (vgl. Abb. 288).

In der Mechanik ist die Herstellung und Anwendung ungedämpfter Schwingungen in mannigfachen Varianten ausgestaltet worden. Die verschiedenen Formen der Selbststeuerung, der Grenzfall der Kippschwingungen, die wechselseitige Beeinflussung gekoppelter Systeme (z. B. bei den Musikinstrumenten) bieten ein äußerst buntes Bild. Das gleiche gilt in der Elektrik, nur hat es hier noch nicht den Reiz der Neuheit (Hochfrequenztechnik) verloren. Wir beschränken uns hier auf zwei auch für das physikalische Laboratorium wichtige Beispiele und verweisen im übrigen auf die technische Sonderliteratur.

1. Mechanische Schwingungen als Hilfsmittel der Wechselstromtechnik. Mit elektrischen Schwingungskreisen kann man weder eine so konstante Frequenz noch eine so kleine Dämpfung erzielen wie mit mechanischen Schwingungen. Infolgedessen nimmt man sowohl bei der Herstellung wie bei der Anwendung von Wechselströmen, vor allem bei großen Frequenzen, immer mehr mechanische Schwingungen zur Hilfe. Auch bei mechanischen Schwingungen

erreicht man die Selbststeuerung am besten mit dem Dreielektrodenrohr. Die Abb. 290 bringt als Beispiel die Herstellung eines Wechselstromes mit Hilfe eines longitudinal schwingenden Federpendels. Wie bei allen Schauversuchen mit Wechselströmen, verwenden wir auch hier eine möglichst kleine Frequenz, etwa $n = 2/\text{sec}$. Dann kann man den zeitlichen Verlauf des Wechselstromes bequem mit einem Galvanometer kurzer Einstellzeit verfolgen.

Für große Frequenzen bewähren sich besonders longitudinal schwingende Platten aus Quarz. Quarz ist piezoelektrisch (§ 35). Daher hat man an Stelle der Spulen in Abb. 290 Plattenkondensatoren zu benutzen. Schon ein einfacher „quarzgesteuerter Röhrengenerator" liefert einen Wechselstrom, dessen Frequenz bis auf einige 10^{-6} ihres Wertes konstant bleibt. Mit komplizierteren Schaltungen und Thermostaten kann man eine Konstanz auf 10^{-8} erreichen: Quarzuhren.

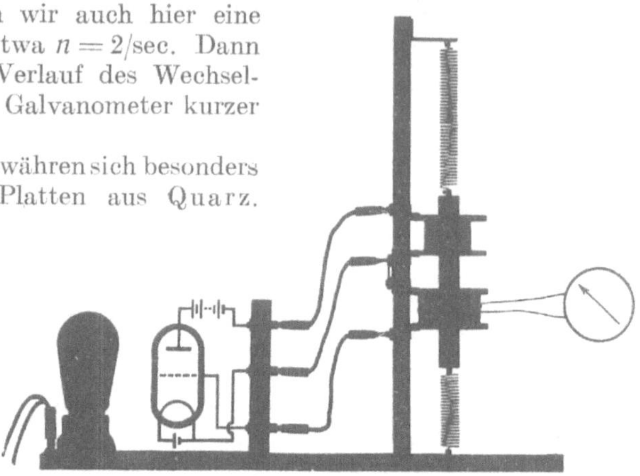

Abb. 290. Herstellung von Wechselströmen sehr konstanter Frequenz mit Hilfe mechanischer Longitudinalschwingungen. Zugleich Prinzip der Quarzuhren. — Im Pendelkörper (Messing) ein Stabmagnet. Das Magnetfeld der oberen Spule (ca. 1200 Windungen) liefert den Antrieb. In der unteren Spule (ca. $2 \cdot 10^4$ Windungen) wird die Spannung zwischen Glühkathode und Steuergitter induziert. Der Wechselstrom ($n \approx 2/\text{sec}$) wird mit einem induktiv angeschlossenen Drehspulgalvanometer kurzer Einstellzeit ($\approx 0,1$ sec) beobachtet. Je nach Bedarf kann man den Wechselstrom direkt benutzen oder mit ihm einen elektrischen Schwingungskreis zu erzwungenen Schwingungen erregen.

2. Wechselströme konstanter Amplitude bei variabler Frequenz. Bei Maschinengeneratoren verändert eine Änderung der Frequenz zugleich die Amplitude des Wechselstromes. Das ist für viele Anwendungen des Wechselstromes in der Meßtechnik lästig. Mit den Wechselströmen elektrischer Schwingungskreise läßt sich auch diese Schwierigkeit vermeiden. Zu diesem Zweck benutzt man zwei mit Elektronenröhren gesteuerte Schwingungskreise mit den großen Frequenzen n_1 und n_2. Die Überlagerung beider liefert einen „schwebenden" Wechselstrom (Abb. 291a) mit einer Schwebungsfrequenz $(n_1 - n_2)$. Ein Gleichrichter macht aus diesem schwebenden Wechselstrom einen unsymmetrischen wie in Kurve b der Abb. 291. Dieser enthält als Hauptkomponente einen sinusförmigen Wechselstrom mit der Frequenz $(n_1 - n_2)$, Kurve c. Um die Frequenz $(n_1 - n_2)$ in weiten Grenzen zu ändern, genügen schon kleine Änderungen von n_1 oder n_2. Diese kleinen Änderungen aber erfolgen ohne merkliche Änderung der Amplitude. Derartige Anordnungen werden, technisch gut durchkonstruiert, als „Schwebungssummer" in den Handel gebracht, und zwar für Ströme bis zu etwa 50 Milliampere und Frequenzen zwischen etwa 20/sec und $2 \cdot 10^4$/sec.

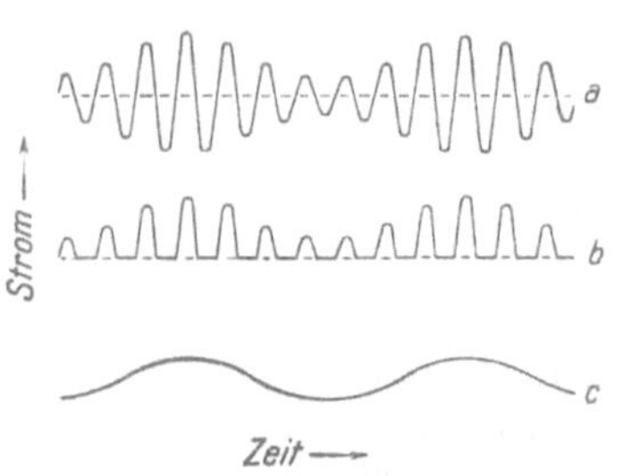

Abb. 291. Zum Schwebungssummer. Er liefert Wechselströme variabler Frequenz bei konstanter Amplitude.

§ 89. Erzwungene elektrische Schwingungen.
Ein beliebiges mechanisches Pendel schwingt nach einer „Stoßerregung" oder mit „Selbststeuerung" in seiner Eigenfrequenz n_0. Doch kann man jedem Pendel durch einen geeigneten „Erreger" jede beliebige andere Frequenz „aufzwingen" und das Pendel als „Resonator" schwingen lassen. Man läßt zu diesem Zweck periodische Kräfte der gewünschten Frequenz auf das Pendel einwirken. Dieser Vorgang der erzwungenen Schwingungen ist seiner Wichtigkeit entsprechend im Mechanikband (§ 107) an Hand eines Drehpendels ausgiebig erläutert worden. Das Drehpendel bestand,

wie die Unruhe einer Taschenuhr, aus Schwungrad und Schneckenfeder. Die Abb. 292 gibt experimentell gewonnene Ergebnisse. Die Amplituden des Drehpendels (Teilbild a), seiner Winkelgeschwindigkeit (Teilbild b) sowie seine kinetische Energie (Teilbild d) erreichen ihre höchsten Werte, wenn die Erregerfrequenz n mit der Eigenfrequenz n_0 des Drehpendels übereinstimmt. Die Auszeichnung der Eigenfrequenz ist um so größer, je kleiner die Dämpfung des Drehpendels (Resonators) ist. Das zeigt die Abb. 353 des Mechanikbandes. Hier in Abb. 292 aber haben wir absichtlich ein Beispiel mit großer Dämpfung gewählt, man beachte das Schwingungsbild oben rechts in Abb. 292.

Das unter Abb. 285 definierte logarithmische Dekrement Λ bestimmt man experimentell mit der Beziehung

$$\Lambda = \pi \, \frac{\text{Amplitude für die Erregerfrequenz } n = 0}{\text{Amplitude im Resonanzmaximum}}.$$

Der Kehrwert des Bruches ist die Verstärkung der Amplitude im Resonanzfall.

Entsprechendes gilt für erzwungene elektrische Schwingungen. An die Stelle des Drehpendels mit Schwungrad und Schneckenfelder tritt ein elektrischer Schwingungskreis mit Spule und Kondensator, an die Stelle einer periodisch veränderlichen **Kraft** eine periodisch veränderliche **Spannung**. Diese kann mit Hilfe eines magnetischen oder eines elektrischen Wechselfeldes erzeugt werden. — Zunächst zwei qualitative Beispiele:

1. Als Re-

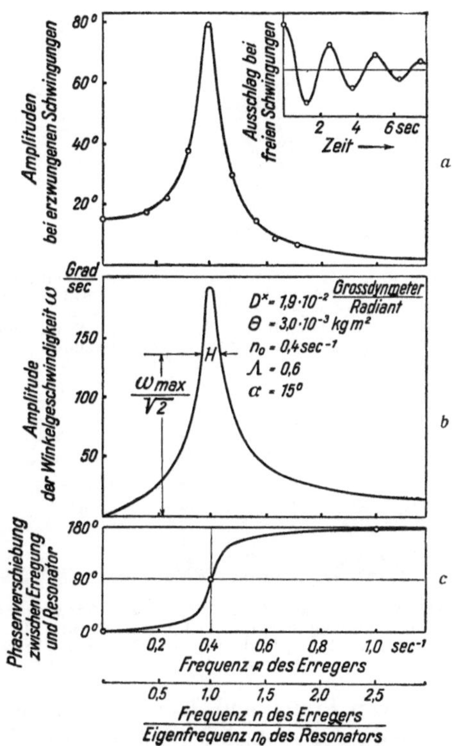

Abb. 292a—c. Darstellung erzwungener mechanischer Schwingungen, gemessen mit einem Drehpendel nach Abb. 252 des Mechanikbandes. Bequem zu messen sind das Teilbild a ($\alpha = 15° = $ Amplitude für $n = 0$) und einige Werte des Teilbildes c. Die Amplitude der Winkelgeschwindigkeit ist das 2π n-fache der Amplitude des Ausschlages. Die Halbwertsbreite H ist derjenige Frequenzbereich, an dessen Grenzen der Ausschlag noch den Bruchteil $1/\sqrt{2}$ des Höchstwertes besitzt. (Bei extrem großen Dämpfungen, d. h. $\Lambda > 1$, erreicht der Ausschlag im Teilbild a seinen Höchstwert weder bei der Eigenfrequenz n_0 des ungedämpften noch bei der etwas geänderten des gedämpften Pendels, sondern bei der Frequenz $n = n_0 \sqrt{1 - 0.5 \, (\Lambda/\pi)^2}$.

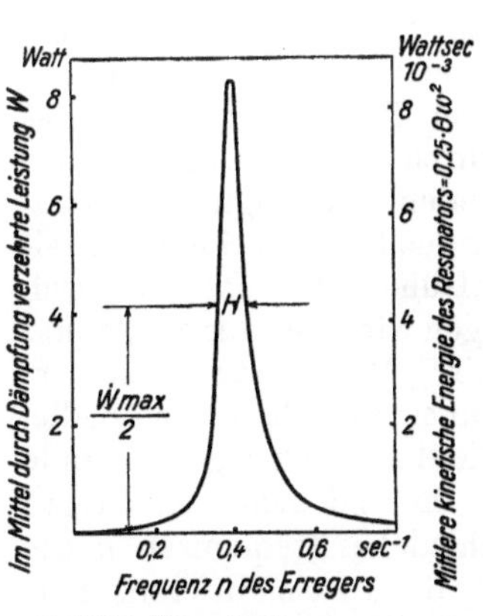

Abb. 292d. Energie-Resonanzkurve erzwungener mechanischer Schwingungen. Sie hat auch bei extrem großer Dämpfung, also $\Lambda > 1$, ihr Maximum bei n_0, d. h. der nicht durch Dämpfung veränderten Eigenfrequenz des Resonators. — Die Halbwertsbreite H ist derjenige Frequenzbereich, an dessen Grenzen sowohl die verzehrte Leistung wie die kinetische Energie des Resonators nur noch halb so groß sind, wie ihr Höchstwert.

sonatoren benutzen wir die beiden in Abb. 293 gezeigten Schwingungskreise, als Erreger den ungedämpft schwingenden Kreis der Abb. 289. Die Resonatoren werden so in die Nähe des Erregers gestellt, daß magnetische Feldlinien seiner Spule in den Windungen des Resonators Spannungen induzieren können. Durch Verstellung der Kondensatoren kann man leicht auf Resonanz einstellen. Dann leuchtet das Lämpchen im Resonatorkreise hell auf. — Beide Resonatorkreise haben eine kleine Dämpfung, daher ist die Abstimmschärfe groß.

2. Hochfrequente Kreise mit ungedämpften Schwingungen lassen oft die physikalisch erwünschte Übersichtlichkeit vermissen. Spulen und Kondensatoren sind nicht mehr getrennt zu erkennen, oft bilden schon die Elektroden der Elektronenschalter Kondensatoren der erforderlichen Kapazität C. Ein Fall dieser Art findet sich in Abb. 294 links; es ist ein Schwingungskreis mit der Frequenz 10^6/sec. Man sieht nur eine seitlich angezapfte Spule und das Dreielektrodenrohr. Rechts hingegen ist ein übersichtlicher Schwingungskreis angeordnet, bestehend aus einer Spule mit zwei Windungen und einem Drehkondensator. Der linke unübersichtliche Kreis dient als Erreger, der rechte übersichtliche als Resonator. Als Indikator für die erzwungenen Schwingungen dient wieder eine kleine Glühlampe. — Auf diese Weise kann man sich hochfrequente Wechselströme in einem Schwingungskreis herstellen, der nicht mehr mit technischem Beiwerk belastet ist.

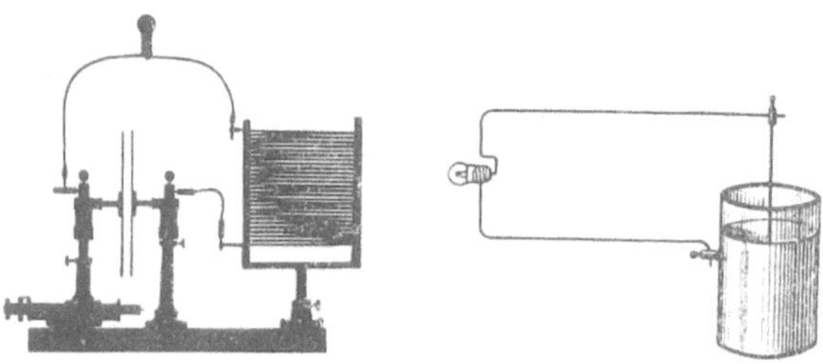

Abb. 293. Zwei Schwingungskreise, in denen durch Resonanz erregte hochfrequente Wechselströme vorgeführt werden. Als Erreger eignet sich der in Abb. 289 gezeigte Kreis. — Die Eigenfrequenz des linken Kreises läßt sich mit dem Schlittenmikrometer des Plattenkondensators verändern, die des rechten ist fest.

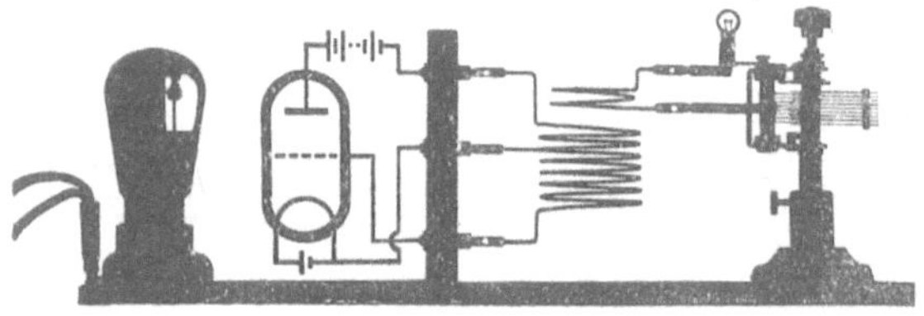

Abb. 294. Links: Unübersichtlicher Schwingungskreis mit Selbststeuerung für $n \approx 3 \cdot 10^6$/sec. Rechts: Übersichtlicher Schwingungskreis, in dem durch Resonanz ein Wechselstrom mit gleicher Frequenz erregt wird.

Die quantitative Behandlung der erzwungenen Schwingungen bringen wir für den Fall der Reihen- oder Spannungsresonanz, Abb. 273 (S. 137). Wir betrachten in diesem Bilde die Kombination von Spule und Kondensator als elektrischen Schwingungskreis nach dem Schema der Abb. 282 (S. 141). In Abb. 282 wurde eine Gleichstromquelle und ein variabler Widerstand benutzt, um zwischen zwei Punkten a und b des Schwingungskreises die Spannung zu ändern und dadurch den Schwingungskreis mit „Stoßerregung" zu freien, gedämpft abklingenden Schwingungen anzuregen. In Abb. 273 (S. 137) haben wir die Gleichstromquelle durch eine Wechselstromquelle variabler Frequenz ersetzt. Dabei hieß es früher: Wir schicken durch Spule und Kondensator einen Wechselstrom. Jetzt sagen wir: Der aus Spule und Kondensator bestehende Schwingungskreis wird als „Resonator" zu erzwungenen Schwingungen angeregt; als „Erreger" dient eine Wechselstromquelle.

Für den Wechselstrom in Abb. 273, also bei einer Reihenschaltung von Spule und Kondensator, galt die Gl. (171) von S. 136. Aus ihr und dem zugehörigen Zeigerdiagramm (Abb. 272) berechnen wir für verschiedene Frequenzen n die Spannung U_c (Abb. 295a), den Strom I (Abb. 295b), die Phasendifferenz zwischen Spannung und Strom (Abb. 295c) und die im Resonator verzehrte Leistung $\dot{W}_v = I^2 R$ (Abb. 295d). Diese Kurve gilt gleichzeitig für die im Resonator enthaltene magnetische Energie. Ihre Größe ist an der rechten Ordinate abzulesen.

Die Werte für L, C und R sind ungefähr ebenso groß gewählt worden, wie in dem Schauversuch der Abb. 273.

Die formale Übereinstimmung zwischen den erzwungenen elektrischen und den erzwungenen mechanischen Schwingungen ist evident. Der Inhalt der Gl. (171) von S. 136 wird durch die Abb. 295 sehr anschaulich erläutert.

Für alle Anwendungen der erzwungenen Schwingungen oder Resonanzerscheinungen spielt das logarithmische Dekrement Λ des Resonators (Definition unter Abb. 285) die entscheidende Rolle. Für $\Lambda \gtrless 1$ benutzt man für seine experimentelle Bestimmung entweder die Beziehung

$$\Lambda = \pi\, H/n_0$$

(H = Halbwertsbreite nach Abb. 295b)

oder oft noch bequemer

$$\Lambda = \pi\, U/U_{c,\,max}$$

($U_{c,\,max}/U$ = Verstärkung nach Abb. 295a. U = Spannung U_c für die Frequenz Null).

Zur Berechnung benutzt man meistens $\Lambda = R/2\,n_0\,L = 2\,\pi^2\,n_0\,R\,C.$

$1/\Lambda\,n_0 = 1/\pi\,H$ ist die Zeit, innerhalb der die Amplitude der erzwungenen Schwingung den Bruchteil $(1-1/e) = 63^0/_0$ ihres Höchstwertes erreicht. Für Überschlagsrechnungen benutzt man meist als Einschwingzeit $\tau \approx 1/H.$

Die erzwungenen elektrischen Schwingungen werden in der Physik und vor allem in weiten Gebieten der modernen Technik in mannigfacher Form ausgenutzt. Wir verzichten auf eine Auswahl einzelner Beispiele und erläutern statt dessen mit Hilfe der erzwungenen elektrischen Schwingungen das Prinzip der optischen Spektralapparate.

Zu diesem Zweck bringen wir zum zweiten Male eine Variante der Abb. 282, also der Versuchsanordnung zur Vorführung elektrischer Schwingungen sehr kleiner Frequenz. Diesmal halten wir in Abb. 296 den Widerstand r konstant und setzen vor ihn einen zweiten Strommesser und einen Schalter. Durch Öffnen und Schließen des Schalters können wir in dem unteren Stromkreis einen Strom I_0 herstellen. Sein zeitlicher Ablauf wird durch das Teilbild α dargestellt. Beim Anfang des Stromes I_0 (Zeitpunkt t_0) beginnt im Schwingungskreis ein Wechselstrom zu fließen, Teilbild β, erster Ausschlag nach oben. (In dieser Skizze vernachlässigen wir die Dämpfung.) Am Ende des Stromes I_0 (Zeitpunkt t_2) beginnt ein Wechselstrom gleicher Frequenz, Teilbild γ mit dem ersten Ausschlag nach unten. Beide Wechselströme haben die gleiche Frequenz n_0, die Eigenfrequenz des Resonators. — Jetzt variieren wir die Flußzeit Δt des Gleichstromes I_0:

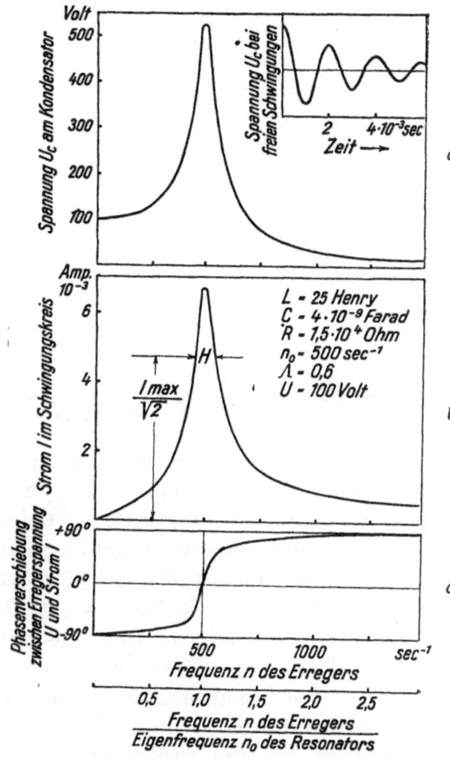

Abb. 295a—c. Darstellung erzwungener elektrischer Schwingungen, berechnet nach Gl. (171) und Abb. 272 in § 86. Bequem zu messen ist das Teilbild b. Die Halbwertsbreite H ist derjenige Frequenzbereich, an dessen Grenzen der Strom (Effektivwert oder Scheitelwert) auf $1/\sqrt 2$ seines Höchstwertes abgesunken ist.

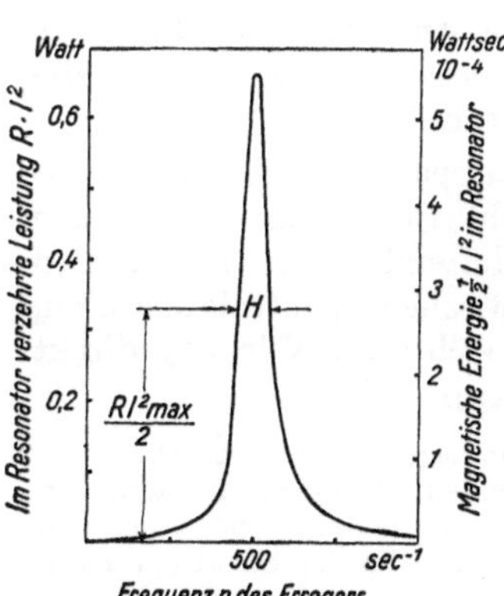

Abb. 295d. Energie-Resonanzkurve erzwungener elektrischer Schwingungen. Sie hat auch bei extrem großer Dämpfung, d. h. $\Lambda > 1$, ihr Maximum bei n_0, d. h. der nicht durch Dämpfung veränderten Eigenfrequenz des Resonators. Die Halbwertsbreite H ist derjenige Frequenzbereich, an dessen Grenzen sowohl die durch Dämpfungsursachen aller Art verzehrte Leistung als auch die magnetische Energie auf die Hälfte ihrer Höchstwerte abgesunken sind.

Zuerst machen wir $\Delta t = 1/(2\,n_0)$. Die in β und γ dargestellten Wechselströme überlagern sich mit gleicher Phase und geben gemeinsam die doppelte Amplitude. — An zweiter Stelle machen wir $\Delta t < 1/(2\,n_0)$. Der im Schwingungskreis fließende Wechselstrom I hat zwar noch die gleiche Frequenz n_0, aber nur noch eine kleine Amplitude. — Schließlich machen wir $\Delta t > 1/(2\,n_0)$; dabei erhalten die Wechselströme der Frequenz n_0 nur dann große Amplituden, wenn das Zeitintervall Δt ein ganzzahliges Vielfaches von $1/(2\,n_0)$ ist. — Diese Tatsachen lassen sich in zweierlei Weise beschreiben:

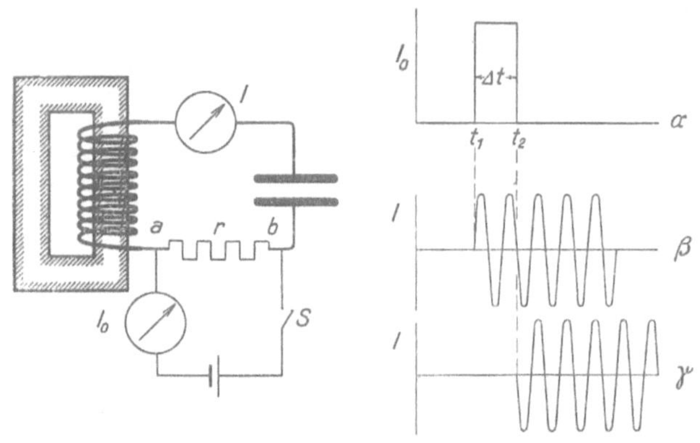

Abb. 296. Zur Wirkungsweise der Spektralapparate: Herstellung von Wellenzügen aus unperiodischen Vorgängen.

Entweder formal: Der „kastenförmige" Gleichstrom besteht, entsprechend dem Glühlicht, aus einem Gemisch von Wechselströmen aller Frequenzen. Ihre Gesamtheit bildet ein kontinuierliches Spektrum. Dieses Spektrum enthält in allen Fällen auch die Eigenfrequenz n_0 des Resonators, doch ist sie nur dann mit bevorzugter Amplitude vertreten, wenn die zeitliche Breite des Kastens Δt ein ganzzahliges Vielfaches von $1/(2\,n_0)$ ist.

Oder physikalisch: Der „kastenförmige" Gleichstrom ist ein völlig unperiodischer Vorgang. Erst der Resonator erzeugt einen Wechselstrom. Dieser ist die Resultierende aus den Wechselströmen, die beim Anfang und beim Schluß des Gleichstromes einsetzen. Ist Δt ein ganzzahliges Vielfaches von $1/(2\,n_0)$, so hat der resultierende Wechselstrom große Amplitude. — Ist diese Bedingung nicht erfüllt, so hat der resultierende Wechselstrom zwar noch die gleiche Frequenz n_0, aber nur noch eine kleine Amplitude.

In gleicher Weise wirken die optischen Spektralapparate. Sie stellen aus einer unperiodischen Strahlung, wie etwa dem Glühlicht, Strahlungen her, denen man lange Wellenzüge und demgemäß mehr oder minder einheitliche Frequenzen zuordnen kann (Optik, § 38). Bei den bekanntesten optischen Spektralapparaten, dem Prisma und dem Filter (z. B. buntes Glas), läßt sich diese Wirkung direkt auf erzwungene Schwingungen zurückführen (Optik, Kap. X).

Bisher haben wir die Dämpfung des Resonators vernachlässigt. Sie beeinträchtigt die Interferenz der beiden in den Zeitpunkten t_1 und t_2 beginnenden Wechselströme und vermindert daher die spektrale Auflösung. Hier ist der Zusammenhang zwischen spektraler Auflösung und der Zahl der Einzelwellen (Wellenberg + Wellental), die der Spektralapparat herstellt (Optik § 55), besonders anschaulich zu übersehen.

§ 90. Einige Anwendungen hochfrequenter Wechselströme.

1. Vorführung der Selbstinduktion in nicht spulenförmigen Leitern. Bei Wechselstrom ist im allgemeinen der „induktive" Widerstand $U/I = 2\,n\,\pi\,L$ groß gegen den „Ohmschen" Widerstand R. Das wurde in § 86 für eisenhaltige Spulen gezeigt. Bei hochfrequentem Wechselstrom kann man diese Tatsache schon mit einer einzigen Drahtwindung, einem einfachen Drahtbügel, vorführen.

In Abb. 297 sehen wir einen dicken Kupferdrahtbügel von einem beliebigen (ungedämpften oder gedämpften) hochfrequenten Wechselstrom durchflossen. Er ist in der Mitte durch eine Glühlampe überbrückt, und diese Glühlampe ist für Gleichstrom praktisch kurzgeschlossen. Trotzdem leuchtet sie hell auf. Das als Widerstand definierte Verhältnis U/I muß also für den Kupferbügel jetzt viel höher sein als bei Gleichstrom. Dieser einfache Versuch zeigt uns die Trägheit des Magnetfeldes in krasser Weise. Grundsätzlich Neues bringt er uns nicht. Er ist aber wichtig. Denn der Anfänger läßt nur allzu leicht die Selbstinduktion in nicht spulenartigen Leitern außer acht.

Abb. 297. Zur Vorführung des induktiven Widerstandes eines Drahtbügels.

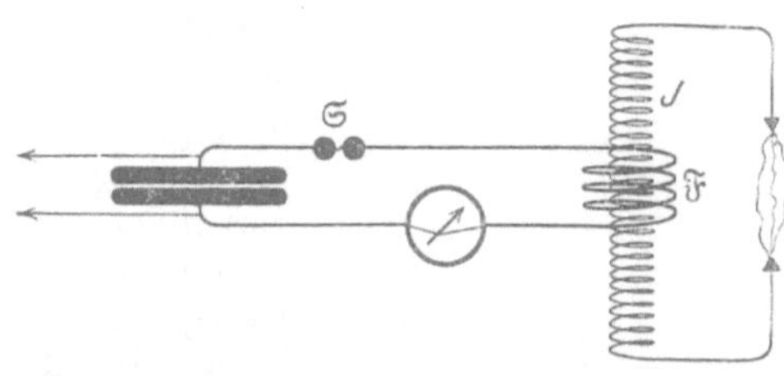

Abb. 298. Tesla-Transformator. Die Primärspule ist die von hochfrequentem Wechselstrom durchflossene Spule eines gedämpften Schwingungskreises ($n \approx 4 \cdot 10^5$/sec). Pfeile = Leitungen zur Stromquelle, z. B. einem Resonanztransformator. (Die Sekundärspule eines solchen bildet zusammen mit dem aufzuladenden Kondensator einen Schwingungskreis, dessen Frequenz mit der des Generators, also meist 50/sec, übereinstimmt.)

2. **Tesla-Transformator.** In Abb. 298 bildet die Spule eines hochfrequenten elektrischen Schwingungskreises zugleich die Primärspule eines Transformators. Sie besteht nur aus einigen wenigen Windungen, etwa $n_p \approx 3$. Bei großen Frequenzen besitzt sie trotzdem einen großen induktiven Widerstand $U/I = 2 \pi n L$. Infolgedessen kann man zwischen ihren Enden Spannungen in der Größenordnung einiger 10^4 Volt erzeugen, ohne daß die Ströme größer als einige Ampere werden. Die Windungszahl n_s der Sekundärspule ist erheblich größer als die der Primärspule, etwa $n_s =$ einige 100. Infolgedessen können zwischen den Enden der Sekundärspule leicht Spannungen in der Größenordnung einiger 10^5 Volt erreicht werden. Zwischen den Enden der Spule springen lange, bläulich-rote Funkengarben über (Abb. 299). Oft verbindet man das eine Ende der Induktions- oder Sekundärspule mit der Erde (Wasserleitung od. dgl.). Aus dem freien Ende brechen dann lebhaft züngelnde, oft meterlange, stark verzweigte rötliche Funkenbüschel (Abb. 299) hervor.

Die Höhe der hier auftretenden Spannungen folgt nicht immer nur aus dem Übersetzungsverhältnis n_s/n_p. Oft benutzt man stillschweigend den Kunstgriff erzwungener Schwingungen im Resonanzfall (§ 89).

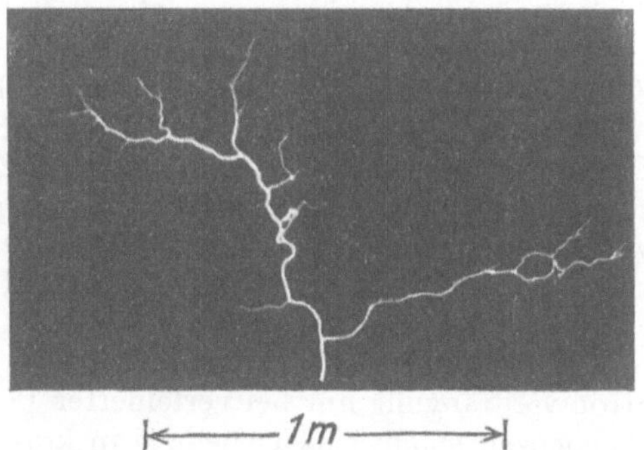

Abb. 299. Momentphotographie (0,01 sec) der Büschelentladung aus der Elektrode eines Tesla-Transformators. Vgl. § 103.

3. **Die Hautwirkung (Skineffekt).** Wir können uns einen Draht aus einer Achse und sie umgebenden, einander umhüllenden, konzentrischen, röhrenförmigen Schichten zusammengesetzt denken. Der Selbstinduktionskoeffizient ist für die oberflächlichen Schichten kleiner als für die inneren. Das soll an Hand der Abb. 300 begründet werden.

Das Teilbild B zeigt uns einen stromdurchflossenen geraden Leiter schraffiert im Querschnitt. Der Leiter ist in bekannter Weise von ringförmig geschlossenen magnetischen Feldlinien $\mathfrak{H}$ umgeben. Die magnetischen Feldlinien umfassen jedoch den Leiter nicht nur von außen, sondern sind auch in seinem Innern vorhanden. Jede der röhrenförmigen, vom Strom durchflossenen Schichten muß ja von magnetischen Feldlinien umfaßt werden. Einige von ihnen sind in Abb. 300b skizziert[1].

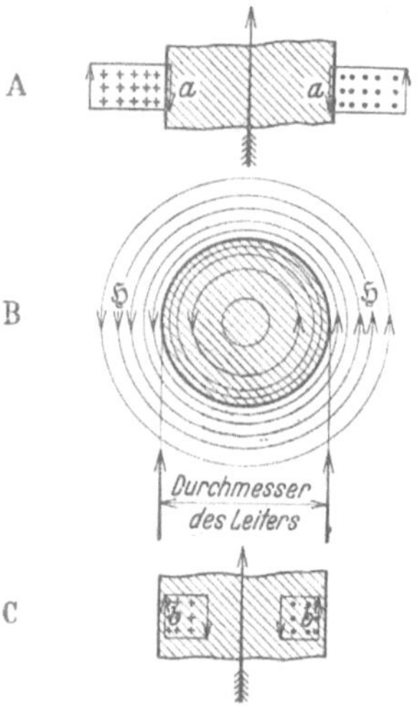

Ferner ist ein Stück des Leiters zweimal im Längsschnitt dargestellt (Teilbilder A und C). In beiden ist die Richtung des Stromes durch einen langen gefiederten Pfeil markiert. Außerdem sind die magnetischen Feldlinien an ihren Durchstoßpunkten (· bzw. +) erkennbar. Man sieht also oben im Teilbild A die Durchstoßpunkte einiger äußerer magnetischer Feldlinien, unten im Teilbild C die einiger innerer magnetischer Feldlinien. Die zeitliche Änderung dieser magnetischen Feldlinien induziert geschlossene elektrische Feldlinien. Je zwei derselben sind als Rechtecke in den Teilbildern A und C eingezeichnet, und zwar für den Fall eines Stromanstieges.

Abb. 300. Magnetische Feldlinien in der Umgebung und im Innern eines schraffierten Drahtes und ihre Induktionswirkung. Gefiederter Pfeil = konventionelle Stromrichtung von + nach —. Der +-Pol ist im Teilbild B unterhalb der Papierebene zu denken.

An der Drahtoberfläche haben die im Vorgang der Selbstinduktion neu entstehenden elektrischen Felder entgegengesetzte Richtungen. Die Pfeile u sind nach unten, die Pfeile b nach oben gerichtet, daher heben sich die induzierten Felder zum großen Teil auf. In der Drahtachse hingegen fehlt diese Kompensation; dort ist das induzierte Feld dem von außen angelegten (gefiederter Pfeil) entgegengerichtet, infolgedessen behindert das induzierte Feld den Stromanstieg. Bei einer Stromabnahme im Draht gilt das umgekehrte: in der Drahtachse haben das induzierte und das äußere Feld gleiche Richtung, und dadurch behindert das induzierte Feld den Abfall des Stromes. In der Drahtachse kommt also im Gegensatz zur Drahtoberfläche eine erhebliche Selbstinduktion zustande. Der Selbstinduktionskoeffizient ist ungleich über den Leiterquerschnitt verteilt. Diese ungleiche Verteilung macht sich bei allen zeitlich veränderlichen Strömen bemerkbar, also vor allem bei Wechselströmen. Er bewirkt eine Verdrängung des Stromes in eine oberflächliche Schicht.

Bei langsamen Änderungen, also etwa technischem Wechselstrom, tritt diese Stromverdrängung nur bei verfeinerter Beobachtung in Erscheinung. Bei hohen Frequenzen macht sie sich jedoch in krasser Weise bemerkbar: der Strom fließt keineswegs mehr gleichmäßig durch den Querschnitt des Leiters hindurch. Er wird vielmehr auf eine dünne Oberflächenschicht oder Haut zusammengedrängt.

Zum Nachweis dieser Stromverdrängung oder Hautwirkung benutzen wir die in Abb. 301a skizzierte Anordnung. Die Spule Sp wird von einem hochfrequenten Wechselstrom durchflossen. Dieser induziert Ströme in der Induktions-

---

[1] Die quantitative Untersuchung des inneren Magnetfeldes ist eine gute Praktikumsaufgabe. Man stellt den flüssigen Leiter in einem Glasrohr vertikal. Dann kommt beim Stromdurchgang keine Selbstabschnürung zustande, sondern eine parabolische Druckverteilung im Innern. Man beobachtet sie mit Hilfe eingesenkter Manometerrohre und berechnet sie gleichzeitig mit den Gl. (83) und (95) (S. 82 und 90).

spule J, einem dicken Kupferdrahtringe. Zur Abschätzung der Stromstärke dient eine eingeschaltete Glühlampe. Dann umgeben wir den Kupferring mit einem ihm konzentrischen Kupferrohr (vgl. Abb. 301 b). Die Rohrwandungen haben den gleichen Kupferquerschnitt wie der Draht. Zwischen den Enden des Rohres ist eine gleiche Glühlampe wie in den Kupfer-
draht eingeschaltet. Diese beiden ineinander gesteck-
ten Induktionsspulen nähern wir jetzt der Feld-
spule Sp in Abb. 301 a. Die Glühlampe zwischen den Enden des Rohres leuchtet in heller Weißglut, die zwischen den Enden des Drahtes nur rot oder gar nicht.

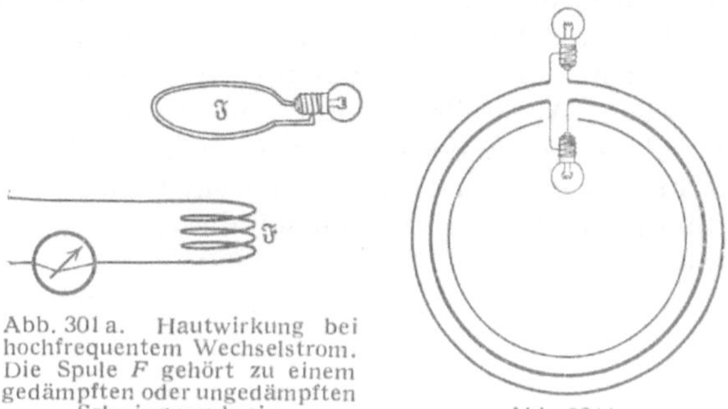

Abb. 301 a. Hautwirkung bei hochfrequentem Wechselstrom. Die Spule F gehört zu einem gedämpften oder ungedämpften Schwingungskreis.

Abb. 301 b.

Die moderne Hochfrequenztechnik trägt dieser Stromverdrängung oder Hautwirkung weitgehend Rechnung. Statt massiver Drähte benutzt sie dünnwandige Rohre, oft mit einem oberflächlichen Überzug des besonders gut leitenden Silbers. Oder sie sucht die Stromverdrängung herabzusetzen: sie unterteilt ihre Drähte in viele feine, durch Emaillelack getrennte Einzeldrähte. Bei dünnen Drähten ist der Einfluß der Stromverdrängung prozentisch geringer. Außerdem kann man durch einen Kunstgriff eine gleichmäßige Strombelastung aller Einzeldrähte erreichen. Man verdrillt oder verflicht die Drähte. Auf diese Weise verläuft jeder einzelne Draht streckenweise ebensooft in der Achse wie an der Oberfläche des ganzen Drahtbündels.

4. **Nachweis geschlossener elektrischer Feldlinien.** Nach der vertieften Deutung des Induktionsvorganges soll es ringförmig geschlossene elektrische Feldlinien geben (§ 58). Sie ließen sich leider nicht durch Gipskristalle sichtbar machen. Mit den hochfrequenten Wechselströmen der elektrischen Schwingungen können wir das damals Versäumte nachholen und ringförmig geschlossene elektrische Feldlinien anschaulich sichtbar machen.

Zwar reicht die erzielbare Feldstärke auch jetzt nicht zur Ordnung von Gipskristallen aus, doch genügt sie für einen kaum minder anschaulichen Nachweis der

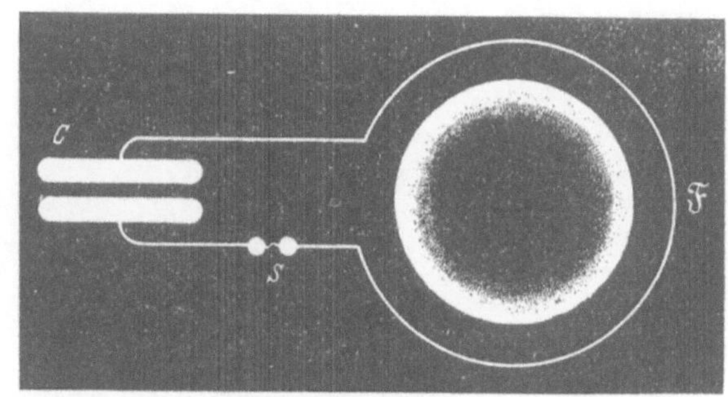

Abb. 302. Nachweis geschlossener elektrischer Feldlinien. („Elektrodenloser Ringstrom".)

geschlossenen Feldlinien. Er beruht auf einer Eigenschaft der Edelgase, wie z. B. Neon. Diese leuchten bei niedrigem Druck schon bei kleinen elektrischen Feldstärken von etwa 20 Volt/cm.

Der Mechanismus dieses Vorganges ist hier gleichgültig. Er wird später in § 99 kurz berührt werden. Eine ausführliche Behandlung folgt später in der Optik. Es ist im Prinzip das gleiche, wie das Aufleuchten der Zimmerluft im Funken bei Feldstärken über 30 000 Volt/cm.

Die Anordnung ist in Abb. 302 gezeichnet. Die Feldspule $\mathfrak{F}$, etwa 1 Windung, liefert uns ein hochfrequentes Wechselfeld. Seine magnetischen Feldlinien stehen senkrecht zur Papierebene. Diese rasch wechselnden magnetischen Feldlinien sollen nach Abb. 168 von endlosen elektrischen Feldlinien umschlossen sein.

Jetzt bringen wir eine mit verdünntem Neon gefüllte Glaskugel in das Gebiet dieser geschlossenen elektrischen Feldlinien: ein ringförmiges Gebiet dieser Kugel leuchtet weithin sichtbar auf. Wir sehen ein, wenngleich rohes, Abbild des elektrischen Wechselfeldes mit seinen geschlossenen elektrischen Feldlinien ohne Anfang und Ende. — Die Kenntnis geschlossener elektrischer Feldlinien ist späterhin für das Verständnis der elektrischen Wellen, der elektromagnetischen Strahlung, unerläßlich. Darum soll dieser Versuch unserer Anschauung zu Hilfe kommen.

XII. Mechanismus der Leitungsströme.

§ 91. Der Mechanismus der Leitung im Modellversuch. Wir haben die elektrischen Ströme in Leitern bisher lediglich als eine Wanderung von Elektrizitätsatomen betrachtet. Aller näheren Aussagen haben wir uns bewußt enthalten: es konnten nur negative Elektrizitätsatome in der einen Richtung wandern oder nur positive in der anderen oder beide gleichzeitig. Ebenso fehlten alle Angaben über die Wanderungsgeschwindigkeit usw. All diese Fragen sollen jetzt zusammenfassend behandelt werden. Dabei werden wir gleichzeitig wichtige Aufschlüsse über das Wesen der Elektrizitätsatome gewinnen.

Experimentell haben wir den Leitungsvorgang in zwei verschiedenen Anordnungen beobachtet:

a) **Durch den Feldzerfall gemäß Abb. 303.** Die beiden Platten eines Kondensators werden durch den schraffiert gezeichneten leitenden Körper verbunden. Es ist der aus Abb. 60 bekannte Grundversuch. Man beobachtet mit dem Voltmeter das Sinken der Spannung.

b) **Durch dauernde Ströme gemäß Abb. 304.** Auch hier verlieren die Kondensatorplatten während ihrer Verbindung durch den leitenden Körper dauernd Elektrizitätsatome. Aber der Verlust wird ständig von einer Stromquelle (z. B. Batterie, Dynamomaschine, Influenzmaschine) ersetzt und Feld und Spannung dadurch aufrechterhalten. Der Strommesser zeigt den zum Ersatz der Elektrizitätsatome erforderlichen Strom.

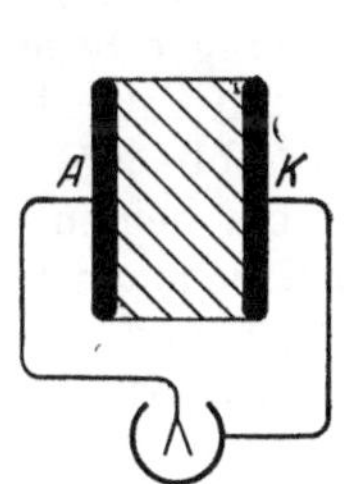
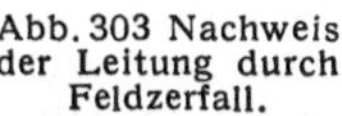
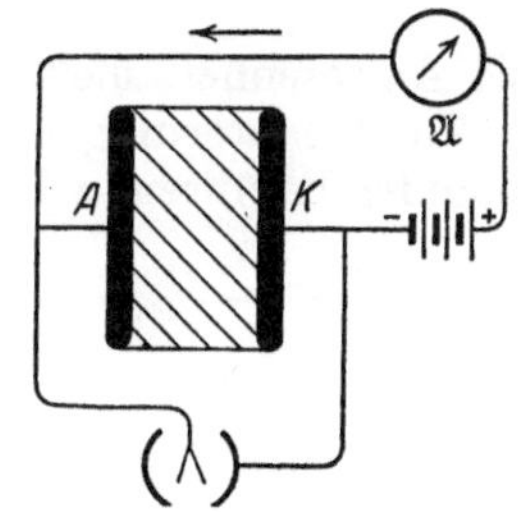

Abb. 303 Nachweis der Leitung durch Feldzerfall.

Abb. 304. Nachweis der Leitung mit dauernden Strömen. Pfeil = konventionelle Stromrichtung von + nach —.

In beiden Fällen nennt man die Kondensatorplatten oder Feldgrenzen die **Elektroden.** Die positive Elektrode heißt **Anode,** die negative **Kathode.** Diese Bezeichnungen sind für Leitungsvorgänge aller Art eingebürgert.

Beide Anordnungen lassen die zwei einfachen Grundvorgänge jeder Elektrizitätsleitung mühelos vorführen. Sie bestehen in folgendem:

I. Elektrizitätsatome müssen aus der einen Elektrode austreten und zu der anderen herübergelangen.

II. Im Innern des Leiters, also im Raum zwischen den Elektroden, befinden sich gleiche Mengen von Elektrizitätsatomen entgegengesetzten Vorzeichens und beliebiger Herkunft. Die positiven gelangen irgendwie zur negativen, die negativen zur positiven Elektrode.

Beide Vorgänge verwirklicht man am einfachsten mit der Übertragung von Elektrizitätsatomen auf irgendwelchen „Elektrizitätsträgern". Ihre gröbste Ausführung sind die uns wohlbekannten Löffel am Bernsteinstiel (Abb. 52). Mit ihnen wollen wir die beiden Vorgänge im Modellversuch vorführen.

Zur Erläuterung des ersten Falles bewegen wir einen Löffel abwechselnd von der einen Elektrode zur anderen (im schraffierten Bereich der Abb. 303

und 304). In der Schaltung der Abb. 303 sinkt der Voltmeterzeiger herunter, das Feld zerfällt. In der Schaltung der Abb. 304 bleibt der Voltmeterausschlag konstant. Das Amperemeter (Spiegelgalvanometer) zeigt während der Hin- und Herbewegung des Trägers einen Strom I. Die Luft im Kondensator isoliert nicht mehr. Zwischen ihren unsichtbaren Molekülen wandert ein einzelner grober Elektrizitätsträger hin und her, und dadurch „leitet" die Luft.

Den Strom I können wir sogleich berechnen: Der Träger enthalte die Elektrizitätsmenge q und durchlaufe den Elektrodenabstand l innerhalb der Zeit t N-mal. Dabei schafft er die Elektrizitätsmenge $Q = N\,q$ von der einen Elektrode (Kondensatorplatte) zur anderen, und gleichzeitig fließt durch den Strommesser (Abb. 304) ein Strom

$$I = \frac{Q}{t} = \frac{N\,q}{t}. \tag{175}$$

Beispiel: $N/t = 3/\text{sec}$; q auf dem Löffel $= 6 \cdot 10^{-10}$ Amp. Sek., vgl. § 20. $I = 2 \cdot 10^{-9}$ Ampere.

In diese Gleichung führen wir die Geschwindigkeit u des Trägers und den Plattenabstand l ein. Es ist

$$u = \frac{N\,l}{t} \quad \text{und} \quad \frac{N}{t} = \frac{u}{l}.$$

Somit erhalten wir aus Gl. (175) die uns schon bekannte Gleichung

$$\boxed{I = q \cdot u/l.} \tag{73}\ \text{v. S. 67}$$

Bei Anwesenheit mehrerer Träger bedeutet q ihre Gesamtladung.

Zur Erläuterung des zweiten Falles bringen wir in den Luftzwischenraum zwei einander berührende Löffel (Abb. 305). Wir trennen sie im Felde. Dann haben wir die beiden Träger durch Influenz gleich, aber mit verschiedenen Vorzeichen aufgeladen: die Herkunft der Träger und ihrer Ladungen ist ja ganz gleichgültig.

Den positiven Träger bewegen wir zur negativen, den negativen zur positiven Elektrode und so fort mit weiteren Trägerpaaren in beliebiger Wiederholung. Wieder beobachten wir Stromstärken von etwa 10^{-9} Ampere.

Gl. (73) gilt ungeändert. Nur bedeutet u jetzt die Summe der Geschwindigkeiten der positiven und der negativen Träger, also

$$I = q\,\frac{(u_+ + u_-)}{l} \tag{176}$$

(q = Ladung eines Vorzeichens).

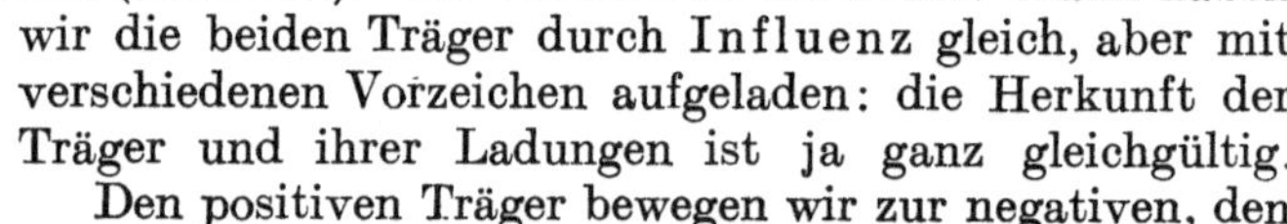

Abb. 305. Modellversuch eines Leitungsstromes mit ganz groben, mit der Hand bewegten Elektrizitätsträgern. Galvanometer wie in Abb. 75 und 83.

Statt eines der beiden Träger können wir eine große Anzahl n nehmen. Jeder einzelne trage z Elektrizitätsatome, also die Ladung $z\,e$ oder $z \cdot 1{,}6 \cdot 10^{-19}$ Amperesekunden. Der Leiter soll als Ganzes neutral sein; folglich muß die Gesamtladung $q = n\,z\,e$ aller positiven und die Gesamtladung aller negativen Träger gleich groß sein. Diese Träger liefern nach Gl. (176) den Strom

$$I = [(n\,z\,e\,u)_+ + (n\,z\,e\,u)_-]/l. \tag{177}$$

Wir kommen auf diese Gleichung bald zurück (§ 93).

Diese beiden Modellversuche treffen durchaus den Kern der Sache. Das bedarf angesichts scheinbar wesentlicher Abweichungen noch näherer Begründung:

1. In den Modellversuchen fehlen in der Luft ursprünglich die geladenen Träger. Sie werden erst von uns hereingebracht und von uns geladen. Man kann

kurz von einer „unselbständigen" Leitung sprechen. — Aber diese „Unselbständigkeit" haben unsere Modellversuche mit zahlreichen Fällen der Elektrizitätsleitung in gasförmigen, flüssigen und festen Körpern gemeinsam. Viele dieser Körper leiten für sich allein nicht. Wir müssen erst Elektrizitätsträger in sie hineinbringen und dadurch den Strom sowohl einleiten wie aufrechterhalten. Die „selbständige" Leitung, wie in Metalldrähten, ist durchaus nicht die Regel.

2. In den Modellversuchen ist die Wanderung der Träger mit dem unbewaffneten Auge zu sehen. — In Leitern ist dieser Fall zwar selten, er kommt aber ebenfalls vor.

3. In den Leitern wandern die Träger unter der Wirkung des Feldes. Das Feld übt eine Kraft auf sie aus [Abb. 106 und Gl. (19)]. — Im Modellversuch erhalten die Träger ihre Geschwindigkeit unabhängig vom Felde, in den gewählten Beispielen durch unsere Hand.

Hier liegt ein tatsächlicher, aber auch durchaus nicht wesentlicher Unterschied vor. Er wird durch eine Verfeinerung der Versuche in § 93 behoben werden.

§ 92. Zwei Grundtatsachen des Leitungsvorganges hat man sich als ganz besonders wichtig einzuprägen.

1. Der Strommesser zeigt einen Strom keineswegs erst bei der Ankunft der Träger an den Elektroden, sondern schon während ihrer Bewegungen. Der Strommesser reagiert auf jede Änderung des elektrischen Feldes zwischen den Elektroden, oder kurz auf jeden „Verschiebungsstrom".

2. Für den Strommesser sind die beiden in Abb. 306 und 307 skizzierten Arten der Trägerbewegung gleichwertig:

In Abb. 306 legen die beiden Partner eines Trägerpaares mit ihren Ladungen

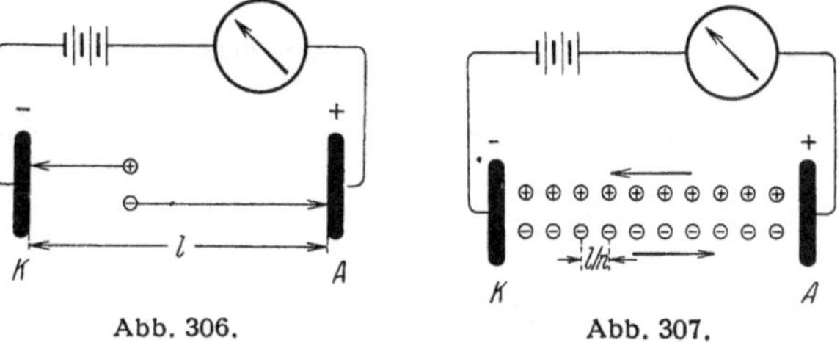

Abb. 306.   Abb. 307.

Abb. 306 und 307. Zwei verschiedene Arten des Leitungsvorganges.

$+ q$ und $- q$ insgesamt eine Wegstrecke gleich dem Elektrodenabstand l zurück.

In Abb. 307 haben wir n Trägerpaare mit ihren Ladungen $+ q$ und $- q$. Die positiven und negativen Partner bewegen sich als zwei Kolonnen entgegengesetzter Marschrichtung relativ zueinander nur um den kleinen Weg l/n, also nur den n-ten Teil des ganzen Elektrodenabstandes. Dadurch wird beiderseits je der vorderste Träger seines Partners beraubt und so mit seiner Ladung q der benachbarten Elektrode zugeführt. Diese Tatsache ist vor allem bei der Leitung in Flüssigkeiten zu beachten.

Soweit die Modellversuche. Wir wollen jetzt die Leitungsvorgänge in verschiedenen Körpern getrennt und im einzelnen behandeln. Die Beobachtungen sollen uns Aufschlüsse über Art, Zahl, Herkunft und Geschwindigkeit der Träger liefern.

§ 93. Unselbständige Leitung in Zimmerluft mit sichtbaren Elektrizitätsträgern. Zur Deutung des Ohmschen Gesetzes. In § 91 benutzen wir Löffel als Elektrizitätsträger zwischen den Luftmolekülen. Die Träger wurden mit der Hand bewegt. Das war unbefriedigend. Deswegen wollen wir jetzt die beiden Versuche I und II von S. 153 in einer verfeinerten Abart wiederholen.

In Abb. 308a ist der Fall I verwirklicht: Die Elektrizitätsatome werden durch Träger von den Elektroden abgeholt und zur gegenüberliegenden Elektrode

hinübergeschafft. Als Träger benutzen wir feine Staubteilchen der handelsüblichen Aluminiumbronze. Sie bilden, im Felde hin- und herschwirrend, eine
silbrig schimmernde Wolke. Je dichter die Wolke, desto größer die Stromstärke.

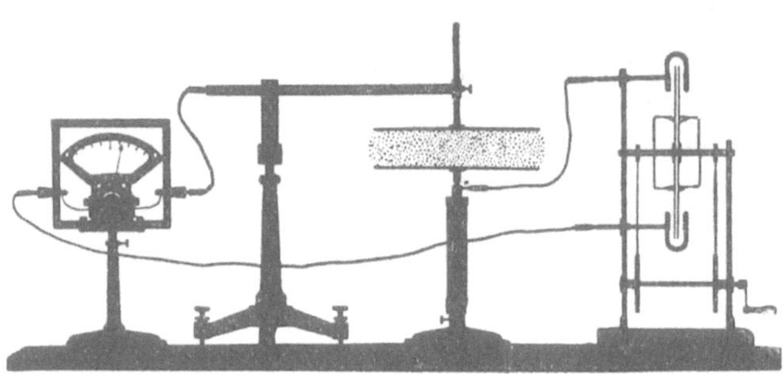

Abb. 308 a

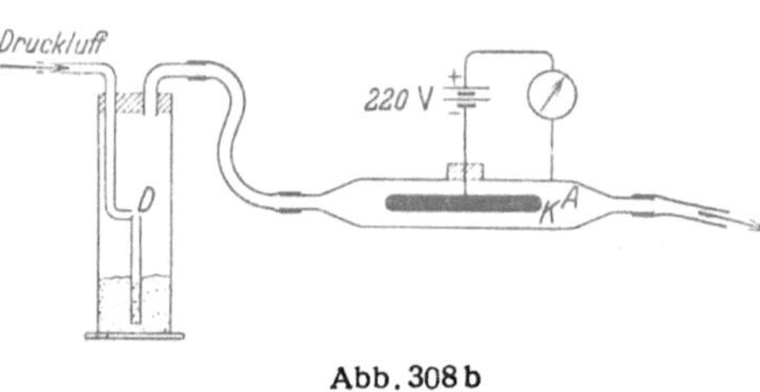

Abb. 308 b

Abb. 308. Elektrizitätsleitung in Luft mit staubförmigen Elektrizitätsträgern. Im Bilde *a* bestehen sie aus Aluminium pulver, sie sind nur ganz roh durch Punktierung angedeutet. Im Bilde *b* wird ein Luftstrom mit geladenen Staubteilchen durch einen Zylinderkondensator geblasen. In diesem Fall wird das gleiche Galvanometer wie in Abb. 75 benutzt.

In Abb. 308 b wird der Fall II von S. 153 verwirklicht: Es werden gleiche Mengen geladener Elektrizitätsträger beider Vorzeichen zwischen die Elektroden gebracht und zu den Elektroden herübergezogen. Die Elektroden bilden diesmal einen Z y l i n d e r kondensator. Als Träger dienen Staubteilchen aus Mennige (+) und aus Schwefel (—). Ihre elektrische Aufladung erfolgt durch „R e i b u n g s e l e k t r i s i erung": Beide Pulver werden von einem Luftstrahl durch die Metalldüse D eines Zerstäubers hindurchgetrieben. Die Berührung von Wänden und Rand der Düse führt zur Aufladung. Das Galvanometer zeigt einen überraschend konstanten Strom von etwa 10^{-8} Ampere.

Man läßt den Strom einige Minuten in gleicher Richtung fließen, z. B. wie in Abb. 308 b. Dann öffnet man den Kondensator. Man findet den inneren Zylinder, die Kathode, ganz gleichmäßig mit einer feinen Haut von Mennige bedeckt. Die Innenfläche des äußeren Zylinders, die Anode, ist in entsprechender Weise mit Schwefel überzogen. Die Elektrizitätsträger sind nach Ablieferung ihrer Last, der Elektrizitätsatome, an den Feldgrenzen oder Elektroden hängengeblieben. Wir haben, scherzhaft gesprochen, einen „galvanoplastischen Mennige- bzw. Schwefelüberzug", entsprechend der Vernicklung usw. in der Elektrolyse (vgl. § 108a).

Unter Abgabe der Ladungen verstehen wir bei negativen und positiven Trägern wahrscheinlich nur formal das gleiche. Der negative Träger gibt seine überzähligen Elektronen ab. Der positive entzieht wahrscheinlich der metallischen Elektrode Elektronen und ergänzt so seinen Elektronenbestand.

Das Ganze ist kein Modellversuch. Es ist eine echte, unselbständige Elektrizitätsleitung durch Luft, und zwar mit noch gut sichtbaren Trägern.

Der Versuch läßt den Mechanismus der unselbständigen Leitung noch weiter aufklären. Diesem Zwecke dient eine wichtige experimentelle Feststellung: Man wiederholt den Versuch statt mit 220 Volt mit kleineren Spannungen. Man findet Strom I und Spannung U einander proportional. Es gilt unter den hier gewählten Bedingungen das Ohmsche Gesetz. Bisher kannten wir das Ohmsche Gesetz nur für metallische Leiter konstanter Temperatur (S. 9). Hier haben wir einen weiteren Sonderfall seiner Gültigkeit gefunden. Er ist für uns wichtig. Denn er führt uns zu einer plausiblen Deutung dieses einfachen Gesetzes.

Zur Vereinfachung der geometrischen Verhältnisse denken wir uns den Versuch mit den staubförmigen Elektrizitätsträgern mit einem Plattenkondensator ausgeführt. Die Zylinderform des Kondensators in Abb. 308b sollte ja nur die saubere Führung der staubhaltigen Luft erleichtern.

Der von den wandernden staubförmigen Trägern gebildete Strom ist

$$I = [(n\,z\,e\,u)_+ + (n\,z\,e\,u)_-]/l \qquad (177)\,\text{v. S.}\,154$$

(n = Zahl der Träger, $z\,e$ = Ladung eines Trägers, u seine Geschwindigkeit, l = Elektrodenabstand).

Wir bilden das Verhältnis I/U (Kehrwert des Widerstandes) und führen die Feldstärke $\mathfrak{E} = U/l$ ein. Dann ergibt sich aus Gl. (177)

$$I/U = [(n\,z\,e\,u/\mathfrak{E})_+ + (n\,z\,e\,u/\mathfrak{E})_-]\,/l^2. \qquad (177\,\text{a})$$

Alsdann geben wir dem Verhältnis von Trägergeschwindigkeit u zur Feldstärke $\mathfrak{E}$ einen Namen, wir definieren

$$\boxed{\text{Trägerbeweglichkeit } v = \frac{\text{Trägergeschwindigkeit } u}{\text{elektrische Feldstärke } \mathfrak{E}}} \qquad (177\,\text{b})$$

[Einheit z. B. (m/sec)/(Volt/m)].

Mit dem Begriff der Beweglichkeit erhält Gl. (177a) die Form

$$I/U = [(n\,z\,e\,v)_+ + (n\,z\,e\,v)_-]\,/l^2 \qquad (178)$$

oder mit der Trägerzahldichte $N_v' = n/V = n/F\,l$

$$I/U = [(N_v'\,z\,e\,v)_+ + (N_v'\,z\,e\,v)_-]\,F/l. \qquad (179)$$

Nun ist der Tatbestand des Ohmschen Gesetzes gegeben: die Elektrizitätsleitung mit staubförmigen Trägern hat uns für das Verhältnis I/U einen konstanten Wert ergeben, Strom und Spannung waren einander proportional. — Wie kann das nach Gl. (178) zustande kommen? Am einfachsten durch Erfüllung der nachfolgenden beiden Bedingungen:

Erstens: Das Produkt ($n\,z\,e$), die Gesamtladung der Träger eines Vorzeichens, bleibt konstant, sie wird durch die Abwanderung der Träger im Felde nicht merklich geändert.

Zweitens: Die Beweglichkeiten v_+ und v_- bleiben konstant; d. h. die Geschwindigkeiten u der Träger werden der Feldstärke $\mathfrak{E}$ proportional.

Die Erfüllung der ersten Bedingung ist eine rein technische Frage: man hat nur die trägerhaltige Luft in genügender Menge und Geschwindigkeit durch den Kondensator zu blasen.

Wie steht es mit der zweiten Bedingung? Das elektrische Feld wirkt auf die Träger dauernd mit der Kraft $\mathfrak{K} = (z\,e)\,\mathfrak{E}$ [Gl. (17) von S. 38]. Wie kann trotzdem ihre Geschwindigkeit u konstant und der Feldstärke $\mathfrak{E}$ proportional sein? Die Antwort auf diese Doppelfrage ist uns aus der Mechanik (§ 43 und 162) geläufig: Die Bewegung der Elektrizitätsträger kommt unter entscheidender Mitwirkung der Reibung zustande, und zwar hier der inneren Reibung der Luft.

Man denke an verschieden schwere, aber gleich große, in Glyzerin nach unten sinkende Kugeln. Die Sinkgeschwindigkeit ist (nach kurzer anfänglicher Beschleunigung!) konstant und dem Gewicht der Kugeln proportional. — Bei den staubförmigen Elektrizitätsträgern kann man das Gewicht vernachlässigen, an seine Stelle tritt die Kraft $\mathfrak{K} = (z\,e) \cdot \mathfrak{E}$.

Wir werden das Ohmsche Gesetz bei äußerlich recht verschiedenartigen Leitungsvorgängen finden. In allen Fällen werden wir die grundlegende Gl. (179)

benutzen. — In ihr bezeichnet man abkürzend als spezifischen Widerstand die Größe

$$\sigma = \frac{U}{I} \cdot \frac{F}{l}$$

und ihren Kehrwert als spezifische Leitfähigkeit

$$\varkappa = \frac{I}{U} \cdot \frac{l}{F} = (N'_v z e v)_+ + (N'_v z e v)_-.$$

(180)

Mit der Leitfähigkeit $\varkappa$ und der Feldstärke $\mathfrak{E} = U/l$ erhält das Ohmsche Gesetz die kurze Form

$$\boxed{I = \varkappa F \cdot \mathfrak{E}.}$$

(179a)

Oft sind Gemische von Trägern mit verschiedener Trägerzahldichte N'_v, Trägerladung $z\,e$ und Beweglichkeit v gegeben. Dann muß die räumliche Ladungsdichte $\Sigma\,(N'_v z e)$ für die Gesamtheit aller positiven Träger und für die Gesamtheit aller negativen Träger gleich groß sein. Nur dann kann der Leiter elektrisch neutral bleiben.

Für den Anteil einer einzelnen, z. B. positiven Ionensorte (1) am Zustandekommen der Leitfähigkeit $\varkappa$ folgt dann aus Gl. (181) das Verhältnis

$$n_u = \frac{(N'_v z v)_1^+}{(N'_v z v)_1^+ + (N'_v z v)_2^+ + \cdots + (N'_v z v)_1^- + (N'_v z v)_2^- + \cdots}$$

Dies Verhältnis wird Überführungszahl der Trägersorte (1) genannt. Der Name knüpft an eine Erscheinung an, mit der man die Trägerbeweglichkeit zuerst gemessen hat (§ 108).

§ 94. Unselbständige Leitung in Luft. Ionen als Elektrizitätsträger.

Im vorigen Paragraphen waren die geladenen Pulverteilchen Elektrizitätsträger von mikroskopischer Sichtbarkeit. Nach dem uns jetzt schon mehr vertrauten Bilde der unselbständigen Leitung ist die Größe der Träger von recht untergeordneter Bedeutung. Man wird auch Träger unterhalb der dem Mikroskop gezogenen Grenze erwarten („Amikronen"). Als kleinste Elektrizitätsträger wird man zunächst einzelne Moleküle oder Atome in Betracht ziehen. Moleküle und Atome als Elektrizitätsträger nennt man Ionen. Positive Ionen nennt man Kationen, negative Ionen nennt man Anionen. Als negative Ionen enthalten Moleküle oder Atome mehr Elektronen als im Normalzustand, als positive Ionen hingegen weniger. Man vergleiche Abb. 309.

einwertiges negatives Atomion.

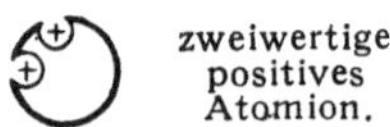

dreiwertiges negatives Atomion.

zweiwertiges positives Atomion.

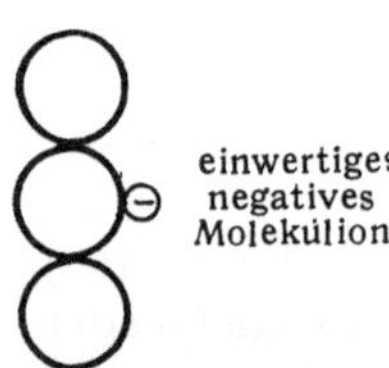

einwertiges negatives Molekülion.

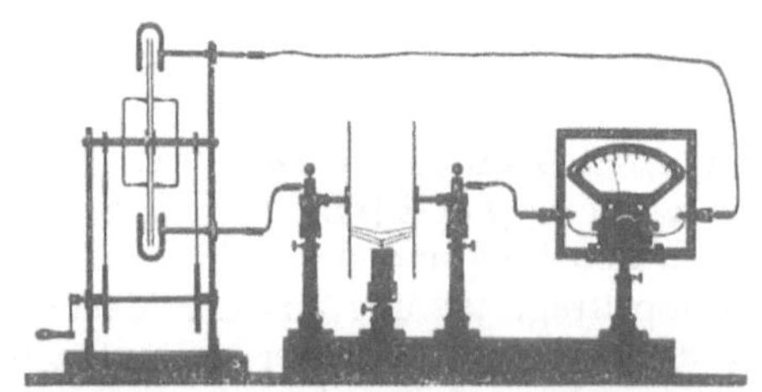

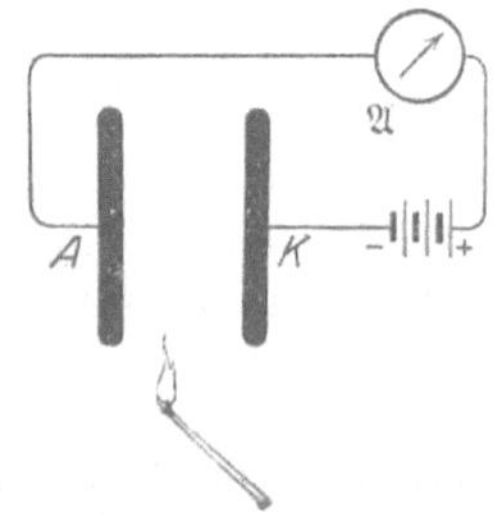

Abb. 309. Grobschematische Bilder von „Ionen".

Abb. 310. Trägerleitung in Luft. Kerzenflamme als Ionenquelle, links Influenzmaschine. Schattenriß.

Abb. 311. Ein brennendes Streichholz als Ionisator. Galvanometer wie in Abb. 75 und 78.

Wie bringt man Ionen in ein Gas herein, oder wie macht man aus den Molekülen eines Gases Ionen? — Es gibt viele Verfahren; wir nennen drei Beispiele:

1. Chemische Vorgänge bei hoher Temperatur. Die Abb. 311 zeigt ein brennendes Streichholz als Ionisator.

2. Röntgenlicht.

3. Die Strahlen der radioaktiven Substanzen.

Diese Ionisatoren lassen die Kenntnis der unselbständigen Gasleitung vertiefen. Der Mechanismus der Ionenbildung selbst kommt in § 141 zur Sprache. Mit einer Flamme als Ionenquelle[1] zeigt der Leitungsvorgang noch ein sehr anschauliches Verhalten. Im Schattenbild (Abb. 310) sieht man die heißen trägerhaltigen Gase zu den Elektroden strömen. Nach etwa einer Minute bemerkt man an der Ankunftsstelle auf der negativen Elektrode einen Rußfleck. Dort sind also Rußteilchen als Elektrizitätsträger angekommen und nach Abgabe ihrer Ladungslast hängengeblieben.

Ein weiterer Versuch zeigt eine nicht unbeträchtliche Lebensdauer τ der Ionen. In der Abb. 312 ist AK der übliche Plattenkondensator mit dem

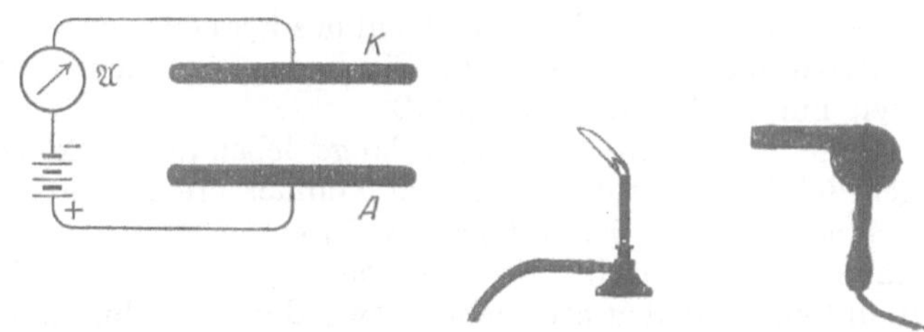

Abb. 312. Mitführung der von einer Bunsenflamme gebildeten Ionen durch den Luftstrom eines Ventilators. Galvanometer wie in Abb. 75 und 78.

Strommesser A. Rechts von ihm steht eine Bunsenflamme als Ionisator. Die gebildeten Ionen steigen mit der warmen Luft in die Höhe, erreichen also den Kondensator nicht. Wohl aber kann man sie mit einem seitlichen Luftstrom dem Ort ihrer Bestimmung zuführen. Ein kleiner Handventilator tut es leicht. Auf dem Wege von der Flamme zum Kondensator bleibt also ein Teil der Ionen erhalten. Die Lebensdauer der Ionen muß also mindestens nach Zehntelsekunden zählen.

Dies Ergebnis überrascht angesichts der gegenseitigen Anziehung der Ionen entgegengesetzter Vorzeichen. Für jedes Ionenpaar gilt doch das Feldlinienbild der Abb. 49 und 100, und die Träger entgegengesetzten Vorzeichens müssen sich paarweise zu neutralen Gebilden vereinigen.

Die „Wiedervereinigung" läßt sich messend verfolgen. Dazu dient der in Abb. 313 dargestellte Apparat. Drei kleine Zylinderkondensatoren haben den äußeren Hohlzylinder gemeinsam. Die inneren Zylinder sind drei einzelne, mit Bernstein isolierte Drähte. Jeder von ihnen kann mit dem Zweifadenvoltmeter verbunden werden. In der

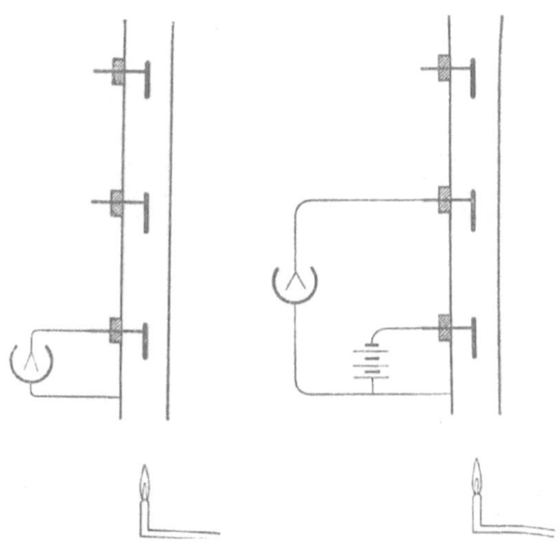

Abb. 313. Lebensdauer und Wiedervereinigung von Ionen.

Abb. 314. Beseitigung von Ionen durch ein elektrisches Feld.

---

[1] Otto von Guericke näherte die Flaumfeder a seines „Schwebekondensators" in Abb. 108 einer brennenden Kerze. Dabei entlud sich die Feder, flog zur geladenen Kugel, lud sich wieder auf, und das Spiel begann von neuem. 1733 übertrug Du Fay die Ladung von einem Körper auf einen mehrere Meter entfernten zweiten mittels einer zwischen beiden brennenden Flamme.

Abb. 313 ist es der unterste. Unter dem senkrechten Hohlzylinder steht als Ionisator eine kleine Gasflamme. Die heißen Gase steigen durch den „Kamin" in die Höhe.

In dem untersten der drei Kondensatoren stellen wir ein Feld durch kurze Berührung mit der städtischen Zentrale her. Es bricht innerhalb einer Sekunde zusammen. Im mittleren Kondensator hält sich ein Feld schon etliche Sekunden, im obersten etwa eine halbe Minute. — Die Mehrzahl geht schon in weniger als 0,1 Sekunde durch Wiedervereinigung verloren. Das berechnet man aus der Steiggeschwindigkeit der warmen Luft und dem Abstand der einzelnen Kondensatoren. Am oberen Ende des Kamines können nur noch sehr schwer bewegliche Elektrizitätsträger ankommen. Sie finden nach dem Fortfall der kleinen flinken Ionen nur noch selten Anschluß.

Diese behäbigen und daher lange lebenden Elektrizitätsträger können gelegentlich lästig werden. Eine im Zimmer brennende Bunsenflamme kann feine Messungen stören. Es gibt jedoch ein einfaches Hilfsmittel für ihre Beseitigung, nämlich ein elektrisches Feld. — Das zeigt der in Abb. 314 dargestellte Versuch. Im unteren Kondensator wird, etwa durch Verbindung mit der Zentrale, ein elektrisches Feld hergestellt. Dann erhält der mittlere und der obere Kondensator von der Flamme keine Ionen mehr.

§ 95. Unselbständige Ionenleitung in Zimmerluft. Ionenbeweglichkeit. Sättigungsstrom. Röntgenlicht ist ein sehr bequemer und wirksamer Ionisator. In Abb. 315 ist $A\,K$ der übliche Plattenkondensator. Das Röntgenlicht fällt von links her ein. Durch Röntgenlicht entstehen praktisch nur kleine Molekülionen. Das schließt man aus der Größe ihrer Beweglichkeit im elektrischen Felde. Diese ist unschwer zu bestimmen, man vergleicht die Geschwindigkeit der Ionen mit der eines Luftstromes und dividiert sie durch die benutzte Feldstärke.

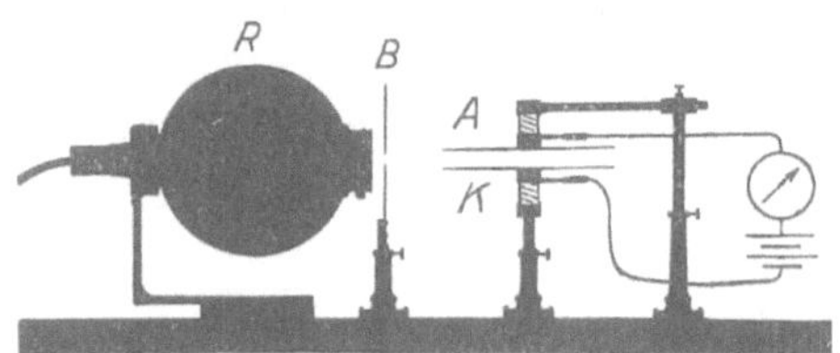

Abb. 315. Ionisierung von Zimmerluft durch Röntgenlicht. R Röntgenlampe zum direkten Anschluß an das städtische Wechselstromnetz (Wolfram-Antikathode, Scheitelspannung $6 \cdot 10^4$ Volt). B Bleischirm mit Loch. Galvanometer mit 0,1 Sek. Einstellzeit.

Die Abb. 316 zeigt im Schema eine der vielen technisch möglichen Ausführungsformen. Ein schmaler Streifen $a\,b$ eines Rohres wird von Röntgenlicht durchsetzt. Ein Luftstrom bekannter Geschwindigkeit bläst die Ionen quer durch das Feld eines Zylinderkondensators. Die innere Zylinderelektrode ist unterteilt. Mit der rechten Hälfte ist ein Strommesser verbunden. Bei ruhender oder langsam strömender Luft enden die Bahnen aller negativen Ionen auf der linken Hälfte der Innenelektrode. Von einer bestimmten Luftgeschwindigkeit an erreichen die bei a, also an der Innenwand des Außenzylinders, ge-

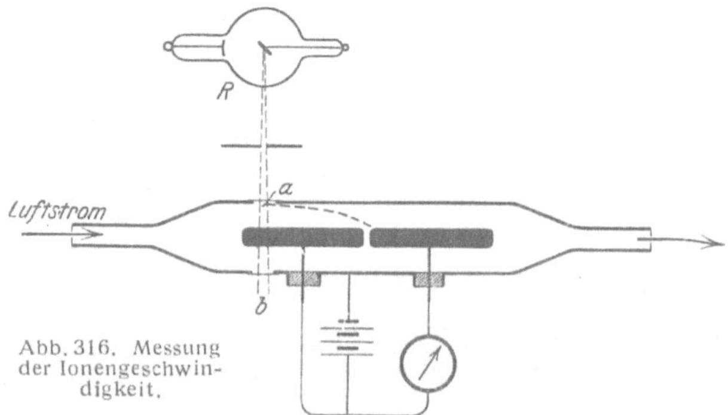

Abb. 316. Messung der Ionengeschwindigkeit.

bildeten Ionen die rechte Hälfte der Innenelektrode. Ihr Weg ist gestrichelt angedeutet. Der Strommesser zeigt ihre Ankunft durch einen Ausschlag an.

Mit derartigen Messungen findet man die Geschwindigkeit u der Ionen der Feldstärke $\mathfrak{E}$ proportional. Es gilt $u = \mathfrak{E}\,v$. Der Proportionalitätsfaktor v heißt nach § 93 die Beweglichkeit der Ionen. Man findet in Zimmerluft die Beweglichkeit v_- der negativen Ionen $= 1{,}89 \cdot 10^{-4} \dfrac{\text{m/sec}}{\text{Volt/m}} \left(= 1{,}89 \dfrac{\text{cm/sec}}{\text{Volt/cm}} \right)$ und die der positiven $v_+ = 1{,}37 \cdot 10^{-4} \dfrac{\text{m/sec}}{\text{Volt/m}} \left(= 1{,}37 \dfrac{\text{cm/sec}}{\text{Volt/cm}} \right)$. Für andere Gase gleichen Druckes ergeben sich ähnliche Werte.

In unserem Plattenkondensator der Abb. 315 hatten wir bei dem Versuch eine Feldstärke $\mathfrak{E}$ von etwa 5000 Volt/m. Also liefen die Ionen immerhin mit fast 1 m/sec Geschwindigkeit durch das Gewimmel der Luftmoleküle hindurch,

Die Beweglichkeit der Ionen hängt mit ihrer Diffusionskonstante zusammen und daher mit der inneren Reibung der Luft. Näheres in § 162 des Mechanikbandes.

Wir kennen bisher nur eine Art des Zusammenhanges von Strom und Spannung: die Proportionalität beider. Sie bildet den Inhalt des Ohmschen Gesetzes. Das Ohmsche Gesetz gilt aber, wie häufig betont, nur in Sonderfällen. Oft ist von seiner Gültigkeit keine Rede. Ein typisches Beispiel dieser Art soll jetzt gezeigt werden.

Wir nehmen wieder die Anordnung der Abb. 315, benutzen aber als Stromquelle eine Batterie variabler Spannung. Die Abb. 317 gibt den mit dieser Anordnung gefundenen Zusammenhang von Strom I und Spannung U. Anfänglich steigt der Strom proportional der Spannung. Es gilt das Ohmsche Gesetz U/I = const. Bei weiterer Spannungserhöhung

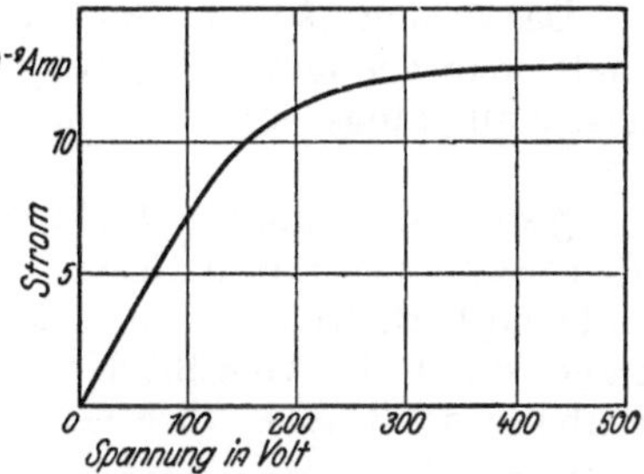

Abb. 317.   Sättigungsstrom.

steigt der Strom weniger als proportional. Schließlich wird er konstant, unabhängig von der zwischen den Elektroden herrschenden Spannung. Dieser konstante Höchstwert heißt der Sättigungsstrom.

Zur Deutung dieser Stromspannungskurve knüpft man an § 93 an. Dort ergab sich die Gleichung

$$I = [(n\,z\,e\,v)_+ + (n\,z\,e\,v)_-] \cdot U/l^2. \qquad (178) \text{ v. S. } 157$$

$(z\,e)$, die Ladung eines Ions, sowie die Beweglichkeiten v und der Elektrodenabstand l sind konstant. n ist die Zahl der im Kondensator vorhandenen Ionen. Diese ist unschwer anzugeben: Das Röntgenlicht erzeugt in der Zeit t N Ionenpaare; die Ionen haben infolge der Wiedervereinigung nur eine begrenzte Lebensdauer τ. Daher ist die Zahl der vorhandenen Ionen[1] (der Ionenbestand)

$$\boxed{n = \frac{N}{t} \cdot \tau.} \qquad (181\,\text{a})$$

Bei kleinen Spannungen gehen zwar schon Ionen durch Abwanderung zu den Elektroden verloren. Gleichzeitig aber vermindert die geordnete Wanderung

---

[1] Diese Beziehung gilt ganz allgemein. Entstehen in der Zeit t N Individuen mit der mittleren Lebensdauer τ, so ist der stationäre Bestand $n = \dfrac{N}{t} \cdot \tau$. — Beispiel: In Deutschland wird ungefähr alle 25 Sekunden ein Kind geboren, also ist das Verhältnis $\dfrac{\text{Geburtenzahl } N}{\text{Zeit } t} = \dfrac{4 \cdot 10^{-2}}{\text{sec}}$. Ferner ist die mittlere Lebensdauer eines Deutschen ≈ 53 Jahre $= 1{,}6 \cdot 10^9$ sec. Folglich ist der stationäre Bestand der deutschen Bevölkerung

$$n = 4 \cdot 10^{-2} \text{ sec}^{-1} \cdot 10^9 \text{ sec} = 64 \text{ Millionen.}$$

die Wiedervereinigung, und dadurch vergrößert sie die Lebensdauer τ. Infolgedessen kann die zunehmende Lebensdauer die Verluste durch Abwanderung
ausgleichen. Der Bestand n bleibt noch praktisch konstant, und somit der
Strom I der Spannung U proportional. — Bei größeren Spannungen reicht der
beschriebene Ausgleich nicht mehr aus, der Ionenbestand n nimmt ab, der Strom
steigt langsamer als die Spannung. Schließlich erreichen alle Ionen ohne Wiedervereinigung die Elektroden; dann wird der Bestand n der Abwanderungsgeschwindigkeit $u = v\,U/l$ umgekehrt proportional: dadurch fällt die Spannung U aus
der Gl. (179) heraus; der Strom erreicht einen konstanten, von U unabhängigen
Sättigungswert I_s.

Die Sättigungsströme in ionisierten Gasen spielen meßtechnisch eine große
Rolle. Mit ihrer Hilfe kann man alle durch eine Strahlung (z. B. Röntgenlicht)
gebildeten Ionen verlustlos erfassen und daher ihre gesamte Ladung als Produkt
von Sättigungsstrom I und Zeit t, d. h. als Elektrizitätsmenge Q_i, messen. Näheres
im Anhang zum Optikband.

Das in den §§ 93 bis 95 über die unselbständige Leitung der Zimmerluft Gesagte mag genügen. Es gilt qualitativ ebenso für die anderen Gase, bei Edelgasen allerdings erst bei einem Druck von etlichen Atmosphären.

§ 96. Unselbständige Elektrizitätsleitung im Hochvakuum.

Die unselbständige
Elektrizitätsleitung in Gasen von hohem Druck, z. B. in Zimmerluft, zeigt sehr
einfache Verhältnisse: vom elektrischen Felde gezogen, wandern die Elektrizitätsträger durch das Gewühl der Gasmoleküle hindurch. Sie überwinden die innere
Reibung des Gases. Ihre Geschwindigkeit u ist der Feldstärke $\mathfrak{E}$ proportional.

Wir wenden uns jetzt einem zweiten, durch große Übersichtlichkeit ausgezeichneten Falle zu: der unselbständigen Elektrizitätsleitung im Hochvakuum.
Damit gelangen wir auf einfachstem Wege zu einer ganz fundamentalen Aussage
über die Natur des Elektrons, des negativen Elektrizitätsatomes.

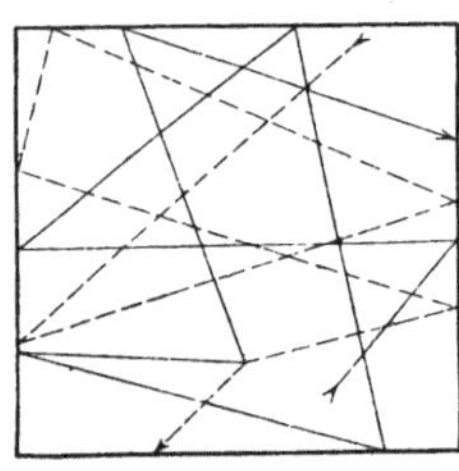

Abb. 318. Bahn zweier
Moleküle im Hochvakuum.

Zur Erläuterung des Fachausdruckes Hochvakuum
dient die Skizze der Abb. 318. Sie ist, wieder bildlich gesprochen, eine Zeitaufnahme von etwa 10^{-3} sec Belichtungsdauer.
Sie zeigt uns lediglich die Bahn von zwei Molekülen. Die freie
Weglänge ist groß gegen die Gefäßdimensionen geworden. Es gibt
praktisch keine Zusammenstöße der Moleküle mehr mit ihresgleichen, sondern nur noch mit den Wänden. Moderne, mit Hg
Dampf betriebene Pumpen lassen die Gasdichte unschwer auf den
10^9. Teil ihres normalen Wertes erniedrigen. Immerhin schwirren
auch dann noch in jedem Kubikzentimeter rund 10^{10} Moleküle
herum. Die Bahngeschwindigkeit der Moleküle ist auch jetzt nur
von der Temperatur bestimmt, bei Luft von Zimmertemperatur
also rund 500 m/sec.

Im Hochvakuum fehlen an sich jegliche Elektrizitätsatome. Das Hochvakuum stellt in diesem Sinne den allerbesten Isolator dar. Die Elektrizitätsatome müssen also von außen in das Hochvakuum hineingebracht werden. Aus
einer Reihe verschiedener Verfahren ist das Glühen der negativen Kondensatorplatte, der „negativen Elektrode" oder „Kathode", das einfachste. Dann „dampfen" aus ihr Elektronen heraus. Der Kürze halber verwenden wir gleich diese
Bezeichnung. Sie wird im folgenden Paragraphen ihre experimentelle Rechtfertigung finden. Als Kathode benutzt man meistens einen elektrisch geheizten
Wolframdraht (Abb. 319). A ist die zweite Begrenzung des elektrischen Feldes,
die „positive Elektrode" oder „Anode". Das Amperemeter zeigt einen Strom
von beispielsweise etlichen Milliampere. Er verschwindet bei Umkehr der Feld-

richtung. Also treten tatsächlich aus dem Glühdraht nur Elektronen. aus. Das
Rohr wirkt als „Gleichrichter".

Nach ihrem Austritt aus dem Gühdraht werden die Elektronen vom elektrischen Felde gefaßt. Der vom Strommesser angezeigte Strom erreicht bereits
bei niedrigen Spannungen einen Sättigungswert.
Folglich müssen schon bei niedrigen Spannungen
sämtliche Elektronen die Anode. erreichen.

Das elektrische Feld wirkt auf eine Ladung e
nach Gl. (17) von S. 38 mit der Kraft $\Re = e \, \mathfrak{E}$. Bei
hohem Gasdruck wurden die Träger dieser Ladung,
die Elektrizitätsträger, durch die innere Reibung
des Gases gebremst. Sie hatten eine bestimmte „Beweglichkeit" v. Ihre Geschwindigkeit stellte sich
auf einen bestimmten Wert u ein, und dieser war
der jeweiligen Feldstärke proportional. Es galt
$u = \mathfrak{E} \, v$. Ganz anders im Hochvakuum. Im Hochvakuum fehlt die Reibung. Infolgedessen werden
die Elektronen nach der Grundgleichung der Mechanik dauernd beschleunigt, ihre Geschwindigkeit wächst dauernd. Sie „fallen" durch das elektrische Feld hindurch. Sie erhalten dabei eine kinetische Energie $\frac{1}{2} m u^2$. Mit dieser prasseln sie gegen
die gegenüberliegende Elektrode, die Anode (Abb.
319). In kurzer Zeit gerät die Anode unter dem
Anprall der unsichtbaren Träger in helle Glut
(U etwa $= 800$ Volt).

In der Fortführung der Versuche durchbohren
wir die Anode (Abb. 320). Dann fliegen die Elek-

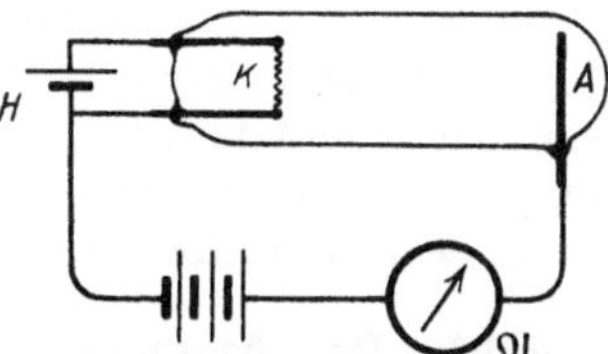

Abb. 319.　Elektronenstrom aus
einer Gluhkathode.　Im technischen Dauerbetrieb kann man
pro Watt Heizleistung aus glühenden Wolframkathoden Elek-
tronenströme bis zu $2 \cdot 10^{-3}$ Ampere erhalten. Durch Auftragen
von Bariumoxyd mit einem stö-
chiometrischen Überschuß von
Bariummetall läßt sich die Elek-
tronenausbeute pro Watt Heizleistung bis zu $5 \cdot 10^{-2}$ Amp. erhöhen. Die Gluhkathode wird oft
„indirekt" geheizt: d. h. sie wird
als Hohlkörper ausgebildet und
durch die Strahlung eines in
seinem Inneren glühenden Wolframdrahtes erwärmt. Größere
Glühkathoden werden zweckmäßig mit einem spiegelnden
Schutzmantel umgeben; er verhindert Strahlungsverluste und
laßt die Elektronen durch einige
Öffnungen entweichen.
Vgl. Abb. 328.

tronen durch das Loch hindurch. Sie fliegen — und zwar nunmehr mit konstanter Geschwindigkeit — geradlinig bis zum nächsten Hindernis, z. B. dem
hohlen Kasten L. Einen solchen Schwarm geschoßartig dahinfliegender
Elektronen nennt man Kathodenstrahlen. Kathodenstrahlen sind normalerweise unsichtbar. Als Indikator dient uns der Ausschlag des zwischen
A und 1 eingeschalteten Amperemeters $\mathfrak{A}_1$. Dabei ist zwischen A und 1
nicht etwa durch eine Stromquelle
ein elektrisches Feld erzeugt. Die
Elektronen fliegen vielmehr mit ihrer
mitgebrachten Geschwindigkeit dahin.

Die Benutzung des hohlen Kastens
statt einer Platte hat folgenden Grund:
Kathodenstrahlen ionisieren beim Aufprall
auf feste Körper die oberflächlichen Molekülschichten. Dabei werden Elektronen
abgespalten. Diese fliegen als langsame
Kathodenstrahlen diffus nach allen Richtungen als sogenannte „sekundäre" hinaus.
Ihre Zahl kann die der primären übertreffen. Dann kehrt sich das Ladungsvor-
zeichen von 1 um. Das verhindert man
beim Auffangen der primären Strahlen
mit einem Hohlraum.

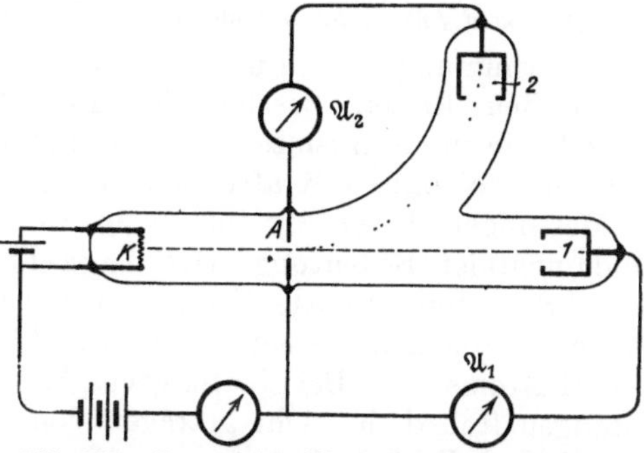

Abb. 320. Geradlinige Flugbahn der unsichtbaren
Kathodenstrahlen und ihre Kreisbahn in einem Magnetfeld.　Das Magnetfeld steht rechts von A senkrecht zur Papierebene, auf den Beschauer hin gerichtet.

Diese Kathodenstrahlen, also dieser Schwarm gerichtet fliegender Elektronen,
müssen wie alle bewegten Ladungen ein Magnetfeld haben. Sie müssen durch

andere Magnetfelder abgelenkt werden. Der experimentelle Nachweis ist ebenfalls in der Abb. 320 skizziert worden. Die Kathodenstrahlen werden senkrecht
zu ihrer Flugrichtung und senkrecht zu den magnetischen Feldlinien abgelenkt.
Sie treffen nicht mehr auf den Kasten 1, sondern auf den seitlich angebrachten
Kasten 2, und dadurch zeigt das Amperemeter $\mathfrak{A}_2$ einen Strom an.

So weit die qualitativen Beobachtungen an diesen völlig unsichtbaren Kathodenstrahlen. Sind es wirklich, wie behauptet, Elektronen, also Atome der
negativen Elektrizität, frei für sich allein? Oder werden sie doch von chemischen
Molekülen bzw. Atomen getragen? Zur Beantwortung dieser Frage hat man m,
die Masse des einzelnen Kathodenstrahlteilchens, zu ermitteln. Das geschieht in § 97.

**§ 97. Das Atomgewicht des Elektrons nach Beobachtungen an Kathoden-
strahlen.** In Abb. 320 beschleunigt das elektrische Feld die Elektronen zwischen
den Elektroden K und A. Es erteilt jedem einzelnen die kinetische Energie $\frac{1}{2} m u^2$.
Dabei hat das elektrische Feld eine Arbeit zu leisten. Diese berechnet sich nach
Gl. (18) von S. 38 im elektrischen Maße zu $e \cdot U$. Also

$$\boxed{\tfrac{1}{2} m u^2 = e \cdot U} \tag{182}$$

(e = Elektronenladung = $1{,}60 \cdot 10^{-19}$ Amperesekunden; U = Spannung zwischen K und A).

In dieser Gleichung stecken zwei Unbekannte: m, die Masse, und u, die Geschwindigkeit des einzelnen Elektrons. Man braucht daher noch eine zweite Gleichung.
Diese gewinnt man durch die **magnetische** Ablenkung des Kathodenstrahles
in dem von elektrischen Feldern freien Raume zwischen A und dem Kasten 2.

Auf eine mit der Geschwindigkeit u bewegte Ladung e wirkt eine Kraft im
Betrage
$$\mathfrak{K} = \mathfrak{B} u\, e. \tag{94} \text{ v. S. 89}$$

Sie zwingt als Radialkraft das Elektron in eine Kreisbahn vom Radius r. Sie
steht in jedem Augenblick senkrecht zur Bahn, ist auf den Kreismittelpunkt hin
gerichtet und hat den Betrag
$$\mathfrak{K} = m\, u^2/r. \tag{183} = \text{(6) der Mechanik}$$

Gl. (94) und (183) zusammengefaßt geben die zweite, m und u enthaltende Gleichung, nämlich

$$\boxed{\mathfrak{B} \cdot r = \frac{m}{e} \cdot u.} \tag{184}$$

(z. B. $\mathfrak{B}$ in Voltsek./m²; r in Meter; m in kg; u in m/sec; e = $1{,}60 \cdot 10^{-19}$ Amperesekunden).

Zur Bestimmung von m und u nach Gl. (182) und (184) ist also nur zweierlei
erforderlich: Erstens Beschleunigung der Elektronen durch eine bekannte Spannung U, zweitens Ausmessung ihres Bahnkrümmungsradius r in einem Magnetfelde der bekannten Kraftflußdichte $\mathfrak{B}$.

Messungen dieser Art führen zu Tabelle 7. Diese bringt ein Ergebnis von
fundamentaler Bedeutung: Die negative Elementarladung $e = 1{,}6 \cdot 10^{-19}$
Amp. Sek. besitzt als Elektron die winzige Masse $9{,}1 \cdot 10^{-31}$ kg. Diese
Masse ist 1837mal kleiner als die des kleinsten bekannten chemischen Atoms,
des H-Atoms. — Bei Leitungsvorgängen können also negative Elementarladungen frei, d. h. nicht getragen von irgendwelchen Elektrizitätsträgern, ein
elektrisches Feld durchlaufen.

In der Chemie definiert man

$$\text{Atomgewicht (A)} = \frac{\text{Masse } m \text{ eines Atoms}}{^{1}/_{16}\,\text{Masse eines Sauerstoffatoms}}$$

Im Sinne dieser Definition hat das Elektron das Atomgewicht $(A) = {}^1/_{1838}$. Es steht also als weitaus leichtestes Element an der Spitze der Atomtabellen.

Tabelle 7.

Beschleunigende Spannung U in Volt	Zur Krümmung auf eine Kreisbahn von 1 m Radius erforderliche magnetische Kraftflußdichte $\mathfrak{B}$ in Voltsek./m² oder Produkt $\mathfrak{B}\,r$ der Gleichung (184) in Voltsek./m	Geschwindigkeit der Elektronen u		Spezifische Ladung des Elektrons, d. h. Verhältnis von Ladung e zur Masse m, in Amperesekunden/Kilogramm	Masse eines Elektrons in Kilogramm
		in m/sec	in Bruchteilen β der Lichtgeschwindigkeit $c = 3 \cdot 10^8$ m/sec		
10^2	$34 \cdot 10^{-6}$	$6 \cdot 10^6$	2 %	$1{,}76 \cdot 10^{11}$	$9{,}1 \cdot 10^{-31}$
10^3	$106 \cdot 10^{-6}$	$2 \cdot 10^7$	6,3 %	$1{,}76 \cdot 10^{11}$	$9{,}1 \cdot 10^{-31}$
10^4	$340 \cdot 10^{-6}$	$6 \cdot 10^7$	20 %	$1{,}72 \cdot 10^{11}$	$9{,}3 \cdot 10^{-31}$
$4 \cdot 10^4$	$695 \cdot 10^{-6}$	$12 \cdot 10^7$	40 %	$1{,}71 \cdot 10^{11}$	$9{,}9 \cdot 10^{-31}$

Zum Schluß ersetzen wir in der Gl. (184) die Bahngeschwindigkeit u durch die Winkelgeschwindigkeit $\omega = u/r$. Dann ergibt sich die wichtige Beziehung

$$\omega = \frac{e}{m}\,\mathfrak{B}. \tag{184b}$$

In Worten: Durchlaufen Elektronen in einem Magnetfeld eine Kreisbahn, so ist ihre Winkelgeschwindigkeit ω vom Radius der Kreisbahn unabhängig.

§ 98. Anwendung von Elektronen im Hochvakuum. Röntgenlampe und Dreielektrodenrohr.

Die in § 97 behandelten Erscheinungen sind für die Kenntnis der Elektrizitätsatome von grundlegender Bedeutung. Daneben gewinnt ihre technische Anwendung dauernd an Wichtigkeit. Dieser und der folgende Paragraph bringen Beispiele.

1. Die Hochvakuum-Röntgenlampe. Röntgenlicht entsteht beim Aufprall schneller Elektronen auf Hindernisse, insbesondere Metalle von hohem Atomgewicht. Dabei ist die Ausbeute sehr gering: Über 99 % der Elektronenenergie wird in Wärme verwandelt. Die Abb. 321 gibt einen schematischen Längsschnitt durch eine derartige Röntgenlampe. Bei K befindet sich die Elektronenquelle, ein elektrisch geheizter Wolframdraht. A ist die positive Elektrode, hier meist Antikathode genannt. Es ist ein Block aus Wolfram oder Tantal. A und K werden mit einer Stromquelle hoher Spannung verbunden. Man geht zur Zeit bis über $3 \cdot 10^5$ Volt. Das Röntgenlicht entsteht an der Auftreffstelle der Elektronen, dem „Brennfleck". Außer dem unsichtbaren Röntgenlicht entsteht im Brennfleck auch etwas langwelliges, sichtbares Licht. Meist wird es durch die helle Glut der von den Elektronen bombardierten Antikathode überstrahlt.

Zum Nachweis des Röntgenlichtes dienen Schirme mit Überzügen aus fluoreszenzfähigen Stoffen, meist Pt- oder Zn-haltigen Salzen. Sie leuchten unter der Einwirkung des Röntgenlichtes grünlich oder bläulich-weiß.

Eine Änderung der Glühdrahttemperatur ändert die Zahl der Elektronen und damit die Strahlungsstärke des Röntgenlichtes. Mit der Spannung U zwischen K und A variiert man die Elektronengeschwindigkeit und damit die Durchdringungsfähigkeit des Röntgenlichtes. Die Handknochen werden auf dem Leuchtschirm bei Spannungen von etwa $4 \cdot 10^4$ Volt sichtbar. — Alles weitere im Optikbande.

2. Das Dreielektrodenrohr. (Der trägheitslose Elektronenschalter.) Die Änderung elektrischer Stromstärken ist eine bei zahllosen physikalischen und technischen Fragen gleich wichtige Aufgabe. Man benutzt dabei ganz

allgemein Schaltorgane mit beweglichen Kontakten. Diese Vorrichtungen besitzen jedoch in allen Ausführungsformen eine mehr oder minder große mechanische Trägheit. Am kleinsten war diese bisher bei den „Mikrophonen". Es sind Kontakte zwischen Kohlenplatten und -körnern. Diese reagieren schon auf winzige Abstandsänderungen mit großen Widerstandsänderungen (§ 131). Es genügen schon die mechanischen Schwingungen der Platte unter der Einwirkung einer menschlichen Stimme. Darauf beruht die bekannte Verwendung des Mikrophons als Steuerorgan im Fernsprechbetrieb.

Aber auch dem Mikrophon sind enge Grenzen gezogen. Es versagt wie alle anderen mechanischen Schaltorgane im Gebiet hoher Frequenzen, etwa von $n = 5000/\mathrm{sec}$ aufwärts. Durch die unselbständige Elektrizitätsleitung im Hochvakuum ist hier ein grundsätzlicher Fortschritt erzielt worden. Man kann heute beliebige Steuerorgane für elektrische Ströme frei von mechanischer Trägheit bauen. Ihre einfachste Ausführungsform ist das sogenannte Dreielektrodenrohr. Es ist in Abb. 322 dargestellt. K ist die Glühkathode, A die Anode. Zwischen beiden steht das „Steuergitter" G. Die Technik gestaltet G und A meist als Hohlzylinder aus und umfaßt mit beiden die Kathode. Im Betriebe schließen Stromquelle E_1 und Amperemeter $\mathfrak{A}$ den Stromkreis.

Eine nennenswerte negative Ladung des Gitters verhindert den Durchtritt der Elektronen. Diese „fallen" auf den Glühdraht zurück. Die Abb. 323 zeigt die Kennlinie eines Dreielektrodenrohres. Die Abszisse ist die Spannung zwischen Gitter und Glühdraht. Sie kann z. B. von der Batterie E_2 in Abb. 322 her-

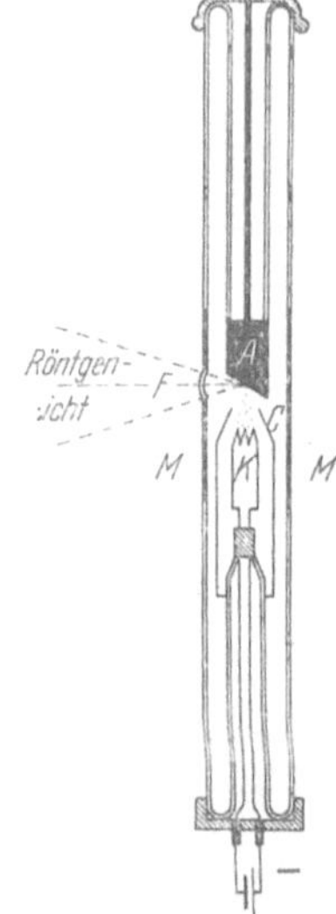

Abb. 321. Eine von den vielen heutigen Ausführungsformen einer Röntgenlampe mit Glühkathode. Der Hohlkegel C dient zur Vereinigung der Elektronen in einem Brennfleck auf der Antikathode A. M = Metallrohr. F = Glasfenster.

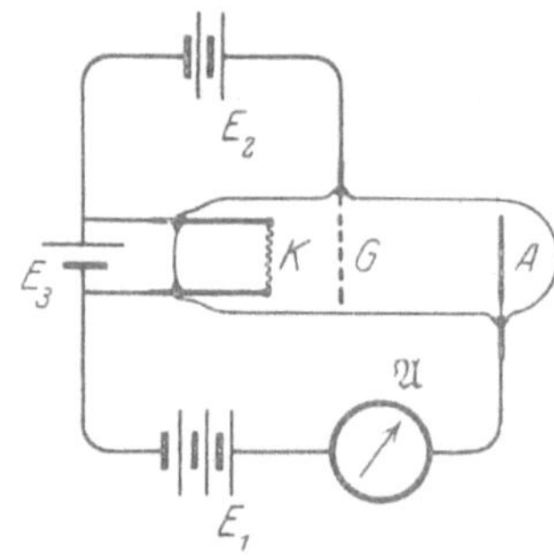

Abb. 322.   Dreielektrodenrohr.

rühren. I ist die vom Amperemeter $\mathfrak{A}$ angezeigte Stromstärke. Die Spannung U_G zwischen Gitter und Kathode „steuert" die Stromstärke I des Kreises: negative Aufladung des Gitters vermindert, positive erhöht die Stromstärke I.

Die Zahlenwerte der Abb. 323 beziehen sich lediglich auf eine bestimmte technische Ausführungsform. Die Spannung U zwischen Kathode und Anode ist zu 60 Volt angenommen. Kleinere Spannungen sowie engere Netzmaschen verschieben die Kurve nach rechts. — Es werden heute Dreielektrodenrohre mit quantitativ sehr verschiedenen Kennlinien angefertigt.

Zur Kennzeichnung der Rohre bezeichnet man die Spannung zwischen Kathode und Gitter als U_G, zwischen Kathode und Anode als U_A, den die Anode durchfließenden Strom als I_A. Dann definiert man drei Größen: 1. die Steilheit $S = \left(\dfrac{\partial I_A}{\partial U_G}\right)_{U_A = \mathrm{const}}$

2. Durchgriff $D = \left(\dfrac{\partial U_G}{\partial U_A}\right)_{I_A = \mathrm{const}}$, 3. innerer Widerstand $R_i = \left(\dfrac{\partial U_A}{\partial I_A}\right)_{U_G = \mathrm{const}}$. Somit gilt $S \cdot D \cdot R_i = 1$.

Bei ungeladenem Gitter gehen in unserem Beispiel etwa 46 % der Elektronen durch das Gitter hindurch. Bei positiver Aufladung und einer Spannung $U_G = 8$ Volt erreicht der Strom I seinen Höchstwert. Hohe negative Aufladung des Gitters ($U_G = $ größer als 6,5 Volt) unterbricht den Stromkreis. Man kann daher das Dreielektrodenrohr auch kurz als „trägheitslosen Elektronenschalter" bezeichnen. Doch umfaßt dieser Name nicht die ganze Leistungsfähigkeit des Rohres als eines fein abstufbaren Steuerorganes.

Das Dreielektrodenrohr ist ein unentbehrliches Hilfsmittel der modernen Nachrichtenübermittlungstechnik. Unter anderem hat es endlich den Bau eines brauchbaren Stromverstärkers für den Fernsprechbetrieb („Lautverstärker") ermöglicht. Die kleinen, über die Fernleitungen ankommenden Spannungsschwankungen steuern kräftige Ströme für den Fernhörer der Empfangsstation. (Man denke sich $\mathfrak{A}$ als Fernhörer.) Daneben gewinnt es in der Meßtechnik dauernd an Bedeutung. Die äußere Form des Dreielektrodenrohres und seine Verwendung für Sonderzwecke stammt von de Forest (1906). Seine vielseitige Ausgestaltung und Anwendung ist eine anonyme Leistung der Technik.

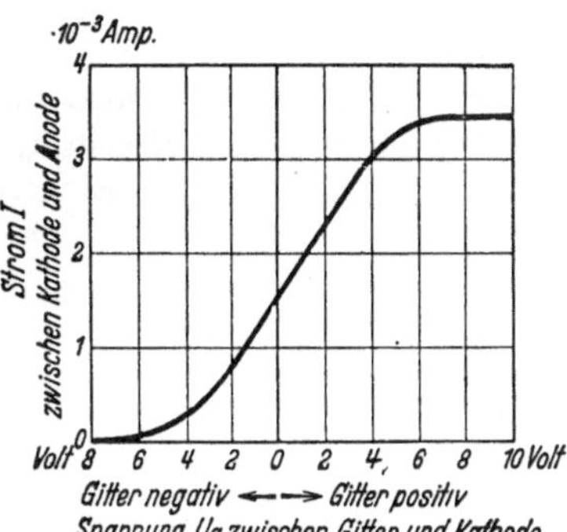

Abb. 323. Charakteristik eines Dreielektrodenrohres.

§ 98a. Weitere Anwendungen der Elektronen im Hochvakuum. Elektronenoptik.

Die Bahn von Elektronen in elektrischen und magnetischen Feldern hat große Ähnlichkeit mit der Bahn des Lichtes in brechenden Stoffen. Das zeigen wir an zwei Beispielen:

I. In Abb. 323a denke man sich ein Elektron durch ein elektrisches Feld mit der Spannung U_1 auf die Geschwindigkeit u_1 beschleunigt. Dann durchlaufe es in einer Schicht δ (z. B. zwischen zwei feinmaschigen Netzelektroden) ein zweites elektrisches Feld mit der Spannung U. Dadurch erhöht sich seine Geschwindigkeit auf u_2, entsprechend einer gesamten Beschleunigungsspannung $U_2 = U_1 + U$.

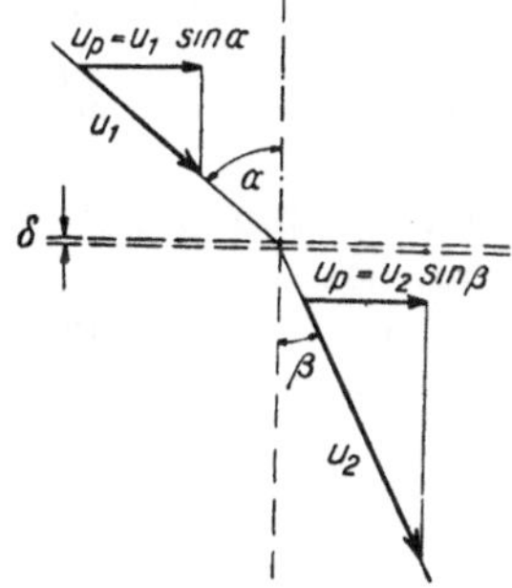

Abb. 323a. Zum Brechungsgesetz für Elektronenstrahlen.

Beim Passieren der Schicht δ wird die der Schicht parallele Komponente u_p der Geschwindigkeit nicht geändert, also $u_{1p} = u_{2p} = u_p$. Dann gilt $\sin \alpha = u_p/u_1$ und $\sin \beta = u_p/u_2$, also

$$\frac{\sin \alpha}{\sin \beta} = \frac{u_2}{u_1} = \sqrt{\frac{U_2}{U_1}} = \text{const.}$$

Diese Beziehung entspricht vollkommen dem Brechungsgesetz in der Optik. Folglich muß man, wie Glaslinsen für Licht, für Elektronen elektrische Felder mit Linseneigenschaften konstruieren können.

II. Man lasse Elektronen mit einer einheitlichen Geschwindigkeit in einem homogenen Magnetfelde laufen, und zwar angenähert parallel den Feldlinien, also mit kleinem Neigungswinkel ϑ. Dann läßt die kleine zur Feldrichtung senkrechte Geschwindigkeitskomponente $u \sin \vartheta$ eine Kreisbahn entstehen. Sie wird mit der Kreisfrequenz

$$\omega' = \frac{u}{r} = \frac{e}{m} \mathfrak{B} \qquad\qquad (184\text{b}) \text{ v. S. } 165$$

durchlaufen, also ein Umlauf in der Zeit

$$T = \frac{2\pi}{\omega} = \frac{2\pi m}{e \mathfrak{B}}$$

unabhängig von der Größe des Winkels ϑ. In der Zeit T legen die Elektronen neben ihrer Kreisbahn in der Feldrichtung die Strecke $s = u \cos \vartheta \cdot T \approx u\,T$

zurück, also ebenfalls unabhängig von ϑ, da für kleine Winkel der $\cos \vartheta \approx 1$ ist. Folglich treffen sich alle Elektronen, die im Felde unter verschiedenen Richtungen von einem Punkte, dem „Dingpunkt", ausgehen, nach der Flugzeit T in einem Punkte, dem „Bildpunkte", wieder.

Praktisch sind alle in bezug auf eine Längsachse symmetrischen elektrischen und magnetischen Felder als Elektronenlinsen brauchbar. Die elektrischen wirken grundsätzlich ebenso wie in der Optik Linsen mit planen Endflächen und radialsymmetrischem Brechungsgefälle (Optikband § 109). Bei den magnetischen Linsen fliegen die Elektronen auf ihrem Wege vom Ding- zum Bildpunkte auf einer räumlichen Schraubenbahn. Diese wird von einer Art Doppelkegel umhüllt. Oft skizziert man die Schnittlinien dieses Kegels mit der Papierebene.

Die Abb. 324 gibt je zwei Beispiele für elektrische und magnetische Elektronenlinsen. Die elektrischen Linsen bestehen aus konzentrischen Hohlzylindern (a) oder aus konzentrisch angeordneten Kreisringscheiben (b). Für den ersten Fall sind einige Feldlinien schematisch skizziert.

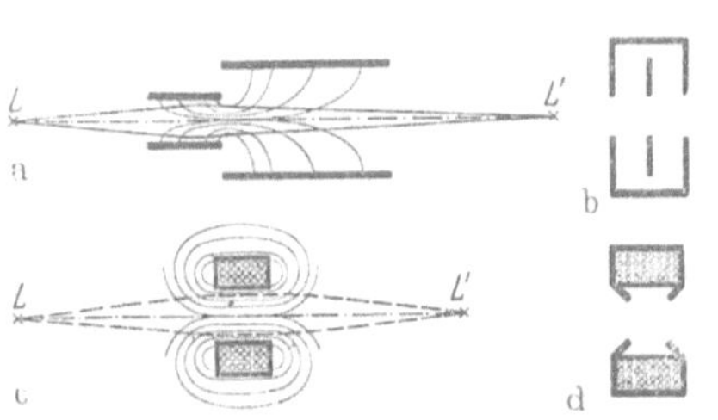

Abb. 324. Je zwei Beispiele elektrischer und magnetischer Linsen. Im Falle b ist eine Elektrode eine Metalldose mit je einem Loch im Boden und im Deckel. Die andere Elektrode ist eine durchbohrte Metallscheibe im Inneren der Dose.

Die grundsätzliche Möglichkeit, mit Kathodenstrahlen eine Abbildung zu erzeugen, war seit etwa 60 Jahren bekannt, doch man hat ihre große Bedeutung nicht erkannt. Seit dem letzten Jahrzehnt hat sich — im Anschluß an das technische Problem des Fernsehens — rapide ein neues Sondergebiet entwickelt, die Elektronenoptik. Man verdankt ihm zunächst eine große Vervollkommnung eines schon recht alten physikalischen Hilfsmittels, nämlich des „Braunschen Rohres". Dies Instrument dient als Oszillograph, also als sehr trägheitsfreies Meßinstrument, sowohl zur Messung von Strömen als auch von Spannungen. Sein Prinzip wird durch die Abb. 325 erläutert.

Die aus der Glühkathode K austretenden Elektronen durchsetzen einen Hohlzylinder C und eine durchbohrte Anode A. Beide zusammen bilden als elektrische Linse die kleine Öffnung der Glühkathode auf dem Leuchtschirm S ab. Zur Strommessung lenkt man das Bündel durch das Magnetfeld des Stromes ab. Dafür

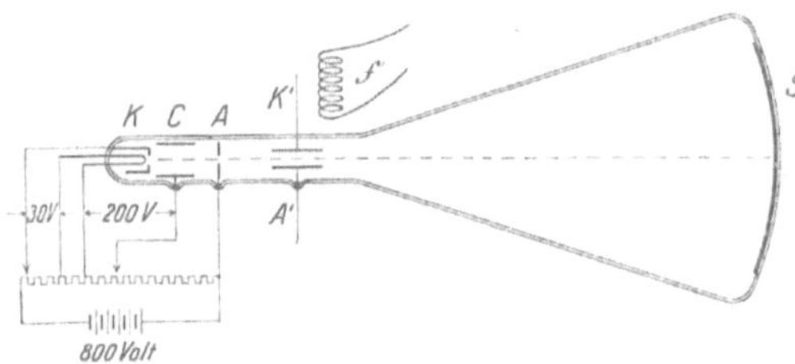

Abb. 325. Braunsches Rohr mit Glühkathode. Diese besteht aus einem glühenden Wolframdraht unmittelbar hinter einer negativ aufgeladenen Lochblende (Wehnelt-Zylinder).

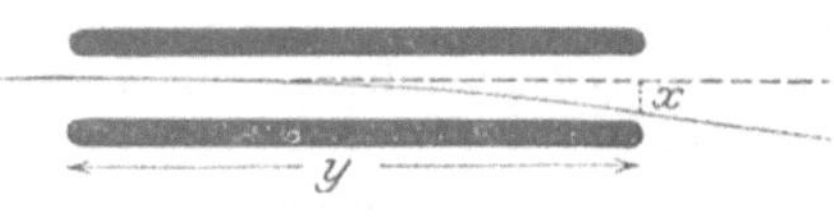

Abb. 326. Ablenkung elektrisch geladener Strahlen im homogenen elektrischen Felde eines flachen Plattenkondensators.

dienen Feldspulen, wie z. B. die nur ganz schematisch angedeutete Spule $\mathfrak{F}$. Zur Spannungsmessung lenkt man das Kathodenstrahlenbündel durch ein elektrisches Feld ab. Dazu dienen Kondensatorplatten A' und K'. Für den Ablenkungsweg x (Abb. 326) gilt

$$x = \frac{1}{2}\frac{e}{m}\,\mathfrak{E}\,\frac{y^2}{u^2}. \tag{184a}$$

Herleitung: Das Elektron durchlaufe die Kondensatorlänge y mit der Geschwindigkeit u in der Zeit $t = y/u$. In dieser Zeit „fällt" das Elektron um die Strecke $x = \frac{1}{2}\,b\,t^2$. Hier bedeutet b die dem Elektron von der elektrischen Feldstärke $\mathfrak{E}$ in Richtung der Feldlinien erteilte Beschleunigung. Dabei gilt nach der Grundgleichung der Mechanik Kraft $\mathfrak{K} = m\,b$ und daher nach Gl. (17) v. S. 38 $e \cdot \mathfrak{E} = m\,b$. Durch Einsetzen der Werte von b und t gibt sich die Gl. (184a).

Braunsche Rohre gehören heute zu den wichtigsten Hilfsmitteln jedes Laboratoriums. In der Technik bilden sie die wesentlichen Bestandteile der Fernsehapparate. Sie dienen als **Abtastorgan** auf der Senderseite wie als **Bilderzeugungsorgan** auf der Empfängerseite.

Beim Fernsehen werden die einzelnen Flächenelemente eines Bildes in rascher Folge nacheinander übertragen. — Auf der Senderseite wird der Schirm eines **Braunschen** Rohres durch einen fein unterteilten Plattenkondensator $K\,A$ ersetzt (Abb. 327). Seine eine Platte K besteht aus zahllosen winzigen Teilchen eines Alkalimetalles auf einem Glimmer-

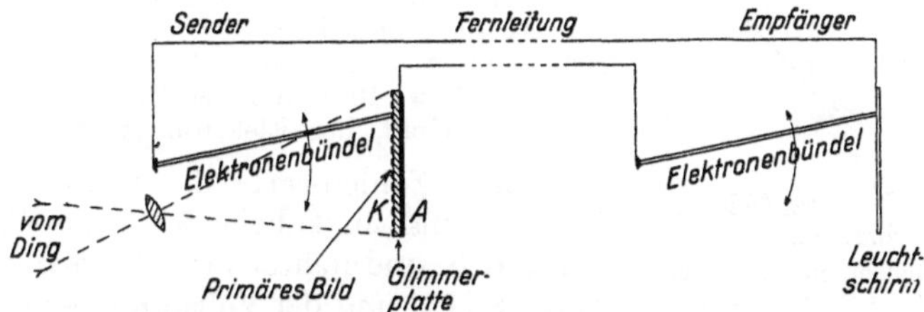

Abb. 327. Schema eines Fernsehapparates mit dem von Vladimir Zworykin entwickelten Ikonoskop als Sender. Fortgelassen sind alle Hilfseinrichtungen der Erzeugung, Ablenkung und Synchronisierung beider Elektronenbündel sowie zur Steuerung der Stromstärke im Elektronenbundel des Empfangers. Vgl. § 154a.

blatt. Auf diese unterteilte Platte wird das zu übertragende Bild entworfen. Jedes vom Licht getroffene Metallteilchen läßt Elektronen entweichen, ihre Zahl ist der Bestrahlungsstärke des Bildelementes proportional (Optikband § 117 und 159). Das Elektronenbündel des **Braunschen** Rohres tastet diese Kondensatorfläche ab; d. h. man läßt die Auftreffstelle des Bündels in enger zickzackförmiger Bahn etwa 20mal in der Sekunde über die ganze Bildfläche hinweg laufen. Jedes gerade getroffene Alkalimetallteilchen verliert dabei seine positive Ladung, sie wird durch die Elektronen des auftreffenden Bündels kompensiert. Gleichzeitig verlassen negative Ladungen gleicher Größe die rückseitige Fläche A des Kondensators, und auf diese Weise entsteht ein Strom. Er ist der Bestrahlungsstärke der einzelnen Bildelemente proportional. Er wird, durch Elektronenröhren passend verstärkt, dem Empfänger zugeführt. Dort läuft in einem zweiten **Braunschen** Rohr ein Kathodenstrahlbündel **synchron** mit dem des Senders. Die Stromstärke der Kathodenstrahlen wird durch den ankommenden Strom gesteuert und damit die Leuchtstärke seiner Spur auf dem Schirm.

Sehr geeignet ist das **Braunsche Rohr** auch als **Uhr** zur Messung kurzdauernder Zeiten, etwa 10^{-6} Sekunden oder darunter. Man läßt das Kathodenstrahlbündel mit Hilfe eines elektrischen oder magnetischen Drehfeldes eine kreisförmige Spur auf den Leuchtschirm zeichnen. Die Zeitmarken erzeugt man entweder durch kurz dauernde Unterbrechungen oder durch kurz dauernde radiale Auslenkung des Bündels.

Die wissenschaftlich bedeutsamste Anwendung hat die Elektronenoptik bisher bei der Schaffung der **Elektronenmikroskope** gefunden. Der Strahlengang dieser Instrumente gleicht durchaus dem der Lichtmikroskope, nur sind die Glaslinsen durch magnetische oder elektrische Linsen ersetzt. Der Tubus wird meist über ein Meter lang gebaut. Die Bilder werden auf einem Leuchtschirm beobachtet oder photographisch fixiert. Das Auflösungsvermögen der Elektronenmikroskope übertrifft das der Lichtmikroskope heute schon bis zum ungefähr 100fachen. Näheres im Optikband § 168.

§ 99. Quantitatives zur thermischen Elektronenemission. Das Herausdampfen von Elektronen aus „Glühkathoden" ist quantitativ eingehend untersucht worden. Die Flächendichte des Elektronenstromes, also das Verhältnis

$$\frac{\text{Zahl } n \text{ der abdampfenden Elektronen} \cdot \text{Elementarladung } e}{\text{Zeit } t \cdot \text{Metalloberfläche } F} = \frac{I_{\text{th}}}{F}$$

steigt jäh mit der Temperatur. Beispiele in Abb. 328.

Die Messungen lassen sich mit Hilfe des Boltzmannschen Theorems (Mechanikband § 154) in Gleichungsform darstellen. Man erhält

$$\frac{I_{\text{th}}}{F} = A\, T_{\text{abs}}^2\, e^{-\frac{b}{k\,T_{\text{abs}}}} \tag{185}$$

(A = Konstante der Dimension Amp./m² Grad²; b = Abtrennungsarbeit der Elektronen-Energiedifferenz w im Mechanikband; k = Boltzmannsche Konstante = $1{,}39 \cdot 10^{-23}$ Wattsek./Grad = $8{,}7 \cdot 10^6$ eVolt/ Grad, lies Elektronenvolt/Grad).

Einige Zahlenwerte der Konstanten A und b findet man in Tabelle 8. Die b-Werte für Al, Na und K sind lichtelektrisch bestimmt (Optikband § 118) und der Vollständigkeit halber hinzugefügt worden.

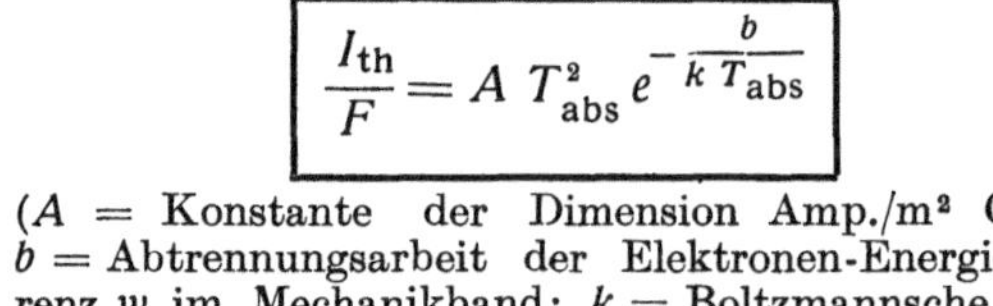

Abb. 328. Die Flächendichte von Elektronenströmen aus Glühkathoden in Abhängigkeit von der Temperatur.

Nach ihrem Austritt aus der Glühkathode verhalten sich die Elektronen wie die Atome eines Elektronengases. Sie haben die zur Temperatur T_{abs} gehörige thermische Energie (Mechanikband § 149)

$$W_{\text{therm}} = k T_{\text{abs}}.$$

Zahlenbeispiel: $T_{\text{abs}} = 2500$ Grad; $W_{\text{therm}} = 3{,}5 \cdot 10^{-20}$ Wattsek. = $0{,}2$ eVolt (lies: Elektronenvolt). — Diese Energie kann im allgemeinen vernachlässigt werden. Die Spannung zwischen Glühkathode und Anode ist meistens viel größer als 0,2 Volt.

Tabelle 8.

Metall oder Verbindung	W	Ta	Al	Na	K	Th-Film auf W	Ba-O-Paste	Ba-Dampf auf oxydiertem Wolfram
Konstante A in Amp./m² Grad²	$6 \cdot 10^5$	$5 \cdot 10^5$	—	—	—	$3 \cdot 10^4$	3—100	$\approx 10^4$
Abtrennungsarbeit gemessen in der elektrischen Arbeitseinheit eVolt	4,56	4,13	3,9	1,9	1,0	2,65	1,0	1,1

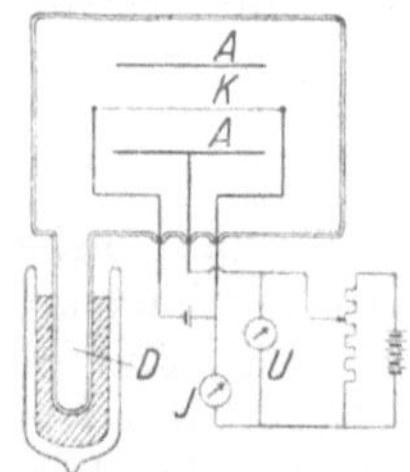

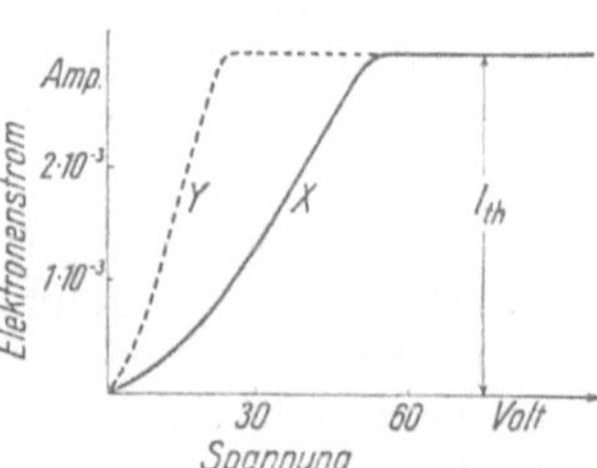

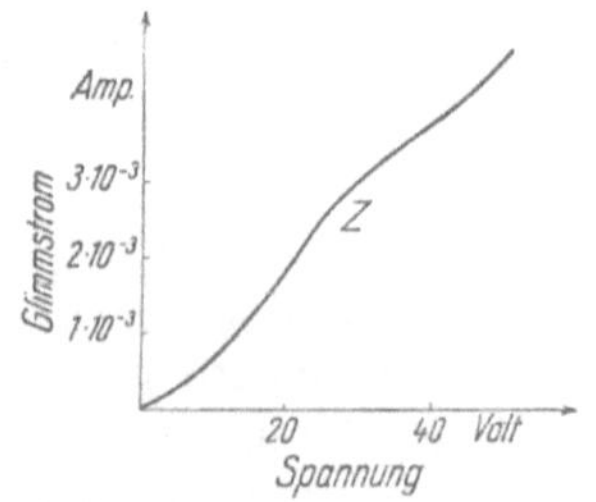

Abb. 329. Messung der Stromspannungskurven einer Glühkathode. X im Hochvakuum mit Raumladung, Y nach Beseitigung der Raumladung durch einige positive Ionen, Z mit Zündung einer Glimmentladung. Das Einsatzrohr D enthält etwas Hg. Es kann zur Regelung des Dampfdruckes wechselnd in ein Kuhlbad von etwa — 100° C gebracht werden (Kurve X) oder auf + 70° Wärme (Kurve Z). Kurve Y entsteht bei einer Zwischentemperatur. — K Wolframdraht, A Nickelzylinder, etwa 1 cm ⌀.

In Abb. 329 ist die Stromspannungskurve X einer Glühkathode im Hochvakuum dargestellt. I_{th} ist der durch Gl. (185) bedingte spannungsunabhängige Sättigungsstrom. Der vorangehende Anstieg des Stromes folgt der Gleichung

$$I = \text{const} \cdot U^{3}/_{2}. \tag{185a}$$

Die Konstante hat für den Sonderfall eines flachen Plattenkondensators den Wert

$$\text{const} = F \cdot \frac{4}{9} \cdot \frac{\varepsilon_0}{l^2} \cdot \sqrt{\frac{2\,e}{m}}, \tag{185b}$$

enthält also im Nenner das **Quadrat** des Elektrodenabstandes! Die nicht schwierige Herleitung muß aus Platzmangel unterbleiben.

Zahlenbeispiel: Für eine Spannung $U = 100$ Volt und einen Plattenabstand $l = 2$ cm $= 2 \cdot 10^{-2}$ m wird $I/F = 6$ Amp./m². Man braucht also in diesem Fall mindestens 100 Volt, um eine Elektronenstromdichte von 6 Amp./m² messen zu können.

Die in Abb. 329 gezeigte Stromspannungskurve X ist keine Besonderheit der Glühkathode. Man findet sie für jede „unipolare" Trägerleitung, d. h. immer dann, wenn alle Träger nur **einer** Elektrode entstammen. Wir bleiben bei der Glühkathode und vernachlässigen die kleine Eigengeschwindigkeit der abdampfenden Elektronen. Die Elektronen sollen also nicht selbständig durch Diffusion zur Anode herübergelangen, sondern nur vom Felde herübergezogen werden. — Unter dieser vereinfachenden Voraussetzung betrachten wir den Einschaltvorgang: Die vom Felde erfaßten Elektronen erzeugen zwischen den Elektroden eine Wolke negativer Ladung (vgl. Abb. 86): Ein Teil der von der Anode ausgehenden Feldlinien endet dann nicht mehr an der Kathode, sondern an den Elektronen dieser Wolke. Je dichter die Wolke geworden ist, desto schwächer wird das Feld vor der Kathode. Schließlich enden alle Feldlinien in der Wolke, und vor der Kathode entsteht ein feldfreies Gebiet. Nun kann das Feld die Zahl der erfaßten Elektronen nicht weiter vergrößern, der Elektronenstrom hat seinen vollen, zur Spannung U gehörenden Wert erreicht. Alle nicht mehr erfaßten Elektronen „fallen", von der negativen Raumladung zurückgestoßen, auf Parabelbahnen unbenutzt auf die Kathode zurück. Der Höchstwert I_{th} ist der durch Gl. (185) dargestellte Sättigungsstrom.

§ 100. Unselbständige Glimmentladung in Gasen. Positive Säule oder Plasma.

In Abb. 329 ist eine Glühkathode K von einer zylindrischen Anode A umgeben. Das Ansatzrohr D enthält etwas Hg. Sein Dampfdruck kann durch die Temperatur eines Bades nach Belieben eingestellt werden. Bei etwa -100° C bekommt man die Stromspannungskurve X des Elektronenstromes im Hochvakuum. Nach Beseitigung des Kühlbades steigt der Dampfdruck, und gleichzeitig wird der Anstieg der Stromspannungskurve allmählich steiler, Kurve Y, doch ist der Sättigungsstrom nicht größer als im Hochvakuum. Bei noch höherem Dampfdruck führt wachsende Spannung zur Zündung einer Glimmentladung: erst leuchtet die Nachbarschaft der Kathode, dann das ganze Feld zwischen den Elektroden. Nun ist kein Sättigungsstrom mehr vorhanden. Der Strom steigt dauernd mit wachsender Spannung, Kurve Z.

Nach Ausführung dieser Messungen führen wir die Glimmentladung weithin sichtbar vor: In Abb. 330 haben die Glühkathode K und die scheibenförmige Anode A einen Abstand von etwa 50 cm. Das Glasrohr enthält Hg-Dampf oder ein Edelgas, am besten Neon. Die Spannung muß jetzt einige 100 Volt betragen. Das Rohr leuchtet hell in seiner ganzen Länge.

Die Mitwirkung von Gasmolekülen am Leitungsvorgang führt also zu sehr auffallender Lichtemission. Ihr Verständnis setzt etliche, im Optikband behandelte Tatsachen voraus. Sie betreffen die Elementarvorgänge bei der Wechselwirkung von Elektronen und Atomen. Wir wiederholen das Wichtigste:

1. Elektronen können mit Atomen nur unterhalb einer gewissen kinetischen Energie, nämlich der kleinsten Anregungsenergie $e\,U_A$, elastisch zusammenstoßen. Dabei bleibt die kinetische Energie der Elektronen praktisch ungeändert.

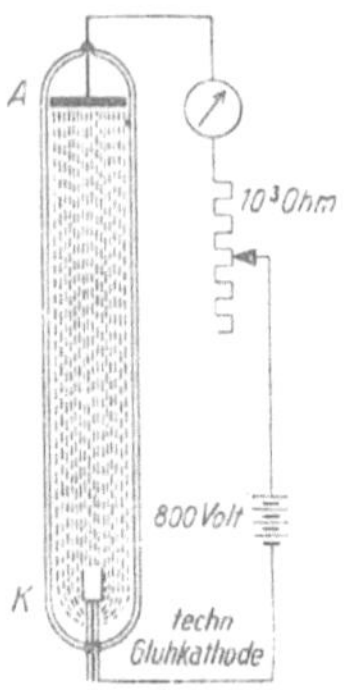

Die Begründung ergibt sich aus § 40 des Mechanikbandes. Es sei m die Masse des Elektrons, M die des Atoms, dann liefert die Gl. (63) als Verhältnis der Elektronengeschwindigkeit nach und vor einem zentralen Zusammenstoß $u_{\mathrm{vor}}/u_{\mathrm{nach}} = (m - M)/(m + M)$, also $\approx - 1$, da $m \ll M$. Beim Zusammenstoß mit einem He-Atom verliert ein Elektron nur $2 \cdot 10^{-4}$ seiner kinetischen Energie,

2. Erreicht oder überschreitet die kinetische Energie eines stoßenden Elektrons eine der vielen Anregungsenergien $e\,U_A$ des getroffenen Atoms, so gibt es den Energiebetrag $e\,U_A$ an das Atom ab.

3. Das Atom wird durch die vom Elektron bezogene Energie auf ein höheres Energieniveau gebracht. Das Atom behält den Energiegewinn eine gewisse Zeit, dann gibt es ihn wieder ab, und zwar normalerweise unter Lichtemission. Das ausgestrahlte Licht besteht bei der kleinsten Anregungsenergie aus einer einzigen Spektrallinie, bei höheren Anregungsenergien meist aus mehreren Spektrallinien, ihre Wellenlängen sind dem Niveauschema des betreffenden Atoms zu entnehmen. Die Farbe des ausgesandten Lichtes wechselt daher stark mit der kinetischen Energie des stoßenden Elektrons.

4. In Sonderfällen kann das angeregte Atom seine Energie auch ohne Lichtemission auf Atome mit einer kleineren Anregungsenergie übertragen. Die so durch „Stöße zweiter Art" angeregten Atome können ihrerseits die ihnen eigentümlichen Spektrallinien emittieren.

5. Das ausgesandte Licht vermag andere Atome anzuregen, oder aus den Gefäßwänden und den Elektroden Elektronen abzuspalten (lichtelektrische Wirkung).

6. Die Anregung eines Atoms kann bis zu seiner Ionisierung führen, d. h. bis zur Abspaltung eines freien Elektrons; das nennt man Stoßionisation.

Nun kommt ein neuer, im Optikband noch nicht behandelter Punkt: Bei jeder Stoßionisation bleibt das stoßende Elektron frei, und außerdem wird ein neues Elektron in Freiheit gesetzt. Durch ein elektrisches Feld können beide beschleunigt werden. Beim nächsten Ionisationsstoß sind dann schon vier Elektronen vorhanden usw. So kann der Bestand an Elektronen und Ionen durch Stoßionisation lawinenartig anwachsen.

Das alles gilt für den Zusammenstoß von Elektronen und Atomen, es sind aber nur die am häufigsten vorkommenden Fälle erwähnt. Moleküle können überdies durch Elektronenstoß und Lichtabsorption chemisch verändert werden. Dadurch werden die Bedingungen noch verwickelter als in einatomigen Gasen und Dämpfen.

Nach diesen Vorbereitungen greifen wir auf die Abb. 329 zurück. — Bei wachsender Gasdichte wird die Stromspannungskurve (Y) steiler als im Hochvakuum (X). Grund: Die Elektronen bilden durch Stoß einige positive Ionen. Ihre Zahl ist neben der der Elektronen noch verschwindend klein, sonst müßte

Abb. 330. Glimmentladung mit einer technischen Glühkathode. Sie ist als Zylinder mit drei Zuleitungen gezeichnet. Sie besteht aus einem mit Barium oder dgl. überzogenen Wolframzylinder. Er wird von innen durch die Strahlung einer glühenden Wolframspirale geheizt und nach außen durch einen blanken Metallmantel vor Strahlungsverlusten geschützt. Die Elektronen treten aus einigen Öffnungen im Deckel des Schutzzylinders aus.

der Sättigungsstrom größer sein als im Hochvakuum. Infolge ihrer großen Masse bekommen die Ionen eine viel kleinere Geschwindigkeit als die Elektronen. Sie verweilen also lange im Felde, und während der ganzen Zeit können sie die Ladung sehr vieler an ihnen vorbeiziehender Elektronen kompensieren. So wird die negative Raumladung vermindert und dadurch die Ausbildung des Elektronenstroms weniger behindert.

Bei hohem Gasdruck zündet die Glimmentladung (Kurve Z). Deutung: Die Zusammenstöße zwischen Elektronen und Gasmolekülen erfolgen häufig genug, um den Ionenbestand lawinenartig ansteigen zu lassen. — Das leuchtende Gas zwischen den Elektroden nannte man früher „positive Säule", heute hat sich der Name „Plasma" durchgesetzt. Als ideales Plasma bezeichnet man ein vollständig ionisiertes Gas, es besteht nur noch aus positiven Ionen und Elektronen. Durch die üblichen Ionisatoren, z. B. Röntgenlicht, wird stets nur ein winziger Bruchteil der Moleküle in Ionen und Elektronen zerspalten; außerdem vereinigt sich die Mehrzahl der Elektronen mit Molekülen zu negativen Ionen. Bei vielen elektrischen Entladungen ist das Plasma noch durch neutrale Moleküle „verdünnt", doch spielen schon einige hundert Moleküle je Ion keine Rolle mehr. Die Eigenschaften des Plasmas sind eingehend untersucht worden, und zwar mit Hilfe von Sonden: so nennt man eine an beliebiger Stelle eingeführte Drahtelektrode.

Negativ aufgeladen verdrängt die Sonde die Elektronen aus ihrer Umgebung. Ohne Elektronen kann keine Stoßionisation stattfinden, auch können Ionen keine Elektronen einfangen. Es können also keine neutralen Atome gebildet werden und unter Lichtemission in den unangeregten Zustand zurückkehren. Infolgedessen ist die Sonde von einem dunklen Schlauch umgeben.

Bei der großen Temperatur mancher Fixsterne kann ein Plasma ohne äußeres elektrisches Feld aufrechterhalten werden. Im Laboratorium aber kann man nicht auf ein solches verzichten. Man braucht eine geringfügige Stoßionisation, um die Elektronenverluste durch Wiedervereinigung und Abwanderung zu ersetzen. Dabei bleibt aber die Wanderungsgeschwindigkeit der Elektronen und Ionen in der Feldrichtung klein, es überwiegt weitaus die auch der Richtung nach völlig ungeordnete Bewegung, eine Folge der vielen elastisch verlaufenden Zusammenstöße. Man kann daher sowohl den Elektronen als auch den Ionen eine Temperatur zuschreiben, allerdings nicht beiden die gleiche: Es fehlt der erforderliche Energieaustausch bei den elastischen Zusammenstößen (S. 172). Die Temperaturen der beiden Ladungsträger wachsen proportional der wirksamen elektrischen Feldstärke $\mathfrak{E}$.

Im Plasma wandern die Elektronen, d. h. sie bewegen sich trotz der dauernd von außen einwirkenden Feldstärke $\mathfrak{E}$ im Mittel mit einer konstanten Geschwindigkeit u, sie „fallen" nicht beschleunigt wie im Hochvakuum. Diese konstante Geschwindigkeit kommt folgendermaßen zustande: Jedes Elektron durchläuft wie ein Gasmolekül zwischen zwei Zusammenstößen eine „freie Weglänge" λ in der Flugzeit t. Währenddessen erfährt es in der Feldrichtung eine Beschleunigung $b = \mathfrak{K}/m = e\mathfrak{E}/m$, und durch sie bekommt es in der Feldrichtung eine Zusatzgeschwindigkeit

$$u' = b\,t = \frac{e}{m}\cdot \mathfrak{E}\cdot t. \tag{186}$$

Bei jedem Zusammenstoß verliert es diese Vorzugsgeschwindigkeit. So wird es z. B. nach einer Reflexion der Feldrichtung entgegen während der nächsten freien Weglänge verzögert. Infolgedessen wächst seine Geschwindigkeit nicht dauernd an; das Elektron bewegt sich trotz der ständig einwirkenden Kraft

$\mathfrak{K} = e\cdot \mathfrak{E}$ nur mit einer mittleren Geschwindigkeit $u = \frac{1}{2}u' = \frac{1}{2}\frac{e}{m}\cdot \mathfrak{E}\cdot t$ zur

Anode. Die Flugzeit t der Elektronen längs ihrer freien Weglänge λ wird durch ihre „thermische Geschwindigkeit" u_{th} bestimmt; es gilt Flugzeit $t = \lambda/u_{th}$. Einsetzen dieses Wertes in (186) liefert als Geschwindigkeit

$$u = \frac{1}{2}\frac{e}{m}\cdot\frac{\lambda}{u_{th}}\cdot\mathfrak{E}. \tag{186a}$$

Das Entsprechende gilt für Ionen.

In s ch w a ch ionisierten Gasen hängt die freie Weglänge λ nur vom Druck ab, die thermische Geschwindigkeit u_{th} nur von der Temperatur. Beide sind also von der Feldstärke unabhängig. Folglich ist die Geschwindigkeit der Elektrizitätsträger der Feldstärke proportional, es gilt das Ohmsche Gesetz (§ 95). Im Plasma aber wächst die „thermische" Geschwindigkeit u_{th} mit der Wurzel aus der Feldstärke. Folglich steigt die Geschwindigkeit der Träger nicht proportional der Feldstärke, sondern nur proportional ihrer Wurzel.

In Abb. 330 füllt das Plasma den ganzen Querschnitt des Glasrohres. Bei hohen Drucken bildet es oft einen dünnen, von nicht- oder schwach leuchtendem Gase umhüllten Faden. Wie kann eine seitliche Begrenzung aufrechterhalten bleiben? Warum diffundieren die Elektronen nicht sofort nach allen Seiten heraus? Antwort: Das liegt an der so außerordentlich verschiedenen Geschwindigkeit der Elektronen und Ionen. Verglichen mit den Elektronen sind die Ionen praktisch in Ruhe. Sie können den ersten herausdiffundierenden Elektronen nicht folgen. So umgibt sich der Faden mit einem radial nach außen gerichteten elektrischen Feld, und dies zwingt die nachfolgenden Elektronen zur Umkehr. Ein solches, durch ungleiche Diffusionsgeschwindigkeit entstandenes elektrisches Feld nennt man eine Doppelschicht. Ein Plasma hat daher eine große Ähnlichkeit mit einem Metalldraht. Auch ein Metalldraht wird stets durch eine Doppelschicht vor dem Entweichen der Elektronen geschützt.

§ 101. Selbständige Glimmentladung in Gasen. Kanalstrahlen. Eine neue Beoachtung: Das Entladungsrohr in Abb. 344, S. 181, gleicht dem in Abb. 330 skizzierten, nur ist die Glühkathode durch eine kalte Kathode ersetzt worden. Sie kann aus einem beliebigen Metall bestehen; in Abb. 344 ist Hg gewählt worden. Die Stromquelle hat eine Spannung von etwa 500 Volt, ein Vorschaltwiderstand begrenzt die Stromstärke auf einige zehntel Ampere.

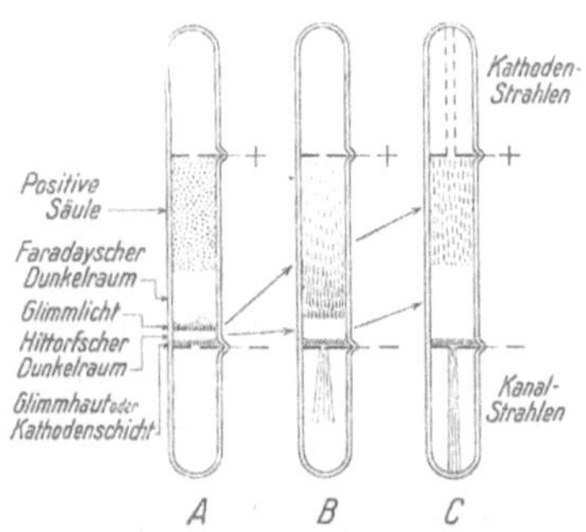

Abb. 331. Glimmentladung in drei Druckbereichen. Maßstab 1 : 10.

Wir sehen das gleiche wie bei der Glühkathode: gut drei Viertel der Rohrlänge sind von Plasma erfüllt. Nur vor der kalten Kathode zeigen sich einige neuartige, durch Wechsel von Farbe und Leuchtdichte auffällige Erscheinungen. Bei Gasdrucken in der Größenordnung 1 mm Hg-Säule sind sie auf die Nachbarschaft der Kathode beschränkt, bei kleineren Drucken aber vergrößert sich der von ihnen eingenommene Raum. Das wird in der Abb. 331 für drei verschiedene Drucke skizziert. Das Entladungsrohr gleicht dem der Abb. 330, nur sind beide Metallelektroden scheibenförmig und enthalten in der Mitte siebförmige Öffnungen. Als Füllgas genügt Luft.

Bei einem Druck von einigen zehntel Millimeter Hg-Säule sitzt unmittelbar auf der Kathode eine schwach rosa leuchtende „Glimmhaut" oder „Kathodenschicht"[1]. Es folgen der erste oder Hittorf sche Dunkelraum und das violette

---

[1] Ob durch einen dünnen, nach Aston benannten Dunkelraum von der Kathodenoberfläche getrennt, bleibe dahingestellt.

„Glimmlicht", auf der Kathodenseite mit scharfer Grenze, genannt „Glimmsaum". Auf der Anodenseite geht das Glimmlicht allmählich in den zweiten oder Faradayschen Dunkelraum hinüber, und dann beginnt allmählich das Plasma. Es erstreckt sich als „positive Säule" bis zur Anode (oft aus nicht sicher bekannten Gründen auffällig in dunkle und helle, nicht selten wandernde Schichten unterteilt).

Bei Drucken in der Größenordnung 0,01 mm Hg-Säule haben Glimmhaut und Glimmlicht sich stark ausgedehnt und die positive Säule zurückgedrängt. Aus der Öffnung der Kathode tritt rückwärts ein diffus begrenztes leuchtendes Strahlenbündel aus, genannt Kanalstrahlen (Abb. 331 B).

Bei Drucken in der Größenordnung 0,001 mm Hg-Säule erfüllt der erste Dunkelraum schon fast die Hälfte des Elektrodenabstandes. Das Glimmlicht ist verblaßt, es wird durch eine grünliche Fluoreszenz des Glases überdeckt. Das Kanalstrahlbündel ist schärfer und länger geworden, es hebt sich deutlich von einer diffus leuchtenden Umgebung ab. Durch die Öffnung der Anode fliegen Kathodenstrahlen auf die Glaswand des Rohrendes und erzeugen dort eine lebhafte grüne Fluoreszenz.

Die Kathodenstrahlen erkennt man qualitativ an ihrer leichten magnetischen Ablenkbarkeit und dem Sinn der Ablenkung. Außerdem kann man zur quantitativen Identifizierung die Atomgewichtsbestimmung durch magnetische Ablenkung benutzen (§ 97).

Die Kanalstrahlen bestehen in der Hauptsache aus Schwärmen positiver Ionen. Zum Nachweis ihrer Ladung fängt man sie mit einem hohlen Faradaykasten auf. Zur Messung der Atom- bzw. Molekulargewichte der Ionen benutzt man im Prinzip das schon bei den Kathodenstrahlen angewandte Verfahren. Doch braucht man für gut ausmeßbare Bahnkrümmungen Magnetfelder mit erheblich höheren Kraftflußdichten $\mathfrak{B}$. Die Masse m des Ions steht in Gl. (184) von S. 164 im Zähler, und selbst das leichteste Ion, das H-Atomion, hat schon eine rund 1800mal höhere Masse als das Elektron.

Außer positiven Ionen findet man in Kanalstrahlen stets auch negative und neutrale Atome und Moleküle. Sie entstehen durch Umladung der positiven Ionen beim Durchfliegen des Gases. Es gibt häufige Zusammenstöße mit den Molekülen des Gases. Diese Zusammenstöße erhöhen die Sichtbarkeit der Kanalstrahlen erheblich.

Die visuelle Beobachtung erfährt eine wesentliche Ergänzung durch Ausmessung der Spannungsverteilung zwischen K und A. Diese wird mit Hilfe einer Drahtsonde[1] ausgeführt. Das Ergebnis einer derartigen Messung ist schematisch in Abb. 332 dargestellt. Der größte Teil der gesamten Spannung liegt auf dem kurzen Feldlinienstück im ersten Dunkelraum. Man nennt diese Spannung den

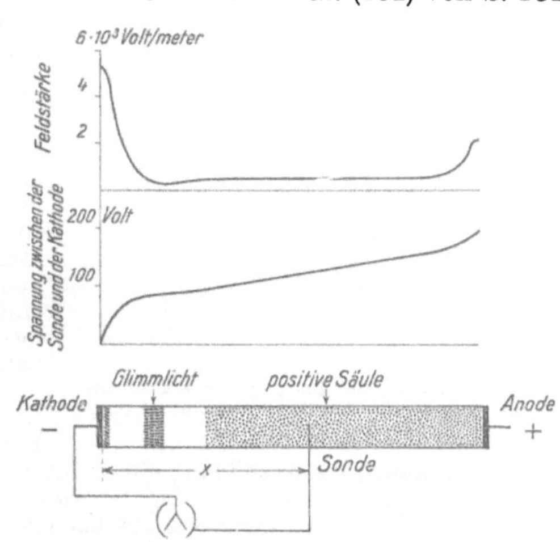

Abb. 332. Verteilung von Spannung und Feldstärke in einer behinderten Glimmentladung.

---

[1] Messungen der elektrischen Feldstärke $\mathfrak{E}$ mit Hilfe von Sonden setzen stets die Anwesenheit von Elektrizitätsträgern in dem auszumessenden Felde voraus. Andernfalls wird man durch die endliche Kapazität der Voltmeter irregeführt.

Kathodenfall. Im ersten Dunkelraum herrscht also ein sehr hohes Feld. Dann folgt fast längs des ganzen Rohres ein Gebiet niedriger Feldstärke. Die Spannung längs dieses ganzen Stückes beträgt nur einen Bruchteil der als Kathodenfall gemessenen. Erst unmittelbar vor der Anode gibt es einen kleinen „Anodenfall".

Bei kleiner Stromdichte bedeckt das Glimmlicht nur einen Teil der Kathode. Dann hat der Kathodenfall seinen kleinsten Wert. Eine solche Glimmentladung heißt „unbehindert".

Es geht etwa folgendes vor: Positive Ionen wandern auf die Kathode zu, der Kathodenfall erteilt ihnen eine hohe Geschwindigkeit. Ein Teil von ihnen fliegt als Kanalstrahlen durch die Löcher der Kathode hindurch. Die übrigen schlagen auf die Kathode auf. Ihre Geschwindigkeit reicht für eine Ionisation der Moleküle an der Kathodenoberfläche (Glimmhaut). Die dabei abgespaltenen Elektronen durchfallen den Kathodenfall in entgegengesetzter Richtung. Sie verlassen den Dunkelraum mit hoher Geschwindigkeit als Kathodenstrahlen. Ihre geradlinige Bahn steht senkrecht zur Glimmschicht. Das schwache Feld im Mittelteil des Rohres genügt zur Aufrechterhaltung des Plasmas. Dies liefert die positiven Ionen, die schließlich auf die Kathode aufschlagen.

Die Kathodenstrahlen erhalten ihre Geschwindigkeit praktisch nur innerhalb des Kathodenfalles. In den folgenden Teilen der Leitungsbahn können die kleinen Feldstärken die Geschwindigkeit der Elektronen nach Größe und Richtung nicht mehr nennenswert verändern. Indolgedessen spielt die Lage der Anode für die Flugbahn der Kathodenstrahlen keine Rolle. Größe und Gestalt der positven Säule sind von ganz untergeordneter Bedeutung. Die Anode A kann sich in einem beliebigen seitlichen Ansatz befinden (vgl. die Abb. 341). Nur darf die Anode der Kathode nicht zu weit genähert werden. Denn ohne genügenden Platz für die Ausbildung des ersten Dunkelraumes kommt keine selbständige Leitung zustande: der wichtigste Teil, der Kathodenfall, darf nicht fehlen.

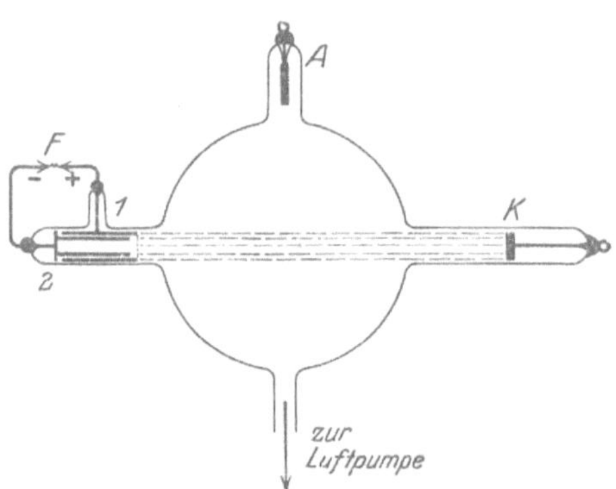

Abb. 333. Nachweis der Ladung von Kathodenstrahlen. Die Elektroden *1* und *A* sind miteinander zu verbinden.

Diese Tatsache wird in Abb. 333 ausgenutzt. Der linke Rohransatz enthält eine einfache Vorrichtung zum Nachweis der Ladung der Kathodenstrahlen. Sie benutzt als Anode den Hohlzylinder *1* mit siebförmigem Deckel. Durch das Sieb treten die von K kommenden Kathodenstrahlen ein und gelangen in den zweiten Hohlzylinder *2*. In diesem bleiben sie stecken und laden ihn auf. Zwischen *1* und *2* entstehen einige tausend Volt Spannung. In der angeschalteten Funkenstrecke F erscheinen kleine Funken. Der geringe Abstand der beiden Zylinder verhindert die Ausbildung eines Kathodendunkelraumes und damit den Stromübergang im Innern des stark verdünnten Gases.

A. Wehnelt hat ein besonders anschauliches Verfahren zur Vorführung auch langsamer Kathodenstrahlen angegeben. Er erzeugte sie mit einer sehr kleinen Glühkathode in einem Gase von niedrigem Druck. Die sichtbare Spur der Kathodenstrahlen bildet dann einen dünnen, helleuchtenden Faden. Die scharfe seitliche Begrenzung dieser „Fadenstrahlen" kommt ebenso zustande wie die fadenförmige Plasmasäule (S. 174).

Die Glimmentladung ist keineswegs auf den Bereich niedriger Drucke beschränkt. Sie läßt sich auch bei Drucken von 1 Atmosphäre und weit darüber beobachten. Ein typisches Beispiel liefert der Spitzenstrom. — Der Spitzenstrom entsteht in inhomogenen, elektrischen Feldern im Gebiete hoher elektrischer

Feldstärken. Die Abb. 334 zeigt als Beispiel einen aus Spitze und Platte gebildeten Kondensator in Verbindung mit einer Influenzmaschine. Die Spannung betrage rund 2000 Volt. Dicht vor der Spitze sieht das unbewaffnete Auge einen bläulichrot leuchtenden Pinsel. Er besteht aus einem Gebiet lebhafter Stoßionisation. Die Elektronen wandern stets rascher ab als die Ionen. Infolgedessen enthält der leuchtende Pinsel stets einen Überschuß positiver Ladungen, also eine

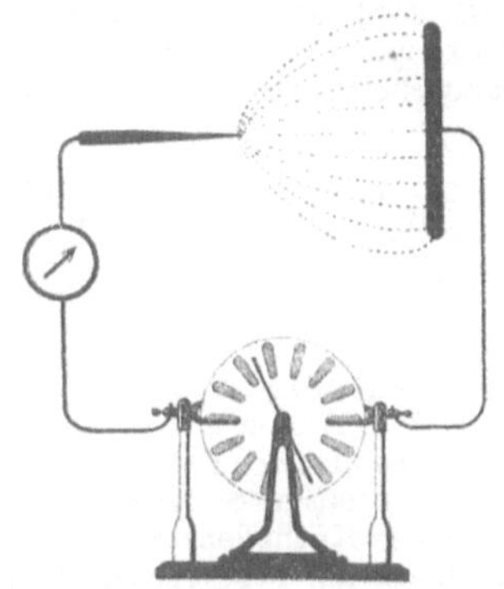

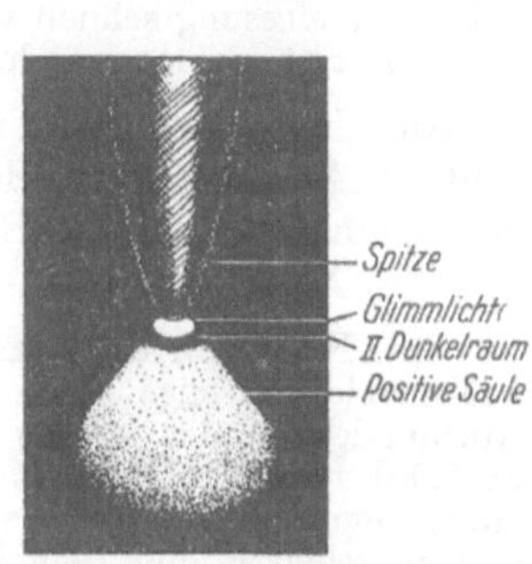

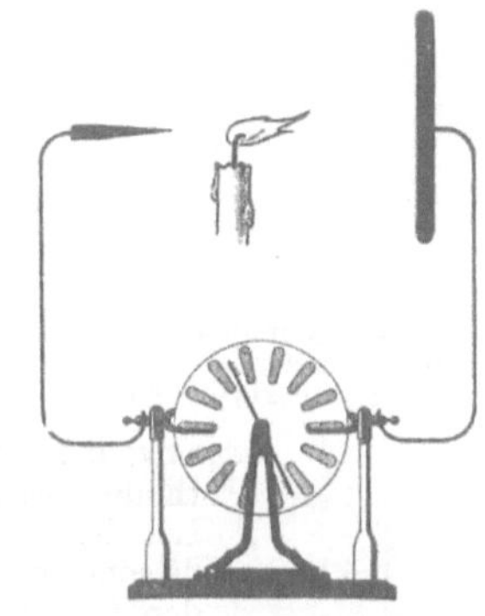

<table>
<tr><td>Abb. 334. Elektrische Feldlinien zwischen Spitze und Platte schematisch.</td><td>Abb. 335. Der Spitzenstrom in Zimmerluft bei mikroskopischer Beobachtung.</td><td>Abb. 336. Elektrischer Wind oder Ionenwind. Besonders wirkungsvoll im Schattenbild.</td></tr>
</table>

positive Raumladung. Vor einer spitzen Kathode zeigt die mikroskopische Beobachtung die Einzelheiten der typischen Glimmentladung. Man sieht in der Abb. 335 unmittelbar vor der Kathode das Glimmlicht, dann den II. (Faradayschen) Dunkelraum und daran anschließend eine deutliche positive Säule. Die Bezeichnungen stimmen mit der Abb. 331 überein.

Die Träger des mit der Spitze gleichen Vorzeichens werden aus dem leuchtenden Pinsel in den dunklen Hauptteil der Strombahn hineingezogen. Dabei reißen sie durch innere Reibung die Luftmoleküle mit. Es entsteht der „elektrische Wind". Wir sehen ihn in der Abb. 336 eine Flamme zur Seite blasen.

Der elektrische Wind ist selbstverständlich keine auf den Spitzenstrom beschränkte Erscheinung. Er läßt sich nur in diesem Falle besonders einfach vorführen. Ein elektrischer Wind, ein Mitschleppen des Gases durch die hindurchwandernden Ionen, tritt bei den verschiedensten Formen selbständiger und unselbständiger Elektrizitätsleitung in Gasen auf. Es müssen nur in dem betreffenden Teile der Leitungsbahn Elektrizitätsträger eines Vorzeichens im Überschuß wandern. Sonst hebt sich die Wirkung der gegeneinanderlaufenden Ionen auf. — Beim Spitzenstrom haben wir die genannte Bedingung besonders gut erfüllt. In Abb. 336 wandern in der ganzen dunklen Strombahn überhaupt nur Ionen eines Vorzeichens, nämlich des der Spitze.

§ 101 a. Anwendungen der selbständigen Entladung in Gasen bei kleinen Drucken.

Die selbständige, d. h. mit kalter Kathode arbeitende Glimmentladung hat in der Entwicklung der Elektrizitätslehre eine große Rolle gespielt und vielfache praktische Anwendungen gefunden. Entladungen nach Art der Abb. 331a wurden schon im 18. Jahrhundert in Schauversuchen vorgeführt. Francis Hawskbee hat bereits 1700 die positive Säule als elektrische Lampe benutzt. Heute sind Leuchtröhren für Beleuchtungs- und Reklamezwecke allgemein bekannt.

Die Röhren sind oft viele Meter lang und meist mit Edelgasen gefüllt. Oft wird nicht nur die sichtbare Strahlung der positiven Säule ausgenutzt, sondern auch die ultraviolette: mit ihr wird eine sichtbare Fluoreszenz der Glaswände erregt. Das kann man durch mancherlei im Glase gelöste Stoffe erreichen. Der für den Betrieb der Lampe wesentliche Teil, die Kathode und ihre Umgebung, ist meist unsichtbar eingebaut.

Für Lampen sehr kleiner Lichtstärke eignet sich das Glimmlicht vor der Kathode. Es gibt **Glimmlichtlampen** in vielerlei Ausführungen und Formen. In Abb. 337 schwebt das Glimmlicht frei über einer Ba-haltigen Eisenkathode K. Als Füllgas dient ein Edelgasgemisch, der Kathodenfall beträgt unter 100 Volt. Die positive Säule ist völlig verkümmert, sie ist zu einem Wölkchen vor der Anode zusammengeschrumpft.

Drahtförmige Kathoden werden vom Glimmlicht wie von einem frei schwebenden Schlauch überzogen (Abb. 338). Bei unbehinderter Entladung (S. 176) ist seine Länge erfahrungsgemäß der Stromstärke proportional. Man kann sie daher zur Messung schnell veränderlicher Ströme benutzen: **Glimmlichtoszillograph.**

Aus historischer Pietät nennen wir noch zwei weitere Anwendungen der selbständigen Entladung bei tiefen Drucken, die Röntgenlampe mit Gasfüllung und das Lenard-Fenster.

Abb. 337. Glimmlampe. Neon-Helium - Gemisch.   Druck ca. 15 mm Hg-Säule.

Eine Röntgenlampe mit Gasfüllung ist in Abb. 339 skizziert. $K =$ hohlspiegelförmige Kathode, $AK =$ Anode oder Antikathode. (Eine Hilfsanode A erleichtert das Auspumpen bei der Fabrikation.) Luftdruck etwa 0,001 mm Hg. Glimmlicht und positive Säule sind bei diesem Druck nicht mehr zu sehen. Die Spur der Kathodenstrahlen in den Gasresten ist zwischen K und dem Brennfleck auf AK gelegentlich noch schwach zu erkennen. Die vordere Halbkugel leuchtet grün. Diese Fluoreszenz wird nicht vom Röntgenlicht hervorgerufen, sondern von Kathodenstrahlen. Diese werden zum großen Teil von der Antikathode diffus reflektiert.

Das Lenard-Fenster. Gegeben ein auf etwa 0,001 mm Hg evakuiertes Glasrohr mit Kathodenplatte K und einer beliebig untergebrachten Anode A

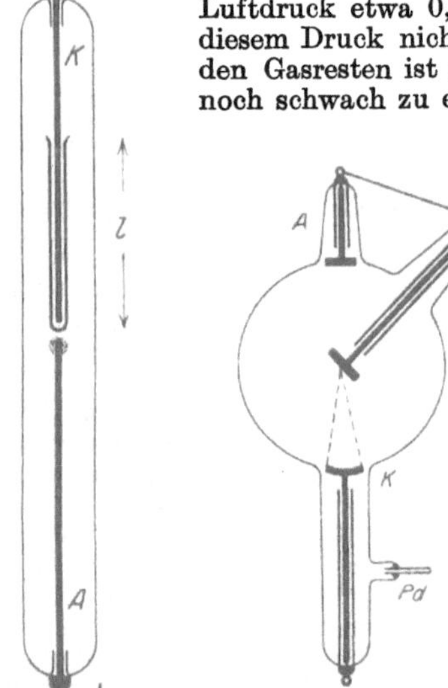

Abb. 338. Glimm-lichtoszillograph.

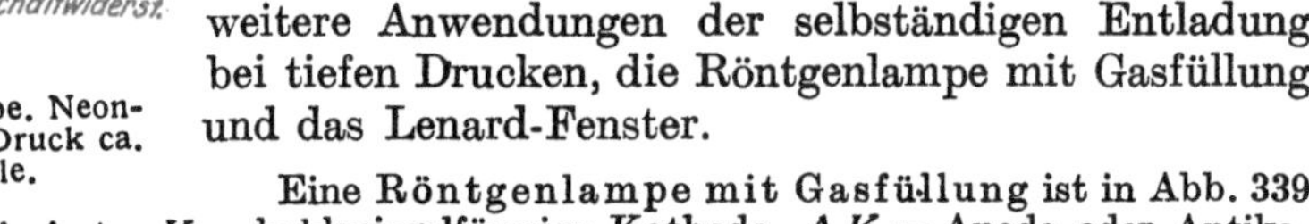

Abb. 339. Röntgenlampe mit Gasfüllung und hohlspiegelförmiger Kathode.

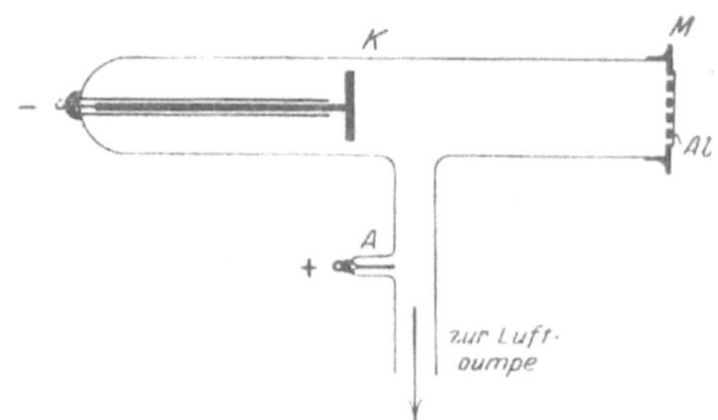

Abb. 340. Kathodenstrahlrohr mit Aluminiumfenster nach Lenard.

(Abb. 340). Die Kathodenstrahlen fallen auf eine siebartig durchbrochene Metallplatte M. Die Löcher sind mit einer feinen Aluminiumfolie oder Glashaut Al überzogen (Fettdichtung). Die Kathodenstrahlen durchfliegen diese völlig lochfreien gasdichten Fenster. Sie treten in die freie Zimmerluft aus. Die Luftmoleküle leuchten durch Stoßionisation in rötlich violettem Schimmer. Geeignete Leuchtschirme fluoreszieren weithin sichtbar (z. B. Zinksilikat).

Das Lenard-Fenster hat die Untersuchung der Kathodenstrahlen außerhalb ihres Entstehungsraumes ermöglicht. Lenard selbst hat unter Benutzung seines Fensters die unvergänglichen Grundlagen der heutigen Atomphysik und ihrer kühnen Atommodellentwürfe geschaffen (vgl. Optikband § 127).

Eine große wissenschaftliche Bedeutung besitzen heute Anwendungen der **Kanalstrahlen**, insbesondere in den Massenspektrographen und als Hilfsmittel bei der Umwandlung von Atomkernen. — Die Methoden des Chemikers lassen

Atom- und Molekulargewichte stets nur an relativ großen Substanzmengen bestimmen. Mit Hilfe der Kanalstrahlen lassen sich diese Zahlen schon an winzigen Substanzmengen ermitteln.

Man bestimmt dabei nicht die Masse von Atomen oder Molekülen, sondern von positiven Atom- bzw. Molekülionen. Beide Massen unterscheiden sich also von der vollen Masse des normalen Atoms oder Moleküls nur um den winzigen und bekannten Betrag der fehlenden Elektronenmassen.

Die Grundlage des Meßverfahrens ist die folgende: Die zu untersuchende Substanz wird in Dampf- oder Gasform zwischen die Elektroden $A\,K$ eines evakuierten Gefäßes gebracht (Abb. 341). Ein hohes elektrisches Feld zwischen A und K stellt eine selbständige Leitung her (Glimmstrom gemäß Abb. 331). Die Kathode ist durchbohrt und enthält zwei Spalte 1 und 2. Ein Teil der positiven Ionen fliegt als scharf begrenzter Kanalstrahl durch diese Öffnung in den eigentlichen Untersuchungsraum. Eine besondere Pumpe großer Sauggeschwindigkeit beseitigt die durch die Kanalöffnung nachströmenden Gase oder Dämpfe und

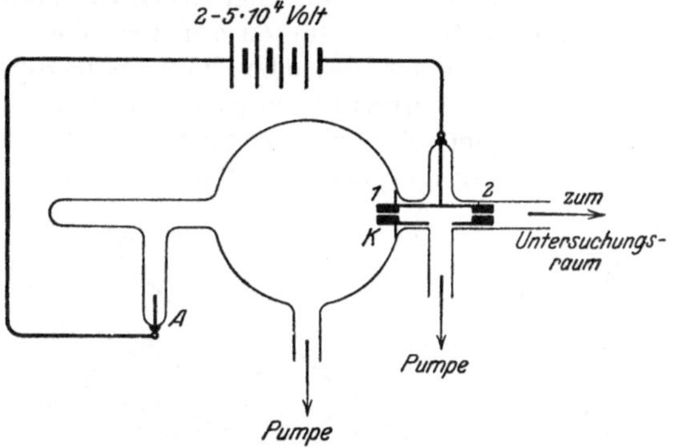

Abb. 341. Glimmentladungsrohr zur Herstellung von Kanalstrahlen.

hält so im Untersuchungsraum ein Hochvakuum aufrecht. In diesem werden die Kanalstrahlen durch ein elektrisches und durch ein magnetisches Feld abgelenkt. Die Bahn im elektrischen Feld ist eine Parabel. Für die Ablenkung x gilt gemäß (Abb. 326)

$$x = \frac{1}{2} \cdot \frac{q}{m} \cdot \mathfrak{E} \cdot \frac{y^2}{u^2}. \qquad \text{(184a) v. S. 168}$$

Die Bahn im magnetischen Felde ist ein Kreis. Für den Krümmungsradius der Bahn gilt wieder die Gl. (184) von S. 164

$$r = \frac{1}{\mathfrak{B}} \frac{m}{q} \cdot u. \qquad (184)$$

In beiden Gleichungen ist q/m die spezifische Ionenladung.

Eine Zusammenfassung von (185) und (184) läßt u, die Ionengeschwindigkeit, eliminieren und die spezifische Ionenladung q/m berechnen. Einsetzen der Ionenladung $q = z\,e\ (z = 1, 2, 3 \ldots)$ gibt uns die gesuchte Masse m des einzelnen Atom- bzw. Molekülions in Kilogramm. Der Chemiker definiert als Atom- bzw. Molekulargewicht das Verhältnis von m zur Masse m_H eines H-Atoms[1]. Es ist $m_\mathrm{H} = 1{,}67 \cdot 10^{-27}$ kg (vgl. S. 298). Nach Division mit diesem Wert erhalten wir aus den gemessenen m-Werten die üblichen Atom- bzw. Molekulargewichte als dimensionslose Zahlen. — Von den vielerlei technischen Ausgestaltungen nennen wir zwei:

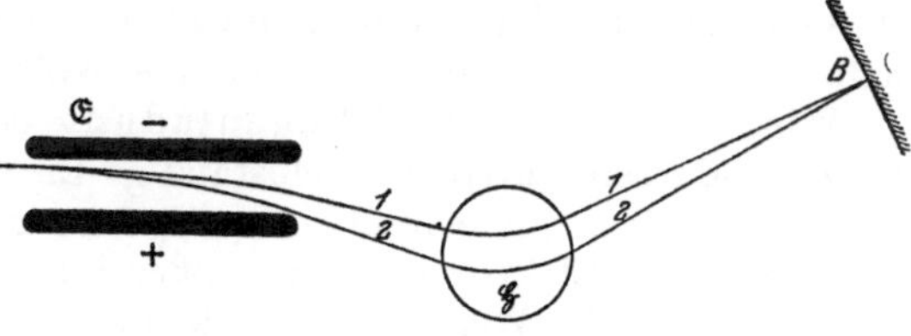

Abb. 342. Der Strahlengang im Massenspektrographen.

---

[1] Strenger: $^1/_{16}$ der Masse des Sauerstoffatoms. Vgl. S. 164.

I. **Massenspektrograph von F. A. Aston** (1919) (Abb. 342). Das elektrische Feld $\mathfrak{E}$ krümmt die Strahlen in der Abbildung nach unten. Auf gerader Bahn erreichen sie dann das Magnetfeld $\mathfrak{H}$ von kreisförmigem Querschnitt. Seine Feldlinien stehen senkrecht zur Papierebene. Bei B enden die Strahlen nach einer abermalig geradlinigen Flugstrecke auf einer photographischen Platte. Diese Anordnung bietet einen besonderen Vorteil: die Erzeugung der Kanalstrahlen im Felde $A K$ bringt unvermeidliche Schwankungen der Ionengeschwindigkeit mit sich. Das würde zu einer Verwaschung des Bildes bei B führen. Der Massenspektrograph vereinigt bei richtigen Abmessungen Ionen mit gleicher spezifischer Ladung q/m, aber verschiedener Geschwindigkeit u, im gleichen Punkt B (Abb. 342). Die schnellen Strahlen laufen auf dem Wege *1*, die langsamen auf dem Wege *2*. Die Schwärzung der Platte bei B ist eng begrenzt und ihre Lage scharf ausmeßbar.

II. **Der Massenspektrograph von J. J. Thomson** (1911). Das elektrische und das magnetische Feld werden im gleichen Raum zueinander parallel gestellt. Auf der photographischen Platte (Abb. 343)

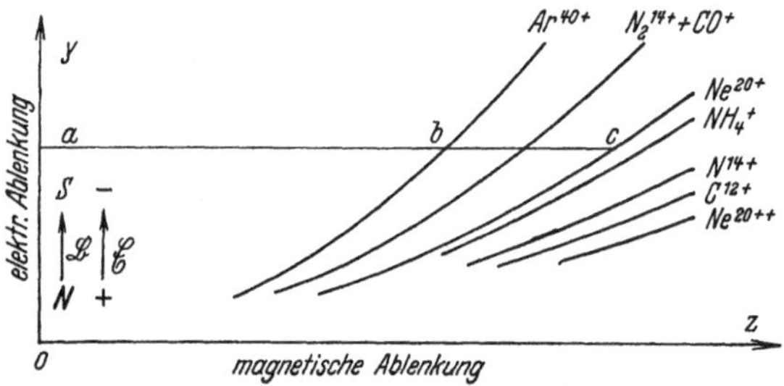

Abb. 343. Massenspektrogramm nach der Parabelmethode von J. J. Thomson. Zeichnung nach einer photographischen Aufnahme. Es ist $\left(\dfrac{a\,c}{a\,b}\right)^2 = \dfrac{40}{20}$.

erzeugen Ionen mit gleicher spezifischer Ladung q/m, aber verschiedener Geschwindigkeit, eine Parabel. Die Abszissen, z. B. gemessen längs der Linie $a\ b\ c$ in Abb. 343, geben direkt die $\sqrt{m/q}$-Werte für die verschiedenen Ionensorten. Man eicht mit einer bekannten Ionensorte, z. B. einfach positiv geladenen Argonionen. Diese erzeugen in Abb. 343 die mit Ar⁴⁰⁺ bezeichnete Parabel.

Die Massenspektrographen leisten weit mehr als die Methoden des Chemikers. Der Chemiker findet beispielsweise für Chlor ein Atomgewicht von 35,46. Die Massenspektrographen erweisen Chlor als ein „Mischelement" zweier Atomsorten („Isotopen") vom Atomgewicht 35 und 37. Einzelheiten dieser für das Verständnis des natürlichen Systems der Elemente grundlegenden Tatsachen führen hier zu weit.

§ 102. Bogenentladung. Das in Abb. 344 dargestellte Rohr hatten wir zur Vorführung der Glimmentladung benutzt (§ 101). Wir steigern jetzt die Stromstärke durch Verkleinerung des Vorschaltwiderstandes. Bei ungefähr 1 Amp. ändert sich die Entladungsform unstetig, an die Stelle der Glimmentladung tritt eine Bogenentladung mit einer Stromstärke von etlichen Ampere. Gleichzeitig wandelt sich das Bild vor der Kathode vollständig. Statt des Glimmlichts sieht man einen blendend hellen unstet hin und her tanzenden Fleck. Aus ihm spritzen ständig kleine Hg-Tropfen bis in die obere Rohrhälfte; dort verdampfen sie, innerhalb des Plasmas dichte helleuchtende Wolken bildend.

Wie ist nun der Begriff Bogenladung oder Lichtbogen zu definieren? Einzig und allein durch eine selbständige Entladung mit sehr kleinem Kathodenfall. Es genügen manchmal schon Spannungen von wenigen Volt, um aus der Kathode einen Elektronenstrom großer Flächendichte austreten zu lassen. Das kann auf zweierlei Weise zustande kommen. Entweder wird die Kathode durch den Strom lokal stark erhitzt, der Strom schafft sich selbst eine Glühkathode, oder es bildet sich unmittelbar vor der Kathode eine Wolke positiver Ionen und durch sie an der Kathodenoberfläche eine elektrische Feldstärke in der Größenordnung 10^8 Volt/m. Eine solche Feldstärke reicht aus, um selbst aus Kathoden niedriger Temperatur Elektronen herauszuziehen (§ 130). Dann spricht man von Feldbogen.

Im übrigen kann eine Bogenentladung in sehr mannigfacher Form auftreten. In Abb. 344 bleibt die positive Säule erhalten, ihre Leuchtlichte ist, der großen Stromstärke entsprechend, natürlich größer als zuvor bei der Glimmentladung. Das Plasma zwischen den Elektroden kann in einem Füllgas gebildet werden, z. B. in einem Edelgas von vielen Atmosphären Druck zwischen Wolframelektroden. Es kann aber auch durch Verdampfung oder Verbrennung der Elektroden entstehen; Hg-Bogen und Kohlebogen liefern je ein Beispiel. Das Gas zwischen den Elektroden nimmt oft sehr hohe Temperaturen an, dann kann eine thermische Ionenbildung wesentlich an der Aufrechterhaltung des Plasmas beteiligt sein. Die Mannigfaltigkeit der Erscheinungen ist sehr groß, wir erwähnen nur wenige Beispiele.

Der in freier Luft brennende Lichtbogen zwischen Kohleelektroden (Abb. 345). Er entsteht nach kurzer Berührung zwischen beiden Stäben.

Seine Verwendung als Lichtquelle, vor allem in Projektionslampen, ist bekannt. Als Stromstärke genügen selbst in großen Hörsälen 5 Ampere. Für technische Zwecke, z. B. für Scheinwerfer, Kinoprojektion und zum Schweißen, werden Lichtbogen mit Hunderten von Ampere benutzt.

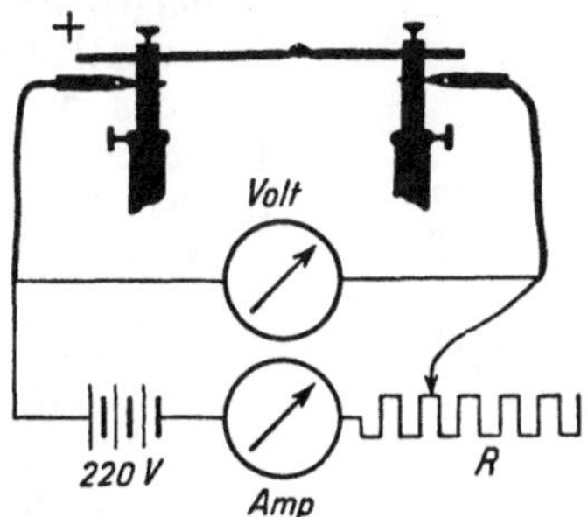

Abb. 344. Zur Vorführung einer Glimm- und Bogenentladung mit einer Hg-Kathode in einem Edelgas.

In der Dampfatmosphäre des Lichtbogens treten sehr hohe Temperaturen auf. In der durch Verdampfung kraterförmig ausgehöhlten Anode beträgt die Temperatur etwa 3800 Grad; in der positiven Säule kann man sogar 10^4 Grad erreichen. In der Erzeugung dieser hohen Temperaturen liegt die Hauptbedeutung des Lichtbogens für das physikalische Laboratorium.

Die Hauptelektronenquelle ist die in helle Glut geratende Kathode. Mit kalter Kathode läßt sich kein Lichtbogen aufrechterhalten. Das zeigt man mit dem in Abb. 346 dargestellten Versuch. Die eine Elektrode ist eine Metallplatte, die andere ein Kohlen- oder Metallstab. Mit dem Stab als Kathode läßt sich der Lichtbogen beliebig auf der Platte herumführen, er folgt jeder Bewegung der Kathode. Mit dem bewegten Stab als Anode kann man sein Kathodenende nicht auf eine benachbarte kalte Stelle der Platte herüberziehen.

In der Praxis haben Lichtbogen in einer Hg-Dampfatmosphäre besondere Bedeutung gewonnen. Wir nennen einige Beispiele:

a) Die Hg-Bogenlampe, die bequemste Quelle ultravioletten Lichtes bis herab zu etwa $\lambda = 200$ mμ. Als Elektroden dient flüssiges Hg in den beiden Schenkeln eines Quarzglasrohres (Abb. 347). Der Dampfdruck des Hg übersteigt oft 1 Atmosphäre. Die medizinische Reklame bezeichnet die Hg-Bogenlampe als „künstliche Höhensonne".

b) Die Hg-Dampfgleichrichter, brauchbar für mehr als 1000 Kilowatt Leistung. Sie formen ohne maschinelle Einrichtungen und praktisch ohne jede Wartung Wechselstrom in Gleichstrom um. Sie haben Elektroden aus Hg und aus Fe. Der Lichtbogen kann bei den gewählten Betriebsspannungen nur mit Hg als Kathode „brennen". Darauf beruht die Gleichrichtung.

c) Das **Stromtor** (Thyratron), ein Schalt- und Steuerorgan für große Belastungen, in mancher Hinsicht dem Dreielektrodenrohr mit Hochvakuum überlegen[1]. Es besteht aus einer Hg-Bogenlampe mit einer „Glühkathode" und einem Steuergitter zwischen Kathode und Anode. Der Lichtbogen „zündet" nur bei einem bestimmten Wert der „Steuerspannung" zwischen Kathode und Gitter. Dann brennt er weiter. Zum Löschen muß der Strom unterbrochen werden. Das geschieht z. B. beim Wechselstrom automatisch in den Phasen c (Abb. 348). In den Phasen b wird jedesmal die Steuerspannung angelegt. Dann wird der schraffierte Teil der oberen Kurve durchgelassen. Je größer die Strecke $a\,b$, desto kleiner die schraffierte Fläche, und daher auch der zeitliche Mittelwert des durchgelassenen Stromes. Ein Nachteil dieser Art von Steuerung ist die starke Verzerrung der Stromkurvenform, ein Vorteil die Größe der noch sicher zu steuernden Stromstärke (100 Ampere und· mehr).

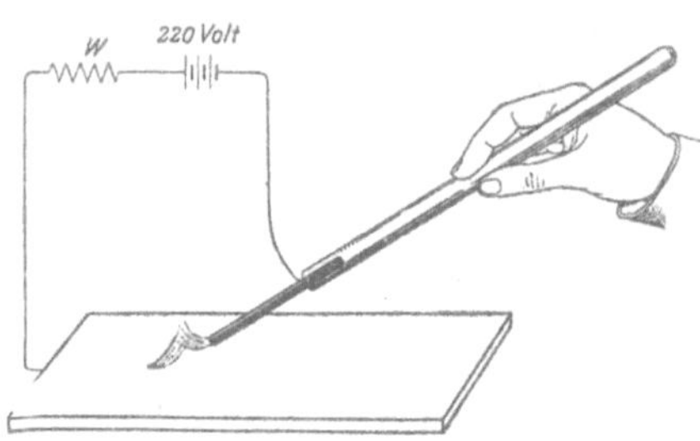

Abb. 346. Lichtbogen mit bewegter Kathode.

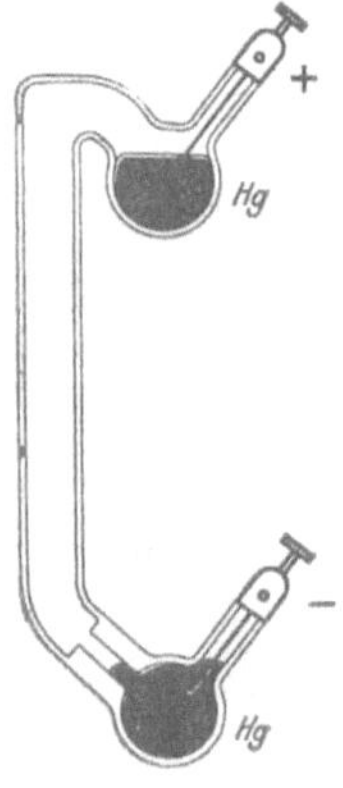

Abb. 347. Quecksilberlampe aus Quarzglas.

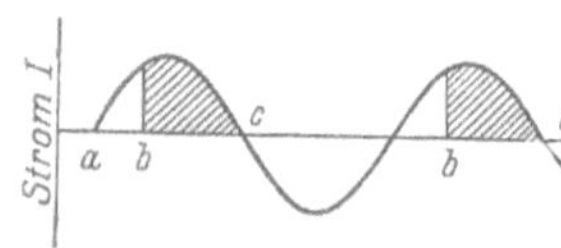

Abb. 348. Zur Wirkungsweise des Stromtores (Thyratrons).

§ 103. Zündvorgänge und Stromspannungskurven der selbständigen Entladung. In ihren Grundzügen sind Glimm- und Bogenentladung weniger verwickelt, als die bunte Mannigfaltigkeit des visuellen Eindrucks erwarten läßt. Total farbenblinde Forscher hätten das Wesentliche wahrscheinlich rascher gefunden, als es farbentüchtigen gelungen ist. Oft lenkt ein ganz nebensächlicher Farbwechsel die Aufmerksamkeit in eine falsche Richtung. So sieht man z. B. in Abb. 344 oft aus der Anode eine große feurige Zunge herausschießen: sie bedeutet nur, daß die kinetische Energie der Elektronen im Plasma in dem betreffenden Gebiet eine neue Anregungsstufe des Füllgases überschritten hat. — Die Technik hat die Vorgänge der Glimm- und Bogenentladung weitgehend quantitativ aufgeklärt, das Sonderschrifttum bringt eine Fülle fesselnder Einzelheiten. Hier sollen nur noch zwei Punkte ganz kurz erwähnt werden, der Zündvorgang und die Stromspannungskurve der selbständigen Entladung.

Zwischen der Herstellung des elektrischen Feldes und dem Einsetzen der Entladung verstreicht stets eine merkliche Zeit. Für kleine Bruchteile einer Sekunde kann man eine die Betriebsspannung erheblich übersteigende Spannung herstellen, ohne daß die Entladung einsetzt. Dieser „Zündverzug" ist unschwer zu deuten: Die Trägerbildung muß durch Stoßionisation erfolgen. Ihr Beginn setzt die Anwesenheit einiger Elektronen voraus. Sie entstehen überall bei der Ionisation der

---

[1] Für Laboratoriumszwecke benutzt man heute allgemein im Thyratron statt eines Lichtbogens einen Glimmstrom ($\approx$ 0,1 Amp.). Ein solches Thyratron ist ein kleines, mit Edelgas gefülltes Dreielektrodenrohr. Die Zündspannung des Glimmstromes zwischen Anode und Glühkathode läßt sich mit einem negativen Gitterpotential (0—6 Volt) auf Werte zwischen 50 und 200 Volt einstellen.

Luft[1] durch die Höhenstrahlung (ca. 8 Ionenpaare pro Sekunde und cm³), über
dem Festland, außerdem durch radioaktive Strahlungen (ca. 2 Ionenpaare pro
Sekunde und cm³). Oft sind auch Trägerreste einer
früheren Entladung an die Wand absorbiert. Solche
zufällig auftretenden Träger bilden den Anfang der
später lawinenartig fortschreitenden Stoßionisation.

Ein Zündverzug von vielen Sekunden Dauer läßt
sich mit jeder Glimmlampe vorführen (Abb. 337). Bestrahlung mit Glühlicht setzt ihn erheblich herab.
Grund: Das Glühlicht spaltet aus der negativen Elektrode Elektronen ab.

In inhomogenen elektrischen Feldern beginnt der
Zündvorgang in den Gebieten großer elektrischer
Feldstärke, also in der Nähe von Spitzen. Zunächst
entstehen „Büschel", dann Funken. So laufen z. B.
die vor der Anode zufällig auftretenden Elektronen zur
Anode und lassen hinter sich ihre positiven Partner,
die langsamen Ionen, zurück. Diese Ionen wirken
dann wie eine Verlängerung der Anode, sie verkürzen
die Strombahn und erhöhen die Feldstärke. Dadurch
schreitet die Stoßionisation vorwärts.

Das Endstadium der Büschelentladung ist der
Funke. Die beiden Büschel vereinigen sich und über-
brücken schließlich den Raum zwischen den Elektroden.
Dadurch bricht das elektrische Feld mit einem kurzen
Stromstoß hoher Amperezahl zusammen. Lebhafte
Stoßionisationsvorgänge geben ein oft blendendes
Licht, starke örtliche Erhitzung der Strombahn kann
einen lauten Knall erzeugen. Die Abb. 349 zeigt auf
einer Photographie mit bewegter Platte die zeitliche
Ausbildung eines Funkens zwischen zwei Spitzen als
Feldgrenzen. Die Einzelbüschel entstehen durch zu lang-
samen Nachschub der Ladungen aus der Stromquelle.
(Ähnlich den Kippschwingungen, siehe Mechanikband
§ 98.) Die gleiche zeitliche Ausbildung zeigen auch die größten uns bekannten
Funken, die Blitze.

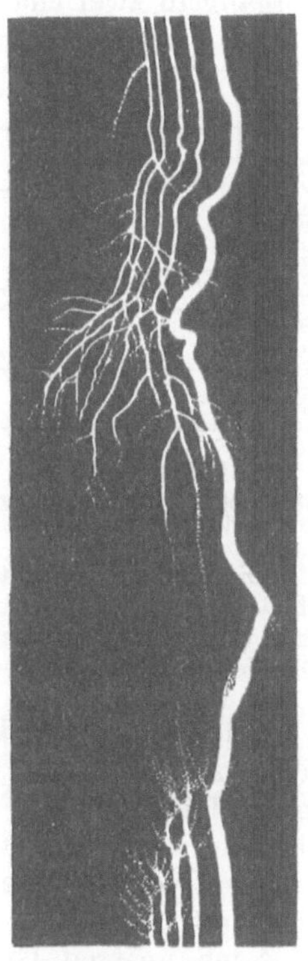

Abb. 349. Ausbildung eines
elektrischen Funkens.
Oben die Anode. (Auf-
nahme auf bewegter photo-
graphischer Platte von
B. Walter.)

Die Tabelle 9 gibt einige Zahlen für den Zusammenhang von Spannung und
Funkenschlagweite.

Tabelle 9.

F u n k e n s c h l a g w e i t e   i n   Z i m m e r l u f t.

Bei einer Spannung von	Zwischen Spitzen	Zwischen Kugeln von 5 cm $\varnothing$
20 000 Volt	15,5 mm	5,8 mm
40 000 „	45,5 „	13 „
100 000 „	220 „	45 „
200 000 „	410 „	262 „
300 000 „	600 „	530 „

Schließlich bleibt bei unserem summarischen Überblick noch ein Punkt nach-
zutragen: der Zusammenhang von Strom und Spannung bei der selbständigen

---

[1] Die Lebensdauer der Ionen beträgt nur etwa 100 Sekunden. Infolgedessen bleibt ihre
Konzentration N_0 sehr klein, etwa 10/cm³, und daher ist Zimmerluft ein vorzüglicher Isolator.

Leitung in Gasen. Dieser Zusammenhang ist für die experimentelle Technik von Wichtigkeit.

Bisher ist uns der Zusammenhang von Strom und Spannung beim Leitungsvorgang in zwei charakteristischen Formen begegnet:

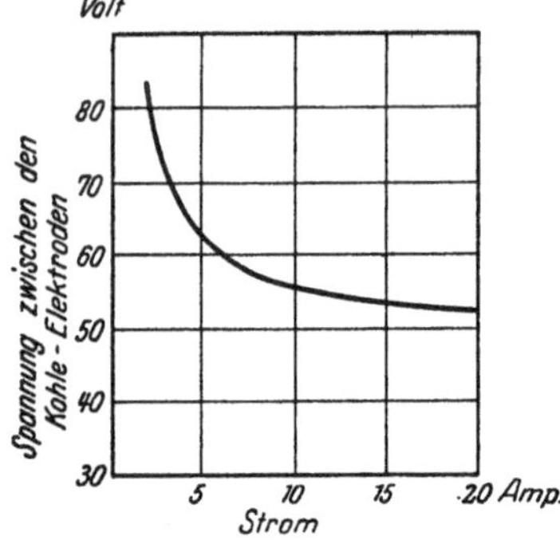

Abb. 350. Stromspannungskurve eines Lichtbogens.

1. Strom und Spannung sind einander proportional, es gilt das Ohmsche Gesetz.

2. Der Strom erreicht mit steigender Spannung einen Sättigungswert, z. B. in Abb. 317.

Beim Glimmstrom und Lichtbogen tritt nun eine dritte Form hinzu. Es ist die sogenannte fallende Charakteristik gemäß Abb. 350.

Eine Zunahme des Stromes bedingt eine Abnahme der Spannung zwischen Elektroden. In Abb. 350 ist die Kurve nicht bis zur Ordinatenachse durchgeführt: Lichtbogen und Glimmstrom sind erst oberhalb eines bestimmten, von den Versuchsbedingungen abhängigen Stromes beständig.

Die fallende Charakteristik entsteht durch das Zusammenspiel einer Reihe voneinander abhängiger Vorgänge. Bei der elektrolytischen Leitung werden wir das Zustandekommen einer fallenden Charakteristik an einem relativ einfachen Sonderfall erläutern können (§ 109). Die Vorgänge im Lichtbogen und Glimmstrom sind dafür zu verwickelt.

§ 103a. Leitung in Flüssigkeiten. Allgemeines. Flüssigkeiten unterscheiden sich von Gasen und Dämpfen durch die außerordentlich viel dichtere Packung ihrer Moleküle. Der Abstand der Moleküle beträgt nur noch Bruchteile ihres Durchmessers. Dabei wimmeln die Moleküle in lebhafter, ungeordneter Wärmebewegung durcheinander. Ein mit Ameisen gefüllter Kasten ist ein kindliches, aber treffendes Bild (vgl. Mechanikband § 74).

Nach unseren Grundversuchen (§ 91) besteht jede Elektrizitätsleitung in einer Bewegung von Elektrizitätsatomen im elektrischen Felde. Bei der Leitung der Flüssigkeit müssen Elektrizitätsatome durch das Gewirr der eng gedrängten Moleküle hindurchgelangen können. — Bei den Gasen haben wir nun zwei Fälle unterscheiden gelernt:

1. Die Elektrizitätsatome werden von materiellen Trägern getragen. Kennwort: Trägerleitung.

2. Elektronen laufen frei für sich allein. Kennwort: Elektronenleitung.

Die gleichen Fälle haben wir für die Leitung in Flüssigkeiten zu erwarten. Beide werden tatsächlich beobachtet. Trägerleitung kennen wir in Flüssigkeiten aller Art, Elektronenleitung bisher fast nur in flüssigen Metallen. Die Elektronenleitung flüssiger Metalle gleicht der der festen Metalle sehr weitgehend. Man behandelt flüssige und feste Metalle daher zweckmäßig zusammen. Das geschieht in den §§ 113 bis 117. Wir wollen uns daher zunächst auf die Trägerleitung der Flüssigkeiten beschränken.

§ 104. Elektrolytische oder Ionenleitung in wäßrigen Lösungen. Bei der Leitung in Gasen haben wir mit Elektrizitätsträgern von bekannter Herkunft begonnen. Genau so wollen wir jetzt bei der Leitung in Flüssigkeiten verfahren. Deswegen behandeln wir zunächst die Leitung in wäßrigen Salzlösungen.

Reines Wasser ist ein ganz schlechter Leiter. Die Abb. 351 zeigt ein Rohr von etwa 10 cm Länge und 1 cm² Querschnitt. A und K sind zwei Elektroden aus Metall. Das Rohr ist mit gewöhnlichem destillierten Wasser gefüllt. Bei 220 Volt zwischen den Elektroden zeigt der Strommesser nur etwa $2 \cdot 10^{-4}$ Ampere. Beim Zusatz von etwa 5 Gewichtsprozent Kochsalz (NaCl) leitet das Wasser gut. Das Amperemeter zeigt etwa 1,5 Ampere. Durch das NaCl müssen also Elektrizitätsträger in das Wasser hineingelangt sein. Welcher Art sind sie?

Wir erinnern an die mit geladenem Staub leitend gemachte Luft. Damals wanderten positive Träger aus Mennigestaub und negative Träger aus Schwefelstaub im elektrischen Felde. Hinterher fanden wir die Träger nach Ablieferung ihrer Ladungen an den Elektroden: Schwefel an der Anode, Mennige an der Kathode.

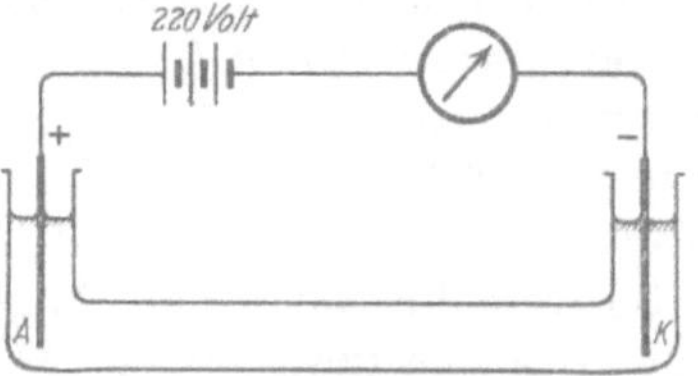

Abb. 351.   Ionenleitung in Wasser.

Was zeigt der entsprechende Befund in dem durch NaCl leitend gemachten Wasser? An der Kathode finden wir metallisches Natrium (Na), an der Anode Chlorgas (Cl). Daher der Schluß: Die positiven Träger (Kationen) im Wasser sind Na-Ionen, die negativen (Anionen) Cl-Ionen.

Zum experimentellen Nachweis des Na und des Cl an den Elektroden muß die Versuchsanordnung zweckentsprechend gewählt sein. Die Anode A wird beispielsweise von einem Kohlestab gebildet. Mit Metallelektroden würde das Chlor sogleich chemisch reagieren, statt in sichtbaren Blasen aufzusteigen. Die entladenen Na-Ionen, also die Na-Atome, reagieren an der Kathode sofort mit dem Wasser. Es bildet sich NaOH unter lebhafter Entwicklung von Wasserstoffblasen[1]. Das könnte Wasserstoff als positiven Träger vortäuschen. Das läßt sich mit einer Kathode aus Quecksilber (Hg) verhindern (Abb. 352). In dies flüssige Metall können die Na-Atome sofort hineindiffundieren und so vor den Wassermolekülen Schutz finden. Hinterher kann man das Na wieder aus dem Hg herausholen, z. B. durch Abdestillieren des Hg. Ein qualitativer Nachweis des Na im Hg kann noch einfacher sein. Man übergießt das Hg nach Beendigung der Stromleitung mit heißem Wasser. Sofort setzt an der Hg-Oberfläche eine lebhafte Wasserstoffentwicklung ein, und das Wasser zeigt die Reaktionen des NaOH, z. B. Blaufärbung von Lackmuspapier.

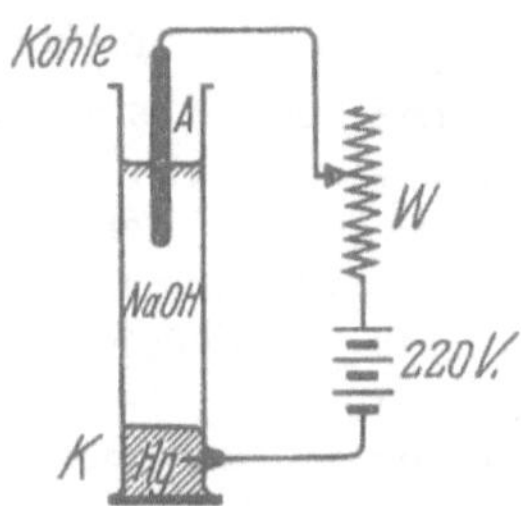

Abb. 352.   Nachweis von Natriumionen an der Kathode.

In der hier benutzten Anordnung erschöpft der Strom im Laufe der Zeit den verfügbaren Ionenbestand, der Strom nimmt zeitlich ab. Die Chloratome entweichen als Gas, die Natriumatome verschwinden im Quecksilber. Man kann die Leitung insofern eine unselbständige nennen. Es ist aber nicht üblich.

Bei geeigneter Wahl der Versuchsbedingungen hält man den Ionenbestand unverändert. Das soll als Beispiel Schwefelsäure (H_2SO_4) in Wasser zeigen. Wir nehmen Platinelektroden, wie z. B. früher in Abb. 14. Als positiv geladene Träger stellen sich an der Kathode Wasserstoffionen ein. Man sieht Wasserstoffblasen entweichen. Die negativen Träger sind die Molekülionen des SO_4. Diese reagieren an der Anode mit dem Wasser. Es wird Schwefelsäure nachgebildet, und man sieht Sauerstoffblasen entweichen. Vermindert wird nicht der Bestand an Schwefelsäure, sondern an Wasser. Daher spricht man oft kurz von der „Wasserzersetzung". Der Sauerstoff ist also nur ein sekundäres Reaktionsprodukt. Man darf ihn ja nicht als Elektrizitätsträger ansehen!

----

[1] Das ist das einfachste Bild. Eine strengere Darstellung muß auf die schwierige Frage der „Überspannungen" eingehen. Man vergleiche Lehrbücher der physikalischen Chemie.

In entsprechender Weise muß man bei allen Fällen elektrolytischer Leitung an den Elektroden die wirklich ankommenden Ionen von deren sekundären Reaktionsprodukten zu unterscheiden lernen. Die Gesamtheit dieser Erfahrungen läßt sich kurz zusammenfassen: In allen wäßrigen Lösungen von Salzen und Säuren („Elektrolyten") wandern die Atome der Metalle und des Wasserstoffs als positive Träger zur Kathode. Ebenso Radikale wie Ammonium (NH_4), die sie chemisch vertreten können. Zur Anode hingegen wandern die Säurereste als negative Ionen.

So weit die Natur der Träger. Woher stammen sie? Entstehen sie sogleich beim Ansetzen der Lösung? Oder ist das elektrische Feld zur Aufspaltung der Salze und Säuren in ihre Ionenbausteine erforderlich? Die Antwort hat die Chemie seit langem gegeben: Schon der feste Salzkristall ist aus Ionen ausgebaut (Abb. 364); beim Auflösen gehen die Ionen „dissoziiert", d. h. einzeln und nicht etwa paarweise als NaCl-Moleküle vereinigt, in das Wasser. Infolgedessen ist in Kochsalzlösungen der osmotische Druck der doppelte dessen, den man aus der Zahl der NaCl-Moleküle berechnet.

§ 105. Ladung der Ionen. Faradays Aequivalentgesetz. Spezifische Molekülzahl N. Wir erinnern wieder kurz an die Gasleitung mit sichtbaren, staubförmigen Elektrizitätsträgern. Die einzelnen Mennige- bzw. Schwefelteilchen trugen Ladungen verschiedener Größe. Sie wurde mit Hilfe mikroskopischer Einzelbeobachtung bestimmt. Man fand sie stets als ganzzahliges, meist kleines Vielfaches der Elementarladung $e = 1,60 \cdot 10^{-19}$ Amperesekunden.

Wie steht es mit der Trägerladung bei der Ionenleitung in wäßrigen Lösungen?

Die bei den staubförmigen Trägern in Luft erfolgreiche Einzelbeobachtung kann hier nicht angewandt werden. Die einzelnen Ionen entziehen sich wegen ihrer Kleinheit der mikroskopischen Beobachtung. Trotzdem läßt sich die Frage der Ionenladung auch für die elektrolytische Leitung mit großer Sicherheit beantworten. Die Möglichkeit dazu verdankt man dem 1833 von Faraday entdeckten „elektrochemischen Äquivalentgesetz". Zur Formulierung dieses Gesetzes und für seine anschließende Deutung ist zunächst an einige chemische Grundbegriffe zu erinnern:

1. Die Chemiker definieren mit Hilfe der Molekulargewichte[1] (M) und der Atomgewichte (A) **individuelle Masseneinheiten**; sie sind gleich dem (M)- oder (A)fachen einer allgemeinen Masseneinheit, also z. B.

1 Kilomol $= (M)$ Kilogramm;   1 Kilogrammatom $= (A)$ Kilogramm. (a)

Sauerstoff hat das Molekulargewicht (M) = 32, also ist ein Kilomol O_2 = 32 kg O_2. — Natrium hat das Atomgewicht (A) = 23, also ist 1 Kilogrammatom = 23 kg Natrium. Wie der Begriff Molekül dem Begriff Atom, so ist auch die Masseneinheit Kilomol der Masseneinheit Kilogrammatom begrifflich übergeordnet. Man spricht von Kilomol nicht nur bei mehratomigen, sondern auch bei einatomigen Molekülen. Man nennt daher 23 kg Natrium oft nicht 1 Kilogrammatom, sondern 1 Kilomol Na.

---

[1] Molekulargewichte (M) und Atomgewichte (A) sind — abweichend vom übrigen wissenschaftlichen Sprachgebrauch — nicht etwa Kräfte, sondern reine oder dimensionslose Zahlen. Als Definitionsgleichung benutzt man

$$\text{Molekulargewicht } (M) = \frac{\text{Masse } m \text{ eines Moleküles}}{{}^1/_{16} \text{ Masse eines Sauerstoffatomes}}$$

Das Atomgewicht (A) definiert man in entsprechender Weise mit der Masse m eines Atomes. — Wir benutzen für das Molekulargewicht und das Atomgewicht stets eingeklammerte Buchstaben, also (M) und (A).

2. Wir definieren

$$\boxed{\frac{\text{Molekülzahl } n \text{ eines Stoffes}}{\text{Masse } M \text{ eines Stoffes}} = \text{spezifische Molekülzahl } \boldsymbol{N}.} \qquad (\beta)$$

Bei Verwendung der individuellen Masseneinheiten Kilomol erhält man experimentell für alle Stoffe

$$\boxed{\text{spezifische Molekülzahl } \boldsymbol{N} = \frac{6{,}02 \cdot 10^{26}}{\text{Kilomol}}.} \qquad (\gamma)$$

Die ersten Messungen von $\boldsymbol{N}$ findet man im Mechanikband § 151.

Zahlenbeispiel für $AgNO_3$: Molekulargewicht $(M) = 170$, also 1 Kilomol $= 170$ kg und $\boldsymbol{N} = 6{,}02 \cdot 10^{26}/170$ kg $= 3{,}54 \cdot 10^{24}$/kg.

3. Mit der spezifischen Molekülzahl N kann man die Masse $m = M/n$ eines einzelnen Moleküles angeben, es gilt

$$\boxed{m = 1/\boldsymbol{N}.} \qquad (\delta)$$

4. Atome oder Moleküle können verschiedene chemische Wertigkeit oder Valenz z besitzen. So ist das Cl-Atom einwertig, es vermag nur ein H-Atom zu binden (HCl). Das O-Atom hingegen ist zweiwertig, es vermag zwei H-Atome zu binden (H_2O). Dreiwertig ist das N-Atom, vierwertig das C-Atom, denn man beobachtet NH_3 und CH_4 usw. So weit die chemischen Definitionen.

Faraday hat eine ganze Reihe elektrolytischer Leiter quantitativ untersucht. Er hat die Masse M des an je einer Elektrode abgeschiedenen Stoffes[1] mit der hindurchgeflossenen Eelektrizitätsmenge oder Ladung Q verglichen. Dabei fand er ein Ergebnis von überraschender Einfachheit. Es lautet in unserer heutigen Ausdrucksweise:

$$\boxed{\frac{\text{Ladung } Q}{\text{Masse } M} = z \cdot 9{,}65 \cdot 10^7 \frac{\text{Amperesek.}}{\text{Kilomol}}} \qquad (187)$$

Oder in Worten: Um in einem elektrolytischen Leiter an einer Elektrode ein Kilomol eines chemisch z-wertigen Stoffes abzuscheiden, muß man durch den Leiter eine Elektrizitätsmenge oder Ladung $Q = z \cdot 9{,}65 \cdot 10^7$ Amp.Sek. hindurchschicken.

Der Chemiker definiert Kilomol/Wertigkeit $=$ Kilogrammäquivalent und schreibt statt (Gl. 187)

$$\boxed{\frac{\text{Ladung } Q}{\text{Masse } M} = 9{,}65 \cdot 10^7 \frac{\text{Amperesek.}}{\text{Kilogrammäquivalent}}} \qquad (187a)$$

Daher der Name Äquivalentgesetz.

Im molekularen Bilde können wir die Masse M der abgeschiedenen Stoffe durch die Zahl n der abgeschiedenen Moleküle ersetzen. Wir nennen die von einem einzelnen Molekül transportierte Ladung q, also $Q = n\,q$, und die Masse eines Moleküles m, also $M = n\,m$. Gleichzeitig benutzen wir die Beziehung $m = 1/\boldsymbol{N}$. So erhalten wir aus Gl. (187)

$$\frac{q}{m} = q \cdot \boldsymbol{N} = z \cdot 9{,}65 \cdot 10^7 \frac{\text{Amperesek.}}{\text{Kilomol}}. \qquad (188)$$

---

[1] Massenangaben haben ausnahmslos nur für abgegrenzte Stoffmengen Sinn. Daher spricht man allgemein kurz von 1 kg Zucker, statt in meist unnötiger Strenge von einer Zuckermenge mit der Masse 1 kg.

Dies Verhältnis ist die **spezifische Ionenladung**, d. h. das Verhältnis von Ladung zur Masse eines Moleküles als Elektrizitätsträger. Einsetzen des Wertes $N = 6{,}02 \cdot 10^{26}$/Kilomol liefert als Ladung eines z-wertigen Ions

$$q = z \cdot \frac{9{,}65 \cdot 10^7 \text{ Amperesek./Kilomol}}{6{,}02 \cdot 10^{26}/\text{Kilomol}} = z \cdot 1{,}60 \cdot 10^{-19} \text{ Amperesek.}$$

oder $$q = z \cdot e. \tag{188a}$$

In Worten: **Jedes Ion, gleichgültig, ob Atom- oder Molekülion, trägt bei der elektrolytischen Leitung ebenso viele elektrische Elementarladungen e, wie seine chemische Wertigkeit z beträgt.** Damit hat die Frage nach der Ladung der Ionen eine präzise Antwort gefunden. Sie enthüllt einen engen Zusammenhang zwischen elektrischen und chemischen Größen.

Schließlich setzen wir den Wert $q = z\,e$ in Gl. (188) ein und erhalten

$$\boxed{N\,e = 9{,}65 \cdot 10^7 \frac{\text{Amperesekunden}}{\text{Kilomol}}.} \tag{189}$$

Diese Gleichung hat als eine Fundamentalgleichung des Atomismus zu gelten. Sie verknüpft die spezifische Molekülzahl N und die elektrische Elementarladung e. Mit ihrer Hilfe gibt jede e-Bestimmung einen Wert für N und umgekehrt.

§ 106. Das Ohmsche Gesetz bei der elektrolytischen Leitung. Art und Ladung der Elektrizitätsträger in wäßrigen Lösungen sind uns jetzt bekannt. Die Träger sind Ionen, sie entstehen durch die elektrolytische Aufspaltung oder Dissoziation neutraler gelöster Moleküle. Jedes Ion trägt eine seiner chemischen Wertigkeit z gleiche Anzahl elektrischer Elementarquanten.

Das elektrische Feld zieht diese Ionen durch die mehr oder minder zähe Flüssigkeit hindurch. Dabei findet man im allgemeinen eine sehr gute Annäherung an

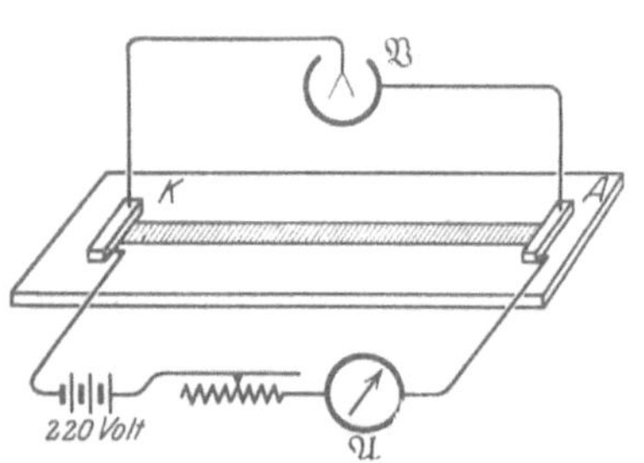

Abb. 353. Aufnahme der Stromspannungskurve in einem elektrolytischen Leiter. Zweifadenvoltmeter. K und A Metallelektroden.

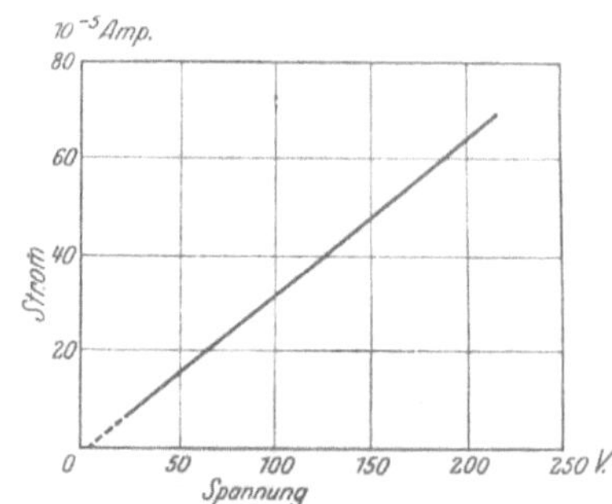

Abb. 354. Das Ohmsche Gesetz bei der elektrolytischen Leitung.

das Ohmsche Gesetz. Strom und Spannung sind einander proportional. Zur Vorführung dient die in Abb. 353 skizzierte Anordnung. Die schraffierte Fläche stellt den elektrolytischen Leiter dar. Als solchen nehmen wir der Bequemlichkeit halber einen mit Leitungswasser getränkten Fließpapierstreifen auf einer Spiegelglasplatte.

Bei einer Messung zusammengehöriger Werte von U und I ergibt sich beispielsweise das in Abb. 354 dargestellte Bild. Der Zusammenhang von Spannung und Strom wird durch eine zum Nullpunkt weisende Gerade dargestellt: Ohmsches Gesetz.

Bei genauen Messungen geht die Gerade nicht streng durch den Nullpunkt, sondern schneidet die Spannungsachse bei einer kleinen endlichen Spannung U_p (Größenordnung 1 Volt). Die Beobachtungen geben also nicht $U/I = \text{const}$, sondern $(U - U_p)/I = \text{const}$. Dieser Verlauf der Geraden wird aber nur durch eine technische Einzelheit der Versuchsanordnung bedingt. Das Voltmeter mißt nicht nur die Spannung zwischen den Enden der Flüssigkeitssäule, sondern außerdem noch die sog. Polarisationsspannung U_p. Diese hat ihren Sitz zwischen den Elektroden und der Flüssigkeitssäule (§ 135).

Der Einfluß von Elektrodenabstand l und Leiterquerschnitt F läßt sich mit der in Abb. 355 skizzierten Anordnung vorführen. Man gibt der Strombahn zwei oder drei verschiedene Querschnitte und läßt sie hintereinander vom gleichen Strom durchfließen. Zwei „Sonden", kleine Metalldrähte an isolierenden Handgriffen, lassen die Spannung zwischen den Enden von Stromwegen verschiedener Länge und verschiedenen Querschnitts bestimmen.

Das Verhältnis

$$\boxed{\varkappa = \frac{I}{U} \cdot \frac{l}{F}} \qquad (180) \text{ v. S. 158}$$

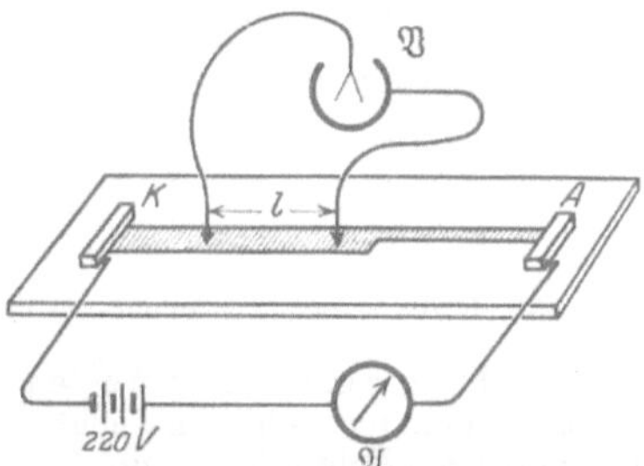

Abb. 355. Abhängigkeit des Widerstandes von Länge und Querschnitt des elektrolytischen Leiters.

ist schon früher spezifische Leitfähigkeit genannt worden. Der Kehrwert $1/\varkappa = \sigma$ hat den Namen spezifischer Widerstand erhalten. Die Tabelle 10 gibt einige Zahlenwerte. Sie gelten alle für eine Temperatur von 18 Grad C. Die spezifische Leitfähigkeit $\varkappa$ hat einen großen positiven Temperaturkoeffizienten. Ihr Wert vergrößert sich um rund 2 Prozent je Grad Temperaturerhöhung. In-

Tabelle 10. Spezifische Leitfähigkeit wäßriger Lösungen (18°).

Stoff	Massenkonzentration c $\overline{\text{Kilomol/m}^3}$	Spezifische Leitfähigkeit $\varkappa$ $\dfrac{1}{\text{Ohm} \cdot \text{Meter}}$	$\dfrac{\text{Spez. Leitf. } \varkappa}{\text{Massenkonzentr. } c}$ $\dfrac{\text{m}^2}{\text{Ohm} \cdot \text{Kilomol}}$	$\dfrac{\text{Spez. Leitfähigkeit } \varkappa}{\text{Molekulkonzentr.} N_v}$ $\dfrac{\text{m}^2}{\text{O.\,m}}$	Bemerkungen
Kochsalz NaCl	1 10^{-1} 10^{-2} 10^{-3} 10^{-4} —	7,4 0,92 0,102 0,0107 0,00108 —	7,4 9,2 10,2 10,7 10,8 → 10,9	1,23 1,56 1,70 1,78 1,80 → 1,81 $\Big\}\,10^{-26}$	„Starke" Elektrolyte: Die Verhältnisse $\varkappa/c$, in der physikalisch-chemischen Literatur meist $z\,\Lambda$ genannt, und $\varkappa/N_v$ nähern sich mit sinkender Konzentration experimentell gut bestimmbaren Grenzwerten (→) Bei Feldstärken $\mathfrak{E} \approx 10^7$ Volt/m und ebenso bei Wechselströmen sehr großer Frequenz ($n \approx 10^8$ sec^{-1}) beobachtet man die Grenzwerte für $\varkappa/N_v$ schon in Lösungen großer Konzentrationen (M. Wien, H. Zahn).
Salzsäure HCl	1 10^{-1} 10^{-2} 10^{-3} 10^{-4} —	30,1 3,51 0,369 0,0376 0,00378 —	30,1 35,1 36,9 37,6 37,8 → 38,0	5,00 5,83 6,13 6,24 6,28 → 6,33 $\Big\}\,10^{-26}$	
Essigsäure $CH_3 \cdot COOH$	1 10^{-1} 10^{-2} 10^{-3} 10^{-4} —	0,132 0,046 0,0143 0,0041 0,00107 —	0,132 0,46 1,43 4,10 10,7 →(35,0)	0,022 0,076 0,238 0,682 1,78 →(5,82) $\Big\}\,10^{-26}$	„Schwacher" Elektrolyt: Die beiden Grenzwerte (→) lassen sich experimentell nicht erreichen, sondern nur berechnen, wenn die Beweglichkeiten der Ionen schon bekannt sind.

$$\text{Molekülkonzentration } N_v = \frac{\text{Molekülzahl } n}{\text{Volumen } V \text{ der Lösung}} = c\,N. \quad \text{Dabei ist } N = \frac{\text{Molekülzahl}}{\text{Masse}} = \frac{6,02 \cdot 10^{26}}{\text{Kilomol}}.$$

folgedessen erfordern genaue Messungen über Strom und Spannung in Elektrolyten eine peinliche Konstanthaltung der Temperatur durch Wasserbäder.

Die fünfte Spalte, das Verhältnis $\varkappa/N_v$, gibt den Beitrag eines Moleküls[1] zur Leitfähigkeit $\varkappa$. Wir werden es in § 107 benutzen. Der Mechanismus des Ohmschen Gesetzes ist schon in § 93 in seinen wesentlichen Zügen klargestellt worden: Die Ionen müssen sich unter Überwindung reibungsartiger Widerstände bewegen. Die Reibung zwischen Ionen und Flüssigkeit läßt sich experimentell nachweisen.

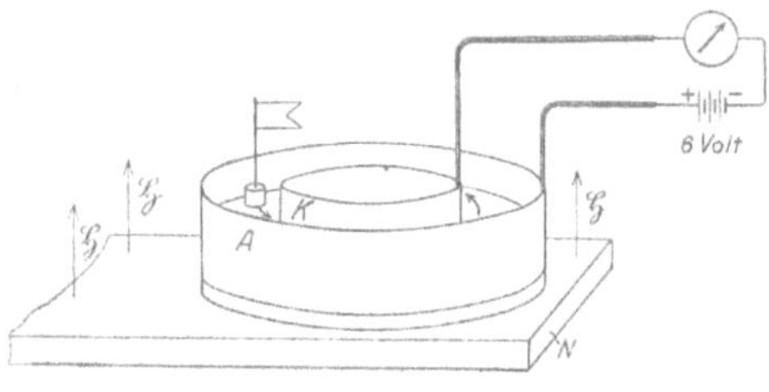

Abb. 356. Reibung zwischen Ionen und Flüssigkeit.

Wir sehen in Abb. 356 einen ringförmigen Trog mit isolierendem Boden. Die beiden zylindrischen Seitenwände bilden die Elektroden A und K. Die Flüssigkeit ist eine beliebige Salzlösung. Die Ionen wandern radial durch sie hindurch. Der Trog wird auf den N-Pol eines Stabmagneten gesetzt. Die magnetischen Feldlinien treten also angenähert senkrecht durch den Flüssigkeitsring hindurch. Jetzt werden die bewegten Ionen wie jeder Strom durch das Magnetfeld abgelenkt. Diese Ablenkung steht senkrecht zur Wanderungsrichtung der Ionen und senkrecht zu den magnetischen Feldlinien (Abb. 187). Die Reibung zwischen Ionen und Flüssigkeit überträgt die seitliche Bewegung der Ionen auf die Flüssigkeit. Die Flüssigkeit beginnt lebhaft im Sinne der Pfeilspitzen zu kreisen. Ein kleiner Korkschwimmer mit Fähnchen macht die Bewegung weithin sichtbar. Bei Umkehr der Stromrichtung wechselt der Drehsinn.

Die Reibung der Ionen bewirkt die bekannte Erwärmung der Strombahn. Sie wird meist kurz als „Stromwärme" oder als „Joulesche Wärme" bezeichnet. Man berechnet sie aus Gl. (18) von S. 38 folgendermaßen: Ein Strom I fließt während der Zeit t. Dabei wandern zwei Kolonnen positiver und negativer Ionen in entgegengesetzter Richtung. Formal betrachtet (§ 92!) wird dabei in der Zeit t eine Ladung $q = I\,t$ von der einen Elektrode bis zur anderen herübergebracht (s. § 92!). Bei diesem Transport leistet das elektrische Feld die Arbeit $q \cdot U$. Diese erscheint als Wärme Q. Durch Division mit der Flußzeit t bekommen wir die Wärmeleistung

$$\boxed{\dot{W} = I \cdot U} \tag{191}$$

oder nach Einführung des Widerstandes $R = U/I$

$$\boxed{\dot{W} = I^2\,R.} \tag{192}$$

Einheit: Voltampere = Watt.

Zur Umrechnung dieser in elektrischem Maße gemessenen Wärmeleistung auf das kalorische Maß dient die Gl. (19) v. S. 38. Das hier speziell für elektrolytische Leitung hergeleitete Ergebnis gilt ganz allgemein: haben wir doch nur von zwei für jeden Leitungsstrom gültigen Gleichungen Gebrauch gemacht.

Die Stromwärme in einem elektrolytischen Leiter zeigt man recht eindrucksvoll am eigenen Körper. Man schickt beispielsweise durch Arme und Schultergürtel einen Leitungsstrom von einigen Ampere hindurch (Abb. 357).

---

[1] In obigen Beispielen liefert jedes Molekül ein Ionenpaar, bestehend aus je einem einwertigen positiven und negativen Ion. In diesen Fällen ist die Ionenzahldichte N_v' für beide Vorzeichen gleich der Molekülzahldichte N_v. Im allgemeinen ist jedoch $N_v' > N_v$ und für positive und negative Ionen verschieden. Beispiel: Ein Fe_2O_3-Molekül zerfällt in zwei dreiwertige positive Fe-Ionen ($z = 3$) und drei zweiwertige negative O-Ionen ($z = 2$). Gleich sind für beide Vorzeichen nur die Produkte $N_v'\,z\,e$, also $2\,N_v\,3\,e = 3\,N_v\,2\,e$.

Dann spürt man, namentlich in den Handgelenken (engste Strombahn!), eine intensive Erwärmung.

Man darf diesen Versuch keinesfalls mit Gleichstrom ausführen. Die Ionen des Zellinhaltes wandern im elektrischen Felde bis an die Zellgrenzen. Dadurch entstehen Konzentrations-änderungen im Zellinhalt. Bei kleinen Strömen $[I < 10^{-2}\text{Ampere (Abb. 35)}]$ können die Konzentrations-änderungen keine nennens-werten Beträge erreichen. Denn die thermische Dif-fusion gleicht sie ständig

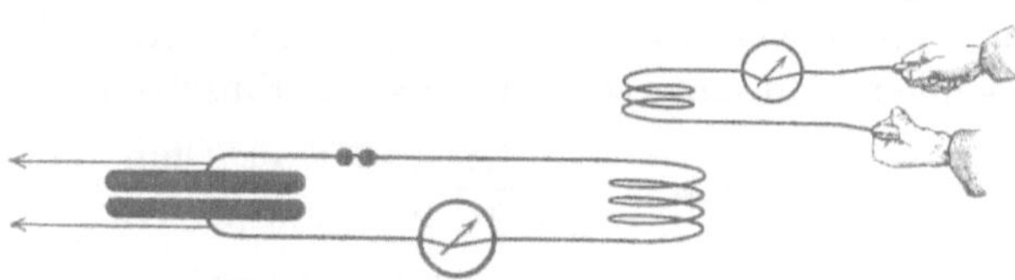
Abb. 357. Physiologische Unwirksamkeit hochfrequenter Wechsel-ströme.

wieder aus. Bei Strömen von einigen Ampere aber reicht die Gegenwirkung der Diffusion nicht mehr im entferntesten aus. Derartige Ströme bewirken schon in Bruchteilen einer Sekunde gefährliche chemische Änderungen des Zellinhaltes.

Man muß statt des bei höheren Stromstärken lebensgefährlichen Gleichstromes hochfrequente Wechselströme benutzen ($n > 10^5\,\text{sec}^{-1}$). Dann kann bei der bekannten Langsamkeit der Ionenwanderung in der kurzen Zeit einer Halb-periode (etwa Wellenberg) nicht einmal eine zur Reizung ausreichende Konzen-trationsänderung entstehen. Überdies wird sie sogleich bei der folgenden Halb-periode entgegengesetzter Stromrichtung (Wellental) wieder rückgängig gemacht.

Dieses Rückgängigmachen wird am vollkommensten bei ganz symmetrischen Wechselstromkurven erreicht. Bei der Herstellung der Wechselströme durch elektrische Schwingungen müssen diese also möglichst ungedämpft sein (vgl. § 147).

Bei Frequenzen in der Größenordnung $10^8\,\text{sec}^{-1}$ brauchen die Elektroden den Körper nicht zu berühren. Man kann den Körper frei zwischen die Elektroden stellen. Dann hat man das Schema der Abb. 66 b. Es handelt sich um eine periodische Wiederholung des Influenzvorganges: Bei jedem Wechsel der Feldrichtung wird der Körper von einem kurz dauernden Strom durchflossen. Diese Art der Wechselstromheizung wird in der Medizin „Bestrahlung mit Kurzwellen" genannt. Sie hat jedoch weder etwas mit Strahlen noch mit Wellen zu tun.

§ 107. Beweglichkeit der Ionen. Die elektrolytische Leitung befolgt das Ohmsche Gesetz, man findet Strom und Spannung einander proportional. Folglich haben die Ionen eine konstante Beweglichkeit v (S. 157), und es gilt für die spezifische Leitfähigkeit $\varkappa$ die Gleichung

$$\varkappa = (N_v'\, z\, e\, v)_+ + (N_v'\, z\, e\, v)_- \qquad \text{(180) v. S. 158}$$

In ihr ist
$$N_v' = \frac{\text{Zahl der Ionen eines Vorzeichens}}{\text{Volumen der Lösung}}.$$

Im allgemeinen ist diese Ionenzahldichte N_v' größer als die Molekülzahldichte
$$N_v = c\,N$$
$$\left(\text{Konzentration } c = \frac{\text{Masse des gelösten Stoffes}}{\text{Volumen der Lösung}};\ N = \frac{\text{Molekülzahl}}{\text{Masse}} = \frac{6{,}02 \cdot 10^{26}}{\text{Kilomol}}\right)$$

und für positive und negative Ionen verschieden groß. Im allgemeinen zerfällt jedes in die Lösung gebrachte Molekül in mehrere Ionen beider Vorzeichen[1]. In den einfachen in Tabelle 10 zusammengestellten Fällen entstehen jedoch aus einem Molekül nur je ein positives und negatives Ion. Folglich wird für beide Ionensorten $N_v' = N_v$, man erhält statt Gl. (180)

$$\boxed{\varkappa/N_v = (z\, e)\,(v_+ + v_-)} \qquad \text{(181)}$$

---

[1] Vgl. Anm. 1 auf S. 190.

und kann die in Tabelle 10 experimentell bestimmten Größen $\varkappa/N_v$ direkt benutzen. Bekannt sind auch die übrigen in Gl. (181) vorkommenden Größen, nämlich die Wertigkeit z und die Elemantarladung $e = 1{,}6 \cdot 10^{-19}$ Amperesekunde. Folglich kann man die Gl. (181) benutzen, um $(v_+ + v_-)$, d. h. die Summe beider Ionenbeweglichkeiten zu berechnen. Beispiel: Für eine sehr verdünnte NaCl-Lösung ist $\varkappa/N_v = 1{,}81 \cdot 10^{-26}$ m²/Ohm. Na- sowohl als auch Cl-Ionen sind einwertig, also $z = 1$. Einsetzen dieser Werte in (181) ergibt

$$(v_+ + v_-) = \frac{1{,}81 \cdot 10^{-26} \text{ m}^2/\text{Ohm}}{1{,}60 \cdot 10^{-19} \text{ Amperesek.}} = 11{,}3 \cdot 10^{-8} \frac{\text{m/sec}}{\text{Volt/m}}.$$

Die Beweglichkeit der Ionen in Wasser ist also um drei Zehnerfaktoren kleiner als die der Ionen in Zimmerluft oder in anderen Gasen von Atmosphärendruck. Das ist im wesentlichen eine Folge der viel größeren inneren Reibung der Flüssigkeiten.

Mit Hilfe von Gl. (181) erhält man nur die Summe beider Beweglichkeiten. Man kann aber auch die Einzelwerte messen (Tabelle 11). Am einfachsten gelingt das bei lichtabsorbierenden, also als Farbstoff wirkenden Ionen, z. B. bei den roten MnO_4-Ionen.

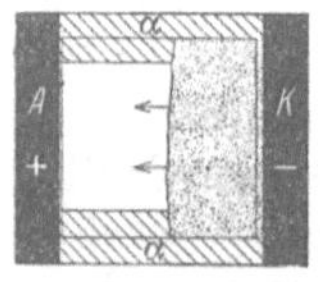

Abb. 358. Zur sichtbaren Wanderung gefärbter Ionen.

Man stellt sich in Abb. 358 mit einer großen und einer kleinen Glasplatte und zwei Fließpapierstreifen α eine ganz flache Kammer her und füllt diese mit verdünnter farbloser KNO_3-Lösung. Dann setzt man vor beide Öffnungen der Kammer je einen Blechstreifen als Elektrode, die Anode ganz dicht an die Kammer, die Kathode in 1 mm Abstand. In den engen Zwischenraum bringt man etwas $KMnO_4$-Lösung. Nach dem Anlegen der Spannung (220 Volt) sieht man von der Kathode aus eine rote Wolke mit recht scharfer Grenze zur Anode vorrücken. Im klaren Teil wandern unsichtbare NO_3-Anionen, im roten Teil MnO_4-Anionen. Außerdem wandern in beiden Teilen unsichtbare K-Kationen. Bei Umkehr der Feldrichtung läuft die Wolke zurück. Man kann mit einer Stoppuhr die Geschwindigkeit u_+ messen, ihre Proportionalität zur Feldstärke $\mathfrak{E}$ prüfen und das Verhältnis beider, die Beweglichkeit $v_+ = u_+/\mathfrak{E}$ mit guter Näherung bestimmen. — Dieser Versuch ist recht eindrucksvoll.

Tabelle 11. Beweglichkeiten von Ionen in sehr verdünnten wäßrigen Lösungen von 18° C.

Kationen	Beweglichkeit v_+ in $10^{-8}\frac{\text{m/sec}}{\text{Volt/m}}$	Anionen	Beweglichkeit v_- in $10^{-8}\frac{\text{m/sec}}{\text{Volt/m}}$
K	6,5	J	6,7
Na	4,4	Br	6,8
Li	3,3	Cl	6,6
H	32 (!)	OH	17,4
Ag	5,4	NO_3	6,2
Zn	4,5	MnO_4	5,3

§ 108. Die Ueberführung. Die Abb. 359a zeigt das Schattenbild eines Glastroges mit zwei Silberelektroden in einer wäßrigen Lösung von Silbernitrat. Nach Einschalten des Stromes steigt von der Kathode aus eine Schliere nach oben, von der Anode aus sinkt eine Schliere nach unten. Vor der Kathode nimmt die Dichte der Lösung ab, vor der Anode zu. In Abb. 359b — wäßrige HCl-Lösung zwischen Kohleelektroden — vermindert sich die Dichte der Lösung vor beiden Elektroden, beide Schlieren steigen nach oben (etwas verzerrt durch gleichzeitig aufsteigende Gasblasen). Diese Dichteänderungen entstehen durch Ab- und Zunahme der Menge der Ionenpaare, also des gelösten $AgNO_3$ und des gelösten HCl. Derartige Änderungen der Lösungen als Begleiterscheinung der Elektrolyse hat J. W. Hittorf „Überführung" genannt (1853). Mit ihrer Hilfe kann man das Verhältnis der Ionenbeweglichkeiten v_+/v_- messen. Bisher war aus der Gl. (181) nur die Summe $(v_+ + v_-)$ bekannt. Beide zusammen lassen auch die Einzelgrößen v_+ und v_- bestimmen. Deswegen erläutern

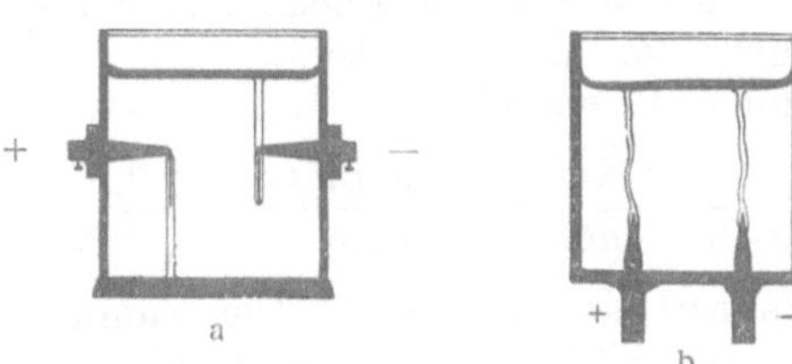

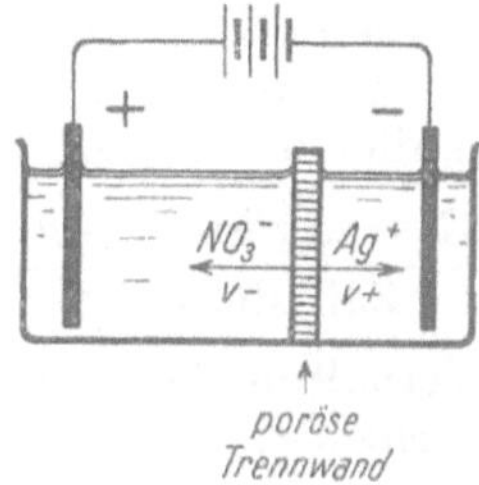

Abb. 359a und b. Überführung als Begleiterscheinung elektrolytischer Leitung. Die Dichteänderungen werden durch Schlieren im Schattenbild sichtbar gemacht. — In Abb. 359a erfolgt eine Überführung mit Sekundärreaktion (AgNO₃-Lösung zwischen Ag-Elektroden); in Abb. 359b ohne Sekundärreaktion HCl in Wasser zwischen Kohleelektroden. Um die Störung der Schlieren durch Gasblasen zu vermindern, läßt man den Strom ($\approx$ 1,5 Amp.) nur etwa 1 sec lang fließen.

Abb. 360. Zur quantitativen Behandlung der Überführung in wäßriger AgNO₃-Lösung.

wir die Entstehung der Überführung und ihre quantitative Auswertung am Beispiel der AgNO₃-Lösung.

Zu diesem Zweck setzen wir irgendwo zwischen die Elektroden eine poröse Trennwand (Abb. 360) und unterteilen so das ganze Gefäß in eine Kathodenkammer (rechts) und eine Anodenkammer (links). Dann können die Schlieren, wenn sie die Flüssigkeitsoberfläche und den Gefäßboden erreichen, sich seitlich nur bis zu dieser Trennwand ausbreiten. Auch andere, z. B. durch Temperaturdifferenzen oder durch Umrühren verursachte Flüssigkeitsströmungen werden von der Trennwand aufgehalten. Hingegen können die Ionen, vom elektrischen Felde gezogen, die Poren unbehindert passieren.

Die Zahlen n_K und n_A der Ionenpaare oder Silbernitratmoleküle in der Kathodenkammer und in der Anodenkammer lassen sich durch Wägung bestimmen. (Man braucht nur die gewogenen Massen M mit den spezifischen Molekülzahlen $N = n/M = 6{,}02 \cdot 10^{26}$/Kilomol zu multiplizieren, also z. B. für AgNO₃ mit $N = 3{,}54 \cdot 10^{24}$/kg.) Die Differenzen zwischen den Werten vor und nach dem Versuch ergeben die vom Strom bewirkten Änderungen Δn_K und Δn_A.

Fließt der Strom, so wandern die Kolonnen der positiven Ag-Ionen nach rechts, die der negativen NO₃-Ionen nach links. Die Zahlen der die Trennwand passierenden Ionen sind den Beweglichkeiten proportional. Sie sind also, falls a einen Proportionalitätsfaktor bezeichnet, $a\,v_+$ für die nach rechts wandernden positiven Ag-Ionen und $a\,v_-$ für die nach links wandernden negativen NO₃-Ionen. Am Schluß des Versuches ergeben sich für beide Kammern die folgenden Bilanzen:

Kathodenkammer (rechts)

durch Einwanderung	gewonnen	$a\,v_+$ Ag-Ionen
durch Auswanderung	verloren	$a\,v_-$ NO₃-Ionen.

Die eingewanderten $a\,v_+$ Ag-Ionen und die zurückgebliebenen positiven Partner der ausgewanderten $a\,v_-$ NO₃-Ionen, also insgesamt $a\,(v_+ + v_-)$ Ag-Ionen werden, unter Aufnahme von Elektronen auf der Kathode als Atome abgeschieden. Dadurch gehen der Lösung

	verloren	$a\,(v_+ + v_-)$ Ag-Ionen.

Die Summierung dieser drei Posten ergibt für die Kathodenkammer einen Gesamtverlust $\Delta n_K = a\,v_-$ Ionenpaare oder AgNO₃-Moleküle.

Anodenkammer (links)

durch Einwanderung	gewonnen	$a\,v_-$ NO₃-Ionen
durch Auswanderung	verloren	$a\,v_+$ Ag-Ionen.

Die eingewanderten $a\,v_-$ NO_3-Ionen und die zurückgebliebenen negativen Partner der ausgewanderten $a\,v_+$ Ag-Ionen, also insgesamt $a\,(v_+ + v_-)\,NO_3$-Ionen, entziehen in sekundärer Reaktion der Anode Silberionen (die ihre Elektronenpartner in der Anode zurücklassen). So werden für die Lösung

$$\text{gewonnen} \qquad a\,(v_+ + v_-)\,\text{Ag-Ionen.}$$

Die Summierung dieser drei Posten ergibt für die Anodenkammer einen Gesamtgewinn $\Delta n_A = a\,v_-$ Ionenpaare oder $AgNO_3$-Moleküle.

Aus diesen Bilanzen kann man dann z. B. entnehmen

$$\frac{\text{Gesamtverlust } \Delta\,n_K \text{ an Ag-Ionen in der Kathodenkammer}}{\text{Zahl der auf der Kathode abgeschiedenen Ag-Atome}} = \frac{v_-}{v_- + v_+}$$

Dies Verhältnis heißt Überführungszahl des Anions. Die Summe der Beweglichkeiten $(v_- + v_+)$ war bereits aus Gl. (181) von Seite 191 bekannt. Summe und Überführungszahl zusammen ergeben die Einzelwerte v_- und v_+ (vgl. Tab. 11).

In entsprechender Weise lassen sich Überführungen auch in komplizierten Fällen behandeln, an denen gleichzeitig mehrere Sorten von Anionen und Kationen mit verschiedenen Wertigkeiten beteiligt sind (vgl. Schluß von § 93).

Überführung kann nur auftreten, wenn außer den beiden Elektrizitätsträgern entgegengesetzten Vorzeichens noch andere, im Felde nicht wandernde Moleküle zwischen den Elektroden vorhanden sind. Sie müssen ein flüssiges oder festes „Lösungsmittel" bilden. Nur diesem gegenüber ist für beide Trägersorten je eine eigene Beweglichkeit definiert. Ohne das im Felde nicht wandernde Lösungsmittel kann nur die Summe $(v_+ + v_-)$ als relative Geschwindigkeit zwischen beiden Trägersorten eine physikalische Bedeutung erhalten. — Wir können, späterem vorausgreifend, Überführungen wohl für feste Salze und für feste Metalle definieren und messen, aber nicht für zusatzfreie geschmolzene Salze und nicht für zusatzfreie flüssige Metalle: Für eine flüssige Metallegierung wird eine Überführung in § 113, Abb. 365a, vorgeführt werden.

§ 108a. Technische Anwendungen der Elektrolyse wäßriger Lösungen. Die elektrolytische Leitung in wäßrigen Lösungen besitzt erhebliche technische Bedeutung. Man benutzt z. B. die an der Kathode ankommenden Metallionen zur Herstellung von Metallüberzügen (Vernickelung, Verchromung usw.) und zur Gewinnung reiner Metalle („Elektrolytkupfer").

Außerdem nennen wir noch kurz die Herstellung isolierender Oberflächenschichten durch elektrolytische Leitung insbesondere auf Aluminium (Eloxal-Verfahren). Beispiel: In Abb. 361 stehen eine Aluminium- und eine Bleielektrode in der wäßrigen Lösung eines Alkaliborates. E ist eine Stromquelle von etwa 40 Volt Spannung. Mit der Aluminiumplatte als Kathode fließen unter lebhafter Gasentwicklung etliche Ampere durch die elektrolytische Zelle hindurch. Ganz anders aber bei Stromumkehr. Der Strom sinkt in wenigen Sekunden praktisch auf Null herunter. Aluminium als Anode überzieht sich mit einer unsichtbaren isolierenden Schicht. Sie hält einer Spannung von etwa 40 Volt gegenüber stand. Der Überzug besteht wahrscheinlich aus einer unlöslichen Aluminiumverbindung und einer Sauerstoffhaut.

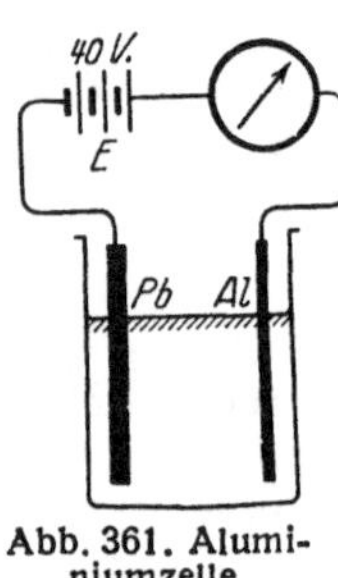

Abb. 361. Aluminiumzelle.

Diese sogenannte „Aluminiumzelle" wird in zweifacher Weise benutzt:

1. Als Gleichrichter oder Ventil. Man ersetzt die Batterie E in Abb. 361 durch eine Wechselstromquelle von weniger als 40 Volt Spannung. Die Zelle läßt

nur die eine Halbwelle eines Wechselstromes hindurch, das Drehspulamperemeter zeigt einen Gleichstrom an.

2. Als Kondensator großer Kapazität. Das Aluminiumblech und der Elektrolyt bilden die Platten eines Kondensators, die dünne, unsichtbare isolierende Haut sein Dielektrikum. Der Plattenabstand ist sehr gering, die Kapazität daher nach Gl. (8) sehr hoch. Sie kann pro Quadratzentimeter Plattenoberfläche einige Mikrofarad erreichen.

Technische Bauart entsprechend Abb. 95, jedoch die Papierstreifen als Träger der Elektrolytlösung. Kapazität des einzelnen „Elektrolytkonsensators" 10^{-3} bis 10^{-2} Farad.

§ 109. Ionenleitung in geschmolzenen Salzen und in unterkühlten Flüssigkeiten (Gläsern).

Die bisherigen Beispiele der Ionenleitung in Flüssigkeiten benutzen durchweg wäßrige Lösungen von Salzen und Säuren. In anderen Lösungsmitteln, z. B. Alkohol und Äther, ist die Dissoziation erheblich geringer.

Auch in geschmolzenen Salzen und Basen findet sich eine erhebliche elektrolytische Dissoziation. Wir nennen als Beispiele geschmolzenes NaCl (Kohlenelektroden!) oder geschmolzenes NaOH. Quantitative Angaben folgen in § 112. Die Elektrolyse derartiger Schmelzen spielt in der modernen Metallurgie eine große Rolle.

Weiter ist die elektrolytische Leitung der Gläser zu nennen. Ein Glas gleicht in vielem einer unterkühlten Flüssigkeit von sehr großer innerer Reibung. Jeder feste Körper hat einen wohldefinierten Schmelzpunkt. Glas hingegen hat keinen Schmelzpunkt. Bei Erhitzung sinkt nur ganz kontinuierlich die innere Reibung. Erst wird das Glas zähflüssig wie Pech, dann dünnflüssig wie ein Öl.

Zum Nachweis der elektrolytischen Leitung von Glas kann eine gewöhnliche gasleere Glühlampe mit Wolframdraht dienen. Man läßt sie gemäß Abb. 362 mit dem unteren Drittel in eine flüssiges $NaNO_3$ enthaltende Eisenschale A (etwa 300°) tauchen. Die Eisenschale wird mit dem positiven Pol der städtischen Zentrale verbunden. Der Strom läuft von der glühenden Wolframspirale als Kathode bis zur Glaswand als unsichtbarer Elektronenstrom. Dann läuft er durch die Glaswand als elektrolytischer Strom. Die positiv geladenen Natriumionen wandern von der Anode A aus durch das Glas hindurch bis zu dessen Innenwand. Dort werden sie durch Vereinigung mit Elektronen entladen. Auf der Innenwand scheidet sich das metallische Natrium aus, es verdampft und schlägt sich am kalten Lampenhals als glänzender Spiegel nieder. Bei diesem Versuch ist das Glas noch fest. Es hält den äußeren Luftdruck aus. Die Ionen können also bei hinreichender Feldstärke noch durch außerordentlich zähe Flüssigkeiten hindurchwandern.

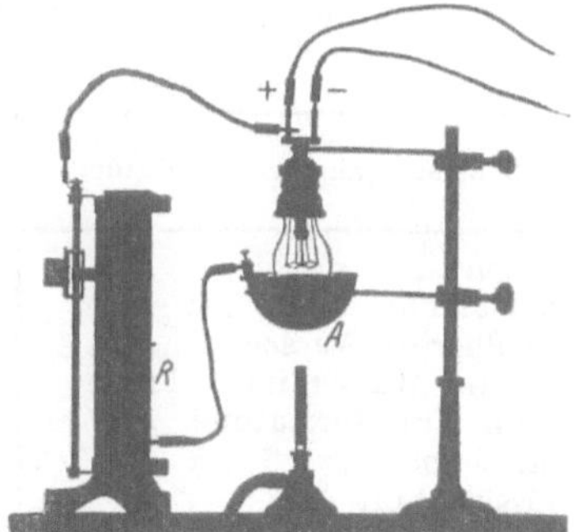

Abb. 362. Ionenwanderung durch festes Glas. $R =$ Schutzwiderstand.

Der spezifische Widerstand elektrolytischer Leiter sinkt mit steigender Temperatur (§ 106). Der Temperaturkoeffizient von σ ist negativ. Das kann man drastisch mit einem elektrolytisch leitenden Glasstab vorführen. In Abb. 363 denke man sich einen bleistiftstarken Glasstab zwischen zwei Metallfedern als Elektroden eingeklemmt. Als Stromquelle dient die städtische Zentrale (220 Volt). Der Strommesser hat einen Meßbereich bis etwa 50 Ampere. R ist ein Schutzwiderstand von etwa 5 Ohm. Er soll ein übermäßiges Anwachsen des Stromes und ein Durchbrennen der Sicherungen verhindern.

Bei Zimmertemperatur ist der Strom unmeßbar klein, das Voltmeter zeigt 220 Volt als Spannung U zwischen den beiden Enden des Stabes. Glas ist ja bei Zimmertemperatur ein recht guter Isolator. Anders bei Erhitzung durch einen Bunsenbrenner. Noch vor Rotglut zeigt sich ein meßbarer Strom. Sogleich wird der Bunsenbrenner entfernt. Trotzdem steigt der Strom I weiter. Je größer der Strom, desto stärker die Heizung durch die Stromwärme. Nach kurzer Zeit ist der Glasstab weißglühend. Wenige Augenblicke später schmilzt er durch und tropft herunter.

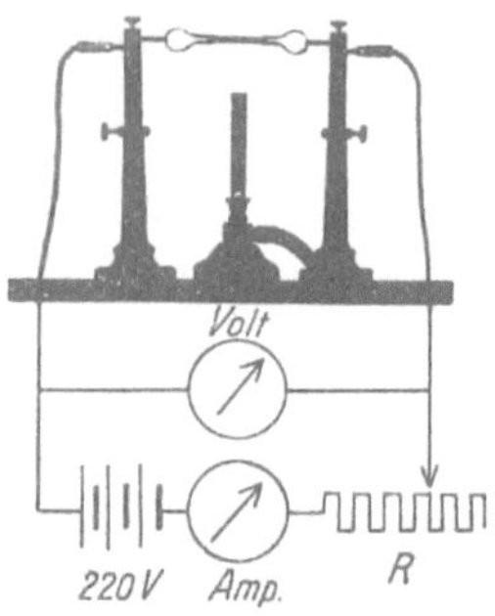

Abb. 363. Temperaturabhängigkeit der Ionenleitung in Glas.

Dieser Versuch ist noch in anderer Hinsicht lehrreich. Bei der selbständigen Gasentladung, speziell dem Lichtbogen, ist uns die fallende Charakteristik begegnet (Abb. 350): Bei Zunahme des Stromes sinkt die Spannung U zwischen den Enden der Strombahn. Dasselbe können wir hier an unserem Glasstab beobachten. Im Falle des Glasstabes ist die Ursache leicht zu erkennen. Der Strom erwärmt den Leiter und verkleinert dadurch seinen spezifischen Widerstand. Ähnliches gilt bei der Gasentladung. Auch beim Lichtbogen kann man den Strom nicht allein ändern. Man ändert stets gleichzeitig die Temperatur der Leitungsbahn und der Elektroden, und damit auch andere Faktoren. Durch die mangelnde Trennung der einzelnen Variabeln entsteht dann die komplizierte Stromspannungskurve der fallenden Charakteristik.

§ 110. Leitung in Flüssigkeiten von hohem spezifischem Widerstand. Nach § 15 gibt es zwischen Leitern und Isolatoren einen stetigen Übergang. Ein Isolator ist ein Leiter von extrem hohem spezifischem Widerstand. Das gilt von Flüssigkeiten nicht minder als von festen Körpern. Die Tabelle 11a gibt einige Beispiele solcher schlecht leitenden oder gut isolierenden Flüssigkeiten.

Reinstes Wasser wird durch Vakuumdestillation hergestellt. Die Leitung in ihm ist besonders gründlich untersucht worden. Es handelt sich um eine echte Ionenleitung. Ein sehr kleiner Bruchteil des Wassers (bei 25° etwa 1,8 mg $= 10^{-7}$ Kilomol je m³) ist in positive H- und negative OH-Ionen gespalten[1].

Bei den hochisolierenden Flüssigkeiten handelt es sich überwiegend um eine unselbständige Leitung. Die Träger sind meist fremde, als Verunreinigungen vorhandene Moleküle.

Tabelle 11a.

Substanz (Zimmertemperatur)	Spezifischer Widerstand σ in Ohm · m
Azeton	$1,4 \cdot 10^1$
Äthylalkohol	$5 \cdot 10^4$
Destilliertes Wasser	10^3—10^5
Reinstes Wasser im Vakuum .	$2,5 \cdot 10^5$
Öl für Transformatoren	10^{11}—10^{12}
Petroleum	10^{14}
Flüssige Luft	10^{16}

Man kann sie zum Teil durch mehrfache Umdestillation im Vakuum entfernen. Ein weiterer Teil läßt sich durch tagelanges Anlegen elektrischer Felder herausziehen. Die schließlich auch in der reinsten Flüssigkeit ver-

---

[1] Die Masse von 1 m³ Wasser ist 55,6 Kilomol. Es ist also bei 20 Grad C der Dissoziationsgrad des Wassers $\alpha = 10^{-7}$ Kilomol/55,6 Kilomol $= 1,8 \cdot 10^{-9}$. — Dabei ist die Konzentration beider Ionensorten gleich groß, es ist $[c_{H^+}] = [c_{OH^-}] = 10^{-7}$ Kilomol/m³, das Produkt beider also 10^{-14} Kilomol²/m⁶. Dies Produkt bleibt erhalten, wenn man die Konzentration der einen Ionensorte erhöht, z. B. durch Zusatz von HCl im Betrage 10^{-2} Kilomol/m³. Dann sind $[c_{H^+}] = 10^{-2}$ Kilomol/m³, also $[c_{OH^-}] = 10^{-12}$ Kilomol/m³. Diese hohe Konzentration der H+-Ionen macht die Lösung stark sauer. Vgl. auch S. 298.

bleibenden Träger sind Ionen. Sie entstehen aus den Molekülen der Flüssigkeit selbst. Es kann noch eine äußerst geringe elektrolytische Dissoziation vorliegen. Im wesentlichen handelt es sich aber, genau wie bei der spontanen Leitung der Luft, um eine Ionenbildung durch die überall vorhandene Strahlung radioaktiver Substanzen. Diese bilden z. B. im Hexan rund 200 Ionen je Sekunde und Kubikzentimeter, also etwa 20mal mehr als in Luft. Einer der Gründe für diesen Unterschied ist klar: Hexan absorbiert die ionisierenden Strahlen stärker als die Luft mit ihrer geringen Dichte.

§ 111. Leitung in festen Körpern. Allgemeines und Gliederung. Wir erinnern kurz an den Aufbau fester Körper. In festen Körpern bilden die Atome oder Moleküle „Kristallgitter". In diesen haben wir drei große Gruppen zu unterscheiden:

Erstens die **Ionengitter** der Salzkristalle, z. B. das NaCl-Gitter in Abb. 364. In ihnen sind die einzelnen Gitterpunkte von Ionen besetzt, man findet die Ionen nicht mehr paarweise zu Molekülen vereinigt. Man kann höchstens einen ganzen Kristall als ein Riesenmolekül $(NaCl)_n$ auffassen.

Zweitens die **Molekülgitter** der organischen Verbindungen. In ihnen bleibt die Vereinigung von Atomen zu einzelnen Molekülen auch im Gitterverband erhalten.

Drittens die **Gitter der metallischen Bindung**. Meist handelt es sich um enge Kugelpackungen. In einem Gitterwerk positiver Ionen sind ständig wanderfähige Elektronen vorhanden. Die technisch so eminent wichtige metallische Bindung gibt es nur im flüssigen und im festen Zustand. In einem Dampf kann man nicht von einem Metallatom sprechen. Ob eine metallische Bindung vorliegt, kann man optisch nie mit dem Auge, sondern nur durch Absorptions- oder Reflexionsmessungen im langwelligen Ultrarot entscheiden.

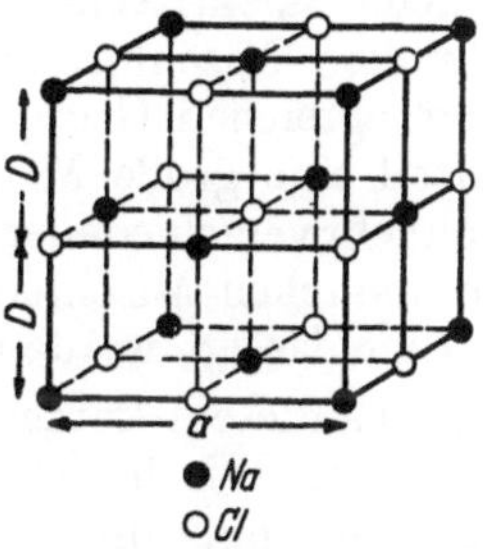

Die meisten festen Körper zeigen ein mikrokristallines Gefüge, z. B. Marmor. Sie sind wie ein unregelmäßiges Mauerwerk aus zahllosen kleinen Kristallen mit sehr dünnen, dem Mörtel entsprechenden Fugen zusammengesetzt. Man denke an die bekannten mikrophotographischen Bilder von Gesteins-Dünnschliffen oder angeätzten Metallflächen. — Ungleich seltener als mikrokristalline Gefüge sind feste Körper in Form von **Einkristallen**. Dabei brauchen Einkristalle äußerlich keineswegs eine Kristallform im Sinne der Umgangssprache zu zeigen. Eine NaCl-Schmelze liefert z. B. beim Erstarren in einem kreisrunden Gefäß einen kreisrunden Block; trotzdem kann dieser Block ein Einkristall sein und sich leicht in kistenförmige Blöcke zerspalten lassen.

Auch Einkristalle sind in Wirklichkeit keineswegs einheitlich. Sie sind immer in zahllose mehr oder minder fehlerhaft aneinandergepreßte **Bereiche** unterteilt. Ferner ist kein Kristall ein starres Gebilde ohne inneres Geschehen. Die Wärmebewegung fester Körper besteht zwar überwiegend aus elastischen **Schwingungen** sehr hoher Frequenz, zum Teil aber auch aus einem **Platzwechsel** einzelner Atome oder Moleküle. In jedem Kristall können eigene Bausteine oder fremde Moleküle diffundieren.

Die Diffusion, d. h. ein Ortswechsel in der Wärmebewegung, kann in einem Kristallgitter auf zweierlei Weise zustande kommen. Entweder rücken einzelne

Abb. 364. Na- und Cl-Ionen im Steinsalzgitter. Der Übersichtlichkeit halber sind die Durchmesser zu klein gezeichnet worden. In Wirklichkeit berühren sich benachbarte Ionen nahezu. — „Kristallographische" Gitterkonstante $a = 5{,}6 \cdot 10^{-10}$ m; „optische" $D = 2{,}8 \cdot 10^{-10}$ m.

Bausteine aus ihren normalen Gitterplätzen heraus in die Zwischenräume zwischen den Gitterebenen und laufen dort bis zu einem zuvor frei gewordenen Gitterplatz. Oder von den Kristalloberflächen aus (und zwar sowohl den äußeren wie den inneren der mikrokristallinen Bereiche!) rücken unbesetzte Gitterplätze, kurz „Lücken" oder „Löcher" genannt, in das Kristallinnere hinein. Dann darf man sagen, daß eine Lücke diffundiert. Das ist lediglich ein anderer Ausdruck für die Diffusion eines Gitterbausteines in der entgegengesetzten Richtung: Ohne den Weg über Zwischengitterplätze zu benutzen, kann ein Gitterbaustein nur dadurch vorrücken, daß er seinen Platz mit dem einer benachbarten Lücke vertauscht.

Die diffundierenden Atome oder Moleküle können elektrisch geladen sein, also aus Ionen bestehen. Dann bekommt die Diffusion im elektrischen Felde eine Vorzugsrichtung: so entsteht eine Ionenleitung. Außerdem sind in vielen Stoffen vorübergehend oder dauernd frei bewegliche Elektronen vorhanden. Auch ihre Diffusion bekommt im elektrischen Feld eine Vorzugsrichtung: so entsteht eine Elektronenleitung. Beide Formen der Leitung lassen sich im Sinne von Grenzfällen für sich allein verwirklichen. Ganz überwiegende Ionenleitung zeigen etliche Salzkristalle, z. B. NaCl. Ganz überwiegende Elektronenleitung zeigen Metalle. Mischformen von Elektronen- und Ionenleitung finden sich in der umfangreichen Gruppe der Mischleiter. Bei ihnen verursacht der Elektronenanteil eine große Mannigfaltigkeit der Erscheinungen. Die Elektronen können von sehr verschiedener Herkunft sein. Auch das soll der Name Mischleiter andeuten. In manchen Mischleitern kann die Ionenleitung neben der Elektronenleitung vernachlässigt werden. Derartige Mischleiter nennt man Halbleiter.

Aus diesem kurzen Überblick ergibt sich die Gliederung der folgenden Paragraphen. Wir behandeln der Reihe nach feste Körper mit ganz überwiegender Ionenleitung, mit ganz überwiegender Elektronenleitung und schließlich die Mischleiter. Für jede dieser Gruppen bringen wir einige typische Beispiele.

§ 112. Ionenleitung in Salzkristallen. Die Tabelle 11b bringt einige quantitative Angaben über die elektrische Leitfähigkeit geschmolzener Salze. Das Verhältnis $\varkappa/N_v$, der Beitrag der einzelnen Ionenpaare zur Leitfähigkeit, ist von gleicher Größenordnung wie in wäßrigen Lösungen (Tabelle 10, S. 189). Das ist nicht verwunderlich: In beiden Fällen werden die Ionen vom elektrischen Felde durch eine Flüssigkeit hindurchgezogen. —

Tabelle 11b. Spezifische Leitfähigkeit geschmolzener Salze dicht oberhalb ihres Schmelzpunktes.

Salz	Schmelztemperatur Grad C	Molekulargewicht (M)	$= \dfrac{\text{Masse } M}{\text{Volumen } V}$ in $\dfrac{\text{kg}}{\text{m}^3}$	Molekülzahldichte $N_v = \varrho\,N = \dfrac{\text{Molekülzahl } n}{\text{Volumen } V}$ in m^{-3}	Spezif. Leitfähigkeit $\varkappa$ in $\text{Ohm}^{-1}\cdot\text{m}^{-1}$	Spez. Leitfähigkeit $\varkappa$ $\dfrac{}{\text{Molekülzahldichte } N_v}$ in $\dfrac{\text{m}^2}{\text{Ohm}}$
KF	850	58,1	1910	$1{,}98 \cdot 10^{28}$	295	$1{,}49 \cdot 10^{-26}$
KCl	770	74,6	1530	$1{,}23 \cdot 10^{28}$	224	$1{,}82 \cdot 10^{-26}$
KBr	730	119	2120	$1{,}07 \cdot 10^{28}$	158	$1{,}48 \cdot 10^{-26}$
KJ	680	166	2450	$0{,}89 \cdot 10^{28}$	123	$1{,}38 \cdot 10^{-26}$
AgCl	455	143,4	4850	$2{,}04 \cdot 10^{28}$	444	$2{,}18 \cdot 10^{-26}$
AgBr	429	187,8	5580	$1{,}78 \cdot 10^{28}$	339	$1{,}90 \cdot 10^{-26}$
AgJ	555	234,8	5590	$1{,}43 \cdot 10^{28}$	217	$1{,}51 \cdot 10^{-26}$

N = spezif. Molekülzahl = Molekülzahl n/Masse M = $6{,}02 \cdot 10^{26}$/Kilomol.

Beim Unterschreiten der Schmelztemperatur erstarrt das Salz, und gleichzeitig verkleinert sich seine Leitfähigkeit sprungweise: in KBr z. B. fällt sie auf rund den zehntausendsten Teil, in AgBr auf rund den zehnten Teil, Kurvenstücke $\beta\gamma$ in Abb. 365. Bei weiterer Abkühlung sinkt die Leitfähigkeit dann stetig, Kurvenstücke $\gamma\delta$; bei kleineren Temperaturen verlangsamt sich der Abfall, Kurvenstücke $\delta\varepsilon$. —

Deutung: Beim Erstarren müssen sich die Ionen in den Verband des Kristallgitters (Abb. 364) einfügen. Dadurch verlieren sie ihre Beweglichkeit. In KBr, einem typischen, gut spaltbaren Ionenkristall, ist die Bindung an feste Gitterplätze schon dicht unter dem Schmelzpunkt weit vorgeschritten; daher der große Sprung. AgBr ist ein noch bei Zimmertemperatur plastischer und wie Blech auswalzbarer Kristall. In ihm ist die

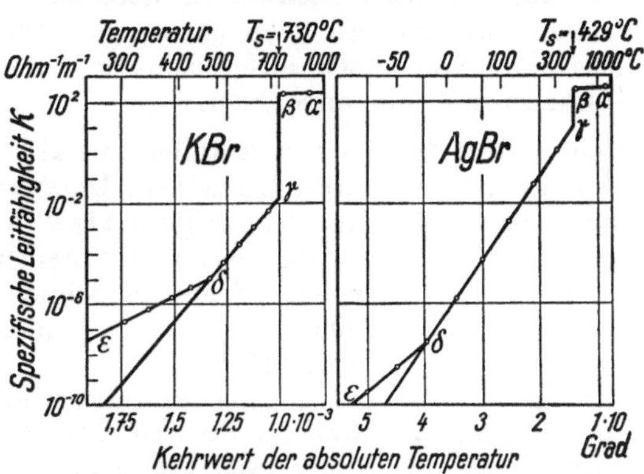

Abb. 365. Die Leitfähigkeit von KBr und AgBr im flüssigen und kristallinen Zustand (Einkristall). Die durch das Kurvenstück $\beta\gamma$ dargestellte sprunghafte Abnahme der Leitfähigkeit beim Erstarren fehlt nur bei wenigen Salzen, z. B. CuBr und AgJ. Bei diesen Salzen tritt sogar eine geringfügige Zunahme der Leitfähigkeit beim Erstarren auf.

Festlegung der Bausteine unterhalb des Schmelzpunktes recht unvollkommen; daher der nur kleine Sprung der Leitfähigkeit beim Erstarren. Längs der Kurvenstücke $\gamma\delta$ schreitet dann die Festlegung im Gitterverband weiter fort, die Zahl der durch die Wärmebewegung bedingten lokalen Störungen (z. B. unbesetzte Gitterplätze, Zwischengitterplätze) verkleinert sich mit sinkender Temperatur. Schließlich wird die Zahl dieser thermisch bedingten Störungen kleiner als die der sonstigen Störungen des Gitters durch fremde Atome, mechanische Beanspruchungen u. dgl. In den Kurvenstücken $\delta\varepsilon$ liegt eine vom Reinheitsgrad und von der Vorgeschichte abhängige „Störleitung" vor, in den Kurvenstücken $\gamma\delta$ hingegen ist eine für den Salzkristall charakteristische „Eigenleitung" vorhanden.

Bei der Störleitung brauchen gitterfremde Ionen keineswegs selbst zu wandern. Sie brauchen lediglich durch ihre Anwesenheit den Gitterbau lokal zu stören: Dann verursachen sie, ebenso wie eine Temperaturerhöhung, zusätzliche Baufehler im Gitter, und diese ermöglichen den Platzwechsel gittereigener Ionen (vgl. § 111, Abs. 5).

Messung der Überführung (§ 108, letzter Absatz) ergibt: Alkalisalze sind bei tiefen Temperaturen Kationenleiter, es wandern positive Metallionen; bei hohen Temperaturen hingegen wandern auch Halogenionen. Chlor-, Brom- und Jodsilber z. B. sind Kationenleiter, andere Salze, z. B. Bleichlorid ($PbCl_2$) Anionenleiter. Bei ihnen wandern praktisch nur negative Halogenionen, die Metallionen verharren an ihrem Platz.

Wie in Lösungen und in geschmolzenen Salzen werden auch in Kristallen an den Elektroden die entladenen Träger abgeschieden; z. B. in KCl-Kristallen Kalium an der Kathode, Chlor an der Anode. Dort verschwinden die Atome im allgemeinen durch sekundäre Vorgänge, z. B. durch Verdampfen, durch Reaktion mit der Elektrode oder mit dem Sauerstoff der Luft. Solche sekundäre Vorgänge lassen sich mit „geschützten" Elektroden vermeiden: Man nimmt drahtförmige Elektroden, die von den abgeschiedenen Atomen nicht chemisch angegriffen werden, man umkleidet sie bis dicht vor ihrer Spitze mit einer aufgeschmolzenen

Glashülle und schmilzt die Elektroden mit ihrer Hülle einige Millimeter tief in den Kristall ein (vgl. Abb. 379 auf S. 211).

§ 113. Elektrizitätsleitung in Metallen. Grundtatsachen.

Der Strom ruft in Metallen normalerweise keine chemischen Änderungen hervor. Dadurch wird die Mitwirkung von Ionen ausgeschlossen. Man darf normalerweise in Metallen **Elektronenleitung** annehmen.

Ionenleitung tritt in Metallen nur als geringfügige Nebenerscheinung auf, und zwar nie in reinen Metallen. Die Metalle müssen fremde Moleküle enthalten und für diese als „Lösungsmittel" wirken. Dann aber kann man Ionenleitung sowohl in festen als auch in flüssigen Metallen nachweisen. Schauversuch in Abb. 365a. Bei festen Metallen sind hohe, dem Schmelzpunkt nahekommende Temperaturen erforderlich.

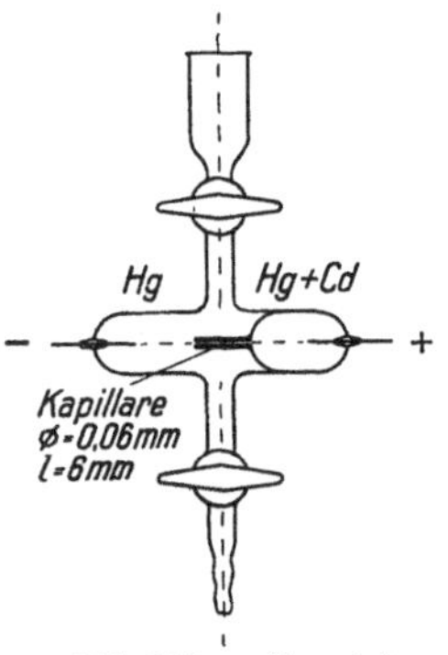

So wandert z. B. Kohlenstoff in einem glühenden Eisendraht zur Kathode. Bei 1065° C beträgt die Beweglichkeit der C-Ionen $1,6 \cdot 10^{-9}$ $\frac{\text{m/sec}}{\text{Volt/m}}$. Man kann das Vorrücken des Kohlenstoffes an Umwandlungen des mikrokristallinen Gefüges verfolgen (man benutzt angeätzte Schliffflächen). — In flüssigem Hg ist die Wanderung „gelöster" Metallionen recht eingehend untersucht worden. Positive Na-Ionen werden an der Anode (!) angereichert. —

Deutung: Es sei das Verhältnis
$$\frac{\text{Ladung } (z\,e) \text{ des Ions}}{\text{Volumen } V \text{ des Ions}} = \text{Ladungsdichte } \varrho^* \text{ des Ions.}$$

Dann wirkt — in Analogie zum hydrostatischen Auftrieb — auf die im Hg schwebenden Na-Ionen die Kraft $\mathfrak{K} = V_{\text{Na}} \cdot (\varrho^*_{\text{Na}} - \varrho^*_{\text{Hg}}) \cdot \mathfrak{E}$. Sowohl Hg- als auch Na-Ionen sind einwertig, also $z = 1$. Das Volumen des Na-Ions ist größer als das des Hg-Ions. Folglich ist die Ladungsdichte ϱ^*_{Na} des Natriums kleiner als ϱ^*_{Hg}, also die des Quecksilbers. Daher wird die Kraft $\mathfrak{K}$ negativ, d. h. der Feldstärke $\mathfrak{E}$ entgegen auf die Anode zu gerichtet (K. E. Schwarz).

Strom I und Spannung U sind einander bei Metallen streng proportional, das als Widerstand definierte Verhältnis U/I also konstant (Ohmsches Gesetz). Man kann daher einen spezifischen Widerstand σ und eine spezifische Leitfähigkeit $\varkappa$ definieren. Man benutzt wie bei Elektrolyten die Gl. (180)

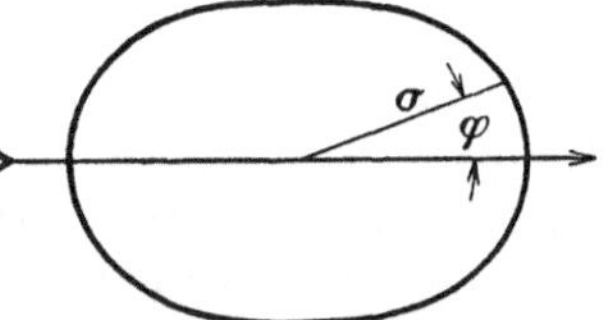

Abb. 366. Einfluß der Richtung auf den spezifischen elektrischen Widerstand in nicht regulären Kristallen. Die Länge des Fahrstrahles σ gibt den spezifischen Widerstand in der Richtung φ. Der lange Pfeil bedeutet die Hauptachse des Kristalles

Abb. 365a. Zur elektrolytischen Leitung einer Hg-Cd-Legierung (ca. 1 Mol-% Cd in Hg). Der Widerstand der Strombahn ($\approx 0,6$ Ohm) entfällt praktisch nur auf die Kapillare. Die positiven Cd-Ionen wandern auf ihrem Weg zur Kathode in die Kapillare ein und verkleinern den Widerstand. Zur Messung der Widerstandsänderung dient eine Brückenschaltung. (Vergleichswiderstand ≈ 1 Ohm, Brückenwiderstände $\approx 10^3$ Ohm, Meßstrom $\approx 0,2$ Ampere, Stromdichte in der Kapillare $\approx 6 \cdot 10^7$ Ampere/m², Einwanderungszeit ≈ 1 Min., bei Feldumkehr Auswanderung.)

v. S. 158. Die Tabelle 12 gibt einige Zahlenwerte. — Die Größen der siebenten Spalte, das Verhältnis $\varkappa/N_v$, geben den Beitrag eines Atomes zur Leitfähigkeit $\varkappa$. Dieser Beitrag ist um etwa 4 Zehnerfaktoren größer als bei der elektrolytischen Leitung. Seine größten Werte erreicht er bei den Alkalimetallen. In nicht regulären Einkristallen hängt die spezifische Leitfähigkeit von der

Richtung des Stromes im Kristalle ab, die Abb. 366 gibt Beispiele. Allseitiger Druck steigert im allgemeinen die Leitfähigkeit. Beim Schmelzen eines Metalles verkleinert sich nach einer Faustregel die Leitfähigkeit auf rund die Hälfte (vgl. Kurve *Ag* in Abb. 375 bei 961° C). — Die Elektronen durchlaufen das Metall unter Überwindung reibungsähnlicher Widerstände.

Tabelle 12.
Spezifischer Widerstand und spezifische Leitfähigkeit von Metallen (18°C).

Metall	Atomgewicht (A)	Dichte $\varrho = \dfrac{\text{Masse } M}{\text{Volumen } V}$ in kg/m³	Atomzahldichte $N_v = N \cdot \varrho = \dfrac{\text{Atomzahl } n}{\text{Volumen } V}$ in m⁻³	Spezifischer Widerstand σ in Ohm · m	Spezifische Leitfähigkeit $\varkappa$ in Ohm⁻¹ · m⁻¹	Spezifische Leitfähigkeit $\varkappa$ $\dfrac{\varkappa}{\text{Atomzahldichte } N_v}$ in $\dfrac{\text{m}^2}{\text{Ohm}}$
Hg	200,6	$13{,}56 \cdot 10^3$	$4{,}09 \cdot 10^{28}$	$0{,}958 \cdot 10^{-6}$	$1{,}04 \cdot 10^6$	$0{,}254 \cdot 10^{-22}$
Pb	208,2	$11{,}34 \cdot 10^3$	$3{,}3 \ \cdot 10^{28}$	$0{,}21 \ \cdot 10^{-6}$	$4{,}8 \ \cdot 10^6$	$1{,}03 \ \cdot 10^{-22}$
Fe	55,8	$7{,}8 \ \cdot 10^3$	$8{,}4 \ \cdot 10^{28}$	$0{,}098 \cdot 10^{-6}$	$10{,}2 \ \cdot 10^6$	$1{,}37 \ \cdot 10^{-22}$
Al	27	$3{,}69 \cdot 10^3$	$8{,}25 \cdot 10^{28}$	$0{,}028 \cdot 10^{-6}$	$37 \ \cdot 10^6$	$4{,}5 \ \cdot 10^{-22}$
Cu	63,6	$8{,}93 \cdot 10^3$	$8{,}4 \ \cdot 10^{28}$	$0{,}017 \cdot 10^{-6}$	$59 \ \cdot 10^6$	$7{,}02 \ \cdot 10^{-22}$
Ag	107,9	$10{,}5 \ \cdot 10^3$	$5{,}85 \cdot 10^{28}$	$0{,}016 \cdot 10^{-6}$	$62{,}5 \ \cdot 10^6$	$7{,}135 \cdot 10^{-22}$
K	39,1	$0{,}86 \cdot 10^3$	$1{,}32 \cdot 10^{28}$	$0{,}070 \cdot 10^{-6}$	$14{,}3 \ \cdot 10^6$	$10{,}8 \cdot 10^{-22}$
			Berechnet mit der spezifischen Molekulzahl $N = \dfrac{6{,}02 \cdot 10^{26}}{\text{Kilomol}}$ 1 Kilomol $= (A)$ kg	Beim Fortlassen des Faktors 10^{-6} erhält man den Zahlenwert des in Ohm gemessenen Widerstandes eines Drahtes von 1 m Länge und 1 mm² Querschnitt.	Beim Fortlassen des Faktors 10^6 erhält man den Zahlenwert der in Metern gemessenen Länge eines Drahtes, der bei 1 mm² Querschnitt 1 Ohm Widerstand hat.	Statt $\varkappa/N_v$ wird oft das Verhältnis $\varkappa/\varrho =$ Leitfähigkeit durch Dichte angegeben, meist in der Einheit $\dfrac{\text{m}^2}{\text{Ohm Kilomol}}$

Man kann diese Reibung ebenso nachweisen wie in Abb. 356 bei der elektrolytischen Leitung: Man ersetzt die ringförmige Flüssigkeitsscheibe durch eine drehbar gelagerte Metallscheibe (Abb. 367). Als Innenelektrode dient die Achse, als äußere ein Schleifkontakt. Die Elektronen werden senkrecht sowohl zur Richtung des Magnetfeldes als auch zur Richtung des Stromes abgelenkt, und dabei nehmen sie die Scheibe durch Reibung mit.

Recht lehrreich ist eine Abart dieses Versuches. Ein Wasserrohr platzt bei einer zu großen Stromstärke (d. h. Wassermenge/Zeit). Bei stromdurchflossenen elektrischen Leitern tritt das Umgekehrte ein: Bei hoher Strombelastung schnürt sich der Leiter ab. Das zeigt man mit einem flüssigen metallischen Leiter, etwa Quecksilber, in einer flachen Rinne R

Abb. 367. Reibung der Elektronen in einem metallischen Leiter („Barlowsches Rad“). Pfeile = Laufrichtung der Elektronen.

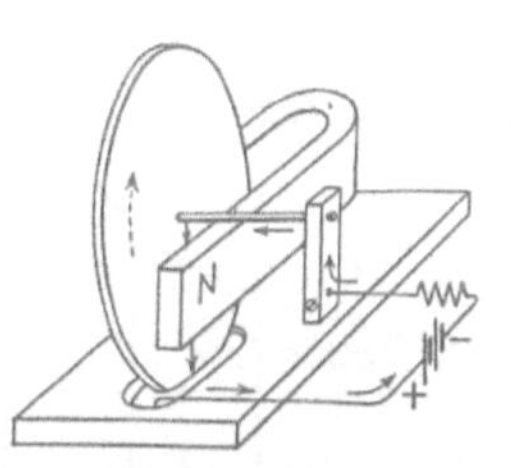

Abb. 368. Selbstabschnürung eines mit Strom hochbelasteten Leiters kurz vor der völligen Unterbrechung. Momentphotographie, die Seitenwände der Rinne nachträglich schraffiert. Die unregelmäßigen Umrisse werden durch Haften des Quecksilbers am durchsichtigen Boden der Rinne verursacht.

von einigen Quadratzentimetern Querschnitt (Abb. 368). Zur Zu- und Ableitung des Stromes (Größenordnung 1000 Ampere) dienen Kupferschienen K und A.

Zur Deutung der Erscheinung nehme man Abb. 299 zur Hand. Dort steht ein Leiter senkrecht zur Zeichenebene. Sein kreisförmig angenommener Querschnitt ist schraffiert. Die Elektronen sollten vom Beschauer fortlaufen. Damit war die Richtung der kreisförmigen magnetischen Feldlinien festgelegt, sie läuft gegen den Uhrzeiger. — Die magnetischen Feldlinien umfassen den Leiter nicht nur von außen, sondern sie sind auch im Innern des Leiters vorhanden. Infolgedessen durchlaufen die Elektronen im Leiter ein Magnetfeld. In diesem werden sie abgelenkt, und zwar in der Papierebene radial zum Leiterzentrum hin (vgl. Abb. 187). Dabei wird das Metall des Leiters „durch Reibung“ mitgenommen, und diese konzentrische Bewegung führt zur Abschnürung.

§ 114. Einfluß der Temperatur auf die elektrische Leitfähigkeit der Metalle. Beziehungen zur Wärmeleitung. Der Widerstand der Metalle steigt mit wach-

sender Temperatur. Das zeigt man am einfachsten an einer Glühlampe (Abb. 369 a). Der Strom erhöht die Temperatur des Wolframdrahtes, und dementsprechend steigt der Strom I im Schaubild (Abb. 369 b) viel langsamer als die Spannung U.

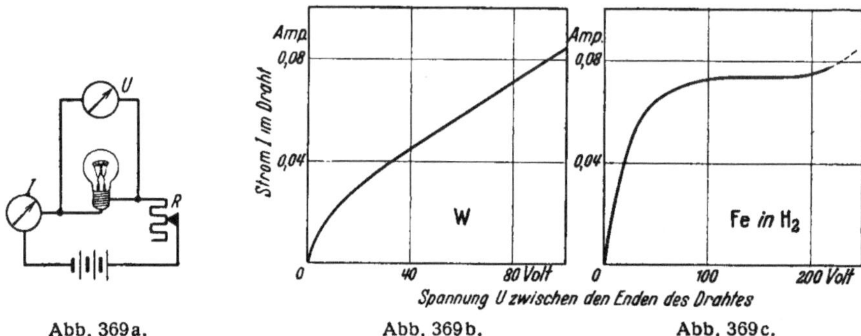

Abb. 369 a.　　　　Abb. 369 b.　　　　Abb. 369 c.

Abb. 369 a. Zum Einfluß der Temperatur auf den Widerstand von Metalldrähten. Der Widerstand des Voltmeters U muß groß gegen den des glühenden Drahtes sein, sonst würde ein merklicher Anteil des vom Amperemeter gemessenen Stromes auf das Voltmeter entfallen.
Abb. 369 b und c. Stromspannungskurven des Wolframdrahtes in einer Glühlampe und eines Eisendrahtes in einer mit Wasserstoff gefüllten Lampe. In beiden Fällen steigt die Temperatur des Drahtes mit wachsender Stromstärke.

Dünne Eisendrähte in einer H_2-Atmosphäre geben die in Abb. 369 c skizzierte Stromspannungskurve: Der Strom I ist in einem weiten Bereich von der Spannung U unabhängig. Derartige „Eisen-Wasserstoff-Widerstände" vermögen bei schwankender Spannung einen Strom automatisch konstant zu halten. Sie werden in der Technik oft angewandt.

Der Einfluß der Temperatur auf den spezifischen Widerstand ist für extrem gereinigte Metalle ein ganz anderer als für die praktisch angewandten Metalle mit Fremdbeimengungen oder für die Legierungen. Für Legierungen gibt die Abb. 370 zwei charakteristische Beispiele. Für Manganin ist der spezifische Widerstand

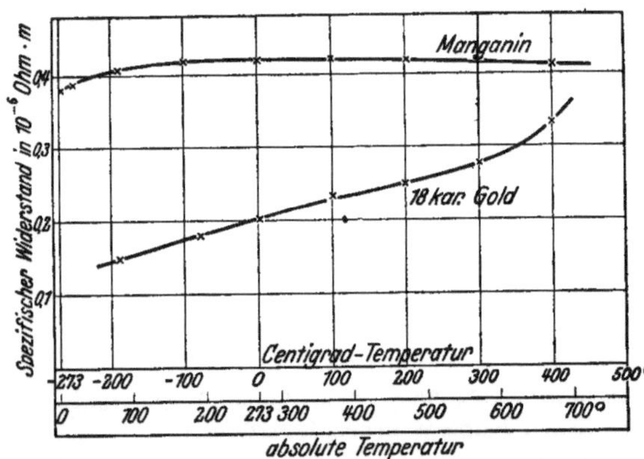

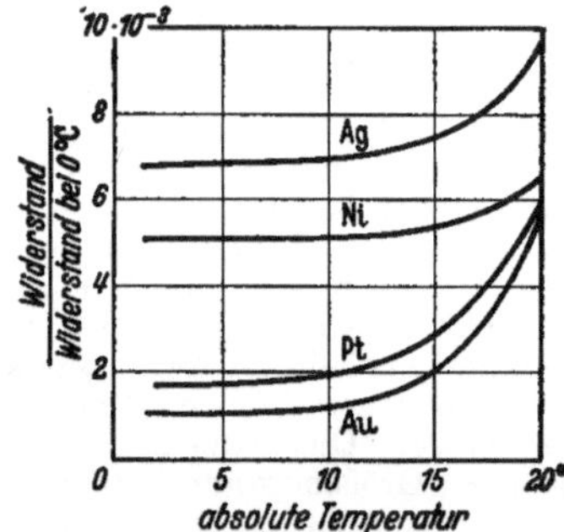

Abb. 370. Temperaturabhängigkeit des spezifischen Widerstandes von Legierungen. Manganin = 84% Cu + 4% Ni + 12% Mn; 18 karätig = 75% Gold, 25% Zusatz.

Abb. 371. Spezifischer Widerstand noch nicht ausreichend gereinigter Metalle bei sehr tiefen Temperaturen. Es verbleibt ein- „Restwiderstand".

zwischen — 250 und + 400 Grad C weitgehend unabhängig von der Temperatur. Daher benutzt man diese Legierung zum Bau von Präzisionswiderständen für Meßzwecke.

Für praktisch reine Metalle steigt der Widerstand bei nicht allzu kleinen Temperaturen fast linear mit der absoluten Temperatur. Nur unterhalb von etwa 20 Grad abs. ist der Zusammenhang verwickelter, und bei den kleinsten Temperaturen verbleibt ein konstanter spezifischer Restwiderstand (Abb. 371).

Die hohe Temperaturabhängigkeit des Widerstandes reiner Metalle hat für die Meßtechnik erheblichen Nutzen gezeitigt. Man hat in mancherlei Varianten „elektrische Widerstandsthermometer" oder „Bolometer" gebaut. Im einfachsten Falle nimmt man eine Stromquelle konstanter Spannung, etwa einen Akkumulator, ein Amperemeter und eine Spule aus feinem Kupferdraht. Die Spule ist der eigentliche Thermometerkörper. Beim Eintauchen der Spule in flüssige Luft verdreifacht sich der Strom usw. Man kann die Skala des Amperemeters direkt in Temperaturgrade umeichen.

Der spezifische Restwiderstand läßt sich durch Beseitigung der fremden Moleküle herabsetzen und bei vielen Metallen weitgehend beseitigen. Der Zusammenhang von spezifischem Widerstand und Temperatur wird dann im Schaubild mit guter Näherung durch eine zum absoluten Nullpunkt weisende Gerade dargestellt. Der Widerstand reiner Metalle wird also bei kleinen Temperaturen sehr klein, das hat aber nichts mit der in § 122 behandelten Supraleitung zu tun.

Die Temperaturabhängigkeit der spezifischen Wärme läßt sich formelmäßig mit einer Konstanten von der Dimension einer Temperatur darstellen; man nennt sie die charakteristische Temperatur Θ des betreffenden Stoffes (Abb. 462 des Mechanikbandes). Dieselbe Konstante Θ läßt sich benutzen, um den Einfluß der Temperatur auf den elektrischen Widerstand regulär kristallisierender Kristalle recht übersichtlich darzustellen.

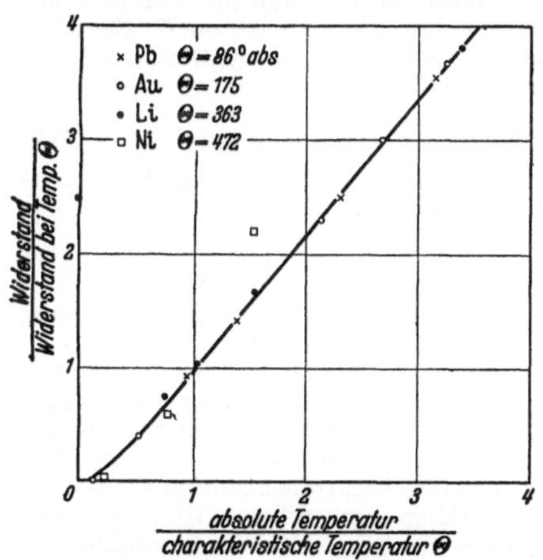

Abb. 372. Ed. Grüneisens Darstellung der Temperaturabhängigkeit des Widerstandes reiner regulär kristallisierender Metalle.

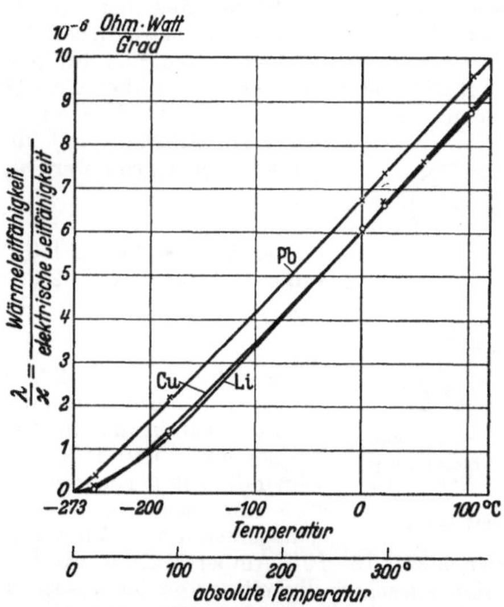

Abb. 373. Das Verhältnis der Wärmeleitfähigkeit zur elektrischen Leitfähigkeit bei verschiedenen Temperaturen.

Das wird in Abb. 372 für drei Metalle gezeigt: alle gemessenen Werte liegen nahezu auf einer geraden Linie. Nur die ferromagnetischen Stoffe fallen heraus. Als Beispiel sind Werte für Nickel eingetragen.

Die spezifische elektrische Leitfähigkeit $\varkappa$ ist eng mit der spezifischen Wärmeleitfähigkeit λ verknüpft.

Schlechte elektrische Leiter sind allgemein auch schlechte Wärmeleiter, man denke an Glas. Der Glasbläser kann das eine Ende eines Glasstabes ruhig in der Hand halten und das andere in der Flamme auf helle Glut erhitzen. Silber hat nach Tabelle 12 (S. 201) ein großes, Neusilber ein kleines elektrisches Leitvermögen. Man kann sich am Griff einer silbernen Kanne leichter die Finger verbrennen als am Griff einer Kanne aus Neusilber.

Der Zusammenhang von elektrischer und Wärmeleitfähigkeit ist für Metalle sehr eingehend gemessen worden. Die Abb. 373 gibt das Verhältnis $\lambda/\varkappa$, also Wärmeleitfähigkeit[1] durch elektrische Leitfähigkeit, für verschiedene Metalle und Temperaturen. Das Verhältnis $\lambda/\varkappa$ hat für höhere Temperaturen für alle Metalle sehr ähnliche Werte. Die Kurven weichen für die verschiedenen Metalle nicht sehr voneinander ab. λ und $\varkappa$ sind einander bei konstanter Temperatur gut proportional (Wiedemann-Franzsche Regel). Außerdem ist das Verhältnis $\lambda/\varkappa$ in erster, roher Annäherung der absoluten Temperatur proportional.

§ 115. Nachweis von Leitungselektronen durch Trägheitskräfte.

Der Strom ruft in Metallen normalerweise keine chemischen Änderungen hervor. Dadurch wird zwar die Mitwirkung von Ionen ausgeschlossen, aber keine positive Aussage über die Natur der wandernden Ladungen gemacht. Elektronen sind zwar äußerst wahrscheinlich, aber deswegen darf man doch nicht auf ihren experimentellen Nachweis verzichten. Dieser Nachweis läßt sich mit Hilfe von Trägheitskräften erbringen.

Ein Eisenbahnwagen der Geschwindigkeit u werde innerhalb der Zeit t abgebremst. Während der Bremsung werden im Wageninnern alle beweglichen Gegenstände in der Fahrtrichtung durch Trägheitskräfte der Größe $m\,b = m\,u/t$ beschleunigt (vgl. Mechanikband, Kapitel VII). Wir denken uns den Eisenbahnwagen durch einen ihm parallel bewegten Kupferdraht ersetzt und die beweglichen Gegenstände im Wageninnern durch Elektronen. Dann wirkt während des Bremsens auf jedes Elektron die Trägheitskraft $\mathfrak{K}_1 = m\,b$. Sie verschiebt die Elektronen gegenüber dem Gitter der positiven Metallionen. Dadurch entsteht in der Längsrichtung des Drahtes ein elektrisches Feld mit der Feldstärke $\mathfrak{E}$. Sie wirkt auf jedes Elektron mit der Kraft $\mathfrak{K}_2 = e\,\mathfrak{E}$. Beide Kräfte $\mathfrak{K}_1$ und $\mathfrak{K}_2$ müssen gleich groß werden, wir erhalten

$$e\,\mathfrak{E} = m\,b = m\,\frac{u}{t}. \tag{195}$$

Ferner ist das Produkt $\mathfrak{E}\,l$ gleich der Spannung U zwischen den Drahtenden [Gl. (2) von S. 28]. Somit erhalten wir

$$U\,t = \frac{m}{e}\,u\,l. \tag{196}$$

Dieser „Spannungsstoß" [Voltsekunden] muß während der Bremsung zwischen den Enden des Drahtes auftreten.

Abb. 373a. Zur Beschleunigung der Elektronen durch Trägheitskräfte.

Zur Ausführung des Versuches gibt man dem Draht die Gestalt einer Zylinderspule und läßt diese um die Zylinderachse mit der Umfangsgeschwindigkeit u rotieren (Abb. 373a). Sind beim Abbremsen Spannungsstöße meßbarer Größe zu erwarten? Das prüfen wir mit einer Überschlagsrechnung. Wir setzen für e/m das für Elektronen gültige Verhältnis, also $e/m = 1{,}76 \cdot 10^{11}$ Amperesek./kg, wählen eine Drahtlänge von 10 km $= 10^4$ m und eine Umfangsgeschwindigkeit u von 50 m/sec. Dann haben wir beim Abbremsen unabhängig von dessen Zeitdauer einen Spannungsstoß von $3 \cdot 10^{-6}$ Voltsekunden zu erwarten. Ein solcher läßt sich mit einem langsam schwingenden Galvanometer messen.

Versuche dieser und ähnlicher Art haben sehr befriedigende Ergebnisse geliefert. R. C. Tolman fand Spannungsstöße in der erwarteten Größe. Sie ergaben als spezifische Elektronenladung

$$e/m \approx 2 \cdot 10^{11} \text{ Amperesek./kg}$$

statt des richtigen Wertes $1{,}76 \cdot 10^{11}$ Amperesek./kg.

§ 116. Ein atomistisches Bild der metallischen Leitung.

Wir denken uns heute ein Metall als Gitter positiver Metallionen mit einem Elektronengas in seinen

---

[1] Die Wärmeleitfähigkeit λ ist der Proportionalitätsfaktor in der Gleichung $Q = \lambda \dfrac{F}{l}(T_1 - T_2)\,t$. Diese besagt: Die einen Stab vom Querschnitt F und der Länge l innerhalb der Zeit t durchfließende Wärmemenge Q ist der Temperaturdifferenz $(T_1 - T_2)$ zwischen den Stabenden proportional. Die Einheit von λ ist bei Messung der Energie in elektrischem Maße $1\,\dfrac{\text{Watt}}{\text{Grad} \cdot \text{m}}$.

Maschen. Die Elektronen schwirren wie Gasmoleküle umher. Mit den Ionen elastisch zusammenstoßend, diffundieren sie ungeordnet in alle Richtungen. Durch ein elektrisches Feld bekommt diese Diffusion eine Vorzugsrichtung zur Anode.

Es gilt für Metalle das Ohmsche Gesetz, folglich dürfen wir für die spezifische Leitfähigkeit $\varkappa$ die Gleichung

$$\varkappa = (N'_v z\, e\, v)_+ + (N'_v z\, e\, v)_- \qquad \text{(180) v. S. 158}$$

anwenden. Die Beweglichkeit v_+ der positiven Ionen ist Null; folglich verschwindet der erste Summand. Auf jedes Metallion entfällt größenordnungsmäßig ein freies oder Leitungselektron. Daher ersetzen wir im zweiten Summanden das Verhältnis $N'_v = $ Elektronenzahl/Volumen durch die

$$N'_v = \text{Atomzahldichte } N_v = \frac{\text{Atomzahl}}{\text{Volumen}} = \boldsymbol{N}\,\varrho$$

($\varrho = $ Dichte des Metalles; $\boldsymbol{N} = $ spezifische Molekülzahl $= 6{,}02 \cdot 10^{26}$/Kilomol).

.Endlich besteht jedes Elektron aus einer Elementarladung, also $z = I$. So vereinfacht sich die Gl. (180) für reine Elektronenleitung zu

$$\varkappa/N_v = e\, v_-. \qquad \text{(180a)}$$

Werte von $\varkappa/N_v$ sind bereits auf Tabelle 12 auf S. 201 enthalten. Für Kupfer ist bei Zimmertemperatur beispielsweise $\varkappa/N_v = 7{,}0 \cdot 10^{-22}$ m^2/Ohm. Ferner ist $e = .1{,}6 \cdot 10^{-19}$ Amperesek. Einsetzen dieser Werte in (180a) ergibt als Beweglichkeit der Elektronen in Cu bei Zimmertemperatur

$$v_- = 4{,}4 \cdot 10^{-3}\, \frac{\text{m/sec}}{\text{Volt/m}}.$$

Dieser Wert ist überraschend klein, man überlege sich eine Folgerung: Man kann in der Praxis in Kupferleitungen nicht über Feldstärken $\mathfrak{E} = 10^{-1}$ Volt/Meter hinausgehen. Diese Feldstärke gibt schon die höchste technisch zulässige Strombelastung von 6 Ampere/mm^2. Trotzdem kriechen die Elektronen nur mit einer Geschwindigkeit u von rund 0,4 mm/sec durch die Leitungsdrähte hindurch.

Man muß die Geschwindigkeit der in Marsch gesetzten Elektronen sauber unterscheiden, von der riesigen Ausbreitungsgeschwindigkeit des elektrischen Feldes. ($c = 3 \cdot 10^8$ m/sec.) Das elektrische Feld entspricht einem Trompetensignal (Schallgeschwindigkeit $u = 340$ m/sec). das den langsamen Marsch der Truppe (etwa 1 m/sec) in Gang setzt.

Die hohe elektrische Leitfähigkeit der Metalle wird also durch eine große Konzentration N_v der freien Elektronen bedingt und nicht etwa durch eine große Beweglichkeit dieser Elektronen.

Das Bild des Elektronengases weiter ausführend, deutet man die Beweglichkeit der Elektronen wie im Plasma (S. 173) durch die Existenz einer „freien Weglänge λ" (vgl. Abb. 56). Man erhält also für die Geschwindigkeit der Elektronen

$$u = \frac{1}{2} \cdot \frac{e}{m} \cdot \mathfrak{E} \cdot \frac{\lambda}{u_{\text{th}}} \qquad \text{(186a) v. S. 174}$$

($u_{\text{th}} = $ thermische Geschwindigkeit der Elektronen).

Die rechts in dieser Gleichung stehenden Größen sind von der Feldstärke $\mathfrak{E}$ unabhängig, folglich wird die Geschwindigkeit u der Elektronen der Feldstärke $\mathfrak{E}$ proportional. Das Verhältnis beider, die Beweglichkeit $v = u/\mathfrak{E}$, ist konstant, es gilt das Ohmsche Gesetz. Wir setzen den aus (186a) folgenden Wert der Beweglichkeit in (180a) ein und erhalten als spezifische Leitfähigkeit

$$\varkappa = N_v \cdot \frac{1}{2} \frac{e^2}{m} \cdot \frac{\lambda}{u_{\text{th}}}. \qquad \text{(201)}$$

Alles Weitere hängt nun von der thermischen Geschwindigkeit u_{th} der Elektronen ab. In früheren Jahren setzte man die kinet sche Energie der Elektronen gleich der der Gasatome von gleicher Temperatur, also

$$\frac{1}{2} m\, u_{th}^2 = \frac{3}{2} k\, T_{abs} \quad \text{oder} \quad u_{th} = \sqrt{\frac{3\, k\, T_{abs}}{m}} \quad \text{(267) v. S. 269 des Mechanikbandes}$$

($k = $ Boltzmannsche Konstante $= 1{,}38 \cdot 10^{-23}$ Wattsek./Grad, $T_{abs} = $ absolute Temperatur, $m = $ Elektronenmasse $= 9 \cdot 10^{-31}$ kg).

Damit konnte man den Proportionalitätsfaktor zwischen elektrischer und Wärmeleitfähigkeit sowie seine Abhängigkeit von der Temperatur befriedigend herleiten. Gleichzeitig bekam man aber für die Metalle einen mit der Erfahrung völlig unvereinbaren Wert der spezifischen Wärme. — Metalle haben bei nicht zu kleinen Temperaturen die spezifische Wärme

$$c \approx \frac{6}{2} \cdot R \approx 6 \frac{\text{Kilokalorien}}{\text{Kilomol Grad}} \quad \left(R = \text{Gaskonstante} = 1{,}99 \frac{\text{Kilokalorie}}{\text{Kilomol Grad}} \right).$$

Man deutet diesen Wert durch die kinetische und die potentielle Energie der Gitterschwingungen in den drei Freiheitsgraden. Jetzt aber soll die Zahl der frei herumschwirrenden Leitungselektronen ebenso groß sein wie die Zahl der Gitterionen. Also liefern die Elektronen mit ihrer kinetischen Energie auch einen Beitrag $3/2\, R$ zur spezifischen Wärme, und diese müßte für Metalle insgesamt $\approx \frac{9}{2} R \approx 9 \frac{\text{Kilokalorien}}{\text{Kilomol Grad}}$ betragen! Der Ausweg aus dieser lange nicht überwindbaren Schwierigkeit ergibt sich in folgendem.

Nach heutiger Kenntnis ist die kinetische Energie der Elektronen weitgehend von der Temperatur unabhängig, u_{th} also in Gl. (201) konstant. Das ist selbstverständlich mit der obenstehenden Gl. (267) unvereinbar, aber diese Gleichung ist auch für Atome nur ein Grenzgesetz für den Bereich großer Temperaturen. Bei hinreichend kleinen Temperaturen wird die Wärmeenergie der Atome von der Temperatur unabhängig. Sie wird im Gegensatz zu Gl. (267) beim absoluten Nullpunkt keineswegs Null, sondern jedes Atom behält eine „Nullpunktenergie". Bei Elektronen überwiegt bis herauf zu etlichen 10^4 Grad (!) die von der Temperatur unabhängige Nullpunktenergie, das hängt u. a. mit ihrer winzigen Masse zusammen (vgl. § 128, Kleindruck).

Experimentell findet man die spezifische Leitfähigkeit reiner Metalle dem Kehrwert der absoluten Temperatur proportional. Bei konstanter thermischer Geschwindigkeit u_{th} der Elektronen muß dann nach Gl. (201) dasselbe für die mittlere freie Weglänge λ gelten. Das ist ein sehr einleuchtendes Ergebnis: je kleiner die thermische Unruhe des Gitters, desto unbehinderter der Lauf der Elektronen.

Man kann die Elektronen auch als ein Wellenbündel darstellen (Optikband § 168), dann heißt es: Je ungestörter das Gitter, desto geringer die Energieverluste durch Streuung der Wellen.

§ 117. Die Hallspannung (E. H. Hall 1879). Die Bewegung der Leitungselektronen in Metallen wird in mannigfacher Weise durch Einwirkung magnetischer Felder beeinflußt. Wir beschränken uns auf ein Beispiel.

Die Abb. 374 zeigt ein dünnes, von einem Strom I in der Längsrichtung durchflossenes Metallband mit der Breite D und der Dicke d. Seitlich sind bei den Punkten *1* und *2* völlig symmetrisch die Zuleitungen eines Spannungsmessers angeschlossen. Diese einfache Anordnung wird in das homogene Feld eines Elektromagneten gestellt, und zwar mit der Bandfläche senkrecht zu den Feldlinien. In Abb. 373b denke man sich die Feldlinien senkrecht zur Papierebene, die Kraftflußdichte sei $\mathfrak{B}$. Ist das Magnetfeld eingeschaltet, so beobachtet man zwischen den Punkten *1* und *2* eine Spannung. Man findet sie proportional der

Kraftflußdichte $\mathfrak{B}$, der Stromstärke I und dem Kehrwert der Banddicke d, also

$$U_{\text{Hall}} = C \cdot \frac{\mathfrak{B}\,I}{d}. \tag{202}$$

Der Proportionalitätsfaktor C, Hallkonstante genannt, hängt von der Natur des Leiters ab. Die Tabelle 13 gibt in der zweiten Spalte einige gemessene Werte. Die Dimension der Hallkonstante ist Volumen/Ladung, also der Kehrwert einer räumlichen Ladungsdichte. Ein Halleffekt mit negativer Ladungsdichte heißt normal, ein solcher mit positiver Ladungsdichte anomal. — So weit die Beobachtungen.

Qualitativ und ohne Rücksicht auf die Vorzeichen ist der Halleffekt unschwer zu deuten. Man hat an die Induktion in bewegten Leitern anzuknüpfen, also an Abb. 185 in § 63. Dort wird ein metallischer Leiter mit der Geschwindigkeit u quer zur Richtung des Magnetfeldes bewegt. Dabei entsteht zwischen den beiden seitlichen Anschlüssen des Spannungsmessers

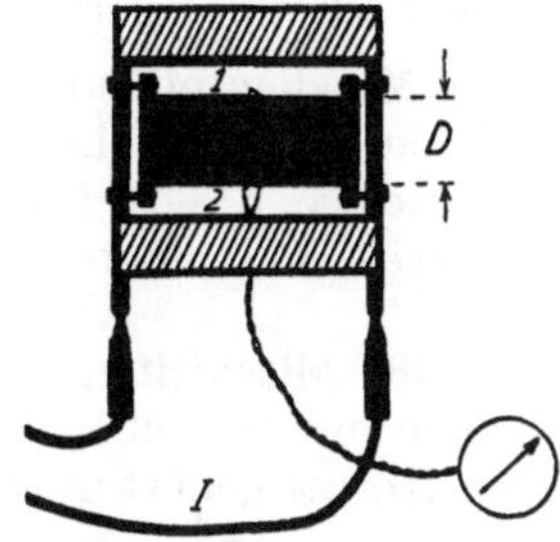

Abb. 374. Zum Halleffekt. — Silberblech 62 mm lang, Breite $D = 30$ mm, Dicke $d = 0{,}06$ mm; $I = 15$ Ampere. $\mathfrak{B} = 2$ Voltsek./ m²; $U_{\text{Hall}} = 3{,}5 \cdot 10^{-5}$ Volt.

die Spannung
$$U = \mathfrak{B} \cdot D\,u. \tag{93 v. S. 88}$$

Beim Halleffekt der Metalle ruht das Metallband. Im ruhenden Gitter seiner positiven Ionen bewegen sich die Elektronen mit der Geschwindigkeit u zur Anode. Infolge dieser Geschwindigkeit werden sie ebenso wie in bewegten Leitern seitlich abgelenkt. Für die Geschwindigkeit setzen wir das Produkt der elektrischen Feldstärke $\mathfrak{E}$ und der Beweglichkeit v und erhalten

$$U_{\text{Hall}} = \mathfrak{B} \cdot D\,\mathfrak{E}\,v.$$

In diese Gleichung führen wir statt der Feldstärke $\mathfrak{E}$ die Stromstärke I ein, und zwar mit der für Metalle bekannten Beziehung

$$I = \varkappa\,\mathfrak{E}\,F \tag{179 a v. S. 158}$$

($\varkappa$ = Leitfähigkeit; $F = D \cdot d$ = Querschnitt des bandförmigen Leiters).

So ergibt sich
$$U_{\text{Hall}} = \frac{v}{\varkappa}\,\frac{\mathfrak{B} \cdot I}{d} \tag{203}$$

und durch Vergleich mit Gl. (202) als **Hallkonstante**

$$C = v/\varkappa. \tag{204}$$

In der vierten Spalte der Tabelle 13 sind die Produkte $C\,\varkappa$ eingetragen, also die aus der Hallkonstante berechneten Elektronenbeweglichkeiten v. Früher hatten

Tabelle 13.

Metall	Beobachtete Hallkonstante C in $\dfrac{\text{m}^3}{\text{Amperesekunden}}$	Spezifische Leitfähigkeit $\varkappa$ des Metalles in $\dfrac{\text{Ampere}}{\text{Volt} \cdot \text{Meter}}$	Beweglichkeit $v_- = C\varkappa$ in $\dfrac{\text{m/sec}}{\text{Volt/m}}$	Aus (181) berechnete Beweglichkeit v_- in $\dfrac{\text{m/sec}}{\text{Volt/m}}$
Cu	$-5{,}3 \cdot 10^{-11}$	$5{,}71 \cdot 10^{7}$	$3 \cdot 10^{-3}$	$4{,}3 \cdot 10^{-3}$
Ag	$-8{,}9 \cdot 10^{-11}$	$6{,}25 \cdot 10^{7}$	$5{,}6 \cdot 10^{-3}$	$7{,}6 \cdot 10^{-3}$
Au	$-7{,}1 \cdot 10^{-11}$	$4{,}54 \cdot 10^{7}$	$3{,}2 \cdot 10^{-3}$	$4{,}8 \cdot 10^{-3}$
Bi	$- 5 \cdot 10^{-7}$ (!)	$8{,}55 \cdot 10^{5}$ (!).	$4{,}2 \cdot 10^{-1}$	$1{,}9 \cdot 10^{-4}$
Zn	$+ 10 \cdot 10^{-11}$	$1{,}70 \cdot 10^{7}$	$1{,}7 \cdot 10^{-3}$	—
Cd	$+ 6 \cdot 10^{-11}$	$1{,}37 \cdot 10^{7}$	$0{,}8 \cdot 10^{-3}$	—

wir diese aus der Leitfähigkeit $\varkappa$ berechnet, indem wir die Konzentration der Elektronen gleich der Atomzahldichte N_v setzten, also pro Metallatom ein freies Elektron annehmen (§ 116). Diese früheren Werte sind in der fünften Spalte eingetragen. Für Cu, Ag und Au ist die Übereinstimmung beider Werte recht befriedigend. Beim Bi hingegen ist die mit der Hallkonstante C berechnete Beweglichkeit rund 2000mal größer als die mit der Atomzahldichte N_v hergeleitete. Demnach scheint im Wismut erst auf rund 2000 Atome ein wanderfähiges Elektron zu entfallen.

Bei Bi wird auch der elektrische Widerstand durch ein transversales Magnetfeld wesentlich vergrößert. Bei anderen Metallen geschieht das erst bei kleinen Temperaturen, und zwar selbst in regulären Einkristallen stark abhängig von der Orientierung.

Bei Metallen mit anomalem Halleffekt, wie Zn und Cd, findet man zwar Beweglichkeiten der üblichen Größenordnung, aber das Vorzeichen ist falsch. Es ergibt sich so, als ob Elektronen mit einer positiven Ladung wandern. Das kann man bisher nur deuten, wenn man die Elektronen als Wellenbündel behandelt.

§ 118. Mischleiter.

Die Elektronenleitung bei metallischer Bindung und die Ionenleitung einfacher Salzkristalle stellen Grenzfälle dar. Die Mehrzahl der festen Körper gehört in die große Gruppe der kristallinen Mischleiter. Wir wollen ihre wichtigsten Merkmale an Hand eines Übersichtsbildes besprechen (Abb. 375). Die Ordinaten geben die spezifische elektrische Leitfähigkeit, sie umfassen 22 Zehnerpotenzen! Die Abszissen bringen, wie schon früher bei der Ionenleitung, die Kehrwerte der absoluten Temperatur.

Oben im Bilde begrenzen die Kurven Ag und Pb ungefähr den Bereich, auf den die Leitfähigkeit reiner Metalle beschränkt ist. Die Kurve CuS gibt ein Beispiel für eine metallisch leitende Verbindung. Bei allen metallischen Leitern sinkt die spezifische Leitfähigkeit mit wachsender Temperatur, und zwar meist mit guter Näherung proportional mit $1/T_{abs}$ (vgl. Abb. 372).

N_v, die Konzentration der wanderfähigen Elektronen, bleibt bei steigender Temperatur konstant, hingegen ändern sich ihre freie Weglänge λ und Beweglichkeit v proportional mit $1/T$ (§ 116).

In der Mitte und im unteren Teil des Übersichtsbildes finden wir Kurven für einen typischen Ionenkristall, nämlich Silberchlorid, für zwei Elemente aus der vierten Gruppe des periodischen Systems, nämlich Germanium und Kohlenstoff als Diamant, schließlich für ein Sulfid, nämlich Cu_2S. In all diesen Stoffen überwiegen weitaus die Kurvenabschnitte, die einen Anstieg der spezifischen Leitfähigkeit mit wachsender Temperatur ergeben.

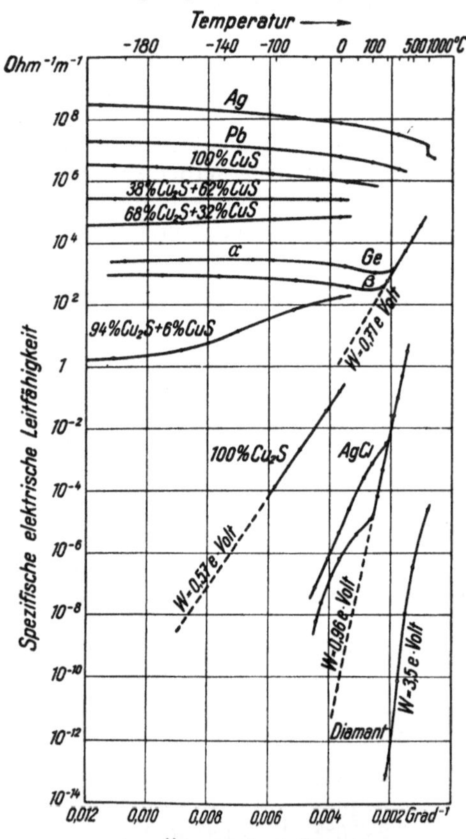

Abb. 375. Mischleiter und Halbleiter als Übergangsformen zwischen elektrolytisch und metallisch leitenden Stoffen. Bei den aus Cu_2S und CuS bestehenden Leitern geben die Prozentzahlen das Verhältnis der Molekülzahlen (Messungen von L. Eisenmann). Für Ge und AgCl sind Messungen an je zwei Versuchsstücken eingetragen, deren Störleitung durch geringfügige, aber unbekannte Beimengungen verschieden groß ist.

Jede elektrische Leitfähigkeit kann stets auf zweierlei Weise gedeutet werden. Entweder: der Schwarm der Ladungsträger hat die Konzentration N_{vs}, und in einem Felde $\mathfrak{E}$ wandern alle Individuen des Schwarmes dauernd mit der (kleinen) Schwarmgeschwindigkeit $u_s = v_s \cdot \mathfrak{E}$. Oder: im Felde wandert in dem ganzen Schwarm immer nur ein Teil der Träger mit der Konzentration N_v, und zwar nur während einer Zeit τ, genannt Lebensdauer. Dann folgt eine Rastpause T, in der die Träger wieder festgelegt sind. Während des Wanderns sei ihre (große) Geschwindigkeit $u = v\,\mathfrak{E}$. Dann ist

$$N_v\, u = N_{vs}\, u_s$$
$$u\,\tau = u_s\,(\tau + T).$$
$$v = v_s \frac{\tau + T}{\tau} \tag{205}$$

In Metallen sind die Elektronen immer wanderfähig[1], also die Festlegungszeit $T = 0$. Infolgedessen werden Schwarmgeschwindigkeit u_s und Wandergeschwindigkeit u identisch. In allen anderen Fällen aber muß man die beiden Geschwindigkeiten und Beweglichkeiten auseinanderhalten. Wir benutzen im folgenden, wo nichts anderes bemerkt, die Wandergeschwindigkeit, und vernachlässigen deren, wie bei Metallen, geringfügige Abhängigkeit von der Temperatur. Damit betrachten wir die ganze Zunahme der Leitfähigkeit mit wachsender Temperatur als eine Folge wachsender Konzentration der mit endlicher Lebensdauer wanderfähigen Elektronen. Diese Zunahme der Konzentration N_v kann man für die geradlinigen Kurvenstücke mit Hilfe des Boltzmannschen Theorems (Mechanikband § 154) darstellen. Es gilt

$$N_v = N_{v\,\text{max}} \cdot e^{-\frac{w}{k\,T_{\text{abs}}}} \tag{206}$$

($k = $ Boltzmannsche Konstante $= 1{,}38 \cdot 10^{-23}$ Wattsek./Grad $= 8{,}7 \cdot 10^{-6}$ eVolt;
$N_{v,\,\text{max}} = $ Grenzwert der Konzentration bei hoher Temperatur).

w bedeutet eine Abtrennungsarbeit. Sie ist erforderlich, um einen Ladungsträger vorübergehend, d. h. für die Zeit seiner Lebensdauer τ, wanderfähig zu machen. Einige Werte für w sind an geradlinigen Kurvenstücken vermerkt.

Man findet stets in den gleichen Stoffen Elektrizitätsträger mit verschiedener Abtrennarbeit, also verschiedenen Ursprungs. Bei großen Temperaturen entstammen die Träger dem Grundmaterial, es liegt „Eigenleitung" vor. Bei kleinen Temperaturen wird die Trägerbildung entscheidend von geringfügigen Beimengungen bestimmt, es handelt sich um eine „Störleitung". Winzige, chemisch nicht mehr faßbare Beimengungen können die Leitfähigkeit um viele Zehnerpotenzen erhöhen. Leider sind Art und Konzentration der wirksamen Beimengungen nur in vereinzelten Fällen bekannt. Über die Natur der Träger, ob Elektronen oder Ionen oder beide zugleich, vermag die Temperaturabhängigkeit der Leitfähigkeit nichts auszusagen. Ionenleitung ist nur dann ausgeschlossen, wenn Elektrolyse mit Sicherheit fehlt.

Die Eigenleitung rührt im Silberchlorid sicher von Ionen her, im Germanium höchstwahrscheinlich sowohl die Eigenleitung wie die Störleitung von Elektronen. (Etwa bei α sind alle Elektronen einer Ursprungsart wanderfähig geworden. Von da an sinkt mit steigender Temperatur die Leitfähigkeit, weil die Beweglichkeit abnimmt, bis dann bei β eine neue Elektronenquelle erschlossen wird.) Über den Diamanten weiß man nichts.

Beim Cu_2S rührt die Eigenleitung von Ionen her, die Störleitung aber ganz überwiegend von Elektronen. Man kann sie durch Einbau von Schwefel stetig

---

[1] Fraglich, ob auch bei sehr kleinen Temperaturen, etwa $T_{\text{abs}} < 0{,}1$ Grad.

in die Kurve des metallisch leitenden CuS überführen. Das zeigen die drei mit $Cu_2S + CuS$ bezeichneten Kurven.

In Mischleitern kann die Elektronenleitung „metallähnlich" oder kürzer „aktiv" erfolgen, d. h. nach dem gleichen Mechanismus wie in Metallen (§ 116), jedoch nur mit beschränkter Lebensdauer der wanderfähigen Elektronen. Im Grenzfall kann sich der Weg $w = u\,\tau$ eines Elektrons auf den Abstand benachbarter Ionen beschränken. Dann wird das Elektron beim Platzwechsel der Ionen von einem Ion zum anderen weitergereicht. Diese Art der Elektronenwanderung ist erfahrungsgemäß aufs engste an eine gleichzeitig vorhandene Ionenleitung gebunden. Wir nennen sie daher die ionengebundene oder kürzer die passive. Beispiele in Abb. 377 und 378.

Beide Arten der Elektronenwanderung in Mischleitern, sowohl die metallähnliche (aktive) mit freien Weglängen als auch die ionengebundene (passive), können auf zweierlei Weise vor sich gehen, nämlich als Elektronenüberschuß- und als Elektronenersatzleitung (Näheres in § 119). Hinzu kommen Eigentümlichkeiten der Elektroden. Besondere, z. B. chemische, Eigenschaften entscheiden über die Möglichkeit, ob Elektronen in den Mischleiter eintreten oder ihn verlassen können. Man muß „elektronenliefernde" und „Sperrelektroden" unterscheiden. Als Beispiel nennen wir die technisch bedeutsamen Kupferoxydulgleichrichter (Abb. 376).

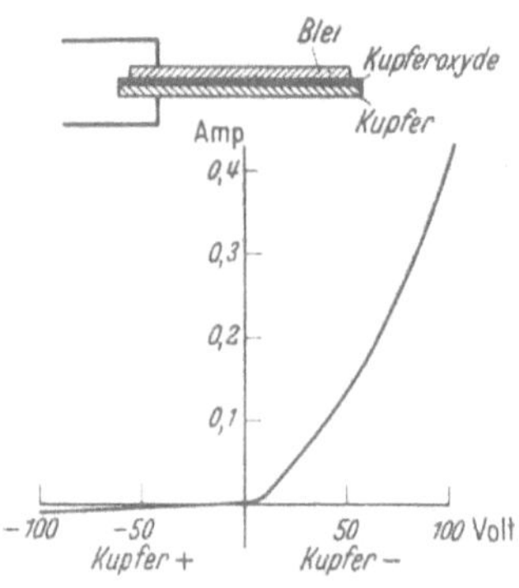

Aus der Kombination dieser verschiedenen Möglichkeiten ergibt sich eine große Reihe verschiedenartiger Fälle. Nur wenige von ihnen sind in befriedigender Weise aufgeklärt, daher müssen wir uns auf einige typische und besonders übersichtliche Beispiele beschränken. — In der Technik spielen Mischleiter mit metallähnlicher (aktiver) Elektronenleitung eine erhebliche Rolle. Mischleiter mit ionengebundener (passiver) Elektronenleitung verdienen ein besonderes physikalisches Interesse. Sie zeigen wichtige Mischleitervorgänge in großer Anschaulichkeit. Außerdem liefern sie ein wesentliches Hilfsmittel bei der Untersuchung photochemischer Vorgänge und der Phosphoreszenz im festen Körper (Optikband § 153 und 158).

Abb. 376. Oben Einzelglied eines technischen Kupferoxydulgleichrichters, schematisch. Die Oxydulschicht ist zu dick gezeichnet, man erzeugt sie durch oberflächliches Oxydieren der Kupferplatte. Dabei bekommt der äußere, dem Blei zugewandte Teil einen Überschuß an Sauerstoff. Unten Stromspannungskurve für 20 in Reihe geschaltete Einzelglieder.

§ 119. Die Unterscheidung von Elektronenüberschuß- und -ersatzleitung zeigt man am besten mit Hilfe der ionengebundenen (passiven) Elektronenleitung. Als Mischleiter benutzt man für Überschußleitung z. B. einen KBr-Kristall mit einem Überschuß neutraler K-Atome. Ein stöchiometrisch einwandfreier KBr-Kristall ist ein Ionenleiter (§ 112). Beim Erhitzen in K-Dampf werden K-Atome in seinem Innern gelöst und der Kristall dadurch blau gefärbt (Optikband § 111 und 153, Farbenzentren). Die Anwesenheit des überschüssigen Kaliums verwandelt den Ionenleiter KBr in einen typischen Mischleiter mit passiver Elektronenleitung. In Abb. 377b sind die neutralen K-Atome durch schwarze Punkte markiert. Sie unterscheiden sich von den unsichtbaren K^+-Ionen durch den Besitz eines überschüssigen Elektrons. (Die ebenfalls unsichtbaren Br⁻-Ionen sind der Übersichtlichkeit halber nicht mitgezeichnet.) Die Wärmebewegung läßt Elektronen durch Weiterreichen von Ion zu Ion im Gitter diffundieren. Dabei bildet jedes Elektron nach seinem Platzwechsel zusammen mit dem neuen

Partner ein sichtbares K-Atom. Im elektrischen Felde bekommt diese Diffusion eine Vorzugsrichtung. Die Abwanderung der überschüssigen Elektronen erfolgt zur Anode hin gerichtet (Pfeile). Durch diese einseitige Abwanderung der Elektronen bewegt sich die blaue Wolke zum positiven Pol (Abb. 377a).

Zur Vorführung der Elektronenersatzleitung erhitzt man einen KJ-Kristall in einer Jodatmosphäre. Dadurch werden — chemisch gesprochen — neutrale Jodatome im Kristall gelöst und der Kristall braun gefärbt. Die neutralen Jodatome sind in Abb. 378b durch Kreise markiert. Sie unterscheiden sich von den unsichtbaren J^--Ionen des Gitters durch das Fehlen eines Elektrons. (Die ebenfalls unsichtbaren K^+-Ionen des Gitters sind der Übersichtlichkeit halber nicht mitgezeichnet.) Die Wärmebewegung läßt Elektronen durch Weiterreichen von Ion zu Ion im Kristall diffundieren. Dabei hinterläßt jedes Elektron nach seinem Platzwechsel den alten Partner als sichtbares J-Atom. Im elektrischen Felde bekommt auch diese Diffusion eine Vorzugsrichtung, der Ersatz fehlender Elektronen erfolgt aus der Richtung der Kathode (Pfeile). Durch diesen einseitigen Elektronenersatz wandert die braune Wolke der Jodatome zum negativen Pol (Abb. 378a).

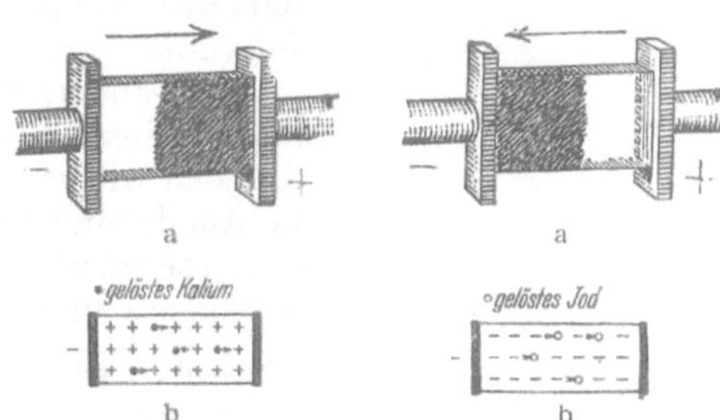

Abb. 377a u. b. Sichtbare Elektroden-Überschußleitung in einem KBr-Kristall. Zeichnet man die Gitter beider Ionensorten, so müssen beide Gitter gleich viel Lücken enthalten, damit der Kristall als Ganzes neutral bleibt. Die Farbenzentren zeichnet man dann am besten in den Lücken des positiven Teilgitters.

Abb. 378a u. b. Sichtbare Elektronen-Ersatzleitung in einem KJ-Kristall. a Schauversuch, $T =$ etwa 500° C.   b Zur Deutung.

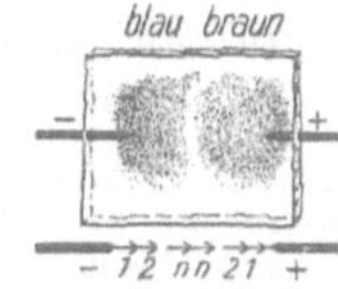

Abb. 379. Gleichzeitige Vorführung der Elektronenüberschußleitung (links) und der Elektronenersatzleitung (rechts) in einem KJ-Kristall. Natürliche Größe. $T \approx 620°$ C. Spannung zwischen den eingepreßten, spitzen Elektroden etwa 300 Volt. Bei der Entstehung der Wolken beginnen die Elektronenübergänge (→) in der Reihenfolge 1, 2 ... n.

Man kann die Versuche auch mit klar durchsichtigen, stöchiometrisch einwandfreien Kristallen beginnen. Dann gewinnt man die erforderlichen neutralen Atome durch elektrolytische Abscheidung an den Elektroden. Am einfachsten nimmt man einen KCl-Kristall zwischen einer plattenförmigen Anode und einer „geschützten" Kathode (vgl. Schluß von § 112). Dann diffundiert im elektrischen Feld rasch eine blaue Wolke in den Kristall hinein, bei Feldumkehr kehrt sie zurück. In KJ-Kristallen mit zwei geschützten Elektroden kann man sogar die Elektronenüberschuß- und Ersatzleitung gleichzeitig vorführen, Abb. 379. Die Wolken der neutralen K- und J-Atome treffen sich in der Mitte des Kristalles, und dort vereinigen sich die sichtbaren Atome wieder zu farblosem KJ.

§ 120. Unselbständige Elektrizitätsleitung in Mischleitern.

Normalerweise vermag ein Mischleiter seinen Bestand an wanderfähigen Elektronen auf thermischem Wege aufrechtzuerhalten. In vielen Fällen wird der Bestand ganz oder teilweise durch Absorption von Strahlungen geschaffen und aufrechterhalten. Am längsten bekannt und in großem Umfange technisch ausgenutzt ist die Erzeugung von Strömen in Mischleitern durch sichtbares oder ultraviolettes Licht, die sogenannte innere lichtelektrische Wirkung. (Primitiver Schauversuch in Abb. 380.) Wir bringen im folgenden einige Ergebnisse für Fälle mit Überschußleitung. Sie lassen sich sinngemäß abgeändert für Fälle mit Ersatzleitung sowie auf die Stromerzeugung durch korpuskulare Strahlungen übertragen.

In der Zeit t mögen in einem Kristall vom Volumen V insgesamt N Lichtquanten absorbiert werden. Dabei, oder danach durch Wärmebewegung, werden

Moleküle des Grundmaterials oder von Beimengungen in Elektronen und positive Ionen dissoziiert. Solche „photochemische Reaktionen" verursachen eine zusätzliche Konzentration wanderfähiger Elektronen. Die positiven Ionen sind — wie ja die überwiegende Mehrzahl aller Ionen in Kristallgittern! — nicht wanderfähig, liefern also keinen Beitrag zu einer schon zuvor im Dunkeln vorhandenen Leitfähigkeit. Das ist experimentell meist erfüllt und wird in allem Folgenden vorausgesetzt.

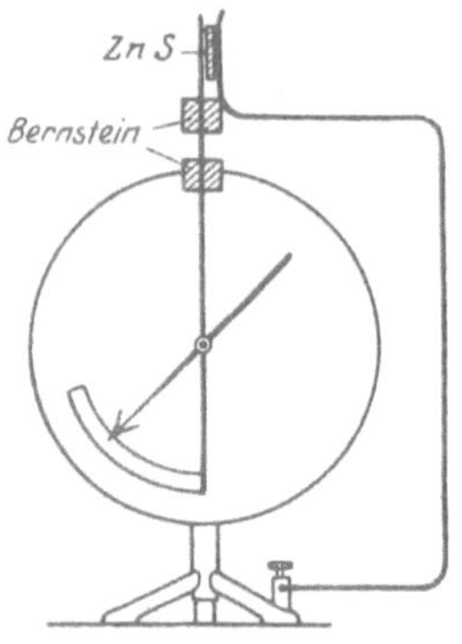

Die wanderfähigen Elektronen erhöhen als zusätzliche Ladungsträger den Strom. Sie können aus zwei Gründen wieder verschwinden: Entweder erreichen sie die Anode und treten in diese ein; oder sie verbinden sich, thermisch nicht mehr abspaltbar, mit Elektronenfängern in einer Verlustreaktion

$$\text{Elektron} + \text{Elektronenfänger} \rightarrow \text{undissoziiertes Molekül.}$$

Als Elektronenfänger wirken im allgemeinen die positiven Ionen, von denen Elektronen bei oder nach der photochemischen Reaktion abgespalten worden sind; außerdem auch Fremdmoleküle im weitesten Sinne, einschließlich lokaler Gitterfehler, vielleicht sogar normale Gitterbausteine der Kristalle. Die Geschwindigkeit dieser Verlustreaktion bestimmt die mittlere Lebensdauer τ der Elektronen.

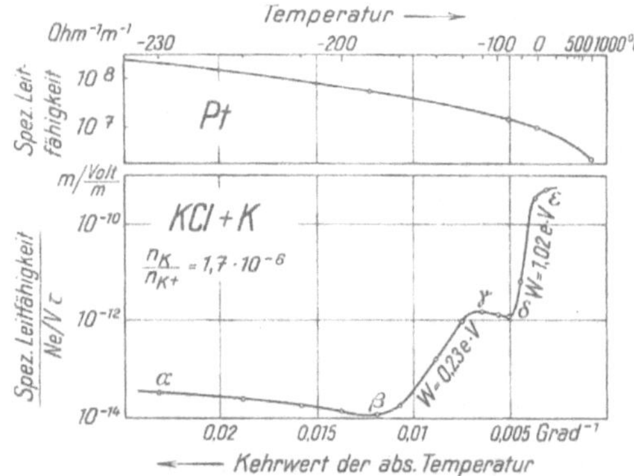

Abb. 380. Schauversuch zur lichtelektischen Leitung eines isolierenden Kristalles. Der ZnS-Kristall wird mit dem Licht einer Bogenlampe bestrahlt.

Die Lebensdauer hängt im allgemeinen von der Konzentration der wanderfähigen Elektronen ab. Oft kann man diese Konzentration klein gegen die der Fänger machen. Dann gilt für die Elektronen ein exponentielles Verlustgesetz, und die mittlere Lebensdauer τ wird von der Konzentration der wanderfähigen Elektronen unabhängig.

Abb. 381. Zur lichtelektrischen Leitung in Mischleitern. Untere Ordinate = Elektronenweg/Feldstärke.

Die auf diese Weise zusätzlich durch Belichtung verursachte Leitfähigkeit hängt in gleicher Weise von der Temperatur ab, wie die allein auf thermischer Dissoziation beruhende. Das zeigt die Abb. 381. Sie bringt als Beispiel Messungen an einem KCl-Kristall mit einem geringfügigen Überschuß an Kalium ($N_v \approx 2{,}7 \cdot 10^{22}\,\text{m}^{-3}$). Mit wachsender Temperatur werden nacheinander drei Elektronenquellen erschlossen. Die erste Elektronenquelle (wahrscheinlich kolloidales Kalium) ist schon bei der kleinsten Temperatur, mindestens vom Punkte α an, voll wirksam. Mit zunehmender Temperatur sinkt die Leitfähigkeit wie in Metallen. (Zum Vergleich ist im oberen Teilbild die spezifische Leitfähigkeit von Pt dargestellt.) Am Punkte β ($\approx$ 93 Grad abs.) tritt eine zweite Elektronenquelle in Erscheinung (neutrale K-Atome als Farbzentren); bei γ ($\approx$ 138 Grad abs.) ist auch sie voll erschlossen, es folgt wieder ein Abfall wie in einem Metall. Im Punkte δ ($\approx$ 200 Grad abs) tritt die dritte Elektronenquelle (F'-Zentren, K_2-Moleküle) in Tätigkeit und bei ε ($\approx$ 300 Grad abs.) nähert auch sie sich ihrer vollen Wirksamkeit. — Die verschiedenen Elektronenquellen lassen sich optisch mit Hilfe ihrer Absorptionsspektren identifizieren (Optikband §153).

Jedes abwandernde Elektron läßt eine positive Restladung zurück. Sie wird in **nichtisolierenden** Kristallen sogleich durch einen Elektrizitätsträger der Dunkelleitung ausgeglichen. Dabei sind zwei Grenzfälle zu unterscheiden.

§ 121. Zwei Grenzfälle der lichtelektrischen Leitung.

Im ersten Grenzfall ist der **Dunkelstrom** des Kristalles rein **elektrolytisch**. Dann mißt die Differenz des mit und ohne Licht auftretenden Stromes, also $I_p = I_{hell} - I_{dunkel}$, nur primäre Elektronen, d. h. Elektronen, die im **Inneren** des Kristalles durch das Licht wanderfähig gemacht werden. Bei hinreichend großen Feldstärken erreichen sämtliche Elektronen verlustlos, also vor dem Ende ihrer Lebensdauer τ, die Anode. Dadurch wird der lichtelektrische Strom gesättigt, und mit dem Sättigungswert läßt sich die Zahl N der absorbierten Lichtquanten mit der Zahl der ausgewanderten Elektronen vergleichen. Auf diese Weise kann man in festen Körpern photochemische Reaktionsprodukte quantitativ erfassen, deren Menge für einen chemischen Nachweis nicht ausreicht.

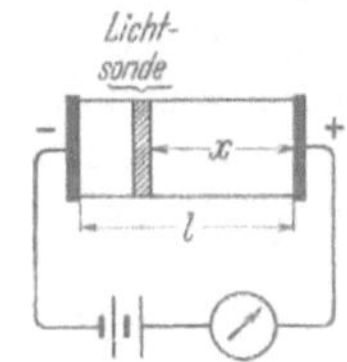

Abb. 382. Zur lichtelektrischen Leitung in einem Kristall mit elektrolytischem Dunkelstrom.

Die Abb. 382 zeigt eine bewährte Anordnung. Der Kristall (z. B. ein KBr-KH-Mischkristall) wird mit einer **Lichtsonde** im Abstande von der Anode bestrahlt. Dann ist der gesättigte lichtelektrische Strom

$$I_p = \frac{\eta\,N\,e}{t} \cdot \frac{x}{l},\qquad (207)$$

(N = Zahl der in der Zeit t absorbierten Lichtquanten, die $\eta\,N$ wanderfähige Elektronen ergeben, l = Kristallänge, x = Abstand der Lichtsonde von der Anode)

also dem Abstande x der Lichtsonde von der Anode proportional.

Diese zunächst überraschende Tatsache kann man folgendermaßen verständlich machen. Man denke sich in Abb. 382 einen KH-haltigen KBr-Kristall und das Licht intermittierend eingestrahlt. Dann entsteht jedesmal im Bereich der Lichtsonde eine blaue farbzentrenhaltige Schicht mit einer zusätzlichen Elektronenleitfähigkeit. Diese gut leitende Schicht ist zwischen zwei klare, schlecht leitende Schichten eingeschaltet. Sie wandert auf die Anode zu (vgl. Abb. 377a) und vergrößert den Strom, solange sie noch in den Kristall eingeschaltet ist, d. h. bis sie ganz in der Anode verschwunden ist. Die Wanderzeit t ist dem Wege x proportional; folglich ist es auch die Elektrizitätsmenge $I\,t$, die als Folge der Wanderung von $\eta\,N$ Elektronen den Strommesser durchfließt.

Im zweiten Grenzfall ist der **Dunkelstrom** rein **elektronisch**: Halbleiter. Dann wird jedes infolge der Belichtung abwandernde Elektron durch ein sekundäres, aus der Kathode nachrückendes ersetzt. Daher stellt sich bei Dauerbelichtung unabhängig von der Feldstärke ein **stationärer** Zustand ein, in dem die Bildung wanderfähiger Elektronen durch die photochemische Reaktion und die Bindung der Elektronen durch Verlustreaktionen gleich häufig erfolgen. Dies Gleichgewicht bedingt eine zusätzliche Elektronenkonzentration.

$$\Delta N_v = \eta\,\frac{N}{t}\,\tau \qquad (208)$$

(N = Zahl der in der Zeit t absorbierten Lichtquanten, die $\eta\,N$ wanderfähige Elektronen mit der Lebensdauer τ liefern).

Einsetzen dieses Wertes in das „Ohmsche Gesetz", d. h. Gl. (177a) v. S. 157 liefert für den lichtelektrischen Strom

$$I = \frac{\eta\,N}{t}\,e\,v\,\tau\,\frac{U}{l^2}. \qquad (209)$$

Also ist bei gegebener Spannung U und gegebenem Elektronenabstand l die

„Lichtempfindlichkeit" $\dfrac{I}{N/t}$ = const $\cdot\ \tau$; d. h. sie ist proportional zur Lebensdauer τ der wanderfähigen Elektronen. Somit ist große Lichtempfindlichkeit grundsätzlich mit merklicher Trägheit verbunden. — Die Grundlage aller lichtelektrischen Leitung sind photochemische Reaktionen. Daher erfolgt die Berechnung der zusätzlichen Elektronenkonzentration $\varDelta\,N_v$ wie die von photochemischen Reaktionen mit freien Elektronen als Partnern. Für stationäre Zustände gelten dem Massenwirkungsgesetz analoge Beziehungen. Für die zeitlichen Änderungen des Stromes bei Beginn und nach Ende der Bestrahlung hat man die Geschwindigkeitsgleichungen der Reaktionskinetik anzuwenden. Auf diese Weise hat man bereits für einige Fälle mit bekanntem Reaktionsmechanismus den zeitlichen Verlauf der Ströme und ihre Abhängigkeit von der Bestrahlungsstärke, der Dunkelleitfähigkeit u. a. quantitativ fassen können.

§ 122. Die Supraleitung der Metalle und Mischleiter. Wir greifen auf die Elektrizitätsleitung in Metallen zurück. Die Abb. 371 zeigte den spezifischen Widerstand einiger Metalle bei kleinen Temperaturen. Jedermann wird eine stetige Fortsetzung der gemessenen Kurven bei noch kleineren Temperaturen erwarten. Beim Stillegen der Wärmebewegung scheint sich der spezifische Widerstand asymptotisch einem Grenzwert, dem spezifischen Restwiderstand, zu nähern. Das Experiment aber, die stets letzte Instanz, hat anders entschieden. Bei weiterer Verkleinerung der Temperatur tritt etwas ganz Neues, Unerwartetes ein: die von Kamerlingh-Onnes entdeckte „Supraleitung" (1911).

Die Abb. 382a entspricht der Abb. 371, sie zeigt also den spezifischen Widerstand einiger Metalle bei sehr kleinen, mit flüssigem Helium erreichbaren Temperaturen. Bis herab zu 7,3° abs. sinkt z. B. der spezifische Widerstand des Bleies stetig weiter. Dann aber springt er plötzlich innerhalb eines hundertstel Grades auf unmeßbar kleine Werte herunter. Er beträgt nicht mehr den 10^{12}. Teil seines Wertes bei Zimmertemperatur. Die Abb. 382a gibt als zweites Beispiel Messungen

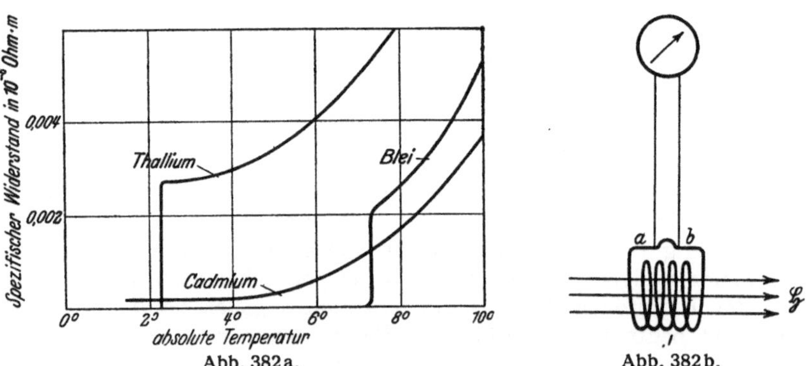

Abb. 382a.   Abb. 382b.

Abb. 382a und b. Temperaturabhängigkeit des spezifischen Widerstandes in der Nähe des absoluten Nullpunktes. Supraleitung von Blei und Thallium. Cd wird erst bei 0,6° supraleitend.

an Thallium. Seine Sprungtemperatur liegt bei 2,3° abs. Bei Cadmium ist die Sprungtemperatur noch kleiner, nämlich 0,6° abs. Die Supraleitung ist bisher an 19 Metallen aufgefunden worden; es sind geordnet nach Vertikalreihen des periodischen Systems: Zn, Cd, Hg; Al, La; Ga, In, Tl; Ti, Zr, Hf, Th; Sn, Pb; V, Nb, Ta; U-Re. An der Supraleitung brauchen keineswegs alle Leitungselektronen eines Metallstückes beteiligt zu sein. Es genügt, wenn sich ein kleiner Bruchteil ohne alle Energieverluste in der Feldrichtung bewegt. Durch

ihn würde dann ein „widerstandsloser Nebenschluß" zu dem im übrigen normal
leitenden Metallstück entstehen. Die Supraleitung ist zweifellos eine grundlegende
Erscheinung, eine Entdeckung von größter Bedeutung. Durch sie hat die Skala
der bekannten spezifischen Widerstände (Tabelle 14) eine außerordentliche Er-
weiterung erfahren. Die Supraleitung ist auch für Halbleiter nachgewiesen
worden, zuerst für Metallsulfide (W. Meissner). Mit Niobnitrid hat E. Justi die
Supraleitung schon bei 23° abs. erreichen können und eindrucksvolle Schauversuche entwickelt.

Mit der Supraleitung hat man ein altes Gedankenexperiment verwirklichen
können: Man kann einen einmal eingeleiteten Strom bei Ausschaltung aller „Rei-
bungs"verluste auch ohne Stromquelle dauernd weiterfließen lassen (Abb. 382b).
J sei eine Spule aus Bleidraht. $\mathfrak{H}$ ein Magnetfeld beliebiger Herkunft. Der Draht wird mit flüssigem He auf
etwa — 270° abgekühlt. Dann läßt man das Magnetfeld verschwinden. Während des Verschwindens erzeugt
es ein elektrisches Feld mit ringförmig geschlossenen
Feldlinien. Dies Feld beschleunigt die Elektrizitätsatome
im Bleidraht, in der Bleispule fließt ein Strom (Induk-
tionsstrom). Nach Beseitigung des Magnetfeldes werden
die Elektrizitätsatome nicht mehr beschleunigt, sie
laufen mit konstanter Geschwindigkeit weiter. Kamerlingh-Onnes hat diesen Strom noch nach vielen Stunden
auf zwei Weisen nachgewiesen. Erstens durch die Ablenkung einer genäherten Magnetnadel, zweitens mit der in
Abb. 382b skizzierten Anordnung. Zwei benachbarte
Punkte a und b der Bleispule werden mit einem Galvanometer verbunden. Nach einiger Zeit wird der supraleitende
Draht zwischen a und b durchgeschnitten. Der Strom
läuft nunmehr durch das Galvanometer. Die Spule des
Galvanometers ist nicht supraleitend. Die Elektrizitätsatome werden rasch gebremst, das Galvanometer macht
einen Stoßausschlag.

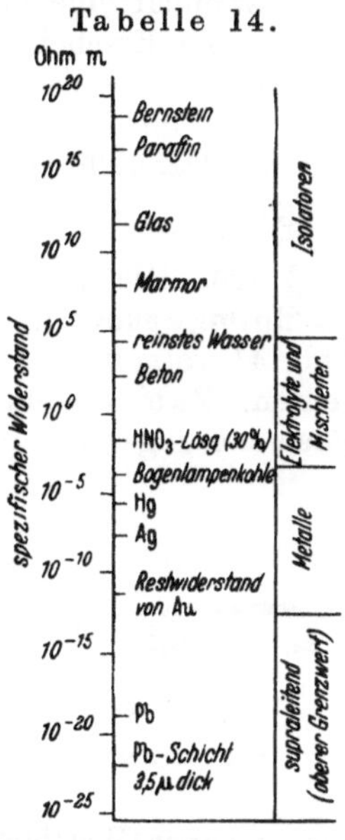

Bei der Deutung der Materialwerte para- und ferromagnetischer Stoffe hatten
wir in § 53 die Existenz verlustlos kreisender Ströme angenommen. Man nannte
sie in dem einfachsten Bilde „Molekularströme". Die Entdeckung der Supraleitung hat dieser Annahme eine wichtige Stütze gegeben. Man kann die Bleispule in Abb. 382b mit einem verlustlosen Dauerstrom ruhig als einen permanenten Magneten aus Blei bezeichnen. Noch besser paßt allerdings dieser Name für
einen supraleitenden Bleistab mit dauernd laufenden Wirbelströmen. Auf jeden
Fall ist die Erscheinung der Supraleitung aufs engste mit magnetischen Erscheinungen verknüpft. Auch bei der Supraleitung handelt es sich nicht um Vorgänge
in Molekülen, sondern in größeren Kristallbereichen. Die Verteilung des
Magnetfeldes in Supraleitern zeigt sehr bemerkenswerte Besonderheiten
(W. Meissner). Starke Magnetfelder zerstören die Supraleitung. Man kann
daher die Supraleitung nicht bei ferromagnetischen Stoffen nachweisen. Bei der
Ummagnetisierung eines als Dauermagneten wirkenden Supraleiters treten, ebenso
wie in ferromagnetischen Kristallen, die Barkhausensprünge auf (S. 118, E. Justi)
usw. Alle diese Dinge sind noch völlig im Fluß. Wahrscheinlich wird man in
absehbarer Zeit die Supraleitung überhaupt im Zusammenhang mit dem Ferromagnetismus behandeln. Ihre heutige Angliederung an die Leitungsvorgänge
ist wohl nur historisch bedingt.

XIII. Elektrische Felder in der Grenzschicht zweier Substanzen.

§ 123. Vorbemerkung. Bei der Berührung zweier verschiedenartiger Substanzen entstehen zwischen den Berührungsflächen oder innerhalb der Grenzschicht stets elektrische Felder. Diese haben in der Entwicklung der Elektrizitätslehre zweimal eine große Rolle gespielt: Zunächst bei der ersten Auffindung elektrischer Erscheinungen, der „Reibungselektrizität“, und dann bei der Entdeckung der chemischen Stromquellen oder Elemente (vgl. dazu § 156). Die Vorgänge sind im einzelnen überaus mannigfach und verwickelt. Vieles ist ungeklärt und die Darstellung schwierig. Wir können im folgenden nur das Wichtigste bringen.

§ 124. Die „Reibungselektrizität“ zwischen festen Körpern, Doppelschicht, Berührungsspannung. Den Grundversuch haben wir bereits auf S. 14 mit der Abb. 41 vorgeführt. Er ist an Hand der Abb. 383a und b folgendermaßen zu deuten. Zwei verschiedene Körper A (Hand) und B (Haare) stehen durch je einen Leitungsdraht mit einem Strommesser in Verbindung. In Abb. 383a sind beide Körper bis auf molekularen Abstand l, d. h. Größenordnung 10^{-10} m, genähert worden. Dabei hat der eine Körper, z. B. A, Elektronen an den anderen Körper B, abgegeben, und dieser hat sie irgendwie an seiner Oberfläche angelagert („adsorbiert“).

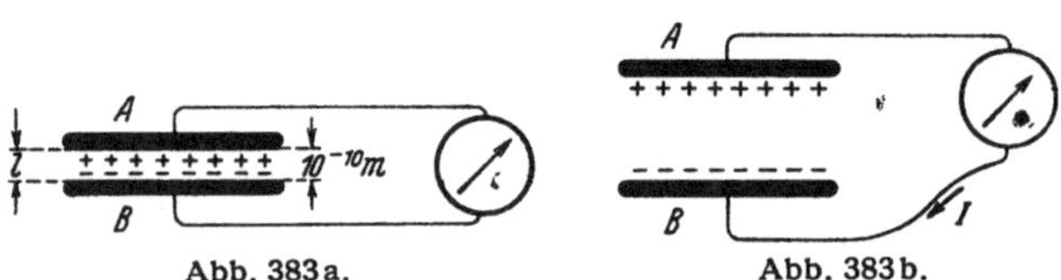

Abb. 383a.　　　　　Abb. 383b.

Abb. 383a u. b.　Zur Deutung der Reibungselektrizität.

So ist in der Grenzschicht ein elektrisches Feld mit ganz kurzen Feldlinien entstanden. Man nennt es „Doppelschicht“ und seine Spannung die „Berührungsspannung“. Ihre Größenordnung kann man zu etwa 1 Volt annehmen, einwandfreie Meßverfahren sind nicht bekannt. Beim Aufbau der Doppelschicht haben sich innerhalb des langen Leitungskreises die beiden elektrischen Ladungen $+q$ und $-q$ gegeneinander nur um den winzigen Weg l verschoben, und darauf hat der Strommesser nicht merklich reagiert. Anders in Abb. 383b: Die Hand streicht über die Haare hinweg. Die Feldlinien werden ausgezogen, die Spannung zwischen A und B steigt auf hohe Werte, und der aus A und B bestehende Kondensator entlädt sich durch den Strommesser. Dieser zeigt mit einem Stoßausschlag einen Stromstoß an. Denn diesmal durchlaufen die beiden Ladungen $+q$ und $-q$ ja bis zu ihrer Vereinigung den ganzen Leitungskreis.

Dieser Versuch läßt sich mit beliebigen Körpern A und B ausführen. Beide können „Isolatoren“ sein (vgl. § 16) oder auch einer von ihnen ein Metall. Nur dürfen nicht beide Körper Leiter sein. Der Grund ist leicht ersichtlich: Die Trennung zweier Körper erfolgt auch bei technisch noch so ebenen Oberflächen nie gleichzeitig an allen Punkten. Die unvermeidlichen winzigen Vorsprünge bilden erst spät abreißende Brücken. In Leitern sind die Elektrizitätsatome beweglich. Daher können sie bei der Trennung zweier Leiter diese Brücken benutzen, sie brauchen nicht durch den Strommesser zu laufen.

Für Schauversuche ersetzt man den Strommesser oft durch ein statisches Voltmeter, z. B. das Zweifadenvoltmeter (Abb. 384). Man findet dann nach dem Trennen der Körper oder dem Ausziehen der Feldlinien hohe Spannungen. Man „kratzt" z. B. mit einem trockenen Fingernagel von einem Blech Elektrizitätsatome herunter oder „wischt" mit dem Rockzipfel ein paar Elektronen von einem Stück Aluminium ab. Diese Versuche wirken durch ihre Einfachheit.

Bei all diesen Versuchen spielt die Reibung eine gänzlich untergeordnete Rolle: Mit ihrer Hilfe kann man nur größere Teile der Oberflächen trotz ihrer unvermeidlichen mechanischen Unebenheiten in enge Berührung bringen. Der Name „Reibungselektrizität" ist nur historisch zu rechtfertigen.

§ 125. Berührungsspannungen zwischen einem festen Körper und einer Flüssigkeit lassen sich am einfachsten mit nicht benetzbaren Körpern vorführen, z. B. mit Paraffin in Wasser. Die Abb. 384a zeigt eine geeignete Versuchsanordnung. Das Voltmeter ergibt beim Einbringen der Paraffinplatte in den Faraday-

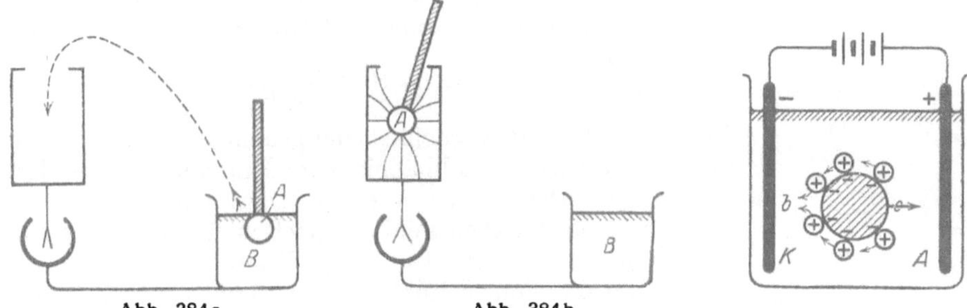

Abb. 384a.
Abb. 384b.

Abb. 384a u. 384b. Nachweis des elektrischen Feldes in der Grenzschicht von Paraffin A und Wasser B. (Destilliertes Wasser mit staubfreier Oberfläche!) Plattenoberfläche F etwa $2 \times 25 = 50$ cm². Ladung $\approx 10^{-8}$ Amperesek.

Abb. 385. Schema der Elektrophorese.

kasten (Abb. 384b) eine Spannung in der Größenordnung 200 Volt. Der Kasten und das Voltmeter haben zusammen als Kondensator eine Kapazität von etwa $4 \cdot 10^{-11}$ Farad. Folglich trug die Paraffinplatte eine Ladung von rund 10^{-8} Amperesekunden. — Die Substanz mit der höheren Dielektrizitätskonstante lädt sich positiv (Coehnsches Ladungsgesetz).

Im Falle der Benetzung kann man den Körper A und die Flüssigkeit B nicht einfach durch Herausziehen des Körpers trennen. Dann wählt man zum Nachweis der Doppelschicht zwischen Körper und Flüssigkeit ein anderes Beobachtungsverfahren:

Man benutzt Körper und Flüssigkeit als sichtbar wandernde Elektrizitätsträger bei einer unselbständigen Leitung. Die Abb. 385 gibt das Schema. Es zeigt den kugelförmig gezeichneten Körper negativ und einige Flüssigkeitsmoleküle positiv geladen. Beide wandern im Felde in entgegengesetzter Richtung. Wir bringen zwei Ausführungsformen des Versuches:

1. „Elektrophorese": Der Körper ist fein verteilt und in Form staubförmiger Schwebeteilchen („Kolloide") in der Flüssigkeit suspendiert. Diese Schwebeteilchen wandern sichtbar im Felde. In Abb. 386 wird Bärlappsamen in destilliertem Wasser benutzt. — Man verwendet die Elektrophorese viel zum Nachweis der Ladung der Teilchen und zur Messung der Spannung U_D in der

sie umhüllenden Doppelschicht (§ 124). Man findet experimentell die Geschwindigkeit u der Teilchen der Feldstärke $\mathfrak{E} = U/l$ zwischen den Elektroden proportional; die Teilchen haben also eine konstante Beweglichkeit $v = u/\mathfrak{E}$. Für diese gilt

$$v = \frac{2}{3} \frac{\varepsilon\,\varepsilon_0}{\eta} \cdot U_D \tag{210}$$

(ε = Dielektrizitätskonstante, η = Zähigkeitskonstante der Flüssigkeit; ε_0 = Influenzkonstante = $8{,}86 \cdot 10^{-12}$ Amperesek./Voltmeter).

Herleitung der Gl. (210): Ein kugelförmiges Teilchen von Radius r hat in einem Stoff der Dielektrizitätskonstante ε die Kapazität $C = 4\,\pi\,\varepsilon\,\varepsilon_0\,r$ [Gl. (11) in § 25], also bei der Spannung U_D die Ladung $q = 4\,\pi\,\varepsilon\,\varepsilon_0\,r\,U_D$. Im elektrischen Felde $\mathfrak{E} = U/l$ wirkt auf diese die Kraft $\mathfrak{K} = q\,\mathfrak{E} = 4\,\pi\,\varepsilon\,\varepsilon_0\,r\,U_D \cdot \mathfrak{E}$. Im stationären Zustand stellt sich die Geschwindigkeit u der Teilchen so ein, daß der Reibungswiderstand $\eta\,6\,\pi\,r\,u = \mathfrak{K}$ wird [Mechanikband Gl. (175) in § 88]. So erhält man $4\,\pi\,\varepsilon\,\varepsilon_0\,U_D \cdot \mathfrak{E} = \eta\,6\,\pi\,r\,u$ und somit für die Beweglichkeit $u/\mathfrak{E} = v$ die Gl. (210).

Im allgemeinen findet man die Beweglichkeit von Schwebeteilchen in gleicher Größenordnung wie die der Ionen in wäßrigen Lösungen (Tabelle 11), d. h. in der Größenordnung

$$v \approx 5 \cdot 10^{-8} \frac{\text{m/sec}}{\text{Volt/m}}.$$

Demnach ist die Beweglichkeit der genannten Ladungsträger in erster Näherung unabhängig vom Durchmesser der Teilchen. Sie verhalten sich alle wie kleine Kugeln, umgeben von einem elektrischen Feld (Doppelschicht) mit der Spannung $U_D \approx 0{,}1$ Volt[1]. Das ist seltsam, erfolgt doch die Aufladung der Träger durch ladungstrennende Kräfte recht verschiedener Art. Bei der Bildung eines Na^+-Ions z. B. führt die Abgabe eines Elektrons, bei der Bildung eines Cl^--Ions die Aufnahme eines Elektrons zu einer stabileren Konfiguration der Elektronenhülle. Staubförmige Schwebeteilchen, z. B. Kolloide aus Edelmetallen oder aus Eiweiß, laden sich durch Anlagerung von Ionen auf, entweder positiv oder negativ. In isolierenden Flüssigkeiten endlich sind die rätselhaften ladungstrennenden Kräfte im Spiel, die sich hinter dem Wort „Reibungselektrizität" verbergen.

2. „Elektroosmose": Man denke sich die Schwebekörper lose zu einem „porösen" Körper zusammengesintert. Dieser poröse Körper soll irgendwo in der Strombahn den ganzen Querschnitt der Strombahn ausfüllen und dort festsitzen. In diesem Falle wird die Wanderung der aufgeladenen Flüssigkeit sichtbar. So sieht man z. B. in Abb. 387 das Wasser (mit seiner positiven Ladung) zur Kathode wandern und dort hochsteigen. Die Elektroosmose findet mancherlei praktische Anwendung, z. B. zum Trocknen poröser Substanzen. Quantitatives unter Abb. 387.

Die Abb. 388 zeigt uns die Trocknung einer Torfsode durch ein elektrisches Feld. Leider ist das Verfahren im Falle des Torfes un-

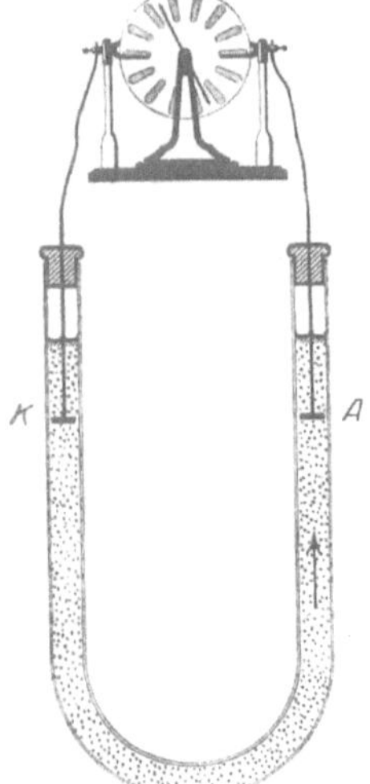

Abb. 386. Elektrophorese. Lichte Rohrweite etwa ¹/₂ mm.

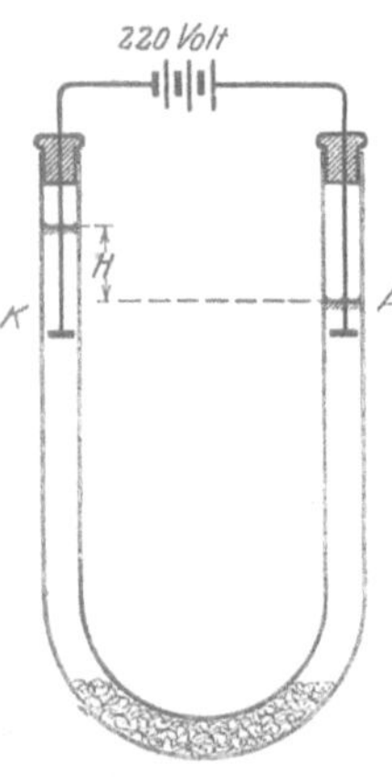

Abb. 387. Elektroosmose von Wasser durch einen porösen Stopfen. Statt eines porösen Stopfens kann man eine Kapillare benutzen (Länge l, Querschnitt $r^2\pi$). Dann ist die Geschwindigkeit der Flüssigkeit $u = \varepsilon \cdot \varepsilon_0\,U_D U / \eta\,l$; die Stromstärke i = Flüssigkeitsvolumen/Flußzeit $= r^2\pi\,\varepsilon\,\varepsilon_0 \cdot U_D U/\eta\,l$ und die erzielbare Druckdifferenz $\triangle P = 8\,\varepsilon\,\varepsilon_0\,U_D U / r^2$. Zur Herleitung dieser Gleichungen verfährt man ebenso wie bei Gl. (210) und benutzt dazu aus § 87 des Mechanikbandes die Gl. (170) und (173).

---

[1] In der physikalisch-chemischen Literatur nennt man diese Spannung das elektrokinetische Potential ζ.

wirtschaftlich: Das Wasser leitet infolge der gelösten Humussäuren zu gut.   Man bekommt außer dem elektrischen Feld starke Leitungsströme und daher Verluste durch wertlose Erwärmung des Torfes.   In der Medizin bringt man mit Hilfe der Elektroosmose flüssige Medikamente, z. B. Adrenalin, in die Haut hinein.

§ 126. Doppelschichten in der Grenze zwischen Gasen und Flüssigkeiten lassen

sich ebenfalls mit Hilfe der Elektrophorese nachweisen (§ 125).   Man beobachtet beispielsweise die Wanderung einer kleinen Luftblase B im elektrischen Felde eines mit Wasser gefüllten Kondensators $A\,K$ (Abb. 389).   Den Auftrieb der Gase in der Flüssigkeit macht man durch einen Kunstgriff unschädlich.   Man läßt den Kondensator mitsamt der Flüssigkeit gleichförmig um seine horizontale Längsachse rotieren.   Dann hält sich die Blase dauernd in der Längsachse und wandert im elektrischen Felde auf

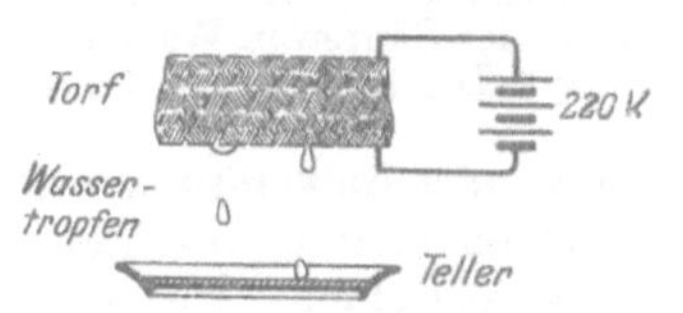

Abb. 388. Elektroosmoseverfahren.

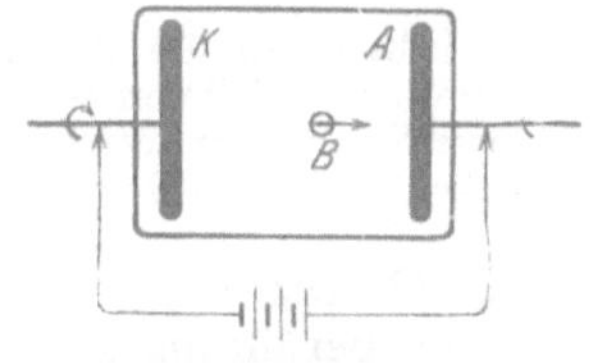

Abb. 389. Elektrisches Feld an der Grenze einer Gasblase und einer Flüssigkeit.

die Anode zu.   Die Gase erscheinen in reinen Flüssigkeiten stets negativ geladen.   Diese Ladung wird aber nicht von Gasmolekülen innerhalb der Blase getragen, es sind nicht etwa einige Gasmoleküle in negative Ionen verwandelt worden.   Nach zahlreichen Versuchen hat man nie in Gasen nach Berührung mit einer Flüssigkeit Gasionen nachweisen können. Es müssen sich daher bei den Blasen auch die negativen Elektrizitätsträger in der Flüssigkeit befinden, das ganze elektrische Feld der Grenzschicht muß in den obersten Molekülen der Flüssigkeit enthalten sein. In Wirklichkeit wandert eine dünnwandige, negativ geladene gasgefüllte Flüssigkeitsblase.   Sie entspricht der Kugel in Abb. 385.   Über sie gleiten unsichtbar positive Flüssigkeitsionen hinweg zur Kathode.

In entsprechender Weise erstreckt sich das elektrische Feld auch in der Grenzschicht zwischen festen Körpern und Flüssigkeiten bis zur Tiefe einiger Moleküldurchmesser in die Flüssigkeit hinein.

Zwar zeigt die grobschematische Abb. 385 das elektrische Feld lediglich zwischen dem festen Körper und der äußersten, an ihn angrenzenden Flüssigkeitsschicht. Aber das ist eine zu weit gehende zeichnerische Vereinfachung.   Denn es gibt zwischen Flüssigkeit und festem Körper keine „äußere" Reibung.   D. h. die Flüssigkeitsmoleküle können nicht an der Oberfläche des Körpers entlanggleiten.   Es gibt in diesem Falle nur eine „innere" Reibung.   Die den festen Körper berührenden Flüssigkeitsmoleküle haften an diesem.   Die nächstfolgenden Molekülschichten können über sie hinweggleiten.   Diese tiefer in der Flüssigkeit gelegenen Schichten müssen in Abb. 385 die positiven Ionen enthalten.   Sonst könnte das elektrische Feld sie nicht in Bewegung setzen.

Bei der Berührung von Gasen und Flüssigkeiten läßt sich diese Anordnung der Ladungen durch mannigfache Versuche nachweisen.

Man kann durch plötzliches Zerfetzen von Flüssigkeitsoberflächen einen Teil der Ladungen voneinander trennen.   Man läßt Gase lebhaft durch Flüssigkeiten hindurchsprudeln und die Blasen an der Flüssigkeitsoberfläche sprühend zerplatzen; oder man zerbläst eine Flüssigkeit mit einem der bekannten Zerstäuber; oder man läßt rasch fallende Tropfen an einem Hindernis zerspritzen (z. B. Wasserfälle).   In allen Fällen ergibt sich der gleiche Befund: Die nach dem Zerfetzen aufgefangene Flüssigkeit erweist sich positiv geladen, in der Luft hingegen befinden sich zahlreiche submikroskopische negative Elektrizitätsträger. Ihre „Beweglichkeit" ist außerordentlich gering.   Es handelt sich ohne Zweifel um feinsten Flüssigkeitsstaub aus der obersten, negativ geladenen Molekülschicht der zerfetzten Oberfläche.

In der freien Atmosphäre können starke vertikale Luftströmungen große Regentropfen zerfetzen. Die größeren Bruchstücke vereinigen sich bald wieder zu großen Tropfen. So entstehen elektrische Felder zwischen positiv geladenen Tropfen und feinstem, negativ geladenem Wasserstaub. Die Tropfen fallen, der Staub bleibt schwebend in der Höhe. Die Feldlinien zwischen ihnen werden ausgezogen, die Spannung kann auf sehr hohe Werte steigen (§ 21). Dieser Vorgang ist bei der Entstehung der Blitze wesentlich beteiligt (vgl. § 139).

Wir haben die Darstellung auf den Fall reiner, d. h. chemisch einheitlicher Flüssigkeiten beschränkt. Bei ihnen ist stets die Oberfläche Sitz der negativen Ladung. Durch Zusatz anderer Substanzen, etwa von Salzen oder Säuren in Wasser oder von unedlen Metallen zu Quecksilber, treten Verwicklungen auf. Die Einzelheiten führen hier zu weit.

§ 127. Die Berührungsspannung oder Galvanispannung zwischen zwei Metallen.

Bei der Berührung zweier Isolatoren oder eines Metalles mit einem Isolator bleibt das elektrische Feld als „Doppelschicht" auf den Bereich der molekularen Berührung und seiner unmittelbaren Nachbarschaft beschränkt (Abb. 390). Das im Berührungsgebiet entstehende Feld kann sich nicht seitlich ausbreiten, die Elektrizitätsatome sind ja im Isolator nicht beweglich. Anders bei der Berührung zweier Metalle. Hier muß ein Elektronenübergang an einer einzigen Stelle ein Feld zwischen den ganzen Oberflächen dieser beiden Leiter (Abb. 391) erzeugen.

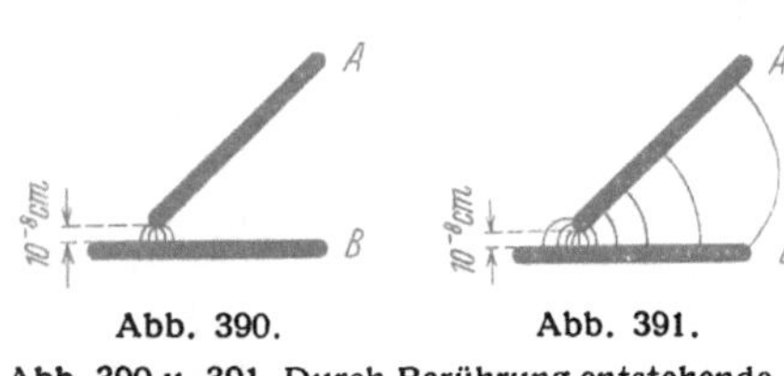

Abb. 390.   Abb. 391.

Abb. 390 u. 391. Durch Berührung entstehende elektrische Felder, rechts zwischen zwei Leitern, links zwischen Leiter und Isolator oder zwischen zwei Isolatoren.

Die Spannung dieses Feldes, die Berührungs- oder Galvanispannung hat man bisher nicht experimentell ermitteln können[1]. Wahrscheinlich ist sie sehr klein. In Unkenntnis ihres Wertes setzen wir sie zunächst gleich Null.

§ 128. Abtrennarbeit der Elektronen aus Metallen.

Bei allen bisherigen Versuchen grenzten zwei Körper aneinander. In der Grenzschicht erfolgte eine Verlagerung der Elektrizitätsatome beider Vorzeichen gegeneinander, und durch sie entstanden „Doppelschicht" und „Berührungsspannung". Was geschieht an der Grenze eines Körpers gegen den leeren Raum?

Ein im Vakuum sich selbst überlassener Körper bleibt erfahrungsgemäß elektrisch neutral. Er verliert spontan weder Elektronen noch negative oder positive Ionen. Wie ist das zu deuten? — Der Einfachheit halber sprechen wir fortan nur von Elektronen. Die Ausführungen werden sich jederzeit sinngemäß auf Ionen übertragen lassen.

Die Elektronen werden durch die Anziehung der positiven Ladungen am Entweichen verhindert. Das dabei wirksame Kraftgesetz ist uns unbekannt. Es wird von der chemischen Beschaffenheit des Körpers abhängen. Sicher werden die Kräfte in unmittelbarer Nähe der Oberfläche am größten sein und mit wachsendem Abstande abnehmen. In der Größenordnung einiger Moleküldurchmesser nehmen wir sie bereits als unmeßbar klein an. — Bei der Entfernung eines Elektrons muß gegen die rückziehende Kraft Arbeit geleistet werden. Der größte

---

[1] Sehr irreführend sind adsorbierte Oberflächenschichten aller Art. Fast immer sind Metalle mit einer adsorbierten Wasserhaut überzogen. Bei der Berührung zweier verschiedener Metalle stellt man also eine chemische Stromquelle her, ein galvanisches Element: zwei verschiedene Metallplatten in einem Elektrolyten.

Teil dieser Arbeit entfällt auf den Anfang des Weges, der kleinere auf die folgenden Wegabschnitte. Das stellen wir uns schematisch mit der sehr nützlichen „Arbeitskurve" in Abb. 392 dar[1]. Die Abszisse gibt die Entfernung des Elektrons vom Körper, also den bereits zurückgelegten Weg, die Ordinate I die für diesen Weg benötigte Arbeit. Wir messen diese Arbeit im elektrischen Maße, und zwar nach allgemeinem Brauch in $e \cdot$ Volt, lies „Elektronenvolt", also in Vielfachen der Arbeitseinheit $1{,}60 \cdot 10^{-19}$ Wattsekunden.

Die zum Verlassen des festen oder flüssigen Körpers erforderliche Arbeit muß das Elektron seinem Vorrat an kinetischer Energie entnehmen. Die Größe dieser kinetischen Energie können wir nicht ohne Annahmen angeben. Sicher reicht sie aber bei kleinen Temperaturen nicht zum Entweichen der Elektronen aus. Daher vermerken wir ihren Höchstwert an der Ordinate II willkürlich durch den Abschnitt a: Dann fehlt dem Elektron zum Entweichen noch ein Energiebetrag der Größe b. Wir nannten ihn bei der thermischen Elektronenemission die „Abtrennarbeit" des Elektrons (§ 99). Auch gaben wir dort Zahlenwerte für b in der Einheit eVolt (Tabelle 8).

In der entsprechenden Arbeitskurve für ein einzelnes Atom in einem Dampf bedeutet a die Energie des äußersten Elektrons im Grundzustand, b die Ionisierungsarbeit J.

Für ein Cäsium-Atom ist beispielsweise $J = 3{,}86\ e$Volt, also kleiner als die Abtrennungsarbeit b für festes Wolfram. Daher geben im Vakuum Cs-Atome beim Aufprall auf festes W ihr äußerstes Elektron ab. Die Cs-Atome werden in positive Ionen verwandelt, das feste W negativ aufgeladen.

In einzelnen Atomen sind innerhalb des Bereiches a nur diskrete Energiekräfte vertreten, den einzelnen Energiestufen des Atomes entsprechend (Optikband § 120). In einem festen Metall gilt prinzipiell das gleiche, nur liegen in ihm die Energiestufen im Bereich a äußerst dicht beieinander. Deswegen konnten wir die Elektronen in festen Metallen für viele Zwecke wie ein Gas im Gitterwerk der positiven Ionen behandeln.

Bei Gasmolekülen verteilen sich die Geschwindigkeiten statistisch um einen mittleren Wert (Abb. 393, oben). Mit wachsender Temperatur wird diese „Maxwellsche Verteilungskurve" breiter, und ihr Maximum verschiebt sich nach größeren Werten (Mechanikband § 147). Nach neueren Untersuchungen gilt

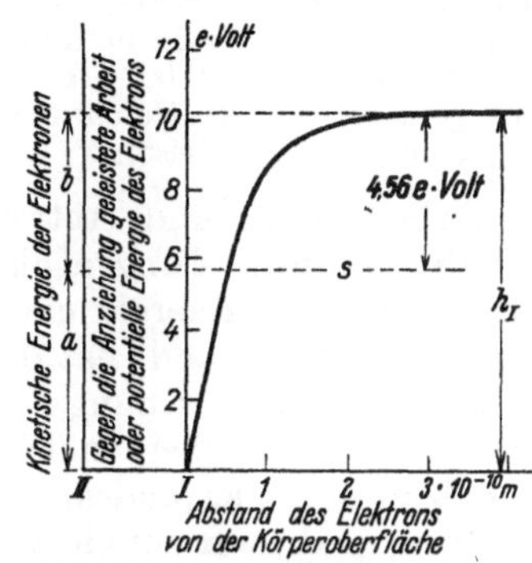

Abb. 392. Zur Definition der Abtrennarbeit für einen festen Körper (Wolfram).

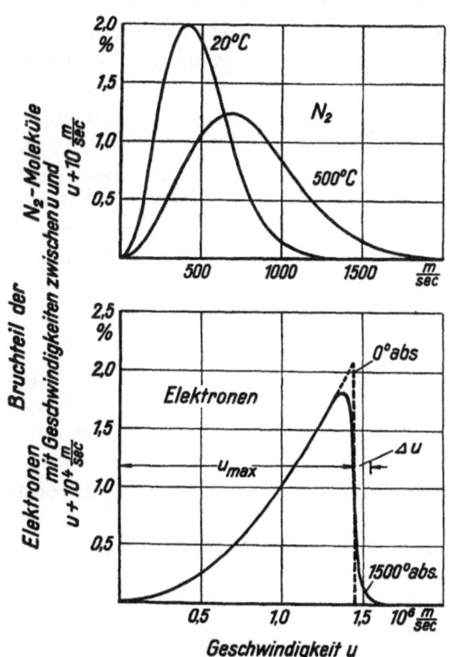

Abb. 393 und 394.

Abb. 393. Maxwellsche Geschwindigkeitsverteilung von Gasmolekülen bei zwei Temperaturen.

Abb. 394. Fermische Geschwindigkeitsverteilung von Elektronen bei zwei „kleinen" Temperaturen. (Konzentration $N_V = 6{,}5 \cdot 10^{28}/\text{m}^3$; als Höchstenergie $a = \frac{1}{2}\, m\, u^2_{max}$ ist $6\ e$Volt angenommen.) Die punktierte Kurve entspricht der kleineren Temperatur.

---

[1] Oft Potentialkurve genannt, obwohl in der Elektrizitätslehre Potential keine Arbeit, sondern eine Spannung bedeutet.

bei „kleinen" Temperaturen eine andere, nach Fermi benannte Verteilungskurve, nämlich die dreieckähnliche in Abb. 394. Der Übergang von der Fermischen zur Maxwellschen Verteilung beginnt in der für 1500 Grad angedeuteten Weise.

Für die Elektronen hat man schon Zimmertemperatur als „klein" zu betrachten und demgemäß die dreieckige Verteilung anzunehmen; die zur Höchstgeschwindigkeit u_{max} gehörige Energie wurde in Abb. 392 mit a bezeichnet. Bei Glühtemperaturen ist für die Elektronen die für 1500 Grad gezeichnete Verteilungskurve (Abb. 394) anzunehmen. Der mit $\triangle u$ bezeichnete Geschwindigkeitszuwachs liefert den Elektronen die Möglichkeit, die Abtrennbarkeit b zu leisten.

Arbeitskurve und Abtrennarbeit erläutert man anschaulich durch einen mechanischen Vergleich. Wir denken uns die Elektronen als Stahlkugeln mit kinetischer Energie und den Körper als Talmulde oder Suppenteller. Der Berghang (Tellerrand) hat das Profil der Arbeitskurve in Abb. 392. Die Kugeln fliegen die Randböschung nur ein Stück hinauf. Den letzten Anstieg der Höhe b können sie nicht überwinden, sie kehren um und fallen zurück. Zum Überfliegen des Berges (Tellerrandes) müßte man die kinetische Energie der Stahlkugeln erhöhen, und zwar mindestens um den Betrag der Abtrennarbeit, hier also der Hubarbeit für die Höhe b. — Soweit das mechanische Bild.

§ 129. Voltaspannung zwischen zwei Metallen. Die Abtrennarbeit b eines Elektrons beim Austritt aus einer Metalloberfläche entspricht, wie erwähnt, der kleinsten Ionisierungsarbeit J eines Atoms (§ 128). Die Ionisierungsarbeit stellt man mit Hilfe eines elektrischen Feldes dar. Es entsteht durch die positive Ladung des Ions, also ohne das Elektron. Seine Niveauflächen sind konzentrische Kugelschalen, im Schnitt also Kreise (Bohrsches Atommodell, Optikband § 128). In diesem Feld wird das Elektron durch irgendeine Energiezufuhr an das Atom (z. B. Elektronenstoß) der Anziehung entgegen „angehoben". Dadurch gelangt es auf eine weiter außen gelegene Niveaufläche. Auf der äußersten Niveaufläche ist die Anziehung des Elektrons durch das positive Ion praktisch verschwindend klein und das Elektron somit frei geworden.

In ganz entsprechender Weise kann man die Abtrennung eines Elektrons aus einem Metall mit Hilfe eines elektrischen Feldes und seiner Niveauflächen darstellen. Das geschieht in Abb. 395. Ein Metall A mit großer Austrittsarbeit $b_A = 6\,e$Volt ist mit einem Metall B mit kleiner Austrittsarbeit $b_B = 2\,e$Volt in Berührung gebracht. Die kleine Berührungsspannung wird gleich Null gesetzt (§ 127). Die Niveauflächen erscheinen in der Bildebene als Niveaulinien. Sie sind am unteren Ende der Metalle abgebrochen, in Wirklichkeit umhüllen sie selbstverständlich auch die Außenseite der beiden Metalle. Die beiden Grenzschichten vor den Metallen sind den anderen Bildteilen gegenüber in etwa 10^8facher Vergrößerung gezeichnet.

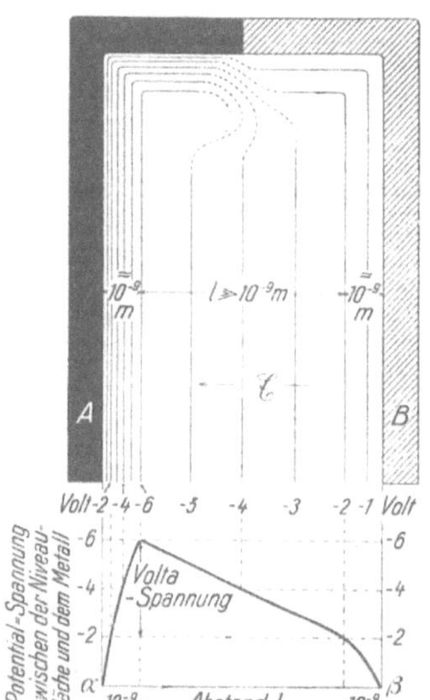

Abb. 395. Zur Entstehung der Voltaspannung zwischen zwei Metallen. Die Abbildung zeigt oben schematisch die Niveauflächen zwischen zwei einander berührenden Metallen A und B mit verschieden großen Elektronen-Austrittsarbeiten (6 eVolt für A und 2 eVolt für B). Unten ist das zugehörige Potentialgebirge dargestellt.

An den einzelnen Niveaulinien sind die elektrischen Potentiale angegeben, also nicht Arbeiten, sondern die Spannungen zwischen der Niveaufläche und den vereinigten Metallen als Bezugskörper. Die Gesamtheit aller Niveaulinien gibt die Form eines Bergrückens. Die mit — 6 Volt bezeichnete Niveaulinie bildet den Kamm. Links vom Kamm ist der Abfall steil, rechts hingegen flach. Erst unmittelbar vor dem Metall B folgt wieder ein starker Abfall. Das untere Teilbild gibt einen Schnitt durch diesen Bergrücken. Das linke und das rechte Ende dieses Schnittes entsprechen der Kurve in Abb. 392. Die Ordinaten geben aber nicht, wie in Abb. 392, die Abtrennungsarbeit als Produkt $e\,U$, sondern nur das Verhältnis Abtrennungsarbeit/Ladung, also das Potential U der Niveaulinien. — Soweit die Bilder.

Die Spannung des elektrischen Feldes zwischen den beiden Grenzschichten, d. h. längs des Weges l, nennt man die Voltaspannung. Sie ergibt sich also aus den Abtrennungsarbeiten beider Metalle durch die Definitionsgleichung

$$\text{Voltaspannung} = \frac{\text{Differenz der Abtrennungsarbeiten}}{\text{Elementarladung}} = \frac{b_A - b_B}{e}.$$

Die Voltaspannung hat vor allem für Elektronen Bedeutung, die aus dem einen Metall austreten, durch den Zwischenraum hindurch zum anderen Metall herüberfliegen und in dieses eintreten. Solche Elektronen werden auf dem Wege von Metall großer zum Metall kleiner Austrittsarbeit vom Felde der Voltaspannung beschleunigt, auf dem entgegengesetzten Wege verzögert.

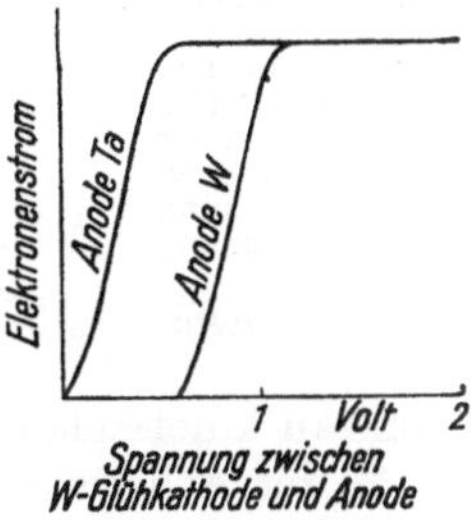

Man muß daher die Voltaspannung bei allen Messungen der thermischen und der lichtelektrischen Elektronenemission berücksichtigen. Die Abb. 396 zeigt ein schematisches Beispiel für die thermische Elektronenemission des Wolframs. Dargestellt ist die Stromspannungskurve. Für die rechte Kurve ist als Anode ebenfalls Wolfram gewählt worden, für die linke aber Tantal. Die rechte Kurve ist gegen die linke um den Betrag der Voltaspannung $(b_W - b_{Ta})/e = $ 4,65 Volt — 4,1 Volt = 0,55 Volt verschoben. Auf diese Weise also kann man Differenzen der Austrittsarbeiten messen. Die Absolutwerte bestimmt man besser auf anderem Wege (§ 99).

Abb. 396. Einfluß der Voltaspannung auf die Stromspannungskurve einer Glühkathode aus Wolfram. Schematisch.

§ 130. Aenderung der Abtrennbarkeit durch ein äußeres elektrisches Feld. Nach den Experimenten können die Elektronen bei tiefen Temperaturen nicht aus einem Körper ins Vakuum austreten. Dazu fehlt ihnen nach unserer Deutung ein Betrag an kinetischer Energie. Diesen fehlenden Energiebetrag, die Abtrennarbeit b (Abb. 392), muß man dem Elektron auf mannigfache Weise zuführen können, am übersichtlichsten durch ein äußeres elektrisches Feld.

Wir lassen den Körper im Vakuum die negative Elektrode eines Kondensators bilden. Seine elektrische Feldstärke $\mathfrak{E}$ muß im Beispiel der Abb. 392 in nächster Nähe des Körpers eine Größe von rund $1{,}5 \cdot 10^{10}$ Volt/m haben: Denn das Feld soll ja längs des Weges s von nur $3 \cdot 10^{-10}$ m dem Elektron den Energiebetrag $b = e\,\mathfrak{E} \cdot s = 4{,}56\ e \cdot$ Volt zuführen. Die Herstellung einer derart hohen Feldstärke gelingt schon mit kleinen Spannungen, z. B. einigen Tausend Volt: Man muß dem Körper nur die Gestalt einer Spitze oder eines feinen Drahtes geben (vgl. S. 33). Ein solcher Versuch ist in Abb. 397 skizziert. Er zeigt einen Wolframdraht von $r = 5\ \mu$ Radius und 5 cm Länge im Innern eines Hohlzylinders im Hochvakuum. Man beobachtet schon bei 2000 Volt Spannung einen Elektronenstrom der Größenordnung 10^{-7} bis 10^{-6} Ampere. Dabei beträgt die mitt-

lere Feldstärke an der Drahtoberfläche nur rund $5 \cdot 10^7$ Volt/m. An kleinen,
mit dem Elektronenmikroskop erkennbaren Vorsprüngen ist die Feldstärke etwa
10mal größer, aber immer noch rund 30mal kleiner als die erwartete. Diese Tatsache findet erst durch die wellen-
mechanische Statistik (Optikband
§ 169) eine einwandfreie Deutung.

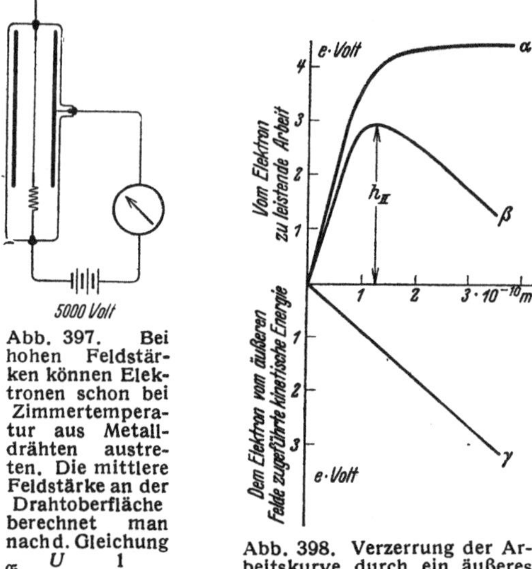

Abb. 397.   Bei
hohen Feldstär-
ken können Elek-
tronen schon bei
Zimmertempera-
tur aus Metall-
drähten austre-
ten. Die mittlere
Feldstärke an der
Drahtoberfläche
berechnet man
nach d. Gleichung
$$\mathfrak{E} = \frac{U}{r} \frac{1}{\log \operatorname{nat} R/r}.$$

Abb. 398. Verzerrung der Arbeitskurve durch ein äußeres
elektrisches Feld.

Die so experimentell gefundene
Tatsache läßt sich noch auf eine
zweite Weise beschreiben. Bisher
hieß es: Das äußere Feld liefert
dem Elektron den zum Entweichen
fehlenden Energiebetrag in der
Größe der Abtrennbarkeit b. Mit
gleichem Recht dürfen wir sagen:
Durch Hinzufügen des äußeren
Feldes wird das Kraftgesetz in der
Nähe der Körperoberfläche geändert. Infolgedessen bekommt man
statt der alten Arbeitskurve α
(Abb. 398) eine neue Arbeitskurve β.
Diese letztere entsteht als Differenz
zweier Arbeitskurven (Abb. 398):
    1. der alten Arbeitskurve α.
Diese gibt den Verlust des Elek-
trons an kinetischer Energie während seiner Entfernung von der Körperoberfläche;
    2. der Arbeitskurve γ. Diese gibt den Gewinn des Elektrons an kinetischer
Energie infolge seiner Beschleunigung durch das äußere elektrische Feld.

Die Scheitelhöhe h_{II} der neuen Arbeitskurve liegt tiefer als der Scheitelwert h_I
der alten Arbeitskurve α (mechanisch: der Rand des Suppentellers ist herunter-
gedrückt). Die Abtrennbarkeit b (siehe Abb. 392) wird kleiner und kann sogar
verschwinden. — In den §§ 131 und 132 bringen wir zwei Anwendungsbeispiele
für diese Beschreibungsart.

§ 131. Uebergangswiderstand zwischen zwei gleichen Metallen. Das Kohle-mikrophon.
In der Abb. 398 hatten wir die ursprüngliche Arbeitskurve α durch
ein äußeres elektrisches Feld in die niedrigere Arbeitskurve β umgeformt. Dies
elektrische Feld hatten wir (Abb. 397) mit einer Stromquelle von einigen 1000 Volt

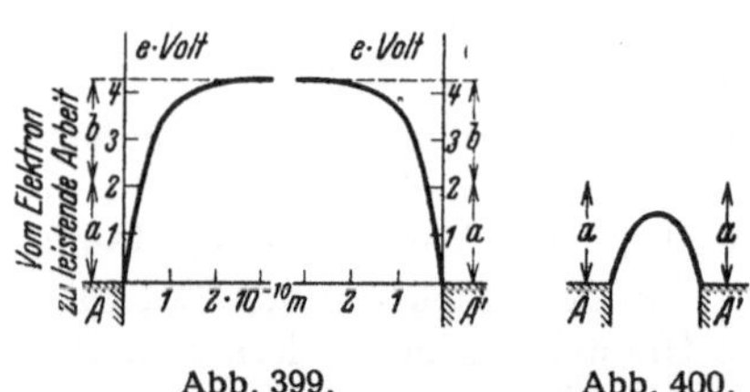

Abb. 399.   Abb. 400.

Abb. 399 und 400. Zum Elektronenübergang
zwischen zwei gleichen Körpern A (z. B. Mikro-
phonkontakt).

Spannung hergestellt. Doch kann man
eine solche Erniedrigung der Arbeitskurve
auch auf andere Weise erzielen, z. B.
durch die enge Annäherung eines zweiten
Körpers aus gleichem Stoff. Das soll uns
die Abb. 399 und 400 veranschaulichen.
In ihr sind die gleichen Arbeitskurven der
beiden Körper A und A' spiegelbildlich
nebeneinander gezeichnet. In Abb. 399
ist der Abstand der beiden Körper noch
groß gegen die Moleküldimensionen. Beide

Arbeitskurven sind noch unverzerrt und verhindern den Elektronenübergang
durch eine hohe breite Schwelle. In den Abb 399 und 400 sind die Körper A
und A' einander bis auf Molekülabstand genähert. Dabei haben sich die Arbeits-

kurven gegenseitig verzerrt und zu einer niedrigen Schwelle vereinigt. Diese kann von Elektronen mit kleiner kinetischer Energie überwunden werden.

Bei der unvermeidlichen Rauhigkeit aller Körperoberflächen kann eine molekulare Berührung anfänglich nur an vorspringenden Stellen auftreten, dort bilden sich einzelne „Brücken“. Der Widerstand einer solchen Brücke hängt von deren Abmessungen und vom spezifischen Widerstande des Stoffes ab. Nehmen wir als Beispiel Kupfer und eine „Brücke“ in Gestalt eines winzigen Würfels von 0.1 $u = 10^{-7}$ m Kantenlänge. Dann berechnen wir nach Gl. (180) von S. 158

den Widerstand einer solchen Brücke $\dfrac{U}{I} = \dfrac{10^{-7}\,\mathrm{m}}{10^{-14}\,\mathrm{m^2}}\,1{,}7 \cdot 10^{-8}\,\mathrm{Ohm} \cdot \mathrm{m} \approx 0{,}2\,\mathrm{Ohm}.$

Zehn Brücken haben also nur einen Gesamtwiderstand von 0,02 Ohm, hundert gar nur von 0,002 Ohm. Derart kleine Widerstände kann man im allgemeinen gegenüber dem übrigen Widerstand des Stromkreises vernachlässigen. Man braucht daher den Widerstand von Metallkontakten und seine Abhängigkeit von der Pressung nur in Ausnahmefällen zu berücksichtigen, nämlich in Stromkreisen von extrem kleinem Widerstand.

Ganz anders aber liegen die Dinge quantitativ bei der Berührung von zwei Stücken Kohle. Der spezifische Widerstand von Kohle ist rund 2000mal höher als der von Kupfer. Eine einzelne Brücke der oben angenommenen Größe hat also rund 400 Ohm, 10 Brücken zusammen haben 40 Ohm usw. Damit liegt aber der Hauptwiderstand des ganzen Stromkreises in diesen Brücken. Eine Verdoppelung der Brückenzahl halbiert nahezu den Widerstand und verdoppelt nahezu den Strom usw. Durch diese Überlegungen erklärt sich die Verwendung von Kohlekontakten in „Mikrophonen“ zur Steuerung elektrischer Ströme im Rhythmus von Sprache und Musik. Ein Kohlemikrophon besteht im wesentlichen aus zwei einander berührenden Kohlestücken, etwa einer Kugel A und einer Membran B (Abb. 401). Sie bilden mit einem Element und einem Telephon einen Stromkreis. Die Schallwellen setzen die Membran in Schwingungen. Dadurch ändert sich der Widerstand des Kohlekontaktes, und die Stromstärke schwankt im Rhythmus der Schallwellen. Das Mikrophon hat eine erstaunliche Empfindlichkeit. Eine über die Membran kriechende Fliege ist im Telephon laut zu hören.

Zur Vorführung der Empfindlichkeit in größerem Kreise ersetzt man das Telephon durch die Primärspule eines kleinen Transformators (Abb. 402). Die Stromschwankungen induzieren in einer Sekundärspule einen Wechselstrom im Rhythmus der Sprache. Diesen Wechselstrom beobachtet man mit einem Drehspulgalvanometer unter Zwischenschaltung eines kleinen Detektors D als Gleichrichter. Normales Sprechen ruft schon aus vielen Metern Abstand große Galvanometerausschläge hervor.

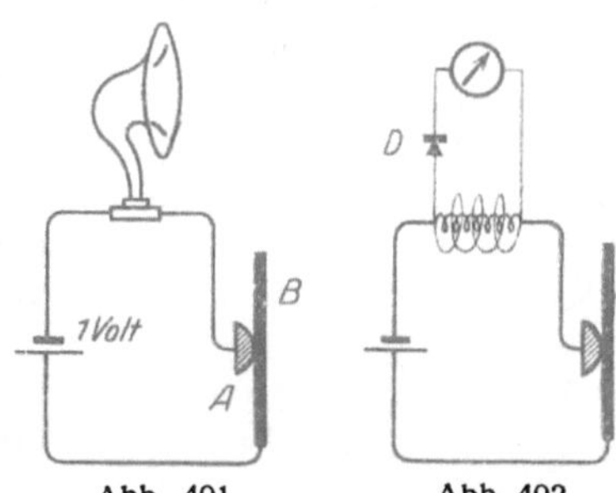

Abb. 401.   Abb. 402.
Abb. 401 u. 402. Nachweis der Mikrophonwirkung.

§ 132. Metalle als Leiter erster Klasse. Thermoelemente.

Wir sehen in Abb. 403 und 404 zwei bzw. drei verschiedene Metalle zu einem geschlossenen Kreise vereinigt. Erfahrungsgemäß fließt in solchen Kreisen trotz der Berührungsspannungen zwischen den Grenzflächen kein Strom. Die Summe der Berührungsspannungen muß also Null sein. Für eine gerade Zahl verschiedener Metalle, z. B. in Abb. 403, ist das aus Symmetriegründen verständlich. Bei einer ungeraden Zahl (Abb. 404) ist auf das Energieprinzip zu verweisen. Ein dauernd fließender Strom müßte dauernd Wärme entwickeln und die dazu nötige Energie einer Energiequelle entnehmen. — Man nennt die Metalle wegen dieses Fehlens eines Stromes in geschlossenen Kreisen „Leiter erster Klasse". Nach dieser Überlegung muß eine dauernde Energiezufuhr an eine der Doppelschichten einen dauernd fließenden Strom erzeugen können. Erfahrungsgemäß kann man für diese Energiezufuhr die Erwärmung der einen Berührungsstelle benutzen. Sie vergrößert die Berührungsspannung in der erwähnten Doppelschicht gegenüber der kalten. Die Differenz beider Spannungen nennt man die thermoelektrische Spannung (Th. I. Seebeck, 1822).

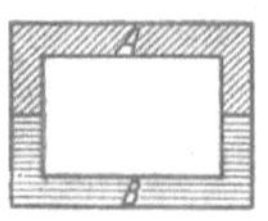 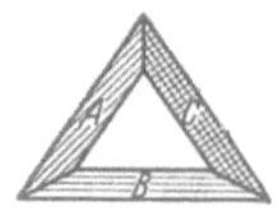

Abb. 403.   Abb 404.
Abb. 403 und 404. Zur Definition der Leiter 1. Klasse.

Eine voll befriedigende Deutung steht noch aus.

Zur Messung der thermoelektrischen Spannung hält man die Temperatur der einen Berührungsstelle (Schweiß- oder Lötstelle) konstant (Eis oder Wasserbad) (vgl. Abb. 405). So findet man für verschiedene Temperaturdifferenzen zwischen warmer und kalter Berührungsstelle die in der Tabelle 15 folgenden Werte.

Tabelle 15.

Metallpaar	Temperatur der kalten Lötstelle: 0 Grad C			
	Temperatur der heißen Lötstelle			
	100°	500°	1000°	1500°
	Thermoelektrische Spannung in Millivolt			
Kupfer-Konstantan	4,1	26,3	—	—
Eisen-Konstantan	4,2	25,9	59,2	—
Nickel-Nickelchrom	3,3	19,7	40,0	—
Platin-Platinrhodium (5%) . .	0,55	3,22	6,79	10,56

Die thermoelektrischen Spannungen sind klein, selbst Temperaturdifferenzen von 500° ergeben bei dem günstigen Paare Kupfer-Konstantan erst $26 \cdot 10^{-3}$ Volt. Trotzdem kann man mit den thermoelektrischen Spannungen leicht Leitungsströme I von etwa 100 Ampere erzeugen. Man braucht nur dem Ohmschen Gesetz $I = U/R$ Rechnung zu tragen und den Widerstand R des Stromkreises recht klein zu machen. Denn der Quotient zweier kleiner Größen kann sehr wohl große Werte haben.

Die Abb. 406 zeigt eine geeignete Anordnung in perspektivischer Zeichnung. Ein dicker, U-förmiger Kupferbügel ist durch einen kurzen, dicken, eingelöteten Konstantanklotz überbrückt. Die Lötstelle 1 wird von dem überstehenden Kupferende aus mit einer Bunsenflamme erwärmt. Das andere überstehende Ende ist nach unten gebogen und taucht in kaltes Wasser. Es soll die Erwärmung der Lötstelle 2 verhindern. Zum qualitativen Nachweis der großen Stromstärke dient das Magnetfeld

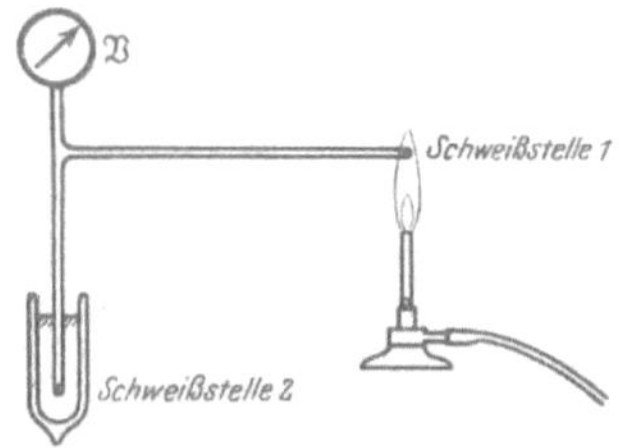

Abb. 405. Thermoelektrische Spannung. Die Schweißstelle 2 befindet sich in Eiswasser. Die Skizze soll Drahtdoppelleitungen, nicht Rohre darstellen.

des Stromes. Die Abb. 407 zeigt im Querschnitt ein profiliertes Eisenstück 1 als Eisenkern der bügelförmigen einzigen „Drahtwindung". Ein gleiches Eisenstück 2 dient als Anker. Beide zusammen vermögen ein 50-kg-Gewichtsstück zu tragen. Das ist für einen Elektromagneten mit nur einer Windung schon recht verblüffend.

Die thermoelektrischen Spannungen spielen meßtechnisch eine bedeutsame Rolle. Lötstellen geeigneter Metalle werden als „Thermoelement" oder „elektrisches Thermometer" viel benutzt. Die Abb. 405 zeigt das Schema.

Vor dem gewöhnlichen Quecksilber-Glas-Thermometer hat das elektrische Thermometer den Vorteil kleiner Masse und daher kleiner Wärmekapazität und großer Einstellgeschwindigkeit. Man kann z. B. mühelos Temperaturänderungen winziger Insekten messend verfolgen. Das Anlegen der Kugel eines Quecksilber-thermometers würde die Temperatur des kleinen Tierkörpers in störender Weise verändern.

Besondere Bedeutung besitzen sehr zierlich gebaute Thermoelemente für die Messung der Energie von Strahlungen aller Art, Licht, Röntgenlicht, Kathodenstrahlen usw.

Endlich benutzt man Thermoelemente zur Herstellung

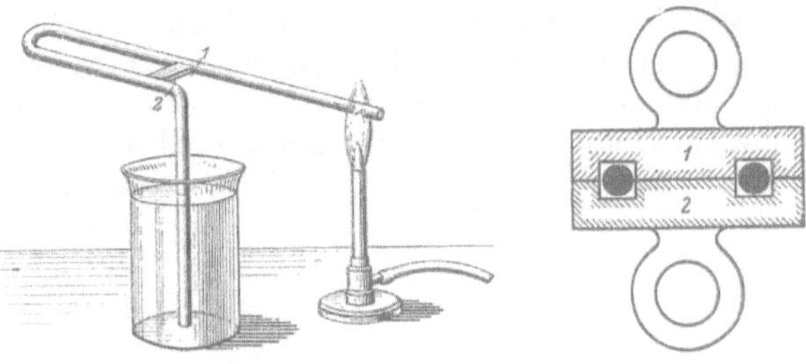

Abb. 406.   Abb. 407.

Abb. 406 und 407.   Zum Nachweis großer Stromstärken als Folge thermoelektrischer Spannungen.

eines hochempfindlichen Wechselstrommessers, des „Thermokreuzes". Man scheitert bei Wechselstromuntersuchungen nur allzu häufig an der mangelnden Empfindlichkeit der Hitzdrahtstrommesser. Einige hundertstel Ampere sind praktisch schon ihre untere Grenze. Beim Hitzdrahtamperemeter erwärmt der Strom einen feinen Draht. Dieser Draht dehnt sich aus und dreht dadurch (vgl. Abb. 12) mechanisch einen Zeiger. ·Beim Thermokreuz heftet man an einen feinen Draht die eine Lötstelle eines Thermoelementes und beobachtet dessen Spannung mit einem empfindlichen Drehspul-Voltmeter. Zur praktischen Ausführung (Abb. 408) hängt man zwei feine Drähte

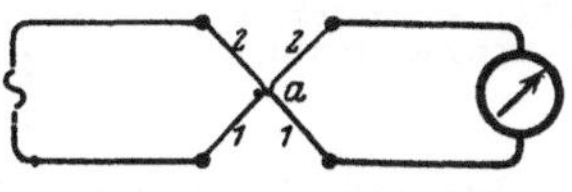

Abb. 408.   Thermokreuz.

aus verschiedenen Metallen *1* und *2* schleifenartig ineinander. Die Berührungsstelle wird verschweißt. Die links befindlichen Drahthälften *1* und *2* bilden zusammen den „Hitzdraht", die rechts befindlichen das Thermoelement mit der Schweißstelle *a*.

§ 133. Peltiereffekt. Lichtelemente.
Eine theoretisch bedeutsame Umkehr des thermoelektrischen Vorganges bildet der sogenannte Peltiereffekt. Man schickt einen Strom durch eine Berührungsstelle zweier Metalle, und zwar in der Flußrichtung des Thermostromes. Dann bewirkt der Strom eine Abkühlung der (beim Thermostrom heißen) Lötstelle. Leider kann man den Peltiereffekt nicht zum Bau einer elektrischen Kühlmaschine benutzen. Die gleichzeitige Erwärmung der Leiter durch den Strom macht die Maschine ganz unrentabel.

Neuerdings hat man den Thermoelementen erfolgreich „Lichtelemente" an die Seite stellen können. Man führt die Energie durch Absorption sichtbaren Lichtes zu. Bei diesen Lichtelementen muß das eine der beiden Metalle durch Selen, Kupferoxydul oder einen anderen Mischleiter mit geeigneten Elektroden ersetzt werden. Die Einzelheiten des Vorganges sind noch ebensowenig geklärt wie die Entstehung der thermoelektrischen Spannung.

§ 134. Elektrolyte als Leiter zweiter Klasse. Chemische Stromquellen. Elemente.
Der Nutzeffekt der Thermoelemente und der Lichtelemente ist ein außerordentlich geringer. Er erreicht kaum Werte von 10^{-6} bzw. 10^{-5}. Anders bei den Elementen auf chemischer Grundlage, den Elementen im engeren Sinne. Die wichtigsten Ausführungsformen arbeiten mit einem Nutzeffekt von praktisch 100%.

Dem Bau der chemischen Stromquellen liegt folgende experimentelle Erfahrung zugrunde: Jede in ihren Grenzen Metall—Elektrolyt unsymmetrische Zusammenstellung metallischer und elektrolytischer Leiter liefert in einem geschlossenen Kreis einen lang anhaltenden Strom. Deswegen nennt man Elektrolyte „Leiter zweiter Klasse". — Bei wohldefinierten Versuchsbedingungen kann man jederzeit bestimmte chemische Vorgänge als Energiequellen namhaft machen.

Der wohl einfachste chemische Umsatz ist der Konzentrationsausgleich zwischen zwei verschieden konzentrierten Lösungen des gleichen Salzes. Die Abb. 409 zeigt ein Beispiel eines solchen „Konzentrationselementes". Hier bildet ein Drahtbügel mit zwei gleichen Elektrolyten verschiedener Konzentration einen aus drei Leitern gebildeten Kreis. In der Grenze beider Elektrolyte befindet sich eine poröse Trennwand aus gebranntem Ton od. dgl. Sie soll eine Vermengung der beiden Flüssigkeiten verhindern.

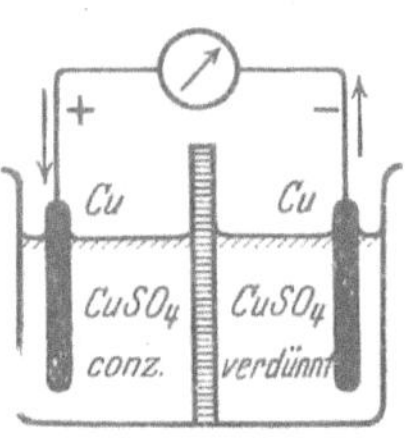

Abb. 409. Konzentrationselement. Spannung einige Zehntelvolt.
Pfeile = Laufrichtung der Elektronen.

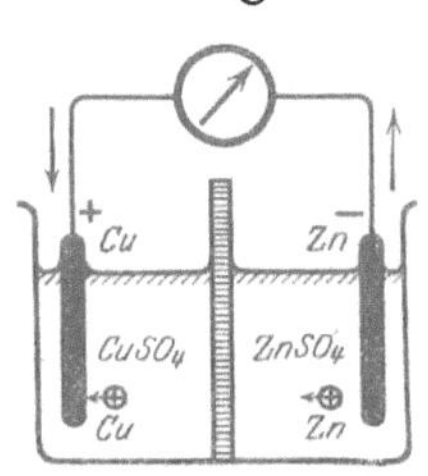

Abb. 410. Element von J. F. Daniell (1836). Als Trennwand wurde zuerst die Speiseröhre eines Ochsen benutzt.
Pfeile = Laufrichtung der Elektronen.

Bei allen praktisch wichtigen Elementen braucht man als Elektroden zwei verschiedene Metalle. Wir geben ein durch große Übersichtlichkeit ausgezeichnetes Beispiel, nämlich das Daniellelement (Abb. 410). Seine Spannung beträgt 1,09 Volt. — Zur Stromlieferung verbinden wir seine beiden Elektroden durch einen Metalldraht. Dann beobachtet man folgendes: Vom Zink fließt ein Strom durch den Strommesser zum Kupfer, die Zinkelektrode wird dünner, die Kupferelektrode dicker. Das deuten wir folgendermaßen: Durch den Metalldraht wandern dauernd Elektronen vom Zink zum Kupfer. Infolgedessen muß das sich auflösende Zink in Form positiver Ionen in Lösung gehen. Die positiven Zinkionen ziehen aus der linken Kammer negative SO_4-Ionen zu sich in die rechte Kammer herüber (Feldlinienbild Abb. 100). Dadurch werden den positiven Kupferionen der linken Kammer ihre negativen Partner entzogen. Sie wandern zur Kupferplatte. Sie schlagen sich auf dieser nieder und vereinigen sich mit den durch den Metalldraht zugewanderten Elektronen. Auf diese Weise wird die Kupferplatte dicker. — Diese Deutung erklärt uns außerdem zwei weitere Beobachtungen: In der rechten Kammer wächst die Konzentration der Zink- und SO_4-Ionen. Bald ist die Lösung bis zur Sättigung konzentriert, es scheiden sich klare Zinksulfatkristalle aus. In der linken Kammer hingegen sinkt die Konzentration der Kupfer- und der SO_4-Ionen. Infolgedessen muß man für Dauerbetrieb der Stromquelle ein Vorratsgefäß zur Nachlieferung frischen Kupfersulfates anbringen. Die Abb. 411 zeigt beispielsweise ein konisches Vorratsgefäß mit Kupfersulfatkristallen. Es ist eine technische Variante des Daniellschen Elementes, das sogenannte Meidingerelement. Die beiden Elektroden sind nicht neben-, sondern übereinander angeordnet. So kann man die poröse Trennwand sparen. Eine Vermischung der beiden Sulfatlösungen wird durch die Verschiedenheit ihrer Dichte zur Genüge verhindert.

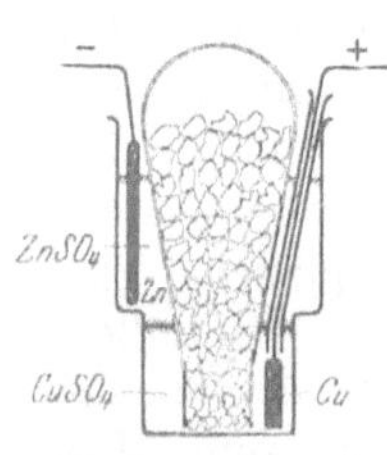

Abb. 411. Technische Variante des Daniellelementes.

Im Enderfolg wird also beim Daniellelement Zink in Zinksulfat verwandelt und Kupfer aus Kupfersulfat abgeschieden. Die Bildung von Zinksulfat in wäßriger Säure erfolgt unter Energieabgabe. Sie liefert, im Kalorimeter ausgeführt, eine Wärmetönung[1] $(Q/M)_1 = 4{,}40 \cdot 10^8$ Wattsek./Kilomol. Die Abscheidung des Kupfers hingegen erfolgt unter Energieaufnahme mit der Wärmetönung $(Q/M)_2 = 2{,}34 \cdot 10^8$ Wattsek./Kilomol. Die Differenz beider Wärmetönungen, also $Q/M = (Q/M)_1 - (Q/M)_2 = 2{,}06 \cdot 10^8$ Wattsek./Kilomol liefert die verfügbar werdende Energie. Sie erhält den Strom aufrecht.

Man kann auf Grund dieser Überlegung die Spannung des Daniellelementes aus chemischen Daten berechnen. Das Kupfer und Zink sind im Daniellelement zweiwertig, ihre spezifische Ladung[2] ist $q/M = 2 \cdot 9{,}86 \cdot 10^7$ Amperesek./Kilomol. Beim Transport der Ladung q leistet das elektrische Feld mit der Spannung U die Arbeit $A = q \cdot U$. So erhält man $A/M = U \cdot 1{,}97 \cdot 10^8$ Amperesek./Kilomol. Gleichsetzen von A/M mit der Wärme-tönung Q/M liefert die Spannung $U = \dfrac{2{,}06 \cdot 10^8 \text{ Wattsek./Kilomol}}{1{,}97 \cdot 10^8 \text{ Amperesek./Kilomol}} = 1{,}07$ Volt

statt 1,09 Volt der Beobachtung. — Diese einfache Berechnungsart gilt jedoch nur für Elemente mit einer von der Temperatur unabhängigen Spannung (vgl. Mechanikband § 176).

In ähnlicher, wenngleich oft weniger einfacher Weise läßt sich der energieliefernde Vorgang bei allen Elementen oder „chemischen Stromquellen“ klarstellen. Oft wird die Behandlung durch sekundäre Reaktionsprodukte an den Elektroden erschwert. Die Ausscheidung der Metallionen ruft an der Anode des Elementes eine Wasserstoffentwicklung hervor od. dgl. Die Einzelheiten gehören in das Arbeitsgebiet der physikalischen Chemie.

§ 135. Polarisation bei der elektrolytischen Leitung. (J. W. Ritter, 1803.)

Nach den Ausführungen des vorigen Paragraphen bilden zwei gleiche metallische Leiter in einem Elektrolyten kein Element. Es herrscht zwischen den beiden Metallen oder Elektroden keine Spannung. Denn die Anordnung ist in den Grenzen Metall—Elektrolyt völlig symmetrisch. Infolgedessen können sich keine Diffusionsvorgänge oder chemische Reaktionen abspielen und die Elektrizitätsatome beider Vorzeichen gegeneinander in Bewegung setzen. Wir wählen als Beispiel zwei Platindrähte als Elektroden in verdünnter Schwefelsäure (Abb. 412). Das Voltmeter zeigt keinen Ausschlag. Die Symmetrie läßt sich auf mannigfache Weise stören. Es genügt schon ein Kratzen auf der einen Elektrodenoberfläche. — Besonders wirkungsvoll ist aber das Hindurchschicken eines Leitungsstromes durch den Elektrolyten. Ein Beispiel findet sich in Abb. 413 und 414. Am linken Platindraht, der Kathode, wird Wasserstoff abgeschieden, am rechten, der Anode, Sauerstoff.

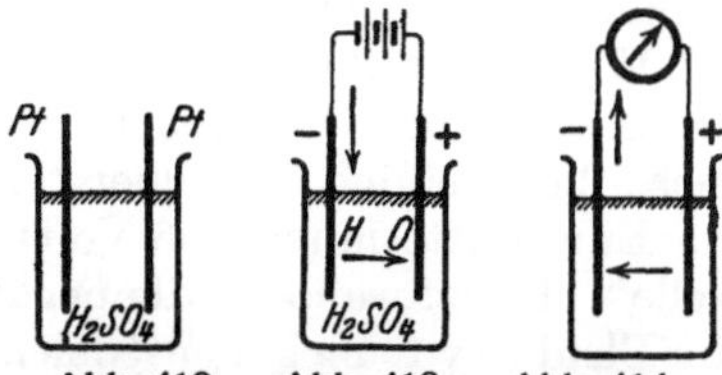

Abb. 412.   Abb. 413.   Abb. 414.
Abb. 412 bis 414. Zum Nachweis der Polarisationsspannung. Pfeile = Laufrichtung der Elektronen.

Der größte Teil des Gases entweicht in bekannter Weise in Bläschenform. Die anfänglich abgeschiedenen Gase hingegen bilden auf den Elektrodenoberflächen einen unsichtbaren Überzug. Er besteht unter Umständen nur aus einer Atomlage.

Durch diese unsichtbaren Gasschichten ist die Symmetrie weitgehend gestört. Die Elektroden bilden zusammen mit dem Elektrolyten nunmehr ein Element. Die Spannung dieses Elementes heißt die Polarisationsspannung. Sie hat die Größenordnung weniger Volt. Sie ist also etwa so groß wie bei zwei verschiedenen Metallen im gleichen Elektrolyten.

---

[1] Wärmetönung $= \dfrac{\text{Wärmemenge } Q}{\text{Masse } M \text{ des reagierenden Stoffes}}$, dabei Masse M wie üblich als Mengenmaß.

[2] Nach Gl. (187) von S. 187. Die dort Q genannte Ladung heißt hier q, da der Buchstabe Q oben für die Wärmemenge benutzt wird.

Die Polarisationsspannung wird mit einem Voltmeter nachgewiesen (vgl. Abb. 414). Die in den Abb. 413 und 414 eingezeichneten Pfeile bezeichnen die Stromrichtung, also die Richtung der Elektronen bzw. negativen Ionen. Die Stromrichtung unter der Wirkung der Polarisationsspannung ist der ursprünglichen Stromrichtung entgegengesetzt. Also ist auch das durch Polarisation geschaffene elektrische Feld dem ursprünglichen, von der Stromquelle erzeugten Felde entgegengerichtet. Sonst müßte der ursprüngliche Strom stets anwachsen.

Bei der Messung der Stromspannungskurve für elektrolytische Leiter fanden wir in § 106 nicht das Verhältnis U/I, sondern $(U - U_p)/I$ konstant. Der Strom I steigt zwar in Abb. 354 linear mit der Spannung U an. Doch zeigte die Gerade nicht auf den Nullpunkt. Ihre Verlängerung schnitt die Abszisse bei der kleinen Spannung U_p. Wir schlossen damals: Das Voltmeter zeigt eine um U_p [Volt] zu hohe Spannung (Abb. 354). Die wirkliche Spannung zwischen den Enden der leitenden Flüssigkeitssäule beträgt nur $(U - U_p)$ [Volt]. Jetzt sehen wir nachträglich die Berechtigung unserer damaligen Deutung. Wir erkennen in U_p die Polarisationsspannung.

Bisher ist nur von einer Polarisation durch Gasbeladung der Elektroden die Rede gewesen. Das ist aber nur ein spezielles Beispiel. Der Stromdurchgang durch einen Elektrolyten kann auf mancherlei Weise Unsymmetrien hervorrufen, und jede einzelne erzeugt eine Polarisationsspannung. Die nächsten Paragraphen werden einige Beispiele bringen.

§ 136. Akkumulatoren. Polarisationsspannungen durch Gasbeladung der Elektroden sind im allgemeinen wenig haltbar. Das läßt sich leicht mit der Anordnung der Abb. 413 zeigen. Man hat nur die Pausen zwischen den Versuchen 413 und 414 verschieden lang zu machen.

Es gibt aber auch Fälle großer Haltbarkeit der Polarisation. Es handelt sich dann um tiefgreifende Änderungen der Elektroden durch den Stromdurchgang. Typische Beispiele bieten die Akkumulatoren.

Wir beschreiben den bekannten Bleiakkumulator im Vorführungsversuch. Zwei Bleidrähte tauchen in verdünnte Schwefelsäure. Dadurch überziehen sie sich oberflächlich mit einer Schicht von Bleisulfat ($PbSO_4$).

Eine Batterie (etwa 6 Volt) schicke einen Strom durch die „Akkumulatorenzelle". Dabei wandern die negativen SO_4-Ionen zur Anode und verwandeln diese in Bleidioxyd nach der Gleichung

$$PbSO_4 + SO_4 + 2\,H_2O = PbO_2 + 2\,H_2SO_4.$$

Die positiven Wasserstoffionen wandern zur Kathode und reduzieren diese zu metallischem Blei nach der Gleichung

$$PbSO_4 + H_2 = Pb + H_2SO_4.$$

Dieser Prozeß erzeugt also eine starke Unsymmetrie. Es entsteht ein Element mit einer Blei- und einer Bleidioxydelektrode, „der Akkumulator wird geladen". Nach einigen Minuten wird dieser „Ladungsvorgang" unterbrochen und die Elektroden mit einer kleinen Glühlampe als Stromindikator verbunden. Die Lampe leuchtet auf, der Akkumulator „entlädt" sich: in seinem Innern finden jetzt die umgekehrten Reaktionen statt, beide Elektroden werden in Bleisulfat zurückverwandelt. Man hat nur die obigen Gleichungen von rechts nach links zu lesen. Man kann daher den Akkumulator als ein umkehrbares Element bezeichnen.

Umkehrbare Elemente lassen sich in großer Zahl ersinnen. Besonders bekannt ist das Daniellelement (Abb. 410). Man kann daher ein Daniellelement im Prinzip als Akkumulator benutzen (Abb. 415). Die Zinkverluste bei der Stromlieferung oder Entladung des Elementes lassen sich durch eine nachträgliche Ladung wieder rückgängig machen. Praktisch hat ein solcher Akkumulator keine Bedeutung. Seine Lebensdauer ist zu klein. Seine beiden Elektrolyte, die Zink- und die Kupfersulfatlösung, vermengen sich trotz der trennenden Tonwand durch Diffusion. Es gelangen schließlich Kupferionen bis zum Zink und überziehen dies mit einem Kupferschlamm. — Technisch spielt noch immer der Bleiakkumulator die größte Rolle. Man gibt den Bleiplatten durch verschiedene Kunstgriffe recht große Oberflächen. Die Anode oder positive Elektrode wird meist von vornherein mit einem Überzug von Bleidioxyd versehen. Dann kann man mit 30 kg Blei etwa 1 Kilowattstunde aufspeichern. Im Betrieb hat der Akkumulator eine recht konstante Spannung von 2,02 Volt. Zur Aufladung braucht man eine etwas höhere Spannung, nämlich 2,6 Volt. 2,02/2,6 gibt den Nutzeffekt des Akkumulators zu etwa 78%.

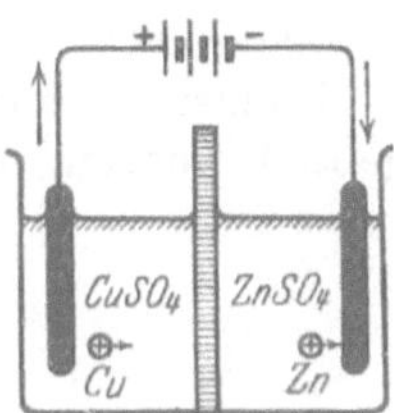

Abb. 415. Daniellelement während der „Aufladung" als Akkumulator.
Pfeile = Laufrichtung der Elektronen.

§ 137. Unpolarisierbare Elektroden und Elemente. Normalelemente. Die Entstehung der Polarisationsspannung U_p ist bei vielen Messungen an elektrolytischen Leitern sehr störend. Oft darf die für die Messungen benutzte Stromquelle nur kleine Spannungen U haben. Dann kann U_p keineswegs mehr als klein gegen U vernachlässigt werden. Ein Beispiel dieser Art ist uns beim Nachweis des Ohmschen Gesetzes für elektrolytische Leiter begegnet (vgl. § 106 und § 135). Ähnliche Fälle sind vor allem bei physiologischen Versuchen, wie elektrischer Nervenreizung usw., häufig.

Doch hat man diese Schwierigkeit weitgehend zu vermeiden gelernt. Man hat „unpolarisierbare Elektroden" hergestellt. Gewöhnliche polarisierbare Elektroden bestehen aus metallischen Leitern, eigentlichen Metallen, Kohle usw. Unpolarisierbare Elektroden bestehen aus Metallen mit geeigneten Überzügen. Sehr bequem ist z. B. als Überzug eine wässerige Salzlösung mit den Ionen des Elektrodenmetalles. Als Beispiel ist in Abb. 416 eine unpolarisierbare Zinkelektrode skizziert. Ein Zinkstab taucht in ein Glasrohr mit wäßriger Zinksulfatlösung. Das Glasrohr ist unten mit einem porösen, von verdünnter NaCl-Lösung durchfeuchteten Stopfen St verschlossen. Dieser feuchte Stopfen stellt die Verbindung mit dem elektrolytischen Leiter her, etwa dem mit N angedeuteten Nervenende. Der Zinkstab wird zweckmäßig noch oberflächlich amalgamiert und dadurch seine Oberfläche blankflüssig gehalten. Als Anode benutzt, löst sich der Zinkstab dieser unpolarisierbaren Elektrode auf, als Kathode benutzt, verdickt er sich durch Abscheidung von Zink. Es bleiben nur Konzentrationsänderungen der Lösungen. Diese Unsymmetrie ruft nur noch eine verschwindend kleine Polarisationsspannung hervor. Dies eine Beispiel für unpolarisierbare Elektroden mag genügen.

Weiterhin spielt die elektrolytische Polarisation bei der Konstruktion der chemischen Stromquellen oder Elemente eine große, ja entscheidende Rolle. Elemente lassen sich in beliebiger Anzahl ersinnen. Bilden doch je zwei metallische Leiter in unsymmetrischer Verbindung mit elektrolytischen Leitern ein Element. Aber in der überwiegenden Mehrzahl sind alle derartigen Elemente als praktische Stromquellen unbrauchbar. Die Ausbildung der Polarisation bei der Stromentnahme läßt ihre Spannung rasch heruntersinken. Man verbinde etwa zwei aus Zink, Bogenlampenkohle und Ammoniumchloridlösung gebildete Elemente mit einem Gühlämpchen. Das anfänglich strahlend leuchtende Lämpchen verlischt in kurzer Zeit.

Eine Umkleidung der Kohlenanode mit Mangansuperoxyd (Braunstein, MnO_2) vermindert die Polarisation beträchtlich. Es oxydiert einen großen Teil des an der Anode abgeschiedenen Wasserstoffes. Das geschieht in den Trockenelementen unserer Taschenlampenbatterien. Diese Elemente sind übrigens keineswegs trocken. Ihr Elektrolyt wird nur durch Stärkekleister oder Sägespäne eingedickt.

Elemente konstanter Spannung müssen mit „unpolarisierbaren Elektroden" gebaut werden. Die „umkehrbaren" Elemente erfüllen diese Bedingung. Das kann man sich leicht am Beispiel des Daniellelementes klarmachen (Abb. 410). Sind doch seine beiden Elektroden „unpolarisierbar" im Sinne der Abb. 416.

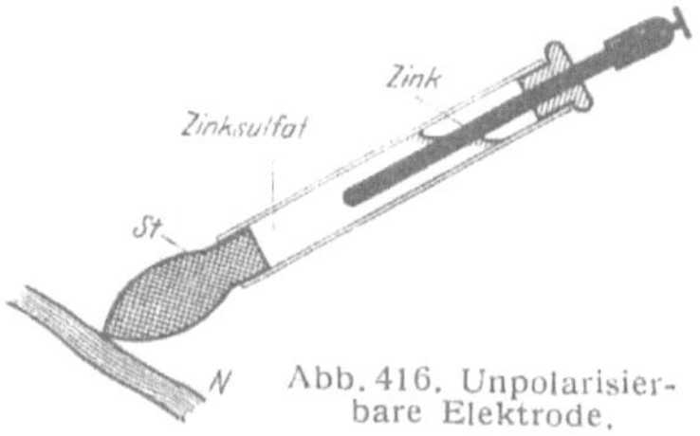

Die höchsten Anforderungen an Unpolarisierbarkeit und zeitliche Konstanz der Spannung werden naturgemäß an die „Normalelemente" gestellt (§ 7). Dienen diese doch im Laboratorium zur Reproduzierung der elektrischen Spannungseinheit, des Volt.

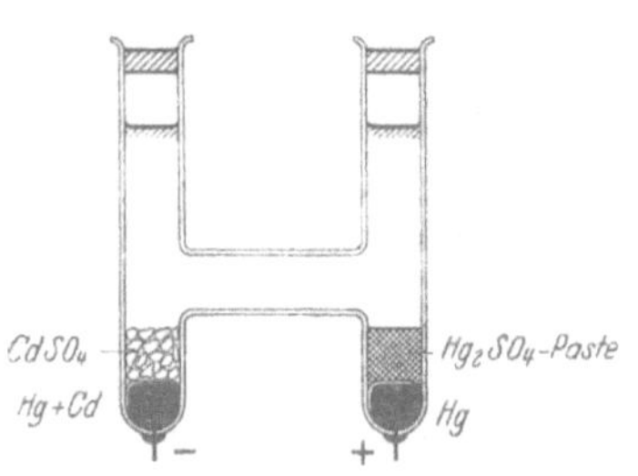

Abb. 416. Unpolarisierbare Elektrode.

Das Daniellelement genügt den Ansprüchen noch keineswegs. Es ist nicht haltbar genug. Die Kupferionen der konzentrierten Kupfersulfatlösung diffundieren trotz der Trennwand zur Zinkkathode hinüber und überziehen diese mit einem Kupferschlamm.

Die heute eingebürgerten Kadmiumnormalelemente vermeiden diese Schwierigkeit. Sie benutzen als Anode statt des Kupfers ein Metall mit einem sehr schwer löslichen Sulfat. Sie enthalten (Abb. 417) als Anode Quecksilber, und der angrenzende Elektrolyt besteht aus $CdSO_4$-Kristallen und einer dichten Paste von Merkurosulfat (Hg_2SO_4) mit Hg. Die Kathode besteht aus Kadmiumamalgam in Kadmiumsulfatlösung, meist gesättigt und mit überschüssigen Kristallen. Infolge der winzigen Konzentration der Quecksilberionen in der Paste besteht keine Gefahr ihrer Diffusion zur Kathode. Der Fehler des Daniellelementes ist somit vermieden. Allerdings muß man dafür beim Kadmiumnormalelement einen anderen Nachteil mit in Kauf nehmen.

Abb. 417. Kadmiumnormalelement. Klemmenspannung bei 18° = 1,0187 Volt.

Man darf dem Element nur Ströme von einigen hunderttausendstel Ampere entnehmen. Sonst erschöpft man an der Anode die Konzentration der Quecksilberionen, weil sein Salz sich zu langsam auflöst. Man bekommt eine Polarisation durch Konzentrationsänderung des Elektrolyten vor der Anode. Für die moderne Meßtechnik bedeutet die geringe Belastbarkeit der Normalelemente keine nennenswerte Schwierigkeit. Man benutzt sogenannte Kompensationsmethoden und vermeidet durch sie eine unzulässige Stromentnahme aus den Normalelementen. Diese Dinge werden in jedem meßtechnischen Anfängerpraktikum behandelt.

§ 138. Doppelschicht und Oberflächenspannung.

§ 138. Doppelschicht und Oberflächenspannung. Bei der Berührung zweier verschiedener Flüssigkeiten entsteht, wie zwischen allen Körpern, ein elektrisches Feld von molekularer Dicke, eine Doppelschicht. Jedes elektrische Feld vermindert die Oberflächenspannung (§ 30). Infolgedessen ist z. B. ein Hg-Tropfen in jeder Flüssigkeit flacher als in Luft oder im Vakuum (Abb. 418).

Beim Durchleiten eines elektrischen Stromes durch eine Grenzschicht wird das elektrische Feld geändert, d. h. es tritt eine elektrolytische Polarisation ein. Diese Polarisation kann die Berührungsspannung verkleinern oder vergrößern. Demgemäß steigt oder sinkt die Oberflächenspannung. — Ein Beispiel für eine Vergrößerung der Oberflächenspannung durch Polarisation zeigt uns die Abb. 418. Ein Queck-

silbertropfen Hg und ein Eisennagel liegen in verdünnter

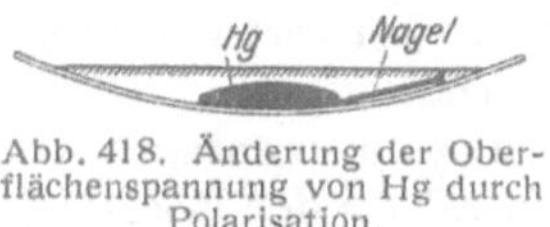

Abb. 418. Änderung der Oberflächenspannung von Hg durch Polarisation.

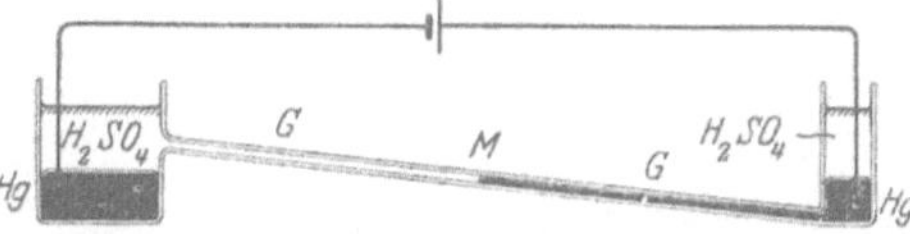

Abb. 419. Kapillarvoltmeter. Die Kuppe M eines Hg-Fadens bildet eine sehr kleine Elektrode. In der Ruhelage halten sich die vom Gewicht und von der Oberflächenspannung herrührenden Kräfte das Gleichgewicht. Man ermittelt die Ruhelage bei kurzgeschlossenen Elektroden. Während der Spannungsmessung (z. B. für ein Element) fließt durch das Instrument ein Strom. Die Stromdichte ist an der kleinen Kuppe einige tausendmal größer als an der großen Quecksilberoberfläche. An der kleinen Kuppe entsteht sehr rasch eine starke Polarisation, und diese ändert Doppelschicht und Oberflächenspannung. Dadurch verschiebt sich der Hg-Faden in der Kapillaren. Der Ausschlag ist zwar der Spannung nicht proportional, läßt sich aber bequem eichen.

Schwefelsäure mit etwas Kaliumbichromatzusatz. Sie bilden mit diesem Elektrolyten ein polarisierbares Element. Der Tropfen ist viel flacher als in Luft, die Oberflächenspannung des Quecksilbers ist also durch die Berührung mit dem Elektrolyten vermindert.

Jetzt verbinden wir die beiden Elektroden des Elementes, d. h. wir lassen die Nagelspitze den Tropfen berühren. Sofort fließt ein Strom und erzeugt eine Polarisation. Das elektrische Feld in der Grenzschicht wird vermindert. Die Oberflächenspannung des Quecksilbers steigt. Der Tropfen zieht sich zusammen und unterbricht den Stromkreis. Die Polarisation hält sich nicht lange (insbesondere wegen des Zusatzes der den Wasserstoff oxydierenden Chromsäure!). Nach kurzer Zeit breitet sich der Tropfen wieder aus, das Spiel beginnt von neuem. Der Tropfen pulsiert wie ein Herz.

Diese hier im Prinzip gezeigte Erscheinung wird häufig zum Bau eines einfachen Voltmeters, des Kapillarvoltmeters (Abb. 419), benutzt. Es läßt sich behelfsmäßig herstellen, ist aber nur für Spannungen unter 1 Volt anwendbar.

§ 139. Noch einmal die **Wirkungsweise der Stromquellen, das Gewicht als ladungstrennende Kraft, Lösungsdruck.** In Abb. 420 bringen wir zum drittenmal das Schema einer Stromquelle, doch ist die Verbindungslinie der beiden Elektroden diesmal vertikal gestellt, die Trennbewegung der Ladungen beider Vorzeichen ist durch Pfeile angedeutet. Bei dieser vertikalen Anordnung kann man als ladungstrennende Kraft das Gewicht benutzen. Wir geben eine Reihe von Beispielen solcher „Schwereelemente“:

1. In Abb. 421 bestehen die beiden Elektroden aus Platin, als Elektrizitätsträger dienen Glaskugeln und Wassermoleküle. Durch ihre Berührung werden die Kugeln negativ, das Wasser positiv aufgeladen. Die Abwärtsbewegung der Kugeln ist für das Auge sichtbar. Während ihres Sinkens zeigt der Strommesser einen Strom der angegebenen Richtung (vgl. § 36 und § 92).

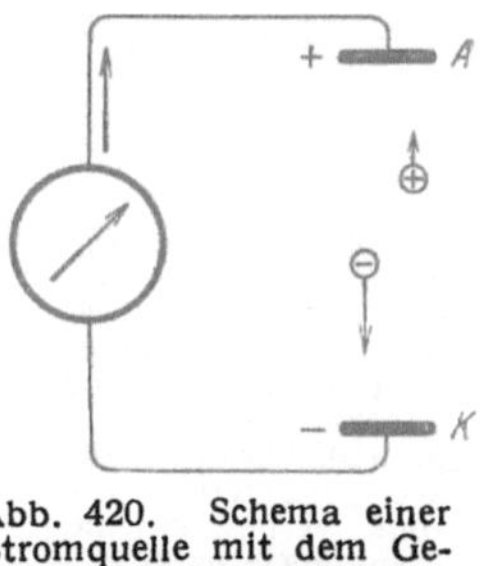

2. In Abb. 422 werden die Rollen beider Träger vertauscht. Die Glaskugeln sind zu einem porösen Glasstopfen zusammengesintert. Das Wasser strömt, vom Gewicht gezogen, abwärts.

Abb. 420. Schema einer Stromquelle mit dem Gewicht als ladungstrennende Kraft. Pfeil = Laufrichtung der Elektronen.

(Auch die obere Pt-Elektrode braucht den Glasstopfen nicht zu berühren. Der Zwischenraum zwischen beiden kann durch die Wanderung zufällig anwesender Ionen überbrückt werden.)

3. Man kann auf sichtbare Elektrizitätsträger verzichten und Ionen verschiedener Masse und Größe benutzen. Man füllt beispielsweise ein Glasrohr von mindestens 1 m Länge mit einer wäßrigen Lösung von Silbernitrat und setzt an beiden Rohrenden eine Silberelektrode ein. Bei horizontaler Lage der Elektroden zeigt das Galvanometer keinen Strom, bei vertikaler Stellung fließt ein dauernder Strom. Die Spannung dieses „Schwereelementes" (Gravitationselementes) ist der Rohrlänge proportional.

Erklärung: Die Fallbewegung der kleinen schweren Ag-Ionen wird weniger durch die innere Reibung der Flüssigkeit gebremst als die der großen leichten NO_3-Ionen [vgl. Mechanikband § 88, Gl. (175)]. Infolgedessen gibt es unmittelbar vor der oberen Elektrode einen Überschuß von NO_3-Ionen und unmittelbar vor der unteren einen solchen von Ag-Ionen. Beide Träger entladen sich an den Elektroden, die Elektronen fließen außen im Galvano-

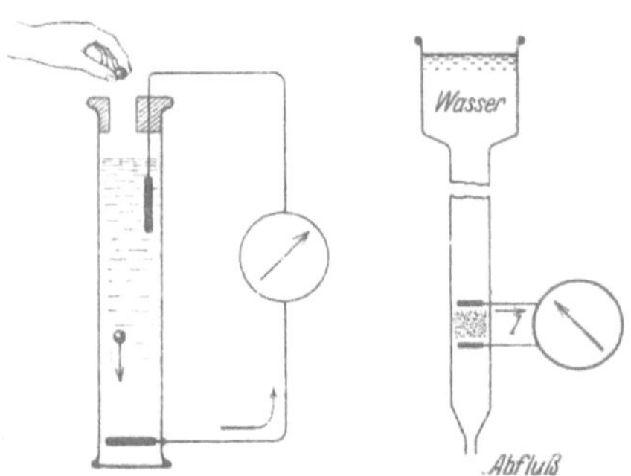

Abb. 421. Schwereelement mit sichtbaren Elektrizitätsträgern. Krummer Pfeil = Laufrichtung d. Elektronen.

Abb. 422. Erzeugung von Strömungsströmen. Zwischen den beiden Elektroden ein poröser Glasstopfen.

meterkreis von oben nach unten. Im Enderfolg wird die obere Elektrode unter Bildung neuen Salzes aufgelöst, die untere Elektrode wird durch Silberabscheidung dicker. Es „fällt" Silber von oben nach unten, und dieser Vorgang liefert die Energie für den elektrischen Strom.

4. Eine Trennung der Elektrizitätsträger beider Vorzeichen läßt sich auch durch verschiedene Fallgeschwindigkeit in Luft erzielen. In Abb. 423 fällt ein Gemisch von feinstem Bleischrot und leichtem Schwefelpulver aus einem Metallgefäß zu Boden. Das Blei wird durch die Berührung negativ und das Schwefelpulver positiv aufgeladen. Am Boden steht eine Blechschale in Verbindung mit einem Zeigervoltmeter. In diese fallen die schweren Bleiträger hinein, und oben schwebt eine Wolke von geladenem Schwefelstaub. Man erhält schon bei kleinen Fallstrecken leicht Spannungen von Tausenden von Volt.

5. Vorgänge dieser Art spielen bei der Aufrechterhaltung des elektrischen Feldes der Erde eine wesentliche Rolle. Die schneller fallenden Elektrizitätsträger sind in diesem Fall negativ geladene Wassertropfen. Sie erhalten ihre Ladung durch Einfangen kleiner, in der Luft schwebender negativer Ionen.

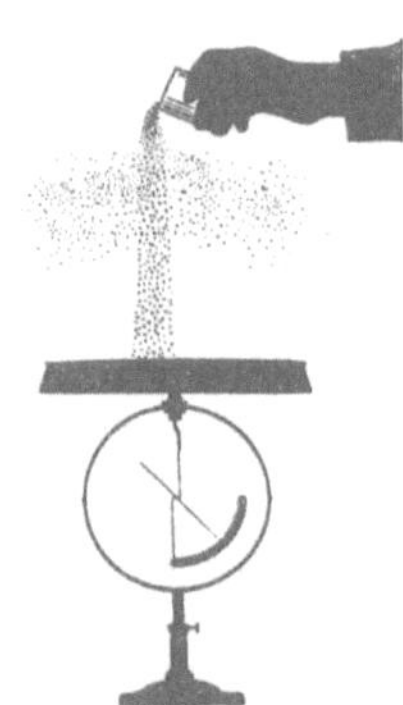

Abb. 423. Trennung von Elektrizitätsträgern durch verschiedene Fallgeschwindigkeit (feines Bleischrot und Schwefelstaub). Ein seitlicher oder aufwärts gerichteter Luftstrom verbessert die Trennung erheblich.

Diese negativen Träger brauchen keineswegs bis zum Erdboden herunter zu gelangen. Sie können schon aus beträchtlicher Höhe die negative Aufladung der Erde vergrößern (vgl. Abb. 86). Sie influenzieren entweder auf der Erde in lokalen Gebieten positive Ladungen, und diese entweichen dann aus Spitzen aller Art (vgl. S. 33), vor allem von Bäumen, gelegentlich in der sichtbaren Form des Elmsfeuers. Oder es schlagen aus den negativ geladenen Wolken Blitze zur Erde. (Die meisten Blitze gehen übrigens von einer Wolke zu einer anderen.)

Die Leistung dieser atmosphärischen Stromquelle liegt erheblich über 2 Milliarden Kilowatt. Im zeitlichen Mittel fahren in jeder Sekunde etwa 100 Blitze auf die Erde herunter. Jeder einzelne überträgt bei einer Spannung von rund 10^9 Volt eine Elektrizitätsmenge von etwa 20 Amperesekunden mit einer Stromstärke von rund $2 \cdot 10^4$ Ampere. Jedem einzelnen Blitzschlag entspricht also eine Energie von rund 5000 Kilowattstunden.

Gelegentlich bringen Blitze auch positive Ladungen zur Erde und verkleinern so deren negative Ladung. In diesem Fall sind die schneller fallenden Wassertropfen positiv geladen.

Ihre Aufladung erfolgt dann wahrscheinlich durch den in § 126 skizzierten Vorgang: Die wirbelnd aufsteigenden Luftströmungen zerfetzen die Wassertropfen in feinen negativ geladenen Wasserstaub und positiv geladene Regentropfen.

Nach dieser Darstellung verschiedener Stromquellen kommen wir zur letzten Frage dieses Kapitels: **Welche ladungstrennenden Kräfte sind in den chemischen Stromquellen am Werke?** Die Antwort lautet: Der entscheidende Vorgang hat seinen Sitz in der Grenze von Metall und Lösungsmittel. **Jedes Metall geht spontan in Form positiver Ionen in Lösung.** Die Ionen werden aus der Metalloberfläche durch einen „**Lösungsdruck**" (Nernst) in die Flüssigkeit hineingetrieben. Dieser ist in Wasser für Zink größer als für Kupfer. Infolgedessen verdrängen die Zn-Ionen die Cu-Ionen. Im Daniellelement (Abb. 410) löst sich die Zinkelektrode und wächst die Kupferelektrode. Die Lösungsdrucke haben die Größenordnung 10^5 Atmosphären.

Das entnimmt man folgender Überschlagsrechnung. Wir denken uns zwischen Metall und Wasser eine Berührungsspannung U. Ferner denken wir uns eine Metallmenge mit der Masse M und der Dichte ϱ in Form positiver Ionen in Lösung gehend. Die spezifische Ionenladung sei q/m. Dann fordert der Eintritt der Ionen in die Lösung im elektrischen Maße die Arbeit

$$A = M \frac{q}{m} U.$$

Im mechanischen Maße wird diese Arbeit vom Lösungsdruck p geleistet. Es gilt

$$A = p V = p M/\varrho.$$

Somit erhalten wir

$$p = \varrho \frac{q}{m} U.$$

Zahlenbeispiel für Cu: $U \approx 2$ Volt; $\varrho \approx 9$ gr/cm^3 = 140 Kilomol/m^3;

$$p = 1{,}4 \cdot 10^2 \, \frac{\text{Kilomol}}{\text{m}^3} \cdot 9{,}65 \cdot 10^7 \, \frac{\text{Amperesek.}}{\text{Kilomol}} \cdot 2\,\text{Volt}$$

$$p = 2{,}7 \cdot 10^{10} \text{ Wattsek./m}^3 = 2{,}7 \cdot 10^{10} \text{ Großdyn/m}^2 = 2{,}7 \cdot 10^5 \text{ Atm.}$$

Also hat der Lösungsdruck p die Größenordnung 10^5 Atmosphären.

XIV. Die Radioaktivität.

§ 140. Die radioaktiven Strahlen. Die Darstellung des ganzen Buches stützt sich ständig auf atomistische Vorstellungen. Diese sind bei der Deutung der Leitungsvorgänge besonders in den Vordergrund getreten. Die atomistische Unterteilung der greifbaren Körper und der elektrischen Substanzen wird als gesicherte Erfahrung behandelt. Die Entwicklung dieses modernen Atomismus ist durch die Erscheinungen der Radioaktivität in entscheidender Weise gefördert worden. Ein Zweifel an den Grundvorstellungen des Atomismus muß heute als ausgeschlossen gelten. Das soll in diesem Kapitel durch schlagende Experimente belegt werden. Es wird keinesfalls eine erschöpfende Darstellung der Radioaktivität oder gar der Kernchemie beabsichtigt. Wir wollen nur unsere Kenntnis der Elektrizitätsatome ergänzen.

1895 gab W. C. Röntgen seine große Entdeckung bekannt. Einige Monate später fand H. Becquerel, an Röntgen anknüpfend, die ersten Erscheinungen der Radioaktivität. Von Uranpecherz gingen spontan rätselvolle, stark durchdringende Strahlen aus. Sie ließen sich mit den für Röntgenlicht erprobten Verfahren nachweisen: mit der photographischen Platte, durch Fluoreszenzerregung und durch Ionisation der Luft.

Zum Nachweis der Ionisation dient die bekannte Methode des Feldzerfalles. Ein Plattenkondensator mit einem Zweifadenvoltmeter ist auf 220 Volt aufgeladen. Auf der unteren Platte befinden sich einige Stücke Uranpecherz (Abb. 424). Der Ausschlag des Elektrometers sinkt mit leicht meßbarer Geschwindigkeit (Stoppuhr).

Die Ionisation als Indikator benutzend, hat man im Laufe der Jahre einige Dutzend chemisch wohldefinierter radioaktiver Elemente aufgefunden. Ferner hat man zunächst drei physikalisch ganz verschiedenartige Strahlen unterscheiden gelernt. Sie werden mit den griechischen Buchstaben α, β, γ benannt.

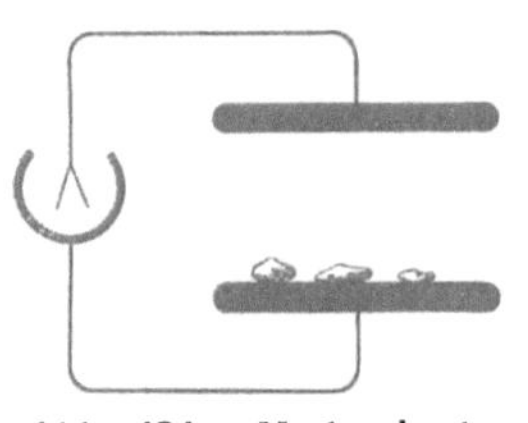

Abb. 424. Nachweis der radioaktiven Strahlung von Pechblendestücken.

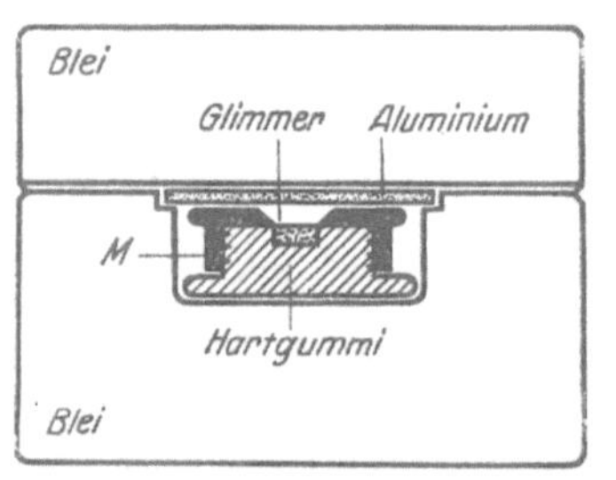

Abb. 425. Radiumbromidpräparat in Hartgummikapsel und dickwandigem Bleikasten. M = Messingdeckel.

Rein äußerlich unterscheiden sich diese Strahlensorten durch ihr Durchdringungsvermögen. Das soll kurz gezeigt werden: In Abb. 425 sehen wir eines der handelsüblichen Radiumpräparate. Eine Hartgummikapsel mit dünnem Glimmerdeckel enthält etliche Milligramm $RaBr_2$ als körniges Pulver.

Für die Versuche werden Seiten- und Bodenfläche von einem 2 cm dicken Bleimantel umgeben. Oben auf das Glimmerfenster wird erst ein 2 mm dicker Aluminiumdeckel gesetzt und dann noch ein 2 cm dicker Bleideckel.

Zunächst sollen nun die durchdringendsten der Strahlen, die γ-Strahlen, gezeigt werden. Die Ionisation der Luft werde wieder nach der Methode des Feldzerfalles beobachtet. Diesem Zwecke dient eine große, etwa 30 l fassende Ionisationskammer (Abb. 426). Es ist ein Zylinderkondensator mit einem etwa

0,1 mm dicken großen Fenster F. In kleinen Ionisationskammern wird zu wenig von der durchdringenden Strahlung absorbiert. Die ionisierende Wirkung der γ-Strahlen ist schon aus etlichen Metern Abstand nach-
weisbar. Man hat nur den dicken Bleideckel vom Ra-
diumpräparat abzuheben. Die Strahlen durchdringen also außer 2,1 mm Aluminium noch etliche Meter Luft.

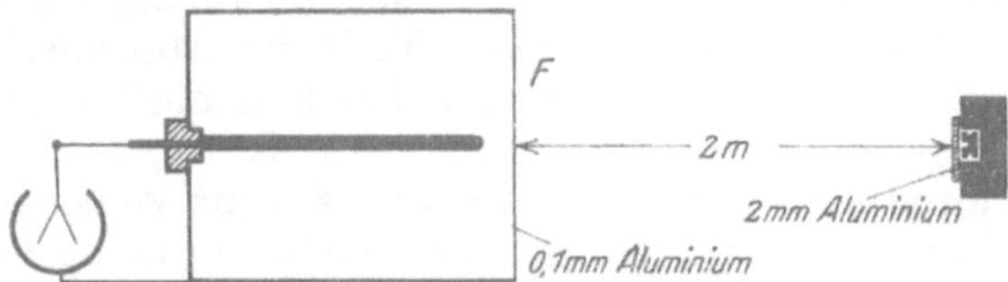

Abb. 426. Nachweis von γ-Strahlen.

Erst 13 mm Blei oder etwa 50 mm Aluminium schwächen sie auf die Hälfte. Sie übertreffen mit ihrer Durchdringungsfähigkeit das Röntgenlicht. So weit die γ-Strahlen.

Zum Nachweis der β-Strahlen wird auch der Aluminiumdeckel entfernt und das Präparat einer Ionisationskammer auf etwa 20 cm genähert. Diesmal wird die Ionisation bei Einschaltung von etwa 0,5 mm Aluminium auf die Hälfte geschwächt. Das Durchdringungsvermögen der β-Strahlen ist also erheblich geringer als das der γ-Strahlen. Die stärkere Absorption erhöht die Zahl der pro Wegeinheit gebildeten Ionen. Man kann daher die Zahl der Ionen mit dem Galvanometer messen und die zeitraubende Beobachtung mit der Stoppuhr umgehen. Man vgl. Abb. 427.

Quantitative Bestimmungen, z. B. des Absorptionskoeffizienten, erfordern größeren experimentellen Aufwand. Es gilt u. a. die störende Fehlerquelle der „Sekundärstrahlen" zu vermeiden. Alle von γ- und β-Strahlen getroffenen Körper werden
ihrerseits zum·
Ausgangs-
punkt weiterer
β-Strahlen. Ihr
Nachweis kann
mit der in Abb.
428 skizzierten
Anordnung er-

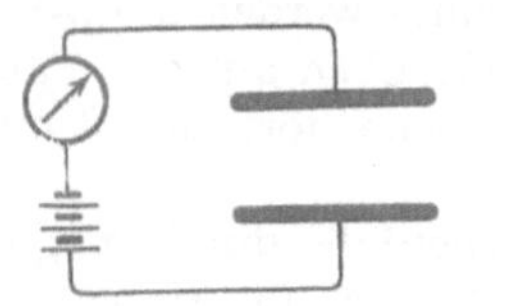

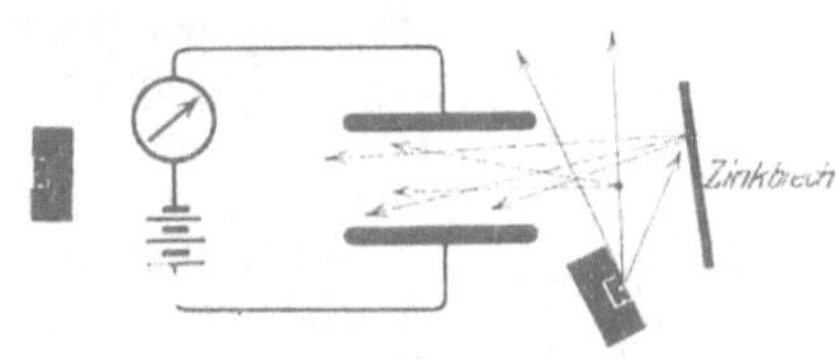

Abb. 427. Nachweis von β-Strahlen. Abb. 428. Sekundärstrahlen.
Galvanometer wie in Abb. 83 [1].

folgen. Direkte Strahlen (ausgezogene Pfeile) können nicht in den Meßkonden-
sator (Ionisationskammer) gelangen. Sie werden vom Bleimantel seitlich abge-
blendet. Trotzdem zeigt das Galvanometer noch einen meßbaren Strom. Er rührt von den in der Luft gebildeten „Sekundärstrahlen" her. Ein Zinkblech im Bereich der Strahlen erhöht die Sekundärstrahlung erheblich. In Abb. 428 sind einige Sekundärstrahlen durch punktierte Pfeile angedeutet.

Endlich die α-Strahlen. Ihr Nachweis erfordert die Entfernung des Glimmer-
fensters. Sie bleiben schon in weniger als 10 cm Luft stecken. Sie haben für

---

[1] Zur Erzeugung von Sättigungsströmen (S. 161) benutzt man zweckmäßig eine Stromquelle bis zu 3000 Volt Spannung. Das bequemste ist ein guter technischer Glasplatten-
kondensator von einigen 10^{-8} Farad Kapazität in Verbindung mit einer kleinen Influenz-
maschine (vgl. Abb. 103 links). Einmal zur gewünschten Spannung aufgeladen, wirkt der Kondensator nahezu als „Hochspannungsakkumulator", d. h. seine Spannung bleibt praktisch konstant. Denn die kleinen durch das benutzte Galvanometer fließenden Elektrizitäts-
mengen dürfen neben der Ladung des Kondensators vernachlässigt werden. Gegen die Folgen eines Kurzschlusses sichert man sich durch Einschaltung eines Silitwiderstandes von etwa 10^7 Ohm. Diese ebenso billige wie handliche Stromquelle benutzen wir z. B. bei den in Abb. 427, 428, 435, 436, 437 und 439 dargestellten Versuchen.

jedes radioaktive Element eine ganz charakteristische Reichweite. Das wird später gezeigt werden. Die α-Strahlen ionisieren die Luft sehr stark Einschaltung von nur 41 μ Aluminium hält sie vollständig zurück.

Die ungeheueren Unterschiede der Absorbierbarkeit der drei Strahlenarten sind durch ihre physikalische Beschaffenheit bedingt.

γ-Strahlen hat man mit Röntgenlicht sehr kleiner Wellenlänge identifizieren können Für die Wellenlänge ist nach den für Röntgenlicht entwickelten Methoden die Größenordnung 10^{-10} cm (und kleiner) ermittelt worden Die Einzelheiten gehören in die Elektrooptik und die Lehre vom Atombau.

β-Strahlen sind Elektronen sehr hoher Geschwindigkeit oder sehr schnelle Kathodenstrahlen Ihre Geschwindigkeit wird durch Ablenkung in magnetischen und in elektrischen Feldern gemessen Die Methode gleicht der S. 164 beschriebenen. Man hat Geschwindigkeiten bis zu 99,6% der Lichtgeschwindigkeit beobachtet.

Ein qualitativer Nachweis der magnetischen Ablenkbarkeit ist in Abb 429 skizziert. Der Abwechselung halber ist der Indikator für die β-Strahlen etwas

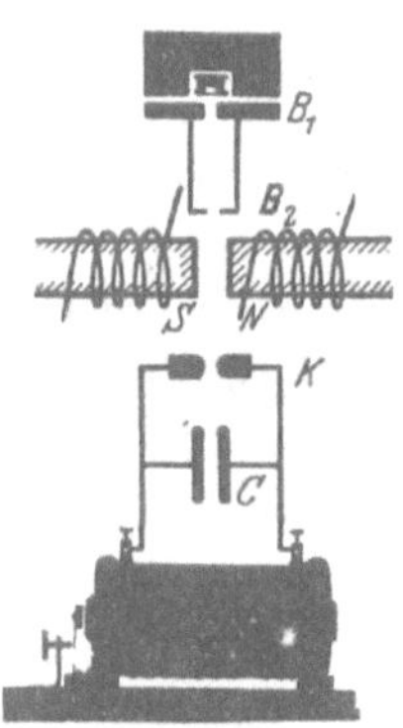

Abb. 429. Magnetische Ablenkung von β-Strahlen. B_1 und B_2 sind Blenden.

anders gestaltet. Man läßt die β-Strahlen eine Funkenstrecke beeinflussen. Die Sekundärspule eines kleinen Induktors ist mit einem kleinen Kondensator C (Leidener Flasche) und zwei Metallkuppen K verbunden. Die Spannung soll gerade nicht mehr zur Funkenbildung ausreichen. Dann läßt man β-Strahlen auf die Funkenstrecke fallen. Die Ionisation der Luft löst ein weithin sichtbares Funkenspiel aus. Die β-Strahlen können nur zwischen den Polen des Elektromagneten NS hindurch zur Funkenstrecke gelangen. Beim Einschalten des Magnetstromes werden die β-Strahlen zur Seite abgelenkt, und zwar nach oben aus der Papierebene heraus. Das Spiel der Funkenstrecke hört auf. Und so fort in beliebiger Wiederholung.

α-Strahlen werden ebenfalls durch magnetische und elektrische Felder abgelenkt, aber im Sinne von Kanalstrahlen. Messungen nach dem für Kanalstrahlen erläuterten Verfahren (S. 180) haben ihr Atomgewicht zu 4 ergeben, also übereinstimmend mit dem des Edelgases Helium. Ihre Ladung beträgt zwei Elementarladungen, also $2 \cdot 1,6 \cdot 10^{-19} = 3,2 \cdot 10^{-19}$ Amperesekunden. α-Strahlen sind demnach zweiwertige, positive Heliumionen. Ihre Geschwindigkeiten gehen bis zu $2 \cdot 10^7$ m/sec. Mit den Kanalstrahlen des Glimmstromes lassen sich derartige Geschwindigkeiten nicht angenähert erreichen. Die Messungen eignen sich, ebenso wie die an Kanalstrahlen, nicht gut für Vorlesungsversuche.

Nach diesem recht summarischen Überblick liefern uns also die radioaktiven Elemente

$$\alpha\text{-Strahlen} = \text{Kanalstrahlen}, \qquad \beta\text{-Strahlen} = \text{Kathodenstrahlen},$$
$$\gamma\text{-Strahlen} = \text{Röntgenlicht}.$$

Die bei der Entdeckung so rätselvollen Strahlen haben sich also in den Rahmen des zuvor Bekannten einordnen lassen. Trotzdem haben die Strahlen radioaktiven Ursprungs für das elektrische Weltbild eine besondere Bedeutung gewonnen. Das wird aus den folgenden Paragraphen ersichtlich werden.

§ 141. Beobachtung einzelner Elektronen und Ionen.

Kathoden- und Kanalstrahlen wurden früher nur als Massenerscheinungen untersucht. Man beobachtete stets dichte Schwärme der schnell dahinfliegenden Elektronen und Ionen. Die Erforschung der α-Strahlen hat hier einen großen Fortschritt angebahnt. Heute lassen sich Kathoden- und Kanalstrahlen als einzelne Individuen nachweisen. Elektronen und Ionen sind der unmittelbaren Einzelbeobachtung zugänglich geworden. Es sind drei verschiedene Verfahren zu nennen.

1. Das Szintillationsverfahren. (E. Regener, 1909.) Zahlreiche Kristalle geben bei mechanischer Verletzung eine eigentümliche Lichterscheinung. Man nennt sie Tribolumineszenz. Ein bekanntes Beispiel bietet gewöhnlicher Würfelzucker. Beim Zerbrechen im Dunkeln sieht man schwach bläuliche Lichtblitze. Kupfer- und manganhaltige Zinksulfidkristalle zeigen die Erscheinung in sehr gesteigertem Maße. Beim Kratzen mit einer Nadel oder beim Zerreiben sieht man an den Bruchstellen helle Lichtpunkte. In gleicher Weise wie mechanische Verletzungen wirkt der Aufprall eines einzelnen α-Strahles. Die Aufschlagstelle jedes einzelnen Geschosses markiert sich als heller Lichtblitz.

Man beobachtet zweckmäßig durch eine sechsfach vergrößernde Lupe. Die Abb. 430 zeigt einen kleinen Vorführungsapparat. Unten sitzt der Leuchtschirm S, d. h. das auf Pappe geklebte Kristallpulver, oben die Lupe und seitlich bei R eine Spur radioaktiver Substanz (etwa 10^{-4} mg Radiumbromid). Die Erscheinung ist selbst für den naiven Beobachter ungemein reizvoll, leider jedoch nur subjektiv zu sehen. Der Vergleich der Erscheinung mit dem Anblick flimmernder oder szintillierender Sterne hat der Methode den Namen gegeben.

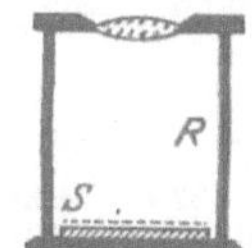

Abb. 430. Leuchtschirm S mit Lupe zur Beobachtung der Szintillation.

β-Strahlen, also sehr schnelle Elektronen radioaktiven Ursprungs, lassen sich in gleicher Weise beobachten. Doch ist die Erscheinung erheblich lichtschwächer und sicher nur für geübte Beobachter erkennbar.

2. Die Nebelkammer. (C. T. R. Wilson, 1911.) Das Szintillations- oder Tribolumineszenzverfahren ließ nur die Auftreffstellen der einzelnen Korpuskularstrahlen erkennen. Das Verfahren der Nebelkammer gibt ein Bild ihrer ganzen Flugbahn. Die Grundlage ist einfach. Abkühlung feuchter Luft läßt Wasserdampf kondensieren. Es bilden sich Nebeltröpfchen (nicht Bläschen!). Die Bildung dieser Tropfen wird durch sogenannte „Kondensationskerne" begünstigt. Als solche wirken allerlei Fremdbeimengungen der Luft, Staub, Ver-

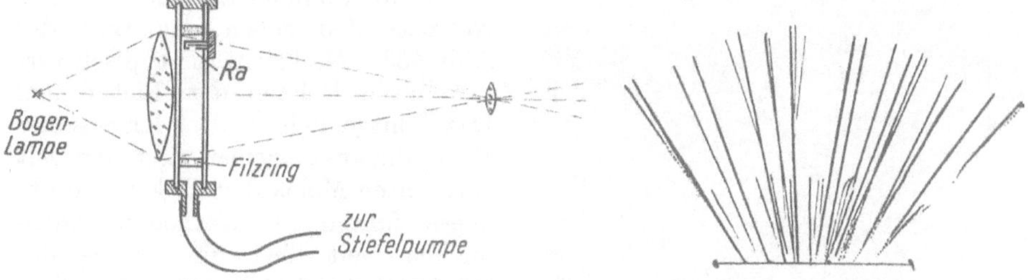

Abb. 431. Eine Nebelkammer mit Hellfeldbeleuchtung vor der Projektionslampe gibt dunkle Bahnen auf hellem Grunde, wie in Abb. 432.

Abb. 432. α-Strahlen von Thorium C und Thorium C' in Luft.

brennungsprodukte (Londoner Nebel!), vor allem aber Ionen. An Ionen tritt Nebelbildung schon bei geringfügiger Abkühlung auf.

Die Abb. 431 zeigt eine Glaskammer vor der Beleuchtungslinse einer Projektionslampe. Mit Hilfe einer Stiefelpumpe kann man die Luft plötzlich entspannen und dadurch abkühlen. Das Absaugen der Luft erfolgt radialsymmetrisch und wirbelfrei. Das wird durch einen Filzring erreicht. Durch das Fenster

Al werden einige α-Strahlen in die Kammer hineingeschossen. Auf dem Projektionsschirm erscheint ein Bild wie Abb. 432. Eine lückenlose Kette von Nebeltröpfchen markiert die schnurgerade Flugbahn. Die längs der Flugbahn getroffenen und dabei ionisierten Luftmoleküle haben als Kondensationskerne gedient. Das Bild hält sich einige zehntel Sekunden, dann wird es durch Luftströmungen verweht. Man zieht die geladenen Wassertropfen mit einem (nicht gezeichneten) elektrischen Felde heraus, und das Spiel kann von neuem beginnen. Sehr eindrucksvoll ist eine mikrophotographische Aufnahme einer solchen Flugbahn (Abb. 432a).

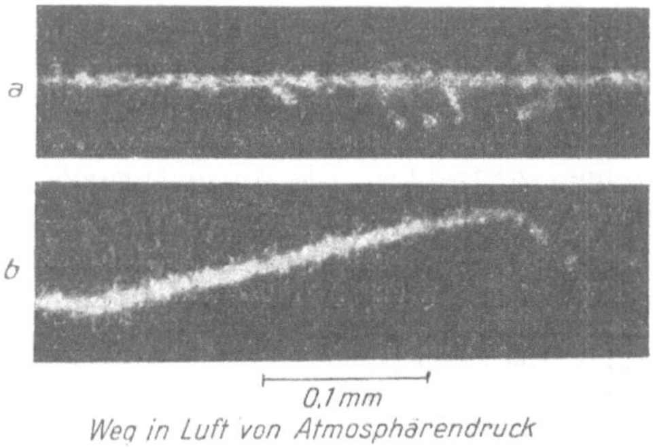

Die Flugbahn schneller Elektronen, also β-Strahlen, wird genau so erhalten. Sie bieten ein wesentlich anderes Bild. Statt der schnurgeraden α-Strahlbahnen bekommt man gekrümmte, oft verschnörkelte Wege. Die Masse eines β-Strahles ist $4 \cdot 1800 = 7200$mal geringer als die eines α-Strahles. Daher können die β-Strahlen nicht so geradlinig durch die Luftmoleküle hindurchfahren wie die α-Strahlen.

0,1 mm
Weg in Luft von Atmosphärendruck

Abb. 432a. Mikrophotographisch mit der Nebelkammer beobachtete Teilstücke aus den Flugbahnen von α-Teilchen. Im Bilde *a* sieht man mehrfach die Ionisation durch seitlich herausfliegende sekundäre Elektronen, die von den α-Teilchen aus durchschossenen Atomen abgespalten werden. Das Bild *b* zeigt das Endstück einer Flugbahn. Das dort schon sehr verlangsamte α-Teilchen wird bei drei Zusammenstößen erheblich aus seiner Flugbahn abgelenkt. Photographisches Positiv bei Dunkelfeldbeleuchtung. (A. Gehrtsen.)

Das Nebelkammerverfahren ist keineswegs auf die Korpuskularstrahlen radioaktiven Ursprungs beschränkt. Man kann mit ihm ebenso Kathodenstrahlen kleiner Geschwindigkeit untersuchen, wie sie z. B. aus dem Aluminiumfenster eines Entladungsrohres (Abb. 340) austreten.

Weiter sind die Nebelstrahlen mit größtem Erfolge bei der Erforschung der Ionenbildung durch Röntgenlicht benutzt worden. Man denke sich in der Abb. 431 das radioaktive Präparat durch ein Röntgenrohr ersetzt. Geeignet durchlochte Schirme sollen ein schmales Strahlenbündel ausblenden. Die Nebelstrahlen geben das Bild der Abb. 433. Man sieht die typisch verkrümmten Bahnen der Elektronen. Das Röntgenlicht spaltet längs seiner Flugbahn aus einzelnen, räumlich weit getrennten Molekülen Elektronen ab. Diese fahren als Kathodenstrahlen seitlich weit über die Grenze des Röntgenlichtbündels heraus. Erst diese Kathodenstrahlen liefern die starke Ionisation des Gases. Man nennt die auf diese Weise durch Röntgenlicht (γ-Strahlen) abgespaltenen Elektronen „lichtelektrisch abgespalten". Die Einzelheiten gehören in die Elektrooptik.

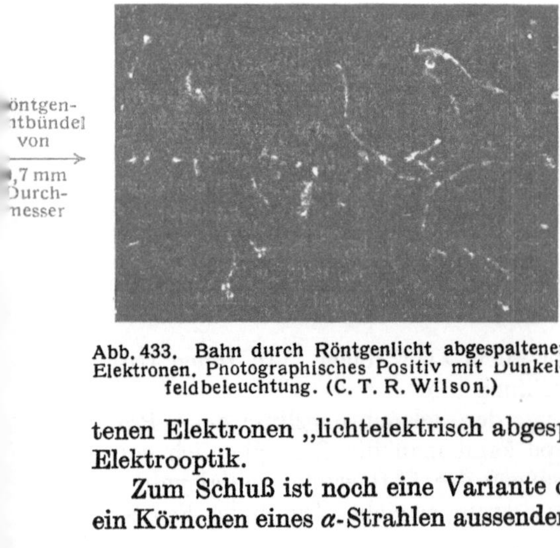

Abb. 433. Bahn durch Röntgenlicht abgespaltener Elektronen. Photographisches Positiv mit Dunkelfeldbeleuchtung. (C. T. R. Wilson.)

Zum Schluß ist noch eine Variante dieses Verfahrens zu nennen. Man bringt ein Körnchen eines α-Strahlen aussendenden Präparates auf eine photographische

Platte. Die α-Strahlen scheiden längs ihrer Flugbahn durch die Gelatineschicht aus den getroffenen Bromsilbermolekülen einzelne neutrale Silberatome aus. Diese vereinigen sich zu „Silberkeimen", und diese wirken bei der nachfolgenden photographischen Entwicklung als „Kondensationskerne": Es werden während des Reaktionsprozesses im Entwickler an ihnen zahlreiche Silberatome angelagert und dadurch sichtbare Silber-
körner gebildet. Das fertige Bild ist in
Abb. 434 wiedergegeben. Es läßt die gerade Flugbahn der α-Strahlen recht gut
verfolgen.

3. **Elektrische Zählverfahren.**
(H. Geiger, E. Rutherford, 1908.)
Aus einer Reihe technischer Varianten beschreiben wir die bequemste Anordnung,
den Spitzenzähler. Seine Grundlage ist
einfach. Ein einzelner Korpuskularstrahl
erzeugt auf seiner Flugbahn Ionen, und
diese lösen eine kurzdauernde Funken-

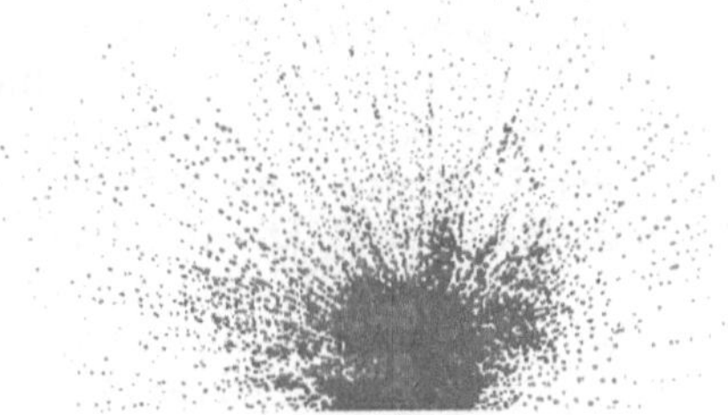

Abb. 434. Schußbahnen von α-Strahlen in einer photographischen Platte. Vergrößerung etwa 500fach. Negativ. (B. Gudden.)

entladung aus. Die Einzelheiten zeigt Abb. 435. A ist eine Metallspitze, z. B. eine Grammophonnadel. Sie ist isoliert in den Metallzylinder K eingesetzt. Der Boden des Zylinders hat der Spitze gegenüber ein Loch (etwa 2 mm Durchmesser) zum Eintritt der Strahlen. Spitze und Zylinder sind mit einer Stromquelle von etwa 2000 Volt Spannung verbunden. Es tritt noch keine selbständige Leitung

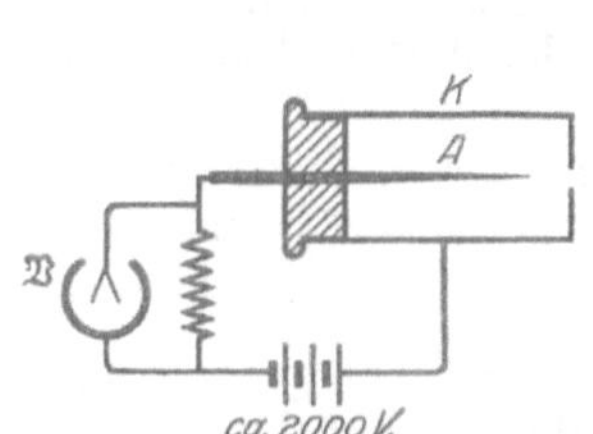

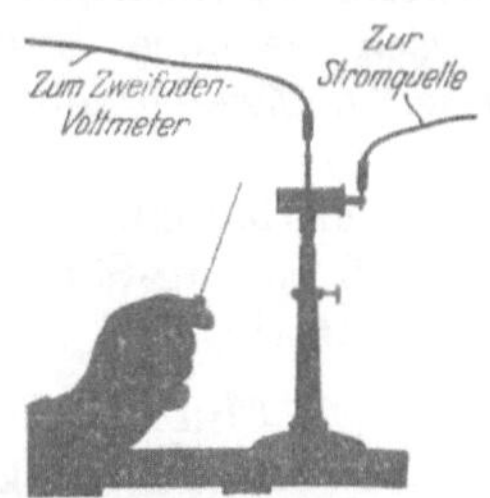

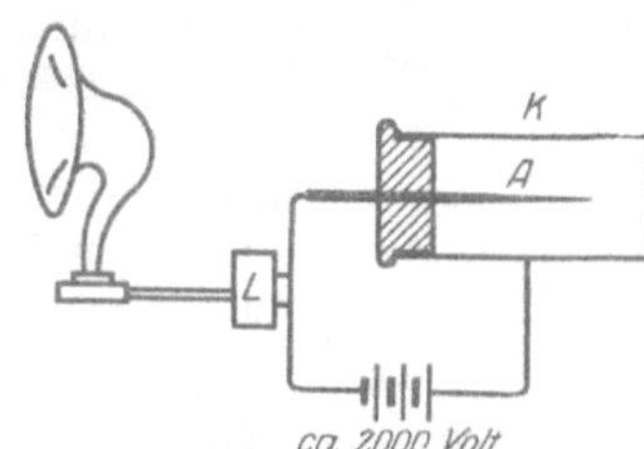

Abb. 435. Geigerscher Spit-
zenzähler für α- und β-Strahlen
(1913).

Abb. 436. Einem Spitzen-
zähler wird ein mit Radium
A überzogener Draht ge-
nähert.

Abb. 437. Spitzenzähler mit Verstärker L und Lautsprecher (auch Relais
mit Glocke oder mechanischem Zählwerk anwendbar).

der Luft ein. Der Stromkreis enthält weiter einen Strommesser von hohem innerem Widerstand. Am bequemsten ist ein Streichholz mit parallelgeschal-
tetem Zweifadenvoltmeter (Abb. 26).

Beim Eintritt eines Korpuskularstrahles in den Zylinder leuchtet an der Spitze ein schwach sichtbares Fünkchen auf. Das Meßinstrument macht einen kurzdauernden Ausschlag.

α-Strahlen machen pro Zentimeter Flugbahn nach anderweitigen Messungen etwa 20 000 Ionenpaare, β-Strahlen etwa 200mal weniger. Daher geben α-Strahlen große, β-Strahlen nur kleine Ausschläge. Beide Strahlen lassen sich gut unterscheiden.

Eine dem Spitzenzähler noch überlegene Variante bildet das Geiger-Müllersche Zähl-
rohr. In ihm tritt an die Stelle der Nadel A (Abb. 437) ein feiner Draht in der Achse eines zylindrischen Rohres K. Der Zylinder enthält Gas von vermindertem Druck. An die Stelle der Fünkchenbildung tritt eine kurzdauernde Glimmentladung.

Zum Nachweis der kurzdauernden, durch die Fünkchenbildung erzeugten Stromstöße kann auch ein Lautsprecher dienen (Schaltschema der Abb. 437) oder ein mechanisches Zählwerk. In beiden Fällen nimmt man die aus dem Rundfunkwesen bekannten Verstärker zu Hilfe. Das Verfahren ist nicht auf die schnellen Korpuskularstrahlen radioaktiven Ursprungs beschränkt. Der Nachweis einzelner Elektronen und Ionen ist ein experimentell vollständig gelöstes Problem. Dem Eindruck dieser Versuche wird sich kein Beobachter entziehen **können**.

§ 142. Bestimmung der spezifischen Molekülzahl N durch Zählen von Molekülen.

Ein α-Strahl besteht aus einem zweifach positiv geladenen Heliumatom (He^{++}). Diese Behauptung stützt sich auf die elektrische Atomgewichtsbestimmung, also in letzter Linie auf die Ablenkung der α-Strahlen im elektrischen und magnetischen Felde. Die Identität der α-Strahlen mit Heliumatomen läßt sich jedoch noch in viel unmittelbarerer Weise nachweisen. Das geschieht durch das in Abb. 438 dargestellte Verfahren. Es ist in quantitativer Hinsicht stark schematisiert, nicht aber qualitativ.

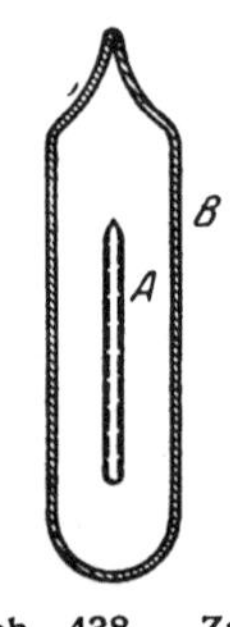

Abb. 438. Zur Identität von α-Strahlen und Heliumionen.

A ist ein sehr dünnwandiges, aber völlig gasdicht verschmolzenes Glasrohr. Die Innenwand des Glasrohres ist mit einer dünnen Schicht Radiumbromid überzogen. Außen ist das Glasrohr von einem zweiten, dickwandigen Rohre B umgeben, der verbleibende Zwischenraum ist auf Hochvakuum ausgepumpt. Nach einiger Zeit findet sich im Zwischenraum Helium. Das Gelingen dieses Versuches ist nur an eine einzige Bedingung geknüpft: die Wandstärke des inneren Glasrohres muß geringer sein als die Reichweite der α-Strahlen im Glas. Die α-Strahlen des Radiums müssen sie noch durchdringen können. Dieser Versuch schließt jeden Zweifel an der chemischen Natur der α-Strahlen aus.

M_{Ra} sei die Masse des eingesperrten Radiums, t die Zeit, V_{He} das Volumen des entwickelten Heliums (bei $p = 76$ cm Hg-Säule und 0 Grad C) und M_{He} seine Masse. Dann findet man quantitativ

$$\frac{V_{He}}{M_{Ra}\,t} = \frac{156 \cdot \text{mm}^3}{\text{kg Jahr}} \quad \text{oder} \quad \frac{M_{He}}{M_{Ra}\,t} = \frac{2{,}76 \cdot 10^{-5}\,\text{kg}}{\text{kg Jahr}}. \tag{211}$$

Ein zweiter Versuch hat dann die Zahl n_α der α-Strahlen zu ermitteln. Das geschieht mit einem der in § 141 beschriebenen Zählverfahren. Am bequemsten ist die Benutzung des Spitzenzählers mit einer photographischen Registrierung. Man findet quantitativ

$$\frac{n_\alpha}{M_{Ra}\,t} = \frac{4{,}29 \cdot 10^{21}}{\text{kg Jahr}}. \tag{212}$$

Die Division von Gl. (211) durch (212) ergibt als Masse eines einzelnen Heliumatomes

$$m = \frac{M_{He}}{n_\alpha} = \frac{2{,}76 \cdot 10^{-5}}{\text{Jahr } 4{,}29 \cdot 10^{21}/\text{kg Jahr}} = 6{,}65 \cdot 10^{-27}\,\text{kg} = 1{,}662 \cdot 10^{-27}\,\text{Kilomol}.$$

(Das Molekulargewicht des Heliums ist 4, also für Helium 1 Kilomol = 4 kg.)

Die Masse m eines Atomes ist gleich dem Kehrwert der spezifischen Molekülzahl N (§ 105, He ist einatomig), also

$$N = \frac{1}{m} = \frac{1}{1{,}662 \cdot 10^{-27}\,\text{Kilomol}} = \frac{6{,}03 \cdot 10^{26}}{\text{Kilomol}},$$

in bester Übereinstimmung mit anderen Methoden. Hier ist also N durch unmittelbares Abzählen einzelner Moleküle experimentell bestimmt worden.

§ 143. Der Zerfall der radioaktiven Atome. Elektrizitätsatome als wesentliche Bausteine der Elemente.

Alle chemischen Erfahrungen ließen die Atome eines Elementes als ein Letztes erscheinen, als ein unwandelbares und unteilbares Ganzes.

Die elektrischen Tatsachen führten weiter. Man mußte im Innern der chemischen Atome Elektrizitätsatome annehmen. Wir erinnern nur an die Verkürzung elektrischer Feldlinien durch die Atome eines Dielektrikums, an die mannigfachen Fälle der Ionenbildung, an die Molekularströme in paramagnetischen und diamagnetischen Substanzen.

Die radioaktiven Erscheinungen erweisen die Elektrizitätsatome jetzt als absolut wesentliche Bestandteile des Atoms. Atome eines radioaktiven Elementes verlieren im Strahlungsvorgang Elektronen als β-Strahlen oder positive Elektrizitätsatome mit den α-Strahlen. Damit scheiden sie als Atome des betreffenden Elementes aus. Sie bilden das Atom eines anderen, neuen Elementes mit kleinerem Atomgewicht. Die fundamentale Tatsache dieses „radioaktiven Zerfalles" oder dieser „radioaktiven Umwandlung der Elemente" (E. Rutherford und F. Soddy, 1902) soll in zwei Beispielen vorgeführt werden.

1. Zerfall des Gases Thoriumemanation. Thoriumemanation ist ein Edelgas vom Atomgewicht 220. Es gehört in das Fach Nr. 86 des periodischen Systems. Es findet sich als ständiger Begleiter thoriumhaltiger Präparate.

Thorium selbst ist ein Metall vom Atomgewicht 232, Fach Nr. 90. Man findet Thoriumemanation in der Luft über thoriumhaltigen Stoffen. Wir sehen in Abb. 439 auf dem Boden eines Glasrohres etwa 100 g Thoriumoxyd (ein weißes Pulver) ausgebreitet. Von links wird langsam Luft eingeleitet. Die rechts abströmende Luft enthält kleine Mengen Thoriumemanation. Allerdings sind diese Mengen im üblichen Sinne winzig.

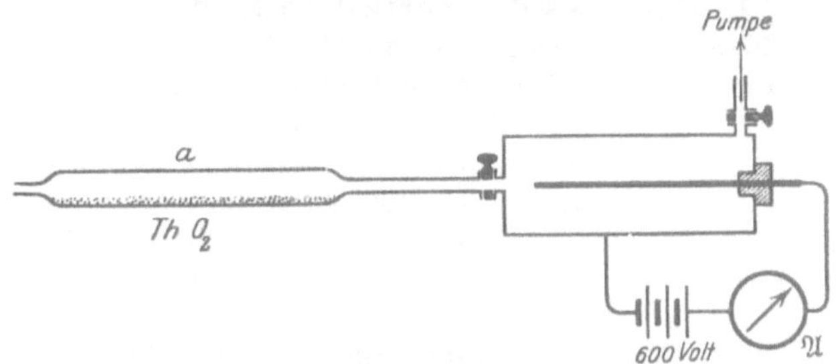

Abb. 439. Messung der Halbwertszeit von Thoriumemanation. Galvanometer wie in Abb. 83.

Keine Mikroanalyse würde sie nachweisen lassen. Auch dann nicht, wenn es sich um ein sehr reaktionsfähiges Element und nicht um ein praktisch reaktionsloses Edelgas handelte. Selbst die so hochempfindliche spektralanalytische Methode versagt. Zum Nachweis der winzigen Gasmengen kann nur ihre radioaktive Strahlung dienen. Thoriumemanation sendet α-Strahlen aus. Die Zahl der α-Strahlen pro Zeiteinheit ist ein relatives Maß für den jeweiligen Bestand von Thoriumemanationsatomen, genau wie die Zahl der täglichen Sterbefälle ein relatives Maß für die Einwohnerzahl einer Stadt bildet. Die Zahl der α-Strahlen mißt man am einfachsten in einem relativen Maße. Man benutzt ihre ionisierende Wirkung. Der rechte Teil der Abb. 439 zeigt eine geeignete Anordnung. Die Luft mit der Thoriumemanation wird in einen Zylinderkondensator eingefüllt und der Sättigungsstrom (Abb. 317) mit einem Drehspulgalvanometer 𝔄 abgelesen (vgl. § 95). Die beobachtete Stromstärke zeigt einen sehr charakteristischen Verlauf. Sie fällt nach der in Abb. 440 dargestellten Exponentialkurve ab. Sie sinkt innerhalb von je 53 Sekunden auf die Hälfte. Der Bestand der α-Strahlen aussendenden Atome vermindert sich also in je

53 Sekunden um die Hälfte. Man nennt diese 53 Sekunden die **Halbwertszeit** der Thoriumemanation. Sie ist eine dieses Element eindeutig charakterisierende Konstante. Mit ihr kann man dies Element jederzeit identifizieren.

Über die Lebensdauer des einzelnen Thoriumemanation-Atomindividuums sagt die Halbwertszeit nicht das geringste aus. Sie kann für das Individuum beliebig größer oder kleiner sein. Nur „zerfallen" im statistischen Mittelwert von einer hinreichend großen Anzahl n der Atome in je 53 Sekunden $n/2$ Individuen und scheiden für die weitere elektrische Beobachtung aus. Der Zerfall des einzelnen Atoms erfolgt unter Ausschleuderung eines α-Strahles, eines zweifach positiv geladenen Heliumatoms (He^{++}-Ions) vom Atomgewicht 4. Der Rest des Atoms hat nur noch das Atomgewicht $220 - 4 = 216$. Es ist ein neues chemisches Individuum, es gehört dem Element Thorium A

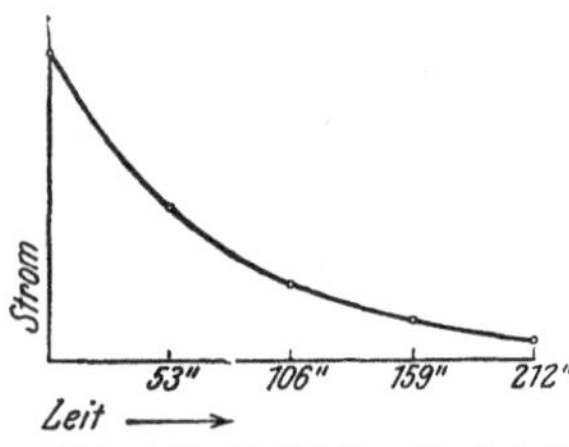

Abb. 440. Zeitlicher Zerfall der Thoriumemanation.

an, und dieses macht sich unter unseren Versuchsbedingungen nicht bemerkbar.

Strenggenommen verläuft der Vorgang ein wenig verwickelter. Thorium A ist ein radioaktives Element mit der sehr kleinen Halbwertszeit 0,14 Sekunden. Es zerfällt unter Aussendung eines weiteren α-Strahles in das Element Thorium B. Es wirkt also ohne verfeinerte Beobachtungsverfahren so, als ob ein zerfallendes Thoriumemanationsatom z w e i α-Strahlen liefert. Das nach dem Zerfall von Thorium A verbleibende Element Thorium B gibt nur β- und γ-Strahlen, es zerfällt langsam mit der Halbwertszeit 10,6 Stunden. Der Nachweis seiner Strahlung liegt unter der Empfindlichkeitsgrenze unserer Meßanordnung, es macht sich daher elektrisch nicht mehr bemerkbar.

2. **Einiges aus der Zerfallsreihe des Radiums.** Radiumemanation ist ein Edelgas vom Atomgewicht 222 (Fachnummer 86 des periodischen Systems, also ein Isotop der Thoriumemanation). Es findet sich als ständiger Begleiter aller radiumhaltigen Präparate, am bequemsten gewinnt man es über wäßrigen Lösungen von Radiumsalzen.

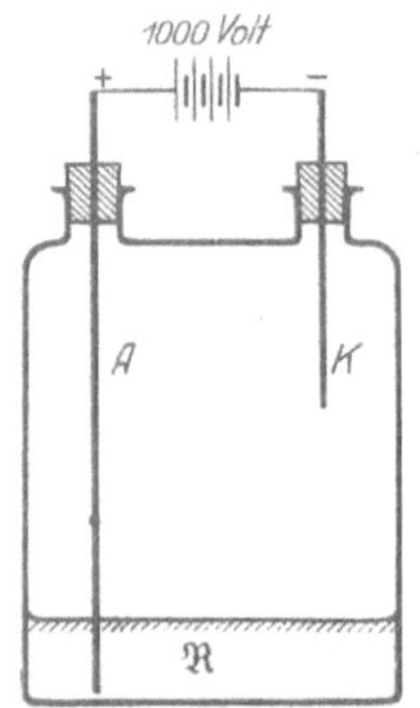

Abb. 441. Gewinnung eines Niederschlages von Radium *A* auf dem Drahte *K*. ℛ wäßrige Lösung eines Radiumsalzes. Als Stromquelle Influenzmaschine.

Radiumemanation zerfällt unter α-Strahlung mit einer Halbwertszeit von 3,85 Tagen. Dabei entsteht ein neues Element vom Atomgewicht 218, Radium A benannt. Radium A ist bei Zimmertemperatur ein fester Körper. Man gewinnt ihn als äußerst feinen Überzug auf einem elektrisch geladenen Draht K in Ra-emanationhaltiger Luft (Abb. 441).

Überraschenderweise muß der Draht negativ geladen sein. Radium A entsteht aus der Emanation durch Aussendung eines zweifach positiv geladenen He-Ions. Man sollte also die Radium-A-Atome negativ geladen erwarten. Tatsächlich entweichen aber zugleich mit den α-Strahlen eine ganze Reihe sehr langsamer β-Strahlen, oft δ-Strahlen genannt. Daher die positive Ladung des Radium-A-Atomes.

Die Bildung des Radium-A-Überzuges auf einem Draht werde nach etwa $^1/_4$ Minute unterbrochen. Wir nähern den Draht vorsichtig einem Spitzenzähler (Abb. 436) und finden α-Strahlen von 4,8 cm Reichweite.

Nach etlichen Minuten treten auch β-Strahlen in nennenswerter Zahl auf. Denn Radium A hat eine Halbwertszeit von 3 Minuten. Es hat sich schon nach etlichen Minuten ein neues Element, Radium B, gebildet. Es ist ein Isotop des Bleis vom Atomgewicht $218 - 4 = 214$. Es ist aber radioaktiv und zerfällt unter β-Strahlemission mit einer Halbwertszeit von 27 Minuten.

Wir warten länger, etwa $^3/_4$ Stunden. Es finden sich α-Strahlen von 6,9 cm Reichweite. Diese gehören dem Element Radium C an. Das ist ein chemisch praktisch mit Wismut identisches Metall (Fachnummer 83). Es zerfällt seinerseits mit einer Halbwertszeit von 19,6 Minuten.

Weiter können wir die Reihe im Vorführungsversuch nicht verfolgen. Sie endet bei Blei mit dem Atomgewicht 206. Dieses findet sich als wesentlicher Bestandteil in gewöhnlichem, handelsüblichem Blei, einem Mischelement vom Atomgewicht 207,2 (vgl. S. 180).

Die Beobachtung des radioaktiven Zerfalles mit dem Spitzenzähler ist in einer Hinsicht noch lehrreicher als die in Abb. 439 dargestellte Messung des gesamten Ionisationsstromes. Die Strommessung gibt uns die Halbwertszeit als einen für große Individuenzahlen gültigen statistischen Mittelwert. Der Spitzenzähler hingegen läßt den Zerfall eines einzelnen Atomindividuums wahrnehmen. Wir sehen die einzelnen Elementarprozesse in oft verblüffender Regellosigkeit aufeinanderfolgen. Die Abb. 442 gibt ein willkürlich herausgegriffenes Beispiel.

Die Häufungen wechseln mit langen Pausen, der Begriff der Halbwertszeit bekommt erst für sehr große Zahlen von Individuen einen Sinn. Die Halbwerts-

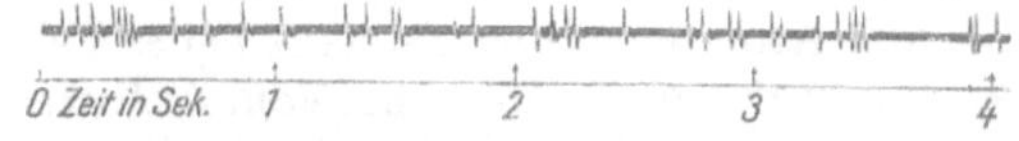

Abb. 442. Zeitliche Schwankung der α-Strahlemission. Photographische Registrierung der Ausschläge des Einfadenvoltmeters $\mathfrak{B}$ in Abb. 435.

zeit sagt eben über die Lebensdauer des einzelnen Individuums gar nichts aus. Darin gleicht sie den statistischen Angaben über die Dauer des Menschenlebens. — So weit die beiden Beispiele für den radioaktiven Atomzerfall.

Strahlungsart und Halbwertszeit als Indikatoren benutzend, hat man die heute bekannten radioaktiven Elemente gefunden. Man hat sie in drei große Stammbäume einordnen und den einzelnen Gliedern ihre Plätze im periodischen System der Elemente anweisen können.

Infolge des Atomzerfalles kann man grundsätzlich nie ein radioaktives Element für sich allein beobachten. Zwar lassen sich seine Zerfallsprodukte abtrennen, aber es hilft nur vorübergehend. Der Zerfall schreitet unaufhaltsam weiter, die Zerfallsprodukte reichern sich wieder an, je nach ihrer Halbwertszeit in verschiedenem Betrage.

Eine gute Erläuterung für das eben Gesagte liefern Einschlüsse kleiner Uran-Mineralienkörner in natürlichen Kristallen, z. B. in Flußspat. Uran ist radioaktiv, es bildet mit einem Atomgewicht von 238,2 (Fachnummer 92) den Ausgangspunkt der Radiumreihe. Die α-Strahlen färben Flußspat im Augenblick des Steckenbleibens, also am Ende ihrer Reichweite. Jedem der α-strahlenden Zerfallsprodukte ist eine charakteristische Reichweite zu eigen. Infolgedessen hat sich das uranhaltige Korn im Laufe der Jahrmillionen mit einem System konzentrischer, violett gefärbter

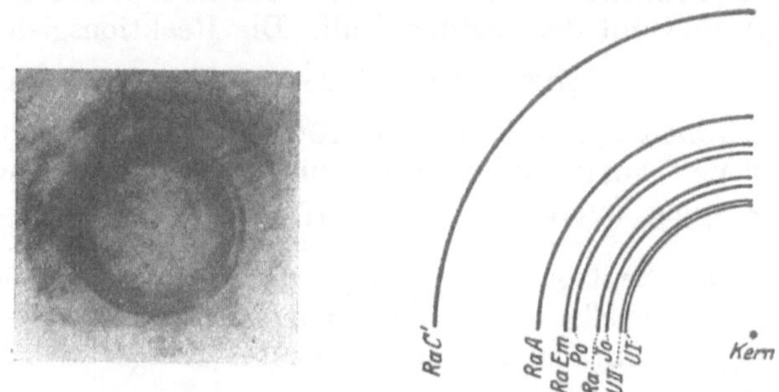

Abb. 443. Verfärbung von Flußspat durch die α-Strahlen der Radiumfamilie. Photogr. Positiv. (B. Gudden.)

Hohlkugeln umgeben. Im Dünnschliff erscheinen sie uns als Kreise. Die Abb. 443 gibt eine 500fach vergrößerte Mikrophotographie mit erläuternder Zeichnung. Jeder einzelnen Reichweite ist der Name des zugehörigen Elementes zugeordnet. Es sind sämtliche α-Strahler aus der Ra-Familie oder -Reihe vertreten.

§ 144. Die Umwandlung von Atomen und die Entdeckung der Positronen und Neutronen. Der radioaktive Atomzerfall hat das chemische Dogma von der Unwandelbarkeit der chemischen Elemente zerstört. Verlust wesentlicher Bausteine verwandelt das Atom eines Elementes in das eines anderen. Das hat man zunächst für die spontan zerfallenden „radioaktiven Elemente" gefunden. Diese Entdeckung ist dann, abermals unter der Führung von E. Rutherford, in großartiger Weise erweitert worden. Man kann mit Hilfe von α-Strahlen und neuerdings auch mit erheblich langsameren Kanalstrahlen und endlich auch mit der „kosmischen Höhenstrahlung" die Atome vieler Elemente verwandeln und zertrümmern. Dabei sind bisher unbekannte elementare Teilchen entdeckt worden, das Neutron, das Positron und das Meson. Außerdem hat man gelernt, eine große Anzahl „künstlich radioaktiver" Elemente herzustellen. Nach dem Einschlag der Geschosse zerfallen die Atome häufig wie die Atome natürlich radioaktiver Elemente. Diese Versuche über Atomumwandlung und künstliche Radioaktivität haben der Atomforschung ein ganz neues Feld erschlossen. Es gibt heute bereits eine „Kernchemie", die Lehre vom Aufbau und vom Abbau der Atome und der Zusammensetzung ihrer Kerne aus elementaren Bausteinen. Für diese Entdeckungen geben wir einige experimentelle Beispiele.

1. **Umwandlung von Stickstoff in Sauerstoff.** Man füllt die Nebelkammer (Abb. 431) mit N_2 und schießt α-Strahlen hinein. Etwa bei jeder 20. Expansion sieht man am Ende einer α-Strahlbahn eine neue lange Strahlenbahn beginnen. Sie entsteht durch ein Proton, einen aus dem Stickstoffkern abgespaltenen H-Kern, also ein einfach positiv geladenes Wasserstoffion. Die Reaktionsgleichung lautet:

$$^{14}_{7}\text{N} \quad + \quad ^{4}_{2}\text{He} \quad \rightarrow \quad ^{17}_{8}\text{O} \quad + \quad ^{1}_{1}\text{H}$$

Stickstoff mit der Kernladung 7 und dem Atomgewicht 14	Helium mit der Kernladung 2 und dem Atomgewicht 4	Sauerstoff-Isotop mit der Kernladung 8 und dem Atomgewicht 17	Proton, d. h. Wasserstoff, mit der Kernladung 1 und dem Atomgewicht 1

Das α-Teilchen wird also vom Kern des Stickstoffatoms eingefangen; es entsteht ein Sauerstoffisotop und ein Proton.

2. **Neutronen.** Ein Glasrohr wird mit einem Gemisch von etwa 10 Gramm pulverförmigem Beryllium und einigen Milligramm RaBr_2 gefüllt. Die α-Strahlen des Ra lösen im Be **Neutronen** aus. Neutronen (Symbol ^1_0n) sind eine neue Art von Elementarteilchen mit der Masse eines Wasserstoffkernes, also eines Protons[1] (p), und mit der Ladung Null. Die Reaktionsgleichung lautet

$$^{9}_{4}\text{Be} + ^{4}_{2}\text{He} \rightarrow ^{12}_{6}\text{C} + ^{1}_{0}\text{n} + \gamma\text{-Quant mit } 6 \cdot 10^6 \text{ eVolt.}$$

Oder man schießt Deuterium-Kanalstrahlen (es genügen schon Spannungen unter 10^5 Volt) auf gekühltes Deuterium[2], z. B. auf Deuterium-Eis D_2O. Die Reaktionsgleichung lautet:

$$^{2}_{1}\text{D} + ^{2}_{1}\text{D} \rightarrow ^{3}_{2}\text{He} + ^{1}_{0}\text{n.}$$

Die Neutronen vermögen Gase nicht zu ionisieren, hinterlassen also auch in der Nebelkammer keine Spur. Ihr Nachweis gelingt nur auf mittelbarem Wege: Beim Durchlaufen wasserstoffhaltiger Stoffe, z. B. Paraffin, trifft ge-

---

[1] Mit großem technischem Aufwand kann man heute Kanalstrahlen aus Protonen, Deuteronen (= Deuteriumkernen) usw. mit Spannungen über 10^8 Volt erzeugen, während die schnellsten α-Teilchen natürlich radioaktiver Substanzen nur kinetische Energien von $8,8 \cdot 10^6$ eVolt besitzen ($^{212}_{84}\text{ThC}'$).

[2] Als Deuterium, Symbol D, bezeichnet man Wasserstoff mit der Massenzahl (Atomgewicht) 2, also $^2_1\text{H} = \text{D}$. — Der Kürze halber wird in entsprechender Weise für das Proton ^1_1H das Symbol p benutzt und oft $^4_2\text{He} = \alpha$ gesetzt.

legentlich ein Neutron auf den positiv geladenen Kern eines H-Atoms. Dieser H-Kern übernimmt dann (genau wie beim Aufprall einer Stahlkugel auf eine gleich große ruhende) die ganze kinetische Energie des Neutrons und fliegt als Proton davon. Dies Proton kann dank seiner Ladung Gase ionisieren und hinterläßt in der Nebelkammer eine ebenso deutliche Spur wie ein α-Strahl. Die Neutronen können, weil ungeladen, leicht in die positiv geladenen Atomkerne eindringen, und daher eignen sie sich in besonderem Maße als Geschosse zur Einleitung von Atomumwandlungen.

Abb. 444.
Neutronenquelle.

3. **Künstliche Radioaktivität.** In Abb. 444 wird die eben genannte Neutronenquelle mit einem Blech aus Rhodium umgeben. Das Ganze wird in eine dicke Kapsel aus Paraffin (10 cm Wandstärke) gestellt. — Die Neutronen durchdringen, weil ungeladen, das dünne Metallblech, werden aber im Paraffin durch Zusammenstöße mit H-Kernen abgebremst. Ein Teil dieser verlangsamten Neutronen diffundiert thermisch zur Mitte zurück, trifft auf das Blech und wird nun in ihm absorbiert. Dabei gilt die Reaktionsgleichung

$$^{103}_{45}\text{Rh} + ^{1}_{0}\text{n} \rightarrow ^{104}_{45}\text{Rh} + \gamma\text{-Quant.}$$

Das auf diese Weise entstehende Rhodium-Isotop $^{104}_{45}\text{Rh}$ ist instabil, es zerfällt mit Halbwertszeiten teils von 4 min, teils von 44 sec unter Aussendung von β-Strahlen, und zwar nach der Reaktionsgleichung

$$^{104}_{45}\text{Rh} \rightarrow ^{104}_{46}\text{Pd} + e.$$

Diese künstliche Radioaktivität des Rh ist leicht nachzuweisen: Man braucht das Rh-Blech nur von der Neutronenquelle zu entfernen und einem Spitzenzähler oder besser Zählrohr (Abb. 437) zu nähern.

Statt des Rh-Bleches kann man für Schauversuche auch ein Silberblech benutzen, nur ist die Halbwertszeit dann kleiner. Künstlich radioaktiv gemachte Stoffe werden in der Medizin in Zukunft eine wichtige Rolle spielen, u. a. als Indikatoren: Man kann beispielsweise der Nahrung bestimmte Atome in radioaktiver Form beimengen und die Wanderung dieser Atome im Organismus mit Hilfe ihrer Strahlung verfolgen.

4. **Kernspaltung.** Uranisotope mit dem Atomgewicht 235 können beim Einfangen von Neutronen in Bruchstücke angenähert gleicher Größe zerfallen, z. B. in radioaktive Barium- und Kryptonatome. Bei diesen Reaktionen entstehen wieder Neutronen, und diese können ihrerseits weitere Uranatome spalten. So gelangt man zu Kettenreaktionen und ihren heute allgemein bekanntgewordenen technischen Anwendungen.

5. **Positronen.** Positronen sind positive Elementarladungen, also $+ 1{,}6$ 10^{-19} Amp.-Sek., mit der winzigen Masse eines Elektrons. Sie entstehen beim Zerfall einiger künstlich radioaktiv gemachter Stoffe, z. B. des Vanadium-Isotops $^{50}_{23}\text{V}$, und werden mit einer Nebelkammer im Magnetfeld nachgewiesen. Einfacher erzeugt man jedoch Positronen durch die Absorption von γ-Strahlen. Sie liefert Paare von Elektronen und Positronen (Abb. 445). Näheres in § 145a.

Die Positronen haben gleiche Durchdringungsfähigkeit wie die Elektronen, und beide bilden pro Wegeinheit gleich viel Ionen. Dadurch unterscheidet man sie mit Sicherheit von Protonen.

Vor der Entdeckung der Positronen gab es zwischen den negativen und den positiven Elementarladungen die seltsame Unsymmetrie der Größe ihrer Massen:

Das Elektron hatte das Atomgewicht 1/1838, das Proton das Atomgewicht 1. Nach der Entdeckung der Positronen stehen wir vor einer nicht minder rätselhaften Unsymmetrie: nämlich der Häufigkeit der freien Elektronen, der Seltenheit der freien Positronen.

Die freien Positronen vereinigen sich in sehr kurzer Zeit paarweise mit einem Elektron. Dabei entstehen zwei Lichtquanten oder γ-Photonen. Jedes dieser

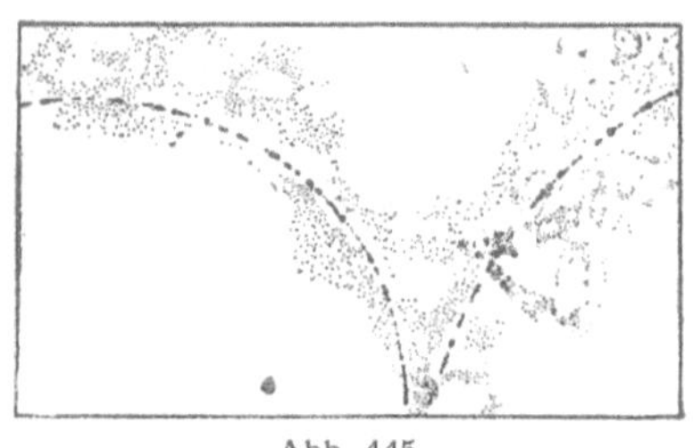
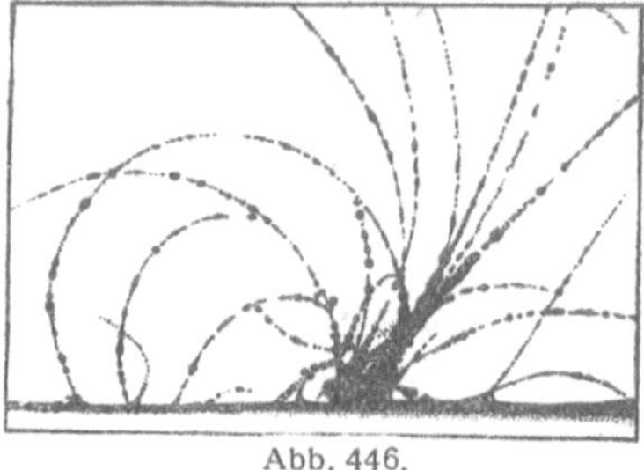

Abb. 445.   Abb. 446.

Abb. 445 u. 446. Nebelkammeraufnahme von Elektronen und Positionen im Magnetfeld (photographische Negative bei Dunkelfeldbeleuchtung). Das Paar in Abb. 445 ist durch einen γ-Strahl ausgelöst worden, der Schwarm in Abb. 464 durch die kosmische Höhenstrahlung in Blei.
(Aufnahmen von P. M. S. Blackett und C. D. Anderson.)

beiden Photonen enthält eine $h\nu$-Energie von $5 \cdot 10$ e. Volt („Zerstrahlung" vgl. Optikband, § 117).

So weit die Beispiele. — Sie geben nur eine dürftige Vorstellung von dem Umfang der neu erschlossenen Erscheinungsgebiete. Im Mittelpunkt der Forschung steht heute der **Aufbau der Atomkerne aus Neutronen und Protonen**, die Analyse stabiler Atomkerne und die Erzeugung instabiler (radioaktiver) Isotope, unter ihnen auch **Transurane**, d. h. Elemente mit Ordnungszahlen über 92 (vgl. die Tafel des periodischen Systems, S. 296).

§ 145. Die Abhängigkeit der Masse von der Geschwindigkeit. Die Masse der Elektronen wächst mit steigender Geschwindigkeit. Das wurde in § 97 und Tab. 7 gezeigt, und zwar für Geschwindigkeiten bis zu $40\,^0/_0$ der Lichtgeschwindigkeit. Die hohen Geschwindigkeiten der radioaktiven β-Strahlen haben die früheren Messungen ergänzen lassen. (W. Kaufmann, 1901.) Sie führen zu den in der Tabelle 16 wiedergegebenen Zahlen. Die Masse m steigt bei Annäherung an die Lichtgeschwindigkeit rapide. In Gleichungsform läßt sich der experimentell beobachtete Zusammenhang folgendermaßen darstellen:

$$m = \frac{m_0}{\sqrt{1 - \left(\dfrac{u}{c}\right)^2}}. \qquad (213)$$

m_0 ist der Grenzwert der Masse eines ruhenden Elektrons.

Eine Abhängigkeit der Masse von der Geschwindigkeit scheint in krassem Widerspruch zu allen Erfahrungen der Mechanik zu stehen, sowohl zu den Beobachtungen im Laboratorium wie in der Himmelsmechanik. Aber auf der Erde haben wir es nur selten mit Geschwindigkeiten von mehr als 1 km/sec zu tun, im Planeten-

Tabelle 16.

Geschwindigkeit des Elektrons in Bruchteilen der Lichtgeschwindigkeit $c = 3 \cdot 10^8$ m/sec	Masse des Elektrons in Vielfachen von $9 \cdot 10^{-31}$ kg
0,1	1,001
0,2	1,02
0,3	1,05
0,4	1,09
0,5	1,16
0,6	1,25
0,7	1,40
0,8	1,67
0,9	2,29 ⎫ Extra-
0,95	3,20 ⎪ poliert
0,990	7,09 ⎬ nach
0,998	15,82 ⎭ Gl.(206)

system höchstens mit einigen 100 km/sec. Wir dürfen unsere bei diesen kleinen Geschwindigkeiten gewonnenen Erfahrungen keineswegs leichtfertig verallgemeinern. — Im Bereiche sehr großer Geschwindigkeiten führt uns die experimentelle Erfahrung auf eine neue Tatsache.

Die Abhängigkeit der Masse von der Geschwindigkeit gilt nicht nur für Elektronen, sondern auch für die übrigen Korpuskularstrahlteilchen. Die Tabelle 17

Tabelle 17. Quantitative Angaben über Korpuskularstrahlen nach Beschleunigung durch hohe Spannungen.

Beschleunigende Spannung in Volt		10^5	$5 \cdot 10^5$	10^6	$5 \cdot 10^6$	10^7	$5 \cdot 10^7$	10^8	$5 \cdot 10^8$	10^9
$\dfrac{\text{Geschwindigkeit } u}{\text{Lichtgeschwindigkeit } c}$	Elektronen	0,55	0,86	0,925	0,999	≈ 1				
	Protonen	0,014	0,032	0,045	0,100	0,141	0,32	0,42	0,75	0,88
	α-Teilchen	0,010	0,023	0,032	0,072	0,100	0,22	0,32	0,61	0,75
Masse in 10^{-27} kg	Elektronen	0,001	0,002	0,003	0,01	0,02	0,09	0,18	0,89	1,79
	Protonen	1,67	1,67	1,67	1,68	1,69	1,76	1,85	2,56	3,44
	α-Teilchen	6,65	6,65	6,65	6,67	6,70	6,83	7,02	8,38	10,2
Produkt aus Kraftflußdichte $\mathfrak{B}$ und Krümmungsradius r der Bahn in $\dfrac{\text{Voltsek.}}{\text{m}^2} \cdot$ Meter	Elektronen	0,001	0,003	0,065	0,018	0,035	0,17	0,34	1,69	3,34
	Protonen	0,044	0,100	0,188	0,314	0,45	1,04	1,47	3,58	5,65
	α-Teilchen	0,063	0,145	0,20	0,450	0,63	1,41	2,09	4,81	7,15
Praktische Reichweite von Elektronen	in Luft	0,1	1,3	3	20	40	170	280	630	800 m
	in Wasser	0,01	0,16	0,5	2,5	5	19	32	78	100 cm
	in Blei	—	—	0,06	0,3	0,5	1,2	1,6	2,5	2,9 cm
Reichweite von Protonen in Luft		0,14	0,86	2,30	34	115 cm				
Reichweite von α-Teilchen in Luft		0,1	0,34	0,56	3,5	10,6 cm				

gibt einige Zahlenwerte. Man braucht sie u. a. zur quantitativen Auswertung der Bahnspuren in Nebelkammern. Bemerkenswert sind die Zahlenwerte der Massen für sehr große Geschwindigkeiten. Bei ihnen werden die Massen der Elektronen von gleicher Größenordnung wie die der Protonen und α-Teilchen.

§ 145a. Masse und Energie. Die Gl. (226) führt auf eine hochbedeutsame Folgerung. Man kann Gl. (226) in eine Reihe entwickeln und erhält

$$m = m_0 \left(1 + \frac{1}{2} \frac{u^2}{c^2} + \cdots \right)$$

oder

$$m c^2 = m_0 c^2 + \tfrac{1}{2} m_0 u^2 + \cdots .$$

$\tfrac{1}{2} m_0 u^2$ ist die kinetische Energie. Man kann nur gleichartige Größen zueinander addieren. Folglich müssen auch die Größen $m c^2$ und $m_0 c^2$ Energien darstellen. Ihre Bedeutung erkennt man im Grenzfall $u = 0$: Eine ruhende Masse enthält noch eine große Energie

$$\boxed{W = m_0 c^2 \quad \text{oder} \quad \frac{W}{c^2} = m_0 .} \tag{214}$$

Diese Gleichung beherrscht die Umwandlung von Masse in Energie und umgekehrt, d. h. den wichtigsten physikalischen Fortschritt der letzten Jahrzehnte. — Es folgen einige wenige Beispiele:

An den gewöhnlichen chemischen Reaktionen sind nur die Elektronenhüllen der Atome beteiligt. Diese Reaktionen verlaufen entweder exotherm,

d. h. unter Energieabgabe (positiver Wärmetönung)[1], oder endotherm unter Energieaufnahme (negativer Wärmetönung). Exotherm verläuft z. B. die Verbrennung von Kohlenstoff mit der Reaktionsgleichung

$$C + O_2 \to CO_2 + \underbrace{\left(4,1 \text{ eVolt oder } 9,45 \cdot 10^4 \frac{\text{Kilokalorie}}{\text{Kilomol}}\right)}_{\text{Wärmetönung}},$$

endotherm hingegen die Dissoziation von molekularem Wasserstoff in atomaren nach der Gleichung

$$H_2 \to H + H + \left(- 2,26 \text{ eVolt oder } - 5,2 \cdot 10^4 \frac{\text{Kilokalorie}}{\text{Kilomol}}\right).$$

Bei diesen auf die **Elektronenhüllen** der Atome beschränkten Reaktionen hat man trotz eifrigsten Suchens (H. Landolt von 1890 bis 1908) keine Massenänderungen auffinden können, die auch nur $1 : 10^6$ erreichen.

Bei den Reaktionen zwischen **Atomkernen** hingegen sind die solange vergeblich gesuchten Massenänderungen gefunden worden. Als Beispiel bringen wir die Umwandlung von Li-Atomen in zwei α-Strahlen, wenn Protonen als schnelle Geschosse in die Li-Kerne eindringen. Diese Reaktion verläuft exotherm nach der Gleichung

$$\underset{\substack{\text{Li-} \\ \text{Atom}}}{{}^7_3\text{Li}} + \underset{\substack{\text{Pro-} \\ \text{ton}}}{{}^1_1\text{H}} \to \underset{2\,\alpha\text{-Strahlen}}{{}^4_2\text{He} + {}^4_2\text{He}} + \underbrace{\left(17 \cdot 10^6 \text{ eVolt oder } 3,9 \cdot 10^{11} \frac{\text{Kilokalorie}}{\text{Kilomol}}\right)}_{\text{Wärmetönung}}.$$

Bei dieser Kernreaktion ist die Wärmetönung also rund $5 \cdot 10^6$ mal größer als die der obengenannten Reaktionen zwischen Elektronenhüllen, und diese riesige Wärmetönung ist mit einer **Massenabnahme** von rund 2,3 Promille verknüpft: Das ergibt sich aus den Atomgewichten (A) der Reaktionspartner. Es ist

$$(A)_{\text{Li}} = 7,01818 \qquad\qquad (A)_{\text{He}} = 4,00389$$
$$(A)_{\text{H}} = 1,00813 \qquad\qquad (A)_{\text{He}} = 4,00389$$

Summe (A) vor der Reaktion $= 8,02631$ Summe (A) nach der Reaktion $= 8,00778$

also
$$\frac{\Delta\,(A)}{\Sigma\,(A)} = \frac{0,0185}{8,03} = 2,3 \cdot 10^{-3}.$$

Zum Atomgewicht $(A) = 1$ gehören Atome mit der Masse $m = 1,66 \cdot 10^{-27}$ kg (S. 298), zu einer Änderung des Atomgewichtes $\Delta\,(A) = 0,0185$ gehört also eine Massenänderung $\Delta\,m = 0,0185 \cdot 1,66 \cdot 10^{-27}$ kg $= 3,08 \cdot 10^{-29}$ kg. Die Umwandlung dieser Masse $\Delta\,m$ in Energie ist mit Gl. (214) zu berechnen. Es ist

$$W = \Delta\,m\,c^2 = 3,08 \cdot 10^{-29} \text{ kg} \cdot 9 \cdot 10^{16} \text{ m}^2/\text{sec}^2 = 2,78 \cdot 10^{-12} \text{Wattsek.} = 17 \cdot 10^6 \text{ eVolt}.$$

Dieser Energiebetrag wird als kinetische Energie der beiden entstehenden α-Strahlen beobachtet. Bei der Absorption der Strahlen in Materie wird er hinterher in Wärme umgewandelt.

Als Beispiel einer **endothermen** Kernreaktion nennen wir die in § 144 an erster Stelle genannte Umwandlung von Stickstoff in ein Sauerstoffisotop, also die als erste entdeckte Kernreaktion. Ihre Reaktionsgleichung lautet einschließlich der Wärmetönung

$${}^{14}_7\text{N} + {}^4_2\text{He} \to {}^{17}_8\text{O} + {}^1_1\text{H} + \left(-1,2 \cdot 10^6 \text{ eVolt oder } -2,6 \cdot 10^{10} \frac{\text{Kilokalorie}}{\text{Kilomol}}\right).$$

Hier ist die Summe der Atomgewichte vor der Reaktion 18,0114, nach der Reaktion 18,0126

---

[1] Als Wärmetönung definiert man entweder das Verhältnis Wärmemenge/Molekülzahl des gebildeten Stoffes odes das Verhältnis Wärmemenge/Masse des gebildeten Stoffes.

und die Massen zunahme $\Delta m = 2 \cdot 10^{-30}$ kg. Der ihr entsprechende Energiebetrag $\Delta m\, c^2$ muß dem Stickstoffatom aus der kinetischen Energie der hineingeschossenen α-Strahlen zugeführt werden.

Von größter Bedeutung ist die Umwandlung von γ-Strahlen, also von Röntgenlicht mit sehr großer Frequenz ν, in Paare von Elektronen und Positronen, oder kurz gesagt: die Umwandlung von Licht in Materie (Abb. 445). — Es seien $h\,\nu$ die Energie eines von einem Kern absorbierten γ-Quantes ($h = 6{,}62$ 10^{-34} Watt $\cdot$ sec^2 = Plancksche Konstante, Optikband, Kap. XI), $\tfrac{1}{2}\,m\,u_-^2$ die kinetische Energie des entstehenden Elektrons, $\tfrac{1}{2}\,m\,u_+^2$ die des entstehenden Positrons; dann findet man experimentell die Summe der beiden kinetischen Energien kleiner als $h\,\nu$, es fehlt ein Energiebetrag

$$W = h\,\nu - \tfrac{1}{2}\,m\,(u_-^2 + u_+^2) = 1{,}12 \cdot 10^6 \text{ eVolt} = 2 \cdot 5{,}06 \cdot 10^5 \text{ eVolt.}$$

$5{,}06 \cdot 10^5$ eVolt ist die Energie, die nach Gl. (227) der Masse eines ruhenden Elektrons oder Positrons entspricht. Der fehlende Energiebetrag W ist also in die Masse von Elektron und Positron verwandelt worden. Nur der Rest $h\,\nu - W$ ist verfügbar geblieben, um beiden Elementarteilchen eine kinetische Energie zu erteilen. — Die Umkehr dieses Vorganges ist als Zerstrahlung oder Vernichtungsstrahlung bekannt: Eine paarweise Vereinigung eines (ja äußerst kurzlebigen) Positrons mit einem Elektron erzeugt γ-Strahlung mit einer Energie von mindestens $1{,}12 \cdot 10^6$ eVolt.

§ 145 b. Höhenstrahlung und Mesonen. Luft in der Nähe des Erdbodens ist ein fast idealer Isolator; in einem Liter werden in jeder Sekunde nur rund 10^4 Ionenpaare gebildet (Messung mit Sättigungsstrom gemäß § 95). Etwa 8000 von ihnen entstehen durch die Strahlung radioaktiver Substanzen; diese finden sich ja als winzige Beimengungen in allen Stoffen, in der Luft selbst, in den Gefäßwänden und in der Umgebung. Der Rest entsteht durch eine von oben einfallende Strahlung, die Höhenstrahlung. Zu ihrer Untersuchung dienen die gleichen Hilfsmittel wie bei den Strahlungen radioaktiver Stoffe, jedoch mit einigen Sondereinrichtungen:

1. Geiger-Müllersche Zählrohre (S. 241) werden in mehreren Exemplaren übereinander angeordnet und als „Koinzidenzzähler" zusammengeschaltet. Dieser reagiert nur auf solche Strahlen, die durch alle drei Zählrohre hindurchgehen. Dadurch werden die störenden Strahlungen der natürlichen radioaktiven Stoffe in Luft, Rohrwänden und Umgebung weitgehend ausgeschaltet. Ferner werden nur Strahlen aus einem engen Winkelbereich gezählt; man kann den Koinzidenzzähler als „Zählrohr-Teleskop" beliebig neigen und so die Richtungsverteilung der einfallenden Strahlen untersuchen.

2. Nebelkammer im Magnetfeld. Sie wird mit Hilfe von Zählrohren automatisch ausgelöst, sobald ionisierende Teilchen die Kammer durchsetzt haben. Bahnkrümmung und -länge sowie die Dichte der Tropfenfolge ermöglichen auch hier die Unterscheidung der verschiedenen Strahlenarten.

3. Photographische Platten wie früher in Abb. 434. Man verwendet heute sehr feinkörnige, schleierfreie und für Licht recht unempfindliche Spezialplatten. Sie reagieren nur auf langsame Teilchen, u kleiner als ungefähr 0,2 Lichtgeschwindigkeit.

Mit diesen drei Hilfsmitteln hat man das Wesen der Höhenstrahlung wenigstens in großen Zügen aufgeklärt. Im einzelnen bleiben noch viele Fragen offen.

Aus dem Weltenraum fallen sehr energiereiche Teilchen ein, Ionen oder Atomkerne, die wahrscheinlich durch elektrische Felder zwischen den Himmelskörpern (oder durch veränderliche Magnetfelder) beschleunigt worden sind. Beim Eindringen in die Atmosphäre dürften ihre Energien zwischen 10^9 und 10^{14} eVolt anzusetzen sein[1]. Getroffene Atome werden in Bruchstücke zerschlagen. Dabei

---

[1] Als Spannung zwischen Himmelskörpern ist 10^{14} Volt noch überraschend wenig. Es treten ja schon zwischen den Wolken und der Erdoberfläche bei Abständen in der Größenordnung 1 Kilometer Spannungen in der Größenordnung 10^9 Volt auf.

entstehen neue Elementarteilchen, Mesonen genannt. Ihre Masse beträgt etwa das 200fache der Elektronenmasse; sie tragen teils eine negative, teils eine positive Elementarladung. Die schnellen unter diesen Mesonen bilden den Hauptanteil der durchdringenden „harten" Komponente der Höhenstrahlung; sie werden in einer Bleischicht von 1 m Dicke erst zur Hälfte absorbiert.

Die Mesonen sind radioaktiv und zerfallen[1] im Fluge in ein schnelles Elektron und ein anderes noch nicht sicher identifiziertes Teilchen (möglicherweise ein γ-Quant). Das Elektron wird in der Materie leicht abgebremst, es genügen schon Bleischichten von wenigen Millimetern Dicke. Bei der Bremsung entsteht ein γ-Quant großer Energie. Dieses γ-Quant wird ebenfalls absorbiert (in Blei wiederum in wenigen Millimetern Schichtdicke) und dabei in ein Elektronenpaar verwandelt (vgl. Abb. 445). Die so entstandenen Elektronen und Positronen

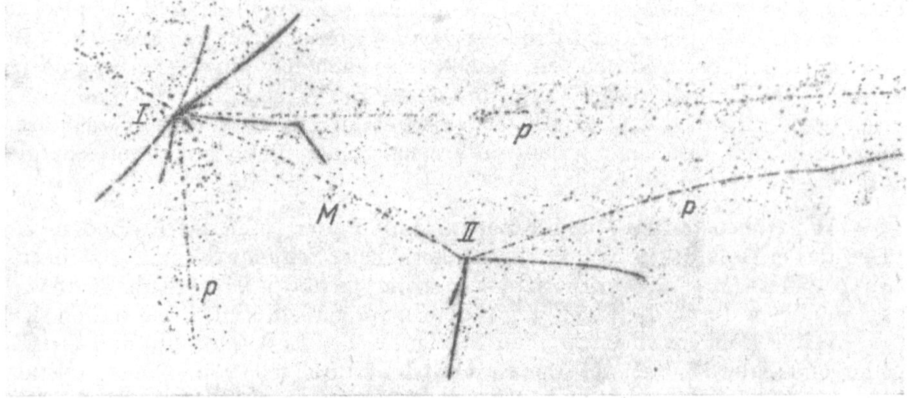

Abb. 447. Photographischer Nachweis einer Kernzertrümmerung bei I durch ein unbekanntes, schnelles und daher in der Platte keine Spur erzeugendes Geschoß der Höhenstrahlung. Neben schweren Bruchstücken kleiner Reichweite ist ein langsames Meson M mit wahrscheinlich negativer Ladung entstanden. Es hat bei II seinerseits einen Kern getroffen und diesen zertrümmert. Die mit p markierten Trümmerspuren rühren von Protonen her. Vergrößerung etwa 1000fach. (Aufnahme von C. F. Powell.)

erzeugen bei ihrer Bremsung abermals γ-Quanten, diese machen wieder Elektronenpaare, und so fort. Auf diese Weise kann aus einem einzigen zerfallenden Meson ein ganzer Schwarm von γ-Quanten, Elektronen und Positronen entstehen. Solche „Schauer" bilden den Hauptteil der zweiten, weniger durchdringenden „weichen" Komponente der Höhenstrahlung: Diese wird bereits durch Bleischichten von 5 cm Dicke praktisch verschluckt. — Im allgemeinen bestehen Schauer nicht aus mehr als 10 Teilchen, vereinzelt hat man jedoch auch Schauer mit rund 10^6 Teilchen gefunden.

Ein Meson kann aber auch schon vor seinem radioaktiven Zerfall von einem Atomkern eingefangen werden. Dann bewirkt es einen ähnlichen Prozeß wie die primären, aus dem Weltenraum einschlagenden Teilchen in den höheren Schichten der Atmosphäre: Es zertrümmert den einfangenden Kern; Protonen und α-Teilchen sind bereits als Bruchstücke identifiziert worden. Ein solcher Fall findet sich — allerdings nur für ein langsames Meson M — in Abb. 447. Näheres in der Satzbeschriftung.

Die Mesonen sind nicht einheitlich; man hat bereits heute zwei Sorten zu unterscheiden. Die eine hat das 200fache der Elektronenmasse, die andere das 310fache.

Manche der heute unterschiedenen Elementarteilchen werden sich wohl in Zukunft als verschiedene Zustände eines und desselben Elementarteilchens entpuppen.

---

[1] Halbwertszeit eines ruhenden Mesons $= 2{,}2 \cdot 10^{-6}$ sec. Vgl. S. 283!

XV. Elektrische Wellen.

§ 146. Vorbemerkung. Experimentelle Hilfsmittel. Die Gliederung unserer Darstellung des elektrischen Feldes ist in großen Zügen die folgende:

1. Das ruhende elektrische Feld. Die Enden der Feldlinien als Elektrizitätsatome (Schema der Abb. 452a).

2. Das sich langsam ändernde elektrische Feld. Die beiden Platten des Kondensators werden durch einen Leiter verbunden. Es ist in Abb. 452b ein längerer, aufgespulter Draht. Das elektrische Feld zerfällt. Aber die Selbstinduktion des Leiters läßt den Vorgang noch „langsam" verlaufen. Der Feldzerfall tritt noch bei β und α praktisch gleichzeitig ein. Das wird in Abb. 452b durch gleiche Abstände der Feldlinien bei α und β zum Ausdruck gebracht.

Jetzt kommt in diesem Kapitel als letzter Fall

3. Das sich rasch ändernde elektrische Feld. In Abb. 452c ist der Leiter kurz, seine Selbstinduktion klein. Das Feld zerfällt „rasch": d. h. die Laufzeit der Feldänderung für den Weg $\beta\,\alpha$ darf nicht mehr vernachlässigt werden.

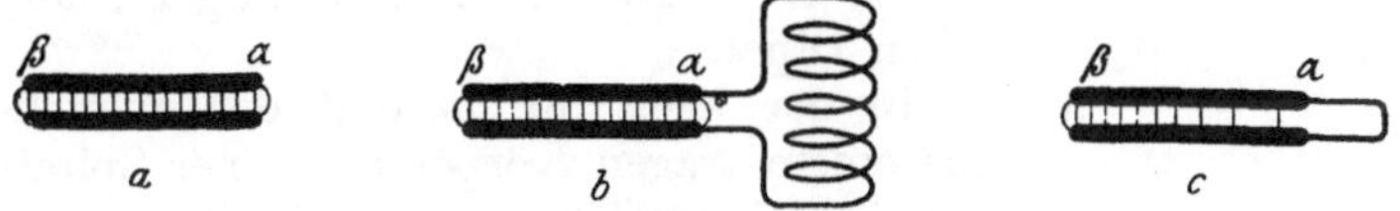

Abb. 452. *a* ruhendes, *b* und *c* zerfallendes elektrisches Feld eines Kondensators.

Der durch den Leiter bewirkte Feldzerfall ist bei α bereits viel weiter fortgeschritten als bei β. Das ist durch verschiedene Abstände der Feldlinien veranschaulicht. Es wird sich also für das elektrische Feld eine zwar sehr hohe, aber doch endliche Ausbreitungsgeschwindigkeit ergeben. Diese endliche Ausbreitungsgeschwindigkeit ermöglicht die Entstehung elektrischer Wellen. — Das Wort „elektrische Wellen" ist heute in der Zeit des Rundfunks in aller Munde. Das Verständnis dieser grundlegenden Erscheinung ist weniger verbreitet.

Als Hilfsmittel brauchen wir Wechselstrom der Frequenz $n = 10^8$ sec^{-1}. Wir erzeugen ihn durch ungedämpfte Schwingungen. Geeignet ist z. B. die in Abb. 453 gezeigte „Gegentaktschaltung". In der Schaltskizze ist der eigentliche Schwingungskreis dick gezeichnet worden. Man denke sich ihn aus zwei gegensinnig schwingenden Kreisen *I* und *II* in Abb. 454 zusammengesetzt. Abwechselnd ist die untere Kondensatorplatte, also das Steuernetz, im Kreise *I* oder im Kreise *II* negativ geladen. Außerdem fließen die Ströme in der Mitte (siehe Pfeile) in jedem Augenblick einander entgegengesetzt. Sie heben sich also ständig auf. Man kann die beiden Mittelleitungen weglassen und die Kreise *I* und *II* gemäß Abb. 455 vereinigen.

Ein Nachteil dieser Anordnung ist offensichtlich: Die wesentlichen Teile des Schwingungskreises, Kondensator und Spule, sind weitgehend verkümmert, und sie verschwinden äußerlich neben den ganz unwesentlichen Hilfs-

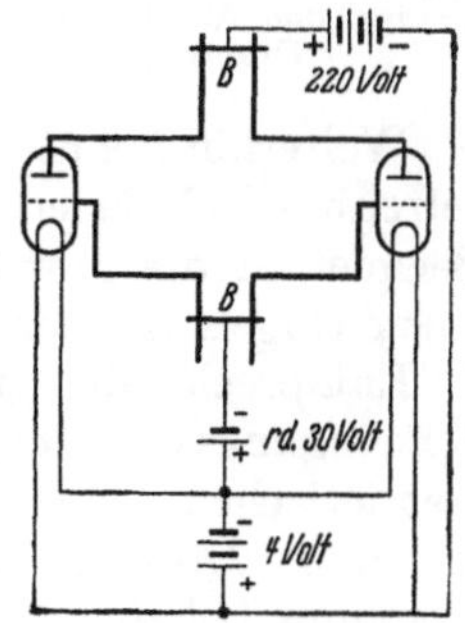

Abb. 453. Gegentaktschaltung zur Erzeugung hoher Frequenzen.

organen der Selbststeuerung. Man hilft sich in der aus Abb. 294 bekannten Weise. Man erzeugt mit dem unübersichtlichen Kreis als Erreger erzwungene Schwingungen in einem übersichtlichen Kreise. Dieser ist in Abb. 456 dargestellt. Wir sehen nur noch einen einzigen kreisrunden kupfernen Drahtbügel von rund 30 cm Durchmesser. In der Mitte, vor dem hölzernen Handgriff, enthält er ein Glühlämpchen als Stromanzeiger. An jedem Ende befindet sich eine Kondensatorplatte von der Größe einer Visitenkarte. Die beiden Platten schweben einander frei in etwa 5 cm Abstand gegenüber. Diesen Kreis nähern wir als Resonator dem in Abb. 453 dargestellten als Erreger. Durch Biegen des Kupferbügels haben wir die Resonatorfrequenz rasch der Erregerfrequenz genügend gleichgemacht. Die Lampe strahlt weißglühend. In unserem Kreise fließt ein Wechselstrom von rund $\frac{1}{2}$ Ampere und einer Frequenz von rund 10^8 sec^{-1}.

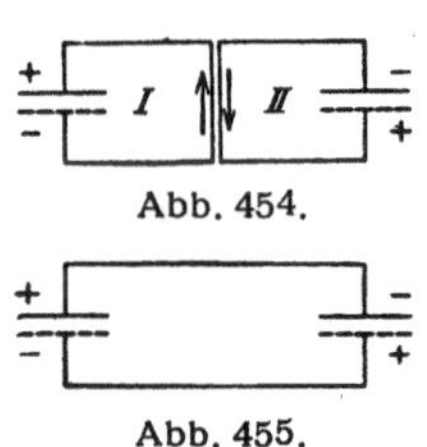

Abb. 454.

Abb. 455.

Abb. 454 u. 455. Zur Wirkungsweise der Gegentaktschaltung. Pfeile = Laufrichtung der Elektronen.

Man vergleiche die in Abb. 75 und 456 dargestellten Versuche. In Abb. 75 erfolgte der Feldzerfall einmal und gab der Größenordnung nach 10^{-8} Amperesekunden. In Abb. 456 erfolgt der Feldzerfall in jeder Sekunde rund 10^8 mal, und demgemäß beobachten wir Ströme der Größenordnung 1 Ampere.

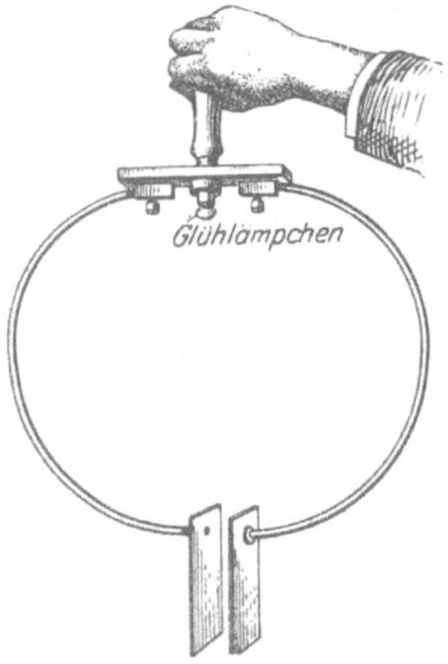

Abb. 456. Sehr einfacher geschlossener elektrischer Schwingungskreis zur Vorführung erzwungener elektrischer Schwingungen. Die Glühlampe dient als Indikator für den Wechselstrom im Drahtbügel.

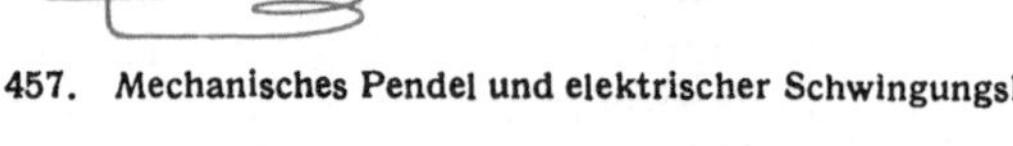

§ 147. Der elektrische Dipol. Mit dem nunmehr verfügbaren hochfrequenten Wechselstrom gelangen wir zu etwas Neuem und Wichtigem, dem elektrischen Dipol.

In der Mechanik besteht das einfache Pendel aus einem trägen Körper und einer Spiralfeder. In der Elektrizitätslehre entspricht ihr der elektrische Schwingungskreis aus Spule und Kondensator. Wir haben die Analogie beider in § 89 genau durchgeführt und verweisen auf die Abb. 457.

Das einfache Pendel in der Mechanik läßt den trägen Körper und Federkraft sauber getrennt unterscheiden. Bei hinreichend großer Kugelmasse dürfen wir die kleine Masse der Federn als unerheblich vernachlässigen.

Abb. 457.   Mechanisches Pendel und elektrischer Schwingungskreis.

Weiterhin kennt aber die Mechanik zahllose schwingungsfähige Gebilde ohne getrennte Lokalisierung des trägen Körpers und der Federkraft. Das typische Beispiel ist die gespannte Saite. Jedes Längenelement der Saite stellt sowohl einen trägen Körper wie ein Stück gespannter Feder dar.

Entsprechendes gilt von den elektrischen Schwingungen. Im gewöhnlichen Schwingungskreis, etwa in Abb. 457, können wir die Spule als Sitz des trägen magnetischen Feldes und den Kondensator als Sitz der Spannung klar unterscheiden. Doch ist bei anderen elektrischen schwingungsfähigen Gebilden die getrennte Lokalisierung ebenso unmöglich wie bei der mechanisch schwingenden Saite. Den extremen Fall dieser Art stellt ein elektrischer Dipol dar. Ihm wenden wir uns jetzt zu.

Wir greifen wieder zu dem einfachsten unserer Schwingungskreise, zu dem in der Abb. 456 dargestellten. Der Strom durchfließt den Kupferbügel und die Lampe als Leitungsstrom, den Kondensator jedoch als Verschiebungsstrom. Wir wollen den Bereich dieses Verschiebungsstromes systematisch vergrößern und dabei die Kondensatorplatten dauernd verkleinern. Wir wollen den in Abb. 458 skizzierten Übergang machen. Dabei können wir die allmähliche Verkümmerung des Kondensators durch eine Verlängerung der beiden Drahtbügelhälften kompensieren. Die Lampe leuchtet weiter, es fließt nach wie vor ein Wechselstrom.

Im Grenzübergang gelangen wir zu der Abb. 458e, einem geraden Draht mit einem hell leuchtenden Lämpchen in der Mitte. Die Abb. 459 zeigt die Ausführung des Versuches. Die Hand mag als Maßstab dienen. Den Erreger (Abb. 451) denke man sich in etwa 0,5 m Abstand.

Das Lämpchen läßt sich ohne weiteres durch ein technisches Hitzdrahtamperemeter ersetzen, das zeigt einen Strom von etwa 0,5 Ampere. Auf die Länge des Drahtes kommt es nicht genau an. 10 cm mehr oder weniger an jedem Ende spielen gar keine Rolle. Der Draht ist also ein Resonator

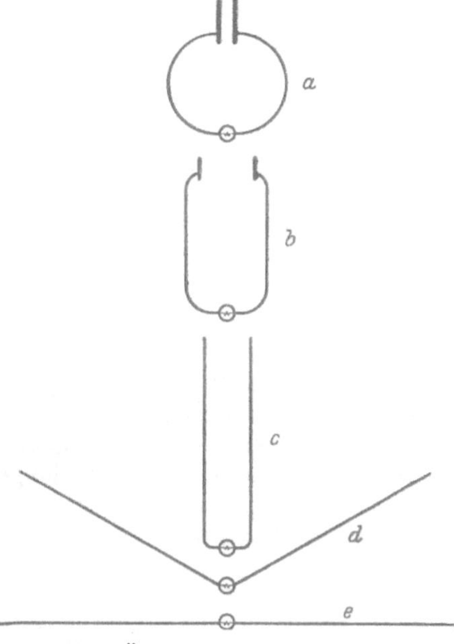

Abb. 458. Übergang vom geschlossenen Schwingungskreis zum elektrischen Dipol..

großer Dämpfung (Mechanikband § 107). Während der Schwingungen sind die beiden Drahthälften abwechselnd positiv und negativ geladen. Man kann sich diese Ladungen beiderseits in je einem „Schwerpunkt" lokalisiert denken. Dann

Abb. 459. Elektrischer Dipol von etwa 1,5 m Länge.

hat man zwei durch einen Abstand l getrennte elektrische Ladungen von verschiedenem Vorzeichen. Ein solches Gebilde haben wir früher einen elektrischen Dipol genannt, und diesen Namen übertragen wir jetzt auf jeden elektrisch schwingenden geraden Draht.

Dieser elektrische Dipol ist das Analogon zur mechanischen Saite. Die schwingende Saite zeigt unserem Auge das in Abb. 460 gezeichnete Bild. Es stellt die beiden Grenzlagen dar. Die Ordinate der Abbildung bedeutet an jeder Stelle den Ausschlag. Er wird mit einer Längeneinheit positiv nach oben, negativ nach unten gezählt. Er ist am größten in der Mitte der Saite, bei Annäherung an die Enden wird er beiderseits Null.

Analog ist es mit dem elektrischen Dipol. Nur bedeutet die Ordinate in Abb. 461 jetzt einen Leitungsstrom, gemessen in Ampere. Ordinate nach oben bedeutet Elektronenbewegung im Drahte nach rechts, nach unten entsprechend nach links. Dabei handelt es sich wie bei jedem Leitungsstrom nur um ganz geringfügige Verschiebungen. (Nach einer Überschlagsrechnung wackeln die Elektronen in der Dipolmitte beiderseits nur um etwa $1/_{10}$ Atomdurchmesser hin und her [vgl. § 116]).

Abb. 460. Schwingungsbild einer mechanisch schwingenden Saite.

Abb. 461. Verteilung des Leitungsstromes in einem Dipol.

In der Mitte ist der Strom am größten. Nach beiden Seiten hin fällt er ab. Die Lämpchen links und rechts von der Mitte in Abb. 462 glühen nur noch gelbrot. Durch die Abb. 461 und 462 gewinnt das Wort „Dipolschwingungen" einen sehr anschaulichen Sinn: der Leitungsstrom in einem Dipol ist längs der Dipollänge genau so verteilt wie die Ausschläge der Eigenschwingungen oder stehenden Wellen einer querschwingenden Saite.

Diese Übereinstimmung geht noch weiter: In der Mechanik kann man die gleiche Frequenz mit einer langen, straffen oder mit einer kurzen, schlaffen

Abb. 462. Dipol mit drei Glühlampen zur Vorführung der Verteilung des Leitungsstromes in ihm.

Saite erhalten. In der Mechanik ist die Frequenz der Wurzel aus der Richtgröße D proportional (Mech. § 22). Bei elektrischen Schwingungen tritt an die Stelle der Richtgröße D der Kehrwert der Kapazität C. Die Frequenz einer elektrischen Schwingung ist proportional $1/\sqrt{C}$. Die Kapazität C ihrerseits ist der Dielektrizitätskonstante ε proportional. In einem Medium der Dielektrizitätskonstante ε hat schon ein Dipol der Länge $l_m = l/\sqrt{\varepsilon}$ die gleiche Frequenz wie ein Dipol der Länge l in Luft. Das zeigen wir in Abb. 463 für einen Dipol in Wasser ($\varepsilon = 81$; $\sqrt{\varepsilon} = 9$).

Auch hiermit ist die Übereinstimmung zwischen Saiten- und Dipolschwingungen noch nicht erschöpft.

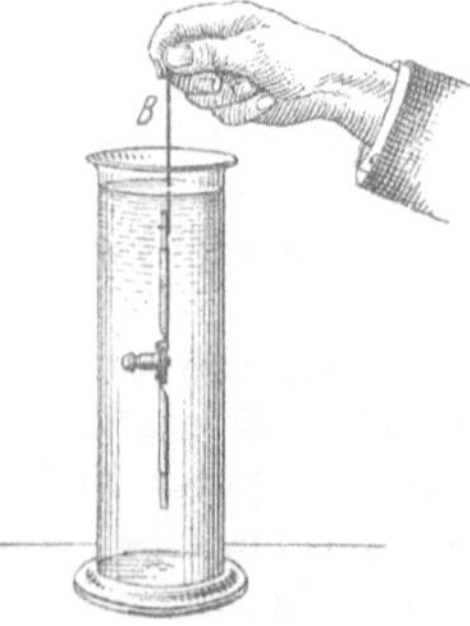

Abb. 463. In destilliertem Wasser hat dieser kurze Dipol die gleiche Frequenz wie der in Abb. 462 dargestellte 9mal längere Dipol in Luft. B = Bindfaden.

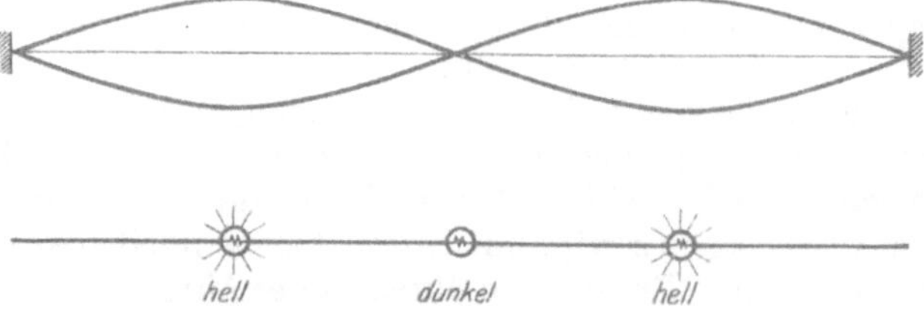

Abb. 464. Ein Dipol in erster Oberschwingung.

Die Saite in Abb. 460 schwingt in ihrer Grundschwingung. In Abb. 464 oben sehen wir eine Saite in ihrer ersten

Oberschwingung angeregt. Jetzt hat sie nicht nur an den beiden Enden, sondern auch in der Mitte einen „Knoten" ihrer stehenden Schwingung.

Darunter ist ein Dipol von etwa 3 m Länge schematisch gezeichnet. Er ist aus zweien der zuvor benutzten Dipole zusammengesetzt. Eingeschaltete Glühlämpchen lassen die Stromverteilung ablesen. Das Lämpchen in dem mittleren Knoten bleibt dunkel. Dieser Dipol schwingt mit seiner ersten Oberschwingung. In entsprechender Weise kann man durch weiteres Anhängen zu 4½, 6 usw. m langen Dipolen übergehen.

Genau wie eine Saite in der Mechanik, läßt sich natürlich auch ein Dipol durch Selbststeuerung zu ungedämpften Schwingungen anregen. Das geschieht z. B. durch die in Abb. 465 skizzierte Schaltung. Sie geht direkt aus der Abb. 289 hervor: Spulen und Kondensator sind zu geraden Drähten entartet. Der selbstgesteuerte Dipol hat ein erfreulich klares Schaltbild, setzt aber leider die Kenntnis der Dipolschwingungen voraus.

So weit der Dipol. Der Dipol hat .uns ein wichtiges Ergebnis gebracht: **Die Verteilung eines Leitungsstromes in einem Drahte kann das Bild einer stehenden Welle zeigen, und zwar sowohl in Grund- wie in Oberschwingung.**

Zu dieser Verteilung des Leitungsstromes gehört eine bestimmte Verteilung des elektrischen Feldes. Dies Feld muß in raschem zeitlichem Wechsel als **Verschiebungsstrom den Stromweg des Leitungsstromes zu einem geschlossenen Stromkreis ergänzen.** Die Untersuchung dieses elektrischen Feldes und seiner zeitlichen Änderung ist die nächste Aufgabe. Sie führt uns zu den fortschreitenden elektrischen Wellen, sowohl den **Drahtwellen** wie den **freien Wellen**, der eigentlichen Strahlung.

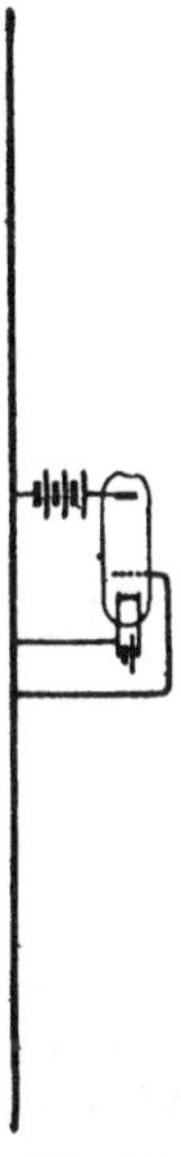

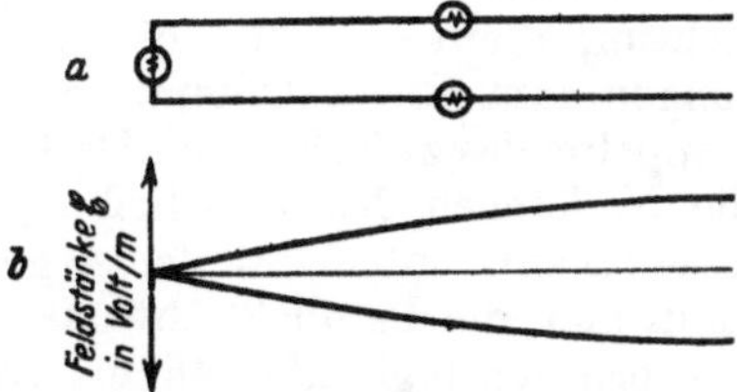

Abb. 465.
Dipol mit
Selbststeuerung.

§ 148. Stehende elektrische Drahtwellen zwischen zwei Paralleldrähten.

Die elektrischen Feldlinien eines offenen geraden Dipols müssen irgendwie in weitem Bogen zwischen verschiedenen Punkten der Dipollänge verlaufen. Unterwegs treffen sie auf die Wand des Zimmers, den Beobachter usw. An diese sicher nicht einfachen Verhältnisse eines geraden, offenen Dipoles wagen wir uns zunächst noch nicht heran. Wir untersuchen den Verlauf der Feldlinien zunächst in einem einfacheren Fall.

Beim Übergang vom geschlossenen Schwingungskreis zum offenen Dipol gab es die in Abb. 466 dargestellte Zwischenform. Man kann sie kurz als einen nicht aufgeklappten Dipol bezeichnen. Wir nähern ihn dem Erreger der Frequenz $10^8\ \mathrm{sec}^{-1}$ (Abb. 451) und beobachten an den Lämpchen die Verteilung des Leitungsstromes. Das mittlere

Abb. 466a, b. Nicht „aufgeklappter" Dipol
und Verteilung der elektrischen Feldstärke
zwischen seinen Schenkeln.

Lämpchen leuchtet am hellsten, der Bauch des Leitungsstromes liegt in der Mitte.

Bei diesem Gebilde kann über den Verlauf der elektrischen Feldlinien zwischen den beiden Schenkeln kein Zweifel herrschen. Die Verteilung der elektrischen Feldstärke $\mathfrak{E}$ ist in der Abb. 466b graphisch dargestellt. Beide Kurven geben wieder wie in der Abb. 461 die Höchst- oder Scheitelwerte. Bei der oberen Kurve hat die obere Dipolhälfte ihre höchste positive, bei der unteren ihre höchste negative Ladung erhalten. Beide Kurven folgen im zeitlichen Abstand einer halben Schwingung aufeinander. Man kann die Ordinaten entweder als Feldstärken lesen und in Volt/m zählen, oder man kann sie als Verschiebungsstrom lesen und in Ampere zählen. Denn die Gebiete hoher Feldstärke sind gleichzeitig Gebiete großer Feldstärkeänderungen, also großer Verschiebungsströme.

Man kann dem Ende eines Dipoles einen oder mehrere Dipole gleicher Länge anhängen (Abb. 464). Das ist in der Abb. 467a geschehen. Das ganz links vor-

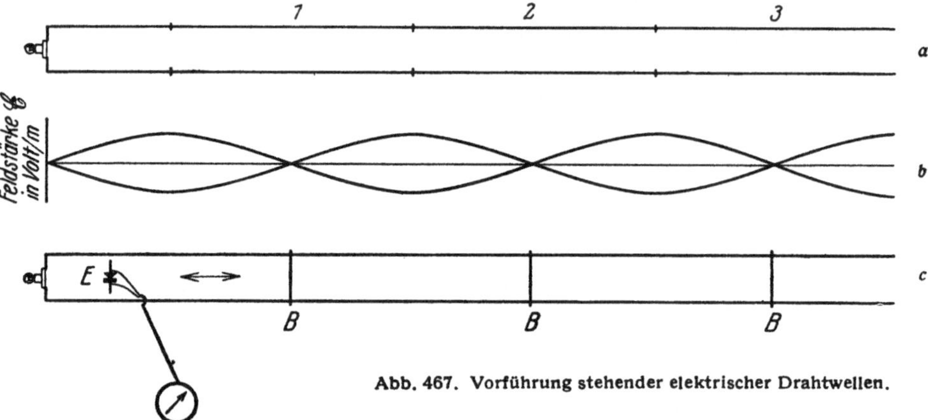

Abb. 467. Vorführung stehender elektrischer Drahtwellen.

handene Lämpchen leuchtet ungestört weiter, die Schwingungen bleiben also erhalten. Die Grenzen der einzelnen Dipole sind durch Querstriche markiert. Darunter ist wieder die Feldverteilung gezeichnet. In den Bäuchen erreichen Feldstärke und Verschiebungsstrom ihre größten Werte, in den Knoten sind sie Null (Abb. 467b).

Diese Feldverteilung läßt sich nun außerordentlich einfach und genau messen. Wir beschreiben zwei Verfahren:

1. Man beobachtet die Größe der Verschiebungsströme mittels eines zwischen die Schenkel gebrachten kurzen Drahtstückes oder „Empfängers" (E in Abb. 467c). In diesem Drahtstück bricht das elektrische Feld zusammen, der Verschiebungsstrom erzeugt in dem Drahtstück einen Leitungsstrom wechselnder Richtung, einen Wechselstrom. Zum Nachweis verwandelt man ihn in Gleichstrom. Zur Gleichrichtung dient ein Thermokreuz oder ein Detektor E. Von ihm führen die Leitungen zum Gleichstrommesser. Diesen Empfänger bewegt man im Sinne des Doppelpfeiles zwischen den Drähten entlang. Dabei findet man die Knoten, d. h. die Nullstellen des Verschiebungsstromes mit großer Schärfe. Dies Verfahren ist stets anwendbar. An den so gefundenen Knotenstellen des elektrischen Feldes kann man die Paralleldrähte nachträglich durch einen Draht B oder die Finger überbrücken (vgl. Abb. 467c). Das stört die stehenden Wellen nicht im geringsten: Das links eingeschaltete Glühlämpchen brennt unverändert weiter.

Man kann jedes durch benachbarte Brücken B eingegrenzte Rechteck herausschneiden und für sich allein schwingen lassen. Zum Nachweis dessen schaltet man in die beiden kurzen, vertikalen Brücken je ein Glühlämpchen. Während der Schwingungen häufen sich in periodischem Wechsel positive und negative Ladungen in der Mitte der langen horizontalen Rechteckseiten an. Ihr Hin- und Hertransport durch die beiden kurzen Seiten bringt die Lämpchen zum Glühen.

2. Man spannt die beiden Schenkel in einem langen, mit Neon von geringem Druck gefüllten Glasrohr aus (Abb. 468). Dann setzt in den Gebieten hoher Feldstärke (den Bäuchen) eine selbständige Gasentladung ein. Man sieht das Licht der positiven Säule des Glimmstromes. Man bekommt durch den räumlichen

Wechsel von dunklen und hellen Gasstrecken ein ungemein anschauliches Bild der ganzen Feldverteilung zwischen den Drähten.

Dies Verfahren erfordert ziemlich hohe Werte der elektrischen Feldstärke. Man erreicht sie am einfachsten mit einem gedämpften Erreger, etwa dem in Abb. 468 skizzierten Kreis mit Funkenstrecke.

Die Versuche dieses Paragraphen führen mit großer Anschaulichkeit auf ein ebenso einfaches wie wichtiges Ergebnis: das elek-

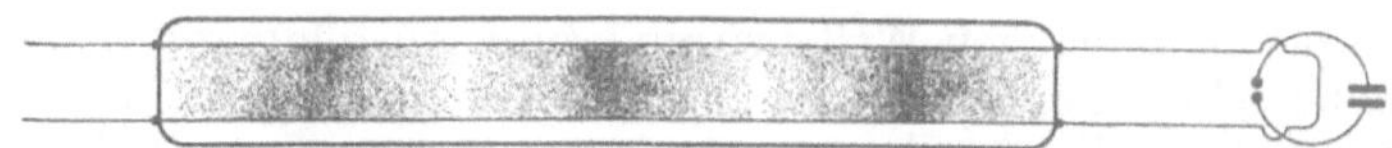

Abb. 468. Sichtbarmachung der Feldverteilung stehender elektrischer Drahtwellen.
Zum Abtasten des Feldes zwischen Drahtleitungen in freier Luft eignen sich gut kleine Glimmlämpchen.

trische Feld zeigt zwischen parallelen Drähten bei Erregung durch hochfrequenten Wechselstrom das Bild einer stehenden Welle (Abb. 467b).

§ 149. Die Bedeutung der stehenden elektrischen Drahtwellen. Ausbreitung elektrischer Felder mit Lichtgeschwindigkeit.

Die Auffindung elektrischer Felder in Form stehender Wellen ist für die Erkenntnis des elektrischen Feldes von einer ganz überragenden Bedeutung. Sie führt uns in diesem Paragraphen auf die Existenz fortschreitender elektrischer Wellen und die endliche Ausbreitungsgeschwindigkeit des elektrischen Feldes.

Wir knüpfen an die Behandlung fortschreitender und stehender Wellen in § 104 des Mechanikbandes an, insbesondere an den so einfachen Fall elastischer Querwellen von Saiten oder Seilen. — Zunächst läuft vom „Erreger" (z. B. einer auf und nieder bewegten Hand) aus das schlängelnde Bild einer fortschreitenden Querwelle über das Seil hinweg. Am Seilende tritt eine Reflexion ein. Es laufen sich nunmehr ursprünglicher und reflektierter Wellenzug entgegen. Ihre Überlagerung ergibt im allgemeinen eine sich unübersichtlich ändernde Erscheinung.

Anders, wenn die Länge der „Saite" gerade eine ganze Zahl von Viertelwellenlängen der fortschreitenden Welle beträgt. Dann gibt es das klare Bild einer stehenden Welle. Von der ursprünglichen fortschreitenden Welle, der Ursache der ganzen Erscheinung, ist nichts mehr zu sehen.

Die ganze Zahl der Viertelwellenlängen muß eine gerade sein, falls das der Hand abgewandte Seilende festgehalten ist. Sie muß ungerade sein, wenn das Ende frei, etwa wie bei einem einseitig gehaltenen Stabe, schwingen kann.

Die Wellenlänge λ der stehenden und die der ursprünglichen fortschreitenden Welle sind einander gleich. Der Knotenabstand stehender Wellen läßt daher $\lambda/2$ mit großer Genauigkeit messen.

Die Wellenlänge λ ist bei gegebener Frequenz n des Erregers (hier also der Hand) nur durch die Ausbreitungsgeschwindigkeit u der elastischen Störung längs der Saite bestimmt. Es gilt

$$u = n\,\lambda.$$

Man kann also die Ausbreitungsgeschwindigkeit u aus n und λ berechnen.

Das Entsprechende gilt für jede beliebige stehende Welle, ganz gleichgültig, in welchem Gebiete der Physik. Es handelt sich um einen ganz allgemeinen formalen Zusammenhang. Es gilt daher auch für die stehenden elektrischen Wellen zwischen den Paralleldrahtleitungen der Abb. 467 und 468. Folglich muß es

zwischen diesen Paralleldrahtleitungen auch fortschreitende elektrische Wellen
geben. Diese „Drahtwellen" laufen vom Erreger aus zwischen den beiden Drahtleitungen entlang. Sie werden an den Enden der Drahtleitungen reflektiert. Die
Überlagerung der beiden gegenläufigen Wellen gibt bei passender Drahtlänge l die
zur Beobachtung gelangenden stehenden Wellen.

Für beiderseitig geschlossene Drahtleitungen muß $l = 2\,a \cdot \lambda/4$ sein, für einseitig offene
hingegen $(2\,a + 1)\,\lambda/4$ $(a = 0,1, 2, \ldots n)$. Mit einem ungedämpften Erreger findet man die
ganze Länge der Doppeldrahtleitung mit stehenden Wellen erfüllt.

Bei gedämpft abklingenden Wellenzügen ist die Ausbildung stehender Wellen
auf die Nachbarschaft der Enden beschränkt. In größerem Abstand von den
Enden können sich Wellenzüge begrenzter Länge nicht mehr mit einem direkten
und einem reflektierten Stück überlagern.

Zur Veranschaulichung des Wortes „fortschreitende elektrische Drahtwellen"
sollen die Abb. 469 und 470 dienen. Sie stellen, bildlich gesprochen, eine Mo-
mentaufnahme dar. Alle
Feldlinien haben Enden, sie
verlaufen geradlinig zwischen
gegenüberliegenden Punkten
der beiden Drähte. Die Pfeilspitzen markieren die Richtung des Feldes, also die Bewegungsrichtung eines Elektrons im Felde. Der Betrag
der Feldstärke in Volt/m wird
durch verschiedene Dichte der
Feldlinien markiert. Dies
ganze Bild denke man sich
mit der Geschwindigkeit u
in horizontaler Richtung be-

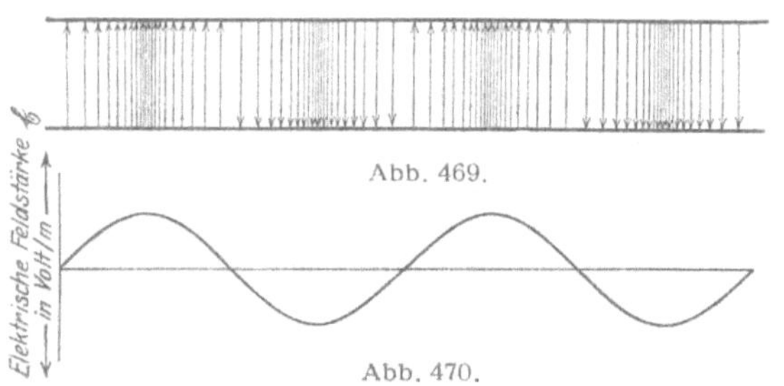

Abb. 469.

Abb. 470.

Abb. 469. Momentbild einer fortschreitenden elektrischen
Drahtwelle. Die Pfeile geben die Richtung der elektrischen
Feldstärke, ihre Dichte den Betrag der Feldstärke in Volt/m.
Abb. 470. Andere Darstellungsart für das Momentbild einer
fortschreitenden elektrischen Welle.

wegt. Einem ruhenden Beobachter erscheint die fortschreitende Welle als ein
periodisch wechselnder Verschiebungsstrom. Ein gleich schnell mit der Welle
mitbewegter Beobachter sieht dauernd ein ruhendes elektrisches Feld der in
Abb. 469 dargestellten Verteilung.

Eine andere, an sich gleichwertige Darstellung befindet sich in Abb. 470 darunter.
Wellenberge bedeuten nach oben, Wellentäler nach unten gerichtete elektrische Felder.
Die Amplitude bedeutet die jeweilige Feldstärke in Volt/m. Doch läßt diese Darstellung
nicht den Verlauf und die Längsausdehnung der Feldlinien erkennen.

In unserem mechanischen Beispiel hatten wir die Geschwindigkeit u der
fortschreitenden Welle aus der Wellenlänge λ der stehenden Welle und der
Frequenz n des Erregers berechnet. Genau so verfährt man bei den elektrischen
Wellen. Erst mißt man die Wellenlänge der stehenden Wellen, dann bestimmt
man die Frequenz n des Erregers und schließlich berechnet man die gesuchte
Geschwindigkeit u nach der Gleichung

$$u = n\,\lambda. \tag{215}$$

Der mühsamste Punkt ist die Bestimmung der Frequenz n des Erregers. Meist
benutzt man als solchen einen geschlossenen Schwingungskreis und berechnet
dessen Frequenz nach der Gleichung

$$1/n = T = 2\,\pi\,\sqrt{L\,C}. \tag{173}$$

Messungen dieser Art sind von verschiedenen Seiten mit großer Sorgfalt ausgeführt werden. Ihr Ergebnis stimmt überein. Die Geschwindigkeit der elektri-

schen Drahtwellen beträgt $3 \cdot 10^8$ m/sec. Sie ist gleich der Lichtgeschwindigkeit c, dieser wichtigen Fundamentalkonstanten. Es gilt

$$c = n \lambda \text{ oder } \lambda = c\,T. \tag{216}$$

Die Auffindung der stehenden elektrischen Drahtwellen hat also eine grundlegende Erkenntnis gebracht:

Das elektrische Feld, dieser eigenartige Zustand des Raumes, breitet sich zwar mit sehr hoher, aber doch endlicher Geschwindigkeit aus. — Sie ist gleich der Lichtgeschwindigkeit $c = 3 \cdot 10^8$ m/sec.

Hier stoßen wir also zum zweiten Male auf den Zusammenhang von Elektrizität und Licht, zweier nach dem Sinneseindruck so verschiedenartiger Erscheinungen (§ 65).

§ 150. Direkte Messung der Geschwindigkeit fortschreitender Drahtwellen.

Der Nachweis elektrischer Felder in Form stehender Wellen zwischen parallelen Drähten ist ein wichtiges experimentelles Faktum. Aber diese stehenden Wellen waren nicht Selbstzweck. Sie sollten auf die Ausbreitungsgeschwindigkeit der elektrischen Wellen führen. — Warum, wird man fragen, mißt man denn nicht die Geschwindigkeit elektrischer Drahtwellen direkt? Warum macht man den Umweg über die stehenden Wellen? Warum mißt man nicht wie beim Licht einfach die Laufzeiten für bekannte Laufwege? — Die Antwort ist leicht zu geben. Solche direkten Messungen sind von technischer Seite mehrfach ausgeführt worden, doch geht der erforderliche Aufwand über die normalen Mittel physikalischer Institute hinaus. Man braucht eine ringförmig geschlossene Telegraphendoppelleitung von etwa 1000 km Länge. Alles übrige ist unschwer zu machen. Abgangs- und Auskunftszeiten der einzelnen Wellen werden photographisch mit Meßinstrumenten hinreichend kleiner Trägheit registriert und dann ausgemessen.

Messungen dieser Art haben das frühere Ergebnis bestätigt und die Lichtgeschwindigkeit ergeben. Aber doch mit einer wichtigen Einschränkung. Die Lichtgeschwindigkeit ergibt sich nur als ein oberer Grenzwert für hohe Wechselstromfrequenzen und Doppelleitungen von kleinem Widerstand und kleiner Selbstinduktion.

Man überlege sich die Ausführung der direkten Geschwindigkeitsmessung mit unseren früheren Vorstellungen. Im Grunde schaltet man doch nur eine Batterie der Spannung U an das eine Ende einer langen Doppelleitung (Abb. 471). Als solche nehmen wir z. B. zwei Bindfäden von einigen Metern Länge. Dann wird das elektrische Feld am rechten Ende erst nach mehreren Sekunden eine erkennbare Größe erhalten. Wie ist das zu deuten? — Die Doppelleitung bildet einen Kondensator, und außerdem haben ihre beiden Drähte Widerstände. Man kann daher die Doppelleitung durch das Schema der Abb. 472 ersetzen. Die Stromquelle muß zunächst den ersten Kondensator aufladen.

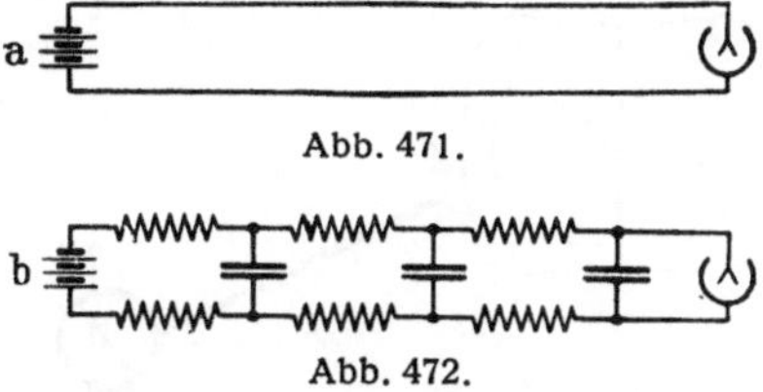

Abb. 471.

Abb. 472.

Abb. 471 und 472. Messung der Fortpflanzungsgeschwindigkeit eines elektrischen Feldes zwischen zwei schlecht leitenden Drähten.

Des Widerstandes halber erfordert das eine endliche Zeit. Erst allmählich entsteht zwischen den Platten des ersten Kondensators eine merkliche Spannung, diese beginnt mit der Aufladung des zweiten Kondensators usf. So kann erst nach geraumer Zeit das Voltmeter am rechten Ende eine meßbare Spannung anzeigen.

Nun haben zwar Metalldrähte einen außerordentlich viel kleineren Ohmschen Widerstand als die Bindfäden. Dafür hat aber die Selbstinduktion langer metallischer Doppelleitungen recht erhebliche Größe (vgl. § 90). Infolgedessen muß im Endergebnis das gleiche gelten wie bei der Bindfadendoppelleitung. Dem entsprechen die direkten Geschwindigkeitsmessungen an Telegraphendoppelleitungen vollständig. Für Wechselströme der Fernsprechtechnik, also Frequenzen von einigen 100 sec^{-1}, bekommt man oft nur Geschwindigkeiten von etwa $2 \cdot 10^8$ m/sec.

Auf der anderen Seite ist bei hohen Frequenzen die spezielle Beschaffenheit der Doppelleitung auf die Geschwindigkeit der Wellen nicht mehr von Einfluß. Die Versuche mit stehenden Drahtwellen liefern im Grenzfall unzweifelhaft die Lichtgeschwindigkeit als Ausbreitungsgeschwindigkeit des elektrischen Feldes. Das hat folgenden Grund. Bei hohen Frequenzen tritt der Einfluß des Leitungsstromes völlig zurück gegen den des Verschiebungsstromes. Am Anfang der Doppelleitung ist bei hohen Frequenzen außer dem elektrischen Feld ein starker Verschiebungsstrom vorhanden. Das Magnetfeld dieses Verschiebungsstromes induziert elektrische Feldlinien zwischen den nächstfolgenden Drahtstücken usw.

Der für die Fortpflanzung der Wellen wesentliche Vorgang spielt sich also überhaupt nicht in, sondern zwischen den Drähten ab, also in Luft, oder strenger, im Vakuum. Daher wird bei hohen Frequenzen die Geschwindigkeit der Wellen von der Beschaffenheit der Drahtleitungen unabhängig.

§ 151. Der Verschiebungsstrom des Dipols. Die Ausstrahlung freier elektrischer Wellen.

Nach dem vorigen Paragraphen verbleibt der Drahtdoppelleitung bei hohen Frequenzen nur eine ganz nebensächliche Aufgabe. Sie hält das elektrische Feld zusammen, sie läßt die Induktionswirkung der Verschiebungsströme nur in einer Richtung wirksam werden. So verhindert sie die allseitige Ausbreitung der fortschreitenden Wellen. Sie hält uns die elektrischen Wellen ebenso zusammen wie eine Rohrleitung die Schallwellen in der Akustik. Bei dieser untergeordneten Rolle kann die Drahtleitung ganz in Wegfall kommen. Das behindert den wesentlichen Vorgang, die Induktionswirkung des Verschiebungsstromes, in keiner Weise. So gelangt man zu frei im Raume fortschreitenden elektrischen Wellen. Damit kommen wir zu unserer letzten und besonders interessanten Frage: der Ausstrahlung freier elektrischer Wellen.

Den experimentellen Ausgangspunkt bildet wieder der Dipol. Wir erinnern kurz an die Verteilung des Leitungsstromes im Dipol. Sie zeigt in der Mitte den Strombauch (Abb. 461 und 462).

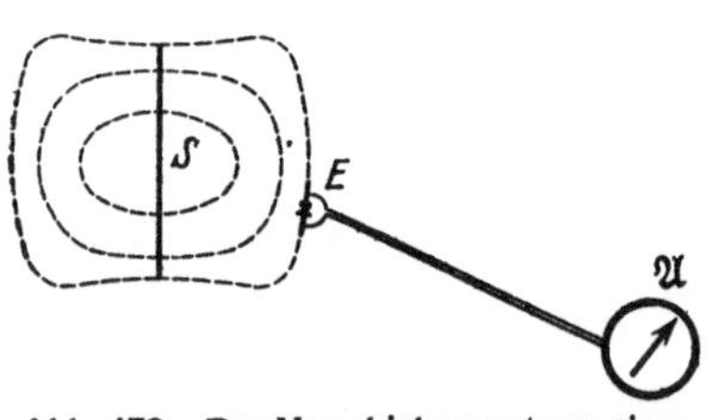

Abb. 473. Der Verschiebungsstrom eines Dipols, Momentbild der Verteilung des elektrischen Feldes.

Zu dieser Verteilung des Leitungsstromes gehört eine bestimmte Verteilung des Verschiebungsstromes. Elektrische Feldlinien müssen irgendwie in weitem Bogen entsprechende Punkte der beiden Dipolhälften miteinander verbinden. Die Abb. 473 gibt eine rohe Skizze. Sie gilt für den Fall maximaler Aufladung beider Dipolhälften.

Dieser Verschiebungsstrom des Dipols S soll jetzt auf seine räumliche Verteilung hin untersucht werden. Das geschieht mit dem uns schon geläufigen Verfahren. Man bringt an die Beobachtungsstelle ein kurzes Drahtstück E. Es heiße

wieder der „Empfänger". Es verwandelt den Verschiebungsstrom an dieser
Stelle durch Influenz in einen Leitungsstrom. Dieser Leitungsstrom ist ein
Wechselstrom von der Frequenz des Dipols. Ein kleiner eingeschalteter Gleich-
richter (Detektor oder Thermokreuz) verwandelt ihn in einen Gleichstrom.
Dieser läßt sich bequem mit einem Drehspulgalvanometer $\mathfrak{A}$ messen.

Der Dipol S in Abb. 473 habe wieder etwa 1,5 m Länge und werde zu erzwun-
genen ungedämpften Schwingungen erregt. Dann braucht der Empfänger nur
Fingerlänge zu haben. Er läßt mühelos den Verschiebungsstrom noch in vielen
Metern Abstand vom Dipol nachweisen. Die elektrischen
Feldlinien erstrecken sich vom Dipol aus weit in den Raum
heraus.

Eine weitergehende Untersuchung der räumlichen Verteilung hat nur im Freien oder in einer großen Halle Sinn.
Wände, Fußboden, Beobachter, Hilfsapparate usw. müssen
vom Dipol um ein Vielfaches seiner Länge entfernt sein.
Sonst verzerren sie die weit ausladenden elektrischen Feldlinien. Ein Hörsaal ist für einen Dipol von 1,5 m Länge zu klein.

Zur Vermeidung dieser Schwierigkeit nimmt man einen viel
kleineren Dipol, z. B. von 10 cm Länge. Solch kleiner Dipol
läßt sich zwar zu ungedämpften Schwingungen anregen, aber
nicht in übersichtlicher Weise. Daher begnügt man sich mit
gedämpften Schwingungen und benutzt als Schaltwerk eine
Funkenstrecke (vgl. S. 141). Die Abb. 474 zeigt eine bequeme
Ausführung. Der Dipol besteht aus zwei gleichen, dicken
Messingstäben. Ihre ebenen Endflächen sind mit Magnesium-
blech überzogen. Sie sind einander auf etwa 0,1 mm Abstand genähert und bilden die Funkenstrecke. Eine lange,
dünne weiche Doppelleitung (Hausklingellitze!) stellt
die Verbindung mit einer Wechselstromquelle her
(etwa 5000 Volt, kleiner Transformator, etwa 50 Perioden). Bei a und b sind zwei kleine Drosselspulen
(S. 133) eingeschaltet. Sie verhindern den Eintritt des
hochfrequenten Dipolwechselstromes in die Doppelleitung. Die Funkenstrecke macht kaum Geräusch.
Man hört nur ein leises Summen. Der Dipol wird
von einer halbmeterlangen Holzsäule gehalten. Er
heiße fortan kurz „der Sender". Man kann den
Sender während des Betriebes beliebig herumdrehen,
kippen und tragen.

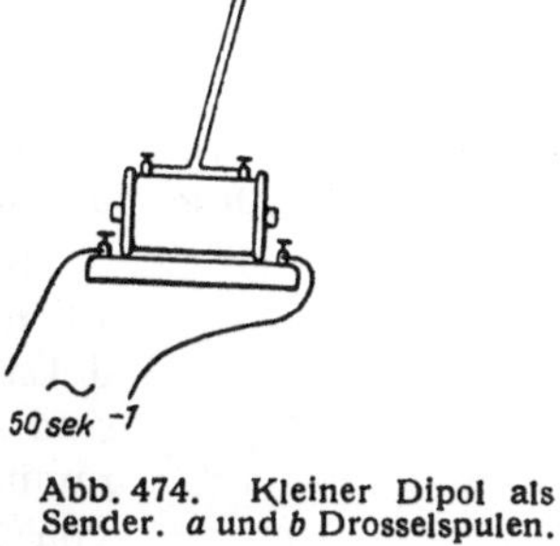

Abb. 474. Kleiner Dipol als
Sender. a und b Drosselspulen.

Die Anordnung zum Nachweis des Verschiebungsstromes bleibt die gleiche
wie in Abb. 467. Der Empfänger E hat also diesmal ungefähr die gleiche Länge
wie der Sender. Dieser Empfänger ist also für die nächste Nachbarschaft des
Senders ein bißchen zu grob. Er verwischt die feineren Einzelheiten der Feldverteilung. Dieser Nachteil des relativ langen Empfängers wird aber durch seine
große Empfindlichkeit aufgewogen.

Der Empfänger bildet ebenfalls einen Dipol. Er reagiert auf das Wechselfeld des Senders
mit erzwungenen Schwingungen. Ungefähre Gleichheit beider Dipollängen bedeutet Abstim-
mung oder Resonanz.

Der Empfänger (Abb. 475) ist an einer feinen dünnen Doppelleitung nicht
minder leicht beweglich als der Sender. Man kann daher das ganze Verschiebungs-
stromgebiet des Senders auf das bequemste absuchen.

Wir suchen zunächst in der Nähe des Senders nach radialen Komponenten des elektrischen Feldes bzw. Verschiebungsstromes. D. h. wir orientieren Sender und Empfänger nach Art der Abb. 476. Diese Beobachtungen führen wir unter verschiedenen Azimuten φ aus. Wir finden in der Nähe des Senders unter allen Azimuten φ radialgerichtete Verschiebungsströme. Aber ihre Stromstärke nimmt rasch mit wachsendem Abstande r ab. Schon bei doppelter oder dreifacher Dipollänge werden sie unmerklich.

Weiterhin suchen wir nach Querkomponenten des Verschiebungsstromes in der Nähe des Senders. Wir benutzen die in Abb. 477 dargestellte Orientierung. Diese Querkomponenten wachsen stark mit dem Azimut φ. Doch haben sie auch für $\varphi = 0$, also in Richtung der Dipolachse, noch recht merkliche Werte.

Dann folgt die Untersuchung der Querkomponenten des Verschiebungsstromes in weiterem Abstande r vom Sender, etwa dem Sechsfachen der Dipollänge. Jetzt ist in der Richtung der Dipolachse, also für $\varphi = 0$, keine Querkomponente des Feldes mehr feststellbar. Ein Verschie-

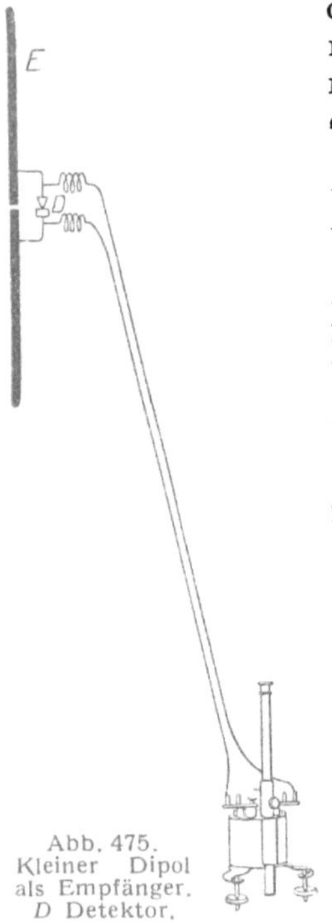

Abb. 475.
Kleiner Dipol
als Empfänger.
D Detektor.

Abb. 476. Ausmessung des Dipolfeldes, radiale Komponenten des elektrischen Feldes in der Nähe des Senderdipols S.

Abb. 477. Querkomponenten des Dipolfeldes.

bungsstrom zeigt sich erst bei wachsenden Winkeln φ. Bei $\varphi = 90^0$ erreicht der Verschiebungsstrom seinen höchsten Wert. Er steht quer oder „transversal" auf der zum Dipol führenden Verbindungslinie r.

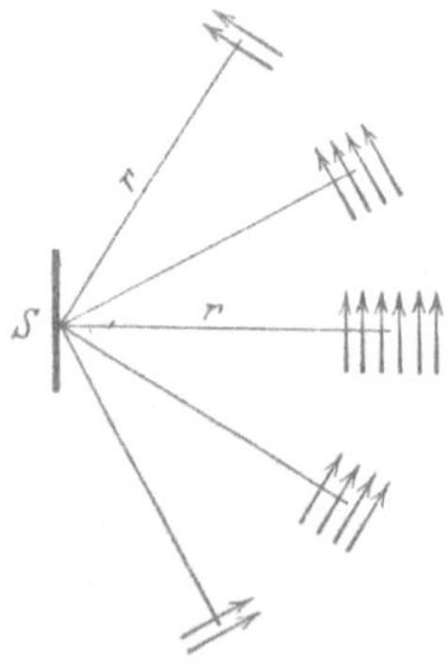

Abb. 478. Verteilung der Querkomponenten des Dipolfeldes in verschiedenen Richtungen.

Bisher lagen Sender und Empfänger stets in einer Ebene, und zwar in der Zeichenebene der Abb. 475 bis 477. Jetzt drehen wir entweder den Sender oder den Emfänger langsam aus der Zeichenebene heraus: der Verschiebungsstrom nimmt ab. Er verschwindet, sobald die Längsrichtungen von Sender und Empfänger zueinander senkrecht stehen. Die elektrische Feldstärke $\mathfrak{E}$ ist ein Vektor. Er liegt nach den eben gemachten Versuchen mit der Längsachse des Senders in einer Ebene.

In weiterem Abstande zeigt also das elektrische Feld nach unseren Beobachtungen ein recht einfaches Bild. Es läßt sich nach Art der Abb. 478 graphisch darstellen. Die Richtung der Pfeile gibt die Richtung der elektrischen Feldstärke $\mathfrak{E}$ für etliche Beobachtungspunkte im gleichen Abstand r. Die Zahl der parallelgestellten Pfeile bedeutet den Betrag der Feldstärke in Volt/m. Das Ganze ist, bildlich gesprochen, ein kleiner Ausschnitt aus einer Momentphotographie des Senderfeldes.

Wie aber sieht die vollständige „Momentphotographie" aus? Die notwendige Ergänzung ist unschwer auszuführen. Zunächst stehen zwei Tatsachen fest:

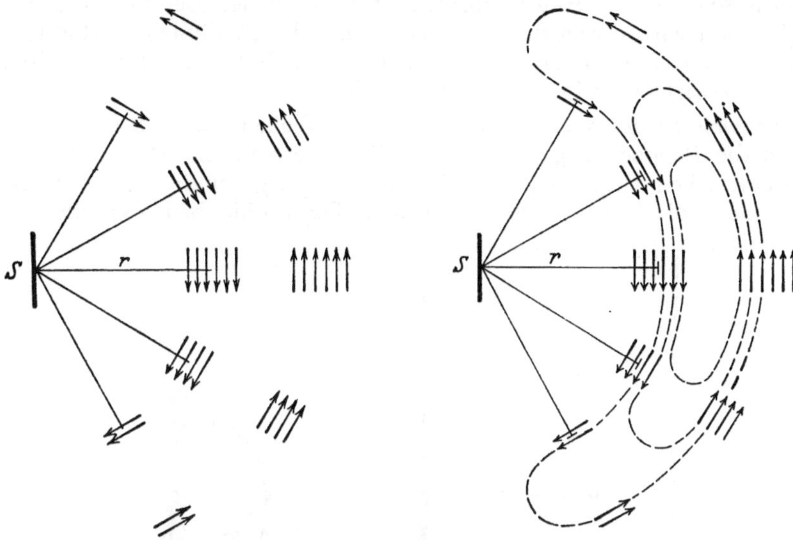

Abb. 479.   Zeitlicher und räumlicher Wechsel des elektrischen Dipolfeldes.

Abb. 480.   Ergänzung der elektrischen Feldlinien zu geschlossenen Feldlinien.

1. Das in der Abb. 478 gezeichnete Feld rührt vom Sender her. Es hat im leeren Raume[1] den Weg r zu durchlaufen.

2. Das Feld ändert sich periodisch mit der Frequenz des Senders. Das Momentbild der Abb. 478 muß kurz darauf einem gleichen Bilde mit umgekehrten Pfeilen, also umgekehrter Feldrichtung, Platz machen, und so fort in ständigem Wechsel.

Diese beiden Tatsachen lassen das Momentbild der Abb. 478 erst einmal im Sinne der Abb. 479 ergänzen.

Jetzt kommt eine dritte Grundtatsache hinzu: Elektrische Feldlinien können nicht irgendwo im leeren Raume anfangen und enden. Im leeren Raume kann es nur geschlossene elektrische Feldlinien geben. Wir müssen die Feldlinien zu geschlossenen Feldlinien ergänzen. Das geschieht in Abb. 480. So gelangt man schließlich zu der vollständigen „Momentphotographie" in Abb. 481. Sie zeigt das elektrische Feld des Senderdipols unter Ausschluß der nächsten Umgebung

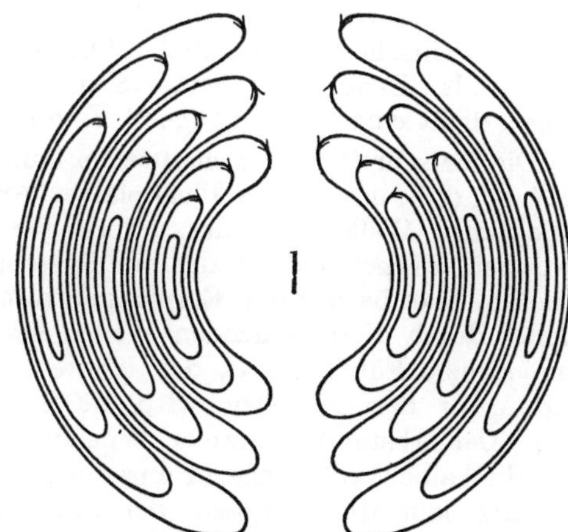

Abb. 481. Momentbild der Verteilung des elektrischen Feldes um einen Dipol. Hertzsches Strahlungsfeld eines Dipols. Bei räumlich-rotationssymmetrischer Ergänzung bringt die Abbildung gut zum Ausdruck, daß die Feldstärke mit $1/r$ abnimmt. Man denke sich etwa die Äquatorebene gezeichnet und in konzentrische Ringe der Breite $\lambda/2$ unterteilt. Dann nimmt die Flächendichte der Feldlinien in diesen Ringen wie $1/r$ ab. (r = Ringradius.)

---

[1] Die Anwesenheit der Luftmoleküle ist ja für die elektrischen Vorgänge im Raume ganz unwesentlich. Das soll noch einmal betont werden.

des Senders. Es ist das von Heinrich Hertz entdeckte Strahlungsfeld des Dipols. Es zeigt im Momentbild die Ausstrahlung eines elektrischen Feldes in der Form einer frei im Raume fortschreitenden Welle. Der Betrag der Feldstärke in Volt/m wird durch die jeweilige Dichte der Feldlinien markiert. Man greife zum Vergleich noch einmal auf das Momentbild einer fortschreitenden elektrischen Drahtwelle in Abb. 469 zurück.

Der Nachweis irgendwelcher fortschreitender Wellen läßt sich in der Physik stets durch die Beobachtung stehender Wellen erbringen. Das wurde früher bei den elektrischen Drahtwellen ausführlich dargelegt, und zwar zunächst an Hand eines mechanischen Beispieles. Ebenso wollen wir hier beim experimentellen

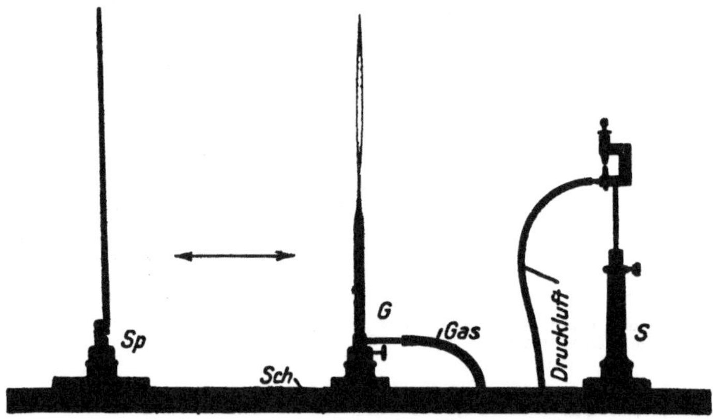

Abb. 482. Messung der Wellenlänge kurzer akustischer Wellen; als Sender eine Pfeife, als Empfänger eine empfindliche Flamme. Der Abstand zwischen Pfeife und Flamme muß mehrere Meter betragen.

Nachweis der frei im Raume fortschreitenden elektrischen Wellen verfahren. Das mechanische Beispiel soll der Akustik entnommen werden. Es ist in Abb. 482 dargestellt. Es zeigt als Sender S eine kleine Pfeife von hohem Ton. Als Empfänger dient eine „empfindliche" Flamme (Mechanikband Abb. 393).

Die fortschreitenden Schallwellen laufen über die Flamme hinweg zum „Spiegel" Sp, d. h. irgendeiner Blechplatte. Am „Spiegel" werden sie reflektiert. Die reflektierte Welle läuft der ursprünglichen entgegen. Infolgedessen entsteht zwischen Spiegel und Sender ein System stehender Wellen mit Bäuchen und Knoten. Man bewegt den Empfänger, also die Flamme, in Richtung des Doppelpfeiles durch diese stehenden Wellen hindurch; eine Schiene Sch gewährleistet eine sichere Führung. In den Knoten brennt die Flamme als glatter, langer Faden, in den Bäuchen wird sie in zwei kurze, breite Zweige aufgespalten. Der Abstand je zweier benachbarter Knoten bzw. benachbarter Bäuche gibt die halbe Wellenlänge, in unserem Beispiel etliche Zentimeter. Die Gleichung $n = u/\lambda$ läßt die Frequenz der Pfeife berechnen (Schallgeschwindigkeit $u = 340$ m/sec).

Dann der entsprechende Versuch mit elektrischen Wellen. Die Pfeife wird durch den kleinen Dipolsender ersetzt, die Flamme durch den kleinen Empfänger. Spiegel und Schlittenführung bleiben die gleichen (Abb. 482). Der Empfänger wird schrittweise vom Spiegel auf den Sender zu bewegt. Gleichzeitig beobachtet man an dem Strommesser Relativwerte für den Verschiebungsstrom. Das Ergebnis einer derartigen Messung ist in Abb. 483 dargestellt. Die Knoten der stehenden elektrischen Wellen markieren sich deutlich als Minima des Verschiebungsstromes. Der Knotenabstand ergibt sich zu 0,18 m. Die Wellenlänge der stehenden und somit auch der ursprünglichen fortschreitenden elektrischen Welle beträgt in diesem Beispiel etwa 0,36 m.

Die Frequenz n des Dipols beträgt

$$\frac{3 \cdot 10^8 \,\text{m/sec}}{0,36 \,\text{m}} \approx 8 \cdot 10^8 \,\text{sec}^{-1}.$$

Der Versuch zeigt einen kleinen Schönheitsfehler. Die stehenden Wellen sind nur in der Nähe des Spiegels gut ausgebildet. Weiterhin werden die Minima des Verschiebungsstromes flacher und flacher. Der Grund ist die starke Dämpfung der Senderschwingungen. Der von einem Funken ausgelöste einzelne Wellenzug ist nur kurz, er gleicht etwa der in Abb. 288 dargestellten Kurve. In größerem Abstand vom Spiegel überlagern sich die hohen reflektierten Amplituden vom Anfang des einzelnen Wellenzuges mit den noch auf dem Hinweg befindlichen kleinen Amplituden am Schluß des gleichen Wellenzuges. Das gibt nur noch schlecht ausgeprägte Minima.

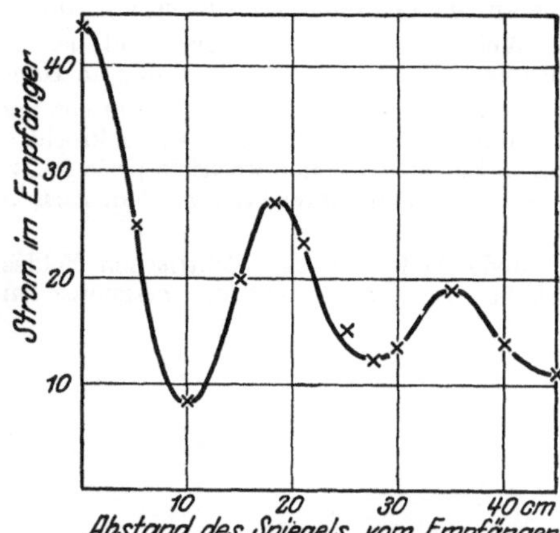

Abb. 483. Messung der Wellenlänge des in Abb. 474 abgebildeten Dipols.

In entsprechender Weise lassen sich stehende Wellen auch für größere Senderdipole nachweisen. Sehr geeignet ist der früher benutzte, etwa 1½ m lange Dipol mit ungedämpften Schwingungen. Als Spiegel genügen einige Quadratmeter Blech an der Zimmerwand. Der kleine fingerlange Empfänger in Abb. 473 läßt bei genügendem Abstand des „Spiegels" mehrere scharfe Knoten auffinden. Der doppelte Knotenabstand ergibt die Wellenlänge λ zu rund 3 m.

Das in Abb. 481 skizzierte Bild der Wellenausstrahlung eines Dipols hält also der experimentellen Nachprüfung in vollem Umfange stand. Ein elektrischer Dipol sendet freie, quer zur Fortpflanzungsrichtung schwingende elektrische Wellen in den Raum hinaus.

Das Feldbild des Dipols (Abb. 481) muß man heutigentags fest im Kopf haben. Es ist genau so unentbehrlich wie das Bild der elektrischen Feldlinien im Plattenkondensator und das Bild der magnetischen Feldlinien in der gestreckten Spule.

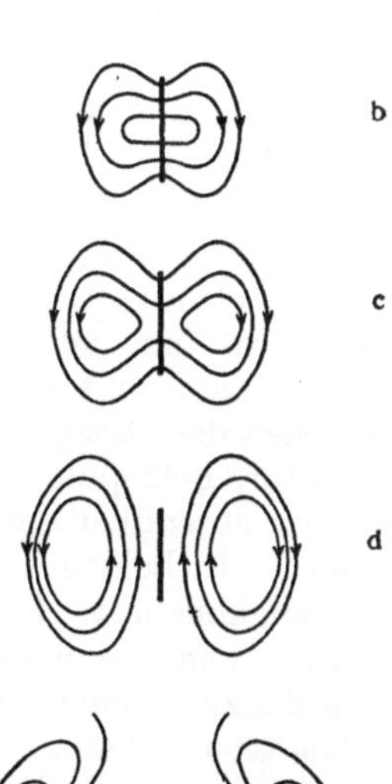

Zu a. Vor Beginn der Schwingung sind beide Dipolhälften ungeladen. Daher verlaufen zwischen ihnen keine elektrischen Feldlinien.

Zu b. Der Leitungsstrom hat nach oben zu fließen begonnen. Nach Verlauf einer Viertelschwingung hat er die obere Dipolhälfte negativ, die untere positiv aufgeladen. Zwischen den Dipolhälften verlaufen jetzt weit ausladende Feldlinien.

Zu c. Während der zweiten Viertelschwingung nimmt die Ladung beider Dipolhälften wieder ab: Sie ist schon etwa auf die Hälfte abgesunken. Der äußere Teil des Feldes ist weiter vorgerückt. Gleichzeitig hat eine eigenartige Abschnürung der Feldlinien begonnen.

Zu d. Am Schluß der zweiten Viertelschwingung sind hier beide Dipolhälften wieder ungeladen. Die Abschnürung der Feldlinien ist beendet.

Zu e. In der dritten Viertelschwingung hat der abwärtsfließende Leitungsstrom zu positiver Aufladung der oberen und zu negativer Aufladung der unteren Dipolhälfte geführt. Am Schluß der dritten Viertelschwingung gleicht das Bild jetzt dem Falle b bis auf die Umkehr der Pfeil- oder Feldrichtungen.

Abb. 484a bis e. Fünf Momentbilder des elektrischen Feldes in der Nähe eines Dipols.

Das Feldlinienbild des Dipols bedarf noch zweier Ergänzungen:

In der Abb. 481 fehlt die Zeichnung des Feldes in der nächsten Umgebung des Dipols. Es wechselt dort mit dem jeweiligen Ladungszustand des Dipols. Wir beschränken uns auf eine kurze Beschreibung an Hand der Abb. 484a—e.

Weiter ist noch das Magnetfeld des Dipols zu erwähnen. Auch bei ihm beschränken wir uns auf eine kurze Beschreibung an Hand einer Skizze, und zwar Abb. 485.

Das Magnetfeld des Dipols besteht aus konzentrischen Kreisen. Die magnetischen Feldlinien verlaufen in Ebenen senkrecht zur Dipollängsachse. Dichte und Richtung der magnetischen Feldlinien wechseln periodisch. Das Magnetfeld schreitet mit dem elektrischen zugleich fort, in hinreichend großem Abstand vom Sender mit dem elektrischen Felde in gleicher Phase.

Jede Änderung des elektrischen Feldes erzeugt als Verschiebungsstrom magnetische Feldlinien. Alle entstehenden magnetischen Feldlinien erzeugen durch Induktionswirkung neue geschlossene elektrische Feldlinien. Auf dieser innigen Verkettung der elektrischen und der magnetischen Felder beruht das Fortschreiten der gesamten „elektromagnetischen" Welle. Wir haben das seinerzeit für Drahtwellen kurz erläutert. Der damaligen primitiven Schilderung ist nichts Wesentliches hinzuzufügen.

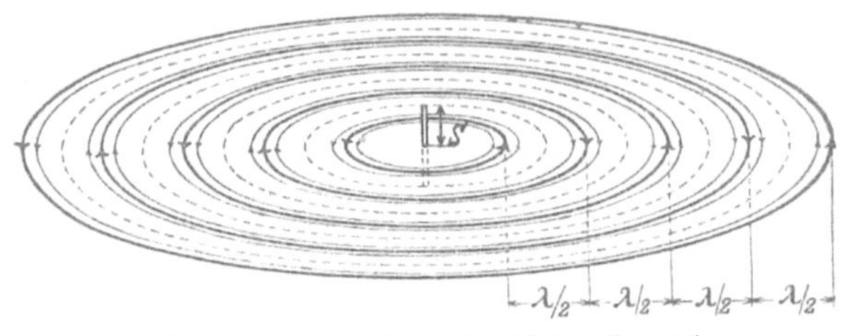

Abb. 485. Magnetische Feldlinien eines Dipols.

§ 152. Die gemeinsame Ausbreitungsgeschwindigkeit elektrischer und magnetischer Felder im Vakuum.

Bei unserem experimentellen Aufbau der Elektrizitätslehre sind wir schon zweimal auf den Zusammenhang zwischen elektrischen Erscheinungen und der Lichtgeschwindigkeit gestoßen. Erstens bei der Berechnung der Kräfte zwischen zwei vom Strom durchflossenen Leitern (Wilhelm Weber, § 65) und zweitens bei der Ausbreitung elektrischer Drahtwellen (§ 151). Im Besitz der freien elektrischen Wellen können wir jetzt zeigen, daß sich allgemein elektrische Felder im Vakuum mit Lichtgeschwindigkeit ausbreiten.

Zu diesem Zweck knüpfen wir an zwei grundlegende Experimente an, nämlich den Rowlandschen Versuch (Abb. 182) und die Induktion in bewegten Leitern (Abb. 186 und 186a). Bei der Auswertung beider Versuche wird aufmerksamen Lesern ein Punkt aufgefallen sein: Wir haben nur von einer Relativbewegung zwischen dem Bezugssystem des Beobachters und dem Träger der Felder (Kondensator, Feldspule oder Magnet) gesprochen, nicht hingegen von Relativbewegungen gegenüber den Feldern selbst. Diese Beschränkung war unbedingt notwendig. In beiden Versuchen blieben die von den Trägern ausgehenden Felder zeitlich konstant. Folglich gab es in diesen Feldern keine Marken, und ohne Marken kann man keine Bewegung messen, also überhaupt nicht definieren. Man denke an eine Analogie: Ein Flieger vermag gegenüber einer spiegelglatten, unbegrenzten Ozeanfläche keine Relativbewegung anzugeben, das gelingt ihm erst mit einem als Marke brauchbaren Wellenberg, also mit Hilfe eines zeitlich veränderten Zustandes der Wasserfläche. — Nunmehr haben die freien elektrischen Wellen uns auch für elektrische und magnetische Felder die bisher fehlenden Marken geliefert. Daher dürfen wir fortan auch von einer Geschwindigkeit u dieser Felder selbst gegenüber unserem Bezugssystem sprechen.

Zugleich dürfen wir den Anwendungsbereich der beiden Gleichungen erweitern, mit denen der Rowlandsche Versuch und die Induktion in bewegten Leitern elektrische und magnetische Felder miteinander verknüpfen; wir dürfen jetzt sagen: Ein mit der Geschwindigkeit u vorrückendes elektrisches Feld $\mathfrak{E}$ erzeugt senkrecht zur Richtung von u und von $\mathfrak{E}$ ein Magnetfeld

$$\mathfrak{H} = \varepsilon_0\, \mathfrak{E}\, u. \tag{89} \text{ v. S. 86}$$

Ein mit der Geschwindigkeit u vorrückendes magnetisches Feld $\mathfrak{H}$ erzeugt senkrecht zur Richtung von u und von $\mathfrak{H}$ ein elektrisches Feld

$$\mathfrak{E} = \mu_0\, \mathfrak{H}\, u. \tag{93a} \text{ v. S. 88}$$

Die Zusammenfassung dieser beiden Gleichungen liefert

$$u = (\varepsilon_0\, \mu_0)^{-\frac{1}{2}} \tag{101}$$

In Worten: Die gemeinsame Geschwindigkeit freier elektrischer und magnetischer Wellen im Vakuum läßt sich aus den gemessenen Werten zweier physikalischer Größen, nämlich der Influenzkonstante ε_0 und der Induktionskonstante μ_0 berechnen (§ 65, W. Weber). Man findet $u = 3{\cdot}10^8$ m/sec, also gleich der Lichtgeschwindigkeit c.

In der Mechanik kann man die Geschwindigkeit elastischer Wellen in einem Stoff (Schallgeschwindigkeit) in analoger Weise aus zwei zuvor gemessenen Größen berechnen, nämlich seiner Dehnungsgröße α und seiner Dichte ϱ. Es gilt (Mechanikband § 104)

$$u = (\alpha\,\varrho)^{-\frac{1}{2}}$$

Das Verhältnis $\sqrt{\dfrac{\alpha}{\varrho}}$ wird in der Mechanik Wellenwiderstand des Stoffes genannt. In entsprechender Weise definiert man in der Elektrizitätslehre das Verhältnis

$$\sqrt{\frac{\mu_0}{\varepsilon_0}} = \frac{\mathfrak{E}}{\mathfrak{H}} = 377\, \frac{\text{Volt/m}}{\text{Amp./m}} \tag{217}$$

als Wellenwiderstand des Vakuums.

§ 153. Halbfreie elektrische Wellen. Wellentelegraphie. Wir kennen jetzt zwei Arten elektrischer Wellen: Drahtwellen und freie Wellen. Bei den Drahtwellen sind die Enden der elektrischen Feldlinien beiderseits an einen Leiter, nämlich die Drähte der Doppelleitung, gebunden (Abb. 469). Bei den freien elektrischen Wellen sind die elektrischen Feldlinien nierenförmig geschlossen und ganz frei, ohne jede Bindung an irgendwelche Leiter.

Eine Mittelstellung nehmen die halbfreien Wellen ein. Wir beschreiben kurz ihre Gestalt und die Art ihrer Herstellung.

Bei stehenden Drahtwellen kann man die Doppelleitung in den Bäuchen des Leitungsstromes mit leitenden Querdrähten überbrücken. Das beeinträchtigt die Ausbildung stehender Wellen in keiner Weise. Auch kann man ohne Störung die Doppelleitung unmittelbar hinter einer solchen leitenden Querbrücke abschneiden (S. 258).

Bei den stehenden Wellen des Dipols tritt an die Stelle der leitenden Drahtbrücke eine beliebig ausgedehnte leitende Ebene. Im Leitungsstrombauch, d. h. in der Mitte des Dipols angebracht, beeinträchtigt sie die stehende Welle im Dipol in keiner Weise. Desgleichen kann man den Dipol ohne Störung hinter der leitenden Fläche abschneiden, d. h. die eine Dipolhälfte fortlassen. So gelangt man zu der Anordnung der Abb. 486. Man sieht einen halben Dipol S auf einer weit ausgedehnten leitenden Ebene. Der Bauch seines Leitungsstromes liegt am Fußpunkt, an der Ansatzstelle der leitenden Ebene.

Weiterhin ist das Strahlungsfeld dieses halben Dipols eingezeichnet. Seine Entstehung aus dem Strahlungsfeld des ganzen Dipols (Abb. 481) bedarf keiner weiteren Erläuterung. Wir haben das Momentbild der halbfreien Welle vor uns. Die elektrischen Feldlinien sind nur noch im oberen Teile nierenförmig geschlossen. Unten enden sie auf der leitenden Ebene. Wir haben eine einseitige Führung der elektrischen Welle durch die leitende Fläche.

Mit der Anwendung halbfreier elektrischer Wellen hat die Entwicklung der „drahtlosen" oder Wellentelegraphie begonnen (G. Marconi 1895, A. Popow 1894). Das Prinzip der Wellentelegraphie ist sehr einfach. Es wird im idealisierten Grenzfall durch die Abb. 487 erläutert. Der schraffierte Kreisbogen stellt die

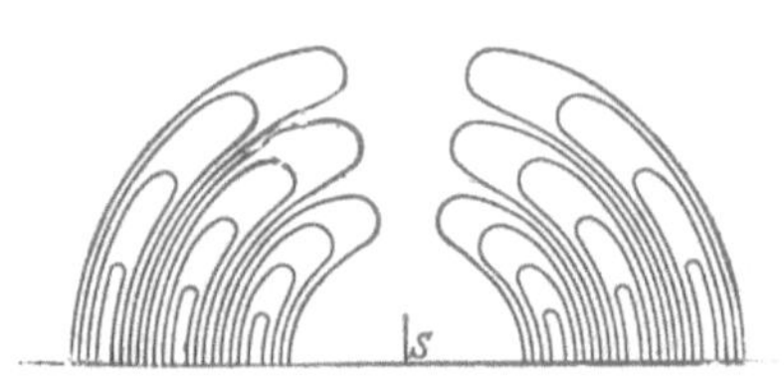

Abb. 486. Halbfreie elektrische Wellen auf einer leitenden Ebene.

Abb. 487. Zur Wellentelegraphie über gut leitende Teile der Erdkugel mit langen Wellen.

gekrümmte Erdoberfläche dar. S ist die sogenannte Sendeantenne. Es ist ein vertikaler Draht, die obere Hälfte eines Dipols. Irgendeine technische Wechselstromquelle ($\times$) läßt in diesem Draht einen kräftigen Leitungsstrom fließen. Weiter rechts folgt dann das ausgestrahlte elektrische Feld der halbfreien Wellen. Die Wellen werden durch die leitende Erdoberfläche geführt, sie folgen der Erdkrümmung. E ist die Empfangsantenne, wiederum ein vertikaler Draht, die obere Hälfte unseres vielbenutzten „Empfängers" (S. 258). Das elektrische Feld der halbfreien Welle bricht im Empfängerdraht zusammen („Influenz"). Der Verschiebungsstrom der fortschreitenden Welle erzeugt im Empfängerdraht einen Leitungsstrom. Dieser Leitungsstrom läßt im Prinzip ein Amperemeter ausschlagen oder betätigt irgendeinen anderen Stromindikator ($\times$) genügender Empfindlichkeit. Auf diese Weise lassen sich beliebige Signale von der Sende- zur Empfangsstation übertragen.

Die so in der Fernmeldetechnik benutzten elektrischen Wellen haben Wellenlängen zwischen rund 100 m und 15 km. Die obere Grenze ist durch die Abmessungen der Antennen gegeben. Diese müssen immer die gleiche Größenordnung haben wie die Wellenlänge, sonst wird der Wirkungsgrad zu schlecht. Die untere Grenze ist durch den jeweiligen Stand der Schwingungserzeugung gegeben.

Die Antennen weichen bei langen Wellen oft von der einfachen Form des halben Dipols ab. Man ersetzt die oberen Teile der Dipoldrähte durch horizontal ausgespannte Querdrähte oder Schirme (Abb. 53). Auf diese Weise kann man auch Antennen geringerer Vertikalausdehnung auf die Frequenz der benutzten Wechselstromquelle abstimmen. Dadurch lassen sich in der Antenne sehr hohe Stromstärken erreichen.

Auf der Empfangsstation werden die Resonanzerscheinungen vielfältig ausgenutzt. Die Indikatoren für die schwachen Leitungsströme in der Empfangsantenne sind zu einer bewundernswerten Vollkommenheit entwickelt. Das Dreielektrodenrohr (Abb. 322) und seine Fortbildungen waren dabei das entscheidende Hilfsmittel.

Die Führung der halbfreien Wellen durch die Erdoberfläche (Abb. 487) ist, wie erwähnt, ein idealisierter Grenzfall. Er setzt eine hohe elektrische Leitfähigkeit der Erdoberfläche voraus. Seewasser gibt, wenigstens für lange elektrische Wellen, eine gute Annäherung. Bei der Überbrückung trockener Landstrecken hingegen ist der Ausbreitungsvorgang der Wellen erheblich verwickelter, insbesondere für kürzere Wellen. Es entstehen auf dem Wege der Wellen alle möglichen Übergänge zwischen halbfreien und freien Wellen. Die elektrischen Feldlinien münden nicht mehr senkrecht, sondern schräg auf den Boden ein usw.

Die drahtlose Telegraphie hat sich im Laufe ihrer Entwicklung zur vielseitigen **Hochfrequenztechnik** erweitert: Rundfunk, Fernsehen, Fernsteuerungen, Flugzeugortung haben für weite Kreise Bedeutung gewonnen. Dabei sind zwei verschiedene Wege eingeschlagen worden:

Auf dem ersten Wege arbeitet man mit ganz freien Wellen. Im Bereich der optischen Sicht verwendet man Wellenlängen in der Größenordnung Meter und Dezimeter. Für große Entfernungen, z. B. in Überseeverkehr, bewähren sich Wellenlängen etwa zwischen 10 und 50 m. Die Antennen bestehen aus mehreren neben- oder hintereinander angeordneten Dipolen von der Länge einer halben Wellenlänge. Die Führung der Wellen durch den Erdboden fällt ganz fort. Die Wellen erreichen ihr Ziel bei den Antipoden auf dem Umweg einer oft mehrfachen Reflexion an oberen Schichten der Atmosphäre. Die oberen Teile der Atmosphäre sind durch irgendwelche Strahlungen aus dem Weltenraum stark ionisiert und leiten gut. Dadurch können sie als Spiegel wirken, und zwar mit Totalreflexion. Die Höhe der spiegelnden Schichten wird durch die „Wiederkehrzeit des Wellenechos" bestimmt. Die wichtigsten der Schichten liegen etwa 100 bis 400 km über dem Erdboden. Diese Schichten sind auch für meteorologische Fragen sehr bedeutsam (vgl. Optikband § 112). Man kann freie elektrische Wellen rund um den Erdball herumschicken. Der Erdumfang von 40 000 km wird in $\dfrac{40\,000\text{ km}}{300\,000\text{ km/sec}} = 0{,}13$ Sekunden durchlaufen. Die Geschwindigkeit der fortschreitenden elektrischen Wellen ist der direkten Messung (Laufweg durch Laufzeit) zugänglich geworden.

Auf dem zweiten Wege ist man zu **Leitungsdrähten** zwischen Sender und Empfänger zurückgekehrt. In Leitungen hat die Fernmeldetechnik rund 70 Jahre lang als „Träger" ihrer Signale Gleichstrom benutzt. Man „steuerte" seine Größe und seinen zeitlichen Verlauf, beim Fernsprechen z. B. mit einem Mikrophon. Dabei entstand aus dem konstanten Gleichstrom ein zeitlich veränderter Strom, entsprechend z. B. dem akustischen Wellenbild eines zu übermittelnden Wortes. In den letzten Jahrzehnten ist es gelungen, den Gleichstrom als Träger durch beiderseits geführte hochfrequente „Trägerwellen" zu ersetzen.

Gewiß war die Möglichkeit, elektrische Signale auch ohne verbindenden Leitungsdraht zu übertragen, ein Fortschritt. Ein akustisches Gleichnis benutzend, dürfen wir sagen: Die Menschen haben gelernt, sich nicht nur durch eine Sprecher und Hörer verbindende Rohrleitung zu unterhalten, sondern auch im freien Luftraum mit ungeführten Schallwellen. — Aber nicht minder bedeutsam ist die zweite Erkenntnis, die der Möglichkeit, in Leitungen den Gleichstrom als Träger durch Trägerwellen zu ersetzen. Diese bieten mannigfache Vorteile. Man kann z. B. beim Fernsprechen zwischen zwei Großstädten mehrere hundert Trägerwellen gleichzeitig über eine Doppelleitung

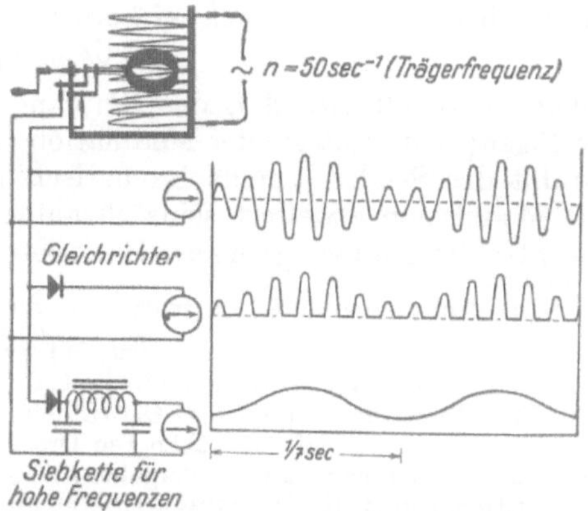

Abb. 487a. Schauversuch zur Modulation einer Trägerwelle. Schwingungsdauer des Strommessers < 0,01 sec. Der Lichtzeiger wird mittels eines rotierenden Spiegels auf den Wandschirm geworfen. — Gleichrichter nach dem Schema der Abb. 376. — Kapazitäten der Kondensatoren im Sperrkreis etwa 6 · 10⁻⁸ Farad; Selbstinduktionskoeffizient der eisenhaltigen Spule etwa 40 Voltsek./Amp.

schicken und am Empfangsort mit „Siebkreisen" (Abb. 276) wieder trennen.

Letzten Endes handelt es sich in den oben umrissenen Gebieten der Hochfrequenztechnik immer um die gleiche Aufgabe: Übermittlung irgendwelcher Signale mit Hilfe von Trägerwellen. Die Signale werden durch eine „Modulation" der Trägerwellen gewonnen. Wegen ihrer großen praktischen Bedeutung erläutern wir eine Ausführungsform, die Amplitudenmodulation, mit einem Schauversuch, Abb. 487 a. Dieser benutzt als Trägerwelle den niederfrequenten Wechselstrom der städtischen Zentrale, weil seine Kurvenform bequem mit einem primitiven Oszillographen projiziert werden kann. Zur Modulation dient eine mit der Hand hin und her bewegte Induktionsspule. Das durch die Modulation hergestellte Signal ist in diesem Beispiel die Sinuskurve der untersten Reihe. Ihre Amplitude und ihre Frequenz wird durch die Bewegungen der Kurbel bestimmt.

Im übrigen vermeiden wir alles Eingehen auf Einzelheiten, insbesondere technischer Natur. Die Leistungen der Technik auf dem Gebiete des Fernmeldewesens, sei es mit oder ohne Leitungsdrähte, sind ganz außerordentliche. Man kann ihnen im Rahmen einer physikalischen Darstellung auch nicht angenähert gerecht werden. Es wird auf die umfangreiche technische Sonderliteratur verwiesen.

§ 154. Die Empfindlichkeit der Wellenempfänger hat wie die jedes physikalischen Instrumentes eine prinzipielle Grenze. Diese wird unabhängig von allen Konstruktionseinzelheiten allein durch die statistischen Schwankungen der molekularen Wärmebewegung bestimmt. Die in der verfügbaren Zeit t aufgenommene Energie muß mindestens ebenso groß sein, wie der Boltzmannsche Energiebetrag kT (bei Zimmertemperatur rund $4 \cdot 10^{-21}$ Wattsekunden). Folglich ist als Minimalleistung

$$\dot{W} = kT/t \qquad (\alpha)$$

(Boltzmannsche Konstante $k = 1{,}38 \cdot 10^{-23}$ Wattsek./Grad; $T =$ absolute Temperatur)

erforderlich. Bei einem aperiodischen Galvanometer z. B. ist die verfügbare Zeit t die Einstellzeit[1]. Bei den Empfängern der drahtlosen Telegraphie ist sie die Einschwingzeit τ der Schwingungskreise. Diese wird durch die Dämpfung bestimmt und daher durch den Frequenzbereich, auf den der Empfänger anspricht, also seine Bandbreite[2] $\Delta \nu_E$. Es gilt $t \approx 1/\Delta \nu_E$ (vgl. S. 147), und somit ergibt sich als kleinste nachweisbare Strahlungsleistung

$$\dot{W} \approx kT \cdot \Delta \nu_E \qquad (\beta)$$

Über die Bandbreite $\Delta \nu_E$ des Empfängers kann man nur in gewissen Grenzen verfügen; man muß sie der Modulation des Senders anpassen. Ohne Modulation strahlt der Sender („monochromatisch") nur die Frequenz seiner Trägerwelle; die Modulation erweitert seine Strahlung auf den Frequenzbereich $\Delta \nu_S$. Um die Strahlung dieses ganzen Bereiches aufnehmen zu können, darf die Band-

---

[1] Im Mechanikband, § 152, wurde für die kleinste nachweißbare Stromstärke

$$I_{\min} \approx \sqrt{4\,k\,T_{abs}/t\,R} \qquad (293a)$$

gefunden. Dabei war R der Widerstand des Galvanometers, t seine Einstellzeit $I_{\min}^2 R \approx 4kT_{abs}/t$ also die aufgenommene Leistung. Die Herleitung der Gleichung knüpfte an die Brownsche Bewegung einer in Luft aufgehängten Drehspule eines Drehspulgalvanometers an. Man kann aber auch ganz anders vorgehen: man kann die Wärmebewegung als Ursache einer ladungstrennenden Kraft betrachten, die zwischen den Enden der Drehspule statistisch wechselnde Spannungen erzeugt. Der Grundgedanke bleibt immer der gleiche: physikalische Apparate oder Meßinstrumente erfordern zum Betriebe eine Leistung, die in der verfügbaren Zeit Energiebeträge größer als $\approx k\,T_{abs}$ liefert.

[2] Meist benutzt man zwei eng gekoppelte Schwingungskreise. Der von ihnen erfaßte Frequenzbereich, die Bandbreite $\Delta \nu$ ist $\approx 2\,H$, wenn H die aus Abb. 295 d bekannte Halbwertsbreite bezeichnet. (Dort wurde die Frequenz n statt ν genannt.)

breite $\Delta \nu_E$ des Empfängers nicht kleiner sein als die des Senders $\Delta \nu_S$. Macht man sie größer, so spricht der Empfänger auch auf unerwünschte Strahlungen anderer Frequenz an. Daher macht man $\Delta \nu_E = \Delta \nu_S$. Oder anders formuliert: Die Modulation des Senders zerlegt den unbegrenzten Wellenzug der Trägerwelle in Wellenzüge endlicher Länge, die im Mittel aus $\Delta \nu$ sec Einzelwellen (Wellenberg und Wellental) bestehen. Die Strahlung wird am besten ausgenutzt, wenn die Einschwingzeit des Empfängers ebenso groß ist wie diejenige Zeit, innerhalb der ein aus $\Delta \nu$ sec Einzelwellen bestehender Wellenzug den Ort des Empfängers passiert.

Eine gute Sprachübertragung muß Teilschwingungen bis zu rund 5000/sec berücksichtigen, d. h. man braucht eine Modulationsfrequenz $\Delta \nu = 5000$/sec. In diesem Fall ergibt die Gl. (β) als minimale noch nachweisbare Leistung $\dot{W} = 2 \cdot 10^{-17}$ Watt.

Von technischem Interesse ist nicht die kleinste nachweisbare Leistung, sondern die kleinste nachweisbare elektrische **Feldstärke** $\mathfrak{E}$. Diese muß, ebenfalls unabhängig von Konstruktionseinzelheiten, mindestens ebenso groß sein wie die Feldstärke der stets vorhandenen **thermischen** Strahlung. Für diese gilt

$$(\mathfrak{E} \lambda)^2 = \frac{1}{3} \frac{8 \pi k T \Delta \nu}{\varepsilon_0 c} \tag{γ}$$

$$(\varepsilon_0 = \text{Influenzkonstante}, \ c = \text{Lichtgeschwindigkeit}).$$

Durch diese Gleichung wird für jede benutzte Wellenlänge λ die kleinste noch nachweisbare Feldstärke $\mathfrak{E}$ festgelegt. Sie ergibt z. B. für Zimmertemperatur und $\Delta \nu = 5000$/sec die Größe $\mathfrak{E} \lambda = 2{,}54 \cdot 10^{-7}$ Volt. Leider hat die Technik im Wellenbereich um 10 Meter auf erhebliche aus der Milchstraße stammende störende Wellen Rücksicht zu nehmen.

Herleitung von Gl. (γ). Aus dem Planckschen Strahlungsgesetz [Optikband, (Gl. 301)] erhält man durch Multiplikation mit $4 \pi/c$ die räumliche Energiedichte der thermischen Strahlung. Von ihrer Feldstärke ist nur die in die Antennenlängsrichtung fallende Komponente wirksam. Das ergibt für die aufgenommene Energie den Faktor 1/3. Dieser Energie thermischen Ursprungs muß die vom Sender stammende mindestens gleich sein; das ergibt

$$\frac{\varepsilon_0}{2} \mathfrak{E}^2 + \frac{\mu_0}{2} \mathfrak{H}^2 = \varepsilon_0 \mathfrak{E}^2 = \frac{8 \pi h \nu^3 \Delta \nu}{c^3 \left(e^{h\nu/kT} - 1 \right)} \tag{δ}$$

Bei den Trägerfrequenzen der drahtlosen Sender ist $h \nu \ll kT$, also wird die Klammer im Nenner rechts $= h \nu/kT$. Mit dieser Vereinfachung gelangt man von (δ) sogleich zu (γ).

§ 155. Die Wesensgleichheit der elektrischen Wellen und der Lichtwellen. Das gesamte Spektrum elektrischer Wellen.

Die elektrischen Wellen haben uns schon in zwei Punkten das gleiche Verhalten gezeigt wie die Lichtwellen. Sie breiten sich im leeren Raum mit der gleichen Geschwindigkeit wie das Licht aus. Ferner werden sie an Metallspiegeln ebenso wie Licht reflektiert. Diese Reflexion ermöglichte die Herstellung freier stehender elektrischer Wellen. In der Nachrichtentechnik ermöglicht sie die Anwendung von Hohlspiegeln zur Bündelung der elektrischen Wellen.

Die Übereinstimmung geht aber noch weiter: Lichtwellen werden von durchsichtigen Substanzen gebrochen. Es gilt für die Ablenkung an der Grenze das bekannte Brechungsgesetz $\sin \alpha/\sin \beta = n$ (Abb. 488). Für elektrische Wellen gibt es ebenfalls „durchsichtige" Substanzen, nämlich alle Isolatoren. Die elektrischen Wellen werden von diesen durchlässigen Substanzen qualitativ ebenso wie die Lichtwellen gebrochen. Sie werden durch Prismen abgelenkt, durch Linsen demgemäß „gesammelt" usw. Die Linsenwirkung beispielsweise läßt sich ganz behelfsmäßig zeigen.

In der Abb. 489 ist S wieder der mehrfach benutzte kleine Dipolsender, E der zugehörige Empfänger. Beide stehen mit der Längsachse vertikal. Als Zylinderlinse dient eine große, mit Benzol od. dgl. gefüllte Glasflasche Fl. An

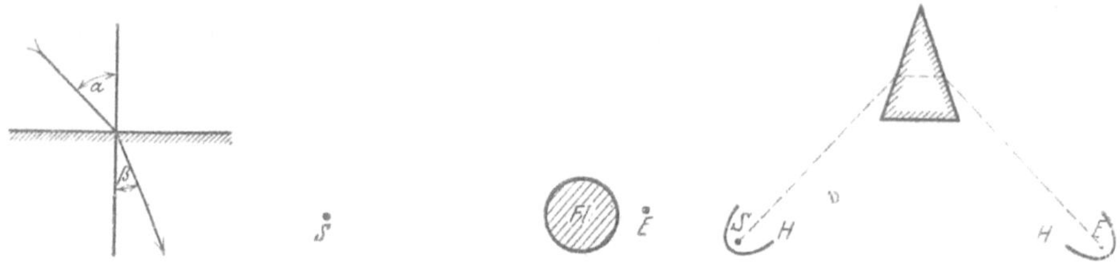

<table>
<tr><td>Abb. 488. Das Brechungs-
gesetz der Optik.</td><td>Abb. 489. Linsenwirkung bei
elektrischen Wellen.</td><td>Abb. 490. Spektrometer zur Messung
des Brechungsindex elektrischer
Wellen.</td></tr>
</table>

passender Stelle in den Weg der Wellen gebracht, erhöht sie die Wirkung der Wellen auf den Empfänger beträchtlich.

Für quantitative Bestimmungen der Brechzahl n dient ein „Spektrometer" von hinreichend großen Abmessungen. Es ist in der Abb. 490 schematisch skizziert. HH bedeuten zwei parabolische Hohlspiegel. In ihren Brennlinien befinden sich Sender bzw. Empfänger. Das Prisma besteht aus Paraffin, Schwefel od. dgl. Die Ablenkung ergibt nach bekannten optischen Formeln den Wert von n. Die Brechzahl n ist schon von Hertz in seinen klassischen Versuchen für einige Substanzen bestimmt worden. Dabei ergab sich n gleich der Wurzel aus der Dielektrizitätskonstanten ε der Prismensubstanz. Diese Beziehung, $n = \sqrt{\varepsilon}$, war bereits von Maxwell auf Grund seiner Gleichungen vorausgesagt worden. Sie spielt in der Dispersionstheorie eine große Rolle (Optik, Kap. X).

Die Maxwellsche Beziehung $n = \sqrt{\varepsilon}$ folgt aus Gl. (101) v. S. 91 und 269. In einem Stoff der Dielektrizitätskonstante ε und der Permeabilität μ treten die Produkte $\varepsilon\varepsilon_0$ und $\mu\mu_0$ an die Stelle von ε und μ. So erhält

$$\text{Brechzahl } n = \frac{u_{\text{Vakuum}}}{u_{\text{Stoff}}} = \frac{(\varepsilon_0\,\mu_0)^{-\frac{1}{2}}}{(\varepsilon\varepsilon_0\,\mu\mu_0)^{-\frac{1}{2}}} = \sqrt{\varepsilon\,\mu}. \tag{223}$$

Die Permeabilität der Stoffe ist, von den ferromagnetischen abgesehen, praktisch immer $= 1$. So erhält man $n = \sqrt{\varepsilon}$.

Endlich ist noch die Polarisation des Lichtes zu nennen: Man kann Lichtwellen mit einer festen Schwingungsebene herstellen. Das gleiche ist bei den elektrischen Wellen des Dipols der Fall. Auch diese sind streng „linear polarisiert". Ihr elektrischer Feldvektor liegt stets mit der Längsachse des Dipols in einer Ebene. Das haben wir früher mit unserem leicht beweglichen Empfänger gezeigt.

Hertz hat für diese Polarisation der Dipolwellen noch einen sehr eindrucksvollen Versuch angegeben, den sogenannten Gitterversuch. Man stellt Sender und Empfänger einander parallel. Dann bringt man zwischen beide ein Gitter aus Metalldrähten von etwa 1 cm Abstand. Erst werden die Drähte senkrecht zur Dipolachse und Feldrichtung gestellt. Dabei werden die Wellen kaum merklich geschwächt. Dann dreht man das Gitter um 90°. Jetzt erweist es sich als völlig undurchlässig. Die der Feldrichtung parallelen Drähte wirken nebeneinander wie eine undurchlässige Metallwand. — Der gleiche Versuch gelingt in der Optik. Nur muß man lange, unsichtbare, ultrarote Wellen benutzen ($\lambda = 100\ \mu$). Für die kleinen Wellen des sichtbaren Lichtes ($\lambda = 0,5\ \mu$) kann man keine Drahtgitter von hinreichender Feinheit herstellen.

Die hier beschriebenen Versuche haben nur einen Anfang gebildet. Eine großartige Entwicklung ist gefolgt. Heute behandelt man z. B. sichtbares Licht als elektrische Wellen mit Wellenlängen zwischen 0,8 und 0,4 μ. Die Feldstärke $\mathfrak{E}$

beträgt in hellem Sonnenschein einige 100 Volt/m. Bei Dunkeladaptierung begnügt sich unser Auge mit einer Strahlungsleistung von etwa $4 \cdot 10^{-17}$ Watt[1]. Das Auge braucht also den Vergleich mit den vollkommensten technischen Rundfunkempfängern nicht zu scheuen (vgl. S. 273).

Nur ungern versagen wir es uns, die „Optik kurzer elektrischer Wellen" in eindrucksvollen Schauversuchen zu bringen. Die Technik hat handliche Sender für ungedämpfte elektrische Wellen von wenigen cm Wellenlänge geschaffen. Man kann sie ebenso bequem wie andere „Lampen" für sichtbares, für ultraviolettes oder Röntgenlicht benutzen. (Das gemeinsame Merkmal dieser Lampen für ungedämpfte elektrische Wellen sind periodische Beschleunigungen von Elektronenbündeln in den Feldern permanenter Magnete.) Uns muß der obige kurze Überblick genügen. Er zeigt uns noch einmal die zentrale Bedeutung des elektrischen Feldes für unsere Naturerkenntnis.

§ 156. Eine historische Notiz soll dies Kapitel der elektrischen Wellen beschließen. Die Abb. 491 zeigt uns einen Versuch von Aloysius Galvani aus dem Jahre 1791. Man sieht links und rechts zwei Drähte. Beide sind in der Mitte unterbrochen. Rechts wird in dieser Unterbrechungsstelle mit einer beliebigen Elektrisiermaschine ein Funke erzeugt, links wird die Unterbrechungsstelle mit dem Nerven eines Froschschenkels überbrückt. Bei jedem Funkenschlag zuckt der Froschschenkel weithin sichtbar zusammen. Das ist unzweifelhaft der Grundversuch der drahtlosen Telegraphie, die Übertragung mechanischer Zeichen mit Hilfe elektrischer Wellen. Nichts hat gefehlt. Galvani hat selbst die atmosphärischen Störungen festgestellt. Er hat seine Antenne vom Dach des Hauses zum Brunnen geführt und bei jedem fernen Blitz ein Zucken des

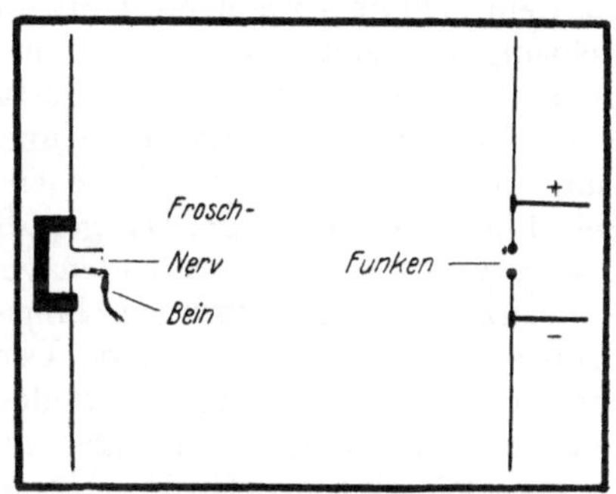

Abb. 491. Ein Versuch von Galvani. Gegenüber der Originalanordnung sind nur die Drähte gerade gebogen.

Froschschenkels beobachtet. Sicher sind das Bein eines Frosches und ein moderner Radioempfänger äußerlich recht verschieden. Aber hier in der Antenne wirken sie grundsätzlich gleich. Bei einer physikalischen Betrachtungsweise kommt es immer nur auf das Wesen an, nie auf die Äußerlichkeiten der wechselnden Ausführungsform. — An sich hätte die Erfindung der elektrischen Telegraphie mit ihrer drahtlosen Form anfangen können. Aber die geschichtliche Entwicklung ist anders gelaufen. Galvanis Versuche haben zunächst zu einer für die Physik noch viel bedeutsameren Erfindung geführt, nämlich zur Schaffung der chemischen Stromquellen, der Elemente (A. Volta, 1800). Mit der Erfindung der Elemente beginnt das heroische Zeitalter der elektrischen Forschung: Zunächst klärt sich der Begriff des elektrischen Stromes (Wärmewirkung, Elektrolyse). Dann kommen die ganz großen Ereignisse: Mit Hilfe der Elemente entdeckt H. Ch. Örsted 1820 die Verknüpfung des Magnetfeldes mit dem elektrischen Strom, entdeckt Michael Faraday 1832 das Induktionsgesetz und schafft uns Georg Simon Ohm die Grundlagen unserer heutigen elektrischen Meßtechnik (1826/27).

---

[1] d.h. rund 50 Lichtquanten in der Summierungszeit von rund 0,5 sec. Die Summierungszeit ist diejenige Zeit, innerhalb derer die Empfindung lediglich durch das Produkt aus Strahlungsleistung und Einstrahlungszeit bestimmt wird. Für das helladaptierte Auge ist die Summierungszeit rund $^1/_{20}$ sec.

XVI. Das Relativitätsprinzip als Erfahrungstatsache.

§ 157. Gleichwertige und ausgezeichnete Bezugssysteme in der Mechanik und Akustik. Unsere Fahrzeuge bieten mannigfache Gelegenheit, physikalische Beobachtungen in einem bewegten Bezugssystem anzustellen. Am häufigsten handelt es sich dabei um Vorgänge mechanischer Art, vor allem bei der Bewegung unseres Körpers und seiner Gliedmaßen. Bei solchen Beobachtungen lernen wir einen höchst merkwürdigen Sonderfall kennen: Er betrifft das geradlinig mit konstanter Geschwindigkeit bewegte Bezugssystem (Fahrzeug). In diesem verläuft das mechanische Geschehen genau wie auf dem festen Erdboden, von der Bewegung des Bezugssystems (Fahrzeuges) ist nicht das geringste zu spüren. Mit leidlicher Näherung können wir diesen Sonderfall schon auf Eisenbahnfahrten verwirklicht finden. Dann können wir, bei verhüllten Fenstern aus dem Schlafe erwachend, trotz angestrengter Aufmerksamkeit nicht die Fahrtrichtung des Zuges feststellen, nicht vorwärts und rückwärts unterscheiden. Sehr viel eindrucksvoller aber gestaltet sich die gleiche Beobachtung auf einem Schiff mit lautloser Maschine und gerader Fahrt auf glatter See. Hier kann man im Innern eines geschlossenen Raumes auf keine Weise feststellen, ob das Schiff fährt oder stilliegt: Das geradlinig mit konstanter Geschwindigkeit bewegte Bezugssystem ist dem ruhenden vollständig gleichwertig.

Ganz andere Erfahrungen hingegen machen wir auf dem freien Deck des Schiffes. Dort herrscht Wind. Der Wind kann schon bei ruhendem Schiff vorhanden sein oder von der Fahrt des Schiffes herrühren. Der Einfachheit halber soll fortan nur Fahrtwind angenommen werden.

Der Wind beeinflußt alle unsere mechanischen Beobachtungen. Wir beschreiben drei Beispiele, jedoch ohne Einzelheiten der experimentellen Ausführung.

1. In Abb. 492 sind zwei Kugeln mit Gelenkstangen an einem Galgen aufgehängt und durch eine Schraubenfeder in einem gewissen Abstand d gehalten. Der Experimentiertisch ist um die vertikale Achse drehbar. Dadurch kann der Winkel φ zwischen der Verbindungslinie d der Kugeln und der Fahrtrichtung des Schiffes geändert werden. Die Beobachtungen ergeben eine erhebliche Abhängigkeit des Kugelabstandes d vom Winkel φ. Der Abstand ist am kleinsten, wenn d zur Fahrtrichtung senkrecht steht, am größten, wenn er mit ihr zusammenfällt. Die Abb. 493 erklärt diese Abstandsänderungen mit den aus dem Mechanikband geläufigen Stromlinienbildern.

2. Wir messen an Bord die Schallgeschwindigkeit als Verhältnis des Empfängerabstandes l zur Laufzeit T, die der Schall zum Erreichen des Empfängers benötigt (Abb. 495, Empfänger statt Spiegel; Knall und Lichtblitz beim Sender, Stoppuhr beim Empfänger, vgl. Mechanikband § 117). Wir finden eine erhebliche Abhängigkeit der Schallgeschwindigkeit $c' = l/T$ vom Winkel φ zwischen der Beobachtungsrichtung und der Fahrtrichtung des Schiffes. Das Ergebnis ist in Abb. 494 dargestellt.

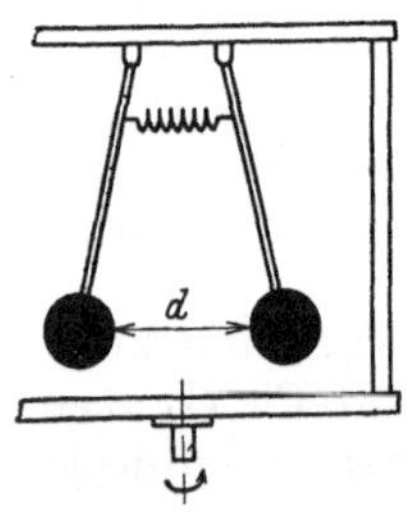

Abb. 492. Zur Winkelabhangigkeit des Abstandes zweier Kugeln auf dem Verdeck eines Schiffes. Der Wind ändert den Abstand beider Kugeln mit aerodynamischen Kraften.

Deutung: In der an Bord gemessenen Zeit T durchläuft der Schall in ruhender Luft mit der Geschwindigkeit c einen Weg $c\,T$. Dieser setzt sich vektoriell zusammen aus dem Abstande l und dem Wege $u\,T$, um den der Empfänger in der Zeit T zugleich mit dem Schiffe vorrückt. So ergibt sich z. B. für $\varphi = 0°$

$$c\,T = l + u\,T \quad \text{und daraus} \quad c' = l/T = c - u \tag{224}$$

oder für $\varphi = 90°$

$$c\,T = \sqrt{l^2 + (u\,T)^2} \quad \text{und daraus} \quad c' = l/T = \sqrt{c^2 - u^2}.$$

3. Wir lassen einen Schallwellenzug im Abstande l vom Schallsender S durch einen Spiegel reflektieren und zum Schallsender S zurückkehren (Abb. 495).

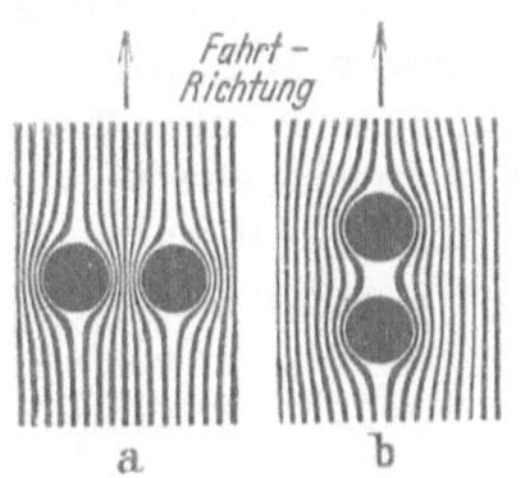

Abb. 493. Zur Deutung des Versuches in Abb. 492. Im Fall *a* haben die Stromlinien der Luft zwischen den Kugeln kleineren, im Falle *b* größeren Abstand voneinander als im ungestörten Strömungsbereich. Infolgedessen ist der Luftdruck zwischen den Kugeln bei *a* kleiner, bei *b* größer als in ruhender Luft. Bei *a* gibt es eine „Anziehung", bei *b* eine „Abstoßung" der Kugeln.

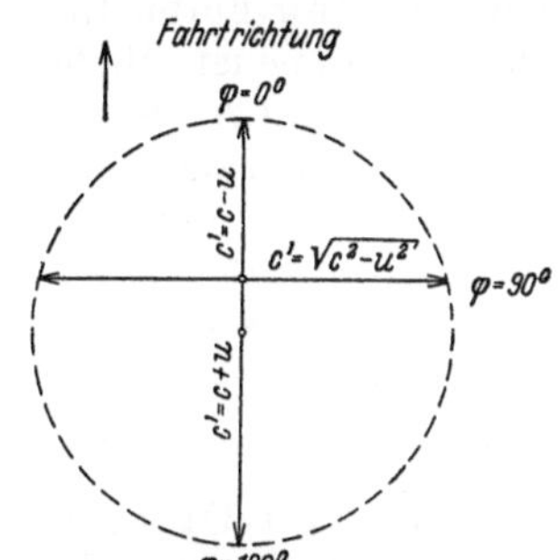

Abb. 494. Auf dem Verdeck eines in ruhender Luft mit der Geschwindigkeit u fahrenden Schiffes erzeugt der Fahrtwind eine Winkelverteilung der Schallgeschwindigkeit, die hier mit Polarkoordinaten dargestellt ist. c ist die Schallgeschwindigkeit in ruhender Luft ($= 340$ m/sec).

Wir messen die Wiederkehrzeit des Schalles für verschiedene Winkel φ zwischen Schallweg und der

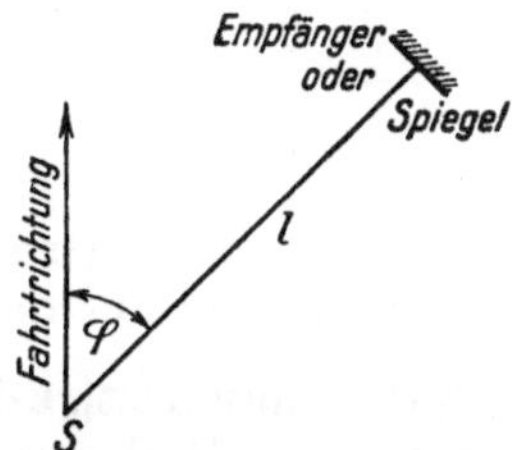

Abb. 495. Messung der Laufzeit oder der Wiederkehrzeit des Schalles an Deck eines fahrenden Schiffes unter verschiedenen Schallrichtungen φ.

Längsrichtung des Schiffes. Im ersten Fall sei $\varphi = 0°$. Der Schall laufe also in der Längsrichtung des Schiffes. Der Schall braucht (vgl. Abb. 494) für Hin- und Rückweg zusammen die Zeit

$$T_1 = \frac{l}{c-u} + \frac{l}{c+u} = \frac{2l}{c}\,\frac{1}{(1-u^2/c^2)} = \frac{2l}{c}\left(1 + \frac{u^2}{c^2} + \cdots\right). \tag{226}$$

Im zweiten Falle stellen wir die Laufrichtung des Schalles quer zur Fahrtrichtung des Schiffes (Bezugssystem), also $\varphi = 90°$. Der Schall braucht für Hin- und Rückweg zusammen die Zeit

$$T_2 = \frac{2l}{\sqrt{c^2 - u^2}} = \frac{2l}{c}\,\frac{1}{\sqrt{1 - u^2/c^2}} = \frac{2l}{c}\left(1 + \frac{1}{2}\frac{u^2}{c^2} + \cdots\right). \tag{227}$$

Der in der Fahrtrichtung laufende Schallwellenzug kehrt also später zurück als der quer zur Fahrtrichtung laufende. Seine Verspätung beträgt

$$T_1 - T_2 = \frac{l}{c}\frac{u^2}{c^2}, \tag{228}$$

d. h. sie ist gleich dem Bruchteil u^2/c^2 der halben Wiederkehrzeit l/c bei ruhendem Schiff.

Diesen und allen ähnlichen Versuchen an Deck eines fahrenden Schiffes („im bewegten Bezugssystem") ist ein wesentliches Merkmal gemeinsam: Das Ergebnis der Messungen hängt ab vom Winkel φ zwischen der Beobachtungsrichtung und der Fahrtrichtung des Schiffes. Es ändert sich mit der Orientierung des „drehbaren Experimentiertisches" und legt eine „Vorzugsrichtung" fest. Diese

Winkelabhängigkeit hat in allen Fällen den gleichen Grund. Sie ist eine Folge des „Windes“, entsteht also durch eine Relativgeschwindigkeit u zwischen Schiff und Luft. Dann wird aber ein einziges Bezugssystem vor allen übrigen ausgezeichnet. Sein Kennzeichen ist $u = 0$, d. h. Schiff (Bezugssystem) und Luft sind relativ zueinander in Ruhe. In diesem ausgezeichneten Bezugssystem fehlt jegliche Winkelabhängigkeit der oben beschriebenen mechanischen und akustischen Beobachtungen. Es gibt keine Vorzugsrichtung mehr. So breitet sich z. B. der Schall nicht asymmetrisch wie in Abb. 494 aus, sondern allseitig kugelsymmetrisch um den Sender herum.

Dies ausgezeichnete, relativ zur Luft ruhende Bezugssystem gibt die gesamten Beobachtungen in ihrer einfachsten Form, frei von der verwickelten Winkelabhängigkeit. Die mit ihm gewonnenen Meßergebnisse lassen sich hinterher unschwer für einen Beobachter in einem bewegten Bezugssystem (also $u \neq 0$) umformen. Dazu hat man nur die Lagekoordination x, y, z durch neue x', y', z' zu ersetzen, nicht aber die Zeit t. Wir denken uns der Einfachheit halber die x- und x'-Richtung mit der Richtung der Geschwindigkeit u zusammenfallend. Dann gilt für den Beobachter im bewegten Bezugssystem

$$\left. \begin{aligned} x' &= x - u\,t; \\ y' &= y; \quad z' = z; \quad t' = t. \end{aligned} \right\} \tag{229}$$

Das sind die sogenannten „Galilei-Umformungen“. Ihr Kennzeichen ist die Umformung nur der Längen-, nicht aber der Zeitangaben.

§ 158. Einflußlosigkeit der Erdbahnbewegung auf mechanische Beobachtungen.

Gegen unsere Beobachtungen in geschlossenen Räumen auf Fahrzeugen läßt sich ein Einwand erheben: Er betrifft die geringe Größe der Geschwindigkeit selbst unserer schnellsten Fahrzeuge. Anders könnte der Fall bei der Bewegung der Erde in ihrer Bahn liegen. Diese setzt sich aus zwei Anteilen zusammen: Erstens aus dem Umlauf der Erde um die Sonne und zweitens aus der Bewegung des Sonnensystems gegenüber dem Fixsternsystem. Vom Fixsternsystem aus gesehen kann man die Bahn der Erde in jedem Augenblick als geradlinig auffassen. Doch wechselt Größe und Richtung der Geschwindigkeit mit der Jahreszeit. Nach astronomischen Beobachtungen kann die Geschwindigkeit Werte bis zu mindestens $3 \cdot 10^4$ m/sec erreichen. Aber auch diese große Geschwindigkeit macht sich in keiner unserer mechanischen Beobachtungen bemerkbar. Man findet zu keiner Jahreszeit eine „Vorzugsrichtung“, also nie eine Abhängigkeit der Meßergebnisse von der „Orientierung des drehbaren Experimentiertisches“. Die Erdbahnbewegung[1] im Fixsternsystem entzieht sich trotz ihrer beträchtlichen Geschwindigkeit jeder Beobachtung mit mechanischen Hilfsmitteln.

§ 159. Elektrische Erscheinungen in bewegten Bezugssystemen.

Die eben in der Mechanik gefundene experimentelle Tatsache kann kaum überraschen. Es fehlt doch bei Beobachtungen in geschlossenen Fahrzeugen oder auch bei der Erde als Fahrzeug jedes Analogon zum „Wind“, diesem wesentlichen Vorgang bei den Beobachtungen an Deck eines fahrenden Schiffes.

Günstiger scheinen die Aussichten im Gebiet der elektrischen Erscheinungen. Diese spielen sich zwischen den Körpern ab. Die elektrischen und magnetischen Felder befinden sich zwischen den Körpern. Sie haben eine hohe, aber endliche Ausbreitungsgeschwindigkeit c, ihre Größe stimmt mit der des Lichtes ($3 \cdot 10^8$ m/sec)

---

[1] Wir sprechen hier nicht von der Achsendrehung der Erde gegenüber dem Fixsternsystem. Diese läßt sich wie jede beschleunigte Bewegung durch Trägheitskräfte nachweisen, z. B. die Corioliskraft beim Foucaultschen Pendelversuch (Mechanikband § 67).

überein. Ein elektrischer Wellenzug kann einen Körper verlassen und erst nach langer Laufzeit einen zweiten erreichen. Während dieser Laufzeit befindet er sich, ähnlich einem Schallwellenzug, irgendwo zwischen den Körpern. So kann man wohl bei elektrischen Vorgängen in bewegten Bezugssystemen ähnliche Erscheinungen erwarten wie bei mechanischen und akustischen Beobachtungen an Deck eines Schiffes. Was ergeben die Experimente?

Bei allen Versuchen über Induktionsvorgänge hängt das beobachtete Ergebnis nur von Relativbewegungen ab, diese Tatsache ist uns aus § 56 bekannt. Das gleiche gilt für alle übrigen elektrischen Versuche: Sie alle verlaufen z. B. in Fahrzeugen mit konstanter Geschwindigkeit auf gerader Bahn genau wie im ruhenden Laboratorium. Doch besagen solche Erfahrungen nicht allzuviel. Die Geschwindigkeit u unserer schnellsten Fahrzeuge ist klein gegenüber der Ausbreitungsgeschwindigkeit des elektrischen Feldes. Somit kommt für entscheidende Versuche auch hier nur die Erde als „Fahrzeug" in Betracht. Es handelt sich dabei um die Frage: Läßt irgendein elektrischer Versuch auf einem drehbaren Experimentiertisch eine Vorzugsrichtung erkennen? Hängen die Meßergebnisse von der Orientierung der Apparate ab?

Bei der Auswahl geeigneter Versuche kommt es nur auf einen einzigen Punkt an, eine möglichst viele Dezimalen erfassende Meßgenauigkeit. Wir geben drei Beispiele, und zwar wiederum ohne versuchstechnische Einzelheiten.

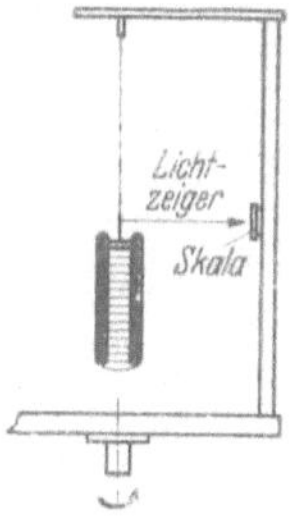

1. In Abb. 496 hängt ein geladener Plattenkondensator an einem Galgen. Die Energie seines elektrischen Feldes ist

$$W = \tfrac{1}{2} q \cdot U \qquad \text{(Gl. (31) v. S. 44}$$

Ändert sich dieser Energiebetrag mit der Orientierung der elektrischen Feldlinien gegenüber der Erdbahn? — Bejahendenfalls müßte die Energieänderung ein Drehmoment $\mathfrak{M}$ erzeugen und den Aufhängefaden verdrillen. Es müßte gelten

$$\frac{\partial W}{\partial \varphi} = \mathfrak{M} \qquad (230)$$

Eine Verdrillung des Aufhängefadens oder Drehung des Kondensators gegenüber dem Experimentiertisch kann mit Spiegel und Lichtzeiger gemessen werden. Das Ergebnis dieser Versuche war zu allen Jahreszeiten negativ. Nie ließ sich eine Vorzugsrichtung auffinden. Die Energie des Kondensators, also das Produkt $q \cdot U$, bleibt mindestens bis in die 10. Dezimale hinein von der Orientierung des Feldes zur Erdbahn unabhängig (Fr. T. Trouton und H. R. Noble, R. Tomaschek).

2. Man stellt zwei Plattenkondensatoren mit ihren Platten senkrecht zum Experimentiertisch, die Feldlinien beider Kondensatoren senkrecht zueinander. Man vergleicht die Kapazität beider Kondensatoren nach irgendeiner empfindlichen Nullmethode bei verschiedener Orientierung ihrer Feldlinien zur Erdbahn. Auch dieser Versuch ergibt keinen Einfluß der Orientierung. Er läßt zu keiner Jahreszeit eine Vorzugsrichtung erkennen. Man findet die Kapazität eines Kondensators, also das Verhältnis q/U auf mindestens 9 Dezimalen von der Orientierung der Feldlinien zur Erdbahn unabhängig.

3. Man mißt den Widerstand eines stabförmigen Leiters, also das Verhältnis U/I, für verschiedene Orientierungen seiner Längsrichtung zur Erdbahn. Wieder

Abb. 496. Versuch von Trouton und Noble, um eine Abhängigkeit der Kondensatorenergie von der Orientierung festzustellen. Schematisch.

fehlt eine Vorzugsrichtung. Das Verhältnis U/I ist bis in die zehnte Dezimale hinein von der Orientierung des Leiters zur Erdbahn unabhängig.

Somit lehrt uns die Erfahrung: Elektrische Präzisionsmessungen sind selbst bei Einbeziehung der neunten und zehnten Dezimale von der Orientierung der Apparate zur Erdbahn unabhängig. Die Bewegung der Erde gibt sich in elektrischen Messungen durch keinerlei Vorzugsrichtung zu erkennen. Die aus diesen Messungen hergeleiteten Maxwellschen Gleichungen gelten für jede Orientierung der Felder zur Erdbahn. Die Proportionalitätsfaktoren dieser Gleichungen, die Influenzkonstante ε_0 und die Induktionskonstante μ_0, sind mindestens bis zur neunten Dezimale von der Orientierung der Felder unabhängig. Diese Aussage ist einer weiteren Nachprüfung zugänglich. Nach § 152 ist die Ausbreitungsgeschwindigkeit der elektrischen Felder

$$(\varepsilon_0\mu_0)^{-\frac{1}{2}} = c. \tag{101}$$

Folglich sollte auch die Messung von c keinerlei Abhängigkeit von der Orientierung des Meßweges zur Erdbahn zeigen.

c, die Ausbreitungsgeschwindigkeit der elektrischen Wellen und des Lichtes, kann auf der Erde nur aus Messungen des „Hin- und Rückweges" und der „Wiederkehrzeit" bestimmt werden. Ändert sich die Wiederkehrzeit mit der Richtung des Licht weges? Zur Beantwortung dieser Frage dient die in Abb. 497 dargestellte Anordnung. Sie vergleicht die Wiederkehrzeit von zwei zueinander senkrecht verlaufenden Wellenzügen 1 und 2. Diese werden durch Aufspaltung eines Wellenzuges an der Glasplatte G hergestellt, dann an den Spiegeln I und II reflektiert und nach ihrer Rückkehr bei J zur Überlagerung gebracht. Die vordersten Enden der beiden rückkehrenden Wellenzüge sind in üblicher Weise dargestellt. Sie veranschaulichen die Ausbildung von Interferenzstreifen im Beobachtungsgebiet J (vgl. Optikband, Abb. 138 und 179). Jede Verspätung des einen Wellenzuges gegenüber dem anderen muß sich in einer Verschiebung der

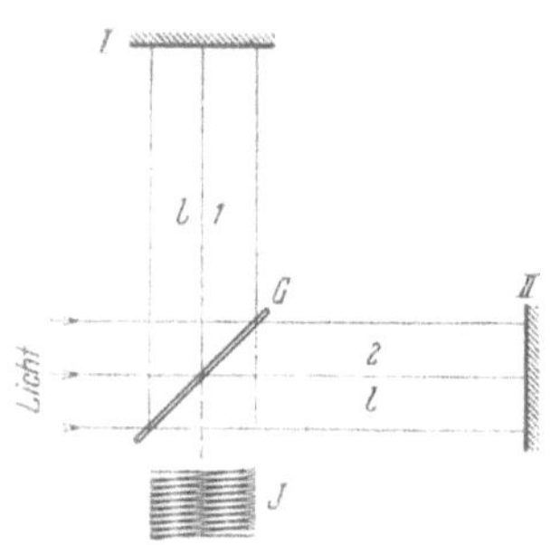

Abb. 497. Vergleich der Wiederkehrzeit des Lichtes in zwei zueinander senkrechten Richtungen. (Lichtweg $2\,l = 60$ m, also Wiederkehrzeit $2\,l/c = 2\cdot 10^{-7}$ sec. Lichtwellenlänge $\lambda = 6\cdot 10^{-7}$ m.)

Interferenzstreifen äußern. Man hat daher den Apparat mit seinen beiden Lichtwegen auf einen „drehbaren Experimentiertisch" gesetzt und dann bei verschiedenen Orientierungen beobachtet. Zu keiner Jahreszeit gab ein Wechsel der Orientierung eine Änderung der Wiederkehrzeit auch nur um den 10^{10}ten Teil ihres Betrages. Also ist die Wiederkehrzeit des Lichtes bis auf mindestens zehn Dezimalen von der Orientierung des Lichtweges zur Erdbahn unabhängig (Albert A. Michelson, Georg Joos).

Unser Ausgangspunkt war eine mögliche Analogie der elektrischen mit den akustischen Wellen. Für letztere hatten wir oben die Gl. (228) hergeleitet. Bei der Erdbahnbewegung können wir das Verhältnis $\dfrac{u^2}{c^2} = \left(\dfrac{3\cdot 10^4\,\text{m/sec}}{3\cdot 10^8\,\text{m/sec}}\right)^2 = 10^{-8}$ setzen.

Nach dieser Analogie hätten wir schon eine Änderung der Wiederkehrzeit in der achten Dezimale erwarten müssen. Die optischen Messungen der Wellenausbreitung bestätigen also das Ergebnis der elektrischen Präzisionsmessungen: Die Erdbahnbewegung macht sich in physikalischen Beobachtungen auf der Erde durch keinerlei Vorzugsrichtung bemerkbar.

In der Akustik fanden wir ein vor allen übrigen ausgezeichnetes Bezugssystem. Es war durch den Fortfall jeder Vorzugsrichtung gekennzeichnet. Im Gebiet der elektrischen und optischen Erscheinungen gibt es überhaupt keine solche Vorzugsrichtung. Damit entfällt auch die Auszeichnung eines einzelnen Bezugssystems vor allen übrigen. Oder anders ausgedrückt: Für elektrische und optische Vorgänge sind alle nicht beschleunigten Bezugssysteme gleichwertig. Diese „Relativität" ist eine durch Präzisionsmessungen aufs beste gesicherte Tatsache.

§ 160. Die Lorentz-Umformungen. In der Elektrizitätslehre, also dem Gültigkeitsbereich der Maxwellschen Gleichungen, sind alle gegeneinander nicht beschleunigten Bezugssysteme gleichwertig. Das war das experimentelle Ergebnis des vorigen Paragraphen. Dies Ergebnis führt auf eine unabweisbare Folgerung:

Wir wollen im Bereich der Maxwellschen Gleichungen von einem Bezugssystem $(x\,y\,z\,t)$ auf ein zweites $(x'\,y'\,z'\,t')$ übergehen. Dies zweite soll dem ersten gleichgerichtet sein, aber sich gegen das erste mit der konstanten Geschwindigkeit u parallel zur x-Achse bewegen. Für diesen Übergang dürfen wir nicht die Galilei-Umformungen benutzen. Diese verwandeln uns ja einen kugelsymmetrischen Ausbreitungsvorgang in einen exzentrisch unsymmetrischen (Abb. 494) mit einer ausgesprochenen Vorzugsrichtung. Damit geraten wir in Widerspruch zur Erfahrung! Folglich müssen für die Maxwellschen Gleichungen andere Umformungen angewandt werden. Sie sind zuerst von H. A. Lorentz gefunden und später ihm zu Ehren Lorentz-Umformungen genannt worden. Sie lauten mit der Kürzung

$$\alpha = \frac{1}{\sqrt{1 - u^2/c^2}} \tag{231}$$

für den Übergang von x nach x':

$$x' = \alpha\,(x - u\,t) \tag{232}$$
$$y' = y; \quad z' = z;$$
$$t' = \alpha\,(t - u\,x/c^2). \tag{234}$$

für den Übergang von x' nach x:

$$x = \alpha\,(x' + u\,t') \tag{233}$$
$$y = y'; \quad z = z';$$
$$t = \alpha\,(t' + u\,x'/c^2). \tag{235}$$

Die Lorentz-Umformungen enthalten die Galilei-Umformungen der klassischen Mechanik als Grenzfall für den Bereich kleiner Geschwindigkeiten. Für kleine Werte von u/c gehen die Gl. (232) und (234) in die Gl. (229) über.

Die Lorentz-Umformungen erfassen nicht nur die Längen-, sondern auch die Zeitangaben beim Übergang von einem Bezugssystem zum andern. Das ist ihr wesentliches Merkmal. Sie setzen sich damit über einen alten Glaubenssatz hinweg: Sie leugnen die Existenz einer für alle Beobachter und Bezugssysteme verbindlichen „Normaluhr". Sie bestreiten nicht die Brauchbarkeit dieses Dogmas für die praktischen Zwecke des täglichen Lebens. Sie verhindern nur seine unzulässige Ausdehnung auf den neuen Erfahrungsbereich sehr großer, der des Lichtes vergleichbarer Geschwindigkeiten.

Die Lorentz-Transformationen behaupten viererlei:

I. Die Relativität der Gleichzeitigkeit: Zwei im ruhenden System an zwei Orten x_1 und x_2 gleichzeitige Ereignisse, also $t_1 = t_2$, sind für einen Beobachter im bewegten System nicht gleichzeitig. Für den bewegten Beobachter haben sie eine Zeitdifferenz

$$t'_1 - t'_2 = \alpha\,(x_1 - x_2)\,u/c^2. \tag{236}$$

Die Gl. (236) folgt aus Gl. (234) für $t_2 = t_1$.

II. Die Einsteinsche Zeitdehnung: Eine im ruhenden System am gleichen Ort gemessene Zeitdauer $T = t_1 - t_2$ ist für einen Beobachter im bewegten System verlängert; für ihn ist die Zeitdauer

$$T' = t'_1 - t'_2 = \alpha\, T, \tag{237}$$

Die Gl. (237) folgt aus Gl. (234) für konstantes x. Die nächste Seite bringt ein Beispiel.

III. Die Lorentz-Kontraktion: Ein der Bewegungsrichtung paralleler Wegabschnitt $l = x_2 - x_1$ im ruhenden System ist für einen Beobachter im bewegten System verkürzt, für ihn gilt

$$x'_2 - x'_1 = l' = l/\alpha. \tag{238}$$

Aus Gl. (234) folgt

$$x'_2 - x'_1 = \alpha\,[x_2 - x_1 - u\,(t_2 - t_1)]. \tag{239}$$

Für t_2 und t_1 sind diejenigen Zeiten zu wählen, für die $t'_2 = t'_1$ wird. Nur so kann der bewegte Beobachter feststellen, an welchen Teilstrichen seines Maßstabes sich Anfang und Ende der zu messenden Strecke im gleichen Zeitpunkt befinden. Für $t'_2 = t'_1$ folgt aus Gl. (234)

$$t_2 - t_1 = u\,(x_2 - x_1)/c^2. \tag{240}$$

Einsetzen von (240) in (239) gibt (238).

IV. Die Gleichwertigkeit der beiden Bezugssysteme: Die Rollen des ruhenden und des bewegten Bezugssystems können miteinander vertauscht werden. Man kann z. B. sagen: Der Beobachter ruht, das Elektron bewegt sich mit der Geschwindigkeit u, oder das Elektron ruht und der Beobachter bewegt sich mit der Geschwindigkeit u. In beiden Fällen benutzte man für das ruhend genannte System die Buchstaben t und x, für das bewegt genannte t' und x'.

Das Licht breitet sich (im Gegensatz zum Schall, Abb. 494) sowohl im ruhenden wie im bewegten Bezugssystem kugelsymmetrisch mit der konstanten Geschwindigkeit c aus. Dieser fundamentale Tatbestand wird durch die Lorentz-Transformationen richtig wiedergegeben.

Das zeigen wir für den Sonderfall $\varphi = 0°$ (Abb. 495). — In dem ruhend genannten System sei der Ort des Senders x_1, der des Empfängers x_2, der Laufweg l sei also $= x_2 - x_1$. Ein Lichtblitz verlasse den Sender zur Zeit t_1, seine Ankunft am Empfänger erfolge zur Zeit t_2, also Laufzeit $T = (t_2 - t_1)$ und $c = l/T$.

Für das bewegt genannte System befindet sich der Sender am Orte $x'_1 = \alpha\,(x_1 - u\,t_1)$. Der Lichtblitz verläßt den Sender zur Zeit $t'_1 = \alpha\,(t_1 - u\,x_1/c^2)$. Im bewegten System erreicht der Lichtblitz den Empfänger am Orte $x'_2 = \alpha\,(x_2 - u\,t_2)$ zur Zeit $t'_2 = \alpha\,(t_2 - u\,x_2/c^2)$. Somit ist für den Beobachter im bewegten System der Laufweg

$$l' = (x'_2 - x'_1) = \alpha\,(l - u\,T) = \alpha\,l\,(l - u/c), \tag{241}$$

die Laufzeit $\qquad T' = t'_2 - t'_1 = \alpha\,(T - u\,l/c^2) = \alpha\,T\,(l - u/c) \tag{242}$

und die Geschwindigkeit $\qquad c' = l'/T' = l/T = c. \tag{243}$

Die Maxwellschen Gleichungen behalten im ruhenden wie im bewegten System die gleiche Gestalt, sobald man setzt

im bewegten System	im ruhenden System
$\mathfrak{E}'_{x'} = \mathfrak{E}_x; \quad \mathfrak{H}'_{x'} = \mathfrak{H}_x;$	$\mathfrak{E}_x = \mathfrak{E}'_{x'}; \quad \mathfrak{H}_x = \mathfrak{H}'_{x'};$
$\mathfrak{E}'_{y'} = \alpha\,(\mathfrak{E}_y - \mu_0\,u\,\mathfrak{H}_z);$	$\mathfrak{E}_y = \alpha\,(\mathfrak{E}'_{y'} + \mu_0\,u\,\mathfrak{H}'_{z'});$
$\mathfrak{E}'_{z'} = \alpha\,(\mathfrak{E}_z + \mu_0\,u\,\mathfrak{H}_y);$	$\mathfrak{E}_z = \alpha\,(\mathfrak{E}'_{z'} - \mu_0\,u\,\mathfrak{H}'_{y'});$
$\mathfrak{H}'_{y'} = \alpha\,(\mathfrak{H}_y + \varepsilon_0\,u\,\mathfrak{E}_z);$	$\mathfrak{H}_y = \alpha\,(\mathfrak{H}'_{y'} - \varepsilon_0\,u\,\mathfrak{E}'_{z'});$
$\mathfrak{H}'_{z'} = \alpha\,(\mathfrak{H}_z - \varepsilon_0\,u\,\mathfrak{E}_y).$	$\mathfrak{H}_z = \alpha\,(\mathfrak{H}'_{z'} + \varepsilon_0\,u\,\mathfrak{E}'_{y'}).$

$$(244) \qquad\qquad (245)$$

$$\text{Energie:}\quad W' = \alpha\,W \qquad\qquad W = \alpha\,W' \atop \text{Ladung:}\qquad\qquad\qquad q' = q \qquad\qquad\qquad\quad \tag{246}$$

Mit den Lorentz-Transformationen werden also die elektrischen Feldstärken $\mathfrak{E}$ mit der Kraftflußdichte $\mu_0 \mathfrak{H} = \mathfrak{B}$ und die magnetischen Feldstärken $\mathfrak{H}$ mit den elektrischen Verschiebungsdichten $\varepsilon_0 \mathfrak{E} = \mathfrak{D}$ zu je einem Vektor zusammengefaßt. Das bedeutet experimentell: Im Besitz der Lorentz-Transformationen braucht man nicht mehr die beiden Formen des Induktionsvorganges mit der formfesten ruhenden und mit der bewegten Induktionsspule auseinanderzuhalten; auch braucht man nicht den Rowlandschen Versuch als eine neue Art zur Erzeugung magnetischer Felder einzuführen. Neu ist in den Gl. (245) und (246) nur der Faktor α aus Gl. (231). Im übrigen decken sie sich inhaltlich mit den Gl. (89) von Seite 86 und (93a) von Seite 88.

Der für die Lorentz-Transformationen charakteristische Wechsel der Zeitangaben beim Übergang von einem ruhend genannten System auf ein bewegt genanntes oder umgekehrt gilt unserer heutigen Generation noch als „unanschaulich". Das heißt, wir haben uns noch nicht durch vielfältige Erfahrungen an die Vorgänge im Bereich großer Geschwindigkeiten gewöhnt. Das wird in späteren Jahren anders werden. Für die Einsteinsche Zeitdehnung besitzen wir bereits heute eine sinnfällige Erfahrung:

Die harte Komponente der Höhenstrahlung, die aus sehr schnellen Mesonen besteht, hat in unserer Atmosphäre eine mittlere Reichweite $w \approx 6000$ m. Ihre Geschwindigkeit u ist nahezu gleich der Lichtgeschwindigkeit c, es ist $u = 0{,}995\,c$. Folglich beobachten wir eine Flugzeit $w/u = 2 \cdot 10^{-5}$ sec. Diese Zeit ist aber rund zehnmal so groß wie die Lebensdauer ruhender Mesonen! Diese ist nur $\tau = 2 \cdot 10^{-6}$ sec. Trotzdem liegt kein Widerspruch vor. Denken wir uns das Meson mit der Lebensdauer $\tau = 2 \cdot 10^{-6}$ sec in Ruhe und uns bewegt. Dann ist in unserem bewegten System nach der Gl. (237) die Flugzeit $T' = \alpha\,\tau$; für $u = 0{,}995\,c$ ist der Faktor $\alpha = 10$, also die Flugzeit T' gleich dem Zehnfachen der Lebensdauer τ des ruhenden Mesons.

Im Bereich der großen Geschwindigkeiten ist uns früher eine Abhängigkeit der Elektronenmasse m von der Geschwindigkeit u begegnet. Sie ließ sich empirisch durch die Gl. (223) von Seite 249, also $m = \alpha\,m_0$, darstellen. A. Einstein hat auch diese Gleichung durch Anwendung der Lorentz-Umformungen auf die Grundgleichung der Mechanik herleiten können. Dieses Kapitel soll aber lediglich den innigen Zusammenhang zwischen dem Relativitätsprinzip und dem Erfahrungsinhalt der Maxwellschen Gleichungen, also dem Kernstück unserer heutigen Elektrizitätslehre, klarstellen. So zeigt sich am sinnfälligsten das Relativitätsprinzip in seiner wahren Natur, nämlich als eine Tatsache der Erfahrung. — Theorien kommen und gehen, Tatsachen bleiben.

Die elektrischen Einheiten.

Die Schaffung und Überwachung zuverlässiger physikalischer Einheiten erfolgt in internationaler Zusammenarbeit der meßtechnischen Zentralinstitute. Dabei werden in mühseliger, gewissenhafter Kleinarbeit von Jahrzehnt zu Jahrzehnt wertvolle Fortschritte erzielt. Wir erinnern beispielsweise an die Sicherung des Meters durch Vergleiche mit Lichtwellenlängen.

Ihrer Bedeutung entsprechend hat man auch auf die Sicherung der elektrischen Einheiten Ampere und Volt viel Sorgfalt verwandt. — In Deutschland war seit 1898 durch Reichsgesetz das Ampere elektrolytisch definiert und das Verhältnis 1 Volt/Ampere = 1 Ohm durch ein metallisches Widerstandsnormal verkörpert. 1908 sind diese beiden Festsetzungen international eingeführt worden. 1911 hat man sich international geeinigt, die Spannung des Weston-Normalelementes bei 20° C mit 1,0183 Volt anzugeben.

Mit diesen internationalen Vereinbarungen sollte die elektrische Energieeinheit 1 Voltamperesekunde ebenso groß gemacht werden wie die mechanische Energieeinheit 1 Großdynmeter. Das ist leider nicht ganz geglückt; ein internationaler Mittelwert aus Präzisionsmessungen ergab schließlich 1 Voltamperesekunde = 1,0002 Großdynmeter, also einen gelegentlich schon störenden Unterschied. — Dazu kam ein zweiter Punkt: Die an sich so bestechend einfache elektrolytische Definition des Ampere ergab nicht ganz die ursprünglich erhoffte Zuverlässigkeit. Zeitlich und örtlich verschiedene Bestimmungen führten zu Unsicherheiten in der vierten Dezimale; ihre Ursache konnte bis heute nicht aufgefunden werden.

Bei dieser Sachlage hat man sich nach langwierigen internationalen Vorbereitungen entschlossen, die elektrischen Einheiten für Strom und Spannung noch einmal neu festzusetzen. Die neuen Einheiten sollen als „absolute“ von den bisherigen, „internationale“ genannten, unterschieden werden (natürlich nur für eine Übergangszeit). In dem nun folgenden Text bedeuten Volt, Ampere und Ohm stets die „absoluten“. Die am Schluß noch einmal erwähnten „internationalen“ sind durch dieses Adjektiv klar gekennzeichnet.

Die neuen Einheiten für Strom und Spannung werden dadurch „absolut“ definiert, daß man sowohl für ihr Produkt wie für ihr Verhältnis je eine feste Größe vereinbart. — Für das Produkt wird vereinbart

$$1 \text{ Voltamperesekunde} = 1 \text{ Großdynmeter.} \tag{1}$$

Für das Verhältnis Volt/Ampere wird vereinbart, daß die Messung der Induktionskonstante

$$\mu_0 = 4\,\pi \cdot 10^{-7}\,\frac{\text{Voltsek.}}{\text{Amp.Meter}}$$

ergeben muß[1]. — Prinzipiell, d. h. auf dem Papier, ist damit alles erledigt.

---

[1] Mit gleichem Recht hätte man μ_0 mit irgendeinem anderen Zahlenwert festsetzen können. Sehr zweckmäßig wäre die Vereinbarung $\mu_0 = 12,5602 \cdot 10^{-7}$ Voltsekunden/Amperemeter gewesen: Mit ihr gäce es keinen Unterschied zwischen dem neuen absoluten und dem alten internationalen Ohm. Jedoch erfreut sich nun einmal die Zahl $4\,\pi = 12,5664$ in den konservativen Kreisen der theoretischen Physik besonderer Beliebtheit; dem hat man Rechnung getragen.

Bei der experimentellen Verwirklichung der neuen Einheiten richtet man sich nach dem Vorbild aller „absoluten" Definitionen von Einheiten, nämlich der absoluten Definition des Meters[1]. Für die elektrischen Einheiten erfolgt diese Verwirklichung in vier Schritten. Wir beschreiben sie so, wie sie in den meßtechnischen Zentralinstituten erfolgen und wie sie in einfacher Ausführung in jedem Anfängerpraktikum absolute Eichungen ermöglichen.

I. Beschaffung der experimentellen Hilfsmittel.

Für den gesamten quantitativen Aufbau der Elektrizitätslehre genügt es, zwei der drei Größen Strom, Spannung und Widerstand mit improvisierten Einheiten zu messen. Der Kürze halber geben wir diesen improvisierten Einheiten Namen, jedoch nicht solche bekannter Forscher, sondern alltägliche Vornamen. Diese sollen gleichzeitig die Willkür der Einheitenwahl betonen. — Nach diesen Vorbemerkungen verschaffen wir uns folgende Hilfsmittel:

Eine Reihe einander gleicher Elemente oder Akkumulatoren; jedes einzelne von ihnen soll als Spannungsnormal eine Spannungseinheit, genannt 1 Max, verkörpern.

Eine Reihe einander gleicher metallischer Leiter; jeder einzelne von ihnen soll als Widerstandsnormal eine Widerstandseinheit genannt 1 Fritz, verkörpern.

Spannungsmesser (§ 6 und 8). Diese eicht man für Spannungen U in Max und für Spannungsstöße $\int U\,dt$ in Maxsekunden.

Strommesser (§ 3). Diese eicht man für Ströme I in der Stromeinheit 1 Max/Fritz, genannt 1 Moritz, und für Stromstöße $\int I\,dt$ in Moritzsekunden.

II. Bestimmung des Produktes Volt·Ampere.

Prinzip: Mit den so provisorisch geeichten Meßinstrumenten mißt man nach irgendeinem bewährten Verfahren die Kraft $\Re$, die ein vom Strom I durchflossener Leiter in einem Magnetfeld erfährt. So kann man beispielsweise das Schema der Abb. 188 benutzen, also einen Leiter der Länge l quer in einem Magnetfeld der Kraftflußdichte $\mathfrak{B}$. Man mißt die Kraft in Großdynen und findet experimentell für das Verhältnis $\Re/\mathfrak{B}\,I\,l$ einen konstanten Wert, und zwar wenn wir den Zahlenwert mit a bezeichnen,

$$\frac{\Re}{\mathfrak{B}\,I\,l} = a\,\frac{\text{Großdyn}}{\dfrac{\text{Maxsekunden}}{\text{Meter}^2}\cdot\text{Moritz}\cdot\text{Meter}} = a\,\frac{\text{Großdynmeter}}{\text{Max-Moritz-Sekunden}} \qquad (3)$$

Die rechts vom Gleichheitszeichen stehende Größe ist ein konstanter Proportionalitätsfaktor zwischen der Kraft $\Re$ einerseits, dem Produkt $\mathfrak{B}\,I\,l$ anderer-

---

[1] Mit einem noch jetzt im Pariser Archiv vorhandenen Maßstab hat man eine vorläufige Längeneinheit verkörpert, genannt Toise (Klafter). Mit ihr hat man die Länge des Erdmeridianquadranten $= 5{,}1307 \cdot 10^6$ Toisen gemessen. Auf Grund dieser Messungen definierte man eine neue Längeneinheit, genannt 1 Meter, durch die Vereinbarung, daß die Messung die Länge des Erdmeridianquadranten $= 10^7$ Meter ergeben müsse. Demnach verkörperte der Toisenstab die Länge $1{,}949..$ Meter (mètre vraie et définitif). Im Anschluß an den so absolut geeichten Toisenstab hat man alsdann das Meter durch Stäbe aus Edelmetallen verkörpert (erst das metre des archives und dann das Meterprototyp der internationalen Meterkonvention). Nach dem heutigen Stand der Meßtechnik ist der Erdquadrant $= 1{,}00023 \cdot 10^7$ Meter. Deswegen hat man 1889 die absolute Definition des Meters als überholt wieder aufgegeben. Verkörperte Einheiten sind eben gegen Fortschritte der Meßtechnik resistenter als absolute und daher letzten Endes oft zweckmäßiger.

seits. Dieser Proportionalitätsfaktor soll dimensionslos $=1$ werden, damit $\Re=\mathfrak{B}.Il$ wird. Dafür genügt 1 Max-Moritz-Sekunde $=$ a Großdynmeter. Außerdem aber soll 1 Großdynmeter $=$ 1 Voltamperesekunde werden. Aus diesen beiden Forderungen folgt

$$1 \text{ Max} \cdot \text{Moritz} = \text{a Volt} \cdot \text{Ampere.} \tag{4}$$

Damit ist das **Produkt** der Einheiten festgelegt. Um sie einzeln zu erhalten, muß als nächstes auch ihr **Verhältnis** festgesetzt werden.

III. Bestimmung des Verhältnisses Volt/Ampere = 1 Ohm.

Prinzip: Man mißt nach irgendeinem bewährten Verfahren die Induktionskonstanten μ_0. Dafür kann man beispielsweise das in § 57 erläuterte Verfahren benutzen[1]. Man findet, wenn man den **Zahlenwert** mit b bezeichnet, experimentell

$$\mu_0 = \frac{\int U\, dt}{\mathfrak{H}\, n F} = \text{b} \frac{\text{Maxsekunden}}{\dfrac{\text{Moritz}}{\text{Meter}} \cdot \text{Meter}^2} = \text{b} \frac{\text{Maxsekunden}}{\text{Moritz Meter}}. \tag{5}$$

Die Gleichung (5) geht in die geforderte Gleichung (2) über, wenn man setzt

$$1 \frac{\text{Max}}{\text{Moritz}} = \frac{4\,\pi}{\text{b}}\, 10^{-7} \frac{\text{Volt}}{\text{Ampere}} = \text{c Ohm.} \tag{6}$$

Das bedeutet: Der als **Widerstandsnormal** gewählte **metallische Leiter verkörpert fortan c Ohm** oder c Volt/Ampere. — Die Zusammenfassung der Gleichung (4) und (6) gibt

$$1 \text{ Max} = \sqrt{\text{a c}}\ \text{Volt} = \text{d Volt.} \tag{7}$$

Das bedeutet: **Das als Spannungsnormal benutzte Element verkörpert fortan die Spannung d Volt.**

IV. Beibehaltung der bisherigen Normale.

Benutzt man als provisorisches Spannungsnormal das Kadmium-Normalelement, so findet man[2] die Spannung 1 Max dieses Normals $= 1{,}0186_5$ Volt. Früher hieß sie 1,0183 internationale Volt. Daher

$$1 \text{ Volt} = 0{,}99966 \text{ internationale Volt.} \tag{8}$$

Benutzt man als provisorisches Widerstandsnormal ein bisheriges für ein internationales Ohm, so findet man[2] den Widerstand 1 Fritz dieses alten Normals $= 1{,}00049$ Ohm. Folglich ist

$$1 \text{ Ohm} = 0{,}99951 \text{ internationale Ohm} \tag{9}$$

und mit (8)

$$1 \text{ Ampere} = 1{,}00015 \text{ internationale Ampere.} \tag{10}$$

Die **meßtechnischen Zentralinstitute** wollen auch in Zukunft die bisherigen altbewährten Widerstandsnormale und Normalelemente beibehalten und lediglich ihre Eichvermerke ändern. — Das ist alles, mehr soll nicht geschehen.

---

[1] Eine sehr gute Methode bestimmt μ_0 aus dem Selbstinduktionskoeffizienten L einer Spule von bekannter Gestalt [z. B. Gl. (157) von S. 130]. Der Selbstinduktionskoeffizient L kann sehr sicher im Anschluß an einen bekannten Widerstand R gemessen werden.

[2] Nach einer international **vereinbarten** Bewertung der Messungen.

(Die Zahl der benutzten Zeichen ist in Klammern beigefügt.)

	Mit elektrischen Einheiten (dies Buch)	Für Einheiten des abs. Maß-Systems (meist nach G. Joos, Theoretische Physik, aber mit den Buchstaben dieses Buches)
Kapazität eines flachen Plattenkondensators	$C = \dfrac{\varepsilon \cdot \varepsilon_0\, F}{l}$ (4)	$= \dfrac{\varepsilon \cdot F}{4\,\pi\, l}$ (5)
Selbstinduktionskoeffizient L einer gestreckten Spule	$L = \dfrac{\mu \cdot \mu_0 \cdot n^2\, F}{l}$ (5)	$= \dfrac{\mu \cdot 4\,\pi\, n^2\, F}{c^2\, l}$ (7)
Elektrische Energie im Volumen V	$W_e = \dfrac{\varepsilon_0}{2}\,\mathfrak{E}^2 V$ (4)	$= \dfrac{\mathfrak{E}^2 V}{8\,\pi}$ (4)
Magnetische Energie im Volumen V	$W_m = \dfrac{\mu_0}{2}\,\mathfrak{H}^2 V$ (4)	$= \dfrac{\mathfrak{H}^2 V}{8\,\pi}$ (4)
Kraft zwischen zwei punktförmigen elektrischen Ladungen	$\mathfrak{K} = \dfrac{q\, q'}{4\,\pi\,\varepsilon_0\, r^2}$ (6)	$= \dfrac{q\, q'}{r^2}$ (3)
Kraft zwischen zwei punktförmigen Magnetpolen	$\mathfrak{K} = \dfrac{\Phi\, \Phi'}{4\,\pi\,\mu_0\, r^2}$ (6)	$= \dfrac{\Phi\, \Phi'}{r^2}$ (3)
Anziehung zwischen zwei geladenen Platten mit homogenem Feld	$\mathfrak{K} = \dfrac{\varepsilon_0\,\mathfrak{E}^2\, F}{2}$ (4)	$= \dfrac{\mathfrak{E}^2 F}{8\,\pi}$ (4)
Anziehung zwischen zwei ebenen Magnetpolen mit homogenem Feld	$\mathfrak{K} = \dfrac{\mu_0\,\mathfrak{H}^2\, F}{2}$ (4)	$= \dfrac{\mathfrak{H}^2 F}{8\,\pi}$ (4)
Molekulare elektr. Polarisierbarkeit $= \dfrac{\text{elektr. Moment eines Moleküles}}{\text{elektrische Feldstärke}}$	$a = \dfrac{3\,\varepsilon_0}{N\varrho}\cdot\dfrac{\varepsilon - 1}{\varepsilon + 2}$ (8)	$= \dfrac{3}{4\,\pi\, N\varrho}\cdot\dfrac{\varepsilon - 1}{\varepsilon + 2}$ (9)
Permanentes elektr. Moment eines parelektrischen Moleküles	$\mathfrak{w}_p = (3\, k\, T_{\text{abs}} \cdot \mathfrak{p})^{\frac{1}{2}}$ (4)	$= (3\, k\, T_{\text{abs}}\, \mathfrak{p})^{\frac{1}{2}}$ (4)
Molekulare magnet. Polarisierbarkeit $= \dfrac{\text{magn. Moment eines Moleküles}}{\text{magnetische Feldstärke}}$	$\beta = \dfrac{\mu_0\,(\mu - 1)}{N\varrho}$ (5)	$= \dfrac{(\mu - 1)}{4\,\pi\, N\varrho}$ (6)
Sommerfeldsche Feinstrukturkonstante	$\dfrac{1}{137} = \dfrac{e^2}{2\,\varepsilon_0\, h\, c}$ (5)	$= \dfrac{2\,\pi\, e^2}{h\, c}$ (5)
Bohrsches Magneton	$\mathfrak{m}_B = \dfrac{\mu_0\, h}{4\,\pi}\cdot\dfrac{e}{m}$ (6)	$= \dfrac{h\cdot}{4\,\pi\, c}\cdot\dfrac{e}{m}$ (6)
Radius der kleinsten Elektronenbahn im H-Atom	$r_{\min} = \dfrac{\varepsilon_0\, h^2}{\pi\, m e^2}$ (5)	$= \dfrac{h^2}{4\,\pi^2\, m e^2}$ (5)
$\dfrac{\text{Magnetisches Moment}}{\text{Drehimpuls}}$ für ein umlaufendes Elektron	$\dfrac{\mathfrak{M}}{\mathfrak{G}*} = -\dfrac{\mu_0}{2}\cdot\dfrac{e}{m}$ (4)	$= -\dfrac{e}{2\, m c}$ (4)
für ein kreiselndes Elektron	$\dfrac{\mathfrak{M}}{\mathfrak{G}*} = -\mu_0\cdot\dfrac{e}{m}$ (3)	$= -\dfrac{e}{m c}$ (3)
Larmor-Frequenz	$v_L = \dfrac{\mathfrak{B}}{4\,\pi}\cdot\dfrac{e}{m}$ (5)	$= \dfrac{\mathfrak{H}}{4\,\pi\, c}\cdot\dfrac{e}{m}$ (6)
Rydberg-Frequenz	$Ry = \dfrac{e^4\, m}{8\,\varepsilon_0^2\, h^3}$ (5)	$= \dfrac{2\,\pi^2\, e^4\, m}{h^3}$ (5)
Bahnkrümmungsradius eines Elektrizitätsträgers mit der Ladung $q = (z\, e)$ im Magnetfeld	$r = \dfrac{m}{z\, e}\cdot\dfrac{u}{\mathfrak{B}}$ (5)	$= \dfrac{m}{z\, e}\cdot\dfrac{c\, u}{\mathfrak{H}}$ (6)
	Summe (92)	Summe (93)

Sachverzeichnis.

Periodisches System der Elemente.

Ordnungszahlen (fett) und chemische Atomgewichte (1947) als dimensionslose Zahlen.

Periode \ Gruppe	I	II	III	IV	V	VI	VII	VIII			IX
I	**1** H 1,008										**2** He 4,003
II	**3** Li 6,94	**4** Be 9,02	**5** B 10,82	**6** C 12,01	**7** N 14,01	**8** O 16,00	**9** F 19,00				**10** Ne 20,18
III	**11** Na 23,00	**12** Mg 24,32	**13** Al 26,97	**14** Si 28,06	**15** P 30,98	**16** S 32,06	**17** Cl 35,46				**18** Ar 39,94
IV	**19** K 39,10	**20** Ca 40,08	**21** Sc 45,10	**22** Ti 47,90	**23** V 50,95	**24** Cr 52,01	**25** Mn 54,93	**26** Fe 55,85	**27** Co 58,94	**28** Ni 58,69	
	29 Cu 63,57	**30** Zn 65,38	**31** Ga 69,72	**32** Ge 72,60	**33** As 74,91	**34** Se 78,96	**35** Br 79,92				**36** Kr 83,7
V	**37** Rb 85,48	**38** Sr 87,63	**39** Y 88,92	**40** Zr 91,22	**41** Nb 92,9	**42** Mo 95,95	**43** Tc (99)	**44** Ru 101,7	**45** Rh 102,9	**46** Pd 106,7	
	47 Ag 107,88	**48** Cd 112,4	**49** In 114,8	**50** Sn 118,7	**51** Sb 121,8	**52** Te 127,6	**53** J 126,9				**54** X 131,3
VI	**55** Cs 132,9	**56** Ba 137,4	**57** La 138,9 [Lanthaniden]	**72** Hf 178,6	**73** Ta 180,9	**74** W 183,9	**75** Re 186,3	**76** Os 190,2	**77** Ir 193,1	**78** Pt 195,2	
	79 Au 197,2	**80** Hg 200,6	**81** Tl 204,4	**82** Pb 207,2	**83** Bi 209,0	**84** Po (210)	**85** At (211)				**86** Rn (222)
VII	**87** Fr (223)	**88** Ra 226,1	**89** Ac (227) [Uraniden]								

Lanthaniden							
58 Ce 140,1	**59** Pr 140,9	**60** Nd 144,3	**61** Il (147)	**62** Sm 150,4	**63** Eu 152,0	**64** Gd 156,9	**65** Tb 159,2
66 Dy 162,5	**67** Ho 164,9	**68** Er 167,2	**69** Tm 169,4	**70** Yb 173,1	**71** Cp 175,0		

Uraniden ..						
90 Th 232,1	**91** Pa (231)	**92** U 238,1	**93** Np (237)	**94** Pu (239)	**95** Am (241)	**96** Cm (242)

Über die Bezeichnung der Feldvektoren ist leider in der Literatur noch immer keine Einheitlichkeit erzielt. Neuerdings nennen manche Autoren

$\mathfrak{D}$ elektrische Erregung $\qquad$ $\mathfrak{E}$ elektrische Feldstärke
$\mathfrak{H}$ magnetische Erregung $\qquad$ $\mathfrak{B}$ magnetische Feldstärke.

Außerdem werden einige magnetische Größen durch Umstellung der Induktionskonstante μ_0 anders definiert. Die neuen Größen mögen durch einen Indexstrich gekennzeichnet werden; dann heißt es:

magnetisches Moment $\quad \mathfrak{M}' = \mathfrak{M}/\mu_0 = I\,F\ [\text{Amp.} \cdot \text{m}^2]$
Polstärke $\qquad\qquad\quad \Phi' = \Phi/\mu_0 = \mathfrak{H}\,F\ [\text{Amp.} \cdot \text{m}]$
Magnetisierung $\qquad\quad \mathfrak{J}' = \mathfrak{J}/\mu_0 = \mathfrak{H}_- - \mathfrak{H}_|\ [\text{Amp.}/\text{m}]$

Beide Definitionen scheinen gleich zweckmäßig zu sein. Bei sauberer Angabe der benutzten Einheiten kann nie ein Zweifel entstehen, welche der beiden Definitionen benutzt wird.

Die beiden entbehrlichen Einheiten

$$1\ \text{Gauß} = 10^{-4}\ \text{Voltsek.}/\text{m}^2;\quad 1\ \text{Oersted} = 79{,}6\ \text{Amp.}/\text{Meter}$$
$$\text{Induktionskonstante}\ \mu_0 = 1\ \text{Gauß}/\text{Oersted}$$

hat man nur geschaffen, um im Vakuum die Zahlenwerte der Kraftflußdichte $\mathfrak{B}$ und der Feldstärke $\mathfrak{H}$ gleich groß zu machen.

Beispiel: $\mathfrak{H} = 5 \cdot 10^4$ Oersted; $\mu_0\,\mathfrak{H} = \mathfrak{B} = 5 \cdot 10^4\,\mu_0$ Oersted $= 5 \cdot 10^4$ Gauß.

Man findet Gauß und Oersted häufig in technischen Darstellungen der Magnetisierungskurven, und zwar gleichzeitig mit einer technischen Definition der Magnetisierung $\mathfrak{J}t = \mathfrak{J}/4\,\pi$ und der Suszeptibilität $\varkappa t = \varkappa/4\,\pi$. Als Abszisse benutzt man die Feldstärke $\mathfrak{H}_|$ in einem gedachten Längskanal, gemessen in Oersted; als Ordinate die technische Magnetisierung $\mathfrak{J}t = (\mathfrak{B}_- - \mu_0\,\mathfrak{H}_|)/4\,\pi$, gemessen in Gauß. ($\mathfrak{B}_- =$ Kraftflußdichte im Querschlitz, § 73.) Dann ist das Verhältnis

$$\frac{\mathfrak{J}t}{\mathfrak{H}_|} = \mu_0\,\varkappa t = \mu_0\,\frac{\mu - 1}{4\,\pi}.$$

Erst eine Umstellung von μ_0 liefert

$$\frac{\mathfrak{J}t}{\mu_0\,\mathfrak{H}_|} = \frac{\mathfrak{J}t}{\mathfrak{B}_|} = \varkappa t = \frac{\mu - 1}{4\,\pi}.$$

Diese technische Darstellung ist historisch bedingt und umständlicher als die in den §§ 72 und 74 angewandte. Dort wurde als Abszisse $\mathfrak{B}_|$, als Ordinate $\mathfrak{J} = \mathfrak{B}_- - \mathfrak{B}_|$ aufgetragen, und zwar beide mit der Einheit Voltsek./m². Dann ist das Verhältnis $\mathfrak{J}/\mathfrak{B}_| = \varkappa = \mu - 1$.

Nebenbegriffe.

In der Elektrizitätslehre findet man folgende entbehrliche, nur mit Hilfe der Einheit Gramm definierbare *Nebenbegriffe*. — In allen folgenden Beispielen bedeutet (M) das Molekulargewicht als dimensionslose Zahl. — (M)gramm wird Mol genannt.

$$\textit{Loschmidtzahl} = \frac{\text{Molekülzahl}}{\text{Masse}} \cdot (M)\ \text{Gramm} = \text{spezif. Molekülzahl} \cdot (M)\ \text{Gramm}$$

$$\textit{Zahl der Mole} = \frac{\text{Masse } M}{(M)\text{Gramm}} = \frac{\text{Molekülzahl } n}{\textit{Loschmidtzahl}}$$

$$\textit{Faradayzahl} = \frac{1}{z} \cdot \frac{\text{Ionenladung}}{\text{Ionenmasse}} \cdot (M)\ \text{Gramm} = \frac{1}{z} \cdot \text{spezif. Ionenladung} \cdot (M)\ \text{Gramm}$$

$$(z = \text{Wertigkeit})$$

$$\textit{Molsuszeptibilität} = \frac{\text{Suszept.}}{\text{Dichte}} \cdot (M)\ \text{Gramm} = \text{spezif. Suszept.} \cdot (M)\ \text{Gramm}$$

$$\textit{Äquivalentleitfähigkeit} = \frac{1}{z} \cdot \frac{\text{spezif. Leitfähigkeit}}{\text{Massenkonzentration}} \cdot (M)\ \text{Gramm.}$$

Oft gebrauchte Gleichungen.

$$\text{Spezif. Molekülzahl } N = \frac{\text{Molekülzahl } n}{\text{Masse } M} = \frac{6{,}02 \cdot 10^{26}}{\text{Kilomol}}$$

[Individuelle Masseneinheit Kilomol = (M) Kilogramm; (M) = Molekulargewicht, Zahl]

$$\text{Masse } m \text{ eines Moleküles } = 1/N$$

Beispiel für O_2: Molekulargewicht $(M) = 32$; daher für O_2 1 Kilomol = 32 kg. Also

$$m_{O_2} = \frac{1 \text{ Kilomol}}{6{,}02 \cdot 10^{26}} = \frac{32 \text{ kg}}{6{,}02 \cdot 10^{26}} = 5{,}31 \cdot 10^{-26} \text{ kg}$$

$$\left.\begin{array}{l} \text{(Massen-)Dichte } \varrho = \dfrac{\text{Masse } M}{\text{Volumen } V} \\[2mm] \text{Molekülzahldichte } N_v = \dfrac{\text{Molekülzahl } n}{\text{Volumen } V} \end{array}\right\} N_v = \varrho\, N$$

Beispiel für Al: Atomgewicht $(A) = 27$; daher für Al 1 Kilomol = 27 kg. Somit entweder

$$\left.\begin{array}{l} \varrho = 2700 \, \dfrac{\text{kg}}{\text{m}^3} \text{ und } N = \dfrac{6{,}02 \cdot 10^{26}}{27 \text{ kg}} = \dfrac{2{,}23 \cdot 10^{25}}{\text{kg}} \\[4mm] \varrho = \dfrac{2700}{27} \, \dfrac{\text{Kilomol}}{\text{m}^3} = 100 \, \dfrac{\text{Kilomol}}{\text{m}^3} \text{ und } N = \dfrac{6{,}02 \cdot 10^{26}}{\text{Kilomol}} \end{array}\right\} N_v = \varrho\, N = 6 \cdot 10^{28}/\text{m}^3$$

oder

Für ideale Gase

$$\left.\begin{array}{l} \text{Dichte } \varrho = \dfrac{\text{Masse } M}{\text{Volumen } V} = 0{,}0446 \, \dfrac{\text{Kilomol}}{\text{m}^3} \\[4mm] \text{Spezif. Volumen } = \dfrac{\text{Volumen } V}{\text{Masse } M} = 22{,}4 \, \dfrac{\text{m}^3}{\text{Kilomol}} \end{array}\right\} \begin{array}{l} \text{für } T = 0 \degree \text{ C} \\ p = 760 \text{ mm Hg-Säule.} \end{array}$$

Beispiel für Luft: 1 Kilomol = 29 kg; $\varrho_{\text{Luft}} = 0{,}0446 \cdot 29 \text{ kg/m}^3 = 1{,}293 \text{ kg/m}^3$

$$\left.\begin{array}{l} \text{Massenkonzentration } c = \dfrac{\text{Masse des gelösten Stoffes}}{\text{Volumen der Lösung}} \\[4mm] \text{Molekülkonzentration } N_v = \dfrac{\text{Zahl der gelösten Moleküle}}{\text{Volumen der Lösung}} \end{array}\right\} N_v = c\, N$$

$$\text{Spezif. Ionenladung} = \frac{\text{Ladung } z\,e \text{ des Ions}}{\text{Masse } m \text{ des Ions}} = N z e = z \cdot 9{,}65 \cdot 10^7 \frac{\text{Amperesek}}{\text{Kilomol}}$$

$z = $ Wertigkeit; $1/z$ Kilomol = 1 Kilogrammäquivalent

$$N \cdot e \cdot \text{Volt} = 9{,}65 \cdot 10^7 \text{ Wattsek/Kilomol} = 2{,}30 \cdot 10^4 \text{ Kilokal/Kilomol}$$

$$H\text{-Ionen-Konzentration } c_H = \frac{\text{Masse der } H\text{-Ionen}}{\text{Volumen der Lösung}}$$

$$\text{Wasserstoff-Exponent } p_H = \log_{10} \frac{1 \text{ Mol/Liter}}{c_H}$$

Beispiel für reinstes Wasser bei 25° C

$$c_H = 0{,}1 \text{ Milligramm/m}^3 = 10^{-7} \text{ Mol/Liter}$$

$$p_H = \log_{10} \frac{1 \text{ Mol/Liter}}{10^{-7} \text{ Mol/Liter}} = \log_{10} 10^7 = 7$$

$$\text{Licht-Wellenlänge } \lambda = \frac{1{,}239 \cdot 10^4 \text{ Volt}}{\text{Spannung } U} \text{ ÅE}$$

$$\text{Elektronen-Wellenlänge } \lambda = \sqrt{\frac{150 \text{ Volt}}{\text{Spannung } U}} \text{ ÅE}$$

Beispiele: $U = 5$ Volt; $\lambda_{\text{Licht}} = 2478$ ÅE; $\lambda_{\text{Elektron}} = 5{,}46$ ÅE

$$\text{Photonenenergie} = \text{Wellenzahl} \cdot 1{,}24 \cdot 10^{-4} \text{ cm Elektronenvolt}$$

Längen-Einheiten.

1 Mikron $= 1\,\mu = 10^{-3}\,\text{mm} = 10^{-6}\,\text{m}$; 1 Millimikron $= 1\,\text{m}\mu = 10^{-9}\,\text{m}$
1 Angströmeinheit $= 1\,\text{ÅE} = 10^{-10}\,\text{m}$; 1 X-Einheit $= 1\,\text{XE} = 0{,}998 \cdot 10^{-13}\,\text{m}$
1 Parsec $= 3{,}08 \cdot 10^{16}\,\text{m} = 3{,}26$ Lichtjahre

Kraft-Einheiten.

1 Großdyn $= 1\,\text{kg} \cdot \text{m/sec}^2 = 10^5\,\text{dyn} = 0{,}102$ Kilopond
1 Kilopond $= 9{,}81$ Großdyn   1 Millipond $= 0{,}98$ dyn

Druck-Einheiten.

	$\dfrac{\text{Großdyn}}{\text{m}^2}$ $(= 10^{-5}\,\text{bar})$	Techn. Atmosphäre $= \dfrac{1\ \text{Kilopond}}{\text{cm}^2}$	physikalische Atmosphäre	1 mm Hg-Säule $= 1$ Torr	1 mm Wassersäule
1 Großdyn/m² 10^{-5} bar $\Big\} =$	1	$1{,}02_0\ 10^{-5}$	$9{,}86_9\ 10^{-6}$	$7{,}50_1\ 10^{-3}$	$0{,}102_0$
1 techn. Atmosphäre 1 Kilopond/cm²; (at) $\Big\} =$	$9{,}80_7 \cdot 10^4$	1	$0{,}967_8$	$7{,}35_6\ 10^2$	10^4
1 physikalische Atmosphäre; (Atm) $\Big\} =$	$1{,}01_3 \cdot 10^5$	$1{,}03_3$	1	760	$1{,}03_3 \cdot 10^4$
1 mm Hg-Säule 1 Torr $\Big\} =$	$1{,}33_3 \cdot 10^2$	$1{,}36_0\ 10^{-3}$	$1{,}31_6 \cdot 10^{-3}$	1	$13{,}6_0$
1 mm Wassersäule	$9{,}80_7$	10^{-4}	$9{,}67_8 \cdot 10^{-3}$	$7{,}35_6 \cdot 10^{-2}$	1

Energie-Einheiten.

	Watt-sekunde $=$ Groß-dynmeter	Kilowatt-stunde	Kilo-kalorie	Kilopond-meter	Liter-At-mosphäre[2])
1 Wattsekunde 1 Großdynmeter $\Big\} =$	1	$2{,}77_8 \cdot 10^{-7}$	$2{,}38_9 \cdot 10^{-4}$	$0{,}102_0$	$1{,}02_0 \cdot 10^{-2}$
1 Kilowattstunde $=$	$3{,}600 \cdot 10^6$	1	860[1])	$3{,}67_2\ 10^5$	$3{,}67_2 \cdot 10^4$
1 Kilokalorie[1]) $=$	$4{,}18_6 \cdot 10^3$	$1{,}16_3 \cdot 10^{-3}$	1	$427{,}0$	$42{,}7_0$
1 Kilopondmeter $=$	$9{,}80$	$2{,}72_3 \cdot 10^{-6}$	$2{,}34_2 \cdot 10^{-3}$	1	$0{,}100$
1 Liter-Atmosphäre[2])$=$	$98{,}0$	$2{,}72_3 \cdot 10^{-5}$	$2{,}34_2 \cdot 10^{-2}$	$10{,}0$	1

[1]) Nach internationaler Definition für Dampfdrucktabellen. [2]) Technische Atmosphäre.

1 Elektronenvolt $= 1$ eVolt $= 1{,}60_2\ 10^{-19}$ Wattsekunde $= 1{,}074 \cdot 10^{-6}$ TME
1 TME $= 1$ Tausendstelmassen-Einheit $=$ Ruhenergie eines (gedachten) Teilchens vom Atomgewicht 10^{-3}, also der Masse $1{,}66 \cdot 10^{-30}$ kg. — 1 TME $= 1{,}49_1 \cdot 10^{-13}$ Wattsekunde $= 9{,}30_8 \cdot 10^5$ eVolt.

Winkelmessung.

Ebene Winkel werden allgemein durch das Verhältnis $\dfrac{\text{Bogenlänge } b}{\text{Radius } r}$ gemessen, **räumliche** Winkel durch das Verhältnis $\dfrac{\text{Kugelflächenstück } f}{(\text{Radius } r)^2}$. Somit werden alle Winkel als abgeleitete Größen durch dimensionslose **Zahlen** gemessen.

Das mit dem Zeichen $^\circ$ geschriebene Wort **Grad** ist nur eine dem Dutzend entsprechende Zähleinheit, definiert durch die Gleichung

$$^\circ = \frac{2\,r\,\pi\,/\,360}{r} = \frac{\pi}{180} = 0{,}0175.$$

Daher ist z. B. $a = 100^\circ$ identisch mit $a = 100 \cdot 0{,}0175 = 1{,}75$.

Die Einheit aller Winkel ist die Zahl 1. Als Einheit eines ebenen Winkels nennt man die Zahl 1 oft zweckmäßig **Radiant** (gekürzt Rad, englisch radian), als Einheit des räumlichen Winkels (Radiant)^2 (gekürzt Rad^2, englisch steradian). Mit diesen Namen der Zahl 1 kann man zum Ausdruck bringen, daß in der Dimension einer physikalischen Größe ein Winkel enthalten ist. Das ist dann angebracht, wenn **eine Dimension als kurzgefaßte Meßvorschrift** dienen soll. — Die Gleichung 1 Radiant $= 57{,}3^\circ$ formuliert die Identität

$$1 \text{ Radiant} = 57{,}3 \cdot 0{,}0175 = 1.$$

Ein Kegel mit dem Öffnungswinkel $2\,u$ schneidet aus einer um seine Spitze beschriebenen Kugel das Flächenstück $f = 2\,r^2\,\pi\,(1 - \cos u)$ heraus.

Für $u = 32{,}8^\circ$ wird der räumliche Winkel $\varphi = 1 = \text{Rad}^2$. Er schneidet aus der Kugel das Flächenstück $f = r^2$, also den Bruchteil $r^2/4\,\pi\,r^2 = 1/4\,\pi = 7{,}96\,\%$ heraus.

Als Einheit wird auch benutzt

$$1 \text{ Quadratgrad} = 1(^\circ)^2 = (\pi/180)^2 \cdot \text{Rad}^2 = 3{,}05 \cdot 10^{-4}.$$

Wichtige Konstanten.

Gravitationskonstante	γ	$= 6{,}66_4 \cdot 10^{-11}$ Großdyn m^2/kg^2
Influenzkonstante	ε_0	$= 8{,}85_9 \cdot 10^{-12}$ Amperesek/Voltmeter
Induktionskonstante	μ_0	$= 1{,}25_6 \cdot 10^{-6}$ Voltsek/Amperemeter
Lichtgeschwindigkeit im Vakuum	c	$= (\varepsilon_0\,\mu_0)^{-\frac12} = 2{,}998 \cdot 10^8$ m/sec
Wellenwiderstand des Vakuums	Γ	$= (\mu_0/\varepsilon_0)^{\frac12} = 376{,}5$ Ohm
Atomgewicht des Protons	$(A)_P$	$= 1{,}0075$
Atomgewicht des Neutrons	$(A)_n$	$= 1{,}0089_5$
Masse des Protons	m_P	$= 1{,}67_3 \cdot 10^{-27}$ kg
Ruhenergie des Protons	$(W_P)_0$	$= 9{,}3_8 \cdot 10^8$ Elektronenvolt
Ruhmasse des Elektrons	m_0	$= 9{,}10_7 \cdot 10^{-31}$ kg
Ruhenergie des Elektrons	$(W_e)_0$	$= 5{,}11 \cdot 10^5$ Elektronenvolt
Protonenmasse/Elektronenmasse	m_P/m_0	$= 1836$
Elektrische Elementarladung	e	$= 1{,}60_2\ 10^{-19}$ Amperesekunden
Spezifische Elektronenladung	e/m_0	$= 1{,}75_9\ 10^{11}$ Amperesek/kg
Boltzmannsche Konstante	k	$= 1{,}38 \cdot 10^{-23}$ Wattsekunden/Grad
		$= 1/11\,600 \cdot e$ Volt/Grad
Plancksches Wirkungsquantum	h	$= 6{,}6_2 \cdot 10^{-34}$ Watt $\cdot$ sec^2
Kleinster Bahnradius des H-Atoms	a_H	$= \varepsilon_0\,h^2/\pi\,m_0\,e^2 = 5{,}29_2 \cdot 10^{-11}$ m
Bohrsches Magneton	$\mathfrak{m}_B$	$= \mu_0\,h\,e/4\,\pi\,m_0 = 1{,}16_5 \cdot 10^{-29}$ Voltsek. Meter
Klassischer Elektronenradius	r_{el}	$= \mu_0\,e^2/4\,\pi\,m_0 = 2{,}81_8 \cdot 10^{-15}$ m
Rydbergfrequenz	R_y	$= e^4\,m_0/8\,\varepsilon_0^2\,h^3 = 3{,}29 \cdot 10^{15}$ sec^{-1}
Rydbergkonstante	R_y^*	$= e^4\,m_0/8\,\varepsilon_0^2\,h^3\,c = 10\,973\ 730{,}4$ m^{-1}
Compton-Wellenlänge	λ_C	$= h/m_0\,c = 2{,}426 \cdot 10^{-12}$ m
Sommerfeldsche Feinstrukturkonstante α		$= e^2/2\,\varepsilon_0\,h\,c = 1/137$

$$= \frac{\text{Geschwindigkeit } u \text{ des Elektrons in der kleinsten } H\text{-Bahn}}{\text{Lichtgeschwindigkeit } c}$$

Ergänzungen:

Zu S. 70. Am Schluß der dritten Zeile von unten ist anzufügen: Beispiel in Abb. 153a.

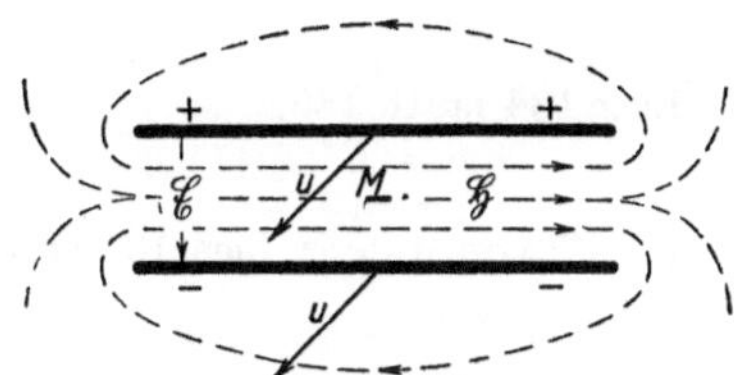

Abb. 153a. Im homogenen Felde eines flachen Plattenkondensators befindet sich ein kleines Magneto-skop M. Zwischen ihm und den beiden Platten des Kondensators, also dem Träger des elektrischen Feldes, sei eine gemeinsame, auf den Beschauer hin gerichtete (zur Papierebene senkrechte), Relativgeschwindigkeit u vorhanden. Dann entsteht zusätzlich zum elektrischen Felde $\mathfrak{C}$ ein Magnetfeld $\mathfrak{H}$. Die Pfeilspitzen markieren seine Richtung. Schematisch.

Zu S. 247.

Zur Mengenangabe radioaktiver Stoffe benutzt man individuelle Masseneinheiten, genannt Curie, definiert durch die Gleichungen

$$1 \text{ Curie} = (C) \text{ Gramm.}$$

$$C = \frac{\text{Halbwertszeit mal Molekulargewicht des radioaktiven Stoffes}}{\text{Halbwertszeit mal Molekulargewicht des Radiums}}$$

$$= \frac{\text{Halbwertszeit mal Molekulargewicht des radioaktiven Stoffes}}{1{,}134 \cdot 10^{13} \text{ sec.}}$$

1 Curie ist diejenige Menge eines radioaktiven Stoffes, die in einer Zeit t ebensoviel Zerfallsakte liefert wie in der gleichen Zeit 1 Gramm Radium. Für Radium ist das Molekulargewicht (M) = 226, die Halbwertszeit = 1590 Jahre = $5 \cdot 10^{10}$ sec, das Verhältnis $\dfrac{\text{Zahl der Zerfallsakte}}{\text{Masse} \cdot \text{Zeit}}$

$$= \frac{3{,}68 \cdot 10^{10}}{\text{Gramm} \cdot \text{sec}} = \frac{8{,}31 \cdot 10^{12}}{\text{Mol} \cdot \text{sec}}$$

Berichtigungen.

Seite 53.

Unter Abb. 125 lies statisches statt statistisches.

Seite 87.

Zeile 22 von oben: Lies 184 statt 185.

Seite 88.

Zeile 10 von oben und 12 von unten: Lies 185 statt 186.

Seite 104.

Zeile 4 von oben: Lies χ statt $\varkappa$.

Seite 105.

In Tabelle 4, Zeile 2 von oben: Lies $\varkappa$ statt χ.

Zeile 2 von unten: Lies $\chi = \dfrac{\varkappa}{\varrho}$ statt $\varkappa = \dfrac{\chi}{\varrho}$.

Seite 133.

Zeile 11 von unten: Lies i statt I und u statt U; streiche (162).
Zeile 10 von unten: Lies i statt I und u statt U.
Zeile 3, 2 und 1 von unten: Streiche die $2\frac{1}{2}$ Zeilen hinter „Platte".

Seite 134.

Zeile 1 von oben müssen die ersten 6 Worte heißen: Im allgemeinen benutzt man
nicht diese
Zeile 8 und 11 von oben: Streiche den Index eff.
Zeile 11 von oben: Rechts am Rande anfügen (162).
Zeile 13 von oben: Hinter „Infolgedessen" muß es heißen: ersetzen wir nach
allgemeinem Brauch im folgenden meistens die Amplituden $I_{\max}$ und
$U_{\max}$ durch die Effektivwerte I und U.
Zeile 13 von unten und 11 von unten: In den Gleichungen (154) und (163)
lies i statt I und u_i statt U_i.
Zeile 10 von unten: Lies u_i statt U_i.
Zeile 8 von unten: Streiche U_i und I.
In Abb. 267 lies i statt I und I statt I_{eff}.

Seite 136.

Zeile 3 bis 9 von oben: Lies u statt U und i statt I.

Seite 170.

Zeile 2 unter Gl. (185) hinter Elektronen lies $=$ statt $\cdot$.

Seite 206.

Zeile 3 von unten: Lies 374 statt 373b.